MATHS

Résumé de cours
Exercices et travaux dirigés corrigés

MPSI-MP2I

MATHS

Résumé de cours
Exercices et travaux dirigés corrigés

MPSI-MP2I

NOUVEAUX PROGRAMMES !

Jean **Franchini**

Professeur honoraire agrégé de mathématiques au lycée Chaptal (Paris)
en classes préparatoires scientifiques

Jean-Claude **Jacquens**

Professeur honoraire agrégé de mathématiques au lycée Charlemagne (Paris)
en classes préparatoires scientifiques

ellipses

ISBN 9782340-048676

8/10 rue la Quintinie 75015 Paris

www.editions-ellipses.fr

Avant-propos

Ce livre est constitué de rappels de cours, d'exercices et de travaux dirigés corrigés.

Nous voudrions profiter de cet avant-propos pour donner quelques conseils à nos lecteurs, étudiants en MPSI et MP2I.

Le cours doit être appris. Pourquoi ?

• Parce que le temps de la Première et de la Terminale où les maths, même en tant que spécialité, n'étaient qu'une matière parmi de nombreuses autres est heureusement passé. L'horaire de mathématiques en MPSI est conséquent. Vous aller prendre contact avec la matière principale qui irrigue toutes les connaissances scientifiques.

• Parce que vous commencez, cette année, à préparer un concours d'entrée dans une Grande École et que les épreuves se passent sans document. D'ailleurs, que feriez-vous si, alors que vous êtes assis dans un avion, vous entendez le pilote qui demande à son copilote de lui sortir la notice pour savoir comment atterrir ?

• Parce que, comme nous le disent les gérontologues, la mémoire ne fonctionne correctement que si elle est sollicitée en permanence.

• Ne vous laissez pas aller à lire la solution d'un exercice avant de l'avoir cherchée.

Solution lue = exercice foutu

L'apprentissage du cours et sa compréhension sont une activité assez passive. Il faut s'atteler le plus vite possible à la recherche d'exercices, activité véritablement *mathématicienne*, personnelle, excitante et créatrice.
Nous avons respecté le programme et sa partition en deux semestres. Le premier commençant par une familiarisation avec les outils du mathématicien et les calculs qu'il ne sert à rien de mépriser. On ne comprend rien si l'on ne sait pas calculer. Cette partie technique vous sera utile dans toutes vos activités scientifiques.

Les exercices ne sont pas classés par ordre de difficulté croissante ni même décroissante. S'ils sont truffés d'indications, nous vous avons cependant réservé quelques surprises. Nous vous proposons plus de 400 exercices corrigés !

Index des notations

$\mathcal{F}(E,F)$: ensemble des applications de E dans F.

$\mathcal{C}(E,F)$: ensemble des applications continues sur E et à valeurs dans F.

$\mathcal{CM}(I,E)$: ensemble des applications continues par morceaux de $\mathcal{F}(I,F)$.

$\mathcal{C}^k(I,E)$: ensemble des applications de classe $\mathcal{C}^k$ sur I à valeurs dans E.

$\mathcal{L}(E,F)$: espace vectoriel des applications linéaires de E dans F.

$\mathrm{GL}(E)$: groupe linéaire de E.

I_E : application identique dans E.

$\mathrm{O}(E)$: groupe orthogonal de E.

$\mathfrak{M}_{n,p}(\mathbb{K})$: espace vectoriel des matrices (n,p) à coefficients dans $\mathbb{K}$.

$\mathfrak{M}_n(\mathbb{K})$: algèbre des matrices carrées (n,n) à coefficients dans $\mathbb{K}$.

$\mathrm{GL}_n(\mathbb{K})$ groupe des éléments inversibles de $\mathfrak{M}_n(\mathbb{K})$.

I_n : élément unité de $\mathfrak{M}_n(\mathbb{K})$.

$\mathrm{O}(n)$: groupe des matrices orthogonales de $\mathfrak{M}_n(\mathbb{R})$.

$S_n(\mathbb{R})$: ensemble des matrices symétriques de $\mathfrak{M}_n(\mathbb{R})$.

$\mathfrak{S}_n$: groupe symétrique d'ordre n.

Ker : noyau.

Im : image.

det : déterminant.

card : cardinal.

Vect(A) : sous-espace vectoriel engendré par A.

$d(x,F)$: distance du vecteur x au sous-espace vectoriel F.

$[\![a,b]\!] = [a,b] \cap \mathbb{Z}$.

$\delta_{i,j}$: symbole de Krönecker. $\delta_{i,j} = 1$ si $i = j$ et 0 sinon.

$\lfloor x \rfloor$: partie entière de x.

Table des matières

Premier semestre

Deuxième semestre

1 - Raisonnement, vocabulaire ensembliste, calculs algébriques

Rappels de cours

Un ensemble est un *symbole* « doté de vertus » que l'on a coutume d'attribuer à une *collection d'objets*. Pour écrire que x est élément de E, on écrit $x \in E$.

L'ensemble sans élément est noté $\emptyset$.

Les ensembles sont susceptibles de satisfaire à certaines relations. Nous considérons comme comprise la notion de ***relation*** R.

On appelle ***négation*** de R, notée (non R) et alors non(non R) est R.

• ***Conjonction*** : c'est la relation (notée R_1 et R_2). Elle est vraie si R_1 et R_2 le sont.

• ***Disjonction*** de deux relations R_1, R_2 (notée R_1 ou R_2). Elle est vraie si l'une au moins des deux est vraie.

• ***Implication*** (notée $R_1 \Rightarrow R_2$) est : R_2 ou (non R_1).

• ***Équivalence*** : (notée $R_1 \iff R_2$). C'est ($R_1 \Rightarrow R_2$ et $R_2 \Rightarrow R_1$)

• ***Raisonnement par l'absurde*** :
montrer $R_1 \Rightarrow R_2$ est équivalent à : montrer (non R_2) $\Rightarrow$ (non R_1).

• ***Relation d'inclusion*** : si E et F sont deux ensembles, on dit que E est contenu dans F ou E est une partie de F si $x \in E \Rightarrow x \in F$.

• ***Relation d'égalité*** : $E = F$ si $E \subset F$ et $F \subset E$.

• ***Quantificateurs***
Pour tout x, la relation R est vérifiée : $\forall x, R$.

Il existe x tel que R soit vérifiée : $\exists x, R$.

$$\text{non } (\exists x \in E, R) \iff (\forall x \in E, \text{ non } R)$$
$$\text{non } (\forall x \in E, R) \iff (\exists x \in E, \text{ non } R)$$

• Opérations sur les parties d'un ensemble.

• $\mathcal{P}(E)$ ensemble des parties de l'ensemble E.

• $\complement_E(A) = E \setminus A = \overline{A} = A^c$ le complémentaire dans E de la partie A.

• ***Intersection et réunion de deux ensembles***

$x \in A \cap B \iff (x \in A)$ et $(x \in B)$
$x \in A \cup B \iff (x \in A)$ ou $(x \in B)$

$\complement_E(\emptyset) = E$ et $\complement_E(E) = \emptyset$,

$\complement_E(A \cup B) = \left(\complement_E(A)\right) \cap \left(\complement_E(B)\right)$ et $\complement_E(A \cap B) = \left(\complement_E(A)\right) \cup \left(\complement_E(B)\right)$.

$A \cap A = A$; $A \cap B = B \cap A$; $A \cap (B \cap C) = (A \cap B) \cap C$.

$A \cup A = A$; $A \cup B = B \cup A$; $A \cup (B \cup C) = (A \cup B) \cup C$.

$A \cap (B \cup C) = (A \cap B) \cup (A \cap C)$; $A \cup (B \cap C) = (A \cup B) \cap (A \cup C)$.

Si $A \cap B = \emptyset$, on dit que A et B sont *disjoints*.

• ***Produit cartésien de deux ensembles***
C'est l'ensemble des couples $(x, y), x \in E$ et $y \in F$. Il est noté $E \times F$.

• Relations binaires. $\mathcal{R}$ est dite

réflexive, si $\forall x \in E, x\mathcal{R}x$,

symétrique, si $\forall (x, y) \in E^2, x\mathcal{R}y \Rightarrow y\mathcal{R}x$,

antisymétrique, si $\forall (x, y) \in E^2, (x\mathcal{R}y$ et $y\mathcal{R}x) \Rightarrow x = y$,

transitive, si $\forall (x, y, z) \in E^3, (x\mathcal{R}y$ et $y\mathcal{R}z) \Rightarrow x\mathcal{R}z$,

$\mathcal{R}$ est une relation d'ordre si elle est réflexive, antisymétrique, transitive.

$\mathcal{R}$ est une relation d'équivalence si elle est réflexive, symétrique, transitive.

On appelle ***classe d'équivalence*** de x pour la relation $\mathcal{R}$, l'ensemble des y de E tels que $x\mathcal{R}y$.

Les classes d'équivalence d'une relation d'équivalence $\mathcal{R}$ sur E, sont non vides, deux à deux disjointes de réunion E.

On dit que x est congru à y modulo a dans $\mathbb{R}$ (on note $x \equiv y\ [a]$) s'il existe $k \in \mathbb{Z}$ tel que $x - y = ka$.

On dit que x est congru à y modulo n dans $\mathbb{Z}$ (on note $x \equiv y\ [n]$) s'il existe $k \in \mathbb{Z}$ tel que $x - y = kn$.

Applications

• Une application f de E dans F associe à tout élément x de E un unique élément y de F que l'on note $y = f(x)$.

• La restriction de f à $A \subset E$ est $f|_A : A \mapsto F, x \mapsto f(x)$.

• Si $A \subset E$, on note $\mathbb{I}_A$ la fonction caractéristique de A. C'est l'application de E dans $\{0, 1\}$ définie par $\mathbb{I}_A(x) = \begin{cases} 1 & \text{si } x \in A \\ 0 & \text{si } x \in \complement_E(A) \end{cases}$

• Image directe de $A \subset E$ est la partie $f(A) = \{f(x) \in F \mid x \in A\}$.

• Image réciproque de $B \subset F$ par f est $f^{-1}(B) = \{x \in E \mid f(x) \in B\}$ *i.e.* l'ensemble des antécédents des éléments de B.

• Si $f \in \mathcal{F}(E, F)$ et $g \in \mathcal{F}(F, G)$, on définit $g \circ f \in \mathcal{F}(E, G)$ par la formule

$$\forall x \in E, (g \circ f)(x) = g\big(f(x)\big).$$

• $f \in \mathcal{F}(E,F)$ est ***injective*** si deux éléments distincts de E ont des images distinctes, ce qui s'écrit :

$$\forall (x,x') \in E^2, x \neq x' \Rightarrow f(x) \neq f(x')\cdot$$

i.e. $\forall (x,x') \in E^2, f(x) = f(x') \Rightarrow x = x'$.

• $f \in \mathcal{F}(E,F)$ est ***surjective*** si tout élément de F a au moins un antécédent par f *i.e.*

$$\big(\forall y \in F, \exists x \in E, y = f(x)\big) \text{ i.e. } f(E) = F.$$

• $f \in \mathcal{F}(E,F)$ est ***bijective*** si elle est à la fois surjective et injective *i.e.* si

$$\forall y \in F, \exists! x \in E, y = f(x).$$

• La composée de deux applications injectives (*resp.* surjectives, *resp.* bijectives), est injective (*resp.* surjective, *resp.* bijective).
Dans ce dernier cas, $(g \circ f)^{-1} = f^{-1} \circ g^{-1}$.

Énoncés des exercices

1. Montrer $A \cup B = A \cap C \iff B \subset A \subset C$.

---

2. Montrer $(A \cup B) \setminus C = (A \setminus C) \cup (B \setminus C)$.

---

3. Montrer : $\begin{cases} A \cup B \subset A \cup C \\ A \cap B \subset A \cap C \end{cases} \Rightarrow B \subset C$.

---

4. Soient A et B des parties d'un ensemble E.
Montrer : $B \subset A \iff \forall X \in \mathcal{P}(E),\ (A \cap X) \cup B = A \cap (X \cup B)$.

---

5. Soient A et B des parties d'un ensemble E. On définit $f : \mathcal{P}(E) \to \mathcal{P}(A) \times \mathcal{P}(B)$, $X \mapsto (X \cap A, X \cap B)$.

a. Donner une condition nécessaire et suffisante d'injectivité de f.

b. Idem avec la surjectivité.

---

6. Soit f une application de E dans lui-même.
Montrer que f est bijective si, et seulement si, pour toute partie A de E on a $f(\overline{A}) = \overline{f(A)}$ où $\overline{A}$ désigne le complémentaire de A dans E.

---

7. Soit f une bijection de $\mathbb{N}$ sur lui-même.

a. Si pour tout $n \in \mathbb{N}$, $f(n) \leqslant n$ montrer $f = Id$.

b. Idem si l'on suppose $\forall n \in \mathbb{N}$, $f(n) \geqslant n$.

c. On suppose enfin : $\forall n \in \mathbb{N}$, $f(n) \neq n$. Prouver que $\{n \in \mathbb{N} \mid f(n) < n\}$ et $\{n \in \mathbb{N} \mid f(n) > n\}$ sont des parties infinies de $\mathbb{N}$.

8. Soit E un ensemble. Montrer que la relation $\mathcal{R}$ relation définie sur $\mathcal{P}(E)$ par :

$$A\mathcal{R}B \iff A = B \text{ ou } A = \overline{B}$$

est une relation d'équivalence.

---

9. Soit $\mathcal{R}$ la relation définie sur $\mathbb{R}$ par : $x\mathcal{R}y \iff xe^y = ye^x$.

a. Montrer que $\mathcal{R}$ est une relation d'équivalence.

b. Pour tout nombre réel x préciser le cardinal de la classe d'équivalence de x.

---

10. Montrer $\dbinom{n+1}{p+1} = \dbinom{p}{p} + \dbinom{p+1}{p} + \cdots + \dbinom{n}{p}$ si $0 \leqslant p \leqslant n$

a. Par récurrence sur n.

b. En utilisant $\dbinom{k}{p} = \dbinom{k+1}{p+1} - \dbinom{k}{p+1}$.

c. Déterminer des nombres réels $\alpha, \beta, \gamma, \delta, \varepsilon$ tels que, pour tout $k \in \mathbb{N}^\star$,

$$k^2 = \alpha\frac{k(k-1)}{2} + \beta k \text{ et } k^3 = \gamma\frac{k(k-1)(k-2)}{6} + \delta\frac{k(k-1)}{2} + \varepsilon k.$$

Retrouver alors $\displaystyle\sum_{k=1}^{n} k$, $\displaystyle\sum_{k=1}^{n} k^2$ et $\displaystyle\sum_{k=1}^{n} k^3$.

---

11. Soient E un ensemble de cardinal n et $\mathcal{A}_n = \left\{f : E \to \mathbb{N} \;\middle|\; \sum\limits_{x\in E} f(x) \leqslant p\right\}$ où p est un entier naturel fixé.

Montrer par récurrence sur n que $\mathcal{A}_n$ contient $\dbinom{n+p}{n}$ éléments.

---

12. Soit (Σ_2) $\begin{cases} x - my + m^2z = 2m \\ mx - m^2y + mz = 2m \\ mx + y - m^3z = 1-m \end{cases}$ où $m \in \mathbb{R}$.

À l'aide d'opérations élémentaires sur les lignes et en discutant suivant les valeurs de m préciser, dans les cas où ce système admet des solutions, la nature géométrique de l'ensemble de ces solutions.

---

13. On considère le système (Σ_1) $\begin{cases} ax + by + z = \alpha \\ x + aby + z = \beta \\ x + by + az = \gamma \end{cases}$ où $(a, b, \alpha, \beta, \gamma) \in \mathbb{R}^5$.

À l'aide d'opérations élémentaires sur les lignes et en discutant suivant les valeurs de $(a, b, \alpha, \beta, \gamma)$ préciser, dans les cas où ce système admet des solutions, la nature géométrique de l'ensemble de ces solutions.

---

14. Soient f une application de E dans F et A_1, A_2 deux parties de E. Montrer que

a. $A_1 \subset A_2 \Rightarrow f(A_1) \subset f(A_2)$.

b. $f\big(A_1 \cup A_2\big) = f(A_1) \cup f(A_2)$.

c. $f\big(A_1 \cap A_2\big) \subset f(A_1) \cap f(A_2)$ avec égalité si f est injective.

d. $f(A_1) \setminus f(A_2) \subset f\big(A_1 \setminus A_2\big)$ avec égalité si f est injective.

15. Soient f une application de E dans F et B_1, B_2 deux parties de F. Montrer que
a. $B_1 \subset B_2 \Rightarrow f^{-1}(B_1) \subset f(B_2)$.
b. $f^{-1}\big(B_1 \cup B_2\big) = f^{-1}(B_1) \cup f^{-1}(B_2)$.
c. $f^{-1}\big(B_1 \cap B_2\big) = f^{-1}(B_1) \cap f^{-1}(B_2)$.
d. $f^{-1}\big(B_1 \setminus B_2\big) = f^{-1}(B_1) \setminus f^{-1}(B_2)$

---

16. Soient f une application de E dans F et g une application de F dans G.
a. Montrer que si $g \circ f$ est surjective, alors g est surjective.
b. Montrer que si $g \circ f$ est injective, alors f est injective.

Solutions des exercices

1. Supposons $A \cup B = A \cap C$.
$B \subset A \cup B = A \cap C \subset A$ donc $B \subset A$.
De même $A \subset A \cup B = A \cap C \subset C$ d'où $A \subset C$.
Réciproquement si $B \subset A \subset C$ alors $A \cup B = A$ et $A \cap C = A$ d'où $A \cup B = A \cap C$.

---

2. Si $x \in (A \cup B) \setminus C$ alors ou bien $x \in A$ ou bien $x \in B$ mais, comme $x \notin C$, cela montre que ou bien $x \in A \setminus C$ ou bien $x \in B \setminus C$, ce qui prouve $(A \cup B) \setminus C \subset (A \setminus C) \cup (B \setminus C)$.
Réciproquement si $x \in (A \setminus C) \cup (B \setminus C)$ alors x est soit dans A soit dans B donc dans $A \cup B$ mais $x \notin C$ donc $x \in (A \cup B) \setminus C$.
En définitive on a montré : $(A \cup B) \setminus C = (A \setminus C) \cup (B \setminus C)$.

---

3. Soit $x \in B$, distinguons deux cas :
- ou bien $x \in A$ et alors $x \in A \cap B \subset A \cap C \subset C$,
- ou bien $x \notin A$ donc $x \in (A \cup B) \setminus A \subset (A \cup C) \subset C$.

Dans tous les cas $x \in C$. On a effectivement montré $B \subset C$.

---

4. Supposons $B \subset A$. Soit $X \in \mathcal{P}(E)$.
$\big(A \cap X \subset A \text{ et } B \subset A\big) \Rightarrow (A \cap X) \cup B \subset A$
et aussi $A \cap X \subset X \Rightarrow (A \cap X) \cup B \subset X \cup B$, donc $(A \cap X) \cup B \subset A \cap (X \cup B)$.
D'autre part si $x \in A \cap (X \cup B)$ ou bien $x \in X$ et alors $x \in A \cap X$, ou bien $x \in B$.
En fin de compte $x \in (A \cap X) \cup B$. En résumé $(A \cap X) \cup B = A \cap (X \cup B)$.

Supposons $(A \cap X) \cup B = A \cap (X \cup B)$ pour tout $X \in \mathcal{P}(E)$.
En particulier lorsque $X = \varnothing$ cela donne $\varnothing \cup B = A \cap B \subset A$ d'où $B \subset A$.

---

5. a. $f(\varnothing) = (\varnothing, \varnothing) = f\left(\complement_E(A \cup B)\right)$ et donc une condition nécessaire d'injectivité est $A \cup B = E$.
Réciproquement si cette égalité est vérifiée et si $f(X) = f(Y)$,

Solutions

on a $X = X \cap (A \cup B) = (X \cap A) \cup (X \cap B) = (Y \cap A) \cup (Y \cap B) = Y$.
Une condition nécessaire et suffisante d'injectivité est donc $A \cup B = E$.

b. Si $f(X) = (A \cap B, \varnothing)$ alors $X \cap A = A \cap B$ d'où $X \cap A \cap B = A \cap B = \varnothing$ donc $A \cap B = \varnothing$ est une condition nécessaire de surjectivité.
Réciproquement si cette condition est remplie et si $(Y, Z) \in \mathcal{P}(A) \times \mathcal{P}(B)$, en posant $X = Y \cup Z$ on a $X \cap A = (Y \cup Z) \cap A = (Y \cap A) \cup (Z \cap A) = Y$ car $Y \subset A$ et $Z \cap A \subset B \cap A = \varnothing$. De même $X \cap B = (Y \cap B) \cup (Z \cap B) = Z$, d'où$f(X) = (Y, Z)$, ce qui montre que f est surjective.
Par suite f est surjective si, et seulement si, $A \cap B = \varnothing$.

---

6. Supposons f bijective et soit $A \in \mathcal{P}(E)$.
Si $x \in \overline{A}$ et $y \in f(A)$ alors $f^{-1}(y) \in A$ donc $x \neq f^{-1}(y)$ et, par injectivité de f, $f(x) \neq y$, d'où $f(x) \in \overline{f(A)}$.
De même si $y \in \overline{f(A)}$ alors $f^{-1}(y) \in \overline{A}$ car, sinon $y = f\big(f^{-1}(y)\big) \in f(A)$, donc $y \in f\big(\overline{A}\big)$. En résumé $f\big(\overline{A}\big) = \overline{f(A)}$.

Supposons réciproquement que, pour tout $A \in \mathcal{P}(E)$, $f\big(\overline{A}\big) = \overline{f(A)}$.
Si $(x, y) \in E^2$ et $x \neq y$, si $A = \{x\}$ alors $y \in \overline{A}$, donc $f(y) \in f\big(\overline{A}\big) = \overline{f(A)} = \overline{\{f(x)\}}$ ce qui montre que $f(x) \neq f(y)$ et, donc, f est injective.
D'autre part $\overline{f(E)} = f\big(\overline{E}\big) = f(\varnothing) = \varnothing$ *i.e.* $f(E) = E$ et f est surjective.
En définitive f est bijective.

---

7. a. Procédons par récurrence.
On a $f(0) \leqslant 0$ par hypothèse d'où $f(0) = 0$.
Si l'on suppose l'existence de $n \in \mathbb{N}$ tel que $k \in [\![0, n]\!] \Rightarrow f(k) = k$ alors, par hypothèse, $f(n+1) \leqslant n+1$ et, comme $f(n+1) \notin \{f(0), f(1), \ldots, f(n)\}$ par injectivité de f, il vient $f(n+1) = n+1$.
Par théorème de récurrence $f = Id$.

b. Procédons de même.
Si k_0 est l'antécédent de 0 alors, par hypothèse, $0 = f(k_0) \geqslant k_0$, d'où $k_0 = 0$.
Si l'on suppose l'existence de $n \in \mathbb{N}$ tel que $k \in [\![0, n]\!] \Rightarrow f(k) = k$ alors, en notant k_{n+1} l'antécédent de $n+1$, on a $n+1 = f(k_{n+1}) \geqslant k_{n+1}$ et, comme $f(k_{n+1}) \notin \{f(0), f(1), \ldots, f(n)\}$, nécessairement $k_{n+1} \notin [\![0, n]\!]$, d'où $k_{n+1} = n+1$.
Par théorème de récurrence $f = Id$.

c. Soit $X = \big\{n \in \mathbb{N} \mid f(n) < n\big\}$, supposons que cet ensemble est fini.
La question b. et l'hypothèse $f \neq Id$ montrent que X est non vide. Soit p son maximum. Alors $n \geqslant p+1 \Rightarrow f(n) > n$ d'où $f([\![p+1, +\infty[\![\,) \subset [\![p+2, +\infty[\![$.
Comme f est surjective, nécessairement $[\![0, p+1]\!] \subset f([\![0, p]\!])$ qui est au plus de cardinal $p+1$: c'est impossible. Par suite X est infini.

De même soit $Y = \big\{n \in \mathbb{N} \mid f(n) > n\big\}$, alors $f(Y) = \big\{k \in \mathbb{N} \mid f^{-1}(k) < k\big\}$ car f est bijective. Comme pour tout $k \in \mathbb{N}$, $f^{-1}(k) \neq k$, le début de la question montre que $f(Y)$ est infini et, donc, Y aussi.

---

8. Soient $(A, B, C) \in \big(\mathcal{P}(E)\big)^3$.
$A = A \Rightarrow A\mathcal{R}A$, $\mathcal{R}$ est réflexive.
$A\mathcal{R}B \Rightarrow \big(A = B \text{ ou } A = \overline{B}\big) \Rightarrow \big(B = A \text{ ou } B = \overline{A}\big) \Rightarrow B\mathcal{R}A$, $\mathcal{R}$ est symétrique.

$(A\mathcal{R}B$ et $B\mathcal{R}C) \Rightarrow (A = B$ ou $A = \overline{B})$ et $(B = C$ ou $B = \overline{C})$
d'où $(A = C$ ou $A = \overline{C})$ puis $A\mathcal{R}C$, $\mathcal{R}$ est transitive.
Par suite $\mathcal{R}$ est une relation d'équivalence.

---

9. a. Soit $(x, y, z) \in \mathbb{R}^3$.
$xe^x = xe^x \Rightarrow x\mathcal{R}x$.
$x\mathcal{R}y \Rightarrow xe^y = ye^x \Rightarrow ye^x = xe^y \Rightarrow y\mathcal{R}x$.
$(x\mathcal{R}y$ et $y\mathcal{R}z) \Rightarrow xe^y = ye^x$ et $ye^z = ze^y \Rightarrow xe^{-x} = ye^{-y} = ze^{-z} \Rightarrow x\mathcal{R}z$, par suite $\mathcal{R}$ est une relation d'équivalence.

b. On vient de voir : $x\mathcal{R}y \iff f(x) = f(y)$ où l'on a posé $f : x \mapsto xe^{-x}$.
f est dérivable sur $\mathbb{R}$ avec, pour tout $x \in \mathbb{R}$, $f'(x) = (1-x)e^{-x}$ d'où le tableau

x	$-\infty$		0		1		$+\infty$
$f'(x)$		$+$	1	$+$	0	$-$	
$f(x)$	$-\infty$	$\nearrow$	0	$\nearrow$	$1/e$	$\searrow$	0

Par suite f réalise une bijection de $]-\infty, 1]$ sur $]-\infty, 1/e]$ et aussi une bijection de $[1, +\infty[$ sur $]0, 1/e]$.
Si $x \leqslant 0$ ou $x = 1/e$ alors la classe de x est réduite à x, sinon elle contient deux éléments.

---

10. a. Notons $\mathcal{P}_n$ la propriété : $\forall p \in [\![0, n]\!]$, $\displaystyle\sum_{k=p}^{n} \binom{k}{p} = \binom{n+1}{p+1}$.

$\binom{0}{0} = 1 = \binom{1}{1}$ d'où $\mathcal{P}_0$.
Supposons $\mathcal{P}_n$ et soit $p \in [\![0, n]\!]$,

alors $\displaystyle\sum_{k=p}^{n+1} \binom{k}{p} = \sum_{k=p}^{n} \binom{k}{p} + \binom{n+1}{p} = \binom{n+1}{p+1} + \binom{n+1}{p} = \binom{n+2}{p+1}$.

De plus si $p = n+1$ alors $\binom{n+1}{p} = 1 = \binom{n+2}{p+1}$, d'où $\mathcal{P}_{n+1}$.

b. Tout d'abord $\binom{k}{p} + \binom{k}{p+1} = \binom{k+1}{p+1} \Rightarrow \binom{k}{p} = \binom{k+1}{p+1} - \binom{k}{p+1}$.

Posons $x_k = \binom{k}{p+1}$ si $p \leqslant k \leqslant n$, alors $\displaystyle\sum_{k=p}^{n} \binom{k}{p} = \sum_{k=p}^{n} (x_{k+1} - x_k) = x_{n+1} - x_p$

par télescopage, donc $\displaystyle\sum_{k=p}^{n} \binom{k}{p} = \binom{n+1}{p+1} - \binom{p}{p+1} = \binom{n+1}{p+1}$.

c. $k(k-1) = k^2 - k$ donc $(\alpha, \beta) = (2, 1)$ convient.
De même $k(k-1)(k-2) = k^3 - 3k^2 + 2k$ d'où $k(k-1)(k-2) + 3k(k-1) = k^3 - k$ d'où $(\gamma, \delta, \varepsilon) = (6, 6, 1)$ convient.

$$S_1 = \sum_{k=1}^{n} k = \sum_{k=1}^{n} \binom{k}{1} = \binom{n+1}{2} = \frac{n(n+1)}{2}.$$

$$S_2 = \sum_{k=1}^{n} k^2 = \alpha \sum_{k=1}^{n} \binom{k}{2} + \beta \sum_{k=1}^{n} \binom{k}{1} = \alpha \binom{n+1}{3} + \beta \binom{n+1}{2}$$

Solutions

soit $S_2 = 2\frac{(n+1)n(n-1)}{6} + \frac{(n+1)n}{2} = \frac{n(n+1)}{6}\big[2(n-1)+3\big] = \frac{n(n+1)(2n+1)}{6}$.

$$\begin{aligned} S_3 &= \sum_{k=1}^{n} k^3 = 6\sum_{k=1}^{n}\binom{k}{3} + 6\sum_{k=1}^{n}\binom{k}{2} + \sum_{k=1}^{n}\binom{k}{1} \\ &= 6\binom{n+1}{4} + 6\binom{n+1}{3} + \binom{n+1}{2} \\ &= \frac{(n+1)n(n-1)(n-2)}{4} + (n+1)n(n-1) + \frac{(n+1)n}{2} \\ &= \frac{n(n+1)}{4}\big[(n-1)(n-2) + 4(n-1) + 2\big] = \frac{n(n+1)}{4}(n^2+n) = \frac{n^2(n+1)^2}{4}. \end{aligned}$$

---

11. $\mathcal{A}_0 = \mathbb{N}^{\varnothing}$ de cardinal $1 = \binom{p}{0}$.
Pour ceux que le cas $n = 0$ effraie on va traiter le cas $n = 1$: $\mathcal{A}_1$ est en bijection avec $[\![0, p]\!]$ de cardinal $p + 1 = \binom{p+1}{1}$.
Supposons que $\mathcal{A}_n$ est de cardinal $\binom{n+p}{n}$ et soit E de cardinal $n + 1$.
Fixons x_0 dans E, alors $E \setminus \{x_0\}$ est de cardinal n et $f \in \mathcal{A}_{n+1}$ si, et seulement si, il existe k dans $[\![0, p]\!]$ tel que $f(x_0) = k$ et $\sum_{x \in E\setminus\{x_0\}} f(x) \leqslant p - k$.
Si l'on note $\mathcal{B}_k = \big\{f : E\setminus\{x_0\} \to \mathbb{N} \mid \sum_{x\in E\setminus\{x_0\}} f(x) \leqslant p-k\big\}$ alors $(\mathcal{B}_0, \mathcal{B}_1, \ldots, \mathcal{B}_p)$ est une partition de $\mathcal{A}_{n+1}$ d'où $\operatorname{card}(\mathcal{A}_{n+1}) = \sum_{k=0}^{p} \operatorname{card}(\mathcal{B}_k) = \sum_{k=0}^{p}\binom{n+p-k}{n}$
soit $\operatorname{card}(\mathcal{A}_{n+1}) = \sum_{\ell=n}^{n+p}\binom{\ell}{n} = \binom{n+p+1}{n+1}$ d'après l'exercice précédent.
Cela termine la récurrence.

---

12. On effectue $L_2 \leftarrow L_2 - mL_1$ et $L_3 \leftarrow L_3 - mL_1$ puis $L_2 \leftrightarrow L_3$ et on obtient le système équivalent
$$\begin{cases} x - my + m^2 z = 2m \\ (1+m^2)y - 2m^3 z = 1 - m - 2m^2 \\ m(1-m^2)z = 2m(1-m) \end{cases}$$

- Si $m \in \{0, 1\}$ les deux premières lignes sont indépendantes et la troisième ligne est $0 = 0$, l'ensemble des solutions est donc une droite.
- Si $m = -1$ les deux premières lignes sont indépendantes et la troisième ligne est $0 = -4$, l'ensemble des solutions est vide.
- Sinon les trois lignes sont indépendantes, l'intersection des trois plans est réduite à un point.

---

13. Si $a = 1$ la condition de compatibilité est $\alpha = \beta = \gamma$ et on obtient le plan d'équation $x + by + z = \alpha$. Désormais $a \neq 1$.
Effectuons $L_1 \leftarrow L_1 - aL_3$ et $L_2 \leftarrow L_2 - L_3$ puis $L_1 \leftarrow L_1 + L_2$, on obtient le système équivalent
$$\begin{cases} (2 - a - a^2)z = \alpha + \beta - (a+1)\gamma \\ b(a-1)y + (1-a)z = \beta - \gamma \\ x + by + az = \gamma \end{cases}$$

et on note que $2 - a - a^2 = (1) - a)(2 + a)$ et que L_2 et L_3 sont indépendantes.
• Si $b = 0$ on effectue $L_1 \leftarrow L_1 - (2 + a)L_2$ et la condition de compatibilité est $\alpha + \gamma = (a + 1)\beta$, l'ensemble des solutions est alors une droite. Désormais $b \neq 0$.
• Si $a = -2$ la condition de compatibilité est $\alpha+\beta+\gamma = 0$, l'ensemble des solutions est alors une droite.
• Dans tous les autres cas les trois lignes sont indépendantes, l'intersection des trois plans est réduite à un point.

---

14. a. est évidente.

b. On en déduit que $f(A_1) \cup f(A_2) \subset f(A_1 \cup A_2)$.
Réciproquement, si $y \in f(A_1 \cup A_2)$, il existe $x \in A_1 \cup A_2$ tel que $y = f(x)$. Donc $y \in f(A_1) \cup f(A_2)$.

c. $f\big(A_1 \cap A_2\big) \subset f(A_1) \cap f(A_2)$ se déduit de a).

Si $y \in f(A_1) \cap f(A_2)$, il existe $(x_1, x_2) \in A_1 \times A_2$ tel que $y = f(x_1) = f(x_2)$

Si f est injective, il s'ensuit que $x_1 = x_2 \in A_1 \cap A_2$ et donc $y \in f(A_1 \cap A_2)$.

d. se prouve de même.

---

15. a. est évidente.

b. On en déduit que $f^{-1}(B_1) \cup f^{-1}(B_2) \subset f^{-1}\big(B_1 \cup B_2\big)$.

Si $x \in f^{-1}\big(B_1 \cup B_2\big)$ alors $f(x) \in B_1 \cup B_2$. Si $f(x) \in B_1$ alors $x \in f^{-1}(B_1)$ et si $f(x) \in B_2$ alors $x \in f^{-1}(B_2)$. Dans tous les cas, $x \in f^{-1}(B_1) \cup f^{-1}(B_2)$.

c. $f^{-1}\big(B_1 \cap B_2\big) \subset f^{-1}(B_1) \cap f^{-1}(B_2)$.

Si $x \in f^{-1}(B_1) \cap f^{-1}(B_2)$, alors $f(x) \in B_1$ et $f(x) \in B_2$, donc $x \in f^{-1}\big(B_1 \cap B_2\big)$.

d. se prouve de même.

---

16. a. Pour tout $z \in G$, il existe $x \in E$ tel que $z = g \circ f(x)$ car $g \circ f$ est surjective.

Comme $z = g\big[f(x)\big]$ et comme $f(x) \in F$, en posant $y = f(x)$, il existe $y \in F$ tel que $z = g(y)$. Donc g est surjective.

b. Pour $x, x' \in E, f(x) = f(x') \Rightarrow g[f(x)] = g\big[f(x')\big] \iff g \circ f(x) = g \circ f(x')$.

L'injectivité de $g \circ f$ implique $x = x'$. Donc f est injective.

Solutions

Travail dirigé

Théorème de Cantor Bernstein

Si E et F sont deux ensembles tels qu'il existe une injection f de E dans F et une surjection g de F sur E. On se propose de montrer qu'il existe une bijection de E sur F. On pose $h = g \circ f$, $R = E \setminus g(F)$ et l'on désigne par M toute partie de E contenant $R \cup h(M)$.

1. a. Montrer que la famille $\mathcal{F}$ des parties M est non vide.

   b. Montrer que l'intersection $\mathcal{I}$ de tous les éléments de $\mathcal{F}$ est élément de $\mathcal{F}$.

   c. Montrer que si $M \in \mathcal{F}$ et $M_1 = R \cup h(M)$ alors $M_1 \in \mathcal{F}$.

2. On pose $\mathcal{J} = E \setminus \mathcal{I}$, $\mathcal{I}' = f(\mathcal{I})$, $\mathcal{J}' = g^{-1}(\mathcal{J})$.

   a. Montrer que $\{\mathcal{I}', \mathcal{J}'\}$ est une partition de F.

   b. Étudier l'application φ de E dans F déterminée par

$$\varphi(x) = f(x) \text{ si } x \in \mathcal{I};\ \varphi(x) = g^{-1}(x) \text{ si } x \in \mathcal{J}$$

et conclure.

Solution

Notons que $h(E) \subset g(F)$ et $R \cap h(E) = \emptyset$.

1. a. $E \subset \mathcal{F}$ donc $\mathcal{F}$ est non vide.

b. $\mathcal{I}$ est une partie de E contenant R et comme $h\Big(\bigcap_{i \in K} M_i\Big) \subset \bigcap_{i \in K} h(M_i)$ et comme $h(M_i) \subset M_i \Rightarrow \bigcap_{i \in K} h(M_i) \subset \bigcap_{i \in K} M_i$, il vient $h(\mathcal{I}) \subset \mathcal{I}$

c. $M_1 \subset M$. Donc $h(M_1) \subset h(M)$ et par suite, $h(M_1) \subset M_1$. D'autre part, R est une partie de M_1

2. a. $R \cup h(\mathcal{I})$ est une partie de $\mathcal{I}$ d'après 1.b), est élément de $\mathcal{F}$ d'après 1.c. et donc contient $\mathcal{I}$. D'où $\mathcal{I} = R \cup h(\mathcal{I})$. Donc $\{R, h(\mathcal{I}), \mathcal{J}\}$ est une partition de E. Compte tenu de la définition de R, $\{h(\mathcal{I}), \mathcal{J}\}$ est une partition de $g(F)$. L'application g étant injective, on en déduit que $\{g^{-1}(h(\mathcal{I})), g^{-1}(\mathcal{J})\}$ constitue une partition de F. On a $g^{-1}(h(\mathcal{I})) = f(\mathcal{I})$.

b. La restriction de l'injection f à $\mathcal{I}$ est une bijection de $\mathcal{I}$ sur $\mathcal{I}' = f(\mathcal{I})$. La restriction de l'injection g à $\mathcal{J}'$ est une bijection de $\mathcal{J}'$ sur $\mathcal{J} = g(\mathcal{J}')$; on peut donc parler d'une bijection réciproque g^{-1} de $\mathcal{J}$ sur $\mathcal{J}'$.

Comme $E = \mathcal{I} \cup \mathcal{J}$ et $F = \mathcal{I}' \cup \mathcal{J}'$, φ est donc une bijection de E sur F.

2 - Nombres complexes et trigonométrie

Rappels de cours

1. **Forme algébrique d'un nombre complexe**

   Tout nombre complexe s'écrit de façon unique $z = a+bi$ où a et b sont des nombres réels appelés respectivement, partie réelle et partie imaginaire de z.

   On note $a = \Re e(z)$; $b = \Im m(z)$.

   Si $a = \Re e(z) = 0$, on dit que z est imaginaire pur.

2. **Calculs dans $\mathbb{C}$**

   Pour tout couple $(z, z') \in \mathbb{C}^2$ où $z = a + ib, z' = a' + ib'$,

   $z = z' \iff a = a'$ et $b = b'$,

   $z = 0 \iff a = b = 0$,

   $z + z' = (a + a') + i(b + b')$,

   $-z = -a - ib$,

   $\overline{z} = a - ib$ est appelé le conjugué de z,

   $zz' = aa' - bb' + i(ab' + a'b)$,

   si $z \neq 0, \dfrac{1}{z} = \dfrac{a - ib}{a^2 + b^2} = \dfrac{\overline{z}}{|z|^2}$.

   $$\forall n \in \mathbb{N}, \forall (a, b) \in \mathbb{C}^2, (a + b)^n = \sum_{k=0}^{n} \binom{n}{p} a^p b^{n-p}.$$

   $$\forall n \in \mathbb{N}^\star, \forall z \in \mathbb{C} \setminus \{1\}, \sum_{k=0}^{n} z^k = \frac{1 - z^{n+1}}{1 - z}.$$

3. **Module d'un nombre complexe**

   On appelle module d'un nombre complexe z le nombre réel positif noté $|z|$ défini par $|z| = \sqrt{a^2 + b^2} = \sqrt{z\overline{z}}$.

   $|\Re e(z)| \leqslant |z|$ et $\Im m(z)| \leqslant |z|$,

   $z = 0 \iff |z| = 0$,

   $\forall (z, z') \in \mathbb{C}^2, |zz'| = |z|.|z'|$ et si $z' \neq 0, \left|\dfrac{z}{z'}\right| = \dfrac{|z|}{|z'|}$.

$\forall (z,z') \in \mathbb{C}^2, |z+z'| \leqslant |z| + |z'|.$

On note $\mathbb{U}$ l'ensemble des nombres complexes de module 1.

4. Conjugué d'un nombre complexe

$\forall z \in \mathbb{C}, \overline{\overline{z}} = z,$

$\forall (z_1,z_2) \in \mathbb{C}^2, \overline{z_1+z_2} = \overline{z_1} + \overline{z_2},$

$\forall (z_1,z_2) \in \mathbb{C}^2, \overline{z_1 z_2} = \overline{z_1}.\overline{z_2},$

$\forall z \in \mathbb{C}, |z|^2 = z\,\overline{z},$

$\forall z \in \mathbb{C}, \Re e(z) = \dfrac{z+\overline{z}}{2}$ et $\Im m(z) = \dfrac{z-\overline{z}}{2i}$

5. Argument d'un nombre complexe non nul

On appelle un argument d'un nombre complexe non nul z un nombre réel θ tel que $z = |z|\big(\cos(\theta) + i\sin(\theta)\big)$. Le second membre de cette égalité est appelé la forme trigonométrique du nombre complexe z.

$\arg(z)$ est donc défini modulo 2π.

Tout $z \in \mathbb{U}$ s'écrit $z = e^{i\theta} = \exp(i\theta) = \cos(\theta) + i\sin(\theta)$ où θ est un argument de z.

On retiendra, en particulier, $e^{i0} = 1$, $e^{i\pi} = -1$; $e^{i\pi/2} = i$.

$e^{i\theta} = e^{i\theta'} \iff \exists k \in \mathbb{Z}, \theta - \theta' = 2k\pi,$

$\forall (\theta,\theta') \in \mathbb{R}^2, e^{i\theta}.e^{i\theta'} = e^{i(\theta+\theta')},$

$\forall \theta \in \mathbb{R}, \overline{e^{i\theta}} = e^{-i\theta} = \dfrac{1}{e^{i\theta}}$

$\forall \theta \in \mathbb{R}, \forall n \in \mathbb{Z}, e^{in\theta} = \left(e^{i\theta}\right)^n$ (formule de Moivre)

$\forall \theta \in \mathbb{R}, \cos(\theta) = \dfrac{e^{i\theta}+e^{-i\theta}}{2}$ et $\cos(\theta) = \dfrac{e^{i\theta}-e^{-i\theta}}{2i}$ (formules d'Euler)

$e^{i\theta} + 1 = e^{\frac{i\theta}{2}}\left(2\cos\left(\frac{\theta}{2}\right)\right.$; $e^{i\theta} - 1 = e^{\frac{i\theta}{2}}\left(2i\sin\left(\frac{\theta}{2}\right)\right.$.

6. *Formules de trigonométrie (à savoir)*

cos est paire ; sin et tan sont impaires ; cos et sin sont 2π-périodiques ; tan est π-périodique et définie sur $\mathbb{R} \setminus \left\{\frac{\pi}{2} + k\pi \,\middle|\, k \in \mathbb{Z}\right\}$.

$\sin^2 + \cos^2 = 1, \qquad 1 + \tan^2 = \dfrac{1}{\cos^2}.$

$\cos(a+b) = \cos(a)\cos(b) - \sin(a)\sin(b).$

$\sin(a+b) = \sin(a)\cos(b) + \sin(b)\cos(a),$

$\tan(a+b) = \dfrac{\tan(a)+\tan(b)}{1-\tan(a)\tan(b)}.$

$\sin\left(\frac{\pi}{2} - x\right) = \cos(x), \qquad \cos\left(\frac{\pi}{2} - x\right) = \sin(x).$

$\sin(2x) = 2\sin(x)\cos(x),$

$\cos(2x) = \cos^2(x) - \sin^2(x) = 2\cos^2(x) - 1 = 1 - 2\sin^2(x).$

ou $\Big(1 + \cos(2x) = 2\cos^2(x) \qquad$ et $\qquad 1 - \cos(2x) = 2\sin^2(x)\Big).$

$\cos(p) + \cos(q) = 2\cos\left(\frac{p+q}{2}\right)\cdot\cos\left(\frac{p-q}{2}\right).$

$\cos(p) - \cos(q) = -2\sin\left(\frac{p+q}{2}\right)\cdot\sin\left(\frac{p-q}{2}\right).$

$\sin(p) + \sin(q) = 2\sin\left(\dfrac{p+q}{2}\right)\cdot\cos\left(\dfrac{p-q}{2}\right)$.

Si $t = \tan\left(\dfrac{x}{2}\right)$, alors $\cos(x) = \dfrac{1-t^2}{1+t^2}$; $\sin(x) = \dfrac{2t}{1+t^2}$.

On notera aussi que $a\cos(x) + b\sin(x) = \sqrt{a^2+b^2}\cos(x-\varphi)$ où φ est défini par $\cos(\varphi) = \dfrac{a}{\sqrt{a^2+b^2}}$ et $\sin(\varphi) = \dfrac{b}{\sqrt{a^2+b^2}}$.

7. Racines n-ièmes d'un nombre complexe Z

Étant donnés $Z \in \mathbb{C} \setminus \{0\}$ et $n \in \mathbb{N}^\star$, l'équation $z^n = Z$ a n solutions distinctes.

Si $Z = re^{i\alpha}$, on a $z^n = Z \iff z = \alpha^{\frac{1}{n}} \exp\left(i\dfrac{\alpha + 2k\pi}{n}\right)$, $k \in [\![0, n-1]\!]$.

Les racines n-ièmes de l'unité sont $\omega_k = \exp\left(\dfrac{2ik\pi}{n}\right)$, $k \in [\![0, n-1]\!]$.

$\forall k \in [\![0, n-1]\!], \overline{\omega_k} = \omega_{n-k}$.

$\forall (a,b) \in \mathbb{C}^2, a^n = b^n \iff a = b\omega_k, k \in [\![0, n-1]\!]$.

On note $\mathbb{U}_n$ l'ensemble des racines n-ièmes de l'unité.

$\mathbb{U}_1 = \{1\}$; $\mathbb{U}_2 = \{-1, 1\}$; $\mathbb{U}_3 = \{1, j, j^2\}$ avec $j^2 = \overline{j}$, $1 + j + j^2 = 0, j = e^{\frac{2i\pi}{3}}$; $\mathbb{U}_4 = \{1, i, -1, -i\}$; $\mathbb{U}_6 = \{1, -1, j, -j, j^2, -j^2\}$.

8. Racines carrées d'un nombre complexe

Soit à résoudre dans $\mathbb{C}$, l'équation : $z^2 = Z$.

- Si $Z = \rho e^{i\theta}$ avec $\theta \in \left\{\dfrac{\pi}{6}, \dfrac{\pi}{4}, \dfrac{\pi}{3}, \dfrac{\pi}{2}\right\}$ alors $z = \pm\sqrt{\rho}e^{\frac{i\theta}{2}}$.
- Sinon, $Z = a + ib$. On cherche $z = x + iy$ avec x et y réels.

$$z^2 = Z \iff \begin{cases} x^2 - y^2 = a \\ 2xy = b \end{cases} \iff \begin{cases} x^2 - y^2 = a \\ x^2 + y^2 = \sqrt{a^2+b^2} \text{ car } |z|^2 = |Z| \\ 2xy = b \end{cases}$$

D'où x^2 et y^2. On obtient les deux solutions $z = x + iy$ car le signe de xy est celui de b.

- Résolution d'une équation du second degré : $az^2 + bz + c = 0, a \neq 0$.

Cette équation a 2 solutions $z_1 = \dfrac{-b+\delta}{2a}$ et $z_2 = \dfrac{-b-\delta}{2a}$ où δ est une racine carrée de $\Delta = b^2 - 4ac$.

$$z_1 + z_2 = -\frac{b}{2a} \ ; \ z_1 z_2 = \frac{c}{a} \ ; \ az^2 + bz + c = a(z - z_1)(z - z_2).$$

9. Applications géométriques d'un nombre complexe

- Représentation géométrique d'un nombre complexe

L'image de tout nombre complexe $z = a + ib$ dans le plan $\mathbb{R}^2$ rapporté à un repère orthonormé $(0; \vec{i}, \vec{j})$ est le point $M(a, b)$ *i.e.* le vecteur $\overrightarrow{OM}$ est image de z. On dit que z est l'affixe du point M ou du vecteur $\overrightarrow{OM}$.

- Soient A le point d'affixe a et B le point d'affixe b,

  la distance $AB = |b - a|$,

  l'angle $(\widehat{\vec{i}, \overrightarrow{AB}})$ est congru à $\arg(b-a)$ modulo (2π).

- Si A, B, M sont les points distincts d'affixes respectifs a, b, z,
$$\frac{MA}{MB} = \frac{|z-a|}{|z-b|} \text{ et } (\widehat{\overrightarrow{MA}, \overrightarrow{MB}}) \equiv \arg\left(\frac{z-b}{z-a}\right) \bmod (2\pi).$$
- Les points images de z et $\overline{z}$ sont symétriques par rapport à l'axe des abscisses.
- Soient $r \in \mathbb{R}_+^\star$ et $a \in \mathbb{C}$. L'ensemble des points M d'affixe z tels que $|z-a| = r$ (*resp.* $|z-a| \leqslant r$) est le cercle (*resp.* le disque fermé) de centre A, d'affixe a et de rayon r.

Énoncés des exercices

1. Si $|z| = |z'| = 1$ et $zz' \neq -1$, montrer que $\dfrac{z+z'}{1+zz'}$ est un nombre réel.

---

2. z_1 et z_2 désignant deux racines cubiques distinctes du nombre z, trouver z tel que $z_1 + 2z_2 = z\sqrt{3}$.

---

3. Pour quels (n,p) dans $\mathbb{N}^2$ le système $\begin{cases} z^n = 1 \\ (1+z)^p = 1 \end{cases}$ est-il compatible ?

---

4. Montrer : $|z| \leqslant 1$ et $z \neq 1 \Rightarrow \Re e\left(\dfrac{1}{1-z}\right) \geqslant \dfrac{1}{2}$.

---

5. Résoudre les inéquations :

a. $\sqrt{1+2\cos(x)} \leqslant \sin(x)$ b. $\dfrac{\tan^2(x)-2}{\tan^2(x)-1} < \dfrac{1}{2}$ c. $\dfrac{\cos(3x)-\cos(2x)}{\tan(x)-4\sin(x)\cos(x)} < 0.$

---

6. Montrer que le triangle dont les sommets ont pour affixes respectifs a, b et c est équilatéral direct si, et seulement si, $a + jb + j^2c = 0$.

---

7. Si $n \in \mathbb{N}^\star$ et $p \in [\![0, n]\!]$ on note D_p la droite d'équation $y = x\tan(\theta_p)$ où $\theta_p = \left(1 + \dfrac{p}{n}\right)\dfrac{\pi}{2}$.
M désigne un point fixé de $\mathbb{R}^2$, M_p son symétrique par rapport à D_p et z_p l'affixe de M_p. Étudier la convergence de la suite de terme général $\dfrac{1}{n}\left|\displaystyle\sum_{p=0}^{n-1} z_p\right|$.

---

8. Soient P et Q deux parties non vides de $\mathbb{C}$ telles que $P \cup Q = \mathbb{C}$. On considère $\Delta_P : P \times P \to \mathbb{R}_+,\ (z,t) \mapsto |z-t|$ et $\Delta_Q : Q \times Q \to \mathbb{R}_+,\ (z,t) \mapsto |z-t|$. On suppose de montrer que l'une (au moins) de ces applications est surjective. On suppose donc Δ_P non surjective.

a. Montrer, si $z \in P$, l'existence d'un nombre réel $d > 0$ tel que le cercle de centre z et de rayon d soit inclus dans Q.

b. Pour un tel d montrer que $[0, 2d]$ est dans l'image de Δ_Q.

c. Conclure.

9. Simplifier les expressions suivantes où a, b, α, x, θ sont des réels donnés, $n \in \mathbb{N}^\star$ et $\omega_k = \exp\left(\dfrac{2ik\pi}{n}\right)$.

a. $\displaystyle\sum_{k=0}^{n-1} \cos(\alpha + k\theta)$; b. $\displaystyle\sum_{k=0}^{n-1} k\sin(k\theta)$; c. $\displaystyle\sum_{k=0}^{n-1} \cos^4 k\theta$; d. $\displaystyle\sum_{k=1}^{n-1} \frac{\sin(k\theta)}{\cos^k(\theta)}$, $\theta \in ?$;

e. $\displaystyle\sum_{k=0}^{n-1} \omega_k^p$, $p \in \mathbb{Z}$; f. $\displaystyle\sum_{k=0}^{n-1} (\omega_k + x)^n$; g. $\displaystyle\sum_{k=0}^{n-1} (a + b\omega_k)$;

h. $\displaystyle\prod_{k=0}^{n-1} (\omega_k^2 - 2\omega_k\cos(\alpha) + 1)$; i. $\displaystyle\prod_{k=0}^{n} \cos\left(\frac{x}{2^k}\right)$; j. $\displaystyle\sum_{k=1}^{n} \frac{1}{2^k\cos(x)\cos(2x)\ldots\cos(2^{k-1}x)}$.

---

10. Linéariser $\cos^n(x)$ et $\sin^n(x)$, $n \in \mathbb{N}$ et $x \in \mathbb{R}$. *On distinguera les cas n pair et n impair.*

---

11. Si $p \in \mathbb{N}^\star$ et $n \geqslant 2p + 1$ montrer $\displaystyle\sum_{q=0}^{2n-1} \cos\left(x + \frac{q\pi}{2n}\right) = \frac{2n}{2^{2p}}\binom{2p}{p}$ pour tout réel x.

---

12. Exprimer $\cos(nx)$ et $\dfrac{\sin(nx)}{\sin(x)}$ sous forme de polynômes en $\cos(x)$ dont on précisera le degré.

---

13. Montrer que $\displaystyle\prod_{k=1}^{n-1} \sin\left(\frac{k\pi}{2n}\right) = \frac{\sqrt{n}}{2^{n-1}}$, $n \geqslant 2$.

Penser à $X^{2n} - 1 = (X^2 - 1)\displaystyle\prod_{k=1}^{n-1}\left(X^2 - 2X\cos\left(\frac{k\pi}{n}\right) + 1\right)$.

---

14. a. $(a, b, c) \in \mathbb{C}^3$, calculer $x + y + z$, $xy + xz + yz$, xyz si

$$x = a + b + c,\ y = a + jb + j^2c,\ z = a + j^2b + jc.$$

b. Exprimer a, b, c en fonction de x, y, z. Montrer que

$$|x|^2 + |y|^2 + |z|^2 = \lambda(|a|^2 + |b|^2 + |c|^2), \lambda \in \mathbb{N}.$$

c. On pose $A_p = \displaystyle\sum_{k=0}^{n-1} a_k \exp\left(\frac{2ikp\pi}{n}\right)$ où $a_k \in \mathbb{C}$; calculer $\displaystyle\sum_{p=0}^{n-1} |A_p|^2$.

---

15. Résoudre dans $\mathbb{C}$ les équations suivantes :

a. $\left(\dfrac{z+1}{z-1}\right)^n + \left(\dfrac{z-1}{z+1}\right)^n = 1$; b. $\left(\dfrac{1+iz}{1-iz}\right)^n = \dfrac{1 + i\tan(\alpha)}{1 - i\tan(\alpha)}$ où $\alpha \in \left]-\dfrac{\pi}{2}, \dfrac{\pi}{2}\right[$;

c. $z^n = \overline{z}$ où $n \in \mathbb{N}^\star$; d. $z^5 = z - \overline{z}$; e. $\begin{cases} z_1 + z_2 + z_3 = 1 \\ |z_1| = |z_2| = |z_3| = 1 \\ z_1z_2z_3 = 1 \end{cases}$

---

16. a. Calculer $\displaystyle\sum_{0 \leqslant 3k+q \leqslant n} \binom{n}{3k+q}$ pour $q \in \{0, 1, 2\}$.

b. Calculer $\displaystyle\sum_{0 \leqslant 4k+q \leqslant n} \binom{n}{4k+q}$ pour $q \in \{0, 1, 2, 3\}$.

17. Montrer que

$$\forall n \in \mathbb{N}^\star, \forall z_1, \ldots, z_n \in \mathbb{C}^\star, \left|\sum_{k=1}^{n} z_k\right| = \sum_{k=1}^{n} |z_k| \Longleftrightarrow \forall k \in [\![1, n]\!], \arg(z_k) = \arg(z_1)$$

---

18. a. Montrer que $\forall (z, z') \in \mathbb{C}^2, |z + z'|^2 + |z - z'|^2 = 2\big(|z|^2 + |z'|^2\big)$

b. Montrer que si $u^2 = zz'$ alors $|z| + |z'| = \left|\dfrac{z + z'}{2} + u\right| + \left|\dfrac{z + z'}{2} - u\right|$.

---

19. Montrer que $\forall n \in \mathbb{N}^\star, \forall (z_1, \ldots, z_n) \in \mathbb{C}^n, \dfrac{\left|\sum_{k=1}^{n} z_k\right|}{1 + \left|\sum_{k=1}^{n} z_k\right|} \leqslant \sum_{k=1}^{n} \dfrac{|z_k|}{1 + |z_k|}$.

---

20. Montrer que $\forall (a, b, c) \in \mathbb{C}^3, |a| = |b| = |c| = 1 \Rightarrow |a + b + c| = |ab + ac + ca|$.

---

21. Soit $z = a + ib$ avec $(a, b) \in \mathbb{C}^2$. Montrer que
$|z|^2 = 0 \iff (z = 0)$ ou $(a, b) \in \mathbb{R}^2$.

---

22. Soit $(a, b, z) \in \mathbb{C}^3$ avec $|a| = |b| = 1$ et $a \neq b$. On définit $Z = \dfrac{z + ab\,\overline{z} - a - b}{a - b}$.
Montrer que $Z^2 \in \mathbb{R}_-$.

---

23. Racines carrées de $5 - 6i$, $4ab + 2(a^2 - b^2)i$ avec $a, b \in \mathbb{R}$.

---

24. a. Résoudre dans $\mathbb{C}$ l'équation : $z^2 + 4z + 1 + i(3z + 5) = 0$.

b. Résoudre dans $\mathbb{C}$ l'équation : $(z^2 + 4z + 1)^2 + (3z + 5)^2 = 0$.

c. En déduire quatre nombres réels a, b, c, d tels que

$$(z^2 + 4z + 1)^2 + (3z + 5)^2 = (z^2 + az + b)(z^2 + cz + d).$$

---

25. Soient a, b, c les racines dans $\mathbb{C}$ de l'équation

$$z^3 - (3 + 2i)z^2 + (3 + 11i)z - 2(1 + 7i) = 0.$$

Sachant que $a \in \mathbb{R}$, calculer a, puis b et c.

---

26. Résoudre dans $\mathbb{C}$

a. $z^2 - (5 - 14i)z - 2(5i + 12) = 0$

b. $z^2 - 2(1 + ia^2)z + 1 - a^4 = 0$ avec $a \in \mathbb{C}$

c. $z^2 - 2abz + b^2 = 0$ avec $a \in \mathbb{R}$ et $b \in \mathbb{C}$.

d. $z^4 = 24i - 7$.

---

27. Soit $z_0 = \cos\left(\dfrac{2\pi}{5}\right) + i \sin\left(\dfrac{2\pi}{5}\right)\cdot$ On pose $a = z_0 + z_0^4$ et $b = z_0^2 + z_0^3$.

a. Montrer que $1 + z_0 + z_0^2 + z_0^3 + z_0^4 = 0$.
En déduire que a et b sont solutions de l'équation $x^2 + x - 1 = 0 \qquad (\star)$.

b. Déterminer a en fonction de $\cos\left(\frac{2\pi}{5}\right)\cdot$

c. Résoudre ($\star$) et en déduire la valeur de $\cos\left(\frac{2\pi}{5}\right)\cdot$

---

28. Soit $z_0 = \cos\left(\frac{2\pi}{7}\right) + i\sin\left(\frac{2\pi}{7}\right)\cdot$ On pose $a = z_0 + z_0^2 + z_0^4$ et $b = z_0^3 + z_0^5 + z_0^6$.

a. Montrer que a et b sont conjugués et que la partie imaginaire de a est strictement positive.

b. Calculer $a+b$, ab. En déduire a et b.

---

29. a. Soient $a_1, a_2, b_1, b_2 \in \mathbb{R}$.

Montrer qu'il existe $x, y \in \mathbb{R}$, tels que $(a_1^2 + a_2^2)(b_1^2 + b_2^2) = x^2 + y^2$.

b. Soient $p \in \mathbb{N}^\star$ et $n_1, \ldots, n_p$ des entiers naturels, $a_1, \ldots, a_p, b_1, \ldots b_p \in \mathbb{Q}$.

Montrer que : $\exists (x,y) \in (\mathbb{Q}_+)^2, \prod_{k=1}^{p} (a_k^2 + b_k^2)^{n_k} = x^2 + y^2$.

---

30. Résoudre les équations et le système suivants :

a. $\cos(x) = \frac{\sqrt{6}+\sqrt{2}}{4}\cdot$ *On pourra calculer* $\cos(2x)$.

b. $\sin(\pi\cos(x)) = \cos(\pi\sin(x))$.

c. $\sin(x).\tan(x) + 2\cos(x) = a$ où $a \in \mathbb{R}$.

d. $\begin{cases} \cos(a) + \cos(a+x) + \cos(a+y) = 0 \\ \sin(a) + \sin(a+x) + \sin(a+y) = 0 \end{cases}$ où $a \in \mathbb{R}$.

---

31. Résoudre les équations suivantes dans $\mathbb{C}$.

a. $(z-2)^5 = (1+i)(z-i)^5$.

b. $z^2 = j - j^2$.

c. $z^4 = 1 + j$.

d. $z^3 = 1 - j$.

e. $(1+z)^n + (1-z)^n = 0$ où $n \in \mathbb{N}^\star$.

f. $(1+z)^n - (1-z)^n = 0$ où $n \in \mathbb{N}^\star$.

Solutions des exercices

1. Comme $z\,\overline{z} = 1 = z'\,\overline{z'}$ on a $\overline{Z} = \dfrac{\dfrac{1}{z} + \dfrac{1}{z'}}{1 + \dfrac{1}{zz'}} = \dfrac{z' + z}{zz' + 1} = Z$ et donc Z est réel.

---

2. On a donc $z_2 \in \{jz_1, j^2 z_1\}$.

Si $z_2 = jz_1$ alors $z_1 + 2z_2 \iff z_1(1+2j) = z_1^3\sqrt{3} \iff z_1^2 = i$ car $z_1 \neq 0$ puisque $z_1 \neq z_2$. Donc $z_1 \in \{e^{i\pi/4}, -e^{-i\pi/4}\}$.

Si $z_2 = j^2 z_1$, on obtient de même : $z_1 \in \{e^{-i3\pi/4}, -e^{-i3\pi/4}\}$.

En conclusion, l'ensemble des solutions est $\{e^{i\pi/4}, e^{-i\pi/4}, e^{i3\pi/4}, e^{-i3\pi/4}\}$.

---

3. Si z est solution, alors $|z| = |z+1| = 1$ et l'image de z est dans l'intersection du cercle de centre 0 et de rayon 1 et du cercle de centre -1 et de rayon 1. Comme le triangle formé par les points d'affixes $0, z, -1$ est équilatéral, on a $z \in \{j, \overline{j}\}$.
Comme z est solution si, et seulement si, $\overline{z}$ est solution, le système est équivalent à $\begin{cases} (1+j)^p = 1 \\ j^n = 1 \end{cases}$ *i.e.* $\begin{cases} (-j)^2 = 1 \\ j^n = 1 \end{cases}$ *i.e.* $n \in 3\mathbb{N}$ et $p \in 6\mathbb{N}$.

---

4. Si $z = x + iy \neq 1$, alors $\Re e\left(\dfrac{1}{1-z}\right) = \dfrac{1-x}{(1-x)^2 + y^2}$.

Or $(1-x)^2 + y^2 = x^2 + y^2 - 1 + 2(1-x) \leqslant 2(1-x)$ car $|z|^2 = x^2 + y^2 \leqslant 1$.

Donc $\Re e\left(\dfrac{1}{1-z}\right) \geqslant \dfrac{1}{2}$.

---

5. a. Notons (1) l'inéquation proposée. Comme $x \mapsto 1 + 2\cos(x)$ et $x \mapsto \sin(x)$ sont des fonctions 2π-périodiques il suffit de la résoudre sur $[-\pi, \pi]$.

$\big(|x| \leqslant \pi \text{ et } 1 + 2\cos(x) \geqslant 0\big) \iff |x| \leqslant \dfrac{2\pi}{3}$

$\big(|x| \leqslant \pi \text{ et } \sin(x) \geqslant 0\big) \iff 0 \leqslant x \leqslant \pi$.

On se limite donc à la résolution sur $\left[0, \dfrac{2\pi}{3}\right]$.

Alors (1) $\iff 1 + 2\cos(x) \leqslant \sin^2(x) \iff \cos(x)[2 + \cos(x)] \leqslant 0$ car $\sin^2(x) = 1 - \cos^2(x)$, d'où (1) $\iff \cos(x) \leqslant 0 \iff x \in \left[\dfrac{\pi}{2}, \dfrac{2\pi}{3}\right]$.

En définitive x est solution de (1) si, et seulement si, il existe un entier relatif k tel que $x - 2k\pi \in \left[\dfrac{\pi}{2}, \dfrac{2\pi}{3}\right]$.

b. Notons (2) l'inéquation proposée. Comme $x \mapsto \dfrac{\tan^2(x) - 2}{\tan^2(x) - 1}$ est une fonction paire et π-périodique il suffit de se placer sur $\left[0, \dfrac{\pi}{2}\right[\setminus \left\{\dfrac{\pi}{4}\right\}$.

Sur $\left[0, \frac{\pi}{4}\right[$ comme $\tan^2(x) - 1 < 0$, (2) $\iff$ $2\tan^2(x) - 4 > \tan^2(x) - 1$ *i.e.* (2) $\iff$ $\tan^2(x) > 3$ qui n'a aucune solution.
Sur $\left]\frac{\pi}{4}, \frac{\pi}{2}\right[$ en revanche (2) $\iff$ $2\tan^2(x) - 4 < \tan^2(x) - 1$ $\iff$ $\tan^2(x) < 3$ *i.e.* $\frac{\pi}{4} < x < \frac{\pi}{3}$.
Donc x est solution de (2) si, et seulement si, il existe un entier relatif k tel que $\frac{\pi}{4} < |x - k\pi| < \frac{\pi}{3}$.
c. Notons (3) la dernière inéquation. Par 2π-périodicité et par imparité on se limite à $[0, \pi]$. On note $f : x \mapsto \dfrac{\cos(3x) - \cos(2x)}{\tan(x) - 4\sin(x)\cos(x)}$.
On va étudier les signes à l'aide du théorème des valeurs intermédiaires et, donc, chercher les valeurs de x pour lesquelles le numérateur et le dénominateur s'annulent.
$\cos(3x) = \cos(2x) \iff 3x \equiv \pm 2x \quad [2\pi] \iff 5x \equiv 0 \quad [2\pi]$ ou $x \equiv 0 \quad [2\pi]$. On obtient ainsi $x = 0$ ou $x = \frac{2\pi}{5}$ ou $x = \frac{4\pi}{5}$.
Si $0 < x < \pi$ et $x \neq \frac{\pi}{2}$ alors $\tan(x) = 4\sin(x)\cos(x) \iff 1 = 4\cos^2(x)$ car $\sin(x) \neq 0$. On obtient $\frac{\pi}{3}$ et $\frac{2\pi}{3}$ pour solutions.

x	0		$\frac{\pi}{3}$		$\frac{2\pi}{5}$		$\frac{\pi}{2}$		$\frac{2\pi}{3}$		$\frac{4\pi}{5}$		π
$\cos(3x) - \cos(2x)$	0	$-$		$-$	0	$+$		$+$		$+$	0	$-$	
$\tan(x) - 4\sin(x)\cos(x)$	0	$-$	0	$+$		$+$	‖	$-$	0	$+$		$+$	0
$f(x)$	‖	$+$	‖	$-$	0	$+$	‖	$-$	‖	$+$	0	$-$	‖

x est solution s'il existe un entier relatif k tel que $x - 2k\pi$ est élément de
$\left]-\frac{4\pi}{5}, -\frac{2\pi}{3}\right[\cup \left]-\frac{\pi}{2}, -\frac{2\pi}{5}\right[\cup \left]-\frac{\pi}{3}, 0\right[\cup \left]\frac{\pi}{3}, \frac{2\pi}{5}\right[\cup \left]\frac{\pi}{2}, \frac{2\pi}{3}\right[\cup \left]\frac{4\pi}{5}, \pi\right[$.

---

6. A, B, C est équilatéral direct si, et seulement si, $\overrightarrow{BA}$ est l'image de $\overrightarrow{BC}$ par la rotation de centre B et d'angle $\pi/3$, ce qui s'écrit $a - b = -\bar{j}(c - b)$ soit encore $a - b(1 + \bar{j}) + \bar{j}c = 0$. Comme $1 + j + \bar{j} = 0$, ceci équivaut à $a + bj + c\bar{j} = 0$.

---

7. Si M est d'affixe $re^{i\theta}$ où $r \in \mathbb{R}_+$ et $\theta \in \mathbb{R}$ alors $z_p = re^{i2\theta_p - \theta}$ d'où $\sum_{p=0}^{n-1} z_p = re^{-i\theta} \sum_{p=0}^{n-1} e^{2i\theta_p} = -re^{-i\theta} \sum_{p=0}^{n-1} \omega^p$ où l'on a posé $\omega = e^{\frac{2i\pi}{n}} \neq 1$ dès que $n \geqslant 2$. Par suite $\left|\sum_{p=0}^{n-1} z_p\right| = r\left|\dfrac{1 - \omega^n}{1 - \omega}\right| \leqslant \dfrac{2r}{|1 - \omega|}$, ce qui montre que la suite proposée converge vers 0.

---

8. a. Soit d un nombre réel non dans l'image de Δ_P. Alors si $z \in P$ il n'existe aucun z' dans P tel que $|z - z'| = d$. Comme $P \cup Q = \mathbb{C}$ cela montre que $|z - z'| = d \Rightarrow z' \in Q$. Le cercle de centre z et de rayon d est donc inclus dans Q.

b. Comme ce cercle est de diamètre $2d$ cela montre que $[0, 2d]$ est inclus dans l'image de Δ_Q. En effet si $\theta \in [0, \pi]$, $z + de^{i\theta} \in Q$, $\theta \mapsto |(z + de^{i\theta}) - (z + d)|$ est continue et prend les valeurs 0 et $2d$ en 0 et π.

c. Si $\delta \geqslant 2d$ et si δ n'est pas dans l'image de Δ_Q le même raisonnement montrerait que $[0, 2\delta]$ est dans l'image de Δ_P, ce qui contredit la définition de d.
Par suite $[0, 2d] \cup [2d, +\infty[$ est inclus dans l'image de Δ_Q *i.e.* Δ_Q est surjective.

---

9. a. $C_n(\alpha, \theta) = \sum_{k=0}^{n-1} \cos\left(\alpha + k\theta\right) = \Re e(Z)$.

$$Z = \sum_{k=0}^{n-1} e^{i(\alpha+k\theta)} = e^{i\alpha} \sum_{k=0}^{n-1} \left(e^{i\theta}\right)^k = \begin{cases} e^{i\alpha} \dfrac{1 - e^{in\theta}}{1 - e^{i\theta}} & \text{si } \theta \notin 2\pi\mathbb{Z} \\ ne^{i\alpha} & \text{si } \theta \in 2\pi\mathbb{Z} \end{cases}$$

Si $\theta \notin 2\pi\mathbb{Z}$, $Z = \dfrac{\sin(n\theta/2)}{\sin(\theta/2)} . e^{i(\alpha + \frac{n-1}{2}\theta)}$.

Donc $C_n(\alpha, \theta) = \dfrac{\sin(n\theta/2)}{\sin(\theta/2)} \cdot \cos\left(\alpha + \dfrac{n-1}{2}\theta\right)$ si $\theta \notin 2\pi\mathbb{Z}$ et $n\cos(\alpha)$ sinon.

b. $\sum_{k=0}^{n-1} k\sin(k\theta) = -\dfrac{d}{d\theta}\left(\sum_{k=0}^{n-1} \cos(k\theta)\right) = -\dfrac{\partial C_n}{\partial \theta}(0, \theta)$.

c. $\cos^4(x) = \dfrac{1}{2^4}\left(e^{ix} + e^{-ix}\right)^4 = \dfrac{1}{8}\left(\cos(4x) + 4\cos(2x) + 3\right)$.

$$\sum_{k=0}^{n-1} \cos^4(k\theta) = \frac{1}{8}\left(C_n(0, 4\theta) + 4C_n(0, 2\theta) + 3n\right).$$

d. $\displaystyle\sum_{k=0}^{n-1} \frac{\sin(k\theta)}{\cos^k(\theta)} = \Im m\left[\sum_{k=0}^{n-1}\left(\frac{e^{i\theta}}{\cos(\theta)}\right)^k\right] = \Im m\left[\frac{1 - \left(\dfrac{e^{i\theta}}{\cos(\theta)}\right)^n}{1 - \left(\dfrac{e^{i\theta}}{\cos(\theta)}\right)}\right]$ si $\cos(\theta)\sin(\theta) \neq 0$

$$\sum_{k=0}^{n-1} \frac{\sin(k\theta)}{\cos^k(\theta)} = \left(1 - \frac{\cos(n\theta)}{\cos^n(\theta)}\right)\operatorname{cotan}(\theta).$$

e. $S(n, p) = \displaystyle\sum_{k=0}^{n-1} \left(\omega_k\right)^p = \sum_{k=0}^{n-1} \left(\omega_1^p\right)^k = \begin{cases} \dfrac{1 - \omega_1^{np}}{1 - \omega_1^p} & \text{si } n \nmid p \\ n & \text{sinon} \end{cases}$ *i.e.*
$S(n, p) = 0$ si n divise p et n sinon.

f. $\displaystyle\sum_{k=0}^{n-1}(\omega_k + x)^n = \sum_{k=0}^{n-1}\sum_{\ell=0}^{n}\binom{n}{\ell}\omega_k^\ell x^{n-\ell} = \sum_{\ell=0}^{n}\binom{n}{\ell} S(n, \ell)x^{n-\ell}$ avec les notations de e. Donc $\displaystyle\sum_{k=0}^{n-1}(\omega_k + x)^n = n(1 + x^n)$.

g. $\displaystyle\sum_{k=0}^{n-1}(a + b\omega_k) = na + bS(n, 1) = na$.

h. $A(\alpha) = \displaystyle\prod_{k=0}^{n-1}(\omega_k^2 + 2\omega_k\cos(\alpha) + 1) = \prod_{k=0}^{n-1}(\omega_k - e^{i\alpha})(\omega_k - e^{-i\alpha})$.

Comme $\prod_{k=0}^{n-1}(X-\omega_k)=X^n-1$, on a $A(\alpha)=(e^{in\alpha}-1)(e^{-in\alpha}-1)=4\sin^2\left(\frac{n\alpha}{2}\right)$.

i. $P_n(x)=\prod_{k=1}^{n}\cos\left(\frac{x}{2^n}\right)$ Comme $\sin(2\theta)=\frac{1}{2}\sin(\theta)\cos(\theta)$, on a

$P_n(x).\sin\left(\frac{x}{2^n}\right)=\frac{\sin(x)}{2^n}$. D'où $P_n(x)$ si $x\notin 2^n\pi\mathbb{Z}$ et $P_n(2^np\pi)=(-1)^p, p\in\mathbb{Z}$.

j. Cherchons α_k tel que

$$\frac{1}{2^k\cos(x)\ldots\cos(2^{k-1}x)}=\frac{\alpha_{k-1}}{2^{k-1}\cos(x)\ldots\cos(2^{k-2}x)}-\frac{\alpha_k}{2^k\cos(x)\ldots\cos(2^{k-1}x)}.$$

Il suffit que $1=2\alpha_{k-1}\cos(2^{k-1}x)-\alpha_k$ pour tout $k\in[\![2,n]\!]$.

Comme $\cos(2\theta)=2\cos^2(\theta)-1$, on vérifie que $\alpha_k=\cos(2^kx)$ convient.

Par télescopage, avec des notations immédiates, on a

$$\sum_{k=1}^{n}\frac{1}{2^k\cos(x)\ldots\cos(2^{k-1}x)}=\sum_{k=2}^{n}(\lambda_{k-1}-\lambda_k)+\frac{1}{2\cos(x)}=\lambda_1-\lambda_n+\frac{1}{2\cos(x)}$$

Donc $\sum_{k=1}^{n}\frac{1}{2^k\cos(x)\ldots\cos(2^{k-1}x)}=\cos(x)-\frac{\cos(2^nx)}{2^n\cos(x)\ldots\cos(2^{n-1}x)}$.

---

10. $2^{2n}\cos^{2n}(x)=\binom{2n}{n}+2\sum_{k=0}^{n-1}\binom{2n}{k}\cos\left(2(n-k)x\right)$

$2^{2n}\cos^{2n+1}(x)=\sum_{k=0}^{n}\binom{2n+1}{k}\cos\left((2n-2k+1)x\right)$

$2^{2n}\sin^{2n+1}(x)=\sum_{k=0}^{n}(-1)^{n+k}\binom{2n+1}{k}\sin\left((2n-2k+1)x\right)$

$2^{2n}\sin^{2n}(x)=\binom{2n}{n}+2\sum_{k=0}^{n-1}(-1)^{n+k}\binom{2n}{k}\cos\left(2(n-k)x\right)$.

Démontrons, à titre d'exemple, la dernière formule.

$$\sin^{2n}(x)=\frac{1}{(2i)^{2n}}\left(e^{ix}-e^{-ix}\right)^{2n}=\frac{(-1)^n}{2^{2n}}\sum_{k=0}^{2n}\binom{2n}{k}(-1)^ke^{2i(k-n)x}.$$

Posons $\alpha_k=\binom{2n}{k}(-1)^ke^{2i(k-n)x}$. Alors $\alpha_{2n-k}=\overline{\alpha_k}$. Comme

$\alpha_k+\overline{\alpha_k}=\binom{2n}{k}(-1)^k.2\cos\left((k-n)x\right)$ si $0\leqslant k\leqslant n-1$ et $\alpha_n=\binom{2n}{n}(-1)^n$,

le résultat est prouvé.

---

11. D'après l'exercice 10 $\cos^{2p}(\theta)=\frac{1}{2^{2p}}\binom{2p}{p}+\frac{2}{2^{2p}}\sum_{j=1}^{p}\binom{2p}{j+p}\cos\left(2j\theta\right)$.

$$\sum_{q=0}^{2n-1}\cos^{2p}\left(x+\frac{q\pi}{2n}\right)=\frac{2n}{2^{2p}}\binom{2p}{p}+\frac{2}{2^{2p}}\sum_{j=1}^{p}\binom{2p}{j+p}\sum_{q=0}^{2n-1}\cos\left[2j\left(x+\frac{q\pi}{2n}\right)\right]$$

Or $\sum_{q=0}^{2n-1}\cos\left[2j\left(x+\frac{q\pi}{2n}\right)\right]=C_{2n}\left(2jx,\frac{q\pi}{2n}\right)=0$ d'après l'exercice 9.e.

D'où le résultat.

Solutions

12. D'après la formule de Moivre, $\cos(nx) = \Re e(e^{inx}) = \Re e(\cos(x) + i\sin(x))^n$.
Avec la formule du binôme de Newton, on en déduit
$\cos(nx) = \Re e\left[\sum_{k=0}^{n} \binom{n}{k} \left(i\sin(x)\right)^k \cos^{n-k}(x)\right]$.
$\cos(nx) = \sum_{p=0}^{[n/2]} \binom{n}{2p} (-1)^p \sin^{2p}(x) \cos^{n-2p}(x) = T_n\big(\cos(x)\big)$ où
$T_n(X) = \sum_{p=0}^{[n/2]} \binom{n}{2p} (X^2-1)^p X^{n-2p}$.
Somme de polynôme de degré égal à n, T_n est un polynôme de degré $\leqslant n$. Son coefficient dominant est $\sum_{p=0}^{[n/2]} \binom{n}{2p} = 2^{n-1}$. Donc T_n est de degré n.
En procédant de même, on obtient $\sin(nx) = \sin(x)P_n(\cos(x))$ où
$P_n(X) = \sum_{p=0}^{[\frac{n-1}{2}]} \binom{n}{2p+1} (X^2-1)^p X^{n-2p-1}$ est un polynôme de degré $(n-1)$ et de coefficient dominant 2^{n-1}.

---

13. $z^{2n} = 1 \iff z = z_k = \exp\left(\dfrac{2ik\pi}{2n}\right) = \exp\left(\dfrac{ik\pi}{n}\right)$ avec $k \in [\![0, 2n-1]\!]$.
Donc $X^{2n} - 1 = \prod_{k=0}^{2n-1} (X - z_k) = (X-1)(X+1) \prod_{k=1}^{n-1} (X - z_k) \prod_{k=1}^{n-1} (X - \overline{z_k})$
car $z_0 = 1$, $z_n = -1$ et $z_{2n-k} = \overline{z_k}$.
Donc $X^{2n} - 1 = (X^2-1) \prod_{k=1}^{n-1} \left(X^2 - 2X\cos\left(\dfrac{k\pi}{n}\right) + 1\right)$.
Comme, d'autre part, $X^{2n} - 1 = (X^2-1)\sum_{k=0}^{n-1} (X^2)^k$, il s'ensuit que
$\sum_{k=0}^{n-1} (X^2)^k = \prod_{k=1}^{n-1} \left(X^2 - 2X\cos\left(\dfrac{k\pi}{n}\right) + 1\right)$, ce qui, après substitution de X par 1
donne $n = \prod_{k=1}^{n-1} \left(2 - 2\cos\left(\dfrac{k\pi}{n}\right)\right) = \prod_{k=1}^{n-1} \left(4\sin^2\left(\dfrac{k\pi}{2n}\right)\right) = 2^{2(n-1)}A^2$
où $A = \prod_{k=1}^{n-1} \sin\left(\dfrac{k\pi}{2n}\right)$. Comme, pour tout $k \in [\![1, n-1]\!]$, $0 < \dfrac{k\pi}{2n} < \dfrac{\pi}{2}$ le nombre réel A est strictement positif, le résultat est établi.

---

14. a. $x + y + z = 3a$; $xyz = a^3 + b^3 + c^3 - 3abc$; $xy + yz + zx = 3(a^2 - bc)$.
b. $a = \dfrac{1}{3}(x + y + z)$; $b = \dfrac{1}{3}(x + j^2y + jz)$; $c = \dfrac{1}{3}(x + jy + j^2z)$.
On montre que $\lambda = 3$.
c. $A_p\overline{A_p} = \sum_{k=0}^{n-1} a_k \exp\left(\dfrac{2ikp\pi}{n}\right)\left(\sum_{\ell=0}^{n-1} \overline{a_\ell} \exp\left(\dfrac{-2i\ell p\pi}{n}\right)\right)$.

Donc $A_p\overline{A_p} = \sum_{k=0}^{n-1} |a_k|^2 + \sum_{k\neq \ell} a_k\overline{a_\ell} \exp\left(\frac{2i(k-\ell)p\pi}{n}\right)$

$\sum_{p=0}^{n-1} |A_p|^2 = n\sum_{k=0}^{n-1} |a_k|^2 + S$ où $S = \sum_{p=0}^{n-1}\sum_{k\neq\ell} a_k\overline{a_\ell}\exp\left(\frac{2i(k-\ell)p\pi}{n}\right)$.

$S = \sum_{k\neq\ell} a_k\overline{a_\ell}\sum_{p=0}^{n-1}\exp\left(\frac{2i(k-\ell)p\pi}{n}\right)$.

D'après l'exercice 7.e), $\sum_{p=0}^{n-1}\exp\left(\frac{2i\lambda p\pi}{n}\right) = \begin{cases} n & \text{si } \lambda \in n\mathbb{Z} \\ 0 & \text{sinon}\end{cases}$

Or $(k,\ell)\in[\![0,n-1]\!]^2 \Rightarrow |k-\ell| \leqslant n-1$. Comme, de plus $k\neq\ell$, on a $S=0$. On a donc généralisé le résultat de b) en montrant que $\sum_{p=0}^{n-1}|A_p|^2 = n\sum_{k=0}^{n-1}|a_k|^2$.

---

15. a. Nécessairement $z \in \{-1,1\}$. Posons $Z = \left(\frac{z+1}{z-1}\right)^n$. On est ramené à la résolution de $Z + \frac{1}{Z} = 1$ *i.e.* $Z^2 - Z + 1 = 0$ qui a pour solutions $-j$ et $-j^2$.

$\left(\frac{z+1}{z-1}\right)^n = -j = e^{-i\pi/3} \iff \frac{z+1}{z-1} = e^{i\theta_k}, k\in[\![0,n-1]\!]$ où $\theta_k = -\frac{\pi}{3n} + \frac{2k\pi}{n}$.

Comme $e^{i\theta_k}\neq 1$, il s'ensuit que $z = -i\tan\left(\frac{\theta_k}{2}\right)$, $k\in[\![0,n-1]\!]$.

Le cas où $\left(\frac{z+1}{z-1}\right)^n = -j^2$ se traite de façon analogue.

b. $\left(\frac{1-iz}{1+iz}\right)^n = \frac{\cos(\alpha)-i\sin(\alpha)}{\cos(\alpha)+i\sin(\alpha)} = e^{-2i\alpha}$ (1).

(1) $\iff \frac{1-iz}{1+iz} = e^{-2i\theta_k}, 0\leqslant k\leqslant n-1$ où $\theta_k = \frac{\alpha-2k\pi}{n}$.

Comme $e^{-2i\theta_k}\neq -1$, on trouve (1) $\iff z = \tan(\theta_k), 0\leqslant k\leqslant n-1$.

c. Si $n=1$, $z=\overline{z} \iff z\in\mathbb{R}$. Supposons dorénavant que $n\geqslant 2$.

$z=0$ est solution. Sinon, $z^n = \overline{z} \Rightarrow z^{n+1} = |z|^2 > 0$.

$z^n = \overline{z} \Rightarrow |z|^n = |z| \Rightarrow |z|^{n-1} = 1 \Rightarrow |z| = 1$ puisque $n\geqslant 2$.

Dans ce cas, $z^{n+1} = 1 \iff z = e^{2ik\pi/(n+1)}$ avec $0\leqslant k\leqslant n$.

Donc, si $n\geqslant 1$, l'ensemble des solutions est $\{0\}\cup\{e^{2ik\pi/(n+1)} \mid 0\leqslant k\leqslant n\}$.

d. $z^5 = \overline{z}$ (1).

0 est solution de (1). Cherchons les solutions non nulles sous forme trigonométrique. Posons $z = \rho e^{i\theta}$ ave $\rho > 0$ et $\theta\in[0,2\pi[$.

(1) $\iff \rho^4 e^{5i\theta} = 2i\sin(\theta) \iff \begin{cases}\rho^4\sin(5\theta) = 2\sin(\theta)\\ \cos(5\theta) = 0\end{cases}$

(1) $\iff \left(\theta = \frac{\pi}{10} + \frac{k\pi}{5}, k\in[\![0,9]\!]\right)$ et $\rho = \sqrt[4]{\frac{2\sin(\theta)}{\sin(5\theta)}}$ car $\rho > 0$ et $\theta\in[0,2\pi[$.

Comme $\frac{\sin(\theta)}{\sin(5\theta)} > 0$, on a $\theta\in[0,\pi]$. D'où les solutions de (1) sont :

Solutions

$0, \alpha e^{i\pi/10}, i\sqrt[4]{2}, \alpha e^{i9\pi/10}$ où $\alpha = \sqrt[4]{2\sin\left(\dfrac{\pi}{10}\right)}$ et leurs conjugués.

e. Comme $z_1z_2 + z_2z_3 + z_1z_3 = \dfrac{1}{z_1} + \dfrac{1}{z_2} + \dfrac{1}{z_3} = z_1 + z_2 + z_3 = 1$, les nombres complexes z_1, z_2 et z_3 sont racines de
$P(X) = (X - z_1)(X - z_2)(X - z_3) = X^3 - X^2 + X - 1 = (X - 1)(X^2 + 1)$.
Donc $(z_1, z_2, z_3) \in E = \{1, i, -i\}$. Après une réciproque immédiate, on conclut que z_1, z_2, z_3 sont solutions du système proposé si, et seulement si, ils sont distincts et éléments de E.

---

16. a. Pour tout $x \in \mathbb{C}, (1 + x)^n = \displaystyle\sum_{k=0}^{n} \binom{n}{k} x^k$. En substituant x successivement par $1, j, j^2$ où $j = e^{\frac{2i\pi}{3}}$, on obtient : $2^n = \displaystyle\sum_{k=0}^{n} \binom{n}{k} = S_0 + S_1 + S_2$,
$(1+j)^n = \displaystyle\sum_{k=0}^{n} \binom{n}{k} j^k = S_0 + S_1 j + S_2 j^2$, $(1+j^2)^n = \displaystyle\sum_{k=0}^{n} \binom{n}{k} j^{2k} = S_0 + S_1 j^2 + S_2 j$
D'où $S_0 = \dfrac{1}{3}\Big[2^n + (1 + j)^n + (1 + j^2)^n\Big] = \dfrac{1}{3}\Big[2^n + 2\cos\Big(\dfrac{n\pi}{3}\Big)\Big]$
$S_1 = \dfrac{1}{3}\Big[2^n + j^2(1 + j)^n + j(1 + j^2)^n\Big] = \dfrac{1}{3}\Big[2^n + 2\cos\Big(\dfrac{(n-2)\pi}{3}\Big)\Big]$
$S_2 = \dfrac{1}{3}\Big[2^n + j(1 + j)^n + j^2(1 + j^2)^n\Big] = \dfrac{1}{3}\Big[2^n + 2\cos\Big(\dfrac{(n+2)\pi}{3}\Big)\Big]$.
b. On procède de même avec cette fois $1, i, -1, -i$ à la place de $1, j, j^2$.

---

17. Une méthode consiste à raisonner par récurrence. Une autre est proposée.
Si $\displaystyle\sum_{i=1}^{n} a_i = 0$, alors $\displaystyle\sum_{i=1}^{n} |a_i| = 0$ et les a_i sont tous nuls. Sinon, il existe $\theta \in \mathbb{R}$ tel que $\displaystyle\sum_{k=1}^{n} a_k = e^{i\theta}\Big|\sum_{k=1}^{n} a_k\Big|$. Notons $b_k = a_k e^{i\theta}$. Alors $\displaystyle\sum_{k=1}^{n} b_k = \sum_{k=1}^{n} |b_k| = \Big|\sum_{k=1}^{n} b_k\Big|$.
Donc $\displaystyle\sum_{k=1}^{n} \Re e(b_k) = \sum_{k=1}^{n} |b_k|$ *i.e.* $\displaystyle\sum_{k=1}^{n} \big(|b_k| - \Re e(b_k)\big) = 0 \qquad (1)$.
Comme $\Re e(b_k) \leqslant |\Re e(b_k)| \leqslant |b_k|$, on déduit de (1) que : $\forall k \in [\![1, n]\!], \Re e(b_k) = |b_k|$
D'où $\forall k \in [\![1, n]\!], \Im m(b_k) = 0$ et $\arg(b_k) \equiv 0 \mod [2\pi]$, donc $\arg(a_k) \equiv \theta \mod [2\pi]$ pour tout $k \in [\![1, n]\!]$. La réciproque est immédiate.

---

18. a. $|z + z'|^2 = (z + z')(\overline{z} + \overline{z'}) = |z|^2 + z\overline{z'} + z'\overline{z} + |z'|^2$.
$|z - z'|^2 = (z - z')(\overline{z} - \overline{z'}) = |z|^2 - z\overline{z'} - z'\overline{z} + |z'|^2$.
D'où $|z + z'|^2 + |z - z'|^2 = 2\big(|z|^2 + |z'|^2\big)$ appelée identité du parallélogramme.
b. Il existe $v, v' \in \mathbb{C}$ tels que $v^2 = z$ et $v'^2 = z'$. Donc $u^2 = zz' = (vv')^2$. Donc il existe $\varepsilon \in \{-1, 1\}$ tel que $u = \varepsilon vv'$. L'égalité à prouver s'écrit alors $|v + v'|^2 + |v - v'|^2 = 2\big(|v|^2 + |v'|^2\big)$. Elle est vraie d'après a).

19. On procède par récurrence sur n.

La fonction $t \mapsto \dfrac{t}{1+t}$ étant croissante sur $\mathbb{R}_+$ et d'après l'inégalité triangulaire,

$$\frac{\left|\sum_{k=1}^{n+1} a_k\right|}{1+\left|\sum_{k=1}^{n+1} a_k\right|} \leqslant \frac{\sum_{k=1}^{n+1}|a_k|}{1+\sum_{k=1}^{n+1}|a_k|} = \frac{\sum_{k=1}^{n}|a_k|}{1+|a_{n+1}|+\sum_{k=1}^{n}|a_k|} + \frac{|a_{n+1}|}{1+|a_{n+1}|+\sum_{k=1}^{n}|a_k|}.$$

$\dfrac{\sum_{k=1}^{n}|a_k|}{1+|a_{n+1}|+\sum_{k=1}^{n}|a_k|} \leqslant \dfrac{\sum_{k=1}^{n}|a_k|}{1+\sum_{k=1}^{n}|a_k|} \leqslant \sum_{k=1}^{n}\dfrac{|a_k|}{1+|a_k|}$ par hypothèse de récurrence,

$\dfrac{|a_{n+1}|}{1+|a_{n+1}|+\sum_{k=1}^{n}|a_k|} \leqslant \dfrac{|a_{n+1}|}{1+|a_{n+1}|}\cdot$ D'où le résultat.

---

20. Si $|z|^2 = 1$ alors $\overline{z} = \dfrac{1}{z}\cdot$ Comme $|ab| = |bc| = |ca| = 1$, on a

$\alpha = |ab+bc+ca|^2 = (ab+bc+ca)\Big(\dfrac{1}{ab}+\dfrac{1}{bc}+\dfrac{1}{ca}\Big) = (ab+bc+ca)\Big(\dfrac{a+b+c}{abc}\Big)\cdot$

Donc $\alpha = \dfrac{ab+bc+ca}{abc}(a+b+c) = \Big(\dfrac{1}{a}+\dfrac{1}{b}+\dfrac{1}{c}\Big)(a+b+c)$.

D'où $\alpha = (\overline{a}+\overline{b}+\overline{c})(a+b+c) = |a+b+c|^2$ et le résultat car $|\cdot| \geqslant 0$.

---

21. $|z|^2 - (a^2+b^2) = (a+ib)(\overline{a}-i\overline{b}) - (a+ib)(a-ib) = (a+ib)\big(\overline{a}-a-i(\overline{b}-b)\big)$.

Donc $|z|^2 = a^2+b^2 \iff \big(a+ib=0\big)$ ou $\big(\overline{a}-a-i(\overline{b}-b)=0\big)$ (1).

(1) $\iff Z=0$ ou $\big(2i\,\Im m(a) - 2\,\Im m(b) = 0\big)$.

(1) $\iff Z=0$ ou $\big(\Im m(a) = \Im m(b) = 0\big)$. D'où le résultat demandé.

---

22. Pour savoir si $Z^2 \in \mathbb{R}$, calculons $Z^2+\overline{Z}^2 = (Z+\overline{Z})(Z-\overline{Z})$.

Or $Z+\overline{Z} = \dfrac{1}{|a-b|^2}\Big((z+ab\overline{z}-a-b)(\overline{a}-\overline{b}) + (\overline{z}+\overline{ab}z-\overline{a}-\overline{b})(a-b)\Big)$.

Comme $a\,\overline{a} = b\,\overline{b} = 1$, on a $Z+\overline{Z} = 0$. Donc Z est imaginaire pur. D'où $Z^2 \in \mathbb{R}_-$.

---

23. a. Notons $z = a+ib$ avec a et b réels. $z^2 = 5-6i \iff \begin{cases} a^2-b^2 = 5 \\ a^2+b^2 = \sqrt{61} \\ 2ab = -6 \end{cases}$

Donc $z = \pm Z$ où $Z = \sqrt{\dfrac{\sqrt{61}+5}{2}} - i\sqrt{\dfrac{\sqrt{61}-5}{2}}\cdot$

b. $4ab + 2(a^2-b^2)i = 2i(a^2-b^2-2iab) = 2i(a-ib)^2 = (1+i)^2(a-ib)^2$.

Donc $z^2 = 4ab+2(a^2-b^2)i \iff z = \pm(1+i)(a-ib)$.

Solutions

24. a. Soit à résoudre $z^2+(4+3i)z+5i+1=0$. Son discriminant est $\delta=3+4i$.

$$3+4i=(a+ib)^2, a,b\in\mathbb{R} \iff \begin{cases} a^2-b^2=3\\ a^2+b^2=5\\ ab=2\end{cases} \iff \begin{cases} a^2=4\\ b^2=1\\ ab=2\end{cases}$$

Donc $\delta=(2+i)^2$. D'où les racines $z_1=-1-i$ et $z_2=-3-2i$.

b. $(z^2+4z+1)^2+(3z+5)^2=\big(z^2+4z+1+i(3z+5)\big)\big(z^2+4z+1-i(3z+5)\big)$.

$$\text{Donc } (z^2+4z+1)^2+(3z+5)^2=0 \iff \begin{cases} z^2+4z+1+i(3z+5)=0\\ z^2+4z+1-i(3z+5)=0\end{cases}$$

On a aisément $z^2+4z+1-i(3z+5)=0 \iff z\in\{\overline{z_1},\ \overline{z_2}\}$.

c. Donc $P(z)=(z^2+4z+1)^2+(3z+5)^2=(z-z_1)(z-\overline{z_1})(z-z_2)(z-\overline{z_2})$.

Donc $P(z)=(z^2-2\,\Re e(z_1)+|z_1|^2)(z^2-2\,\Re e(z_2)+|z_2|^2)$.

Finalement : $P(z)=(z^2+2z+2)(z^2+6z+13)$.

---

25. $a^3-(3+2i)a^2+(3+11i)a-2(1+7i)=0$ équivaut, parce que $a\in\mathbb{R}$, au système

$$\begin{cases} a^3-3a^2-2=0\\ -2a^2+11a-14=0\end{cases} \iff \begin{cases}(a-1)^3-1=0\\ (a-2)(-2a-7)=0\end{cases} \iff a=2 \text{ car } a \text{ est réel.}$$

$z^3-(3+2i)z^2+(3+11i)z-2(1+7i)=(z-2)(z^2+\lambda z+1+7i)$.

En identifiant les coefficients de z, on trouve $\lambda=-1-2i$.

Résolution de l'équation $z^2-(1+2i)z+1+7i=0$. Son discriminant est

$$\delta=-7-24i=(\alpha+i\beta)^2, \alpha,\beta\in\mathbb{R} \iff \begin{cases}\alpha^2-\beta^2=-7\\ \alpha^2+\beta^2=25\\ \alpha\beta=-12\end{cases} \iff \begin{cases}\alpha^2=9\\ \beta^2=16\\ \alpha\beta=-12\end{cases}$$

Donc $\delta=(3-4i)^2$. D'où les racines $b=2-i$ et $c=-1+3i$.

---

26. a. Soit à résoudre $z^2-(5-14i)z-2(5i+12)=0$. Son discriminant est $\delta=-25(3+4i)=\big(5i(2+i)\big)^2$ en procédant comme à l'exercice 25.

D'où les racines $z_1=5-12i$ et $z_2=-2i$.

b. Soit à résoudre $z^2-2(1+ia^2)z+1-a^4=0$. Son discriminant est $\delta=8ia^2$.

Comme $2i=(1+i)^2$, on a $\delta=\big(2a(1+i)\big)^2$.

D'où les racines $z_1=1+ia^2-a(1+i)=(1-a)(1-ia)$ et $z_2=(1+a)(1+ia)$.

c. $z^2-2abz+b^2=(z-ab)^2+b^2(1-a^2)$ (1). Comme $a\in\mathbb{R}$,

- si $|a|\leqslant 1$, alors (1) $\iff z=ab\pm bi\sqrt{1-a^2}$.
- si $|a|>1$, alors (1) $\iff z=ab\pm b\sqrt{a^2-1}$

d. En procédant comme à l'exercice 26, on a $24i-7=(3+4i)^2$, puis, un calcul effectué dans l'exercice 25 donne $(3+4i)=(2+i)^2$. Donc l'équation à résoudre s'écrit $z^4=(2+i)^4$. Comme les racines quatrièmes de l'unité dans $\mathbb{C}$ sont $1,-1,i,-i$, les solutions sont : $(2+i),-(2+i),i(2+i),-i(2+i)$.

27. a. $1 + z_0 + z_0^2 + z_0^3 + z_0^4 = \dfrac{1 - z_0^5}{1 - z_0} = 0$ car $z_0^5 = 1$ et $z_0 \neq 1$.

Donc $a + b = -1$. Or, comme $z_0^5 = 1$, on a $ab = z_0 + z_0^2 + z_0^3 + z_0^4 = -1$.

a et b étant racines de l'équation $x^2 - (a+b)x + ab$, on le résultat.

b. $a = z_0 + \dfrac{1}{z_0} = z_0 + \overline{z_0} = 2\cos\left(\dfrac{2\pi}{5}\right)$.

c. On résout l'équation $x^2 + x - 1 = 0$ en calculant son discriminant $\Delta = 5$.

D'où ses racines qui sont réelles $x_1 = \dfrac{-1 + \sqrt{5}}{2}$ et $x_2 = \dfrac{-1 - \sqrt{5}}{2}$.

Comme $0 < \dfrac{2\pi}{5} < \dfrac{\pi}{2}$, $a > 0$. Donc $a = x_1$. Par suite, $\cos\left(\dfrac{2\pi}{5}\right) = \dfrac{-1 + \sqrt{5}}{4}$.

---

28. a. Comme $z_0^7 = 1$, on a $z_0^6 = \dfrac{1}{z_0} = \overline{z_0}$; $\overline{z_0^2} = \dfrac{1}{z_0^2} = z_0^5$; $\overline{z_0^4} = \dfrac{1}{z_0^4} = z_0^3$. Donc $\overline{a} = b$.

$$\Im m(a) = \sin\left(\frac{2\pi}{7}\right) + \sin\left(\frac{4\pi}{7}\right) + \sin\left(\frac{8\pi}{7}\right) = \sin\left(\frac{2\pi}{7}\right) + \sin\left(\frac{4\pi}{7}\right) - \sin\left(\frac{\pi}{7}\right) > 0$$

car $0 < \dfrac{\pi}{7} < \dfrac{2\pi}{7} < \dfrac{4\pi}{7} < \dfrac{\pi}{2}$ et la fonction sin est strictement croissante sur $\mathbb{R}$.

b. $1 + z_0 + z_0^2 + z_0^3 + z_0^4 + z_0^5 + z_0^6 = \dfrac{1 - z_0^7}{1 - z_0} = 0$ car $z_0^7 = 1$ et $z_0 \neq 1$.

Donc $a + b = -1$. Pour les mêmes raisons, $ab = 2$.

Il s'ensuit que a et b sont racines de l'équation $x^2 + x + 2 = 0$ dont le discriminant est $\Delta = -7 = (i\sqrt{7})^2$. Les racines sont $z_1 = \dfrac{-1 + i\sqrt{7}}{2}$ et $z_2 = \dfrac{-1 - i\sqrt{7}}{2}$.

Comme $\Im m(a) > 0$, il s'ensuit que $a = z_1$.

---

29. a. $z = (a_1^2 + a_2^2)(b_1^2 + b_2^2) = (a_1 + ia_2)(a_1 - ia_2)(b_1 + ib_2)(b_1 - ib_2)$. Donc

$z = \big((a_1 + ia_2)(b_1 + ib_2)\big)\big((a_1 - ia_2)(b_1 - ib_2)\big) = Z\,\overline{Z}$

où $Z = (a_1b_1 - a_2b_2) + i(a_1b_2 + a_2b_1) = x + iy$ avec $x, y \in \mathbb{R}$.

Donc $z = x^2 + y^2$ avec x et y réels.

b. se déduit de a) par récurrence.

---

30. a. $\dfrac{\sqrt{6} + \sqrt{2}}{4} = \dfrac{\sqrt{3}}{2} \cdot \dfrac{\sqrt{2}}{2} + \dfrac{\sqrt{2}}{2} \cdot \dfrac{1}{2} = \cos\left(\dfrac{\pi}{6}\right)\cos\left(\dfrac{\pi}{4}\right) + \sin\left(\dfrac{\pi}{6}\right)\sin\left(\dfrac{\pi}{4}\right) = \cos\left(\dfrac{\pi}{6} - \dfrac{\pi}{4}\right)$

Donc $\dfrac{\sqrt{6} + \sqrt{2}}{4} = \cos\left(\dfrac{\pi}{12}\right)$. Donc $\cos(x) = \dfrac{\sqrt{6} + \sqrt{2}}{4} \iff x = \pm\dfrac{\pi}{12} + 2k\pi, k \in \mathbb{Z}$.

b. $\sin\big(\pi\cos(x)\big) = \cos\big(\pi\sin(x)\big) = \sin\left(\dfrac{\pi}{2} - \pi\sin(x)\right) \qquad (1).$

$(1) \iff \left(\pi\cos(x) = \dfrac{\pi}{2} - \pi\sin(x) + 2k\pi\right)$ ou $\left(\pi\cos(x) = \dfrac{\pi}{2} + \pi\sin(x) + 2k'\pi\right)$ avec $k, k' \in \mathbb{Z}$.

$\pi\cos(x) = \dfrac{\pi}{2} - \pi\sin(x) + 2k\pi \iff \cos(x) + \sin(x) = \dfrac{1}{2} + 2k$. Donc

$\pi\cos(x) = \dfrac{\pi}{2} - \pi\sin(x) + 2k\pi \iff \cos\left(x - \dfrac{\pi}{4}\right) = \dfrac{1}{2\sqrt{2}} + k\sqrt{2}, k \in \mathbb{Z}$.

De même, $\pi\cos(x) = \dfrac{\pi}{2} + \pi\sin(x) + 2k'\pi \iff \cos\left(x + \dfrac{\pi}{4}\right) = \dfrac{1}{2\sqrt{2}} + k'\sqrt{2}, k \in \mathbb{Z}$.

Seuls k et k' nuls conviennent. En posant $\alpha \in]0,\pi[$ tel que $\cos(\alpha) = \dfrac{1}{2\sqrt{2}}$ la fin de la résolution est immédiate.

c. $\sin(x)\tan(x) + 2\cos(x) = a$ (1). On suppose bien sûr que $x \notin \dfrac{\pi}{2} + \pi\mathbb{Z}$.

(1) $\iff \sin^2(x) + 2\cos^2(x) = a\cos(x) \iff \cos^2(x) - a\cos(x) + 1 = 0$.
Notons $f(y) = y^2 - ay + 1$. Alors (1) $\iff f\big(\cos(x)\big) = 0$.

Notons $\Delta = a^2 - 4$ et discutons selon le signe de Δ lorsque $\Delta \neq 0$.

Si $a = 2$, alors (1) $\iff (\cos(x) - 1)^2 = 0 \iff x = 2k\pi, k \in \mathbb{Z}$.

Si $a = -2$, alors (1) $\iff (\cos(x) + 1)^2 = 0 \iff x = \pi + 2k\pi, k \in \mathbb{Z}$.

Si $|a| < 2$, l'équation est impossible.

Si $|a| > 2$, l'équations $f(y) = 0$ a 2 solutions $y_1 < y_2$ telles que $y_1 y_2 = 1 > 0$ et $y_1 + y_2 = a$. On a $f(1) = 2 - a$ et $f(-1) = 2 + a$.

Si $a > 2$, alors $f(1) < 0$ et l'on a : $0 < y_1 < 1 < y_2$. Donc (1) $\iff \cos(x) = y_1$.

Si $a < -2$, alors $f(-1) < 0$ et $f(1) > 0$ et l'on a : $y_1 < -1 < y_2 < 1$. Donc (1) $\iff \cos(x) = y_2$.

d. Le système est équivalent à $e^{ia} + e^{i(a+x)} + e^{i(a+y)} = 0$ (1).

(1) $\iff 1 + e^{ix} + e^{iy} = 0$ puisque $e^{ia} \neq 0$.

(1) $\iff 2\cos\left(\dfrac{x}{2}\right)e^{ix/2} + e^{iy} = 0 \iff 2\cos\left(\dfrac{x}{2}\right) + e^{i(y-\frac{x}{2})} = 0$.

$$(1) \iff \begin{cases} 2\cos\left(\dfrac{x}{2}\right) + \cos\left(y - \dfrac{x}{2}\right) = 0 \\ \sin\left(y - \dfrac{x}{2}\right) = 0 \end{cases} \iff \begin{cases} 2\cos\left(\dfrac{x}{2}\right) + (-1)^k = 0 \\ y = \dfrac{x}{2} + k\pi, k \in \mathbb{Z} \end{cases}$$

$$\cos\left(\frac{x}{2}\right) = \frac{(-1)^{k+1}}{2} = \begin{cases} \cos\left(\dfrac{\pi}{3}\right) & \text{si } k = 2p+1 \\ \cos\left(\dfrac{2\pi}{3}\right) & \text{si } k = 2p \end{cases}$$

Si $k = 2p+1, x = \pm\dfrac{2\pi}{3} + 4\lambda\pi, \lambda \in \mathbb{Z}$ et $y = \pm\dfrac{\pi}{3} + (2p+1)\pi + 2\lambda\pi$.

Si $k = 2p, x = \pm\dfrac{4\pi}{3} + 4\lambda\pi, \lambda \in \mathbb{Z}$ et $y = \pm\dfrac{2\pi}{3} + 2p\pi + 2\lambda\pi$.

---

31. a. $(1+i)^2 = 2i \Rightarrow (1+i)^4 = -4 \Rightarrow (1+i)^5 = -4(1+i)$.

Donc $(z-2)^5 = (1+i)(z-i)^5 \iff (z-2)^5 = -\dfrac{1}{4}\big((1+i)(z-i)\big)^5$ (1).

(1) $\iff z - 2 = -\dfrac{1}{\sqrt[5]{4}}(1+i)(z-i)\omega_k, k \in [\![0,4]\!]$ et $\omega_k = \exp\left(\dfrac{2k\pi}{5}\right)$.

Donc (1) $\iff z = \dfrac{2\sqrt[5]{4} + \omega_k(i-1)}{\sqrt[5]{4} + \omega_k(1+i)}, k \in [\![0,4]\!]$.

b. $j - j^2 = \sqrt{3}\,i = \dfrac{\sqrt{3}}{2}(1+i)^2$.

Donc $z^2 = j - j^2 \iff z^2 = \dfrac{\sqrt{3}}{2}(1+i)^2 \iff z = \pm\dfrac{\sqrt[4]{3}}{\sqrt{2}}(1+i)$.

c. $1 + j = -j^2 = (ij)^2$. Donc $z^4 = 1 + j \iff z^2 = \pm ij = \pm e^{\frac{7i\pi}{6}}$.

• $z^2 = e^{\frac{7i\pi}{6}} \iff z = \pm e^{\frac{7i\pi}{12}}$.

• $z^2 = -e^{\frac{7i\pi}{6}} = e^{\frac{i\pi}{6}} \iff z = \pm e^{\frac{i\pi}{12}}$.

Donc l'ensemble des solutions est $\{e^{\frac{i\pi}{12}}, -e^{\frac{i\pi}{12}}, e^{\frac{7i\pi}{12}}, -e^{\frac{7i\pi}{12}}\}$.

d. $1 - j = 1 - e^{\frac{2i\pi}{3}} = e^{\frac{i\pi}{3}}\Big(-2i\sin\Big(\frac{\pi}{3}\Big)\Big) = -\sqrt{3}\,ie^{\frac{i\pi}{3}} = \sqrt{3}\,e^{\frac{-i\pi}{6}}$.

Donc $z^3 = 1 - j \iff z = \sqrt[6]{3}\exp\Big(-i\frac{\pi}{18} + \frac{2k\pi}{3}\Big)$ avec $k \in [\![0, 2]\!]$.

e. $(1+z)^n = e^{i\pi}(1-z)^n \iff 1 + z = e^{i\frac{(2k+1)\pi}{n}}(1-z), k \in [\![0, n-1]\!]$ (1).

$(1) \iff z\big(e^{i\frac{(2k+1)\pi}{n}} + 1\big) = e^{i\frac{(2k+1)\pi}{n}} - 1,\ k \in [\![0, n-1]\!]$.

$e^{i\frac{(2k+1)\pi}{n}} = -1 \iff 2k + 1 = n(2\lambda + 1), \lambda \in \mathbb{Z}$.

Si $n = 2p, n \in \mathbb{N}^\star$, cette égalité est impossible.
Si $n = 2p + 1$, elle n'est possible que si $k = p$.

En conclusion, $(1) \iff z = i\tan\Big(\frac{2k+1)\pi}{2n}\Big)$ avec $k \in [\![0, n-1]\!]$ si n est pair et $k \in [\![0, n-1]\!] \setminus \Big\{\frac{n-1}{2}\Big\}$ si n est impair.

f. En procédant comme dans l'exercice e. on trouve que les solutions sont : $z = i\tan\Big(\frac{k\pi}{2n}\Big)$ avec $k \in [\![0, n-1]\!]$ si n est impair et $k \in [\![0, n-1]\!] \setminus \Big\{\frac{n}{2}\Big\}$ sinon.

Solutions

3 - Techniques fondamentales de calcul en analyse

Rappels de cours

1. **Inégalités**

• Soit $(x, y, z, t) \in \mathbb{R}^4$ alors :

$x \leqslant y \Rightarrow x + z \leqslant y + z$, $\quad (x \leqslant y \text{ et } z \leqslant t) \Rightarrow x + z \leqslant y + t$,

$(x \leqslant y \text{ et } z \leqslant t) \not\Rightarrow x - z \leqslant y - t$,

$(x \leqslant y \text{ et } 0 \leqslant z) \Rightarrow xz \leqslant yz$, $\quad (0 \leqslant x \leqslant y \text{ et } 0 \leqslant z \leqslant t) \Rightarrow 0 \leqslant xz \leqslant yt$.

• I est un intervalle si, et seulement si, pour tout $(x, y) \in I^2$, le segment d'extrémités x et y est inclus dans I ou encore si, et seulement si, pour tous $(x, y) \in I^2$ et $t \in [0, 1]$, $tx + (1 - t)y \in I$.

En particulier si $a \in \mathbb{R}$ et $b \in \mathbb{R}_+$, $|x - a| \leqslant b \iff x \in [a - b, a + b]$.

• Pour tout $x \in \mathbb{R}$ on pose $x^+ = \max(x, 0)$ et $x^- = \max(-x, 0)$.

$0 \leqslant x^+ = \dfrac{|x| + x}{2} \leqslant |x|$, $0 \leqslant x^- = \dfrac{|x| - x}{2} \leqslant |x|$, $x = x^+ - x^-$ et $|x| = x^+ + x^-$.

• Soit $A \subset \mathbb{R}$.

A est dite majorée s'il existe un réel M tel que $\forall a \in A,\ a \leqslant M$ ou encore s'il existe un réel M tel que $A \subset]-\infty, M]$; M est alors un majorant de A,

A est dite minorée s'il existe un réel m tel que $\forall a \in A,\ a \geqslant m$ ou encore s'il existe un réel m tel que $A \subset [m, +\infty[$; m est alors un minorant de A,

A est dite bornée si elle est à la fois majorée et minorée ou encore s'il existe un réel positif M tel que $A \subset [-M, M]$,

A admet un maximum s'il existe $M \in A$ tel que $\forall a \in A,\ a \leqslant M$; alors M est unique et est appelé maximum de A, noté $\max(A)$,

A admet un minimum s'il existe $m \in A$ tel que $\forall a \in A,\ a \geqslant m$; alors m est unique et appelé minimum de A, noté $\min(A)$.

Remarque : si A admet un maximum alors A est majorée mais la réciproque est fausse.

2. **Fonctions**

Soit f une fonction de D dans $\mathbb{R}$ où $D \subset \mathbb{R}$.

• f est dite paire si $\forall x \in D,\ -x \in D$ et $f(-x) = f(x)$ ou encore si son graphe est symétrique par rapport à Oy,

• f est dite impaire si $\forall x \in D,\ -x \in D$ et $f(-x) = -f(x)$ ou encore si son graphe est symétrique par rapport à O,

• si $T > 0$, f est dite T-périodique si $\forall x \in D,\ x + T \in D$ et $f(x+T) = f(x)$ ou encore si son graphe est invariant par la translation de vecteur $T\vec{\imath}$,

• f est dite majorée si $f(D)$ est une partie majorée de $\mathbb{R}$ ou encore s'il existe un réel M tel que $\forall x \in D,\ f(x) \leqslant M$ ou encore si son graphe est tracé sous une droite horizontale,

• f est dite minorée si $f(D)$ est une partie minorée de $\mathbb{R}$ ou encore s'il existe un réel m tel que $\forall \in D,\ f(x) \geqslant m$ ou encore si son graphe est au-dessus d'une droite horizontale,

• f est dite bornée si $f(D)$ est une partie bornée de $\mathbb{R}$ ou encore si son graphe est tracé dans une bande horizontale du plan ou encore si $|f|$ est une fonction majorée,

• f est dite croissante (resp. strictement croissante) si pour tout $(x,y) \in D^2$, $x < y \Rightarrow f(x) \leqslant f(y)$ $\big($resp. $f(x) < f(y)\big)$,

• f est dite décroissante (resp. strictement décroissante) si pour tout $(x,y) \in D^2$, $x < y \Rightarrow f(x) \geqslant f(y)$ $\big($resp. $f(x) > (y)\big)$.

Remarque : f est (strictement) croissante si, et seulement si, $-f$ est (strictement) décroissante.

• f est (strictement) monotone si elle est (strictement) croissante ou décroissante.

3. **Dérivées**

Si f est dérivable en a alors le graphe de f admet en $\big(a, f(a)\big)$ la droite d'équation $y = f(a) + f'(x)(x-a)$ pour tangente.

Si f et g sont dérivables en a, λ et μ réels alors

$\lambda f + \mu g$ est dérivable en a et $(\lambda f + \mu g)'(a) = \lambda f'(a) + \mu g'(a)$,

fg est dérivable en a et $(fg)'(a) = f'(a)g(a) + f(a)g'(a)$,

si $g(a) \neq 0$ la fonction $\dfrac{f}{g}$ est dérivable en a et $\left(\dfrac{f}{g}\right)'(a) = \dfrac{f'(a)g(a) - f(a)g'(a)}{\big(g(a)\big)^2}\cdot$

Si f et g sont n fois dérivables en a alors fg aussi et $(fg)^{(n)}, = \displaystyle\sum_{k=0}^{n} \binom{n}{k} f^{(k)} g^{(n-k)}$.

Si $f \circ g$ a un sens, si g est dérivable en a et f dérivable en $g(a)$ alors $f \circ g$ est dérivable en a et $(f \circ g)'(a) = g'(a) f'\big(g(a)\big)$,

f dérivable en a et $f(a) \neq 0 \Rightarrow \ln\big(|f|\big)$ est dérivable en a et $\Big(\ln\big(|f|\big)\Big)'(a) = \dfrac{f'(a)}{f(a)}\cdot$

Si f est une bijection de I sur J dérivable en a et si $f'(a) \neq 0$ alors f^{-1} est dérivable en $f(a)$ et $(f^{-1})'(f(a)) = \dfrac{1}{f'(a)}\cdot$

Si f est dérivable sur un intervalle I alors :

f est constante si, et seulement si, f' est la fonction nulle,

f est croissante si, et seulement si, f' est à valeurs dans $\mathbb{R}_+$,

f est strictement croissante si, et seulement si, f' est à valeurs dans $\mathbb{R}_+$ et $\big\{x \in I \mid f'(x) = 0\big\}$ ne contient aucun intervalle non réduit à un point.

4. Fonctions usuelles

Exponentielle et logarithme

exp est la fonction dérivable sur $\mathbb{R}$ vérifiant $\exp' = \exp$ et $\exp(0) = 1$,
on note, pour tout réel x $\exp(x) = e^x$,
si $(x, y, n) \in \mathbb{R}^2 \times \mathbb{Z}$, $e^{x+y} = e^x e^y$ et $e^{nx} = (e^x)^n$,
exp est une bijection strictement croissante de $\mathbb{R}$ sur $\mathbb{R}_+^\star$,
sa réciproque est notée ln, c'est une bijection strictement croissante de $\mathbb{R}_+^\star$ sur $\mathbb{R}$ partout dérivable et $\forall x > 0$, $\ln'(x) = \dfrac{1}{x}$,
de plus : $\forall (x, y) \in (\mathbb{R}_+^\star)^2$, $\ln(xy) = \ln(x) + \ln(y)$, $\ln\left(\dfrac{x}{y}\right) = \ln(x) - \ln(y)$.
Si $x > 0$ et $\alpha \in \mathbb{R}$, $x^\alpha = e^{\alpha \ln(x)}$ et donc $\ln(x^\alpha) = \alpha \ln(x)$,
En posant $0^\alpha = 1$ si $\alpha = 0$ et $0^\alpha = 0$ si $\alpha > 0$ on prolonge $x \mapsto x^\alpha$ à $\mathbb{R}_+$ en une fonction continue si $\alpha \geqslant 0$.
Dans tous les cas $x \mapsto x^\alpha$ est continue sur $\mathbb{R}_+^\star$.
Si $\alpha = n \in \mathbb{Z}$ on retrouve ainsi la fonction $x \mapsto x^n$.
Si $\alpha > 0$ et $\beta > 0$, lorsque $x \to +\infty$, $\dfrac{\big(\ln(x)\big)^\alpha}{x^\beta} \to 0$, $\dfrac{x^\alpha}{e^{\beta x}} \to 0$ et $\dfrac{\big(\ln(x)\big)^\alpha}{e^{\beta x}} \to 0$.
Si $\alpha > 0$, $\beta \in \mathbb{R}$ et $x \to 0^+$, $x^\alpha \big|\ln(x)\big|^\beta \to 0$, $e^{-\alpha/x} x^\beta \to 0$ et $e^{-\alpha/x}\big|\ln(x)\big|^\beta \to 0$.

Fonctions circulaires réciproques

arcsin est la réciproque de la restriction de sin à $\left[-\dfrac{\pi}{2}, \dfrac{\pi}{2}\right]$ ou encore, si $|x| \leqslant 1$, on a : $\theta = \arcsin(x) \iff x = \sin(\theta)$ et $|\theta| \leqslant \dfrac{\pi}{2}\cdot$
arccos est la réciproque de la restriction de cos à $[0, \pi]$ ou encore, si $|x| \leqslant 1$:
$\theta = \arccos(x) \iff x = \cos(\theta)$ et $0 \leqslant \theta \leqslant \pi$.
Ces deux fonctions sont dérivables sur $]-1, 1[$, arcsin est impaire et, si $|x| < 1$,
$\arcsin'(x) = -\arccos'(x) = \dfrac{1}{\sqrt{1 - x^2}}$, par suite $\arccos + \arcsin = \dfrac{\pi}{2}\cdot$
arctan est la réciproque de la restriction de tan à $\left]-\dfrac{\pi}{2}, \dfrac{\pi}{2}\right[$ ou encore, si $x \in \mathbb{R}$, on a : $\theta = \arctan(x) \iff x = \tan(\theta)$ et $|\theta| < \dfrac{\pi}{2}\cdot$
arctan est impaire, dérivable sur $\mathbb{R}$ avec $\arctan'(x) = \dfrac{1}{1 + x^2}$, par suite
$\arctan(x) + \arctan\left(\dfrac{1}{x}\right) = \dfrac{\pi}{2}$ si $x > 0$ et $-\dfrac{\pi}{2}$ si $x < 0$.

Fonctions hyperboliques

Pour tout $x \in \mathbb{R}$ on note $\mathrm{ch}(x) = \dfrac{e^x + e^{-x}}{2}$, $\mathrm{sh}(x) = \dfrac{e^x - e^{-x}}{2}$ et $\mathrm{th}(x) = \dfrac{\mathrm{sh}(x)}{\mathrm{ch}(x)}\cdot$
Ces fonctions sont définies et dérivables sur $\mathbb{R}$, ch est paire alors que sh et th sont impaires.
$\mathrm{ch}' = \mathrm{sh}$ et $\mathrm{sh}' = \mathrm{ch}$, $\mathrm{ch}^2 - \mathrm{sh}^2 = 1$, $\exp = \mathrm{ch} + \mathrm{sh}$, $\mathrm{th}' = \dfrac{1}{\mathrm{ch}^2} = 1 - \mathrm{th}^2$.

On a les tableaux

	0		$+\infty$
ch	1	↗	$+\infty$
sh	0	↗	$+\infty$
th	0	↗	1

5. Primitives et intégration

Si f est continue sur un intervalle I on appelle primitive de f toute fonction F dérivable sur I telle que $F' = f$.

Si f est continue sur I et si $a \in I$ alors $F_a : x \mapsto \int_a^x f(t)\,dt$ est la primitive de f s'annulant en a, F est une primitive de f si, et seulement si, $F - F_a$ est constante.

Dans ce cas si $(b, c) \in I^2$ alors $\int_b^c f(t)\,dt = F(c) - F(b)$.

Si f est continue sur I et si F_0 est une primitive particulière de f alors F est une primitive de f si, et seulement si, $F - F_0$ est constante.

F désigne une primitive particulière de f sur l'intervalle I.

$f(x)$	$F(x)$	I
$(x-a)^\alpha$, $a \in \mathbb{R}$, $\alpha \neq -1$	$\dfrac{(x-a)^{\alpha+1}}{\alpha+1}$	$]a, +\infty[$
$\dfrac{1}{x-a}$, $a \in \mathbb{R}$	$\ln(\lvert x-a\rvert)$	$a \notin I$
e^x	e^x	$\mathbb{R}$
$\ln(x)$	$x\ln(x) - x$	$]0, +\infty[$
$\cos(x)$	$\sin(x)$	$\mathbb{R}$
$\sin(x)$	$-\cos(x)$	$\mathbb{R}$
$\mathrm{ch}(x)$	$\mathrm{sh}(x)$	$\mathbb{R}$
$\mathrm{sh}(x)$	$\mathrm{ch}(x)$	$\mathbb{R}$
$\dfrac{1}{a^2+x^2}$, $a \neq 0$	$\dfrac{1}{a}\arctan\left(\dfrac{x}{a}\right)$	$\mathbb{R}$
$\dfrac{1}{a^2-x^2}$, $a \neq 0$	$\dfrac{1}{2a}\ln\left(\left\lvert\dfrac{x+a}{x-a}\right\rvert\right)$	$\pm a \notin I$
$\dfrac{1}{\sqrt{a^2-x^2}}$, $a \neq 0$	$\arcsin\left(\dfrac{x}{a}\right)$	$]-\lvert a\rvert, \lvert a\rvert[$
$\dfrac{1}{\sqrt{x^2+h^2}}$, $h > 0$	$\ln\left(x + \sqrt{x^2+h^2}\right)$	$\mathbb{R}$
$\dfrac{1}{\sqrt{x^2-h^2}}$, $h > 0$	$\ln\left(x + \sqrt{x^2-h^2}\right)$	$\left]\sqrt{h}, +\infty\right[$
$\tan(x)$	$-\ln(\lvert\cos(x)\rvert)$	$\left]k\pi - \dfrac{\pi}{2}, k\pi + \dfrac{\pi}{2}\right[$
$\dfrac{1}{\sin(x)}$	$\ln\left(\left\lvert\tan\left(\dfrac{x}{2}\right)\right\rvert\right)$	$]k\pi, (k+1)\pi[$
$\dfrac{1}{\cos(x)}$	$\ln\left(\left\lvert\tan\left(\dfrac{x}{2} + \dfrac{\pi}{4}\right)\right\rvert\right)$	$\left]k\pi - \dfrac{\pi}{2}, k\pi + \dfrac{\pi}{2}\right[$

f est dite de classe $\mathcal{C}^1$ sur I si elle est dérivable et si f' est continue sur I.
Si u et v sont de classe $\mathcal{C}^1$ sur $[a,b]$ alors on a la formule d'intégration par parties :

$$\int_a^b u'(t)v(t)\,dt = \Big[u(t)v(t)\Big]_a^b - \int_a^b u(t)v'(t)\,dt.$$

Si φ est de classe $\mathcal{C}^1$ sur I et si f est continue sur $\varphi(I)$ on a la formule de changement de variable : $\forall (a,b)\in I^2$, $\displaystyle\int_{\varphi(a)}^{\varphi(b)} f(x)\,dx = \int_a^b f\big(\varphi(t)\big)\varphi'(t)\,dt.$

Énoncés des exercices

1. Ensemble de définition de f. Étude éventuelle de sa parité.

a. $f(x) = \sqrt{1-2x} + 3\arcsin\left(\dfrac{3x-1}{2}\right)$; b. $f(x) = x^2\,x^{\frac{1}{3}} + 2\sin(x)$;

c. $f(x) = 2^x + 2^{-x}$; d. $f(x) = \ln\left(\dfrac{x+3}{x-3}\right)$; e. $f(x) = \dfrac{1}{xe^x}$

f. $f(x) = \dfrac{x-2}{\cos(2x)}$; g. $f(x) = \dfrac{2x^2+3}{x-\sqrt{x^2-4}}$; h. $f(x) = \sqrt{\dfrac{x}{2-x}} - \sqrt{\sin(x)}$.

---

2. Calculer les dérivées des fonctions f suivantes définies par :

a. $f(x) = \ln\left(\tan\left(\dfrac{x}{2}\right)\right)$; $g(x) = \ln\left(x+\sqrt{x^2+1}\right)$.

b. $f(x) = \ln\left(\sqrt{2\sin(x)+1} + \sqrt{2\sin(x)-1}\right)$.

c. $f(x) = \dfrac{x}{2}\sqrt{x^2+k} + \dfrac{k}{2}\ln\left(x+\sqrt{x^2+k}\right)$.

d. $f(x) = \arcsin\left(\dfrac{2x^2}{x^4+1}\right)$ si $|x|<1$.

e. $f(x) = e^x\arctan(e^x) - \ln\left(\sqrt{1+e^{2x}}\right)$.

f. $f(x) = \dfrac{\sin(x)}{\cos^2(x)} + \ln\left(\dfrac{1+\sin(x)}{\cos(x)}\right)$.

g. $f(x) = \dfrac{1}{2}\tan^2\left(\sqrt{x}\right) + \ln\left(\cos(\sqrt{x})\right)$.

h. $f(x) = \ln\left(\dfrac{\sqrt{4\tan(x)+1} - 2\sqrt{\tan(x)}}{\sqrt{4\tan(x)+1} + 2\sqrt{\tan(x)}}\right)$.

i. $f(x) = \arcsin(e^x) + \arcsin\left(\sqrt{1-e^{2x}}\right)$.

j. $f(x) = -m\sqrt{-x^2+2\alpha x+\beta} + (m\alpha+n)\arcsin\left(\dfrac{x-\alpha}{\sqrt{\alpha+\beta}}\right)$.

---

3. Calculer $\dfrac{d^n}{dx^n}\big(x^n\ln(x)\big)$.

---

4. Si $(a,b)\in\mathbb{R}^2$ calculer $\dfrac{d^n}{dx^n}\left[(x-a)^n(x-b)^n\right]$ et en déduire $\displaystyle\sum_{k=0}^{n}\binom{n}{k}^2 = \binom{2n}{n}$.

5. Résoudre l'équation : $\arcsin(x) + \arccos\left(\frac{x}{2}\right) = \frac{\pi}{4}\cdot$

---

6. Indiquer, suivant les valeurs de α, le nombre de solutions de l'équation : $\arcsin(x) + \arctan(x) = \alpha$. Résoudre pour $\alpha = \pi/2$.

---

7. Montrer que l'équation : $4\arctan(x) = \frac{\pi}{4} + \arctan\left(\frac{1}{239}\right)$ a une unique solution qui est $1/5$.

---

8. Calculer $\arctan\left(\frac{1}{2}\right) + \arctan\left(\frac{1}{5}\right) + \arctan\left(\frac{1}{8}\right)\cdot$

---

9. a. Calculer, pour $x > 0$, $\sin\big(\arctan\big(\tan\big(\arccos(x)\big)\big)\big)$.

b. Calculer, pour $x \in \left]-\frac{\pi}{4}, \frac{\pi}{4}\right[$, $\frac{1}{2}\arcsin\big(\tan^2(x)\big) + \arctan\big(\sqrt{\cos(2x)}\big)$.

---

10. Simplifier, lorsqu'il y a existence :

a. $\arccos(-x)$, b. $\sin\big(\arccos(x)\big)$, c. $\sin\big(\arctan(x)\big)$, d. $\arctan\left(\frac{\sqrt{1+x}-\sqrt{1-x}}{\sqrt{1+x}+\sqrt{1-x}}\right)\cdot$

---

11. Étudier sans dériver, les fonctions suivantes définies par :

a. $f_1(x) = \arcsin\left(\frac{2x}{1+x^2}\right)$; b. $f_2(x) = \arccos\left(\frac{x^2-1}{1+x^2}\right)$;

c. $f_3(x) = \arctan\left(\sqrt{1+x^2} - x\right)$; d. $f_4(x) = \arctan\left(\frac{\sqrt{1-x^2}}{x}\right)\cdot$

---

12. a. Exprimer $\sin(3\theta)$ en fonction de $\sin(\theta)$.

b. Étudier $f : x \mapsto \arccos\left(2x^2-1\right) - 2\arcsin\left(3x - 4x^3\right)$. Résoudre $f(x) = 0$.

---

13. Étude des variations de $f : x \mapsto \dfrac{x^2\sqrt{2}}{2\sqrt{x^4 - 2x^2 + 2}}$ puis de $g = \arcsin \circ f$.

---

14. Étude des variations de $f : x \mapsto \arcsin\left(\frac{1 - 6x^2 + x^4}{(1+x^2)^2}\right)\cdot$

---

15. Vérifier que $\arctan\left(\frac{2x-b}{b\sqrt{3}}\right) + \arctan\left(\frac{2b-x}{x\sqrt{3}}\right)$ est constant. Pour $x \in$?

Calcul de primitives

Les exercices suivants sont des occasions de calculer. Les changements de variable recommandés sont mis entre parenthèses. Dans les autres cas, le lecteur pourra penser à intégrer par parties ou à utiliser les primitives usuelles.

16. a. $f(x) = \dfrac{1-x}{(x^2+x+1)^2}\cdot$ On pourra noter que $1 - x = -\frac{1}{2}(2x+1) + \frac{3}{2}\cdot$

b. $f(x) = \dfrac{\sin^3(x)}{\cos^5(x)}\cdot$ c. $f(x) = \dfrac{\cos(2x)}{\sin(x) + \sin(3x)}\cdot$ (Poser $t = \cos(x)$)

d. $f(x) = \dfrac{1}{\cos(x)\sqrt{1-\sin(x)}}$. (Poser $t = \sin(x)$)

e. $f(x) = \cos^4(x)\sin^2(x)$. f. $f(x) = \dfrac{\sin(2x)}{\sqrt{\cos(x)}}$.

g. $f(x) = \dfrac{1}{\mathrm{ch}(x)\sqrt{\mathrm{ch}(2x)}}$. (Poser $t = \mathrm{sh}(x)$ puis $\sqrt{1+2t^2} - t\sqrt{2}$)

h. $f(x) = \dfrac{1}{1+\sqrt{\dfrac{1+x}{x}}}$. Poser $t = \sqrt{\dfrac{1+x}{x}}$.

i. $f(x) = \dfrac{1}{\sqrt[4]{x^3(x-1)}}$. Poser $t = \sqrt[4]{\dfrac{x-1}{x}}$.

j. $f(x) = \dfrac{1-\sqrt{x}}{1-\sqrt[3]{x}}$. Poser $t = \sqrt[6]{x}$.

k. $f(x) = \dfrac{1}{x\sqrt{x^{10}+x^5+1}}$. (Poser $t = x^5$) l. $f(x) = \dfrac{1+x+x^2}{1+x^2}e^{\arctan(x)}$.

m. $f(x) = \arctan\sqrt{\dfrac{1+x}{3+x}}$.

n. $f(x) = \dfrac{x^2}{\sqrt{1-x^2}}\arcsin(x)$. Intégrer par parties après avoir posé $t = \arcsin(x)$.

o. $f(x) = \dfrac{\cos(x)}{\sin(x)+\cos(x)}$. Poser $g(x) = \dfrac{\sin(x)}{\sin(x)+\cos(x)}$; examiner $f+g$ et $f-g$.

p. $f(x) = (x^3 - x - 1)e^{-x}$.

q. $f(x) = \dfrac{x+1}{\sqrt{1+4x-4x^2}}$. r. $f(x) = \sqrt{\dfrac{\arcsin(x)}{1-x^2}}$. s. $f(x) = \dfrac{1}{\sqrt{e^x - 1}}$.

t. $f(x) = \dfrac{1}{x\sqrt{1+x^2}}$. u. $f(x) = \dfrac{1}{x\sqrt{x^2-1}}$. v. $f(x) = \dfrac{1}{x^2\sqrt{4-x^2}}$.

w. $f(x) = \dfrac{x\cos(x)}{\sin^2(x)}$. x. $f(x) = e^x\sin(x)$. y. $f(x) = \sin\big(\ln(x)\big)$.

z. $f(x) = \dfrac{\ln\big(\ln(x)\big)}{x}$. α. $f(x) = x^2\arctan(3x)$ β. $f(x) = x\arctan^2(x)$

γ. $f(x) = \arcsin^2(x)$. δ. $f(x) = \dfrac{1}{\sqrt{2+3x-2x^2}}$.

---

17. Calculer $I_{n,m} = \displaystyle\int_0^1 x^m(1-x)^n dx$ où $m, n \in \mathbb{N}$ de deux façons différentes et en déduire une identité.

---

18. Expliquer comment calculer $\displaystyle\int_0^x \frac{at+b}{(t^2+q)^n}dt$ pour $a, b \in \mathbb{R}, n \in \mathbb{N}$ et $q > 0$.

---

19. Calculer $I = \displaystyle\int_{-1}^1 \frac{dt}{\sqrt{1-t^2}+\sqrt{1+t^2}}$. On posera, pour $x > 0, I(x) = J(x) - K(x)$ où $J(x) = \displaystyle\int_x^1 \frac{\sqrt{1+t^2}}{t^2}dt$ et $K(x) = \displaystyle\int_x^1 \frac{\sqrt{1-t^2}}{t^2}dt$.

Solutions des exercices

1. a. $\left[-\frac{1}{3},\frac{1}{2}\right]$; b. $\mathbb{R}$ et f est impaire ; c. $\mathbb{R}$ et f est paire ; d. $]-\infty,-3[\cup]3,+\infty[$ et f est impaire ; e. $\mathbb{R}\setminus\{0\}$; f. $\mathbb{R}\setminus\left\{\frac{(2k+1)\pi}{4}\,\middle|\,k\in\mathbb{Z}\right\}$; g. $]-\infty,-2]\cup[2,+\infty[$ h. $[0,2[$.

---

2. a. $f'(x)=\dfrac{1}{\sin(x)}$; $g'(x)=\dfrac{1}{\sqrt{1+x^2}}$.

b. $f'(x)=\dfrac{\cos(x)}{\sqrt{4\sin^2(x)-1}}$; c. $f'(x)=\sqrt{x^2+k}$; d. $f'(x)=\dfrac{4x}{1+x^4}$; i) $f'(x)=0$.

e. $f'(x)=e^x\arctan\left(e^x\right)$; f. $f'(x)=\dfrac{2}{\cos^3(x)}$; g. $f'(x)=\dfrac{1}{2\sqrt{x}}\tan^3\left(\sqrt{x}\right)$;

h. $f'(x)=\dfrac{2}{\cos^2(x)\sqrt{\tan(x)(4\tan(x)+1)}}$; i. $f'(x)=0$;

j. $f'(x)=\dfrac{mx+n}{\sqrt{-x^2+2\alpha x+\beta}}$.

---

3. On prouve par récurrence facile que $\dfrac{d^p}{dx^p}(x-a)^q=\begin{cases}\dfrac{q!}{(q-p!}(x-a)^{q-p} & \text{si } q\geqslant p\\ 0 & \text{si } p>q\end{cases}$

et $\dfrac{d^p}{dx^p}\ln(x)=\begin{cases}\ln(x) & \text{si } p=0\\ \dfrac{(-1)^{p-1}(p-1)!}{x^p} & \text{si } p\geqslant 1\end{cases}$

Il découle de la formule de Leibniz que $\forall x\in\mathbb{R}_+^\star,\ f(x)=\displaystyle\sum_{k=0}^{n}\binom{n}{k}\frac{d^k}{dx^k}(x^n)\ln^{(n-k)}(x)$.

$$f(x)=n!\ln(x)+\sum_{k=0}^{n-1}\binom{n}{k}\frac{n!}{(n-k)!}x^{n-k}\frac{(-1)^{n-k-1}}{x^{n-k}}(n-k-1)!$$

Donc $f(x)=n!\left(\ln(x)-\displaystyle\sum_{k=0}^{n-1}\binom{n}{k}\frac{(-1)^{n-k}}{n-k}\right)=n!\left(\ln(x)-\displaystyle\sum_{p=1}^{n}\binom{n}{p}\frac{(-1)^p}{p}\right)$

par changement de variable $p=n-k$ et car $\dbinom{n}{p}=\dbinom{n}{n-p}$ si $0\leqslant p\leqslant n$.

---

4. D'après deux formules rappelées à l'exercice précédent,

$$\frac{d^n}{dx^n}\left[(x-a)^n(x-b)^n\right]=\sum_{k=0}^{n}\binom{n}{k}\frac{n!}{(n-k)!}(x-a)^{n-k}\frac{n!}{k!}(x-b)^k.$$

Donc $\dfrac{d^n}{dx^n}\left[(x-a)^n(x-b)^n\right]=n!\displaystyle\sum_{k=0}^{n}\binom{n}{k}^2(x-a)^{n-k}(x-b)^k$.

Le coefficient de x^n dans le second membre est $n!\sum_{k=0}^{n}\binom{n}{k}^2$. Le coefficient de x^n dans le premier s'obtient en calculant $\frac{d^n}{dx^n}(x^{2n})$. C'est $\frac{(2n)!}{n!}\cdot$ D'où l'identité.

---

5. Compte tenu des ensembles de définition de arcsin et arccos, les solutions sont à rechercher sur $[-1,1]$.

$\arcsin(x)+\arccos\left(\frac{x}{2}\right)=\frac{\pi}{4}$ (1).

$(1)\Rightarrow \sin\Big(\arcsin(x)+\arccos\left(\frac{x}{2}\right)\Big)=\frac{\sqrt{2}}{2}$ (2).

$(2)\iff x.\frac{x}{2}+\sqrt{1-x^2}\sqrt{1-\frac{x^2}{4}}=\frac{\sqrt{2}}{2}\cdot$

$(2)\iff \frac{\sqrt{2}-x^2}{2}=\sqrt{(1-x^2)\Big(1-\frac{x^2}{4}\Big)}\cdot$

$(2)\iff (\sqrt{2}-x^2)^2=(1-x^2)(4-x^2)\iff (5-2\sqrt{2})x^2=2.$

Donc les solutions sont $\frac{\sqrt{2}}{5-2\sqrt{2}}$ et $\frac{-\sqrt{2}}{5-2\sqrt{2}}$ qui sont éléments de $[-1,1]$.

---

6. Notons $f : x\mapsto \arctan(x)+\arcsin(x)$. La fonction f est définie sur $[-1,1]$ et $f([-1,1])\subset]-\pi,\pi[$. Donc, si $|\alpha|\geqslant\pi$, l'équation n'a pas de solution.

Comme f est continue et strictement croissante sur $[-1,1]$ on a, plus précisément $f([-1,1])=\Big[-\frac{3\pi}{4},\frac{3\pi}{4}\Big]\cdot$ Donc, si $|\alpha|>\frac{3\pi}{4}$, pas de solution et si $|\alpha|\leqslant\frac{3\pi}{4}$, l'équation $f(x)=\alpha$ a une unique solution.

Si $\alpha=\frac{\pi}{2}$, on a $f(x)=\alpha\iff\arctan(x)=\arccos(x)$ avec $|x|\leqslant 1$ ce qui équivaut à $x=\tan\big(\arccos(x)\big), x\in[-1,1]$ *i.e.* $x=\frac{1}{\sqrt{1+x^2}}, x\in]0,1[$ (1).

$(1)\iff x\in]0,1[, x^2(x^2+1)=1\iff x\in]0,1[, \Big(x+\frac{1}{2}\Big)^2=\frac{5}{4}\cdot$

L'unique solution est $x=\sqrt{\frac{\sqrt{5}-1}{2}}\cdot$

---

7. La fonction arctan établissant une bijection de $\mathbb{R}$ sur $\Big]-\frac{\pi}{2},\frac{\pi}{2}\Big[$, comme le nombre réel $\frac{\pi}{4}+\arctan\Big(\frac{1}{239}\Big)$ est élément de $\Big]\frac{\pi}{4},\frac{\pi}{2}\Big[$ l'équation a une solution unique.

Si $\theta=\arctan(x)$, $\tan(4\theta)=\frac{2\tan(2\theta)}{1-\tan^2(2\theta)}=\frac{2\frac{2\tan(\theta)}{1-\tan^2(\theta)}}{1-\Big(\frac{2\tan(\theta)}{1-\tan^2(\theta)}\Big)^2}=\frac{4x^2(1-x^2)}{x^4-6x^2+1}\cdot$

En utilisant la formule : $\tan(a+b)=\frac{\tan(a)+\tan(b)}{1-\tan(a)\tan(b)}$ on obtient

$\tan\Big(\frac{\pi}{4}+\arctan\Big(\frac{1}{239}\Big)\Big)=\frac{120}{119}\cdot$

Il suffit de vérifier que $\frac{1}{5}$ est solution de l'équation : $\frac{4x^2(1-x^2)}{x^4-6x^2+1}=\frac{120}{119}\cdot$

Solutions

La formule : $\dfrac{\pi}{4} = 4\arctan\left(\dfrac{1}{5}\right) - \arctan\left(\dfrac{1}{239}\right)$ est appelée formule de Méchain.

8. La fonction arctan étant strictement croissante sur $\mathbb{R}$, on a
$y = \arctan\left(\dfrac{1}{2}\right) + \arctan\left(\dfrac{1}{5}\right) + \arctan\left(\dfrac{1}{8}\right) < 3\arctan(1) = \dfrac{3\pi}{4}\cdot$
L'utilisation de la formule $\tan(a+b) = \dfrac{\tan(a)+\tan(b)}{1-\tan(a)\tan(b)}$ donne $\tan(y) = 1$.
Donc $y = \dfrac{\pi}{4} + k\pi$ avec $k \in \mathbb{Z}$. D'où $y = \dfrac{\pi}{4}\cdot$

---

9. a. Montrer que pour $x \in]0,1], \sin\big(\arctan\big(\tan\big(\arccos(x)\big)\big)\big) = x$.

b. Montrer que pour $x \in \left]-\dfrac{\pi}{4}, \dfrac{\pi}{4}\right[, \dfrac{1}{2}\arcsin\big(\tan^2(x)\big) + \arctan\big(\sqrt{\cos(2x)}\,\big) = \dfrac{\pi}{4}\cdot$

---

10. a. $f : x \mapsto \arccos(-x)$ est définie sur $[-1,1]$. Donc $\cos(f(x)) = -x$ ce qui équivaut à $\cos(\pi - f(x)) = x$. Comme $\pi - f(x) \in [0,\pi]$, on conclut que $f(x) = \pi - \arccos(x)$.

b. $f : x \mapsto \sin(\arccos(x))$ est définie sur $[-1,1]$. Comme $\arccos(x) \in [0,\pi]$, on a $f(x) \geqslant 0$. Donc $f(x) = \sqrt{1-\cos^2(\arccos(x))} = \sqrt{1-x^2}$.

c. $\cos^2(\theta) = \dfrac{1}{1+\tan^2(\theta)}\cdot$ Comme $\arctan(x) \in \left]-\dfrac{\pi}{2}, \dfrac{\pi}{2}\right[$ on a $\cos(\arctan(x)) > 0$.
Donc $\cos(\arctan(x)) = \dfrac{1}{\sqrt{1+x^2}}$. Donc
$\sin(\arctan(x)) = \tan(\arctan(x)).\cos(\arctan(x)) = \dfrac{x}{\sqrt{1+x^2}}\cdot$

d. $f : x \mapsto \arctan\left(\dfrac{\sqrt{1+x}-\sqrt{1+x}}{\sqrt{1+x}+\sqrt{1+x}}\right)$ est définie sur $[-1,1]$.
Pour tout $x \in [-1,1]$, il existe un unique $\theta \in [0,\pi]$ tel que $\theta = \arccos(x)$.
$\sqrt{1+x} = \sqrt{2\cos^2\left(\dfrac{\theta}{2}\right)} = \sqrt{2}\cos\left(\dfrac{\theta}{2}\right)$ et $\sqrt{1-x} = \sqrt{2\sin^2\left(\dfrac{\theta}{2}\right)} = \sqrt{2}\sin\left(\dfrac{\theta}{2}\right)\cdot$
$\sqrt{1+x} - \sqrt{1+x} = \sqrt{2}\left(\cos\left(\dfrac{\theta}{2}\right) - \sin\left(\dfrac{\theta}{2}\right)\right) = 2\sin\left(\dfrac{\pi}{4} - \dfrac{\theta}{2}\right)\cdot$
$\sqrt{1+x} + \sqrt{1+x} = \sqrt{2}\left(\cos\left(\dfrac{\theta}{2}\right) + \sin\left(\dfrac{\theta}{2}\right)\right) = 2\cos\left(\dfrac{\pi}{4} - \dfrac{\theta}{2}\right)\cdot$
Donc $f(x) = \arctan\left(\tan\left(\dfrac{\pi}{4} - \dfrac{\theta}{2}\right)\right) = \dfrac{\pi}{4} - \dfrac{\theta}{2}$ car $\dfrac{\pi}{4} - \dfrac{\theta}{2} \in \left]-\dfrac{\pi}{4}, \dfrac{\pi}{4}\right[\cdot$
Finalement, $\forall x \in [-1,1], f(x) = \dfrac{\pi}{4} - \dfrac{\arccos(x)}{2} = \dfrac{1}{2}\arcsin(x)$.

---

11. a. $x \in \mathcal{D}_{f_1} \iff \dfrac{2|x|}{1+x^2} \leqslant 1 \iff \big(|x|-1\big)^2 \geqslant 0 \iff x \in \mathbb{R}$.
f_1 est donc définie sur $\mathbb{R}$ et impaire. Il suffit de faire l'étude sur $\mathbb{R}_+$.
Pour tout $x \in \mathbb{R}_+$ il existe un unique $\theta \in \left[0, \dfrac{\pi}{2}\right[$ tel que $\theta = \arctan(x)$. On a alors

$$\frac{2x}{1+x^2} = \sin(2\theta) \text{ et } f(x) = \arcsin\big(\sin(2\theta)\big) = \begin{cases} 2\theta & \text{si } \theta \in \left[0, \dfrac{\pi}{4}\right] \\ \pi - 2\theta & \text{si } \theta \in \left]\dfrac{\pi}{4}, \dfrac{\pi}{2}\right[\end{cases}$$

Donc : $\forall x \in \mathbb{R}_+, f_1(x) = \begin{cases} 2\arctan(x) & \text{si } x \in [0,1] \\ \pi - 2\arctan(x) & \text{si } x \in]1,+\infty[\end{cases}$

b. $x \in \mathcal{D}_{f_1} \iff \dfrac{|1-x^2|}{1+x^2} \leqslant 1 \iff x \in \mathbb{R}$. Donc f_1 est définie sur $\mathbb{R}$ et paire. Il suffit de faire l'étude sur $\mathbb{R}_+$. Pour tout $x \in \mathbb{R}_+$ il existe un unique $\theta \in \left[0, \dfrac{\pi}{2}\right[$ tel que $\theta = \arctan(x)$. On a alors $\dfrac{1-x^2}{1+x^2} = \cos(2\theta)$ et $f(x) = \arccos\big(\cos(2\theta)\big)$.
Comme $2\theta \in [0, \pi[$, il s'ensuit que : $\forall x \in \mathbb{R}_+, f_2(x) = 2\arctan(x)$.

c. f_3 est définie sur $\mathbb{R}$. Notons $\theta = \arctan(x)$. Il vient $\sqrt{1+x^2} - x = \dfrac{1-\sin(\theta)}{\cos(\theta)}$.
Or $1 - \sin(\theta) = 1 - \cos\left(\dfrac{\pi}{2} - \theta\right) = 2\sin^2\left(\dfrac{\pi}{4} - \dfrac{\theta}{2}\right)$ et
$\cos(\theta) = \sin\left(\dfrac{\pi}{2} - \theta\right) = 2\sin\left(\dfrac{\pi}{4} - \dfrac{\theta}{2}\right)\cos\left(\dfrac{\pi}{4} - \dfrac{\theta}{2}\right)$. Donc $\dfrac{1-\sin(\theta)}{\cos(\theta)} = \tan\left(\dfrac{\pi}{4} - \dfrac{\theta}{2}\right)$.
$-\dfrac{\pi}{2} < \theta < \dfrac{\pi}{2} \Rightarrow 0 < \dfrac{\pi}{4} - \dfrac{\theta}{2} < \dfrac{\pi}{2}$. Donc $f_3(x) = \dfrac{\pi}{4} - \dfrac{1}{2}\arctan(x)$ pour $x \in \mathbb{R}_+$.

d. $\mathcal{D}_{f_4} = [-1, 1] \setminus \{0\}$ et f_4 est impaire. Il suffit d'en faire l'étude sur $]0, 1]$.
$\forall x \in]0, 1], \exists! \theta \in \left[0, \dfrac{\pi}{2}\right[, \theta = \arccos(x)$.
Donc $\forall x \in]0, 1], f_4(x) = \arctan\big(\tan(\theta)\big) = \theta = \arccos(x)$.

---

12. a. Le lecteur étudiant vérifiera que $\sin(3\theta) = \sin(2\theta + \theta) = 3\sin(\theta) - 4\sin^3(\theta)$.

b. $x \in \mathcal{D}_f \iff \begin{cases} -1 \leqslant 2x^2 - 1 \leqslant 1 \\ -1 \leqslant 3x - 4x^3 \leqslant 1 \end{cases}$

Or $-1 \leqslant 2x^2 - 1 \leqslant 1 \iff x \in [-1, 1]$ et
$-1 \leqslant 3x - 4x^3 \leqslant 1 \iff (x+1)(2x-1)^2 \geqslant 0$ et $(x-1)(2x+1)^2 \leqslant 0$, donc $\mathcal{D}_f = [-1, 1]$. Notons $f(x) = g(x) - 2h(x)$ avec g paire et h impaire.
$\forall x \in [0, 1], \exists! \theta \in \left[0, \dfrac{\pi}{2}\right], \theta = \arccos(x) \Rightarrow \forall x \in [0, 1], g(x) = \arccos\big(\cos(2\theta)\big) = 2\theta$.
Donc $g(x) = 2\arccos(x)$ si $x \in [0, 1]$ et $g(x) = 2\arccos(-x)$ si $x \in [-1, 0]$.
On déduit de a) que $\forall x \in [0, 1], \exists! \alpha \in \left[0, \dfrac{\pi}{2}\right], x = \sin(\alpha); h(x) = \arcsin\big(\sin(3\alpha)\big)$.
Donc, si $x \in \left[0, \dfrac{1}{2}\right], h(x) = 3\arcsin(x)$; si $x \in \left]\dfrac{1}{2}, 1\right], h(x) = \pi - 3\arcsin(x)$.
Comme $\arcsin(x) + \arccos(x) = \dfrac{\pi}{2}$ pour tout $x \in [-1, 1]$, on peut écrire :
$\forall x \in \left[0, \dfrac{1}{2}\right], f(x) = 8\arccos(x) - 3\pi$; $\forall x \in \left]\dfrac{1}{2}, 1\right], f(x) = -4\arccos(x) + \pi$.
On précise aisément $f(x)$ pour $x \in [-1, 0[$.

---

13. $(x^2 - 2x^2 + 2 = (x^2 - 2)^2 + 1 > 0$. Donc f est définie, dérivable sur $\mathbb{R}$ paire. Il suffit d'en faire l'étude sur $\mathbb{R}_+$.

Le lecteur étudiant vérifiera que $f'(x) = \dfrac{\sqrt{2}x(2-x^2)}{(x^4 - 2x^2 + 2)^{3/2}}$.

Donc f est strictement croissante sur $[0, \sqrt{2}\,]$ et strictement décroissante sur $[\sqrt{2}, +\infty[$ avec $f(\sqrt{2}\,) = 1$.

$\forall x \in \mathbb{R} \setminus \{\sqrt{2}\,\}, g'(x) = \dfrac{f'(x)}{\sqrt{1 - f^2(x)}} = \dfrac{2x(2-x^2)}{|2-x^2|\sqrt{x^4 - 2x^2 + 2}}$.

Donc g est strictement croissante sur $[0,\sqrt{2}]$ et strictement décroissante sur $[\sqrt{2},+\infty[$ avec $g(\sqrt{2})=\frac{\pi}{2}\cdot$ On a $g(0)=0$ et $\lim\limits_{+\infty} g=\frac{\pi}{4}\cdot$

---

14. Notons $g(x)=\dfrac{1-6x^2+x^4}{(1+x^2)^2}$ et $f(x)=\arcsin(g(x))$ si $|g(x)|\leqslant 1$.

$1-g(x)^2=(1-g(x))(1+g(x))=\Big(1-\dfrac{1-6x^2+x^4}{(1+x^2)^2}\Big)\Big(1+\dfrac{1-6x^2+x^4}{(1+x^2)^2}\Big)$.

Donc $\forall x\in\mathbb{R}, 1-g(x)^2=\dfrac{16x^2(x^2-1)^2}{(x^2+1)^4}\geqslant 0$.

Donc f est définie sur $\mathbb{R}$. On a f et g paires.

$\forall x\in\mathbb{R}, g'(x)=\dfrac{16x(x^2-1)}{(x^2+1)^3}$ et $f'(x)=\dfrac{g'(x)}{\sqrt{1-g(x)^2}}\cdot$

Le signe de $g'(x)$ et par suite de $f'(x)$ sont immédiats et les conséquences sur les variations de f s'ensuivent.

---

15. On suppose $b\neq 0$. On a f définie et dérivable sur $\mathbb{R}^\star$.
On vérifie que, pour tout $x\in\mathbb{R}, f'(x)=0$. Donc, il existe deux constantes réelles C_1 et C_2 telles que, pour tout $x\in\mathbb{R}_+^\star, f(x)=C_1$ et, pour tout $x\in\mathbb{R}_-^\star, f(x)=C_2$.

Donc $C_1=\lim\limits_{+\infty} f$ et $C_2=\lim\limits_{-\infty} f$. Comme $\arctan\Big(\dfrac{1}{\sqrt{3}}\Big)=\dfrac{\pi}{6}$ on a

$$C_1=\begin{cases}\dfrac{\pi}{3} & \text{si } b>0\\ -\dfrac{2\pi}{3} & \text{si } b<0\end{cases}\ ;\ C_2=\begin{cases}\dfrac{-2\pi}{3} & \text{si } b>0\\ \dfrac{\pi}{3} & \text{si } b<0\end{cases}$$

---

16. On notera $F(x)=\displaystyle\int f(x)dx$.

a. $F(x)=\dfrac{1}{2}\dfrac{x+1}{x^2+x+1}+\sqrt{3}\arctan\Big(\dfrac{2x+1}{\sqrt{3}}\Big)\cdot$

b. $F(x)=\dfrac{1}{4}\tan^4(x)$.

c. Poser $t=\cos(x)$ $F(x)=-\dfrac{1}{4\cos(x)}+\dfrac{1}{4}\ln\Big|\tan\Big(\dfrac{x}{2}\Big)\Big|\cdot$

d. Poser $t=\sin(x)$ $F(x)=\dfrac{1}{2}\sqrt{1-\sin(x)}+\dfrac{1}{2\sqrt{2}}\ln\left|\dfrac{\sqrt{2}-\sqrt{1-\sin(x)}}{\sqrt{2}+\sqrt{1-\sin(x)}}\right|\cdot$

e. $F(x)=\dfrac{1}{16}\Big(x+\dfrac{\sin(2x)}{4}-\dfrac{\sin(4x)}{4}-\dfrac{\sin(6x)}{12}\Big)\cdot$

f. $F(x)=\dfrac{4}{3}\big(\sin(x)\big)^{3/2}$.

g. Poser $t=\mathrm{sh}(x)$ puis $\sqrt{1+2t^2}-t\sqrt{2}=u$;

$F(x)=\dfrac{1}{2}\ln\left|\dfrac{\mathrm{ch}(2x)-\mathrm{sh}(x)\sqrt{2\,\mathrm{ch}(2x)}-2+\sqrt{2}}{\mathrm{ch}(2x)-\mathrm{sh}(x)\sqrt{2\,\mathrm{ch}(2x)}-2-\sqrt{2}}\right|\cdot$

h. Poser $t=\sqrt{\dfrac{1+x}{x}}$. $F(x)=\dfrac{1}{8}\ln\left|\dfrac{1-t}{1+t}\right|+\dfrac{1}{4}\Big(\dfrac{1}{t-1}-\dfrac{1}{(t-1)^2}\Big)\cdot$

i. Poser $t=\sqrt[4]{\dfrac{x-1}{x}}$; $F(x)=\dfrac{3}{4}\varepsilon\ln\left(|x|\left(2-\dfrac{1}{x}+\sqrt{\dfrac{x-1}{x}}\right)\right)$
avec $\varepsilon=1$ si $x>1$ et $\varepsilon=-1$ si $x<0$.

j. Poser $t=\sqrt[6]{x}$; $F(x)=6\left(\dfrac{t^7}{7}+\dfrac{t^5}{5}-\dfrac{t^4}{4}+\dfrac{t^3}{3}-\dfrac{t^2}{2}+t-\ln(x+1)\right)$.

k. Poser $t=x^5$; $F(x)=\dfrac{\varepsilon}{5}\ln\left|\dfrac{2\varepsilon\sqrt{x^{10}+x^5+1}-2-x^5}{x^5}\right|$ où $\varepsilon=$ signe (x).

l. $F(x)=x\exp\big(\arctan(x)\big)$.

m. Intégrer par parties, puis poser $t=x+2$ pour $x\notin[-3,-1]$.
$F(x)=x\arctan\sqrt{\dfrac{1+x}{3+x}}-\dfrac{\varepsilon}{2}\ln\left|x+2+\sqrt{(x+1)(x+3)}\right|+\arcsin\left(\dfrac{1}{x+2}\right)$
avec $\varepsilon=1$ si $x>-1$, et $\varepsilon=-1$ si $x<-3$.

n. Intégrer par parties après avoir posé $t=\arcsin(x)$ pour $|x|<1$.
$F(x)=-\dfrac{x}{2}\sqrt{1-x^2}\arcsin(x)+\dfrac{1}{4}\arcsin^2(x)+\dfrac{x^2}{4}\cdot$

o. $F(x)=\dfrac{1}{2}\left(\dfrac{x}{2}+\ln\left|\sin(x)+\cos(x)\right|\right)$.

p. $F(x)=-(x^3+3x^2+5x+4)e^{-x}$.

q. $F(x)=-\dfrac{1}{4}\sqrt{1+4x-4x^2}+\dfrac{3}{4}\arcsin\left(\dfrac{2x-1}{\sqrt{2}}\right)\cdot$

r. $F(x)=\dfrac{2}{3}\Big(\arcsin(x)\Big)^{3/2}$.

s. $F(x)=2\arctan\left(\sqrt{e^x-1}\right)$.

t. $F(x)=\ln\left|\dfrac{x}{1+\sqrt{1+x^2}}\right|\cdot$

u. $F(x)=\begin{cases}\arccos(1/x) & \text{si } x>0\\ \arccos(-1/x) & \text{si } x<0\end{cases}$

v. $F(x)=-\dfrac{\sqrt{4-x^2}}{4x}$

w. $F(x)=-\dfrac{x}{\sin(x)}+\ln\left|\tan\left(\dfrac{x}{2}\right)\right|\cdot$

x. $F(x)=\dfrac{\sin(x)-\cos(x)}{2}e^x$.

y. $F(x)=\dfrac{x}{2}\Big(\sin\big(\ln(x)\big)-\cos\big(\ln(x)\big)\Big)$.

z. $F(x)=\big(\ln\big(\ln(x)\big)-1\big)\ln(x)$.

α. $F(x)=\dfrac{x^3}{3}\arctan(3x)-\dfrac{x^2}{18}+\dfrac{1}{162}\ln\left(1+9x^2\right)$.

β. $F(x)=\dfrac{x^2+1}{2}\big(\arctan(x)\big)^2-x\arctan(x)+\dfrac{1}{2}\ln(1+x^2)$.

γ. $F(x)=x\big(\arcsin(x)\big)^2+2\sqrt{1-x^2}\arcsin(x)-2x$.

δ. $F(x)=\dfrac{1}{\sqrt{2}}\arcsin\left(\dfrac{4x-5}{5}\right)\cdot$

Solutions

17. De la formule du binôme de Newton, on déduit :

$$\forall x \in [0,1], x^m(1-x)^n = \sum_{k=0}^{n} \binom{n}{k} (-1)^k x^{k+m}.$$

D'où $I_{n,m} = \displaystyle\sum_{k=0}^{n} \binom{n}{k} \frac{(-1)^k}{k+m+1}$.

D'autre part, en intégrant par parties, on obtient $I_{n,m} = \dfrac{n}{m+1} I_{n-1,m+1}$.

Par une récurrence immédiate,

$$I_{n,m} = \frac{n!}{(m+1)(m+2)\cdots(m+n+1)} = \frac{n!\,m!}{(n+m+1)!}.$$

D'où l'identité demandée.

---

18. On a $\displaystyle\int_0^x \frac{at+b}{(t^2+q)^n}dt = a\int_0^x \frac{t}{(t^2+q)^n} + bI_n(x)$ où $I_n(x) = \displaystyle\int_0^x \frac{1}{(t^2+q)^n}dt$.

$$\int_0^x \frac{t}{(t^2+q)^n} = \begin{cases} \left[-\dfrac{a}{2(n-1)(t^2+q)^{n-1}}\right]_0^x & \text{si } n \geqslant 2 \\ \dfrac{a}{2}\left[\ln(t^2+q)\right]_0^x & \text{si } n = 1 \end{cases}$$

Par intégration par parties, en posant $u(t) = t$ et $v(t) = \dfrac{1}{(t^2+q)^n}$ on obtient

$$I_n(x) = \frac{x}{(x^2+q)^n} + 2n\int_0^x \frac{t^2}{(t^2+q)^n}dt.$$

En écrivant $t^2 = (t^2+q) - q$ dans l'intégrale, on obtient la relation de récurrence qui ramène le calcul de $I_n(x)$ à celui de $I_1(x)$.

$$2nqI_{n+1}(x) = (2n-1)I_n(x) + \frac{x}{(x^2+q)^n}.$$

---

19. Par intégration par parties, $J(x) = \dfrac{\sqrt{1+x^2}}{x} - \sqrt{2} + \left[\ln(t+\sqrt{1+t^2})\right]_x^1$.

$$K(x) = \frac{\sqrt{1-x^2}}{x} - \left[\arcsin(t)\right]_x^1.$$

Donc $J(x) - K(x) = \dfrac{\sqrt{1+x^2}-\sqrt{1-x^2}}{x} - \sqrt{2} + \dfrac{\pi}{2} + \ln(1+\sqrt{2}) + \alpha(x)$

avec $\alpha(x) = \ln\left(x+\sqrt{1+x^2}\right) - \arcsin(x)$.

$\dfrac{\sqrt{1+x^2}-\sqrt{1-x^2}}{x} = \dfrac{2x}{\sqrt{1+x^2}+\sqrt{1-x^2}} \underset{x\to 0}{\longrightarrow} 0$ et $\displaystyle\lim_{x\to 0}\alpha(x) = 0$, donc

$\displaystyle\lim_{x\to 0}\big(J(x)-K(x)\big) = 0$. Donc $I = \dfrac{\pi}{2} - \sqrt{2} + \ln\big(1+\sqrt{2}\big)$.

---

4 - Nombres réels et suites réelles

Rappels de cours

1. Ensembles de nombres réels

$\mathbb{N} = \{0, 1, 2, 3, \ldots, n, \ldots\}$: ensemble des entiers naturels.

$\mathbb{Z} = \mathbb{N} \cup (-\mathbb{N})$: ensemble des entiers relatifs.

$\mathbb{Q} = \{p/q \mid (p, q) \in \mathbb{Z} \times \mathbb{N}^\star$: ensemble des nombres rationnels.

$\mathbb{R} \setminus \mathbb{Q}$: ensemble des nombres irrationnels.

$$\mathbb{N} \subset \mathbb{Z} \subset \mathbb{Q} \subset \mathbb{R}.$$

On appelle ***partie entière*** d'un nombre réel x et on note $\lfloor x \rfloor$ le plus grand entier relatif (élément de $\mathbb{Z}$) inférieur ou égal à x.

$$\forall x \in \mathbb{R}, \lfloor x \rfloor \leqslant x < \lfloor x \rfloor + 1.$$

$\forall n \in \mathbb{N}, \forall x \in \mathbb{R}, \dfrac{\lfloor 10^n x \rfloor}{10^n} \leqslant x \leqslant \dfrac{\lfloor 10^n x \rfloor}{10^n} + \dfrac{1}{10^n}.$

$\dfrac{\lfloor 10^n x \rfloor}{10^n}$ est la valeur décimale approchée par défaut de x à 10^{-n} près.

$\dfrac{\lfloor 10^n x \rfloor}{10^n} + \dfrac{1}{10^n}$ est la valeur décimale approchée par excès de x à 10^{-n} près.

On appelle ***intervalle*** de $\mathbb{R}$ toute partie X de $\mathbb{R}$ telle que pour tous a, b de $X, a \leqslant b, [a, b] \subset X$.

Tout intervalle ouvert de $\mathbb{R}$ rencontre $\mathbb{R}$ et $\mathbb{R} \setminus \mathbb{Q}$.

$\overline{\mathbb{R}} = [-\infty, +\infty]$ est la droite numérique achevée.

Toute partie non vide de $\mathbb{R}$, majorée (*resp.* minorée) admet une borne supérieure (*resp.* inférieure)

2. Suites réelles ou complexes : définitions

Une suite réelle $(u_n)_{n \geqslant 0}$ est dite ***majorée*** si : $\exists M \in \mathbb{R}, \forall n \in \mathbb{N}, u_n \leqslant M$.

Une suite réelle $(u_n)_{n \geqslant 0}$ est dite ***minorée*** si : $\exists m \in \mathbb{R}, \forall n \in \mathbb{N}, m \leqslant u_n$.

Une suite réelle $(u_n)_{n \geqslant 0}$ est dite ***bornée*** si elle est à la fois majorée et minorée *i.e.* il existe $M \in \mathbb{R}_+$ tel que : $\forall n \in \mathbb{N}, |u_n| \leqslant M$.

Une suite réelle $(u_n)_{n\geqslant 0}$ est dite ***croissante*** (*resp.* ***décroissante***) si, pour tout $n\in\mathbb{N}, u_n \leqslant u_{n+1}$ (*resp.* $u_n \geqslant u_{n+1}$). Elle est dite ***stationnaire*** si, à partir d'un certain rang, $u_n = u_{n+1}$.

Une suite réelle $(u_n)_{n\geqslant 0}$ est dite ***monotone*** si elle est croissante, décroissante.

3. Convergence de suites

Une suite réelle ou complexe $(u_n)_{n\geqslant 0}$ est dite ***convergente*** s'il existe $\ell\in\mathbb{R}$ ou $\mathcal{L}\in\mathbb{C}$ telle que : $\forall\varepsilon > 0, \exists n_0\in\mathbb{N}, \forall n\in\mathbb{N}, n\geqslant n_0 \Rightarrow |u_n-\ell| \leqslant \varepsilon$.

Si ℓ existe, elle est unique. On l'appelle la ***limite*** de la suite $(u_n)_{n\geqslant 0}$.

Si $u_n = a_n + ib_n$ avec a_n et b_n réels, $(u_n)_{n\geqslant 0}$ converge si, et seulement si, $(a_n)_{n\geqslant 0}$ et $(b_n)_{n\geqslant 0}$ convergent. Dans ce cas, $\lim\limits_{n\to\infty}(u_n) = \lim\limits_{n\to\infty}(a_n) + i\lim\limits_{n\to\infty}(b_n)$.

On dit que $u_n \xrightarrow[n\to\infty]{} +\infty$ (*resp.* $u_n \xrightarrow[n\to\infty]{} -\infty$) si

$$\forall a > 0, \exists n_0\in\mathbb{N}, \forall n\in\mathbb{N}, n\geqslant n_0 \Rightarrow u_n \geqslant a.$$
$$(\textit{resp. } \forall a > 0, \exists n_0\in\mathbb{N}, \forall n\in\mathbb{N}, n\geqslant n_0 \Rightarrow u_n \leqslant -a).$$

Une suite est ***divergente*** si elle ne converge pas.

Si $(u_n)_{n\geqslant 0}$ et $(v_n)_{n\geqslant 0}$ sont deux suites réelles ou complexes convergeant respectivement vers ℓ et ℓ' et si λ est un scalaire réel ou complexe, la suite $(\lambda u_n + v_n)_{n\geqslant 0}$ converge vers $\lambda\ell+\ell'$, la suite $(u_nv_n)_{n\geqslant 0}$ converge vers $\ell\ell'$.

Si une suite réelle $(u_n)_{n\geqslant 0}$ converge vers $\ell > 0$, à partir d'un certain rang $u_n > 0$.

4. Si $(x_n)\in\mathbb{C}^{\mathbb{N}}$ on appelle ***suite extraite*** de (x_n) toute suite de la forme $(x_{\varphi(n)})$ où φ est une application strictement croissante de $\mathbb{N}$ dans $\mathbb{N}$.

Si φ est une telle application, alors pour tout $n\in\mathbb{N}$, $\varphi(n)\geqslant n$.
Toute suite extraite d'une suite extraite est elle même extraite car la composée d'applications de $\mathbb{N}$ dans $\mathbb{N}$ strictement croissantes est strictement croissante.

Si une suite (x_n) à valeurs dans $\mathbb{C}$ converge vers ℓ il en est de même de toute suite extraite.

On obtient ainsi une condition suffisante de divergence. Si l'on peut extraire de (x_n) deux suites qui convergent vers des limites distinctes, alors (x_n) diverge. Par exemple la suite réelle de terme général $(-1)^n$ diverge.

Si (x_n) est une suite à valeurs dans $\mathbb{C}$ alors elle converge vers ℓ si, et seulement si, (x_{2n}) et (x_{2n+1}) convergent vers ℓ.

5. Théorèmes

Théorème de Bolzano-Weierstrass. De toute suite réelle ou complexe bornée, on peut extraire une suite convergente.

On dit qu'une partie A de $\mathbb{R}$ est ***dense*** dans $\mathbb{R}$ si elle rencontre tout intervalle ouvert non vide de $\mathbb{R}$.

A est dense dans $\mathbb{R}$ si, et seulement si, tout nombre réel est limite d'une suite d'éléments de A.

$\mathbb{Q}$ et $\mathbb{R}\setminus\mathbb{Q}$ sont denses dans $\mathbb{R}$.

• Une suite monotone croissante (*resp.* décroissante) converge si, et seulement si, elle est majorée (*resp.* minorée).

Si (u_{2n}) et (u_{2n+1}) convergent et ont même limite ℓ, la suite (u_n) converge vers ℓ.

• Deux suites (u_n) et (v_n) sont réelles adjacentes si (u_n) croît, (v_n) décroît et $\lim(u_n - v_n) = 0$.

• Deux suites adjacentes convergent et ont même limite.

Théorème d'encadrement : $(u_n), (v_n), (w_n)$ trois suites réelles.

Si $\begin{cases} \exists n_0 \in \mathbb{N}, \forall n \geqslant n_0,\ u_n \leqslant v_n \leqslant w_n \\ \exists \ell \in \mathbb{R},\ \ell = \lim(u_n) = \lim(w_n) \end{cases}$ alors (v_n) converge et sa limite est ℓ.

Passage à la limite dans les inégalités : si $(u_n), (v_n), (w_n)$ sont trois suites réelles convergentes et s'il existe $n_0 \in \mathbb{N}$ tel que : $\forall n \geqslant n_0, u_n \leqslant v_n \leqslant w_n$, alors : $\lim(u_n) \leqslant \lim(v_n) \leqslant \lim(w_n)$.

6. Remarques techniques

• Pour démontrer qu'une suite (u_n) converge vers ℓ (donné ou deviné), vous aurez souvent intérêt à majorer $(|u_n - \ell|)$ par une suite de limite nulle.

• Méthode des dominos ou télescopage : $\displaystyle\sum_{k=p}^{p+q}(u_{k+1} - u_k) = u_{q+p+1} - u_p$.

7. Suites définies par u_0 et la relation de récurrence $u_{n+1} = f(u_n)$.

La marche à suivre.

• On cherche un intervalle fermé F de $\mathbb{R}$ stable par f tel que, pour un rang n_0 on ait $u_{n_0} \in F$. Les limites éventuelles de (u_n) sont alors dans F et points fixes ou points de discontinuité de f.

• Si F est un intervalle sur lequel f est croissante, alors (u_n) est monotone.
De plus : si (u_n) croît (*resp.* décroît) elle converge si, et seulement si, $\exists \lambda \in F, \lambda = f(\lambda)$ et $u_0 \leqslant \lambda$ (*resp.* $\lambda \leqslant u_0$).

• Si F est un intervalle sur lequel f décroît alors (u_{2n}) et (u_{2n+1}) sont monotones de sens contraires. Si l'une converge alors l'autre aussi et sa limite est point fixe de $f \circ f$, reste à voir si elle est point fixe de f.

8. Suites classiques

Suites arithmétiques : $u_0 \in \mathbb{C}$ et, pour tout $n \in \mathbb{N}, u_{n+1} = u_n + r$.
i.e. $\forall n \in \mathbb{N}, u_n = u_0 + nr$.

Suites géométriques : $u_0 \in \mathbb{C}$ et pour tout $n \in \mathbb{N}, u_{n+1} = qu_n$.

i.e. $\forall n \in \mathbb{N}, u_n = q^n u_0$. On retiendra : $\displaystyle\sum_{k=0}^{n} u_n = u_0 \frac{1 - q^{n+1}}{1 - q}$ si $q \neq 1$.

Récurrence affine : $\exists (a, b) \in (\mathbb{C}^\star)^2, a \neq 1,\ \forall n \in \mathbb{N}, u_{n+1} = au_n + b \quad (\star)$.

Première méthode : on résout $\lambda = a\lambda + b$ (point fixe) ce qui donne $\lambda = \dfrac{b}{1-a}$.
La suite définie par $v_n = u_n - \lambda$ est géométrique de raison a. D'où $v_n = a^n v_0$. Par suite $u_n = a^n(u_0 - \lambda) + \lambda$.

Deuxième méthode : on divise les deux membres de $(\star)$ par a^{n+1}, on est ramené à une suite qui donne u_n après un télescopage. $\left(\dfrac{u_{n+1}}{a^{n+1}} = \dfrac{u_n}{a^n} + \dfrac{b}{a^{n+1}}\right)$

Récurrence linéaire d'ordre 2 : $\exists(a,b)\in\mathbb{C}^2, \forall n\in\mathbb{N}, u_{n+2}=au_{n+1}+bu_n$.
On appelle équation caractéristique $X^2-aX-b=0$.
On note $\Delta=a^2+4b$ son discriminant.

si $\Delta\neq 0, \exists!(\lambda,\mu)\in\mathbb{C}^2,\ \forall n\in\mathbb{N}, u_n=\lambda r_1^n+\mu r_2^n$ avec $r_2=a-r_1=-\dfrac{b}{r_1}$.

si $\Delta=0, \exists!(\lambda,\mu)\in\mathbb{C}^2,\ \forall n\in\mathbb{N}, u_n=\left(\dfrac{a}{2}\right)^n(\lambda n+\mu)$.

Énoncés des exercices

1. Soient a,b,c trois réels strictement positifs. Montrer que, pour qu'il existe trois nombres $\alpha_1,\alpha_2,\alpha_3$ égaux à ± 1 tels que $\alpha_1\sqrt{a}+\alpha_2\sqrt{b}+\alpha_3\sqrt{c}=0$, il faut et il suffit que $a^2+b^2+c^2-2ab-2bc-2ca=0$.

---

2. Soient a et b deux nombres réels tels que $|a|\leqslant 1, |b|\leqslant 1$ et $|a|\neq|b|$. Simplifier l'expression : $\dfrac{\sqrt{1-a^2}.\sqrt{1-b^2}+ab}{a\sqrt{1-b^2}+b\sqrt{1-a^2}}\cdot\dfrac{\sqrt{1-a^2}.\sqrt{1-b^2}-ab}{a\sqrt{1-b^2}-b\sqrt{1-a^2}}$.

---

3. Montrer que toute suite à éléments dans $\mathbb{Z}$ converge si, et seulement si, elle est stationnaire.

---

4. $((u_n),(v_n))\in\left(\mathbb{R}^{\mathbb{N}}\right)^2$. Montrer que $(u_n^2+u_nv_n+v_n^2)\xrightarrow[n\to\infty]{}0$ si, et seulement si, $(u_n)\xrightarrow[n\to\infty]{}0$ et $(v_n)\xrightarrow[n\to\infty]{}0$.

---

5. $(u_n)\in(\mathbb{R}_+)^{\mathbb{N}},\ v_n=\dfrac{u_n}{1+u_n^2}$; montrer que (v_n) est bornée et que, si (u_n) est bornée, $\lim(v_n)=0\Rightarrow\lim(u_n)=0$.

---

6. Soit $(u_n)_{n\in\mathbb{N}}$ la suite réelle définie par $u_0=0$ et $u_1=1$ et, pour tout $n\in\mathbb{N}, u_{n+2}=u_{n+1}+u_n$.

a. Montrer que : $\forall n\in\mathbb{N}, u_{n+1}^2-u_nu_{n+2}=(-1)^n$.

b. Que peut-on dire des entiers u_n et u_{n+1} ?

c. Étudier la suite $\left(\dfrac{u_{n+1}}{u_n}\right)_{n\in\mathbb{N}^\star}$.

---

7. $\alpha\in]0,1[$ et $(u_n)\in(\mathbb{R})^{\mathbb{N}},\ 0<u_0<u_1$ et $u_{n+1}=u_n+\alpha^n u_{n-1}$. Étude de (u_n).

---

8. $\alpha\in\mathbb{R}_+$, étudier la suite (u_n) définie par $u_n=\dfrac{((n-1)!)^\alpha}{V_n}$ où $V_n=\displaystyle\prod_{k=1}^{n}(1+k^\alpha)$.

---

9. $p\in\mathbb{N}^*, (x_1,x_2,\ldots,x_p,\alpha_1,\ldots,\alpha_p)\in(\mathbb{R}_+^\star)^{2p}$. Montrer que :

$$\lim_{n\to\infty}\Big(\sum_{k=1}^{p}\alpha_k x_k^n\Big)^{1/n} = \max_{1\leqslant k\leqslant p}(x_k) \quad \text{et} \quad \lim_{n\to\infty}\Big(\sum_{k=1}^{p}\alpha_k x_k^{-n}\Big)^{-1/n} = \min_{1\leqslant k\leqslant p}(x_k).$$

---

10. a. Montrer que la suite (e^{in}) diverge. *On pourra examiner* $e^{i(n+1)}$.

b. Si $\theta\notin\pi\mathbb{Z}$, montrer que les suites $\big(\sin(n\theta)\big)_{n\in\mathbb{N}}$ et $\big(\cos(n\theta)\big)_{n\in\mathbb{N}}$ divergent.

c. Montrer que si k et ℓ sont des entiers distincts alors $(e^{ikn}+e^{i\ell n})_n$ diverge.

d. Expliciter une suite $(x_n)_n$ à valeurs dans $[-1,1]$ telle que $(x_{n+1}-x_n)_n$ converge vers 0 et $(x_n)_n$ diverge.

---

11. Si pour tout $(k,n)\in(\mathbb{N}^\star)^2$, $0\leqslant u_n\leqslant \dfrac{k}{n}+\dfrac{1}{k}$ alors $(u_n)_n$ converge vers 0.

---

12. Si $(x_n)_n\in\mathbb{R}^\mathbb{N}$ montrer que $(x_n)_n$ n'admet aucune suite extraite convergente si, et seulement si, $|x_n| \xrightarrow[n\to\infty]{} +\infty$.

---

13. Étudier les suites $(u_n)_n$ et $(v_n)_n$ définies par :

$u_0>0,\ v_0>0,\ \forall n\in\mathbb{N},\ u_{n+1}=\dfrac{2u_nv_n}{u_n+v_n}$ et $v_{n+1}=\dfrac{u_n^2+v_n^2}{u_n+v_n}$.

---

14. Montrer que, si $n\in\mathbb{N}^\star$, il existe un unique élément x_n de $[0,1]$ tel que $x_n^n+x_n^{n-1}+\cdots+x_n-1=0$. Convergence et limite de $(x_n)_n$.

---

15. Montrer que, pour tout $n\geqslant 2$, l'équation x^n-5x+1 admet une unique solution dans $]0,1[$; on la note x_n. Convergence et limite de $(x_n)_n$.

---

16. Trouver les suites réelles $(x_n)_n$ vérifiant : $0<x_0\leqslant 1$ et $\forall n\in\mathbb{N},\ 0<x_{n+1}\leqslant 2-\dfrac{1}{x_n}$.

---

17. Soit φ une bijection de $\mathbb{N}^\star$ sur $\mathbb{N}^\star$ telle que $\left(\dfrac{\varphi(n)}{n}\right)_n$ converge ; on note ℓ sa limite. Montrer $\ell\geqslant 1$. En déduire la valeur de ℓ.

---

18. Montrer que la suite $(u_n)_n$ définie par $0<u_0\leqslant 1$ et $\forall n\in\mathbb{N},\ u_{n+1}=u_n^2\left\lfloor\dfrac{1}{u_n}\right\rfloor$ converge vers une limite strictement positive si, et seulement si, elle stationne.

---

19. Soit $f:[a,b]\to[a,b]$ telle que : $x\neq y\Rightarrow \big|f(x)-f(y)\big|<|x-y|$.
Si $x_0\in[a,b]$ et $\forall n\in\mathbb{N},\ x_{n+1}=f(x_n)$ montrer que $(x_n)_n$ converge.

---

20. Si $a\in\mathbb{R}$ on définit $(x_n)_n$ par : $x_0=a$ et $\forall n\in\mathbb{R},\ x_{n+1}=\dfrac{e^{x_n}}{n+1}$.

a. Montrer : $(x_n)_n$ converge si, et seulement si, il existe $p\geqslant 2$ tel que $x_p<1$. Donner une valeur de a pour laquelle $(x_n)_n$ converge.

b. Si $a=1$ montrer : $\forall n\in\mathbb{N},\ x_n\geqslant n+1$.

c. Montrer l'existence d'un réel α tel que ($a<\alpha\Rightarrow(x_n)_n$ converge vers 0) et ($a>\alpha\Rightarrow(x_n)_n$ diverge).

21. $u_n = \sqrt{n + \sqrt{n-1+\ldots\sqrt{2+\sqrt{1}}}}$. Montrer que $\lim(u_n - \sqrt{n}) = \dfrac{1}{2}$.
On pourra commencer par montrer que $\sqrt{n} \leqslant u_n \leqslant 2\sqrt{n}$ *puis que* $\lim\limits_{n\to\infty} \dfrac{u_n}{\sqrt{n}} = 1$.

---

22. On considère $u_n = \displaystyle\sum_{k=0}^{n} \frac{1}{k!}$ et $v_n = u_n + \dfrac{1}{nn!}$ pour $n \geqslant 1$.
a. Montrer que les suites (u_n) et (v_n) convergent et ont même limite que l'on notera e. Montrer que $e \in \mathbb{R}\setminus\mathbb{Q}$.
b. Montrer que, pour tout $n \in \mathbb{N}^\star$, $v_n - v_{n+1} \leqslant v_n - e \leqslant v_n - u_{n+3}$. En déduire $\alpha \in \mathbb{N}$ tel que $n^\alpha n!(v_n - e) \underset{n\to\infty}{\longrightarrow} 1$
c. Étudier la suite $\big(\sin(\pi e n!)\big)_{n\in\mathbb{N}}$.

---

23. Étudier la suite $(u_n)_{n\geqslant 0}$ telle que : $u_0 > 0, u_1 > 0$ et $u_{n+2} = \sqrt{u_n u_{n+1}}$.

---

24. Montrer que la suite (u_n) définie par : $\forall n \in \mathbb{N},\ u_n \geqslant 0$ et $u_{n+2} \leqslant \dfrac{1}{2}(u_n + u_{n+1})$ converge. *On étudiera la suite v définie par :* $v_n = \max(u_n, u_{n+1})$.

---

25. Étudier les suites définies par :

a. $\begin{cases} u_0 = 1 \\ u_{n+1} = \dfrac{u_n}{1+u_n^2} \end{cases}$ b. $\begin{cases} u_0 = \pi/4 \\ u_{n+1} = 1 - \cos u_n \end{cases}$

c. $\begin{cases} u_0 > 0, a > 0 \\ u_{n+1} = \dfrac{u_n^3 + 3au_n}{3u_n^2 + a} \end{cases}$ d. $\begin{cases} u_0 \in \mathbb{R}_+^\star \\ u_{n+1} = \dfrac{1}{2}\Big(u_n + \dfrac{a}{u_n}\Big), a > 0. \end{cases}$

e. $\begin{cases} 0 < u_1 < u_2 \\ u_{n+1} = \dfrac{4u_n^3 + 2u_n - u_{n-1}}{1 + 4u_n u_{n-1}} \end{cases}$ f. $\begin{cases} (u_0, v_0) \in \mathbb{R}^2 \setminus \{(0,0)\} \\ u_{n+1} = \dfrac{u_n}{u_n^2 + v_n^2},\ v_{n+1} = \dfrac{v_n}{u_n^2+v_n^2}. \end{cases}$

---

26. Soit (u_n) réelle telle que, pour tout $(p,q) \in \mathbb{N}^2, u_{p+q} \leqslant u_p + u_q$.
a. Si m divise n, montrer que $\dfrac{u_n}{n} \leqslant \dfrac{u_m}{m}$.
b. Montrer que $\Big(\dfrac{u_n}{n}\Big)_{n\geqslant 1}$ converge dans $\overline{\mathbb{R}}$ vers la borne inférieure dans $\overline{\mathbb{R}}$ des $\dfrac{u_p}{p}, p \geqslant 1$. *On pourra examiner u_{np} puis u_{np+q} avec $0 \leqslant q < p$ si $p \geqslant 1$.*

---

27. Soit $f : \mathbb{C} \to \mathbb{C}, z \mapsto \dfrac{1}{2}\big(z + |z|\big)$.
a. Déterminer $f(\mathbb{C})$. L'application f est-elle injective ?
b. Soit $z_0 \in \mathbb{C}$. On définit par récurrence $(z_n)_{n\geqslant 0}$: $\forall n \in \mathbb{N}, z_{n+1} = f(z_n)$. Étudier la convergence de $(z_n)_{n\geqslant 0}$.

---

28. Si (a_n) est à valeurs dans $\mathbb{R}_+$ on définit (u_n) par :

$$\forall n \in \mathbb{N}^\star,\ u_n = \sqrt{a_1 + \sqrt{a_2 + \cdots + \sqrt{a_n}}}.$$

a. Montrer que (u_n) est croissante. Étudier (u_n) si (a_n) est constante.

b. Montrer que (u_n) converge si, et seulement si, la suite $(a_n^{(2^{-n})})$ est majorée.
c. Examiner les cas $a_n = n$ ou $a_n = n!$ ou $a_n = n^n$ ou $a_n = (n!)^n$ ou $a_n = n^{n!}$ ou $a_n = n^{n^2}$ ou encore a_n est la n-ième décimale de π.

---

29. $(a,b) \in \mathbb{R}^2, 0 < a < b$. Montrer que les suites $(a_n)_{n\geqslant 0}$ et $(b_n)_{n\geqslant 0}$ définies par $a_0 = a, b_0 = b, a_{n+1} = \sqrt{a_n b_n}, b_{n+1} = \dfrac{1}{2}(a_n + b_n)$ convergent et ont même limite.

Solutions des exercices

1. $x = a^2 + b^2 + c^2 - 2ab - 2bc - 2ca = a^2 - 2a(b+c) + (b-c)^2$.
Donc $x = (a-b-c)^2 - (b+c)^2 + (b-c)^2 = (a-b-c)^2 - 4bc$.
Donc $x = (a - b - c - 2\sqrt{bc})(a - b - c + 2\sqrt{bc})$.
D'où $x = \big(a - (\sqrt{b} + \sqrt{c})^2\big)\big(a - (\sqrt{b} - \sqrt{c})^2\big)$.
$x = 0$ si, et seulement si, $\sqrt{a} = \pm(\sqrt{b} + \sqrt{c})$ ou $\sqrt{a} = \pm(\sqrt{b} - \sqrt{c})$.
L'équivalence est prouvée.

---

2. $$t = \frac{\sqrt{1-a^2}.\sqrt{1-b^2} + ab}{a\sqrt{1-b^2} + b\sqrt{1-a^2}} \cdot \frac{\sqrt{1-a^2}.\sqrt{1-b^2} - ab}{a\sqrt{1-b^2} - b\sqrt{1-a^2}} = \frac{(\alpha - \beta)(\alpha + \beta)}{(\alpha' - \beta')(\alpha' + \beta')}.$$
Donc $$t = \frac{\alpha^2 - \beta^2}{\alpha'^2 - \beta'^2} = \frac{(1-a^2)(1-b^2) - a^2b^2}{a^2(1-b^2) - b^2(1-a^2)} = \frac{1 - a^2 - b^2}{a^2 - b^2}.$$

---

3. Si une suite $(x_n)_n$ d'entiers relatifs stationne alors elle converge.
Réciproquement si elle converge alors $(x_{n+1} - x_n)_n$ converge vers 0 et, donc, il existe un rang n_0 à partir duquel $|x_{n+1} - x_n| < 1$ et, comme il s'agit d'un entier, $x_{n+1} = x_n$. Par suite $(x_n)_{n\geqslant n_0}$ est constante.

---

4. Si $(u_n)_n$ et $(v_n)_n$ convergent vers 0 alors, par produit et somme, $(u_n^2 + u_n v_n + v_n^2)_n$ converge vers 0.
Réciproquement supposons que $(u_n^2 + u_n v_n + v_n^2)_n$ converge vers 0.
Comme pour tout $(x,y) \in \mathbb{R}^2$, $x^2 + xy + y^2 = \left(x + \dfrac{y}{2}\right)^2 + \dfrac{3y^2}{4} \geqslant \dfrac{3y^2}{4} \geqslant 0$, par encadrement $\left(\dfrac{3v_n^2}{4}\right)_n$ converge vers 0 et donc $(v_n)_n$ converge vers 0. Par symétrie il en va de même pour $(u_n)_n$.

---

5. Si $(x,y) \in \mathbb{R}^2$ alors $0 \leqslant (x-y)^2 = x^2 - 2xy + y^2$ d'où $x^2 + y^2 \geqslant 2xy$.
Par suite pour tout $n \in \mathbb{N}, 0 \leqslant v_n \leqslant \dfrac{1}{2}$ en utilisant $(x,y) = (1, u_n)$.

Si $(u_n)_n$ est bornée, comme, pour tout $n \in \mathbb{N}$, $u_n = (1+u_n^2)v_n$, il existe $M \in \mathbb{R}_+$ tel que : $\forall n \in \mathbb{N},\ 0 \leqslant u_n \leqslant Mv_n$ et donc, si $(v_n)_n$ converge vers 0, par encadrement $(u_n)_n$ converge vers 0.

---

6. a. Posons $v_n = u_{n+1}^2 - u_n u_{n+2}$ pour tout $n \in \mathbb{N}$ et établissons le résultat par récurrence.

$v_0 = u_1^2 - u_0 u_2 = 1 = (-1)^0$.

Si l'on suppose $v_n = (-1)^n$, alors

$$\begin{aligned} v_{n+1} &= u_{n+2}^2 - u_{n+1}u_{n+3} = u_{n+2}^2 - u_{n+1}(u_{n+1} - u_{n+2}) \\ &= -\left[u_{n+1}^2 - u_{n+2}(u_{n+2} - u_{n+1})\right] = -[u_{n+1}^2 - u_{n+2}u_n] = -v_n = (-1)^{n+1} \end{aligned}$$

d'où le résultat.

b. Comme $(u_n)_n$ est strictement croissante il s'agit d'entiers naturels.

On vient de montrer : $u_{n+1}u_{n+1} + u_n(-u_{n+2}) = (-1)^n = \pm 1$, les entiers u_{n+1} et u_n sont donc premiers entre eux d'après le théorème de Bézout.

c. Le trinôme $x^2 - x - 1$ admet pour racines $r_1 = \dfrac{1+\sqrt{5}}{2}$ et $r_2 = \dfrac{1-\sqrt{5}}{2}$.

Il existe $(\alpha, \beta) \in \mathbb{R}^2$ tel que $\forall n \in \mathbb{N},\ u_n = \alpha r_1^n + \beta r_2^n$.

Pour $n = 0$ il vient $\alpha + \beta = 0$ *i.e.* $\beta = -\alpha$.

Par suite $\dfrac{u_{n+1}}{u_n} = \dfrac{\alpha(r_1^{n+1} - r_2^{n+1})}{\alpha(r_1^n - r_2^n)} = r_1 \dfrac{1 - \left(\frac{r_2}{r_1}\right)^{n+1}}{1 - \left(\frac{r_2}{r_1}\right)^n} \xrightarrow[n\to\infty]{} r_1$ car $r_1 > |r_2|$.

---

7. La suite $(u_n)_n$ est clairement croissante et, donc, pour tout $n \geqslant 1$, on a

$u_{n+1} \leqslant u_n(1+\alpha^n)$ et, par récurrence, pour tout $n \geqslant 2$, $u_n \leqslant u_1 \prod\limits_{k=1}^{n-1}(1+\alpha^k)$.

Si $P_n = \prod\limits_{k=1}^{n-1}(1+\alpha^k)$ alors $\ln(P_n) = \sum\limits_{k=1}^{n-1}\ln(1+\alpha^k) \leqslant \sum\limits_{k=1}^{n-1}\ln(\alpha^k)$ car, pour tout $x \geqslant 0$, $\ln(1+x) \leqslant x$. *Voir le chapitre sur les fonctions convexes.*

Par suite $\ln(P_n) \leqslant \alpha\dfrac{1-\alpha^{n-1}}{1-\alpha} \leqslant \dfrac{\alpha}{1-\alpha}$ puis $P_n \leqslant e^{\frac{\alpha}{1-\alpha}} = K$ et, donc, $(u_n)_n$ est majorée et, par suite, convergente.

---

8. Si $\alpha = 0$ alors $(u_n)_n$ est constante égale à 1. Supposons désormais $\alpha > 0$.

$\forall n \in \mathbb{N}^\star$, $u_n > 0$ et $s_n = \ln(u_n) = \alpha \ln\left((n-1)!\right) - \sum\limits_{k=1}^{n}\ln(1+k^\alpha)$,

soit $s_n = \alpha\sum\limits_{k=1}^{n-1}\ln(k) - \sum\limits_{k=1}^{n}\ln(1+k^\alpha) = \sum\limits_{k=1}^{n-1}\ln(k^\alpha) - \sum\limits_{k=1}^{n-1}\ln(k^\alpha+1) - \ln(n^\alpha+1)$,

d'où $s_n \leqslant -\ln(n^\alpha+1) \xrightarrow[n\to\infty]{} -\infty$ et donc, par majoration, $s_n \xrightarrow[n\to\infty]{} -\infty$, ce qui montre que $(u_n)_n$ converge vers 0.

---

9. Posons $M = \max\limits_{1\leqslant k\leqslant p} x_k = x_{k_0}$ où $1 \leqslant k_0 \leqslant p$ et $X_n = \left(\sum\limits_{k=1}^{p}\alpha_k x_k^n\right)^{1/n}$.

On a $\alpha_{k_0}^{1/n}M \leqslant X_n \leqslant \left(\sum\limits_{k=1}^{p}\alpha_k\right)^{1/n} M$ par positivité des α_k et des x_k.

Comme $\alpha_{k_0}^{1/n} \xrightarrow[n\to\infty]{} 0$ et $\left(\sum_{k=1}^{p} \alpha_k x_k^n\right)^{1/n} \xrightarrow[n\to\infty]{} 0$, par encadrement $(X_n)_n$ converge vers M.

Cela montre également que $\left(\sum_{k=1}^{p} \alpha_k x_k^{-n}\right)^{1/n} \xrightarrow[n\to\infty]{} \max_{1\leqslant k\leqslant p}(x_k^{-1}) = \left(\min_{1\leqslant k\leqslant p}(x_k)\right)^{-1}$ et, en passant à l'inverse on a la deuxième limite.

---

10. a. Plus généralement si $\theta \notin 2\pi\mathbb{Z}$ alors $|e^{i(n+1)\theta} - e^{in\theta}| = |e^{i\theta} - 1| > 0$ et indépendant de n. C'est incompatible avec la convergence de $(e^{in\theta})_n$.

b. Posons, pour tout $n \in \mathbb{N}$, $c_n = \cos(n\theta)$ et $s_n = \sin(n\theta)$.
On a $c_{n+1} = \cos(\theta)c_n - \sin(\theta)s_n$ et $s_{n+1} = \sin(\theta)c_n + \cos(\theta)s_n$.
Par suite si l'une des suites $(c_n)_n$ ou $(s_n)_n$ converge alors l'autre converge aussi car, comme on a supposé $\theta \notin \pi\mathbb{Z}$, on a $\sin(\theta) \neq 0$.
Dans ce cas $(e^{in\theta})_n$ converge, ce qui contredit la question précédente.
Donc les deux suites divergent.

c. Si cette suite converge alors $\left(|e^{ikn} + e^{i\ell n}|\right)_n$ converge *i.e.* $\left(|\cos(n\theta)|\right)_n$ converge avec $\theta = \dfrac{k-\ell}{2}\cdot$ On en déduit que $\left(\cos^2(n\theta)\right)_n$ converge et donc que $\left(\cos(2n\theta)\right)_n$ converge aussi. Comme π est irrationnel c'est en contradiction avec la question précédente.

d. Posons, pour tout $n \in \mathbb{N}$, $x_n = \cos\left(\sqrt{n}\right)$, la question b. a montré la divergence de la suite extraite $(x_{n^2})_n$, et donc celle de $(x_n)_n$.

$$\forall n \in \mathbb{N},\ |e^{i\sqrt{n}} - e^{i\sqrt{n}}| = 2\sin\left(\frac{\sqrt{n+1} - \sqrt{n}}{2}\right) = 2\sin\left(\frac{1}{2\sqrt{n+1} + 2\sqrt{n}}\right) \xrightarrow[n\to\infty]{} 0.$$

Donc, en considérant la partie réelle, $(x_{n+1} - x_n)_n$ converge vers 0.

---

11. Soit $\varepsilon > 0$. Comme $\dfrac{1}{k} \xrightarrow[k\to\infty]{} 0$ on choisit $k_0 \in \mathbb{N}^\star$ tel que $\dfrac{1}{k_0} \leqslant \dfrac{\varepsilon}{2}\cdot$
De même $\dfrac{k_0}{n} \xrightarrow[n\to\infty]{} 0$ donc il existe $n_0 \in \mathbb{N}^\star$ tel que $n \geqslant n_0 \Rightarrow \dfrac{k_0}{n} \leqslant \dfrac{\varepsilon}{2}\cdot$
Alors $n \geqslant n_0 \Rightarrow 0 \leqslant u_n \leqslant \dfrac{k_0}{n} + \dfrac{1}{k_0} \leqslant \varepsilon$, ce qui montre que $(u_n)_n$ converge vers 0.

---

12. Si $|x_n| \xrightarrow[n\to\infty]{} +\infty$ alors toute suite extraite $(x_{\varphi(n)})_n$ vérifie $|x_{\varphi(n)}| \xrightarrow[n\to\infty]{} 0$ et, donc, diverge.
Réciproquement si toute suite extraite diverge alors aucune n'est bornée et, donc, pour tout $A > 0$, $\{n \in \mathbb{N} \mid |x_n| \leqslant A\}$ est fini.
Par suite $\forall A > 0$, $\exists n_A \in \mathbb{N}$ tel que $n \geqslant n_A \Rightarrow |x_n| \geqslant A$, ce qui montre que $|x_n| \xrightarrow[n\to\infty]{} +\infty$.

---

13. Une récurrence immédiate montre : $\forall n \in \mathbb{N}$, $u_n > 0$ et $v_n > 0$. Posons, pour tout $n \in \mathbb{N}$, $w_n = u_n + v_n$ et $x_n = v_n - u_n$, alors $w_{n+1} = w_n = w_0$ et $v_{n+1} = \dfrac{v_n^2}{w_n} = \dfrac{v_n^2}{w_0}$ d'où, par récurrence, $v_n = w_0\left(\dfrac{x_0}{w_0}\right)^{2^n}$.
Comme $u_0 > 0$ et $v_0 > 0$ on a $\left|\dfrac{x_0}{w_0}\right| = \left|\dfrac{v_0 - u_0}{v_0 + u_0}\right| < 1$ et, donc, $v_n \xrightarrow[n\to\infty]{} 0$.

$\forall n \in \mathbb{N}$, $2u_n = w_n - x_n \underset{n\to\infty}{\longrightarrow} w_0$ et $2v_n = w_n + x_n \underset{n\to\infty}{\longrightarrow} w_0$, donc $(u_n)_n$ et $(v_n)_n$ convergent toutes les deux vers $\dfrac{u_0+v_0}{2}\cdot$

---

14. $f_n : x \mapsto x^n + x^{n-1} + \cdots + x - 1$ est continue strictement croissante sur $[0,1]$.
$f_n(0) = -1 < 0 \leqslant f_n(1) = n-1$, donc f_n s'annule exactement une fois dans $[0,1]$.
Si $0 \leqslant x < 1$, $f_n(x) = \sum\limits_{k=0}^{n} x^k - 2 = \dfrac{1-x^{n+1}}{1-x} - 2 = \dfrac{2x-1-x^{n+1}}{1-x}\cdot$
$f_n\Big(\dfrac{2}{3}\Big) = 1 - 3\Big(\dfrac{2}{3}\Big)^{n+1} \underset{n\to\infty}{\longrightarrow} 1 > 0$ et donc, par croissance de f_n, à partir d'un certain rang n_0, $x_n \leqslant \dfrac{2}{3}\cdot$
Or $f_n(x_n) = 0 \Rightarrow 2x_n - 1 = x_n^{n+1} \underset{n\to\infty}{\longrightarrow} 0$ car $0 \leqslant x_n \leqslant \dfrac{2}{3}$ dès que $n \geqslant n_0$.
Par suite $(x_n)_n$ converge vers $\dfrac{1}{2}\cdot$

---

15. $f_n : x \mapsto x^n - 5x + 1$ est polynomiale et $f_n' : x \mapsto nx^{n-1} - 5$ s'annule en $\alpha = (5/n)^{1/(n-1)}$. On en déduit les tableaux de variations :

x	0	α	1
$f_n'(x)$	$-$	0	$+$
$f_n(x)$	$1 \searrow$	<0	$\nearrow -3$

cas $n < 5$

x	0	1
$f_n'(x)$	$-$	
$f_n(x)$	$1 \searrow$	-3

cas $n \geqslant 5$

L'existence et l'unicité de x_n se déduit de ces tableaux.
De plus $f_n\Big(\dfrac{1}{2}\Big) = 2^{-n} - \dfrac{3}{2} \underset{n\to\infty}{\longrightarrow} -\dfrac{3}{2} < 0$ donc, à partir d'un rang $n_0 \geqslant 5$, on a $x_n \leqslant \dfrac{1}{2}\cdot$
Comme $5x_n - 1 = x_n^n$ et comme $0 \leqslant x_n^n \leqslant 2^{-n}$ si $n \geqslant n_0$, on a $x_n^n \underset{n\to\infty}{\longrightarrow} 0$ et, donc, $(x_n)_n$ converge vers $\dfrac{1}{5}\cdot$

---

16. Soit $(x_n)_n$ une telle suite. Si $n \in \mathbb{N}$ on a $x_{n+1} - x_n \leqslant 2 - \dfrac{1}{x_n} - x_n = -\dfrac{(1-x_n)^2}{x_n}$ ce qui montre que $(x_n)_n$ décroît et, comme elle est positive, elle converge ; soit ℓ sa limite, $\ell \geqslant 0$.
Si $\ell = 0$ alors $2 - \dfrac{1}{x_n} \underset{n\to\infty}{\longrightarrow} -\infty$ ce qui contredit sa positivité, donc $\ell > 0$.
Alors, par passage à la limite dans l'inégalité large, $\ell \leqslant 2 - \dfrac{1}{\ell}$ *i.e.* $(\ell - 1)^2 \leqslant 0$ et donc $\ell = 1$. Par décroissance, pour tout $n \in \mathbb{N}$, $1 \leqslant x_n \leqslant x_0 \leqslant 1$ *i.e.* $(x_n)_n$ est constante égale à 1.
Réciproquement la suite constante égale à 1 est solution.

---

17. Supposons $\ell > 1$ et posons $q = \dfrac{1+\ell}{2}$, alors il existe $n_0 \in \mathbb{N}^\star$ tel que $n \geqslant n_0 \Rightarrow \varphi(n) \leqslant qn$.
Par suite $\varphi(\llbracket n_0, n \rrbracket) \subset \llbracket 1, E[qn] \rrbracket$ et donc $\operatorname{card}\Big(\varphi(\llbracket n_0, n \rrbracket)\Big) \leqslant qn < n - n_0 + 1$ pour n assez grand, ce qui contredit l'injectivité de φ. Par suite $\ell \geqslant 1$.
Si $n \in \mathbb{N}^\star$, en posant $p = \varphi^{-1}(n)$, on a $\dfrac{n}{\varphi(n)} = \dfrac{\varphi(p)}{p} \xrightarrow[n\to\infty]{} \ell$ car, quand $n \to \infty$, alors $p \to \infty$. Par suite $\dfrac{1}{\ell} = \ell$ *i.e.* $\ell = 1$.

---

18. Si $0 < x \leqslant 1$, $1 \leqslant \dfrac{1}{x}$ d'où $1 \leqslant \left\lfloor \dfrac{1}{x} \right\rfloor \leqslant \dfrac{1}{x}$ puis $0 < x^2 \left\lfloor \dfrac{1}{x} \right\rfloor \leqslant x$, ce qui montre que $(u_n)_n$ est décroissante et minorée par 0 donc convergente et sa limite, notée ℓ, vérifie $0 \leqslant \ell \leqslant 1$.
Si $(u_n)_n$ stationne on a immédiatement $\ell > 0$.
Réciproquement si $\ell > 0$ alors ℓ est soit un point fixe soit un point de discontinuité de $x \mapsto x^2 \left\lfloor \dfrac{1}{x} \right\rfloor$, autrement dit il existe $p_0 \in \mathbb{N}^\star$ tel que $\ell = \dfrac{1}{p_0}\cdot$
Si $(u_n)_n$ ne stationne pas en $\dfrac{1}{p_0}$ alors, pour n assez grand, $\dfrac{1}{p_0} < u_n < \dfrac{1}{p_0 - 1}$ d'où $\left\lfloor \dfrac{1}{u_n} \right\rfloor = p_0 - 1$ puis $u_{n+1} = (p_0 - 1)u_n^2 \xrightarrow[n\to\infty]{} \dfrac{p_0 - 1}{p_0^2} < \dfrac{1}{p_0}$, ce qui est impossible.
Par suite si $\ell > 0$ il existe $p_0 \in \mathbb{N}^\star$ tel que $(u_n)_n$ stationne en $\dfrac{1}{p_0}\cdot$

---

19. f est clairement 1-lipschitzienne sur $[a, b]$ donc continue.
Alors $g : x \mapsto \left|f(x) - x\right|$ est continue sur le segment $[a, b]$ donc admet un minimum $m \geqslant 0$ atteint en un point noté ω.
Si $m > 0$ alors $\omega \neq f(\omega) \Rightarrow g\big(f(\omega)\big) = \left|f\big(f(\omega)\big) - f(\omega)\right| < \left|f(\omega) - \omega\right| = m$, ce qui est impossible, donc $m = 0$ *i.e.* $f(\omega) = \omega$.
Si $(x_n)_n$ stationne en ω alors elle converge vers ω.
Sinon $\forall n \in \mathbb{N}$, $x_n \neq \omega$ et donc $\big(|x_n - \omega|\big)_n$ décroît strictement. Cette suite converge car elle est positive et on veut montrer que sa limite est nulle.
On raisonne par l'absurde en supposant que sa limite, notée d, est strictement positive.
Comme $(x_n)_n$ est bornée elle admet une suite extraite $(x_{\varphi(n)})_n$ convergente, on note x_∞ sa limite.
$|x_{\varphi(n)} - \omega| \xrightarrow[n\to\infty]{} |x_\infty - \omega| = d$ par continuité de $x \mapsto |x - \omega|$.
De même $|x_{\varphi(n)+1} - \omega| \xrightarrow[n\to\infty]{} \left|f(x_\infty) - \omega\right|$ par continuité de $x \mapsto \left|f(x) - \omega\right|$ et, comme $x_\infty \neq \omega$, il vient $\left|f(x_\infty) - \omega\right| < d$ et donc, pour n assez grand, $|x_{\varphi(n)+1} - \omega| < d$, ce qui contredit la décroissance de $\big(|x_n - \omega|\big)_n$.
Donc $d = 0$ et $(x_n)_n$ converge vers ω.
Remarque : comme cela est valable pour tout x_0 cela montre que le point fixe de f est unique.

---

20. a. Si $(x_n)_n$ converge, en notant ℓ sa limite, comme $(e^{x_n})_n$ est bornée car convergente, $x_{n+1} \xrightarrow[n\to\infty]{} \ell = 0$. Par suite pour p assez grand $x_p < 1$.

Solutions

Réciproquement si $p \geqslant 2$ et si $x_p < 1$ alors $0 < x_{p+1} < \dfrac{e}{p+1}$ et donc, pour tout $n \geqslant p+1$, par récurrence, $0 < x_n < \dfrac{e}{n}$ d'où $x_n \xrightarrow[n\to\infty]{} 0$.

Pour $a = -1$ on a $x_2 = \dfrac{e^{1/e}}{2} < 1$.

b. On procède par récurrence, immédiatement $x_0 \geqslant 1$ et $x_1 = e \geqslant 2$.

Supposons $x_n \geqslant n+1$ et $n \geqslant 1$, alors $x_{n+1} \geqslant \dfrac{e^{n+1}}{n+1}\cdot$ Reste à montrer que, si $x \geqslant 2$, alors $e^x \geqslant x(x+1)$ ou encore $\varphi(x) \geqslant 0$ où l'on a posé $\varphi : x \mapsto e^x - x(x+1)$.
φ est deux fois dérivable sur $[2, +\infty[$ avec $\varphi'' : x \mapsto e^x - 2 \geqslant 0$, $\varphi'(2) = e^2 - 5 \geqslant 0$ ce qui montre $\varphi' \geqslant 0$ sur $[2, +\infty[$ puis $\varphi(2) = e^2 - 6 \geqslant 0$ d'où $\varphi \geqslant 0$ sur $[2, +\infty[$.
Par suite $\big(x_n \geqslant n+1 \text{ et } n \geqslant 1\big) \Rightarrow x_{n+1} \geqslant n+2$ et le résultat demandé.

c. Pour tout $n \in \mathbb{N}$, $x \mapsto \dfrac{e^x}{n+1}$ est croissante et donc, par composition, pour tout $n \in \mathbb{N}$, $a \mapsto x_n$ est croissante.
Soit $A = \big\{a \in \mathbb{R} \mid x_n \xrightarrow[n\to\infty]{} 0\big\} = \big\{a \in \mathbb{R} \mid \exists p \geqslant 2,\ x_p < 1\big\}\cdot$
Par croissance, pour tout $p \geqslant 2$, de $a \mapsto x_p$ on a :
$a \in A \Rightarrow]-\infty, a] \subset A$ et $a \notin A \Rightarrow [a, +\infty[\cap A = \varnothing$ ainsi que $-1 \in A$ et $1 \notin A$.
Par conséquent A est un intervalle non minoré d'extrémité supérieure dans $[-1, 1]$, il suffit alors de noter α cette extrémité.

---

21. On doit étudier (u_n) définie par $u_0 = 0$ et $u_n = \sqrt{n + u_{n-1}}$ si $n \geqslant 1$.

Par une récurrence immédiate, on a $u_n \geqslant 0$ pour tout $n \in \mathbb{N}$. D'où $u_n \geqslant \sqrt{n}$.

Montrons, par récurrence que : $\forall n \in \mathbb{N}, u_n \leqslant 2\sqrt{n}$.

On a aisément $u_0 \leqslant 0$ et $u_1 \leqslant \sqrt{1}$. Soit $n \geqslant 1$ tel que $u_{n-1} \leqslant 2\sqrt{n-1}$.

$u_n \leqslant \sqrt{n + 2\sqrt{n-1}} \leqslant \sqrt{n + 2\sqrt{n}} \leqslant \sqrt{(\sqrt{n}+1)^2} = \sqrt{n} + 1 \leqslant 2\sqrt{n}$.

Par théorème de récurrence, $\forall n \in \mathbb{N}, u_n \leqslant 2\sqrt{n}$.

Pour tout $n \in \mathbb{N}^\star, 1 \leqslant \dfrac{u_n}{\sqrt{n}} = \sqrt{\dfrac{n + u_{n-1}}{n}} \leqslant \sqrt{\dfrac{n + 2\sqrt{n}}{n}} = \sqrt{1 + \dfrac{2}{\sqrt{n}}}\cdot$

Par théorème d'encadrement, $\lim\limits_{n\to\infty} \dfrac{u_n}{\sqrt{n}} = 1$.

$$u_n - \sqrt{n} = \sqrt{n + u_{n-1}} - \sqrt{n} = \frac{u_{n-1}}{\sqrt{n + u_{n-1}} + \sqrt{n}} = \frac{u_{n-1}}{\sqrt{n}}\cdot\frac{1}{\dfrac{u_n}{\sqrt{n}} + 1}\cdot$$

Donc $\lim\limits_{n\to\infty} u_n - \sqrt{n} = \dfrac{1}{2}\cdot$

---

22. a. $u_{n+1} - u_n = \dfrac{1}{(n+1)!} > 0$ et $v_{n+1} - v_n = -\dfrac{1}{n(n+1)^2 n!} < 0$.

La suite $(u_n)_{n\geqslant 0}$ est strictement croissante et la suite $(v_n)_{n\geqslant 1}$ est strictement décroissante. Pour tout $n \in \mathbb{N}^\star, v_n - u_n = \dfrac{1}{n\,n!}\cdot$ Donc $\lim\limits_{n\to\infty}(v_n - u_n) = 0$. Les deux suites sont adjacentes. Elles convergent et ont même limite notée e.

Donc, pour tout $n \in \mathbb{N}^\star, u_n < e < v_n$. Si $e \in \mathbb{Q}$, il existe $(p, q) \in (\mathbb{N}^\star)^2$ tel que $e = \dfrac{p}{q}\cdot$

En particulier, $u_q < \dfrac{p}{q} < u_q + \dfrac{1}{q\,q!}\cdot$ Donc $qu_q\,q! < p\,q! < qu_q\,q! + 1$. Comme $u_q\,q! \in \mathbb{N}^\star$ on aurait un entier strictement compris entre deux entiers consécutifs. Il s'ensuit que $e \in \mathbb{R} \setminus \mathbb{Q}$.

b. On déduit de a) que, pour tout $n \in \mathbb{N}^\star, u_{n+3} \leqslant e \leqslant v_{n+1}$.

Donc $-v_{n+1} \leqslant -e \leqslant -u_{n+3}$ puis $v_n - v_{n+1} \leqslant v_n - e \leqslant v_n - u_{n+3}$.

Par un calcul simple, on a $v_n - u_{n+3} = \dfrac{n+6}{n(n+3)!}\cdot$ On a déjà montré au a) que $v_n - v_{n+1} = \dfrac{1}{n(n+1)^2 n!}\cdot$ Par le théorème d'encadrement, on en déduit que $\lim\limits_{n\to\infty} n^3 n!(v_n - e) = 1$.

c. D'après a), on peut écrire que $e = u_n + \dfrac{\theta_n}{nn!}$ où $\theta_n \in]0,1[$.

Comme $n!u_n = N \in \mathbb{N}$, on a $w_n = \sin(\pi e n!) = \sin\left(N\pi + \dfrac{\pi\theta_n}{n}\right)\cdot$

Donc $|w_n| = \left|\sin\left(\dfrac{\pi\theta_n}{n}\right)\right|\cdot$ Comme la suite $(\theta_n)_{n\geqslant 1}$ est bornée, $\lim\limits_{n\to\infty} \dfrac{\pi\theta_n}{n} = 0$. La continuité de sin implique $\lim\limits_{n\to\infty} (w_n) = 0$.

---

23. Par une récurrence forte, on montre que la suite (u_n) est à valeurs dans $\mathbb{R}_+^\star$. On peut définir $v_n = \ln(u_n)$ pour tout $n \in \mathbb{N}$ et alors $v_{n+2} = \dfrac{1}{2}(v_{n+1} + v_n)$.

On reconnaît que (v_n) est une suite récurrente linéaire d'ordre 2.
Son équation caractéristique est $2r^2 - r - 1 = 0$ *i.e.* $(r-1)(2r+1) = 0$.

Donc : $\exists!(\alpha,\beta) \in \mathbb{R}^2, \forall n \in \mathbb{N}, v_n = \alpha + \beta\left(\dfrac{-1}{2}\right)^n$.

D'où $\lim(v_n) = \alpha$ et par continuité de la fonction exp, $\lim(u_n) = e^\alpha$.

Comme $\begin{cases} v_0 = \alpha + \beta \\ v_1 = \alpha - \dfrac{\beta}{2} \end{cases}$ on a $\alpha = \dfrac{1}{3}(v_0 + 2v_1)$ et donc $e^\alpha = \sqrt[3]{u_0 u_1^2}$.

---

24. Si $v_n = \max(u_n, u_{n+1})$ alors $v_{n+1} = \max(u_{n+1}, u_{n+2})$

$u_{n+2} \leqslant \dfrac{1}{2}(u_n + u_{n+1}) \leqslant v_n$ et $u_{n+1} \leqslant v_n$. Donc $v_{n+1} \leqslant v_n$. La suite (v_n) est décroissante et minorée par 0. Elle converge vers $\ell \geqslant 0$.

$\forall \varepsilon \in \mathbb{R}_+^\star \exists n_0 \in \mathbb{N}, \forall n \in \mathbb{N}, n \geqslant n_0 \Rightarrow |v_n - \ell| \leqslant \varepsilon$.

Plus précisément, pour tout $n \geqslant n_0, \ell \leqslant v_n \leqslant \ell + \varepsilon$.

Soit $n \geqslant n_0$. Soit $v_n = u_n$ et alors $|u_n - \ell| \leqslant \varepsilon$ soit $v_n = u_{n+1} > u_n$.

Donc $u_{n+2} \leqslant \dfrac{1}{2}(u_n + u_{n+1}) < u_{n+1}$ ce qui implique $v_{n+1} = u_{n+1}$.

Or $u_n < u_{n+1} \leqslant \dfrac{1}{2}(u_n + u_{n-1}) \Rightarrow u_n < u_{n-1} \Rightarrow v_{n-1} = u_{n-1}$.

Or $u_{n+1} \leqslant \dfrac{1}{2}(u_n + u_{n-1}) \Rightarrow u_n \geqslant 2u_{n+1} - u_{n-1} = 2v_{n+1} - v_{n-1} \geqslant 2\ell - (\ell + \varepsilon) = \ell - \varepsilon$,

On peut conclure que $\forall \varepsilon > 0, \exists n_0 \in \mathbb{N}, \forall n \in \mathbb{N}, n \geqslant n_0 \Rightarrow |u_n - \ell| \leqslant \varepsilon$.

25. a. Soit $f : \mathbb{R} \to \mathbb{R}, x \mapsto \dfrac{x}{1+x^2}\cdot$ Comme $f(\mathbb{R}_+) \subset \mathbb{R}_+$ et $u_0 = 1 \in \mathbb{R}_+$, la suite $(u_n)_{n\geqslant 0}$ est définie et à valeurs positives. On a $u_{n+1} \leqslant u_n$. La suite $(u_n)_{n\geqslant 0}$ est décroissante et minorée par 0, donc convergente et de limite notée $\ell \geqslant 0$. La continuité de f implique $\ell = f(\ell)$ *i.e.* $\ell = 0$.

b. Soit $f : \mathbb{R} \to \mathbb{R}, x \mapsto 1 - \cos(x) = 2\sin^2\left(\dfrac{x}{2}\right)$. Comme $f\left(\left[0, \dfrac{\pi}{2}\right]\right) \subset \left[0, \dfrac{\pi}{2}\right]$ et comme $u_0 = \dfrac{\pi}{4} \in \left[0, \dfrac{\pi}{2}\right]$ la suite $(u_n)_{n\geqslant 0}$ est définie et à valeurs dans $\left[0, \dfrac{\pi}{2}\right]$.
Comme f est croissante sur $\left[0, \dfrac{\pi}{2}\right]$, la suite (u_n) est monotone.

Comme $u_1 - u_0 = 1 - \dfrac{\sqrt{2}}{2} - \dfrac{\pi}{4} < 0$, la suite est décroissante. Comme elle est aussi minorée par 0, elle converge vers $\ell \geqslant 0$. La fonction f étant continue, $\ell = f(\ell)$.

L'unique solution de l'équation $x = 1 - \cos(x)$ sur $\left[0, \dfrac{\pi}{2}\right]$ est 0, comme le prouve l'étude de la fonction $x \mapsto f(x) - x = 1 - \cos(x) - x$, on a $\ell = 0$.

c. Soit $f : \mathbb{R} \to \mathbb{R}, x \mapsto \dfrac{x^3 + 3ax}{3x^2 + a}\cdot$ Comme $f(\mathbb{R}_+^\star) \subset \mathbb{R}_+^\star$ et $u_0 = 1 \in \mathbb{R}_+^\star$, la suite $(u_n)_{n\geqslant 0}$ est définie et à valeurs strictement positives.

$f(x) - x = \dfrac{2x(a - x^2)}{3x^2 + a}\cdot$ Comme f est continue sur $\mathbb{R}_+$, si la suite (u_n) converge vers ℓ, alors $\ell = f(\ell)$ et donc $\ell \in \{0, \sqrt{a}\}\cdot$ De plus, $(f(x) - x)$ et $(\sqrt{a} - x)$ sont de même signe. Donc $(u_{n+1} - u_n)$ est du même signe que $(\sqrt{a} - u_n)$.

Pour tout $x \in \mathbb{R}_+, f(x) - \sqrt{a} = \dfrac{(x - \sqrt{a})^3}{3x^2 + a}\cdot$ Donc $f(x) - \sqrt{a}$ et $x - \sqrt{a}$ sont de même signe. D'où $u_{n+1} - \sqrt{a}$ et $u_n - \sqrt{a}$ sont de même signe.

- Si $u_0 < \sqrt{a}$ la suite $(u_n)_{n\geqslant 0}$ est croissante et majorée par $\sqrt{a}$. Elle converge vers $\ell \geqslant u_0 > 0$. Donc $\ell = \sqrt{a}$.
- Si $u_0 > \sqrt{a}$ la suite $(u_n)_{n\geqslant 0}$ est décroissante et minorée par $\sqrt{a}$. Elle converge vers $\ell \geqslant \sqrt{a}$. Donc $\ell = \sqrt{a}$.
- Si $u_0 = \sqrt{a}$, la suite $(u_n)_{n\geqslant 0}$ est constante.

d. Soit $f : \mathbb{R} \to \mathbb{R}, x \mapsto \dfrac{1}{2}\left(x + \dfrac{a}{x}\right)\cdot$ Comme $f(\mathbb{R}_+^\star) \subset \mathbb{R}_+^\star$ et $u_0 \in \mathbb{R}_+^\star$, la suite $(u_n)_{n\geqslant 0}$ est définie et à valeurs strictement positives.

$\forall x \in \mathbb{R}_+^\star, f(x) - x = \dfrac{a - x^2}{2x} = \dfrac{(\sqrt{a} - x)(\sqrt{a} + x)}{2x}$ est du signe de $(\sqrt{a} - x)$.

$\forall x \in \mathbb{R}_+^\star, f(x) - \sqrt{a} = \dfrac{(x - \sqrt{a})^2}{2x} \geqslant 0 \Rightarrow \forall n \in \mathbb{N}, u_{n+1} - \sqrt{a} \geqslant 0$.
Donc, pour tout $n \geqslant 1, u_n \geqslant \sqrt{a}$. Il s'ensuit que la suite (u_n) est décroissante et minorée par $\sqrt{a}$. Elle converge vers $\sqrt{a}$, seul point fixe sur $\mathbb{R}_+^\star$ de l'application continue f.

e. On a $0 < u_1 < u_2$. Supposons $0 < u_{n-1} < u_n$. le nombre réel u_{n+1} est bien défini et $u_{n+1} - u_n = \dfrac{(4u_n^2 + 1)(u_n - u_{n-1})}{1 + 4u_n u_{n-1}}\cdot$ D'où $u_{n+1} > u_n > 0$.

Par théorème de récurrence, $\forall n \geqslant 1, u_{n+1} > u_n > 0$.

On déduit aussi de l'égalité précédente que $u_{n+1} - u_n > u_n - u_{n-1} > 0$.

La suite $(u_{n+1} - u_n)_{n\geqslant 1}$ est strictement croissante, d'où $\forall n \geqslant 1, u_{n+1} - u_n > u_2 - u_1$.

Par télescopage, $\sum_{k=1}^{n-1}(u_{k+1}-u_k) = u_n - u_1 > (n-1)(u_2-u_1)$. Donc $\lim(u_n) = +\infty$.

f. Par récurrence immédiate, les suites (u_n) et (v_n) sont définies.

Notons $z_n = u_n + iv_n$. Alors $z_{n+1} = \dfrac{z_n}{|z_n|^2} = \dfrac{1}{\overline{z_n}}\cdot$ D'où $z_{n+2} = z_n$. Donc pour tout $p \in \mathbb{N}, z_{2p} = z_0$ et $z_{2p+1} = z_1$. Donc la suite (z_n) diverge si $z_0 \neq z_1$ et converge sinon *i.e.* $z_1 = \dfrac{1}{\overline{z_0}} \iff |z_0| = 1$.

---

26. a. Montrons par récurrence que : $\forall k \in \mathbb{N}^\star, u_{km} \leqslant ku_m$.

Ceci est clair pour $k = 1$.
Si, pour k fixé, $u_{km} \leqslant ku_m$ alors $u_{(k+1)m} \leqslant u_{km} + u_m \leqslant (k+1)u_m$.
Le résultat est prouvé par récurrence simple.

b. La division euclidienne de n par m donne $n = mq + r$ avec $0 \leqslant r < m$.

$u_n \leqslant u_{qm} + u_r \Rightarrow \dfrac{u_n}{n} \leqslant \dfrac{u_{qm}}{qm+r} + \dfrac{\beta}{n} = \dfrac{u_{qm}}{qm}\cdot\dfrac{qm}{qm+r} + \dfrac{\beta}{n}$ où $\beta = \sup\limits_{0\leqslant r\leqslant m} |u_r|$.

Il s'ensuit que $\dfrac{u_n}{n} \leqslant \dfrac{\beta}{n} + \dfrac{u_m}{m} - \dfrac{r}{qm+r}\cdot\dfrac{u_m}{m} \leqslant \dfrac{\beta}{n} + \dfrac{u_m}{m} + \dfrac{r}{m}\cdot\dfrac{\beta}{n} \leqslant \dfrac{2\beta}{n} + \dfrac{u_m}{m}$.

Posons $\ell = \inf\limits_{\overline{\mathbb{R}}} \left\{ \dfrac{u_n}{n} \,\middle|\, n \in \mathbb{N}^\star \right\}$. Montrons que $\forall a > \ell, \exists n_O \in \mathbb{N}, \forall n \geqslant n_0, \dfrac{u_n}{n} \leqslant a$.

Noter que cela permet de traiter aussi le cas où $\ell = -\infty$.

Soit $s \in [\ell, r[$ et soit m tel que $\dfrac{u_m}{m} < s$. Si $n \geqslant m$, $\dfrac{u_n}{n} \leqslant \dfrac{u_m}{m} + \dfrac{2\beta}{n} < s + \dfrac{2\beta}{n} = \alpha_n$.
Comme $\lim(\alpha_n) = s$, il existe $n_0 \in \mathbb{N}$ tel que, pour $n \geqslant n_0, \alpha_n < r$.
Donc pour $n \geqslant \max(m, n_0)$, $\dfrac{u_n}{n} \in [\ell, r[$.

---

27. a. $z' = x' + iy' = f(z) \iff \begin{cases} x' = \dfrac{1}{2}(x + \sqrt{x^2+y^2} \\ y' = \dfrac{1}{2}y \end{cases}$ (1)

Comme $x + \sqrt{x^2+y^2} \geqslant 0$, on a : $f(\mathbb{C}) \subset E = \{z' = x' + iy' \in \mathbb{C} \,|\, x' \geqslant 0 \text{ et } y' \in \mathbb{R}\}$.
Si $z' \in E$, montrons qu'il existe $z \in \mathbb{C}$ tel que $z' = f(z)$.

$$(1) \iff \begin{cases} y = 2y' \\ 2x' - x = \sqrt{x^2+y^2} \end{cases}$$

Or $2x' - x = \sqrt{x^2+y^2} \iff \begin{cases} 2x' - x \geqslant 0 \\ y^2 = 4x'^2 - 4xx' \end{cases}$ (2)

Si $x' = 0$, (1) $\iff x \leqslant 0$ et $y = 0$. Sinon, (2) $\iff \begin{cases} 2x' - x \geqslant 0 \\ x = \dfrac{x'^2 - y'^2}{x'^2} \end{cases}$

Comme $x = \dfrac{x'^2 - y'^2}{x'^2} \Rightarrow 2x' - x = \dfrac{x'^2 + y'^2}{x'} \geqslant 0$ pour $x' > 0$, on a $f(\mathbb{C}) = E$.
$f(0) = 0 = f(-1)$. Donc f n'est pas injective.

b. Si $z_0 \in \mathbb{R}_-$ la suite est la suite nulle. Sinon, $f(\mathbb{C} \setminus \mathbb{R}_-) \subset \mathbb{C} \setminus \mathbb{R}_-$, pour tout $n \in \mathbb{N}, u_n \in \mathbb{C} \setminus \mathbb{R}_-$.

Solutions

On peut poser $u_n = r_n e^{i\theta_n}$ avec $r_n > 0$ et $\theta_n \in]-\pi, \pi[$.

$u_{n+1} = \frac{1}{2} r_n (1 + e^{i\theta_n}) = r_n \cos\left(\frac{\theta_n}{2}\right) e^{i\theta_n/2}$ Donc $r_{n+1} = r_n \cos\left(\frac{\theta_n}{2}\right)$ et $\theta_{n+1} = \frac{\theta_n}{2}$.

Donc $r_n = r_0 \prod_{k=1}^{n} \cos\left(\frac{\theta_0}{2^k}\right)$ et $\theta_n = \frac{1}{2^n}\theta_0$. D'où $\lim(\theta_n) = 0$.

En effectuant $r_n \sin\left(\frac{\theta_0}{2}\right)$ et en utilisant $\sin(2\alpha) = \frac{1}{2}\sin(\alpha)\cos(\alpha)$, on trouve par télescopage dans le produit que $r_n = r_0 \dfrac{\sin(\theta_0)}{2^n \sin\left(\frac{\theta_0}{2}\right)}$ si $\theta_0 \in]-\pi, \pi[\setminus\{0\}$.

On conclut que (u_n) converge vers $r_0 \dfrac{\sin(\theta_0)}{\theta_0}$ si $u_0 \in \mathbb{C} \setminus \mathbb{R}$, vers 0 si $u_0 \in \mathbb{R}_-$, et vers u_0 si $u_0 \in \mathbb{R}_+$

---

28. a. Comme la fonction $\mathbb{R}_+ \to \mathbb{R}, x \mapsto \sqrt{x}$ est croissante, et comme la suite (a_n) est à termes positifs, comme $a_n \leqslant a_n + \sqrt{a_{n+1}}$, la suite (u_n) est croissante.

Si $a_n = a$ pour tout $n \in \mathbb{N}$. On est ramené à l'étude de la suite $(u_n)_{n \geqslant 0}$ définie par $u_0 = 0$ et $u_{n+1} = f(u_n)$ où $f : \mathbb{R}_+ \to \mathbb{R}_+, x \mapsto \sqrt{a + x}$.

Comme la fonction f est croissante, la suite (u_n) est monotone.

Comme $u_1 - u_0 = \sqrt{a} \geqslant 0$, il s'ensuit que (u_n) est croissante.

Si elle converge vers ℓ, la continuité de f implique $\ell = f(\ell)$ et comme les u_n sont positifs, $\ell \geqslant 0$.

$$\begin{cases} \ell = f(\ell) \\ \ell \geqslant 0 \end{cases} \iff \begin{cases} \ell^2 - \ell - a = 0 \\ \ell \geqslant 0 \end{cases} \iff \ell = \frac{1}{2}(1 + \sqrt{1 + 4a}).$$

$u_0 = 0 \leqslant \ell \Rightarrow u_1 = f(u_0) \leqslant f(\ell) = \ell$. Par une récurrence facile, comme f est croissante et $\ell = f(\ell)$, on a : $\forall n \in \mathbb{N}, u_n \leqslant \ell$.

La suite (u_n) est croissante et majorée par ℓ converge. Donc $\lim(u_n) = \ell$.

b. S'il existe $M \in \mathbb{R}_+$ tel que, pour tout $n \in \mathbb{N}^\star, a_n^{(2^{-n})} \leqslant M$, alors

$$u_n \leqslant \sqrt{M^2 + \sqrt{M^4 + \cdots + \sqrt{M^{2^n}}}} = M\sqrt{1 + \sqrt{1 + \cdots + \sqrt{1}}} = M v_n$$

où (v_n) est la suite du a) avec $a = 1$. Comme elle est majorée par $\dfrac{1 + \sqrt{5}}{2}$ il en est de même de la suite (u_n) qui converge puisqu'elle est croissante.

Réciproquement, si (u_n) converge vers L, elle est majorée par L, puisqu'elle croît. Donc $a_n^{(2^{-n})} = \sqrt{0 + \sqrt{0 + \cdots + \sqrt{a_n}}} \leqslant u_n \leqslant L$. La suite $(a_n^{(2^{-n})})$ est majorée.

c. Laissée au lecteur.

---

29. Par une récurrence facile, on prouve que les suites (a_n) et (b_n) sont définies et à termes strictement positifs. Compte tenu de la question posée, on peut (on doit ?) penser que les suites sont adjacentes. D'où le signe de $b_n - a_n$

$b_{n+1} - a_{n+1} = \frac{1}{2}\left(\sqrt{b_n} - \sqrt{a_n}\right)^2 \geqslant 0$. Comme $a_0 < b_0$, on a $\forall n \in \mathbb{N}, 0 < a_n \leqslant b_n$.

Étudions la monotonie des suites.

$\forall n \in \mathbb{N}, 0 < a_n \leqslant b_n \Rightarrow \forall n \in \mathbb{N}, a_n^2 \leqslant a_n b_n \Rightarrow \forall n \in \mathbb{N}, a_n \leqslant a_{n+1}$.

$\forall n \in \mathbb{N}, 0 < a_n \leqslant b_n \Rightarrow \forall n \in \mathbb{N}, a_n + b_n \leqslant 2b_n \Rightarrow \forall n \in \mathbb{N}, b_{n+1} \leqslant b_n$.

La suite (b_n) étant décroissante et minorée par 0, converge. Notons ℓ sa limite. On a alors $0 \leqslant \ell \leqslant b_0$.

La suite (a_n) étant croissante et majorée par b_0, puisque $0 < a_n \leqslant b_n \leqslant b_0$, converge. Notons ℓ' sa limite.

(Le lecteur étudiant réfléchira au fait que : dire que la suite (a_n) est majorée par b_n est une ânerie.)

Par passage à la limite dans la relation $b_{n+1} = \dfrac{1}{2}(a_n + b_n)$ donne $\ell = \dfrac{1}{2}(\ell' + \ell)$ qui équivaut à $\ell = \ell'$.

Idées à retenir :

• Pour comparer deux réels, il est souvent plus facile d'étudier le signe de leur différence.

• Ne pas se bloquer sur le théorème des suites adjacentes, car il est souvent délicat de prouver la convergence vers 0 de la suite $(a_n - b_n)$.

Travail dirigé

Lemme de Cesàro, généralisation, applications

1. Soient deux suites complexes $(u_n)_{n\geqslant 0}$ et $(v_n)_{n\geqslant 0}$ définie par $v_n = \dfrac{1}{n+1}\displaystyle\sum_{k=0}^{n} u_k$

a. Montrer que $\lim\limits_{n\to\infty}(u_n) = \ell \Rightarrow \lim\limits_{n\to\infty}(v_n) = \ell$.

Se ramener à une limite nulle en posant $u_n = \ell + a_n$ puis *faire un découpage et s'occuper de la fin, de la retraite.*

b. Montrer que si $(u_n)_{n\geqslant 0}$ est à valeurs réelles et si $\lim\limits_{n\to\infty}(u_n) = +\infty$ alors $\lim\limits_{n\to\infty}(v_n) = +\infty$.

c. Montrer que la réciproque est fausse, mais que si $(v_n)_{n\geqslant 0}$ converge vers ℓ et si $(u_n)_{n\geqslant 0}$ est monotone, alors $(u_n)_{n\geqslant 0}$ converge vers ℓ.

2. Si $(u_n)_{n\geqslant 0} \in \mathbb{C}^{\mathbb{N}}$ converge vers ℓ, étudier la convergence de $(v_n)_{n\geqslant 0}$ définie par $v_n = \dfrac{1}{n^2}\displaystyle\sum_{k=1}^{n} k u_k$.

3. Si $(u_n)_{n\geqslant 0} \in \mathbb{C}^{\mathbb{N}}$ converge vers ℓ et $(v_n)_{n\geqslant 0} \in \mathbb{C}^{\mathbb{N}}$ converge vers ℓ', montrer que la suite définie par $w_n = \dfrac{1}{n+1}\displaystyle\sum_{k=0}^{n} u_k v_{n-k}$ converge vers $\ell\ell'$.

4. Si $(u_n)_{n\geqslant 0} \in \mathbb{C}^{\mathbb{N}}$ converge vers ℓ, étudier la convergence de $(v_n)_{n\geqslant 0}$ définie par $v_n = \dfrac{1}{2^n}\displaystyle\sum_{k=1}^{n}\binom{n}{k}u_k$.

5. Montrer que si $(u_n)_{n\geqslant 0} \in \mathbb{C}^{\mathbb{N}}$ est telle que $(u_{n+1} - u_n)_{n\geqslant 0}$ converge vers ℓ, alors $\dfrac{u_n}{n} \xrightarrow[n\to\infty]{} \ell$.

6. Si $(u_n)_{n\geqslant 0} \in \mathbb{C}^{\mathbb{N}}$ converge vers ℓ, et si $(\alpha_n)_{n\geqslant 0} \in (\mathbb{R}_+)^{\mathbb{N}}$ est telle que $(S_n)_{n\geqslant 0}$ définie par $S_n = \displaystyle\sum_{k=0}^{n}\alpha_k$ est divergente, montrer que la suite $(v_n)_{n\geqslant 0}$ est définie à partir d'un certain rang par $v_n = \dfrac{1}{S_n}\displaystyle\sum_{k=0}^{n}\alpha_k u_k$ et converge vers ℓ.

7. Soit $(y_n)_{n\geqslant 0}$ un suite réelle croissante divergente. Soit $(x_n)_{n\geqslant 0}$ telle que $\dfrac{x_n - x_{n-1}}{y_n - y_{n-1}} \xrightarrow[n\to\infty]{} \ell \in \mathbb{R}$, montrer que $\dfrac{x_n}{y_n} \xrightarrow[n\to\infty]{} \ell$.

8. Soit $(u_n)_{n\geqslant 0} \in \left(\mathbb{R}_+^\star\right)^{\mathbb{N}}$. Montrer que : $\dfrac{u_{n+1}}{u_n} \xrightarrow[n\to\infty]{} \ell \Rightarrow u_n^{1/n} \xrightarrow[n\to\infty]{} \ell$.

9. Soit A_n, G_n les moyennes arithmétiques et géométriques de $a, a+r, \ldots, a+(n-1)r$. où a et r sont des réels positifs donnés. Calculer $\displaystyle\lim_{n\to\infty}\frac{G_n}{A_n}$.

Solution

1. a. On pose $u_n = \ell + a_n$, alors $\lim(a_n) = 0$ et $v_n = \ell + b_n$ où $b_n = \dfrac{1}{n+1}\displaystyle\sum_{k=0}^{n}a_k$.

Montrons que la suite (b_n) converge vers 0.
$\forall\varepsilon \in \mathbb{R}_+^\star, \exists n_0 \in \mathbb{N}, \forall n \in \mathbb{N}, n \geqslant n_0 \Rightarrow |a_n| \leqslant \dfrac{\varepsilon}{2}$.
Suivons la deuxième indication.

$$\forall n \geqslant n_0, |b_n| \leqslant \frac{|C|}{n+1} + \frac{1}{n+1}\sum_{k=n_0}^{n}|a_k| \text{ où } C = \sum_{k=0}^{n_0-1}b_k \qquad (1).$$

$$\forall n \geqslant n_0, \frac{1}{n+1}\sum_{k=n_0}^{n}|a_k| \leqslant \frac{1}{n+1}\sum_{k=n_0}^{n}\frac{\varepsilon}{2} = \frac{n-n_0+1}{n+1}\cdot\frac{\varepsilon}{2} \leqslant \frac{\varepsilon}{2} \qquad (2).$$

Comme C est indépendant de n, $\displaystyle\lim_{n\to\infty}\left(\frac{C}{n+1}\right) = 0$. Donc

$$\exists n_1 \geqslant n_0, \forall n \in \mathbb{N}, n \geqslant n_1 \Rightarrow \frac{|C|}{n+1} \leqslant \frac{\varepsilon}{2} \qquad (3).$$

On déduit de (1),(2),(3) que : $\forall\varepsilon \in \mathbb{R}_+^\star, \exists n_1 \in \mathbb{N}, \forall n \geqslant n_1, |b_n| \leqslant \varepsilon$.

b. Si $u_n \xrightarrow[n\to\infty]{} +\infty$, alors on peut écrire :
$\forall A \in \mathbb{R}_+^\star, \exists n_0 \in \mathbb{N}, \forall n \in \mathbb{N}, n \geqslant n_0 \Rightarrow u_n \geqslant A+1 \qquad (\star)$.
Pourquoi $A+1$? Encore un peu de temps et vous nous comprendrez.

$$\forall n \geqslant n_0, v_n = \frac{D}{n+1} + \frac{1}{n+1}\sum_{k=n_0}^{n}u_k \text{ où } D = \sum_{k=0}^{n_0-1}u_k.$$

$$(\star) \Rightarrow \forall n \geqslant n_0, \frac{1}{n+1}\sum_{k=n_0}^{n} u_k \geqslant \frac{1}{n+1}\sum_{k=n_0}^{n}(A+1) = \frac{(A+1)(n-n_0+1)}{n+1}.$$

Donc : $\forall n \geqslant n_0, v_n \geqslant A+1+\dfrac{1}{n+1}(D-n_0(A+1))$.

Comme $(D-n_0(A+1))$ est indépendant de n, $\lim\limits_{n\to\infty}\left(\dfrac{(D-n_0(A+1))}{n+1}\right)=0$.

Donc : $\exists n_1 \geqslant n_0, \forall n \in \mathbb{N}, n \geqslant n_1 \Rightarrow \dfrac{|(D-n_0(A+1))|}{n+1} \leqslant 1$.

Il s'ensuit que : $\forall n \geqslant n_1, \dfrac{(D-n_0(A+1))}{n+1}+1 \geqslant 0$

Donc : $\forall A \in \mathbb{R}_+^\star, \exists n_1 \in \mathbb{N}, \forall n \in \mathbb{N}, n \geqslant n_1 \Rightarrow v_n \geqslant A$.

c. *Contre exemple :* si $u_n = (-1)^n$ comme $|v_n| \leqslant \dfrac{1}{n+1}$ la suite $(v_n)_{n\geqslant 0}$ converge vers 0 alors que la suite $(u_n)_{n\geqslant 0}$ diverge.

Si $(u_n)_{n\geqslant 0}$ est monotone, elle admet une limite $\ell' \in \overline{\mathbb{R}}$, on déduit de a) et b) que $\lim\limits_{n\to\infty} v_n = \ell'$. Comm (v_n) converge vers ℓ, par unicité de la limite, $\ell' = \ell \in \mathbb{R}$.

2. On procède comme au a. en posant $u_n = \ell + a_n$, il vient alors $v_n = \dfrac{n+1}{2n}\ell + b_n$ où $b_n = \dfrac{1}{n}\sum\limits_{k=0}^{n} k a_k$ car $\sum\limits_{k=0}^{n} k = \dfrac{n(n+1)}{2}$. On peut écrire : $\forall \varepsilon \in \mathbb{R}_+^\star, \exists n_0 \in \mathbb{N}^\star, \forall n \in \mathbb{N}, n \geqslant n_0 \Rightarrow |a_n| \leqslant \dfrac{\varepsilon}{2}$.

$$\forall n \geqslant n_0, |b_n| \leqslant \frac{|C|}{n^2} + \frac{1}{n^2}\sum_{k=n_0}^{n} k|a_k| \text{ où } C = \sum_{k=0}^{n_0-1} k a_k \qquad (1).$$

$$\forall n \geqslant n_0, \frac{1}{n^2}\sum_{k=n_0}^{n} k|a_k| \leqslant \frac{1}{n^2}\sum_{k=n_0}^{n} k\frac{\varepsilon}{2} \leqslant \frac{1}{n^2}\sum_{k=1}^{n} n\cdot\frac{\varepsilon}{2} = \frac{\varepsilon}{2} \qquad (2).$$

Comme C est indépendant de n, $\lim\limits_{n\to\infty}\left(\dfrac{C}{n^2}\right)=0$. Donc

$$\exists n_1 \geqslant n_0, \forall n \in \mathbb{N}, n \geqslant n_1 \Rightarrow \frac{|C|}{n^2} \leqslant \frac{\varepsilon}{2} \qquad (3).$$

On déduit de (1),(2),(3) que : $\forall \varepsilon \in \mathbb{R}_+^\star, \exists n_1 \in \mathbb{N}, \forall n \geqslant n_1, |b_n| \leqslant \varepsilon$.

3. On procède comme au a. en posant $u_n = \ell + a_n$ et $v_n = \ell' + c_n$. Il s'ensuit que

$$w_n = \ell\ell' + \frac{\ell'}{n+1}\sum_{k=0}^{n} a_k + \frac{\ell}{n+1}\sum_{k=0}^{n} b_k + \frac{1}{n+1}\sum_{k=0}^{n} a_k b_{n-k}.$$

D'après 1. a), $\lim\limits_{n\to\infty}\dfrac{1}{n+1}\sum\limits_{k=0}^{n} a_k = 0 = \lim\limits_{n\to\infty}\dfrac{1}{n+1}\sum\limits_{k=0}^{n} b_k$.

Toute suite convergente étant bornée, il existe $M \geqslant 0$ tel que : $\forall p \in \mathbb{N}, |b_p| \leqslant M$.

Pour tout $n \in \mathbb{N}$, $\left|\dfrac{1}{n+1}\sum\limits_{k=0}^{n} a_k b_{n-k}\right| \leqslant M\dfrac{1}{n+1}\sum\limits_{k=0}^{n}|a_k|$. Par théorème d'encadrement, on obtient $\lim\limits_{n\to\infty}\dfrac{1}{n+1}\sum\limits_{k=0}^{n} a_k b_{n-k} = 0$ et le résultat est prouvé.

4. Procédons comme en 1.a. en posant $u_n = \ell + a_n$. Comme $\displaystyle\sum_{k=0}^{n} \binom{n}{k} = 2^n$, on a

$v_n = \ell + b_n$ où $b_n = \displaystyle\frac{1}{2^n}\sum_{k=1}^{n}\binom{n}{k} a_k$. Montrons que $(b_n)_{n\geqslant 0}$ converge vers 0.

$\forall \varepsilon \in \mathbb{R}_+^\star, \exists n_0 \in \mathbb{N}^\star, \forall n \in \mathbb{N}, n \geqslant n_0 \Rightarrow |a_n| \leqslant \dfrac{\varepsilon}{2}$.

Donc, pour tout $n > n_0$, $|b_n| \leqslant \displaystyle\frac{1}{2^n}\sum_{k=0}^{n_0-1}\binom{n}{k}|a_k| + \frac{1}{2^n}\sum_{k=n_0}^{n}\binom{n}{k}|a_k|$.

$\forall n > n_0, \displaystyle\frac{1}{2^n}\sum_{k=n_0}^{n}\binom{n}{k}|a_k| \leqslant \frac{\varepsilon}{2}\cdot\frac{1}{2^n}\sum_{k=n_0}^{n}\binom{n}{k} \leqslant \frac{\varepsilon}{2}\cdot\frac{1}{2^n}\sum_{k=0}^{n}\binom{n}{k} = \frac{\varepsilon}{2}$.

$0 \leqslant \displaystyle\frac{1}{2^n}\binom{n}{k} = \frac{n(n-1)\cdots(n-k+1)}{k!2^n} \leqslant \frac{n^k}{k!2^n} = \frac{n^k e^{-n\ln(2)}}{k!} \xrightarrow[n\to\infty]{} 0$ pour k fixé,

par croissances comparées. Donc, par théorème d'encadrement, $\displaystyle\frac{1}{2^n}\binom{n}{k} \xrightarrow[n\to\infty]{} 0$.

En tant que somme finie de suite convergentes vers 0, $\displaystyle\frac{1}{2^n}\sum_{k=0}^{n_0-1}\binom{n}{k}|a_k| \xrightarrow[n\to\infty]{} 0$.

Donc il existe $n_1 \geqslant n_0$ tel que pour $n \geqslant n_1$, $\displaystyle\frac{1}{2^n}\sum_{k=0}^{n_0-1}\binom{n}{k}|a_k| \leqslant \frac{\varepsilon}{2}$.

Donc : $\forall \varepsilon \in \mathbb{R}_+, \exists n_1 \in \mathbb{N}, \forall n \in \mathbb{N}, n \geqslant n_1 \Rightarrow |b_n| \leqslant \varepsilon$.

Donc $(v_n)_{n\geqslant 0}$ converge vers ℓ.

5. Posons $x_n = u_{n+1} - u_n$ pour $n \geqslant 1$ et $x_0 = u_1$. Comme $\displaystyle\frac{1}{n+1}\sum_{k=0}^{n} x_k = \frac{x_{n+1}}{n+1}$ on déduit le résultat de 1.

6. La suite (v_n) est bien définie à partir d'un certain rang, car, $\lim(S_n) = +\infty$ implique $S_n > 0$ à partir d'un certain rang p.

Il suffit de décalquer la démonstration de la question 1.

7. Il suffit d'appliquer 6 avec $u_n = \dfrac{x_n - x_{n-1}}{y_n - y_{n-1}}$ et $\alpha_n = \begin{cases} y_n - y_{n-1} & \text{si } n \geqslant 1 \\ y_0 & \text{si } n = 0 \end{cases}$

8. Il suffit d'appliquer 5. Posons $x_n = \ln(u_n)$. On a $u_{n+1} - u_n \xrightarrow[n\to\infty]{} \ln(\ell)$ si $\ell > 0$ et vers $-\infty$ si $\ell = 0$. Donc $\ln\left(\sqrt[n]{u_n}\right) \xrightarrow[n\to\infty]{} \ln(\ell)$ si $\ell > 0$ et vers $-\infty$ si $\ell = 0$.
Le résultat résulte de la continuité de exp si $\ell > 0$ et de $\displaystyle\lim_{x\to-\infty} e^x = 0$ si $\ell = 0$.

9. $A_n = a + \dfrac{r}{2}(n-1)$ et $G_n = r\left(\displaystyle\prod_{k=0}^{n-1}\left(k + \frac{a}{r}\right)\right)^{\frac{1}{n}} \Rightarrow \dfrac{G_n}{A_n} = \sqrt[n]{\dfrac{\displaystyle\prod_{k=0}^{n-1}\left(k+\frac{a}{r}\right)}{\left(\dfrac{a}{r} + \dfrac{n-1}{2}\right)^n}}$.

L'application de 8 donne $\displaystyle\lim_{n\to\infty}\frac{G_n}{A_n} = \frac{2}{e}$.

5 - Limites, continuité, dérivabilité

Rappels de cours

1. **Limites**

Définitions

I est un intervalle, $a \in I$ ou a est une extrémité (finie ou infinie) de I et f est une application de $I \setminus \{a\}$ dans $\mathbb{R}$. On pose $\overline{\mathbb{R}} = \mathbb{R} \cup \{-\infty, +\infty\}$.

• On dit que f admet une limite en a s'il existe un élément ℓ de $\overline{\mathbb{R}}$ tel que :

1) si a et ℓ sont finis

$$\forall \varepsilon > 0,\ \exists \eta > 0 \text{ tel que } \big(|x-a| \leqslant \eta \text{ et } x \in I\big) \Rightarrow \big|f(x) - \ell\big| \leqslant \varepsilon,$$

2) si a est fini et $\ell = +\infty$ (resp. $-\infty$)

$$\forall A \in \mathbb{R},\ \exists \eta > 0 \text{ tel que } \big(|x-a| \leqslant \eta \text{ et } x \in I\big) \Rightarrow f(x) \geqslant A \text{ (resp. } f(x) \leqslant A),$$

3) si ℓ est fini et $a = +\infty$ (resp. $a = -\infty$)

$$\forall \varepsilon > 0,\ \exists A \in \mathbb{R} \text{ tel que } \big(x \geqslant A \text{ (resp. } x \leqslant A) \text{ et } x \in I\big) \Rightarrow \big|f(x) - \ell\big| \leqslant \varepsilon,$$

4) si $a = +\infty$ (resp. $a = -\infty$) et $\ell = +\infty$ (resp. $\ell = -\infty$)

$$\forall A \in \mathbb{R}, \exists B \in \mathbb{R}, \big(x \geqslant B \text{ (resp. } x \leqslant B) \text{ et } x \in I\big) \Rightarrow f(x) \geqslant A \text{ (resp. } f(x) \leqslant a).$$

ℓ est alors unique et appelé limite de f en a. On écrit aussi $\lim\limits_{x \to a} f(x) = \ell$ ou $f(x) \xrightarrow[x \to a]{} \ell$.

Remarque : si $a \in I$ et si f admet une limite en a alors cette dernière est nécessairement $f(a)$.

• *Caractérisation séquentielle :*

$$f(x) \xrightarrow[x \to a]{} \ell \iff \forall (x_n)_n \in I^{\mathbb{N}}, \text{ si } x_n \xrightarrow[n \to \infty]{} a \text{ alors } f(x_n) \xrightarrow[n \to \infty]{} \ell.$$

• Si a n'est pas l'extrémité supérieure de I on dit que f admet une limite à droite en a si la restriction de f à $I \cap [a, +\infty[$ admet une limite en a. Dans ce cas cette limite est notée $\lim\limits_{x \to a^+} f(x)$ ou $\lim\limits_{\substack{x \to a \\ x > a}} f(x)$.

On procède de même à gauche de a.

• On appelle voisinage de a (dans I) toute partie de I qui contient :
un intervalle ouvert de centre a si $a \in \mathbb{R}$,
un intervalle ouvert non majoré si $a = +\infty$,
un intervalle ouvert non minoré si $a = -\infty$.

Opérations

• Si $f(x) \underset{x\to a}{\longrightarrow} \ell \in \mathbb{R}$ et $g(x) \underset{x\to a}{\longrightarrow} \ell' \in \mathbb{R}$ et si $(\lambda,\mu)\in\mathbb{R}^2$,

alors $(\lambda f+\mu g)(x) \underset{x\to a}{\longrightarrow} \lambda\ell+\mu\ell'$, $(fg)(x) \underset{x\to a}{\longrightarrow} \ell\ell'$ et $\dfrac{f(x)}{g(x)} \underset{x\to a}{\longrightarrow} \dfrac{\ell}{\ell'}$ si $\ell'\neq 0$.

• Si $f(x) \underset{x\to a}{\longrightarrow} \varepsilon\infty$ où $\varepsilon=\pm1$ et $g(x) \underset{x\to a}{\longrightarrow} \ell \neq -\varepsilon\infty$ alors $f(x)+g(x) \underset{x\to a}{\longrightarrow} \varepsilon\infty$.

• Si $f(x) \underset{x\to a}{\longrightarrow} \varepsilon\infty$ où $\varepsilon=\pm1$ et $g(x) \underset{x\to a}{\longrightarrow} \ell \neq 0$ alors $f(x)g(x) \underset{x\to a}{\longrightarrow} +\infty$ si $\varepsilon\ell>0$ et $-\infty$ sinon.

• Si $f(x) \underset{x\to a}{\longrightarrow} 0$ et $g(x) \underset{x\to a}{\longrightarrow} \ell\neq 0$ alors $\dfrac{f(x)}{g(x)} \underset{x\to a}{\longrightarrow} 0$.

• Si $f(x) \underset{x\to a}{\longrightarrow} \varepsilon\infty$ où $\varepsilon=\pm1$ et $g(x) \underset{x\to a}{\longrightarrow} \ell \notin \{-\infty,0,+\infty\}$ alors $\dfrac{f(x)}{g(x)} \underset{x\to a}{\longrightarrow} +\infty$ si $\varepsilon\ell>0$ et $-\infty$ sinon.

Inégalités

• Si, au voisinage de a, $f(x)\leqslant g(x)$, $f(x) \underset{x\to a}{\longrightarrow} \ell$ et $g(x) \underset{x\to a}{\longrightarrow} \ell'$ alors $\ell\leqslant\ell'$.
Si $f(x) \underset{x\to a}{\longrightarrow} \ell$, $g(x) \underset{x\to a}{\longrightarrow} \ell'$ et $\ell<\ell'$ alors, au voisinage de a, $f(x)<g(x)$ par contraposition.

• *Théorème d'encadrement*
Si $f(x) \underset{x\to a}{\longrightarrow} \ell$, $h(x) \underset{x\to a}{\longrightarrow} \ell$ et, au voisinage de a, $f(x)\leqslant g(x)\leqslant h(x)$, alors $g(x) \underset{x\to a}{\longrightarrow} \ell$.

• *Majoration, minoration*
Si $g(x) \underset{x\to a}{\longrightarrow} -\infty$ (resp. $+\infty$) et si, au voisinage de a, $f(x)\leqslant g(x)$ (resp. $f(x)\geqslant g(x)$) alors $f(x) \underset{x\to a}{\longrightarrow} -\infty$ (resp. $+\infty$).

• *Théorème de la limite monotone*
Si f est croissante (resp. décroissante) sur I et si $a\in\overline{I}$ ou a est une extrémité de I alors f admet une limite ℓ en a avec $\ell\in\overline{\mathbb{R}}$.
De plus si $b\in I\cap[a,+\infty[$ alors $\ell\leqslant f(b)$ (resp. $\ell\geqslant f(b)$),
si $b\in I\cap]-\infty,a]$ alors $f(b)\leqslant\ell$ (resp. $f(b)\geqslant\ell$).

2. Continuité

Définitions

• Si f est une application de I dans $\mathbb{R}$ et si $a\in I$ on dit que f est continue en a si elle admet une limite en a (qui est nécessairement $f(a)$).
Ainsi f est continue en a si, et seulement si, pour toute suite $(x_n)_n$ d'éléments de I qui converge vers a, la suite $\big(f(x_n)\big)_n$ converge.
On dit que f est continue sur I, et on note $f\in\mathcal{C}(I,\mathbb{R})$, si f est continue en tout point de I.
Si a n'est pas l'extrémité supérieure de I on dit que f est continue à droite en a si la restriction de f à $I\cap[a,+\infty[$ est continue en a et, si a n'est pas l'extrémité inférieure de I, on dit que f est continue à gauche en a si la restriction de f à $]-\infty,a]\cap I$ est continue en a.
Ainsi si a n'est pas une extrémité de I, la fonction f est continue en a si elle y est continue à droite et à gauche.

• Si a est un point ou une extrémité finie de I et si f est une application de $I \setminus \{a\}$ dans $\mathbb{R}$ qui admet une limite ℓ finie en a, alors $\overline{f} : x \mapsto \begin{cases} f(x) & \text{si } x \in I \setminus \{a\} \\ \ell & \text{si } x = a \end{cases}$ prolonge f à I en une fonction continue en a.

• Si $k \in \mathbb{R}_+$ on dit que f est k-lipschitzienne sur I si :

$$\forall (x,y) \in I^2, \ |f(x) - f(y)| \leqslant k|x - y|$$

f est alors continue sur I.

Opérations

Si f et g sont continues en a, si $(\lambda, \mu) \in \mathbb{R}^2$, alors $\lambda f + \mu g$ et fg sont continues en a et $\dfrac{f}{g}$ l'est dès que $g(a) \neq 0$.
Si $g : I \to J$ est continue en a et si $f : J \to \mathbb{R}$ est continue en $g(a)$, alors $f \circ g$ est continue en a.

Théorèmes

• *Théorème des valeurs intermédiaires*
Si f est continue sur $[a,b]$ et si y est dans le segment d'extrémités $f(a)$ et $f(b)$, alors l'équation $y = f(x)$ a au moins une solution dans $[a,b]$, autrement dit l'image d'un intervalle par une application continue est un intervalle.
On en déduit que si f est continue sur $[a,b]$ avec $f(a)f(b) \leqslant 0$, alors l'équation $f(x) = 0$ a au moins une solution dans $[a,b]$ ou encore que, si f est continue sur I et ne s'annule jamais alors elle a un signe constant au sens strict *i.e.* ou bien $(\forall x \in I, \ f(x) > 0)$ ou bien $(\forall x \in I, \ f(x) < 0)$.

• *Cas d'un segment*
Si f est continue sur $[a,b]$ alors elle est bornée et atteint ses bornes, *i.e.* elle admet un minimum et un maximum. Avec le théorème des valeurs intermédiaires on en déduit que l'image continue d'un segment est un segment.

• *Injection, bijection*
Si f est continue et injective sur un intervalle I alors elle est strictement monotone. Elle réalise alors une bijection de I sur $J = f(I)$ qui est un intervalle et la fonction réciproque f^{-1} est continue sur J.

Extension aux fonctions complexes

Les définitions et opérations précédentes s'étendent aux fonctions à valeurs complexes excepté en ce qui concerne les limites valant $\pm\infty$.
Les résultats concernant les inégalités et les différents théorèmes ne sont plus valables pour f, ils le restent pour $|f|$ qui est à valeurs réelles.
$f(x) \xrightarrow[x \to a]{} \ell \iff \Re e\big(f(x)\big) \xrightarrow[x \to a]{} \Re e(\ell)$ et $\Im m\big(f(x)\big) \xrightarrow[x \to a]{} \Im m(\ell)$,
et donc f est continue en a si, et seulement si, $\Re e(f)$ et $\Im m(f)$ le sont,
$f \in \mathcal{C}(I, \mathbb{C}) \iff \big(\Re e(f), \Im m(f)\big) \in \big(\mathcal{C}(I,\mathbb{R})\big)^2$.

3. Dérivabilité

Les propriétés déjà vues dans le chapitre 3 ne seront pas, sauf exception, reprises ici.

Définitions

f désigne une application de I dans $\mathbb{R}$ et a est un point de I.

On dit que f est dérivable en a si $\dfrac{f(x) - f(a)}{x - a}$ admet une limite finie lorsque x tend vers a. Cette limite est alors notée $f'(a)$ et appelée nombre dérivé de f en a.

On dit que f admet un développement limité d'ordre 1 en a s'il existe deux réels b et c et une application ε de I dans $\mathbb{R}$ tels que : $\forall x \in I,\ f(x) = b + c(x-a) + (x-a)\varepsilon(x)$ et $\varepsilon(x) \underset{x \to a}{\longrightarrow} 0$.
f est dérivable en a si, et seulement si, f admet un développement limité d'ordre 1 en a.
Si c'est le cas alors $b = f(a)$ et $c = f'(a)$ et, nécessairement, f est continue en a. De plus la droite d'équation $y = f(a) + f'(a)(x-a)$ est tangente au graphe de f en $\big(a, f(a)\big)$.

Remarque : on notera bien que f continue en $a \not\Rightarrow f$ dérivable en a.

Si a n'est pas l'extrémité supérieure (resp. inférieure) de I on dit que f est dérivable à droite (resp. à gauche) en a si la restriction de f à $I \cap [a, +\infty[$ (resp. $]-\infty, a]$) est dérivable en a, la dérivée est notée $f'_d(a)$ (resp. $f'_g(a)$).
f est dite dérivable sur I si elle est dérivable en tout point de I. Dans ce cas $I \to \mathbb{R},\ x \mapsto f'(x)$ est appelée fonction dérivée de f et notée f'.

Extremum local

On dit que $f : I \to \mathbb{R}$ admet un maximum (reps. minimum) local en a s'il existe $\eta > 0$ tel que $\big(|x-a| \leqslant \eta \text{ et } x \in I\big) \Rightarrow f(x) \leqslant f(a)$ (resp. $f(x) \geqslant f(a)$).
dans les deux cas f admet en a un extremum local.
Si f admet un extremum local en a, si a n'est pas une extrémité de I et si f est dérivable en a alors $f'(a) = 0$.
On notera bien que $f'(a) = 0$ n'est qu'une condition nécessaire d'existence d'un extremum local.

Théorèmes

• *Théorème de Rolle*
Si f est continue sur $[a, b]$ où $a < b$, dérivable sur $]a, b[$ et si $f(a) = f(b)$ alors il existe c dans $]a, b[$ tel que $f'(c) = 0$.
• *Accroissements finis*
Si f est continue sur $[a, b]$ où $a < b$, dérivable sur $]a, b[$ alors il existe c dans $]a, b[$ tel que $f'(c) = \dfrac{f(b) - f(a)}{b - a}$.
Ainsi, si f est dérivable sur I, alors elle est $k-$lipschitzienne si, et seulement si, $\forall x \in I,\ |f'(x)| \leqslant k$.

• *Théorème de la limite de la dérivée*
si f est continue sur I, dérivable sur $I \setminus \{a\}$ et si $\lim\limits_{\substack{x \to a \\ x \neq a}} f'(x) = \ell \in \overline{\mathbb{R}}$, alors

$$\frac{f(x) - f(a)}{x - a} \underset{\substack{x \to a \\ x \neq a}}{\longrightarrow} \ell.$$

En particulier si $\ell \in \mathbb{R}$ alors f est dérivable en a et f' est continue en a.

4. Classe $\mathcal{C}^k$

Définitions

On définit les dérivées successives de f par récurrence :
Si $k \in \mathbb{N}$ la fonction f est $k+1$ fois dérivable en a si $f^{(k)}$ est définie au voisinage de a et est dérivable en a. On note alors $f^{(k+1)}(a) = (f^{(k)})'(a)$.
f est dite de classe $\mathcal{C}^k$ sur I, et on écrit $f \in \mathcal{C}^k\big(I, \mathbb{R}\big)$, si $f^{(k)}$ est définie et continue sur I. Enfin f est dite de classe $\mathcal{C}^\infty$ sur I, et on écrit $f \in \mathcal{C}^\infty\big(I, \mathbb{R}\big)$, si pour tout $k \in \mathbb{N}$, elle est k fois dérivable sur I.

Opérations

Si f et g sont de classe $\mathcal{C}^n$ sur I, si $(\lambda,\mu)\in\mathbb{R}^2$ alors $\lambda f+\mu g$ est de classe $\mathcal{C}^n$ sur I et $(\lambda f+\mu g)^{(n)}=\lambda f^{(n)}+\mu g^{(n)}$, la fonction fg est de classe $\mathcal{C}^n$ sur I et on rappelle la formule de Leibniz : $(fg)^{(n)}=\displaystyle\sum_{k=0}^{n}\binom{n}{k}f^{(k)}g^{(n-k)}$.

Si g ne s'annule pas alors $\dfrac{f}{g}$ est aussi de classe $\mathcal{C}^n$ sur I.
Si $g\in\mathcal{C}^n(I,J)$ et $f\in\mathcal{C}^n\big(J,\mathbb{R}\big)$ alors $f\circ g\in\mathcal{C}^n(I,\mathbb{R})$.
Si f est une bijection de classe $\mathcal{C}^n$ de I sur J et si f' ne s'annule pas, alors $f^{-1}\in\mathcal{C}^n\big(J,I\big)$.

Théorème de prolongement

Si f est de classe $\mathcal{C}^k$ sur $I\setminus\{a\}$ et si, pour tout $i\in[\![0,k]\!]$, $f^{(i)}$ admet une limite finie en a, alors f admet un prolongement de classe $\mathcal{C}^k$ sur I.

Extension aux fonctions complexes

La dérivabilité, la dérivée et la classe $\mathcal{C}^k$ se définissent de même avec, bien sûr, $\dfrac{f(x)-f(a)}{x-a}$ admet une limite dans $\mathbb{C}$ comme définition de la dérivabilité.
Elles se caractérisent par les mêmes propriétés quant aux parties réelle et imaginaire. Par exemple $f\in\mathcal{C}^k\big(I,\mathbb{C}\big)$ si, et seulement si, $\Re e(f)$ et $\Im m(f)$ sont dans $\mathcal{C}^k\big(I,\mathbb{R}\big)$ et alors $f^{(k)}=\big(\Re e(f)\big)^{(k)}+i\big(\Im m(f)\big)^{(k)}$.

Pour ce qui est des opérations on conserve les propriétés des combinaison linéaire, produit et quotient.
Le théorème de Rolle et l'égalité des accroissements finis ne sont plus de mise, la caractérisation d'une fonction dérivable lipschitzienne reste valable.
Le théorème de limite de la dérivée avec une limite complexe et le théorème de prolongement $\mathcal{C}^k$ restent valables.

5. Fonctions convexes d'une variable réelle

- **Définition** $f\in\mathcal{F}(I,\mathbb{R})$ est convexe et $(-f)$ est concave si

$$\forall(x,y)\in I^2,\forall t\in[0,1],f\big((1-t)x+ty\big)\leqslant(1-t)f(x)+tf(y)$$

- **Caractérisations**

Soit $f\in\mathcal{F}(I,\mathbb{R})$. les assertions suivantes sont équivalentes

(i) f est convexe sur I,

(ii) $\forall(x,y,z)\in I^3, x<y<z\Rightarrow \dfrac{f(y)-f(x)}{y-x}\leqslant\dfrac{f(z)-f(x)}{z-x}\leqslant\dfrac{f(z)-f(y)}{z-y}$
(inégalité des pentes),

(iii) $\forall n\in\mathbb{N}^\star,\forall(x_i)\in I^n,\forall(\alpha_i)\in(\mathbb{R}_+)^n,\displaystyle\sum_{i=1}^{n}\alpha_i=1,f\Big(\sum_{i=1}^{n}\alpha_ix_i\Big)\leqslant\sum_{i=1}^{n}\alpha_if(x_i)$.

- **Fonctions convexes dérivables**

Soient I un intervalle ouvert de $\mathbb{R}$ et f une application dérivable sur I. Les assertions suivantes sont équivalentes.

(i) f est convexe sur I,

(ii) f' est croissante sur I,

(iii) pour tout $(x,a)\in I^2, f(x)\geqslant f(a)+(x-a)f'(a)$.

• Soit I un intervalle ouvert de $\mathbb{R}$. Une application f deux fois dérivable sur I est convexe si, et seulement si, $f'' \geqslant 0$ sur I.

• **Applications**

$\forall x \in \mathbb{R}, e^x \geqslant 1 + x,$

$\forall x \in \mathbb{R}_+^\star, \ln(x) \leqslant x - 1,$

$\forall x \in \left[0, \frac{\pi}{2}\right], \frac{2}{\pi} x \leqslant \sin(x) \leqslant x.$

$\forall n \in \mathbb{N}^\star, \forall (x_1, \dots, x_n) \in (\mathbb{R}_+)^n, \sqrt[n]{x_1 \cdots x_n} \leqslant \frac{1}{n}(x_1 + \cdots + x_n).$

6. Équations différentielles linéaires d'ordre 1

Définitions

On note $\mathbb{K}$ l'un des ensembles $\mathbb{R}$ ou $\mathbb{C}$.
Soient a et b deux fonctions continues sur un intervalle I à valeurs dans $\mathbb{K}$, on considère l'équation différentielle linéaire du premier ordre $(\mathcal{E})\quad y' + a(x)y = b(x)$ ainsi que l'équation dite homogène associée $(\mathcal{E}_h)\quad y' + a(x)y = 0$.
Une solution de $(\mathcal{E})$ est une application φ dérivable sur I à valeurs dans $\mathbb{K}$ vérifiant : $\forall x \in I,\ \varphi'(x) + a(x)\varphi(x) = b(x)$ ou encore $\varphi' + a\varphi = b$ sur I.
Une solution est nécessairement de classe $\mathcal{C}^1$ sur I.

Principe de superposition

Si, pour $i \in \{1, 2\}$, $b_i \in \mathcal{C}(I, \mathbb{K})$, $\lambda_i \in \mathbb{K}$ et φ_i est une solution de $y' + a(x)y = b_i(x)$, alors $\lambda_1\varphi_1 + \lambda_2\varphi_2$ est solution de l'équation $y' + a(x)y = \lambda_1 b_1(x) + \lambda_2 b_2(x)$.
Ainsi si φ est une solution de $(\mathcal{E})$ où $a \in \mathcal{C}(I, \mathbb{R})$ et $b \in \mathcal{C}(I, \mathbb{C})$, alors $\Re e(\varphi)$ (resp. $\Im m(\varphi)$) est solution de $y' + a(x)y = \Re e\big(b(x)\big)$ (resp. de $y' + a(x)y = \Im m\big(b(x)\big)$).

Résolution

On note A une primitive de a sur I.
φ est solution de $(\mathcal{E}_h)$ si, et seulement si, $\exists \lambda \in \mathbb{K}$ tel que $\forall x \in I,\ \varphi(x) = \lambda e^{-A(x)}$.
En posant $\lambda = ye^A$ l'équation $(\mathcal{E})$ s'écrit $\lambda' = be^A$. Alors un calcul de primitive et l'égalité $y = \lambda e^{-A}$ permettent de terminer la résolution de $(\mathcal{E})$; cette méthode s'appelle *méthode de variation de la constante.*
Si l'on dispose d'une solution particulière φ_0 de $(\mathcal{E})$ on pourra de façon plus pertinente dire que φ est solution de $(\mathcal{E})$ si, et seulement si, $\varphi - \varphi_0$ est solution de $(\mathcal{E}_h)$, soit : $\exists \lambda \in \mathbb{K}$ tel que $\varphi = \varphi_0 + \lambda e^{-A}$ sur I.

On a enfin le
Théorème de Cauchy
Si $(x_0, y_0) \in I \times \mathbb{K}$ alors le problème de Cauchy $\big(y' + a(x)y = b(x)$ et $y(x_0) = y_0\big)$ admet pour unique solution $x \mapsto \left(y_0 + \int_{x_0}^{x} b(t)e^{A(t)}dt\right) e^{-A(x)}$ où A désigne la primitive de a nulle en x_0.

7. Équations différentielles linéaires d'ordre 2 à coefficients constants

Définitions

$\mathbb{K}$ est toujours l'un des ensembles $\mathbb{R}$ ou $\mathbb{C}$, les nombres a et b sont des éléments de $\mathbb{K}$ et $f \in \mathcal{C}(I, \mathbb{K})$. On considère ici l'équation différentielle $(\mathcal{E})\quad y'' + ay' + by = f(x)$ ainsi que l'équation différentielle homogène associée $(\mathcal{E}_h)\quad y'' + ay' + by = 0$.
Une solution de $(\mathcal{E})$ est une application φ deux fois dérivable sur I telle que $\varphi'' + a\varphi' + b\varphi = f$, et, donc, $\varphi \in \mathcal{C}^2\big(I, \mathbb{K}\big)$.

Principe de superposition

Si, pour $i \in \{1,2\}$, $f_i \in \mathcal{C}(I,\mathbb{K})$, $\lambda_i \in \mathbb{K}$ et φ_i une solution de $y'' + ay' + by = f_i(x)$, alors $\lambda_1\varphi_1 + \lambda_2\varphi_2$ est solution de l'équation $y'' + ay' + by = \lambda_1 f_1(x) + \lambda_2 f_2(x)$.
Ainsi si φ est une solution de $(\mathcal{E})$ où $(a,b) \in \mathbb{R}^2$ et $f \in \mathcal{C}(I,\mathbb{C})$, alors $\Re e(\varphi)$ (resp. $\Im m(\varphi)$) est solution de $y''+ay'+by = \Re e\left(f(x)\right)$ (resp. de $y''ay'+by = \Im m\left(f(x)\right)$).

Résolution de l'équation homogène

On considère l'équation dite *équation caractéristique* : $r^2 + ar + b = 0$.
Si $\mathbb{K} = \mathbb{C}$ on distingue deux cas :
• L'équation caractéristique a deux racines distinctes r_1 et r_2 alors φ est solution de $(\mathcal{E}_h)$ si, et seulement si, il existe $(\lambda_1,\lambda_2) \in \mathbb{C}^2$ tel que $\forall x \in I,\ \varphi(x) = \lambda_1 e^{r_1 x} + \lambda_2 e^{r_2 x}$.
• L'équation caractéristique a une racine double r_0 alors φ est solution de $(\mathcal{E}_h)$ si, et seulement si, il existe $(\lambda_1,\lambda_2) \in \mathbb{C}^2$ tel que $\forall x \in I,\ \varphi(x) = (\lambda_1 + \lambda_2 x)e^{r_0 x}$.

Si $\mathbb{K} = \mathbb{R}$ il faut distinguer trois cas :
• L'équation caractéristique a deux racines distinctes r_1 et r_2 dans $\mathbb{R}$ alors φ est solution de $(\mathcal{E}_h)$ si, et seulement si, il existe $(\lambda_1,\lambda_2) \in \mathbb{R}^2$ tel que, pour tout $x \in I$, $\varphi(x) = \lambda_1 e^{r_1 x} + \lambda_2 e^{r_2 x}$.
• L'équation caractéristique a une racine double r_0 alors φ est solution de $(\mathcal{E}_h)$ si, et seulement si, il existe $(\lambda_1,\lambda_2) \in \mathbb{R}^2$ tel que, pour tout $x \in I$, $\varphi(x) = (\lambda_1 + \lambda_2 x)e^{r_0 x}$.
• L'équation caractéristique a deux racines complexes non réelles conjuguées $s \pm i\omega$ alors φ est solution de $(\mathcal{E})$ si, et seulement si, il existe $(A,B) \in \mathbb{R}^2$ tel que, pour tout $x \in I$, $\varphi(x) = e^{sx}\left[A\cos(\omega x) + B\sin(\omega(x)\right]$ ou encore si, et seulement s'il existe $(t,\varphi) \in \mathbb{R}_+ \times \mathbb{R}$ tel que, pour tout $x \in I$, $\varphi(x) = te^{sx}\cos\left(\omega(x-\varphi)\right)$.

Solutions de l'équation complète

Si φ_0 est une solution particulière de $(\mathcal{E})$ alors φ est solution de $(\mathcal{E})$ si, et seulement s'il existe ψ solution de $(\mathcal{E}_h)$ telle que $\varphi = \varphi_0 + \psi$.
Si f est de la forme $x \mapsto Ae^{\lambda x}$ et si λ est racine d'ordre $n \in \{0,1,2\}$ de l'équation $r^2 + ar + b = 0$ on cherchera φ_0 sous la forme $x \mapsto Bx^n e^{\lambda x}$.
Théorème de Cauchy
Si $(x_0,y_0,y_0') \in I \times \mathbb{K}^2$ le problème de Cauchy $\left(y'' + ay' + by = f(x),\ y(x_0) = y_0\right.$ et $\left.y'(x_0) = y_0'\right)$ admet une unique solution.

Énoncés des exercices

1. Soit $f \in \mathcal{C}(\mathbb{R},\mathbb{R})$ telle que $\forall x \in \mathbb{R}^\star,\ |f(x)| < |x|$.
Soit $\varepsilon \in]0,M[$, $M > 0$. Montrer qu'il existe $k \in [0,1[$ tel que :
$$\forall x \in \mathbb{R}, \alpha \leqslant |x| \leqslant M \Rightarrow |f(x)| \leqslant k|x|.$$

---

2. a. Montrer que si $f \in \mathcal{C}([0,1],\mathbb{R})$ est telle que $f([0,1]) \subset [0,1]$, il existe $c \in [0,1]$ tel que $f(c) = c$.

b. Montrer que si $f : [0,1] \to \mathbb{R}$ est croissante et telle que $f([0,1]) \subset [0,1]$, il existe $c \in [0,1]$ tel que $f(c) = c$.

On pourra considérer $E = \{t \in [0,1] \mid t \leqslant f(t)\}$.

c. Et si f est décroissante ?

---

3. Soit $f \in \mathcal{C}(\mathbb{R},\mathbb{R})$ telle que $f^n = -I_{\mathbb{R}}$ où $f^n = f \circ f^{n-1}$ pour $n \geqslant 1$.

a. Montrer que f est strictement décroissante sur $\mathbb{R}$ et que n est impair.

b. Montrer que f est impaire.

c. Si $g = f \circ f$, montrer que $g = I_{\mathbb{R}}$. En déduire f.

---

4. Soit E l'ensemble des fonctions de $\mathcal{C}(\mathbb{R},\mathbb{R})$ bornées. Montrer que si $f \in E$ et $g \in \mathcal{C}(\mathbb{R},\mathbb{R})$ alors $f \circ g$ et $g \circ f$ appartiennent à E. Trouver les fonctions $f \in E$ telles que : $\exists \lambda \in \mathbb{R}, \forall x \in \mathbb{R}, f(x-1) = \lambda f(x)$.

---

5. $f \in \mathcal{C}([a,+\infty[,\mathbb{R})$ telle que $\lim\limits_{x \to +\infty} \big(f(x+1) - f(x)\big) = \ell$.

Montrer que $\lim\limits_{x \to +\infty} \dfrac{f(x)}{x} = \ell$.

---

6. Soient f et g continues sur $[0,1]$ à valeurs réelles. Montrer que la fonction φ définie par $\varphi(u) = \sup\limits_{x \in [0,1]} \big(f(x) + ug(x)\big)$ est continue sur $\mathbb{R}$.

---

7. Déterminer les fonctions $f : \mathbb{R} \to \mathbb{R}$ telle que : $\forall x, y \in \mathbb{R}, f(x+y) = f(x) + f(y)$ et telles que a. f est continue en 0 ; b. f est continue sur $\mathbb{R}$; c. f est monotone.

---

8. Si f et g sont des applications continues de $[0,1]$ dans $[0,1]$ et si $f \circ g = g \circ f$ montrer, en raisonnant par l'absurde, que les courbes représentatives des deux fonctions ont un point commun.

---

9. Si f est une application de $[0,1]$ dans $[0,1]$ vérifiant :

$$x \neq y \Rightarrow |f(x) - f(y)| < |x - y|.$$

Montrer que f admet un point fixe et un seul et que celui-ci est limite de la suite $(u_n)_{n \geqslant 0}$ définie par $u_0 \in [0,1]$ et $u_{n+1} = f(u_n)$.

Indication : on pourra, pour l'existence, considérer le minimum de $x \mapsto |f(x) - x|$.

---

10. Déterminer les fonctions $f \in \mathcal{C}(\mathbb{R},\mathbb{R})$ telle que : $\forall x \in \mathbb{R}, f(x^n) = f(x), n \in \mathbb{N}, n \geqslant 2$.

---

11. Soit $f \in \mathcal{C}(\mathbb{R},\mathbb{R})$ telle que : $\exists a \in \mathbb{R}^\star, \exists b \in \mathbb{R}, \forall x \in \mathbb{R}, (f \circ f)(x) = ax + b$.

Montrer que f est monotone, $a > 0$ et $f(ax+b) = af(x) + b$. Terminer la détermination de f dans le cas où $f \in \mathcal{C}^1(\mathbb{R},\mathbb{R})$.

---

12. a. Si $\beta \in]0,1[$, donner la partie principale de $\left(\left(n + \dfrac{1}{2}\right)\pi\right)^\beta - (n\pi)^\beta$ quand $n \to \infty$.

b. Étudier l'uniforme continuité sur $\mathbb{R}$ de $f : x \mapsto \cos\left(|x|^\alpha\right)$ si $\alpha \in \mathbb{R}_+^\star$.

---

13. Soit $f : \mathbb{R}_+ \to \mathbb{R}$ une application uniformément continue telle que, pour tout $x \in \mathbb{R}_+$, $\lim\limits_{n\to\infty} f(x+n) = 0$. Montrer que $\lim\limits_{t\to+\infty} f(t) = 0$.

---

14. a. Montrer que toute fonction dérivable sur $\mathbb{R}$ à dérivée bornée est uniformément continue sur $\mathbb{R}$.

b. Montrer que toute fonction périodique continue sur $\mathbb{R}$ y est uniformément continue.

c. Les fonctions $x \mapsto x^2$, $x \mapsto \sin(x^2)$, $x \mapsto e^{ix^2}$ sont-elles uniformément continues sur $\mathbb{R}$.

---

15. Soit $f \in \mathcal{C}([a, +\infty[, \mathbb{R})$ telle que $\lim\limits_{+\infty} f = b \in \mathbb{R}$. Montrer que f est bornée, atteint au moins une de ses bornes et que f est uniformément continue sur $[a, +\infty[$.

---

16. Soient a un nombre réel et f une application uniformément continue de $[a, +\infty[$ dans $\mathbb{R}$. Prouver qu'il existe $(\alpha, \beta) \in \mathbb{R}^2$ tel que :
$\forall x \geqslant a, |f(x)| \leqslant \alpha x + \beta$.

Application : soit $g :]0, +\infty[\to \mathbb{R}, x \mapsto x\ln(x)$. Montrer que g a un prolongement continue à $\mathbb{R}_+$. La fonction ainsi prolongée est-elle uniformément continue ?

---

17. Soit $f : \mathbb{R}_+^\star \to \mathbb{R}$. On suppose f croissante et $g : x \mapsto \dfrac{f(x)}{x}$ décroissante. Montrer que f est continue sur $\mathbb{R}_+^\star$.

---

18. Soient $a > 0$ et $f : [0, a[\to \mathbb{R}$ dérivable à droite en 0 et telle que $f(0) = 0$.

Montrer que $\lim\limits_{n\to\infty} \sum\limits_{k=1}^{n} f\left(\dfrac{k}{n^2}\right) = \dfrac{1}{2} f'_d(0)$.

---

19. Soient $a > 0$ et $f : [0, a[\to \mathbb{R}$ dérivable à droite en 0 et telle que $f(0) = 0$.

Montrer que $\lim\limits_{n\to\infty} \sum\limits_{k=1}^{n} f\left(\dfrac{1}{n+k}\right) = f'_d(0)\ln(2)$.

---

20. Déterminer les fonctions dérivables en 0 pour lesquelles il existe $\lambda \in \mathbb{R}_+ \setminus \{1\}$ telles que : $\forall x \in \mathbb{R}, f(\lambda x) = \lambda f(x)$.

---

21. Déterminer les fonctions f dérivables sur $\mathbb{R}$ vérifiant $f \circ f = f$.

---

22. Soit $f \in \mathcal{C}^1([0,1], \mathbb{R})$ telle que $f(0) = f'(0) = f'(1) = 0$.

Montrer, en utilisant $x \mapsto \dfrac{f(x)}{x}$, que : $\exists c \in]0,1[, f'(c) = \dfrac{f(c)}{c}$.

23. Soit $P(X) = a_n X^n + \cdots + a_{k+1}X^{k+1} - a_k X^k - \cdots - a_0$ avec $a_0 > 0, a_n > 0$ et $a_i \geqslant 0$ pour $1 \leqslant i \leqslant n-1$. Montrer que P a un unique zéro dans $\mathbb{R}_+$.

---

24. Soit $f : \mathbb{R} \to \mathbb{R}$ dérivable et ω un point fixe de f.

On considère la suite $(x_n)_{n\geqslant 0}$ définie par x_0 et $x_{n+1} = f(x_n)$.

a. Si $|f'(\omega)| < 1$, montrer que $\{x_0 \in \mathbb{R} \mid (x_n)_{n\geqslant 0}$ converge vers $\omega\}$ est un voisinage de ω.

b. Si $|f'(\omega)| > 1$, montrer que $(x_n)_{n\geqslant 0}$ converge vers ω si, et seulement si, $(x_n)_{n\geqslant 0}$ stationne en ω.

c. Application à l'étude de la suite $(z^{2^n})_{n\geqslant 0}$ si $z \in \mathbb{C}$.

---

25. Soit $f : \mathbb{R} \to \mathbb{R}$ continue en 0. On suppose qu'il existe $k \in \mathbb{R} \setminus \{-1, 1\}$ tel qu'il existe $\ell \in \mathbb{R}$, $\lim\limits_{x\to 0} \dfrac{f(x) - f(kx)}{x} = \ell$. Montrer que f est dérivable en 0.

On pourra se ramener à une fonction nulle en 0 telle que $\ell = 0$ *et* $|k| < 1$.

---

26. Soit f deux fois dérivable sur $\mathbb{R}$ telle que $\forall x \in \mathbb{R}, f(x) \geqslant 0, f'(x) \geqslant 0$ et $f''(x) \geqslant 0$. Montrer que : si f n'est pas constante, alors $\lim\limits_{+\infty} f = +\infty$.

Déterminer également $\lim\limits_{-\infty} f'$.

---

27. Si $P \in \mathbb{R}[X]$ est scindé sur $\mathbb{R}$, montrer que P' l'est.

---

28. Soit $f \in \mathcal{D}([a, +\infty[, \mathbb{R})$. Montrer que

a. $\lim\limits_{+\infty} f' = +\infty \Rightarrow \lim\limits_{+\infty} f = +\infty$ et $\lim\limits_{x\to+\infty} \dfrac{f(x)}{x} = +\infty$.

b. $\lim\limits_{+\infty} f' = \ell \in \mathbb{R} \Rightarrow \lim\limits_{x\to+\infty} \dfrac{f(x)}{x} = \ell$. De plus si $\ell > 0, \lim\limits_{+\infty} f = +\infty$.

---

29. (Théorème de Rolle sur un intervalle non borné)

Soit $a \in \mathbb{R}$. Si f est continue sur $[a, +\infty[$, dérivable sur $]a, +\infty[$ telle que $\lim\limits_{+\infty} f = f(a)$, il existe $c \in]a, +\infty[$ tel que $f'(c) = 0$.

---

30. $(a_n) \in \mathbb{R}^{\mathbb{N}}, (b_n) \in (\mathbb{R}_+^{\star})^{\mathbb{N}}, P_n \in (\mathbb{R}[X])^{\mathbb{N}},\ P_{n+1} = (X + a_{n+1})P_n - b_n P_{n-1}$, $P_0 = 1, P_1 = X + a_1$. Montrer que les racines de P_n sont toutes réelles et séparées par celles de P_{n-1}.

---

31. Soit $\varphi \in \mathcal{C}([a, b], \mathbb{R})$ 2 fois dérivable sur $]a, b[$, telle que $\varphi(a) = \varphi(b) = 0$. Montrer que : $\forall x \in]a, b[, \exists c \in]a, b[, \varphi(x) = \dfrac{(x-a)(x-b)}{2}\varphi''(c)$.

On pourra utiliser $\psi : y \mapsto \varphi(y) - \dfrac{\varphi(x)}{(x-a)(x-b)}(y-a)(y-b)$.

Application : soit f une fonction numérique continue sur $[a, b]$, deux fois dérivable sur $]a, b[$. Montrer que :

$$\forall x \in]a, b[, \exists c \in]a, b[, f(x) = f(a) + \frac{f(b) - f(a)}{b - a}(x - a) + \frac{(x - a)(x - b)}{2} f''(c).$$

(Interprétation géométrique : interpolation linéaire).

---

32. Si f et g sont deux fonctions continues sur $[a, b]$ dérivables sur $]a, b[$ à valeurs réelles et telles que, pour tout $x \in]a, b[, g'(x) \neq 0$. Montrer que

$$\exists c \in]a, b[, \frac{f(b) - f(a)}{g(b) - g(a)} = \frac{f'(c)}{g'(c)}.$$

---

33. Soit I un intervalle de $\mathbb{R}$ non réduit à un point et $a \in I$. Soient f et g à valeurs réelles, dérivables sur $I \setminus \{a\}$ et de limite nulle en a.

a. Montrer que : $\left(\exists \ell \in \overline{\mathbb{R}}, \ell = \lim\limits_a \dfrac{f'}{g'}\right) \Rightarrow \lim\limits_a \dfrac{f}{g} = \ell.$

b. Montrer que la réciproque est fausse en examinant l'exemple suivant : $a = 0,\ f(x) = x^2 \sin\left(\dfrac{1}{x}\right)$ et $g(x) = \sin(x)$.

c. Peut-on généraliser le résultat de a) si $a \in \{-\infty, +\infty\}$ et a extrémité de I ?

d. Application : $\lim\limits_{x \to 1} \dfrac{\arccos(x)}{\sqrt{1 - x^2}}$.

---

34. Soient f et g deux fonctions dérivables sur $\mathbb{R}_+$ et à valeurs réelles. On suppose que $\lim\limits_{+\infty} g = +\infty$ et $\forall x \in \mathbb{R}_+, g'(x) \neq 0$.

Montrer que : $\left(\exists \ell \in \mathbb{R}, \ell = \lim\limits_{+\infty} \dfrac{f'}{g'}\right) \Rightarrow \lim\limits_{+\infty} \dfrac{f}{g} = \ell.$

---

35. a. Soit $f(x) = \dfrac{1}{\sqrt{1 + x^2}}$. Montrer que, pour tout $x \in \mathbb{R}$, $f^{(n)}(x) = P_n(x)(1 + x^2)^{-n-1/2}$ où P_n fonction polynôme, $\deg(P_n) = n$.

b. Vérifier les relations valables si $n \geqslant 1$:

(1) $P_{n+1}(X) = -(2n + 1)XP_n(X) - n^2(1 + X^2)P_{n-1}(X)$.

(2) $P'_n(X) = -n^2 P_{n-1}(X)$.

(3) $(1 + X^2)P''_n(X) - (2n - 1)XP'_n(X) + n^2 P_n(X) = 0$.

c. En déduire $P_n(X) = \displaystyle\sum_{0 \leqslant 2p \leqslant n} a_p X^{n-2p}$ où

$$a_p = (-1)^{n+p} n! \frac{n(n - 1) \dots (n - 2p + 1)}{(2^p p!)^2} \text{ si } p \geqslant 1 \text{ et } a_0 = (-1)^n n!$$

d. Montrer que P_n est scindé sur $\mathbb{R}$ et à racines simples.

---

36. Pour $n \in \mathbb{N}^\star$ et $t > -1, f_n(t) = t^{n-1} \ln(1 + t)$.

Montrer que $f_n^{(n)}(t) = \dfrac{(n - 1)!}{t}\left(1 - \dfrac{1}{(1 + t)^n}\right)$.

---

37. Soit $f \in \mathcal{C}^n([a, b], \mathbb{R})$, $(x_1, x_2, \dots, x_n)$ deux à deux distincts sur $[a, b]$.

$P_n \in \mathbb{R}_{n-1}[X]$ tel que pour tout $k \in [\![1, n]\!]$, $P_n(x_k) = f(x_k)$. Montrer que :

$$\forall x \in [a, b],\ \exists \alpha \in]a, b[,\ f(x) = P_n(x) + \frac{f^{(n)}(\alpha)}{n!} \prod_{k=1}^{n} (x - x_k).$$

---

38. (Théorème de Darboux)
Soit I un intervalle de $\mathbb{R}$ non réduit à un point. Si f est une application dérivable sur I à valeurs réelles, montrer que $f'(I)$ est un intervalle de $\mathbb{R}$.
Si $a, b \in I, a < b$, on pourra introduire les fonctions de I dans $\mathbb{R}, \varphi$ et ψ définies par $\varphi(x) = \begin{cases} \dfrac{f(x) - f(a)}{x - a} & \textit{si } x \neq a \\ f'(a) & \textit{sinon} \end{cases}$ *et* $\psi(x) = \begin{cases} \dfrac{f(x) - f(b)}{x - b} & \textit{si } x \neq b \\ f'(b) & \textit{sinon} \end{cases}$

---

39. a. Montrer que la fonction $f : [0, 1[\to \mathbb{R}, x \mapsto \arcsin(x)$ est solution sur $]0, 1[$ de l'équation différentielle : $(1 - x^2)y'' - xy' = 0$.

b. En utilisant le théorème de Leibniz, déduire de a. que :

$$\forall n \in \mathbb{N}, \forall x \in [0, 1[, f^{(n)}(x) \geqslant 0.$$

c. Calculer, pour tout $n \in \mathbb{N}, f^{(n)}(0)$.

---

40. Montrer que $H_n : x \mapsto e^{x^2} \dfrac{d^n}{dx^n}\left(e^{-x^2}\right)$ est une fonction polynôme de degré n et préciser le coefficient de x^n.

---

41. Résoudre les équations différentielles linéaires

a. $y' = y(1 + x)$, b. $(2 + x)y' = 2 - y$, c. $|x|y' + (1 - x)xy = x$,
d. $y'' + 2y' + y = 2\cos(x)\operatorname{ch}(x)$, e. $y'' + 4y' + 5y = \operatorname{ch}(2x)\cos(x)$,
f. $y'' + y' + \dfrac{y}{2} = \sin(x)$ et $y(0) = y'(0) = 0$.

---

42. Soit $f \in \mathcal{C}(\mathbb{R}_+, \mathbb{R}_+)$ telle que, pour tout $x \in [0, T]$, $f(x) \leqslant a + b \displaystyle\int_0^x f(t)\,dt$ où $a \in \mathbb{R}, b \geqslant 0$ et $T > 0$. Montrer : $\forall x \in [0, T],\ f(x) \leqslant ae^{bx}$.
Indication : s'inspirer de l'équation différentielle $y' - by = g(x)$ pour g adaptée.

---

43. $\mathcal{B}$ désigne l'espace vectoriel des applications continues et bornées de $\mathbb{R}_+$ dans $\mathbb{C}$. On se propose de déterminer l'ensemble, noté A, des nombres complexes α tels que, pour toute f dans $\mathcal{B}$, toute solution de $y' - \alpha y = f(x)$ est bornée sur $\mathbb{R}_+$.

a. Si $\alpha \in A$, en choisissant un élément f_0 de $\mathcal{B}$ adapté, montrer : $\Re e(\alpha) \leqslant 0$.

b. Si $\alpha = ib$ où b est un nombre réel montrer de même que $\alpha \notin A$.

c. Déterminer alors l'ensemble A.

---

44. Trouver les éléments f de $\mathcal{C}(\mathbb{R}, \mathbb{R})$ tels que : $\forall x \in \mathbb{R},\ f(x) = x + \displaystyle\int_0^x \cos(x - t) f(t)\,dt$.

---

45. Trouver les fonctions f dérivables sur $\mathbb{R}$ et vérifiant : $\forall x \in \mathbb{R},\ f'(x) + f(-x) = e^x$.

---

46. Déterminer les éléments f de $\mathcal{C}^2(\mathbb{R},\mathbb{R})$ vérifiant : $\forall x\in\mathbb{R},\ f''(x)+f(-x)=x\cos(x)$.
Indication : on pourra utiliser $f=p+i$ où p est paire et i est impaire.

---

47. Montrer que $[1-\cos(4x)]y''+2y'\sin(4x)-8y=0$ admet sur $\left]0,\frac{\pi}{2}\right[$ deux solutions f et g telles que $fg=1$.

---

48. Pour $(k,\lambda)\in\mathbb{R}^\star\times\mathbb{R}$ trouver les fonctions f dérivables sur $\mathbb{R}$ telles que :

$$\forall x\in\mathbb{R},\ f'(x)=kf(\lambda-x).$$

---

49. Soient $f\in\mathcal{C}(\mathbb{R},\mathbb{C})$ périodique de période T et $(\mathcal{E})\quad y''+y=f(x)$.
Montrer qu'une solution φ de $(\mathcal{E})$ est T-périodique si, et seulement si, on a $\varphi(0)=\varphi(T)$ et $\varphi'(0)=\varphi'(T)$.
En déduire que, si $T\notin 2\pi\mathbb{Z}$, alors $(\mathcal{E})$ admet une unique solution T-périodique.

---

50. Soient $(a,b)\in\big(\mathcal{C}(\mathbb{R},\mathbb{R})\big)^2$ et $W=\varphi\psi'-\varphi'\psi$ où φ et ψ sont des solutions de $y''+a(x)y'+b(x)y=0$. Donner une équation différentielle dont W est solution puis expliciter W.

---

51. Soit $f\in\mathcal{C}^2(\mathbb{R},\mathbb{R})$ vérifiant : $\forall x\in\mathbb{R},\ f(x)+f''(x)\geqslant 0$.

a. Si $g=f+f''$ former une équation différentielle linéaire du second ordre dont $\varphi : x\mapsto \displaystyle\int_0^x g(t)\sin(x-t)\,dt$ est solution.

b. En déduire : $\forall x\in\mathbb{R},\ f(x)+f(x+\pi)\geqslant 0$.

---

52. a. Soient r,u,v dans $\mathbb{R}_+$, prouver : $(r+1)u^rv\leqslant ru^{r+1}+v^{r+1}$.

b. Soit $p\in\,]1,+\infty[$. Prouver : $\forall(x,y)\in(\mathbb{R}_+)^2, xy\leqslant \dfrac{1}{p}x^p+\Big(1-\dfrac{1}{p}\Big)y^{\frac{p}{p-1}}$.

c. Soit $n\in\mathbb{N}$, soient $x_1,\dots,x_n$ dans $\mathbb{R}_+$, comparer $\sqrt[n]{x_1\dots x_n}$ et $\dfrac{1}{n}\displaystyle\sum_{i=1}^n x_i$.

Soient $n\in\mathbb{N}^\star, p$ et q des éléments de $\mathbb{R}_+^\star$, tels que $\dfrac{1}{p}+\dfrac{1}{q}=1$.

d. Démontrer que pour tous réels $a_1,\dots,a_n,b_1,\dots,b_n$ de $\mathbb{R}_+^\star$, on a :

$$\forall i\in[\![1,n]\!],\ \frac{a_ib_i}{\Big(\sum\limits_{1\leqslant j\leqslant n}a_j^p\Big)^{\frac{1}{p}}\Big(\sum\limits_{1\leqslant j\leqslant n}b_j^q\Big)^{\frac{1}{q}}}\leqslant\frac{a_i^p}{p\sum\limits_{1\leqslant j\leqslant n}a_j^p}+\frac{b_i^q}{q\sum\limits_{1\leqslant j\leqslant n}b_j^q}.$$

e. On suppose maintenant les réels $a_1,\dots,a_n,b_1,\dots,b_n$ positifs ou nuls.
Démontrer l'inégalité dite de Hölder (pour les sommes finies) :

$$\sum_{i=1}^n a_ib_i\leqslant\Big(\sum_{i=1}^n a_i^p\Big)^{\frac{1}{p}}\Big(\sum_{i=1}^n b_i^q\Big)^{\frac{1}{q}}.$$

Solutions des exercices

1. f étant continue en 0, par passage à la limite, dans l'inégalité $|f(x)| < |x|$ on obtient $f(0) = \lim\limits_{0} f = 0$. Sur le segment $[\varepsilon, M]$ la fonction $g : x \mapsto \dfrac{f(x)}{x}$ est continue, donc bornée et atteint ses bornes. Comme $|g(x)| < 1$, il existe $c_1 \in [\varepsilon, M]$ tel que $|g(c_1)| = \sup\limits_{x \in [\varepsilon, M]} |g(x)| < 1$. Le même raisonnement appliqué à la fonction $h : [-M, -\varepsilon] \to \mathbb{R}, x \mapsto \dfrac{f(x)}{x}$ prouve l'existence de $c_2 \in [-M, -\varepsilon]$ tel que $|h(c_2)| = \sup\limits_{x \in [-M-\varepsilon]} |h(x)| < 1$. En prenant $k = \max(|g(c_1)|, |h(c_2)|)$, on conclut.

---

2. a. La fonction $g : x \mapsto f(x) - x$ est définie et continue sur $[0,1]$. Comme $f(0)$ et $f(1)$ sont éléments de $[0,1]$ on a $g(0) \geqslant 0 \geqslant g(1)$, le théorème des valeurs intermédiaires prouve l'existence d'un élément c de $[0,1]$ tel que $g(c) = 0$, ce qui équivaut à $f(c) = c$.

b. E est une partie non vide de $[0,1]$ car 0 en est élément ; soit α sa borne supérieure.
Si $t \in E$ alors $t \leqslant \alpha$ et, par croissance de f, $t \leqslant f(t) \leqslant f(\alpha)$, donc $f(\alpha)$ majore E, par suite $\alpha \leqslant f(\alpha)$. Toujours par croissance de f il vient $f(\alpha) \leqslant f\big(f(\alpha)\big)$ d'où $f(\alpha) \in E$ et, donc, $f(\alpha) \leqslant \alpha$. En définitive $f(\alpha) = \alpha$.

c. Il suffit de choisir $f = \chi_{[0,1[} : x \mapsto \begin{cases} 1 & \text{si } 0 \leqslant x < 1 \\ 0 & \text{si } x = 1 \end{cases}$ qui est décroissante de $[0,1]$ dans $[0,1]$ sans aucun point fixe pour montrer que, cette fois, il n'y a pas nécessairement un point fixe.

---

3. a. f est donc bijective et $f^{-1} = -f^{n-1}$. Comme f est continue sur $\mathbb{R}$, elle est strictement monotone. Elle ne peut être croissante puisque, par composition, $-I_{\mathbb{R}}$ le serait. f est donc strictement décroissante.

b. Son imparité découle de l'égalité $f^n \circ f = f \circ f^n$. De même, n est impair. Notons $n = 2k + 1$.

c. Si $f(x) \geqslant -x$ alors $-x \leqslant f(x) \leqslant -f^2(x)$ et par récurrence, pour tout $p \in [\![0, k-1]\!]$ $f^{2p+1}(x) \leqslant -f^{2p+2}(x) \leqslant f^{2p+3}(x)$. Donc : $-x \leqslant f(x) \leqslant \cdots \leqslant f^{2k+1}(x) = -x$. Par un raisonnement analogue en supposant $f(x) \leqslant -x$ on prouve que $f = -I_{\mathbb{R}}$.

---

4. Tout d'abord, par composition, $f \circ g$ et $g \circ f$ sont éléments de $\mathcal{C}(\mathbb{R}, \mathbb{R})$.
$(f \circ g)(\mathbb{R}) \subset f(\mathbb{R})$ partie bornée de $\mathbb{R}$ donc $f \circ g \in E$.
Si $f(\mathbb{R}) \subset [a,b]$ alors $(g \circ f)(\mathbb{R}) \subset g\big([a,b]\big)$ segment donc $g \circ f \in E$.
Étudions: $\forall x \in \mathbb{R},\ f(x-1) = \lambda f(x)$.
• Si $\lambda = 1$ f est nécessairement 1-périodique, réciproquement si f est 1-périodique et continue alors $f(\mathbb{R}) = f\big([0,1]\big)$ segment, donc $f \in E$ et est solution.
• De même si $\lambda = -1$ on a : $\forall x \in \mathbb{R},\ f(x-2) = -f(x-1) = f(x)$, donc f est 2-périodique. L'ensemble des éléments f de $\mathcal{C}(\mathbb{R}, \mathbb{R})$ vérifiant $f(x-1) + f(x) = 0$

est un sous-ensemble de E de la même façon que dans le cas où $\lambda = 1$ et c'est l'ensemble des solutions

• Si $|\lambda| < 1$ on a $\forall x \in \mathbb{R},\ f(x) = \lambda f(x+1)$ d'où, par récurrence, pour tout $k \in \mathbb{N},\ f(x) = \lambda^k f(x+k)$ et, comme f est bornée, $\lambda^k f(x+k) \underset{k\to\infty}{\longrightarrow} 0$, par suite f est la fonction nulle. Réciproquement la fonction nulle est solution.

• Si $|\lambda| > 1$ et $x \in \mathbb{R}$, de même pour tout $k \in \mathbb{N},\ f(x) = \lambda^{-k} f(x-k) \underset{k\to\infty}{\longrightarrow} 0$, donc f est encore la fonction nulle.

---

5. On se «ramène» à une limite nulle en posant $f(x) - \ell = g(x)$.

En effet, $g(x+1) - g(x) = f(x+1) - f(x) - \ell$ et $\dfrac{g(x)}{x} = \dfrac{f(x)}{x} - \ell$. On le suppose désormais. L'hypothèse se traduit par

$\forall \varepsilon > 0, \exists a < 0, \forall x \in \mathbb{R}_+, x > a \Rightarrow |f(x+1) - f(x)| \leqslant \dfrac{\varepsilon}{2}\cdot$

Pour $x \geqslant a$, notons $p = \lfloor x - a \rfloor$ la partie entière de $x - a$. Alors $a \leqslant x - p < a + 1$.

$$f(x) = f(x-p) + \sum_{k=0}^{p-1} \big(f(x+k) - f(x+k-1)\big).$$

Notons $M = \sup\limits_{[a,a+1]} |f(x)| = \max\limits_{x \in [a,a+1]} |f(x)|$. On a, pour tout $x \geqslant a$

$\left|\dfrac{f(x)}{x}\right| \leqslant \dfrac{M}{x} + \dfrac{p\varepsilon}{x} \leqslant \dfrac{M}{x} + \dfrac{\varepsilon}{2}\cdot$ Comme $\lim\limits_{x\to+\infty} \dfrac{M}{x} = 0$, il existe $b > a$ tel que, pour tout $x \geqslant b$, $\dfrac{M}{x} \leqslant \dfrac{\varepsilon}{2}\cdot$ Donc : $\forall \varepsilon > 0, \exists b \in \mathbb{R}_+^\star, x \geqslant b \Rightarrow \left|\dfrac{f(x)}{x}\right| \leqslant \varepsilon$.

---

6. $\forall x \in [0,1], \forall (u,v) \in \mathbb{R}^2, \big(f(x) - ug(x)\big) + \big(f(x) + vg(x)\big) = (u-v)g(x) \leqslant |u-v| M_g$ où $M_g = \sup\limits_{x \in [0,1]} |g(x)|$. Donc, pour tout $x \in [0,1]$ et tout $(u,v) \in \mathbb{R}^2$,

$\big(f(x) - ug(x)\big) \leqslant |u-v| M_g + \big(f(x) + vg(x)\big) \leqslant |u-v| M_g + \varphi(v)$.

$|u-v| M_g + \varphi(v)$ est donc un majorant de $\big\{f(x) + ug(x) \big| \, x \in [0,1], u \in \mathbb{R}\big\}\cdot$ Par définition de la borne supérieure, il s'ensuit que $\varphi(u) \leqslant |u-v| M_g + \varphi(v)$.

Donc $\forall (u,v) \in \mathbb{R}^2, \varphi(u) - \varphi(v) \leqslant |u-v| M_g$.

Remarque : on ne peut pas conclure encore $|\varphi(u) - \varphi(v)| \leqslant |u-v| M_g$
En effet, $\alpha \leqslant \beta$ n'implique pas $|\alpha| \leqslant |\beta|$.

L'échange de u et v donne $\varphi(v) - \varphi(u) \leqslant |u-v| M_g$.

Comme, pour tout $\alpha \in \mathbb{R}$, $|\alpha| = \max(\alpha, -\alpha)$, on peut enfin conclure que pour tout $u, v \in \mathbb{R}, |\varphi(u) - \varphi(v)| \leqslant |u-v| M_g$. Donc φ est lipschitzienne.

---

7. Dans tous les cas une récurrence montre : $\forall n \in \mathbb{N}, \forall x \in \mathbb{R}\ f(nx) = nf(x)$.

Alors, si $n \in \mathbb{N}$ et $x \in \mathbb{R}$, $f(-nx + nx) = f(0) = 0 = f(-nx) + f(nx)$ d'où $f(-nx) = -nf(x)$.

Enfin si $(p,q) \in \mathbb{Z} \times \mathbb{N}^\star$, $qf\left(\dfrac{p}{q}\right) = f(p) = pf(1)$ d'où $f(r) = rf(1)$ si $r \in \mathbb{Q}$.

Si f est continue en 0, comme $f(x+h) = f(x) + f(h) \underset{h\to 0}{\longrightarrow} f(x)$, f est continue sur $\mathbb{R}$.

Si $x \in \mathbb{R}$, en posant $r_n = 10^{-n} \lfloor 10^n x \rfloor$ pour tout $n \in \mathbb{N}$, on a $r_n \in \mathbb{Q}$ et, par continuité de f en x, $r_n f(1) = f(r_n) \underset{n\to\infty}{\longrightarrow} xf(1) = f(x)$.

Solutions

Si f est monotone on pose de plus $s_n = r_n + 10^{-n}$ pour tout $n \in \mathbb{N}$. Alors $\big(f(r_n)\big)_n$ et $\big(f(s_n)\big)_n$ sont monotones de sens inverse.
De plus $f(r_n) = r_n f(1) \xrightarrow[n\to\infty]{} xf(1)$ et $f(s_n) = s_n f(1) \xrightarrow[n\to\infty]{} xf(1)$.
Comme $f(x)$ est dans le segment d'extrémités $f(r_n)$ et $f(s_n)$ pour tout $n \in \mathbb{N}$, par encadrement $f(x) = xf(1)$.
Dans tous les cas f est définie par : $\forall x \in \mathbb{R},\ f(x) = xf(1)$.
Réciproquement toute fonction de cette forme est solution de l'équation fonctionnelle, est partout continue et monotone.

---

8. Si $f - g$ ne s'annule pas, $f - g$ est à valeurs strictement positives ou strictement négatives. Supposons pour fixer les idées, $f - g$ à valeurs strictement positives. $K = \{x \in [0,1] \mid f(x) = x\}$ est un intervalle fermé, borné et non vide de $\mathbb{R}$. Soit $\alpha = \min(K)$. Comme $f\big[g(\alpha)\big] = g\big[f(\alpha)\big] = g(\alpha) < f(\alpha) = \alpha$, on aurait $g(\alpha) \in K$ et $g(\alpha) < \min(K)$ ce qui est absurde.

---

9. L'application réelle définie par $g(x) = \big|f(x) - x\big|$, est continue sur le segment $[0,1]$ non vide à valeurs réelles. Elle admet donc un minimum $\mu = g(x_0)$ avec $x_0 \in [0,1]$.
Si $\mu \neq 0$ alors $f(x_0) \neq x_0$ et donc $\Big|f\big[f(x_0)\big] - f(x_0)\Big| < \big|f(x_0) - x_0\big|$, ce qui contredit le caractère minimal de μ. Donc $\mu = 0$ et $f(x_0) = x_0$.
Si c est un point fixe de f distinct de x_0, $|c - x_0| = \big|f(c) - f(x_0)\big| < |c - x_0|$, ce qui est absurde. Donc f admet un et un seul point fixe.
$\big(|x_0 - u_n|\big)_{n \geqslant 0}$ est une suite décroisante dans $\mathbb{R}_+$ donc a une limite ℓ dans $\mathbb{R}_+$.
Supposons $\ell > 0$ et extrayons de (u_n) une suite $(u_{\varphi(n)})$ convergeant vers $x \in [0,1]$, nécessairement $x \neq x_0$ car $\ell > 0$. On a $\big|f(x) - x_0\big| < |x - x_0| = \ell$ alors que $\big(|u_{\varphi(n)+1} - x_0|\big)$ converge, par continuité de f en x, vers $\big|f(x) - x_0\big|$ qui est dans $[\ell, +\infty[$, c'est absurde. Donc $\ell = 0$ et (u_n) converge vers x_0.

---

10. Si f est solution et si $|x| < 1$ alors $f(x) = f(x^n) = f(x^{n^2}) = f(x^{n^p})$ pour tout $p \in \mathbb{N}$. Comme $x^{n^p} \xrightarrow[p\to\infty]{} 0$ et comme f est continue en 0 on en déduit que f est constante égale à $f(0)$ sur $]-1,1[$.
Comme f est continue sur $[-1,1]$ et comme $]-1,1[$ est dense dans $[-1,1]$, la fonction f est constante sur $[-1,1]$.
Si $x > 1$, de même $f(x) = f(x^{1/n}) = f(x^{n^{-p}})$ pour tout $p \in \mathbb{N}$ et, de même, f est constante égale à $f(1)$, et donc à $f(0)$, sur $]1, +\infty[$.
On procède de même sur $]-\infty, -1[$ et on conclut que f est constante sur $\mathbb{R}$.
Réciproquement toute fonction constante est solution.

---

11. $f \circ f$ est une bijection affine de f sur lui-même, par suite f est à la fois injective et surjective, donc bijective. Par continuité elle est strictement monotone et, donc, $f \circ f$ est strictement croissante, d'où $a > 0$.
$\forall x \in \mathbb{R},\ \big((f \circ f) \circ f\big)(x) = \big(f \circ (f \circ f)\big)(x)$, soit $af(x) + b = f(ax + b)$.
Désormais f est dérivable sur $\mathbb{R}$ et, donc, $\forall x \in \mathbb{R},\ af'(x) = af'(ax + b)$, soit $f' \circ \varphi = f'$ où $\varphi : x \mapsto ax + b$. Cela montre également $f' \circ \varphi^{-1} = f'$ et permet, quitte à remplacer φ par φ^{-1}, de supposer $|a| < 1$.

Si x est un réel fixé on pose $x_0 = x$ et $\forall n \in \mathbb{N},\ x_{n+1} = \varphi(x_n)$, d'où l'égalité $f'(x_{n+1}) = f'(x_n)$. Ainsi la suite $\big(f'(x_n)\big)_n$ est constante.
De plus, comme $|a| < 1$, la suite $(x_n)_n$ converge vers le point fixe ω de φ, soit $\omega = \dfrac{b}{1-a}\cdot$ Par continuité de f' en ω on en déduit que $f'(x_n) \xrightarrow[n\to\infty]{} f'(\omega)$ et, donc, $f'(x) = f'(\omega)$, ce qui montre que f' est constante puis que f est affine.
f et $f \circ f$ ont le même point fixe, à savoir ω, et le rapport de $f \circ f$ est le carré de celui de f. Donc il existe $\varepsilon \in \{-1, 1\}$ tel que $\forall x \in \mathbb{R},\ f(x) = \omega + \varepsilon\sqrt{a}(x - \omega)$.

---

12. a. $\left(\left(n+\dfrac{1}{2}\right)\pi\right)^{\beta} - (n\pi)^{\beta} = (n\pi)^{\beta}\big[(1+1/2n)^{\beta} - 1\big] \underset{n\to\infty}{\sim} (n\pi)^{\beta} \times \dfrac{\beta}{2n} = \dfrac{\beta\pi^{\beta}n^{\beta-1}}{2}\cdot$

b. Si $0 < \alpha \leqslant 1$, $x \mapsto |x|$ est 1-lipschitzienne sur $\mathbb{R}$, $t \mapsto t^{\alpha}$ est continue et donc uniformément continue sur $[1, +\infty[$ et α-lipschitzienne sur $[1, +\infty[$ par l'inégalité des accroissements finis, donc uniformément continue sur $\mathbb{R}_+$. Enfin cos est 1-lipschitzienne sur $\mathbb{R}_+$ donc, par composition, f est uniformément continue sur $\mathbb{R}$.

Si $\alpha > 1$ en posant $\beta = \dfrac{1}{\alpha}$ on a $f(x_n) = 0$ si $x_n = \left(\left(n+\dfrac{1}{2}\right)\pi\right)^{\beta}$ et $f(y_n) = (-1)^n$ si $y_n = (n\pi)^{\beta}$. On a vu dans a) que $(x_n - y_n))_n$ converge vers 0. Si f était uniformément continue sur $\mathbb{R}$ la suite $\big(f(x_n) - f(y_n)\big)_n$ convergerait aussi vers 0. Donc f n'est pas uniformément continue sur $\mathbb{R}$.

---

13. Soient $\varepsilon > 0$ puis $\eta > 0$ tels que $\forall (x, x') \in (\mathbb{R}_+)^2,\ |x - x'| \leqslant \eta \Rightarrow |f(x) - f(x')| \leqslant \varepsilon$.
Fixons $p \in \mathbb{N}$ tel que $\dfrac{1}{p} \leqslant \eta$ et posons, pour tout $k \in [\![0, p]\!]$, $x_k = \dfrac{k}{p}\cdot$
Pour tout $k \in [\![0, p]\!]$ il existe $n_k \in \mathbb{N}$ tel que $\forall n \in \mathbb{N},\ n \geqslant n_k \Rightarrow |f(x_k + n)| \leqslant \varepsilon$.
Posons enfin $N = \max\limits_{0 \leqslant k \leqslant p} n_k$.
Si $x \geqslant N$, avec $n = \lfloor x \rfloor$ on a $x - n \in [0, 1[$ et, donc, il existe $k \in [\![0, p-1]\!]$ tel que $x_k \leqslant x - n < x_{k+1}$. Alors $|f(x)| \leqslant |f(x) - f(x_k + n)| + |f(x_k + n)| \leqslant 2\varepsilon$, ce qui prouve que $f(x) \xrightarrow[x\to+\infty]{} 0$.

---

14. a. L'inégalité des accroissements finis prouve que f est lipschitzienne sur $\mathbb{R}$ et, donc, uniformément continue.

b. Soit T une période strictement positive de f. La restriction de f à $[0, 2T]$ est uniformément continue.
Soit $\varepsilon > 0$ puis $\eta > 0$ tels que $\forall (x, x') \in [0, 2T]^2,\ |x - x'| \leqslant \eta \Rightarrow |f(x) - f(x')| \leqslant \varepsilon$.
Quitte à remplacer η par T on peut supposer $\eta \leqslant T$.
Soit $(x, x') \in \mathbb{R}^2$ tel que $|x - x'| \leqslant \eta$, on peut supposer $x \leqslant x'$.
Posons $k = \left\lfloor \dfrac{x}{T} \right\rfloor$ et $y = x - kT$, $y' = y - kT$, alors $0 \leqslant y \leqslant y' \leqslant y + \eta \leqslant y + T \leqslant 2T$ d'où $|f(y) - f(y')| \leqslant \varepsilon$ *i.e.* $|f(x) - f(x')| \leqslant \varepsilon$, ce qui prouve l'uniforme continuité de f.

c. Posons, si $n \in \mathbb{N}^{\star}$, $x_n = \left(n + \dfrac{1}{4n}\right)\sqrt{\pi}$ et $y_n = n\sqrt{\pi}$, alors $x_n - y_n \xrightarrow[n\to\infty]{} 0$, $x_n^2 - y_n^2 = \left(1 + \dfrac{1}{8n^2}\right)\dfrac{\pi}{2} \underset{n \to \infty}{\not\longrightarrow} 0$, ce qui prouve que $x \mapsto x^2$ n'est pas uniformément continue sur $\mathbb{R}$.

Solutions

De plus $\sin(x_n^2) - \sin(y_n^2) = 2\cos\left(\dfrac{x_n^2 + y_n^2}{2}\right)\sin\left(\dfrac{x_n^2 - y_n^2}{2}\right)$ or
$\dfrac{x_n^2 + y_n^2}{2} = \left(n^2 + \dfrac{1}{4} + \dfrac{1}{32n^2}\right)\pi$ et $\dfrac{x_n^2 - y_n^2}{2} = \left(\dfrac{1}{4} + \dfrac{1}{32n^2}\right)\pi$ d'où
$\sin(x_n^2) - \sin(y_n^2) \underset{n\to\infty}{\sim} 2(-1)^{n^2}\cos\left(\dfrac{\pi}{4}\right)\sin\left(\dfrac{\pi}{4}\right) = (-1)^{n^2} \underset{n\to\infty}{\not\longrightarrow} 0$, ce qui prouve que $x \mapsto \sin(x^2)$ n'est pas uniformément continue sur $\mathbb{R}$.
Enfin si $x \mapsto e^{ix^2}$ était uniformément continue sur $\mathbb{R}$ sa partie imaginaire le serait aussi et on vient de montrer le contraire.

---

15. • Il existe $a \in \mathbb{R}_+$ tel que, pour tout $x \geqslant a, |f(x) - b| \leqslant 1$ puisque $\lim\limits_{+\infty} f = b$.
Comme $f\big|_{[0,a]}$ est continue sur le compact $[0, a]$ de $\mathbb{R}$, il existe $M_a \in \mathbb{R}_+$ tel que pour tout $x \in [0, a], |f(x)| \leqslant M_a$. Donc, pour tout $x \in \mathbb{R}_+, |f(x)| \leqslant \max(1+|b|, M_a)$ *i.e.* f est bornée sur $\mathbb{R}_+$.

• *Première méthode*
Soit $\varepsilon > 0$. Il existe $a > 0$ tel que, pour tout $x \geqslant a, |f(x) - b| \leqslant \varepsilon/3$ $(\star)$.
La restriction de f au segment $[0, a]$ étant uniformément continue, il existe $\alpha > 0$ tel que, pour tout $(x, y) \in [0, a]^2, |f(x) - f(y)| \leqslant \varepsilon/3$.
L'examen des trois cas : $(x, y) \in [0, a]^2, (x, y) \in]a, +\infty[^2$ et $0 < x \leqslant a < y$ conduit à la conclusion que, pour tout $(x, y) \in (\mathbb{R}_+)^2, |x - y| \leqslant \alpha \Rightarrow |f(x) - f(y)| \leqslant \varepsilon$.

• *Deuxième méthode*
Soit $g : \left[0, \dfrac{\pi}{2}\right] \to \mathbb{R}$ telle que $g(x) = f\big(\tan(x)\big)$ si $x \in \left[0, \dfrac{\pi}{2}\right[$ et $g\left(\dfrac{\pi}{2}\right) = b$.
g est continue donc uniformément continue sur le segment $\left[0, \dfrac{\pi}{2}\right]$ et atteint ses bornes. Comme $f = g \circ \arctan$ et arctan est 1-lipschitzienne sur $\mathbb{R}$, la fonction f est uniformément continue sur $\mathbb{R}_+$. Si f n'est pas constante, g non plus et une de ses bornes est distincte de $g\left(\dfrac{\pi}{2}\right)$ donc atteinte sur $\left[0, \dfrac{\pi}{2}\right[$, par suite f atteint au moins une de ses bornes. Notons plus simplement que la fonction $x \mapsto b - \dfrac{1}{1 + x^2}$ n'atteint pas b sa borne supérieure sur $\mathbb{R}_+$.

---

16. Par continuité uniforme de f, il existe un nombre réel $\gamma > 0$ tel que les relations $x, y \in [a, +\infty[, |x - y| \leqslant \gamma$ impliquent $|f(x) - f(y)| \leqslant 1$. Il s'ensuit que sous les mêmes hypothèses, $|f(x)| \leqslant |f(y)| + 1$. Considérons alors la suite $(x_n)_{n \geqslant 0}$ de points de $[a, +\infty[$ définie par $x_n = n\gamma + a$. Par récurrence, il est immédiat que, pour tout $n \geqslant 0, \big|f(x_n)\big| \leqslant n + \big|f(a)\big|$. Comme $n = \dfrac{x_n - a}{\gamma}$, on a $|f(x_n)| \leqslant \dfrac{1}{\gamma}(x_n - a) + |f(a)|$.
D'autre part, pour tout $x \in [a, +\infty[$, il existe un unique $n_0 \in \mathbb{N}$ tel que $x_{n_0} \leqslant x < x_{n_0+1} = x_{n_0} + \gamma$; il en résulte que, pour tout $x \geqslant a$,
$|f(x)| \leqslant \dfrac{1}{\gamma}x_{n_0} + \left(1 - \dfrac{a}{\gamma} + |f(a)|\right) \leqslant \dfrac{1}{\gamma}x + \left(1 - \dfrac{a}{\gamma} + |f(a)|\right) = \alpha x + \beta$.
Application : par croissances comparées, $\lim\limits_{x\to 0^+} x\ln(x) = 0$. La fonction g se prolonge par continuité en 0 en lui attribuant la valeur 0. Si la fonction ainsi prolongée était uniformément continue sur $[0, +\infty[$, d'après ce qui précède, il existerait deux nombres réels α et β tels que, pour tout $x > 0, x\ln(x) \leqslant \alpha x + \beta$.

Ainsi, pour tout $x > 0$ on aurait $\ln(x) \leqslant \alpha + \dfrac{\beta}{x}$ ce qui prouverait que la fonction ln est bornée au voisinage de $+\infty$, ce qui n'est pas.

---

17. Soit $x \in \mathbb{R}_+^\star$, comme f est croissante le théorème de la limite monotone prouve que f admet, en x, une limite à droite notée ℓ et que $\ell \leqslant f(x)$. Ce même théorème montre que $x \mapsto \dfrac{f(x)}{x}$ admet en x une limite à droite notée ℓ' et que $\dfrac{f(x)}{x} \leqslant \ell'$. Comme $\ell' = \dfrac{\ell}{x}$ on a $\dfrac{f(x)}{x} \leqslant \dfrac{\ell}{x}$ d'où $fx) \leqslant \ell$ et, donc, $\ell = f(x)$. On procède de même à gauche en x et, ainsi, f est continue en tout point x de $\mathbb{R}_+^\star$.

---

18. Posons $\ell = f'_d(0)$ pour alléger et revenons à la définition de la dérivabilité à droite : soient $\varepsilon > 0$ puis $\eta > 0$ tels que $0 \leqslant x \leqslant \eta \Rightarrow |f(x) - x\ell| \leqslant \varepsilon x$.
Choisissons $n_0 \in \mathbb{N}^\star$ tel que $\dfrac{1}{n_0} \leqslant \eta$ et supposons $n \geqslant n_0$.
Si $1 \leqslant k \leqslant n$ alors $0 \leqslant \dfrac{k}{n^2} \leqslant \dfrac{1}{n} \leqslant \eta$ d'où $\left|f\left(\dfrac{k}{n^2}\right) - \dfrac{k\ell}{n^2}\right| \leqslant \dfrac{\varepsilon k}{n^2}$ d'où, par inégalité triangulaire, $\left|\displaystyle\sum_{k=1}^n f\left(\frac{k}{n^2}\right) - \frac{\ell}{n^2}\sum_{k=1}^n k\right| \leqslant \frac{\varepsilon}{n^2}\sum_{k=1}^n k$

soit $\left|S_n - \dfrac{\ell(n+1)}{2n}\right| \leqslant \dfrac{\varepsilon(n+1)}{2n} \leqslant \varepsilon$ où l'on a posé $S_n = \displaystyle\sum_{k=1}^n f\left(\frac{k}{n^2}\right)$.

Cela montre que $S_n - \dfrac{\ell(n+1)}{2n} \xrightarrow[n\to\infty]{} 0$ et, comme $\dfrac{\ell(n+1)}{2n} \xrightarrow[n\to\infty]{} \dfrac{\ell}{2}$, que $(S_n)_n$ converge vers $\dfrac{\ell}{2}$.

---

19. Posons $\ell = f'_d(0)$ pour alléger et revenons à la définition de la dérivabilité à droite : soient $\varepsilon > 0$ puis $\eta > 0$ tels que $0 \leqslant x \leqslant \eta \Rightarrow |f(x) - x\ell| \leqslant \varepsilon x$.
Choisissons $n_0 \in \mathbb{N}^\star$ tel que $\dfrac{1}{n_0} \leqslant \eta$ et supposons $n \geqslant n_0$.
Si $\sigma_n = \displaystyle\sum_{k=1}^n f\left(\frac{1}{n+k}\right) - \ell\sum_{k=1}^n \frac{1}{n+k}$ alors, par inégalité triangulaire,

$$|\sigma_n| \leqslant \sum_{k=1}^n \left|f\left(\frac{1}{n+k}\right) - \frac{\ell}{n+k}\right| \leqslant \varepsilon\sum_{k=1}^n \frac{1}{n+k} \text{ car, si } 1 \leqslant k \leqslant n,\ 0 \leqslant \frac{1}{n+k} \leqslant \frac{1}{n_0}$$

et, comme $\varepsilon\displaystyle\sum_{k=1}^n \frac{1}{n+k} = \frac{\varepsilon}{n}\sum_{k=1}^n \frac{1}{1+\frac{k}{n}} \xrightarrow[n\to\infty]{} \varepsilon\int_0^1 \frac{dt}{1+t} = \varepsilon\ln(2) < \varepsilon$, pour n assez grand $|\sigma_n| \leqslant \varepsilon$, ce qui montre que $(\sigma_n)_n$ converge vers 0.
On en déduit que $\displaystyle\sum_{k=1}^n f\left(\frac{1}{k+n}\right) \xrightarrow[n\to\infty]{} \ell\ln(2)$.

---

20. Soit f une solution.
Comme $x \mapsto \lambda x$ est une bijection de $\mathbb{R}$ sur lui-même, on a : $\forall y \in \mathbb{R},\ f(y) = \lambda f\left(\dfrac{y}{\lambda}\right)$ ou $f\left(\dfrac{y}{\lambda}\right) = \dfrac{1}{\lambda}f(y)$, ce qui permet de supposer $|\lambda| < 1$.

Comme $\lambda \neq 1$ on a $f(0) = \lambda f(0) \Rightarrow f(0) = 0$.

Posons $g(x) = \dfrac{f(x)}{x}$ si $x \neq 0$ et $g(0) = f'(0)$, alors g est continue en 0 et, pour tout $x \in \mathbb{R}$, $g(\lambda x) = g(x)$ en distinguant les cas $x \neq 0$ et $x = 0$.

Si on fixe x alors, par récurrence, pour tout $n \in \mathbb{N}$, $g(x) = g(\lambda^n x) \xrightarrow[n\to\infty]{} f'(0)$ par continuité de g en 0, donc $f(x) = f'(0)x$.

Réciproquement toute homothétie est solution.

---

21. Toute fonction constante est solution.

Soit f une solution non constante.

Si $x \in \mathbb{R}$, $f\big(f(x)\big) = f(x)$ donc la restriction de f à $f(\mathbb{R})$ est l'identité.

$f(\mathbb{R})$ est un intervalle d'après le théorème des valeurs intermédiaires et il s'agit de prouver que c'est $\mathbb{R}$. Dans le cas contraire il est, par exemple, majoré et, donc admet une borne supérieure notée α.

Sur un intervalle $[\alpha - \eta, \alpha[$ au moins f est l'identité et, par continuité de $f - Id$ en α, on a aussi $f(\alpha) = \alpha$ puis $f'(\alpha) = 1$.

Si $x > \alpha$ on a $f(x) \leqslant \alpha = f(\alpha)$ d'où $\dfrac{f(x) - f(\alpha)}{x - \alpha} \leqslant 0$ puis $f'(\alpha) \leqslant 0$: c'est impossible. Donc $f(\mathbb{R}) = \mathbb{R}$ et $f = Id$. Réciproquement Id est solution.

---

22. On raisonne par l'absurde.

On définit g sur $[0,1]$ par $g(0) = 0$ et $g(x) = \dfrac{f(x)}{x}$ si $0 < x \leqslant 1$. Alors g est continue sur $[0,1]$ et de classe $\mathcal{C}^1$ sur $]0,1]$ avec $g'(x) = \dfrac{xf'(x) - f(x)}{x^2} = \dfrac{1}{x}\Big(f'(x) - \dfrac{f(x)}{x}\Big)$ sans annulation dans $]0,1[$ par hypothèse. Le théorème des valeurs intermédiaires montre que g' a un signe constant au sens strict sur $]0,1[$, par exemple $g' > 0$.

Alors g est strictement croissante sur $[0,1]$ et, ainsi, $f(1) = g(1) > g(0) = 0$.

Mais, par continuité de g' en 1, $-f(1) = g'(1) = \lim\limits_{x\to^-} g'(x) \geqslant 0$, ce qui est impossible.

---

23. On procède par récurrence sur n.

Pour $n = 1$ on considère $P(X) = a_1 X - a_0$ avec $a_0 > 0$ et $a_1 > 0$, il s'annule uniquement en $\dfrac{a_0}{a_1} > 0$.

Supposons la propriété établie jusqu'à un rang n et considérons $P(X) = a_{n+1}X^{n+1} + \cdots + a_{k+1}X^{k+1} - a_k X^k - \cdots - a_0$ avec $a_0 > 0$, $a_{n+1} > 0$ et $\forall i \in [\![1,n]\!]$, $a_i \geqslant 0$. On remarque que $P(0) = -a_0 > 0$ et $P(x) \xrightarrow[x\to+\infty]{} +\infty$.

On distingue deux cas :

• Si $\forall i \in [\![1,k]\!]$, $a_i = 0$ alors P est strictement croissant sur $\mathbb{R}_+$ donc s'annule une fois et une seule dans $\mathbb{R}_+$.

• Sinon, avec h minimal tel que $h \geqslant 1$ et $a_h > 0$, on a :

$X^{1-h}P'(X) = (n+1)a_{n+1}X^{n+1-h} + \cdots (k+1)a_{k+1}X^{k+1-h} - ka_k X^{k-h} - \cdots - a_h$ auquel on peut appliquer l'hypothèse de récurrence. Il existe donc $\alpha > 0$ tel que $P' < 0$ sur $[0, \alpha[$ et $P' > 0$ sur $]\alpha, +\infty[$ d'où le tableau

x	0	α	$+\infty$
$P'(x)$	$-$	0	$+$
$P(x)$	$-a_0 \searrow$	< 0	$\nearrow +\infty$

qui établit le résultat souhaité.

---

24. a. Soit $q = \dfrac{1+|f'(\omega)|}{2}$, comme $\left|\dfrac{f(x)-f(\omega)}{x-\omega}\right| \underset{\substack{x\to\omega \\ x\neq\omega}}{\longrightarrow} |f'(\omega)| < q$ il existe $\eta > 0$ tel que, sur $[\omega-\eta, \omega+\eta]$, $|f(x)-\omega| = |f(x)-f(\omega)| \leqslant q|x-\omega| \leqslant [x-\omega] \leqslant \eta$.
Par suite $I = [\omega-\eta, \omega+\eta]$ est stable par f et, si $x_0 \in I$, alors $\forall n \in \mathbb{N}$, $x_n \in I$ et $|x_{n+1}-\omega| \leqslant q|x_n-\omega|$ d'où $|x_n-\omega| \leqslant q^n|x_0-\omega|$, ce qui montre que $(x_n)_n$ converge vers ω car $0 < q < 1$.

b. Si $(x_n)_n$ stationne en ω alors elle converge vers ω.
Si $(x_n)_n$ converge vers ω sans jamais l'atteindre alors $\left|\dfrac{x_{n+1}-\omega}{x_n-\omega}\right| = \left|\dfrac{f(x_n)-f(\omega)}{x_n-\omega}\right|$ tend vers $|f'(\omega)|$ quand $n \to \infty$.
Par suite il existe $n_0 \in \mathbb{N}$ tel que $n \geqslant n_0 \Rightarrow |x_{n+1}-\omega| \geqslant |x_n-\omega|$, ce qui montre que $\big(|x_n-\omega|\big)_{n\geqslant n_0}$ converge en croissant vers 0, donc est nulle, ce qui est impossible.
Donc : $(x_n)_n$ converge vers $\omega \Rightarrow \exists n_0 \in \mathbb{N}$ tel que $n \geqslant n_0 \Rightarrow x_n = \omega$.

c. Laissé au lecteur.

---

25. Si $|k| > 1$, comme l'homothétie $\begin{pmatrix} \mathbb{R} & \to & \mathbb{R} \\ x & \mapsto & kx \end{pmatrix}$ est bijective, en posant $y = kx$ où $x \in \mathbb{R}^\star$, $\dfrac{f(x)-f(kx)}{x} = -k \times \dfrac{f(y)-f(\frac{y}{k})}{y}$, ce qui permet de se ramener au cas $|k| < 1$, ce que l'on suppose désormais.
Avec $g : x \mapsto f(x) - \alpha x$ on a $\forall x \in \mathbb{R}^\star$, $\dfrac{g(x)-g(kx)}{x} = \dfrac{f(x)-f(kx)}{x} - \alpha(1-k)$ et, donc, avec $\alpha = \dfrac{\ell}{1-k}$ on est ramené au cas où $\ell = 0$.
Soient $\varepsilon > 0$ puis $\eta > 0$ tels que, sur $[-\eta, \eta]$ on a $|g(kx) - g(x)| \leqslant \varepsilon|x|$.
Si $|x| \leqslant \eta$ pour tout $p \in \mathbb{N}$, $|k^p x| \leqslant \eta$ d'où $|g(k^{p+1}x) - g(k^p x)| \leqslant \varepsilon k^p |x|$.
Par inégalité triangulaire, si $P \in \mathbb{N}$, $\left|\displaystyle\sum_{p=0}^{P} \left[g(k^{p+1}x) - g(k^p x)\right]\right| \leqslant \varepsilon\eta|x| \displaystyle\sum_{k=0}^{P} k^p$ soit encore $\big|g(k^{P+1}x) - g(x)\big| \leqslant \varepsilon\eta|x| \times \dfrac{1-k^{P+1}}{1-k} \leqslant \dfrac{\varepsilon\eta|x|}{1-k}$.
Comme g est continue en 0, lorsque $P \to \infty$ on obtient $\big|g(x) - g(0)\big| \leqslant \dfrac{\varepsilon\eta|x|}{1-k}$.
Cela prouve que g est dérivable en 0 et que $g'(0) = 0$ *i.e.* que f est dérivable en 0 et que $f'(0) = \dfrac{\ell}{1-k}$.

---

26. Si f n'est pas constante alors il existe un réel x_0 tel que $f'(x_0) > 0$.
Soit $g : x \mapsto f(x_x) - (x - x_0)f'(x_0)$, alors g est dérivable sur $[x_0, +\infty[$ avec $g'(x) = f'(x) - f'(x_0) \geqslant 0$ car f' est supposée croissante.

Donc, si $x \geqslant x_0$, $f(x) \geqslant f(x_0) + (x - x_0)f'(x_0)$ par croissance de g et, par minoration, $f(x) \xrightarrow[x\to+\infty]{} +\infty$.

Le théorème de la limite monotone montre que $f'(x)$ (resp. $f(x)$) admet lorsque $x \to -\infty$ une limite $\ell \geqslant 0$ resp. $\ell' \geqslant 0$).
Si $\ell > 0$ alors la fonction $h : x \mapsto f(x) - \ell x$ est dérivable sur $\mathbb{R}$ avec $\forall x \in \mathbb{R}$, $h'(x) = f'(x) - \ell \geqslant 0$ donc h est croissante mais, par différence, $h(x) \xrightarrow[x\to-\infty]{} +\infty$, ce qui est impossible. Donc $f'(x) \xrightarrow[x\to-\infty]{} 0$.

---

27. $P(X) = \lambda \prod_{k=1}^{n} (X - a_k)^{\alpha_k}$, $a_1 < a_2 < \cdots < a_n$, $\lambda \in \mathbb{R}^*, N = \deg(P) = \sum_{k=1}^{n} \alpha_k$.
D'après le théorème de Rolle, P' a $(n-1)$ zéros réels $(b_k)_{1\leqslant k\leqslant n-1}$, avec $a_k < b_k < a_{k+1}$. Chaque a_k est racine de P' d'ordre $(\alpha_k - 1)$. Donc P' a au moins $n - 1 + \sum_{k=1}^{n}(\alpha_k - 1) = N - 1$ zéros réels. Comme $\deg(P') = N - 1$, P' est scindé sur $\mathbb{R}$.

---

28. a. Si $A > 0$ alors il existe $B > 0$ tel que $x \geqslant B \Rightarrow f'(x) \geqslant 2A$.
Alors $g : x \mapsto f(x) - 2Ax$ est dérivable sur $[B, +\infty[$ avec $g'(x) = f'(x) - 2A \geqslant 0$ donc g croît sur $[B, +\infty[$ d'où, si $x \geqslant B$, $f(x) \geqslant f(B) - 2AB + 2Ax$ puis $\dfrac{f(x)}{x} \geqslant \dfrac{f(B) - 2AB}{x} + 2A \xrightarrow[x\to+\infty]{} 2A > A$ et donc, pour x assez grand, $\dfrac{f(x)}{x} \geqslant A$, ce qui montre que $\dfrac{f(x)}{x} \xrightarrow[x\to+\infty]{} +\infty$ et, *a fortiori* que $f(x) \xrightarrow[x\to+\infty]{} +\infty$.

b. Soient $\varepsilon > 0$ puis $A > 0$ tels que $x \geqslant A \Rightarrow |f'(x) - \ell| \leqslant \varepsilon$.
$h : x \mapsto f(x) - \ell x$ est dérivable sur $[A, +\infty[$ avec $|h'(x)| = |f'(x) - \ell| \leqslant \varepsilon$ donc h est ε-lipschitzienne sur cet intervalle. Par suite $x \geqslant A \Rightarrow |g(x) - g(A)| \leqslant \varepsilon(x - A)$ d'où $\left|\dfrac{g(x)}{x}\right| \leqslant \dfrac{|g(A)| + \varepsilon A}{x} + \varepsilon \xrightarrow[x\to+\infty]{} \varepsilon$, ce qui prouve que, pour x assez grand, $\left|\dfrac{g(x)}{x}\right| \leqslant 2\varepsilon$ et donc $\dfrac{g(x)}{x} \xrightarrow[x\to+\infty]{} 0$ soit $\dfrac{f(x)}{x} \xrightarrow[x\to+\infty]{} \ell$.
En particulier si $\ell > 0$ on en déduit $f(x) \xrightarrow[x\to+\infty]{} +\infty$.

---

29. Soit $\varphi : [0, 1[\to \mathbb{R}, t \mapsto a + \dfrac{t}{1-t}\cdot$ Posons $F(t) = f \circ \varphi(t)$ si $t \in [0, 1[$ et $F(1) = f(a)$.
F vérifie les hypothèses du théorème de Rolle sur $[0, 1]$. Il existe donc $c \in]0, 1[$ tel que $F'(c) = 0$. Comme $F'(t) = f'(\varphi(t)).\varphi'(t)$ et $\varphi'(t) \neq 0$, le résultat est prouvé.

---

30. Montrons par récurrence , si $n \geqslant 2$:
$\deg(P_{n-1}) = n - 1, \deg(P_n) = n, P_{n-1} = \prod_{k=1}^{n-1} (X - \alpha_{k,n-1}), P_n = \prod_{k=1}^{n} (X - \alpha_{k,n})$ où $\alpha_{1,n} < \alpha_{1,n-1} < \alpha_{2,n} < \alpha_{2,n-1} < \cdots < \alpha_{n-1,n} < \alpha_{n-1,n-1} < \alpha_{n,n}$.
On a $P_1 = (X - \alpha_{1,1})$ où $\alpha_{1,1} = a_1$, $P_2 = (X + a_1)(X + a_2) + b_1$ d'où $P_2(\alpha_{1,1}) = -b_1 < 0$ et $P_2(x) \xrightarrow[x\to\pm\infty]{} +\infty$ d'où $P_A = (X - \alpha_{1,2})(X - \alpha_{2,2})$ avec $\alpha_{1,2} < \alpha_{1,1} < \alpha_{2,2}$.
Supposons la propriété établie à un rang n.

$P_{n+1} = (X + a_{n+1})P_n - b_n P_{n-1}$ montre que $\deg(P_{n+1}) = n+1$ et que le coefficient dominant de P_{n+1} est 1.
Au voisinage de $-\infty$ $P_{n+1}(x)$ est du signe d $(-1)^{n+1}$ tout comme P_{n-1} sur $]-\infty, \alpha_{1,n-1}[$,
$P_{n+1}(\alpha_{1,n}) = -b_n P_{n-1}(\alpha_{1,n})$ est du signe de $(-1)^n$ car $b_n < 0$ et $\alpha_{1,n} < \alpha_{1,n-1}$, plus généralement $P_{n+1}(\alpha_{k,n}) = -b_n P_{n-1}(\alpha_{k,n})$ du signe de $(-1)^{n+1-k}$ car $\alpha_{k-1,n-1} < \alpha_{k,n} < \alpha_{k,n-1}$,
$P_{n+1}(\alpha_{n,n}) = -b_n P_{n-1}(\alpha_{n,n}) < 0$ et enfin $P_n(x) > 0$ au voisinage de $+\infty$.
Le théorème des valeurs intermédiaires montre que, dans chacun des intervalles $]-\infty, \alpha_{1,n}[$, $]\alpha_{1,n}, \alpha_{2,n}[, \ldots,]\alpha_{n-1,n}, \alpha_{n,n}[$, $]\alpha_{n,n}, +\infty[$ possède un zéro. Cela fait $n+1$ zéros et, comme P_{n+1} est de degré $n+1$, on obtient la factorisation souhaitée, les zéros de P_{n+1} étant séparés par ceux de P_n.

---

31. On fixe x dans $]a, b[$ et alors la fonction ψ proposée est continue sur $[a, b]$, deux fois dérivable sur $]a, b[$ avec $\psi(a) = \psi(x) = \psi(b) = 0$. Le théorème de Rolle montre l'existence de (α, β) dans $]a, x[\times]x, b[$ tel que$\psi'(\alpha) = \psi'(\beta) = 0$ puis de c dans $]\alpha, \beta[\subset]a, b[$ tel que $\psi''(c) = 0$.
Or $\psi''(c) = \varphi''(c) - \dfrac{2\varphi(x)}{(x-a)(x-b)}$, d'où l'égalité demandée.

Pour l'application on remarque que $\varphi : x \mapsto f(x) - f(a) - \dfrac{f(b) - f(a)}{b - a}(x - a)$ est continue sur $[a, b]$, deux fois dérivable sur $]a, b[$ et que $\varphi(a) = \varphi(b) = 0$.
L'existence de c découle alors du début de l'exercice.

---

32. Le théorème des accroissements finis montre que $g(b) - g(a) \neq 0$ car g' ne s'annule jamais.
Soit $\varphi : x \mapsto f(x) - \dfrac{f(b) - f(a)}{g(b) - g(a)} g(x)$. Cette fonction est continue sur $[a, b]$ et dérivable sur $]a, b[$. De plus $\varphi(b) - \varphi(a) = f(b) - f(a) - \dfrac{f(b) - f(a)}{g(b) - g(a)}[g(b) - g(a)] = 0$.
Le théorème de Rolle montre l'existence de c dans $]a, b[$ tel que $\varphi'(c) = 0$ ou encore, comme $g'(c) \neq 0$, $\dfrac{f'(c)}{g'(c)} = \dfrac{f(b) - f(a)}{g(b) - g(a)}$.
Remarque : il est intéressant de se demander pourquoi on ne peut appliquer le théorème des accroissements finis à f puis à g.

---

33. a. On prolonge f et g en a en posant $f(a) = g(a) = 0$. Ainsi on peut appliquer le résultat de l'exercice précédent à (f, g). Si $x \in I \setminus \{a\}$ il existe c dans $]a, x[$ ou $]x, a[$ tel que $\dfrac{f(x)}{g(x)} = \dfrac{f'(c)}{g'(c)}$. Quand $x \to a$, par encadrement, $c \to a$ et donc $\dfrac{f(x)}{g(x)} \to \ell$.
b. f et g sont dérivables sur $\mathbb{R}^\star$ de limite nulle en 0 car $|f(x)| \leqslant x^2$ si $x \in \mathbb{R}^\star$.
$\left|\dfrac{f(x)}{g(x)}\right| \leqslant |x| \times \left|\dfrac{x}{\sin(x)}\right| \xrightarrow[x \to 0]{} 0$ car $\dfrac{\sin(x)}{x} \xrightarrow[x \to 0]{} 1$.
D'autre part $f' : x \mapsto 2x \sin\left(\dfrac{1}{x}\right) - \cos\left(\dfrac{1}{x}\right)$ et $g' = \cos$ d'où, avec $x_n = \dfrac{1}{2n\pi}$,
$\dfrac{f'(x_n)}{g'(x_n)} = \dfrac{-1}{\cos(x_n)} \xrightarrow[n \to \infty]{} -1 \neq 0$.

Solutions

c. Soient $\varphi : x \mapsto f\Big(\dfrac{1}{x}\Big)$ et $\psi : x \mapsto g\Big(\dfrac{1}{x}\Big)$. Si $\dfrac{1}{x} \in I$ on a $\dfrac{\varphi'(x)}{\psi'(x)} = \dfrac{f'\big(\frac{1}{x}\big)}{g'\big(\frac{1}{x}\big)} \underset{x\to 0}{\longrightarrow} \ell$ d'où, en appliquant la question a., $\dfrac{\varphi(x)}{\psi(x)} \underset{x\to 0}{\longrightarrow} \ell$ *i.e.* $\dfrac{f(x)}{g(x)} \underset{x\to a}{\longrightarrow} \ell$.

d. Soient $f = \arccos$ et $g : x \mapsto \sqrt{1-x^2}$. Ces fonctions sont dérivables sur $]-1,1[$ avec, sur cet intervalle, $f'(x) = -\dfrac{1}{\sqrt{1-x^2}}$ et $g'(x) = -\dfrac{x}{\sqrt{1-x^2}}$, d'où $\dfrac{f'(x)}{g'(x)} \underset{x\to 1}{\longrightarrow} 1$. La question a. montre alors que $\dfrac{\arccos(x)}{\sqrt{1-x^2}} \underset{x\to 1}{\longrightarrow} 1$.

---

34. Soient $\varepsilon > 0$ puis $A > 0$ tels que $x \geqslant A \Rightarrow \left|\dfrac{f'(x)}{g'(x)} - \ell\right| \leqslant \varepsilon$.

L'exercice 32 montre que, si $x \geqslant A$, $\left|\dfrac{f(x)-f(A)}{g(x)-g(A)} - \ell\right| \leqslant \varepsilon$ car g' ne s'annule jamais. Si $x \geqslant A$, $\left|\dfrac{f(x)}{g(x)-g(A)} - \right| \leqslant \varepsilon + \dfrac{|f(A)|}{|g(x)-g(A)|} \underset{x\to+\infty}{\longrightarrow} \varepsilon$.

$\dfrac{f(x)}{g(x)-g(A)} \underset{x\to+\infty}{\sim} \dfrac{f(x)}{g(x)}$ car $g(x) \underset{x\to+\infty}{\longrightarrow} +\infty$ et ce quotient est borné au voisinage de $+\infty$, donc $\dfrac{f(x)}{g(x)-g(A)} - \dfrac{f(x)}{g(x)} \underset{x\to+\infty}{\longrightarrow} 0$. Par conséquent, pour x assez grand, $\left|\dfrac{f(x)}{g(x)} - \ell\right| \leqslant 2\varepsilon$, ce qui montre que $\dfrac{f(x)}{g(x)} \underset{x\to+\infty}{\longrightarrow} \ell$.

---

35. a. f est de classe $\mathcal{C}^\infty$ par théorèmes généraux. Montrons le résultat par récurrence.
On a $P_0 = 1$ et degré de $P_0 = 0$.
Supposons $f^{(n)}(x) = P_n(x)(1+x^2)^{-n-1/2}$ où P_n fonction polynôme, $\deg(P_n) = n$.
$f^{(n+1)}(x) = P_n'(x)(1+x^2)^{-n-1/2} - \Big(n+\dfrac{1}{2}\Big)(2x)(1+x^2)^{-n-3/2}P_n(x)$.
On a $f^{(n+1)}(x) = P_{n+1}(x)(1+x^2)^{-(n+1)-1/2}$ où
$P_{n+1} : x \mapsto (1+x^2)P_n'(x) - (2n+1)xP_n(x)$ est une fonction polynôme de degré n et de coefficient dominant $(-1)^n n!$; ces deux dernières affirmations se prouvant par récurrence. Par théorème de récurrence, le résultat est établi.

b. $f(x)\sqrt{1+x^2} = 1$ implique, par dérivation, $f'(x)\sqrt{1+x^2} + \dfrac{x}{\sqrt{1+x^2}}f(x) = 0$
i.e. $\forall x \in \mathbb{R}, f'x)(1+x^2) + xf(x) = 0$. Comme $g = 0 \Rightarrow g^{(n)} = 0$, en utilisant la formule de Leibniz, on obtient :

$$(1+x^2)f^{(n+1)}(x) + 2nxf^{(n)}(x) + \frac{n(n-1)}{2}\cdot 2f^{(n-1)}(x) + xf^{(n)}(x) + nf^{(n-1)}(x) = 0.$$

Après simplifications, $(1+x^2)f^{(n+1)}(x) + (2n+1)xf^{(n)}(x) + n^2f^{(n-1)}(x) = 0$.
On déduit des résultats de a) $P_{n+1}(X) + (2n+1)XP_n(X) + n^2(1+X^2)P_{n-1}(X) = 0$.
De l'égalité trouvée au a) et de cette dernière égalité, on déduit : $P_n' = -n^2P_{n-1}$.
Par dérivation de l'égalité du a) et de $P_n' = -n^2P_{n-1}$, on déduit (3).

c. Notons $P_n(X) = \displaystyle\sum_{0\leqslant 2p\leqslant n} a_pX^{n-2p}$, alors $P_n'(X) = \displaystyle\sum_{0\leqslant 2p\leqslant n}(n-2p)a_pX^{n-2p-1}$ et $P_n''(X) = \displaystyle\sum_{0\leqslant 2p\leqslant n}(n-2p)(n-2p-1)a_pX^{n-2p-2}$.

Le report de ces expressions dans (3) donne $\forall x \in \mathbb{R}, \sum_{0 \leqslant 2p \leqslant n} \alpha_p x^{n-2} = 0.$

On en déduit que les α_p sont tous nuls. On prouvera au chapitre 9 qu'une fonction polynôme est nulle en une infinité de points si, et seulement si, tous ses coefficients sont nuls. Donc, pour tout

$p \geqslant 1, n^2 a_p - (n-2p)(2n-1)a_p + (n-2p)(n-2p-1)a_p + (n-2p+2)(n-2p+1)a_{p-1} = 0$
et si $p = 0, n^2 a_0 - (2n-1)na_0 + n(n-1)a_0 = 0$

Donc, si $1 \leqslant 2p \leqslant n, -(2p)^2 a_p + (n-2p+2)(n-2p+1)a_{-1} = 0.$

Par une récurrence immédiate, on établit le résultat car $a_0 = (-1)^n n!$ d'après a).

d. Montrons par récurrence que $f^{(n)}$ a n zéros réels.
Le résultat est vrai pour $n = 0$. Soit $n \in \mathbb{N}$. Si $f^{(n)}$ a n zéros distincts $a_1, \dots, a_n$ tels que $a_1 < a_2 < \cdots < a_n$, d'après le théorème de Rolle, $f^{(n+1)}$ a $n-1$ zéros réels distincts $b_1, \dots, b_{n-1}$ tels que $a_i < b_i < a_{i+1}$ pour $i \in [\![1, n-1]\!]$. Appliquons la généralisation du théorème de Rolle à la restriction de $f^{(n)}$ prouvée dans l'exercice 30, à $]-\infty, a_1]$ puis à $[a_n, +\infty[$. Comme $\lim_{|x| \to +\infty} f^{(n)}(x) = 0 = f^{(n)}(a_1) = f^{(n)}(a_n)$ (*cf.* résultats de a)), on conclut qu'il existe $b_0 \in]-\infty, a_1[$ et $b_n \in]a_n, +\infty[$ tels que $f^{(n+1)}(b_0) = f^{(n+1)}(b_n) = 0$. Donc $f^{(n+1)}$ a $(n+1)$ zéros distincts, séparés par ceux de $f^{(n)}$. On conclut avec le théorème de récurrence.

---

36. Notons $f = gh$ où $g(t) = t^{n-1}$ et $h(t) = \ln(1+t)$.

Par récurrence, on a, pour $k \geqslant 1, h^{(k)}(t) = \dfrac{(-1)^{k-1}(k-1)!}{(1+t)^k}$.

$g^{(k)}(t) = \dfrac{(n-1)!\, t^{n-1-k}}{(n-1-k)!}$ si $k \leqslant n-1$ et $g^{(k)}(t) = 0$ si $k > n-1$.

On déduit de la formule de Leibniz,

$$f_n^{(n)}(t) = \sum_{k=0}^{n} \binom{n}{k} h^{(k)}(t) g^{(n-k)}(t) = \sum_{k=1}^{n} \binom{n}{k} \frac{(-1)^{k-1}(k-1)!}{(t+1)^k} \frac{(n-1)!}{(k-1)!} t^{k-1}.$$

$$f_n^{(n)}(t) = \frac{-(n-1)!}{t} \sum_{k=1}^{n} \binom{n}{k} \left(\frac{-t}{t+1}\right)^k = \frac{-(n-1)!}{t} \left[\left(1 - \frac{t}{1+t}\right)^n - 1\right].$$

Le résultat est établi.

---

37. Si $x \in \{x_1, x_2, \dots, x_n\}$ alors toute valeur de α convient.

Sinon soit $\varphi : t \mapsto f(t) - P_n(t) - K \prod_{k=1}^{n} (t - x_k)$ où l'on a posé $K = \dfrac{f(x) - P_n(x)}{\prod_{k=1}^{n} (x - x_k)}$.

Cette fonction est de classe $\mathcal{C}^n$ sur $[a, b]$ nulle en $x_1, x_2, \dots, x_n$ et x. En appliquant le théorème de Rolle un nombre adapté de fois on prouve l'existence d'un élément α de $]a, b[$ tel que $\varphi^{(n)}(\alpha) = 0$.
Comme $\deg(P_n) < n$ il vient $\varphi^{(n)}(\alpha) = f^{(n)}\alpha) - Kn!$

d'où $\dfrac{f(x) - P_n(x)}{\prod_{k=1}^{n} (x - x_k)} = K = \dfrac{f^{(n)}(\alpha)}{n!}$ et le résultat.

Solutions

38. Soit $(a,b)\in I^2$, $a<b$, il s'agit de montrer que si k est dans le segment d'extrémité $f'(a)$ et $f'(b)$ alors il existe c dans $[a,b]$ tel que $k=f'(c)$. Si $k=f'(a)$ ou $k=f'(b)$ c'est immédiat. Sinon on peut supposer, par exemple, $f'(a)<f'(b)$.
$\varphi(b)=\psi(a)$ et est dans l'un des trois intervalles $]-\infty,f'(a)[$, $]f'(a),f'(b)[$ ou $]f'(b),+\infty[$.
Par exemple $\psi(a)<f'(a)$ et alors $\psi(a)<k<\psi(b)$.
Comme ψ est continue sur $]a,b[$, $k\in\psi\big(]a,b[\big)\subset f'\big(]a,b[\big)$ d'après le théorème des accroissements finis.

---

39. a. Immédiat.

b. D'après la formule de Leibniz,
$$\frac{d^n}{dx^n}\big((1-x^2)f''(x)\big)=(1-x^2)f^{n+2)}(x)+n(-2x)f^{(n+1)}(x)+\frac{n(n-1)}{2}(-2)f^{(n)}(x)$$
et $\dfrac{d^n}{dx^n}\big(xf'(x)\big)=xf^{(n+1)}(x)+nf^{(n)}(x)$.

Donc : $\forall x\in]-1,1[,(1-x^2)f^{n+2)}(x)=(2n+1)xf^{(n+1)}(x)+n^2f^{(n)}(x)$ (1).

Par une récurrence facile : $\forall x\in[0,1[,f^{(n)}(x)\geqslant 0$.

c. f étant impaire, $f^{(2p)}(0)=0$.
(1) pour $x=0$ donne $f^{(n+2)}(0)=n^2f^{(n)}(0)$. Par récurrence, on obtient puisque $f'(0)=1$, $f^{(2p+1)}(0)=\big((2p-1)(2p-3)\dots3.1.\big)^2=\left(\dfrac{(2p)!}{2^pp!}\right)^2$.

À retenir : Obtenir une équation différentielle à coefficients polynomiaux et utiliser la formule de Leibniz.

---

40. $H_0(x)=1$, $H_1(x)=-2x$. Avec la formule de Leibniz,
$$H_{n+1}(x)=e^{x^2}\frac{d^n}{dx^n}\big(-2xe^{-x^2}\big)=e^{x^2}\Big(-2x\frac{d^n}{dx^n}\big(e^{-x^2}\big)-2n\frac{d^{n-1}}{dx^{n-1}}\big(e^{-x^2}\big)\Big].$$
Donc $\forall n\in\mathbb{N}^\star,\forall x\in\mathbb{R},H_{n+1}(x)=-2xH_n(x)-2nH_{n-1}(x)$.

À l'aide de cette relation de récurrence, on montre que H_n est une fonction polynôme de degré n et que le coefficient de x^n est $(-2)^n$.

---

41. a. Une primitive de $x\mapsto 1+x$ est $x\mapsto x+\dfrac{x^2}{2}$ et, donc, la solution générale de l'équation différentielle linéaire homogène du premier ordre est $x\mapsto\lambda e^{x+\frac{x^2}{2}}$ où $\lambda\in\mathbb{R}$.

b. Sur $I=]-\infty,-2[$ ou $]-2,+\infty[$ l'équation homogène associée s'écrit $y'=-\dfrac{y}{x+2}$ et a donc pour solution générale $x\mapsto\dfrac{\lambda}{x+2}$ où $\lambda\in\mathbb{R}$. De plus $x\mapsto 2$ est solution particulière de l'équation complète.

On obtient donc $y(x)=\begin{cases}2+\dfrac{\lambda}{x+2} & \text{si } x<-2\\ 2+\dfrac{\mu}{x+2} & \text{si } x>-2\end{cases}$ où $(\lambda,\mu)\in\mathbb{R}^2$.

La seule solution valable sur $\mathbb{R}$ est $x\mapsto 2$.

c. Sur $\mathbb{R}_+^\star$ l'équation s'écrit $y' + (1-x)y = 1$ soit $\dfrac{d}{dx}\left(e^{x-\frac{x^2}{2}}y(x)\right) = e^{x-\frac{x^2}{2}}$ et donc φ est solution sur $\mathbb{R}_+^\star$ si, et seulement si, il existe $\lambda \in \mathbb{R}$ tel que pour tout $x > 0$, $\varphi(x) = \left(\lambda + \displaystyle\int_0^x e^{t-\frac{t^2}{2}}dt\right)e^{\frac{x^2}{2}-x}$.

De même φ est solution sur $\mathbb{R}_-^\star$ si, et seulement si, il existe $\mu \in \mathbb{R}$ tel que pour tout $x < 0$, $\varphi(x) = \left(\mu - \displaystyle\int_0^x e^{\frac{t^2}{2}-t}dt\right)e^{x-\frac{x^2}{2}}$.

φ est dérivable en 0 si, et seulement si, φ admet un développement limité d'ordre 1 en 0.

$$\left(\lambda + \int_0^x e^{t-\frac{t^2}{2}}dt\right)e^{\frac{x^2}{2}-x} \underset{x\to 0^+}{=} \left(\lambda + \int_0^x dt\right)(1-x)+o(x) \underset{x\to 0^+}{=} \lambda+(1-\lambda)x+o(x)$$

et, de même, $\left(\mu - \displaystyle\int_0^x e^{\frac{t^2}{2}-t}dt\right)e^{x-\frac{x^2}{2}} \underset{x\to 0^-}{=} \mu + (\mu-1)x$.

Donc une solution est valable sur $\mathbb{R}$ si, et seulement si, $\lambda = \mu$ et $1-\lambda = \mu - 1$ soit encore $\lambda = \mu = 1$.

Il existe une et une seule telle solution et elle est définie par :

$$\varphi(x) = \begin{cases} \left(1 - \displaystyle\int_0^x e^{\frac{t^2}{2}-t}dt\right)e^{x-\frac{x^2}{2}} & \text{si } x < 0 \\ 1 & \text{si } x = 0 \\ \left(1 + \displaystyle\int_0^x e^{t-\frac{t^2}{2}}dt\right)e^{\frac{x^2}{2}-x} & \text{si } x > 0 \end{cases}$$

d. Il s'agit d'une équation différentielle linéaire d'ordre 2 à coefficients constants, l'équation caractéristique est $r^2 + 2r + 1 = 0$ et -1 en est racine double.

La solution générale de l'équation homogène est donc $x \mapsto (\lambda + \mu x)e^{-x}$ où $(\lambda, \mu) \in \mathbb{R}^2$.

$2\cos(x)\operatorname{ch}(x) = \Re e\left(e^{(1+i)x} + e^{-(1+i)x}\right)$ et il suffit d'appliquer le cours relatif au second membre de la forme $Ae^{\lambda x}$ et le principe de superposition pour obtenir une solution particulière.

Par exemple $y'' + 2y' + y = e^{(1+i)x}$ a une solution de la forme $x \mapsto \alpha e^{(1+i)x}$ avec $\alpha\left[(1+i)^2 + 2(1+i) + 1\right] = 1$ soit $\alpha = \dfrac{1}{3+4i} = \dfrac{3-4i}{25}$ et la partie réelle de la solution est $x \mapsto \dfrac{e^x}{25}\left[3\cos(x) + 4\sin(x)\right]$.

En définitive $\varphi_0 : x \mapsto \dfrac{e^x}{25}\left[3\cos(x) + 4\sin(x)\right] - e^{-x}\cos(x)$ est une solution particulière et la solution générale est $x \mapsto \varphi_0(x) + (\lambda + \mu x)e^{-x}$ où$(\lambda, \mu) \in \mathbb{R}^2$.

e. On procède de même avec, pour équation caractéristique, $r^2 + 4r + 5$ dont les racines sont $-2 \pm i$ et on utilise $2\operatorname{ch}(2x)\cos(x) = \Re e\left(e^{(2+i)x} + e^{-(2+i)x}\right)$.

Par exemple pour $y'' + 4y' + 5y = e^{-(2+i)x}$ on cherche une solution particulière de la forme $y_0 : x \mapsto \alpha x e^{-(2+i)x}$ et alors, par la formule de Leibniz, on a $y_0' : x \mapsto \alpha e^{-(2+i)x}\left[1 - (2+i)x\right]$ et $y_0'' : x \mapsto \alpha e^{-(2+i)x}\left[-2(2+i) + (2+i)^2\right]$ d'où $-2i\alpha = 1$ soit $\alpha = \dfrac{i}{2}$ puis $\Re e(y_0) : x \mapsto \dfrac{x}{2}\Re e\left(ie^{-(2+i)x}\right) = \dfrac{xe^{-2x}\sin(x)}{2}$.

En définitive la solution générale est

$$x \mapsto e^{2x} \times \frac{2\cos(x) + \sin(x)}{80} + e^{-2x}\left(\frac{x\sin(x)}{4} + \lambda\cos(x) + \mu\sin(x)\right) \text{ où } (\lambda, \mu) \in \mathbb{R}^2.$$

f. De même l'équation caractéristique a pour racines $-\dfrac{1 \pm i}{2}$ et $\sin(x) = \Im m(e^{ix})$

Solutions

d'où la solution générale de l'équation différentielle linéaire à coefficients constants $\varphi : x \mapsto e^{-\frac{x}{2}}\left[\lambda\cos\left(\frac{x}{2}\right)+\mu\sin\left(\frac{x}{2}\right)\right]-\dfrac{4\cos(x)+2\sin(x)}{5}$ où $(\lambda,\mu)\in\mathbb{R}^2$.
$\varphi(x) \underset{x\to 0}{=} \left(1-\frac{x}{2}\right)\left(\lambda+\frac{\mu x}{2}\right)-\frac{4+2x}{5}+o(x) \underset{x\to 0}{=} \lambda-\frac{4}{5}+(\mu-\lambda)\frac{x}{2}-\frac{2x}{5}+o(x)$,
les conditions $y(0)=y'(0)=0$ s'écrivent $\lambda=\frac{4}{5}$ et $\mu=\frac{8}{5}$.

---

42. Posons $\lambda : x \mapsto be^{-bx}\displaystyle\int_0^x f(t)\,dt$ comme dans la méthode de variation de la constante. Alors λ est de classe $\mathcal{C}^1$ sur $\mathbb{R}_+$ avec $\lambda(0)=0$ et, pour tout $x\geqslant 0$
$\lambda'(x)=be^{-bx}\left(f(x)-b\displaystyle\int_0^x f(t)\,dt\right)\leqslant abe^{-bx}$ car $b\geqslant 0$ d'où $\lambda(x)\leqslant a\displaystyle\int_0^x be^{-bt}dt$
soit $\lambda(x)\leqslant a[1-e^{-bx}]$ puis, comme $f(x)\leqslant a+e^{bx}\lambda(x)$, il vient $f(x)\leqslant ae^{bx}$.

---

43. a. $f_0 : x\mapsto 0\in\mathcal{B}$ et $\varphi : x\mapsto e^{\alpha x}$ est solution de $y'-\alpha y=f_0$ donc $\varphi\in\mathcal{B}$, ce qui montre que $\Re e(\alpha)\leqslant 0$.
b. $f_0 : x\mapsto e^{ibx}\in\mathcal{B}$ et $\varphi : x\mapsto xe^{ibx}$ vérifie $\varphi'-ib\varphi=f_0$ alors que $\varphi\notin\mathcal{B}$. Donc $ib\notin A$.
c. Supposons $a=\Re e(\alpha)<0$ et $f\in\mathcal{B}$. On pose $M=\sup\limits_{x\in\mathbb{R}_+}|f(x)|$.
Soit φ une solution de $y'-\alpha y=f(x)$ et $y_0=\varphi(0)$. Le théorème de Cauchy montre que, pour tout $x\geqslant 0$, $\varphi(x)=\left(y_0+\displaystyle\int_0^x e^{-\alpha t}f(t)\,dt\right)e^{\alpha x}$ d'où, par inégalité triangulaire, $|\varphi(x)|\leqslant\left(|y_0|+M\displaystyle\int_0^x e^{-at}dt\right)e^{ax}=\left(|y_0|+M\dfrac{e^{-ax}-1}{-a}\right)e^{ax}$ d'où, comme $a<0$, $|\varphi(x)|\leqslant|y_0|-\dfrac{M}{a}$ et donc $\alpha\in A$.
A est l'ensemble des nombres complexes de partie réelle strictement négative.

---

44. Si f est solution alors, pour tout $x\in\mathbb{R}$, $f(x)=x+\Re e\left(e^{ix}\displaystyle\int_0^x e^{-it}f(t)\,dt\right)$ et donc f est de classe $\mathcal{C}^1$ sur $\mathbb{R}$ avec $f(0)=0$ et $f'(x)=1+\Re e\left(ie^{ix}\displaystyle\int_0^x e^{-it}f(t)\,dt\right)+f(x)$ d'où f est $\mathcal{C}^2$ sur $\mathbb{R}$ avec $f'(0)=1$ et $f''(x)=\Re e\left(-e^{-x}\displaystyle\int_0^x e^{-it}f(t)\,dt\right)+f'(x)$ soit $f''(x)=x-f(x)+f'(x)$.
L'équation homogène associée est $y''-y'+y=0$ d'où, pour tout $x\in\mathbb{R}$, $f(x)=e^{\frac{x}{2}}\left[A\cos\left(\frac{x\sqrt{3}}{2}\right)+B\sin\left(\frac{x\sqrt{3}}{2}\right)\right]+x+1$ car $x\mapsto x+1$ est une solution particulière évidente et, avec les conditions initiales et un développement limité d'ordre 1 en 0 , on obtient $A=-1$ et $B=\frac{1}{\sqrt{3}}$.
Réciproquement cette solution convient car, avec les conditions initiales, on a en fait raisonné par équivalence.

---

45. Si f est solution alors f est deux fois dérivable et, pour tout $x \in \mathbb{R}$, on a
$f''(x) - f'(-x) = e^x$ d'où $f''(x) + f(x) = 2\,\mathrm{ch}(x)$
puis $f(x) = A\cos(x) + B\sin(x) + \mathrm{ch}(x)$.
L'équation devient alors : $\forall x \in \mathbb{R},\ (A+B)\big[\cos(x) - \sin(x)\big] = 0$ *i.e.* $B = -A$.
f est donc solution de l'équation si, et seulement si, il existe $A \in \mathbb{R}$ tel que, pour tout $x \in \mathbb{R}$, $f(x) = A\big[\cos(x) - \sin(x)\big] + \mathrm{ch}(x)$.

---

46. On pose $p : x \mapsto \dfrac{f(x) + f(-x)}{2}$ et $i : x \mapsto \dfrac{f(x) - f(-x)}{2}$.
Pour tout $x \in \mathbb{R}$, $p''(x) = \dfrac{f''(x) + f''(-x)}{2} = -\dfrac{f(x) + f(-x)}{2}$ car $x \mapsto x\cos(x)$ est impaire et donc p est une solution paire de l'équation $y'' + y = 0$ d'où $p : x \mapsto \alpha\cos(x)$ où $\alpha \in \mathbb{R}$.
De même pour tout $x \in \mathbb{R}$, $i''(x) = \dfrac{f''(x) - f''(-x)}{2} = -\dfrac{f(x) - f(-x)}{2} + x\cos(x)$
et donc i est une solution impaire de l'équation $(\star)\quad y'' - y = x\cos(x)$.
L'équation homogène se résout en $y : x \mapsto \lambda\,\mathrm{ch}(x) + \mu\,\mathrm{sh}(x)$ et une solution particulière de l'équation complète est $x \mapsto \dfrac{\sin(x)}{2} - \dfrac{x\cos(x)}{2}$.
Par suite $i : x \mapsto \lambda\,\mathrm{ch}(x) + \mu\,\mathrm{sh}(x) + \dfrac{\sin(x)}{2} - \dfrac{x\cos(x)}{2}$ et cela doit être une fonction impaire *i.e.* $\lambda = 0$.
En définitive $f : x \mapsto \alpha\cos(x) + \mu\,\mathrm{sh}(x) + \dfrac{\sin(x)}{2} - \dfrac{x\cos(x)}{2}$ où $(\alpha, \mu) \in \mathbb{R}^2$.

---

47. Soit $g = \dfrac{1}{f}$ alors $g' = -\dfrac{f'}{f^2}$ et $g'' = -\dfrac{f''}{f^2} + \dfrac{2f'^2}{f^3}$ et donc, pour tout $x \in \left]0, \dfrac{\pi}{2}\right[$,
$\big[1 - \cos(4x)\big]\left[\dfrac{2f'^2(x)}{f^3(x)} - \dfrac{f''(x)}{f^2(x)}\right] - \dfrac{f'(x)}{f^2(x)}\sin(2x) - \dfrac{8f(x)}{f^2(x)} = 0$ d'où
$\big[1 - \cos(4x)\big]\dfrac{2f'^2(x)}{f^3(x)} = \dfrac{16}{f(x)}$ soit $\big[1 - \cos(4x)\big]f'^2(x) = 2\sin^2(2x)f'^2(x) = 8f^2(x)$
et donc $f'(x)\sin(2x) = 4\varepsilon(x)f(x)$ où $\varepsilon(x) \in \{-1, 1\}$. Comme f est à valeurs dans $\mathbb{R}_+^\star$ le théorème des valeurs intermédiaires montre que ε est constante d'où $f'(x) = 4\varepsilon\dfrac{f(x)}{\sin(2x)}$ puis $f(x) = \lambda\big[\tan(x)\big]^{2\varepsilon}$.
La fonction $f = \tan^2$ convient donc.

---

48. Si f est solution alors elle est deux fois dérivable sur $\mathbb{R}$ avec :
$\forall x \in \mathbb{R},\ f''(x) = -kf'(\lambda - x) = -k^2 f(x)$.
Il existe $(A, \varphi) \in \mathbb{R}^2$ tel que, pour tout $x \in \mathbb{R}$, $f(x) = A\sin\left(k\left(x - \dfrac{\lambda}{2}\right) + \varphi\right)$ pour respecter la symétrie par rapport à $\dfrac{\lambda}{2}$.
Si $A \neq 0$ pour tout $x \in \mathbb{R}$, $k\cos\left(k\left(x - \frac{\lambda}{2}\right) + \varphi\right) = k\sin\left(k\left(x - \frac{\lambda}{2}\right) + \varphi\right)$ soit encore $\forall x \in \mathbb{R}$, $\sin\left(\dfrac{\pi}{2} - k\left(x - \dfrac{\lambda}{2}\right) - \varphi\right) = \sin\left(k\left(\dfrac{\lambda}{2} - x\right) + \varphi\right)$.

- $\dfrac{\pi}{2} - k\left(x - \dfrac{\lambda}{2}\right) - \varphi \equiv k\left(\dfrac{\lambda}{2} - x\right) + \varphi \quad [2\pi] \iff \varphi \equiv \dfrac{\pi}{4} \quad [\pi]$.

Solutions

• $\dfrac{\pi}{2} - k\Big(x - \dfrac{\lambda}{2}\Big) - \varphi \equiv \pi - k\Big(\dfrac{\lambda}{2} - x\Big) - \varphi \quad [2\pi]$ ne peut pas être vérifié pour tout $x \in \mathbb{R}$.

Par suite $\varphi \equiv \dfrac{\pi}{4} \quad [\pi]$ et donc $f : x \mapsto B\sin\Big(k\Big(x - \dfrac{\lambda}{2}\Big) + \dfrac{\pi}{4}\Big)$ où $B \in \mathbb{R}$.

---

49. Soit $\psi : x \mapsto \varphi(x+T)$, alors, comme $f$est T-périodique, ψ est solution du problème de Cauchy $\big(y'' + y = f(x),\ y(0) = \varphi(T)$ et $y'(0) = \varphi'(T)\big)$.
Comme un problème de Cauchy admet une seule solution on en déduit :
$\varphi = \psi \iff \varphi(0) = \varphi(T)$ et $\varphi'(0) = \varphi'(T)$.

Supposons donc $T \notin 2\pi\mathbb{Z}$ et soit φ_0 une solution particulière.
φ est solution si, et seulement si, $\varphi = \lambda\cos + \mu\sin + \varphi_0$ où $(\lambda, \mu) \in \mathbb{R}^2$.
Ce qui précède montre que φ est 2π-périodique si, et seulement si,

$$(\Sigma) \quad \begin{cases} \lambda + \varphi_0(0) = \lambda\cos(T) + \mu\sin(T) + \varphi_0(T) \\ \mu + \varphi_0'(0) = -\lambda\sin(T) + \mu\cos(T) + \varphi_0'(T) \end{cases}$$

$$\text{Or } (\Sigma) \iff \begin{cases} \big[1 - \cos(T)\big]\lambda - \sin(T)\mu = \varphi_0(T) - \varphi_0(0) \\ \sin(T)\lambda + \big[1 - \cos(T)\big]\mu = \varphi_0'(T) - \varphi_0'(0) \end{cases}$$

La combinaison linéaire $\big[1 - \cos(T)\big]L_1 + \sin(T)L_2$ fournit
$2\big[1 - \cos(T)\big]\lambda = \big[1 - \cos(T)\big]\big[\varphi_0(T) - \varphi_0(0)\big] + \sin(T)\big[\varphi_0'(T) - \varphi_0'(0)\big]$ d'où une unique valeur de λ car $1 - \cos(T) \neq 0$ puis, pour la même raison, une unique valeur de μ. Cela montre l'existence et l'unicité d'une solution T-périodique.

---

50. Par produit et différence W est de classe $\mathcal{C}^1$ sur $\mathbb{R}$ et on a :
$W' = \varphi\psi'' - \varphi''\psi = \varphi(-a\psi' - b\psi) - (-a\varphi' - b\varphi)\psi = -aW$.
On en déduit : $\forall x \in \mathbb{R},\ W(x) = W(0)\exp\Big(-\displaystyle\int_0^x a(t)\,dt\Big)$.

---

51. a. En utilisant $\sin(a - b) = \sin(a)\cos(b) - \sin(b)\cos(a)$ il vient :
$\forall x \in \mathbb{R},\ \varphi(x) = \sin(x)\displaystyle\int_0^x g(t)\cos(t)\,dt - \cos(x)\int_0^x g(t)\sin(t)\,dt$ et donc φ est de classe $\mathcal{C}^1$ sur $\mathbb{R}$ avec $\forall x \in \mathbb{R},\ \varphi'(x) = \cos(x)\displaystyle\int_0^x g(t)\cos(t)\,dt + \sin(x)\int_0^x g(t)\sin(t)\,dt$ car les termes en $\sin(x)\cos(x)$ se compensent. De même cela prouve que φ est de classe $\mathcal{C}^2$ sur $\mathbb{R}$ et, en utilisant $\cos^2 + \sin^2 = 1$ on obtient :
$\forall x \in \mathbb{R},\ \varphi''(x) = -\varphi(x) + g(x)$, soit φ est solution de $y'' + y = g(x)$.

b. Comme f est également solution de cette équation on en déduit qu'il existe (λ, μ) dans $\mathbb{R}^2$ tel que $f = \lambda\cos + \mu\sin + \varphi$. Par suite pour tout $x \in \mathbb{R}$,
$f(x) + f(x+\pi) = \lambda\big[\cos(x) + \cos(x+\pi)\big] + \mu\big[\sin(x) + \sin(x+\pi)\big] + \varphi(x) + \varphi(x+\pi)$
soit, d'après la formule de Chasles, pour tout $x \in \mathbb{R}$,

$$\begin{aligned} f(x) + f(x+\pi) &= \int_0^{x+\pi} g(t)\sin(t - x)\,dt - \int_0^x g(t)\sin(t - x)\,dt \\ &= \int_x^{x+\pi} g(t)\sin(t - x)\,dt \geqslant 0 \end{aligned}$$

car g est à valeurs dans $\mathbb{R}_+$ et, si $x \leqslant t \leqslant x + \pi$, $\sin(t - x) \geqslant 0$.

---

52. a. Si $uv = 0$, le résultat est immédiat.

Sinon, comme la fonction $-\ln$ est convexe sur $\mathbb{R}_+^\star$, on a :

$$-\ln\left[\frac{r}{r+1}u^{r+1}+\frac{1}{r+1}v^{r+1}\right]\leqslant\frac{r}{r+1}\left(-\ln(u^{r+1})\right)+\frac{1}{r+1}\left(-\ln(v^{r+1})\right)=-\ln(u^r v).$$

Le résultat découle de la croissance de la fonction exp.

b. Le résultat se déduit de a. en posant $r = \dfrac{1}{p-1}\cdot$

c. Si $x_1\dots x_n > 0$, l'application du cours à $f = -\ln$ convexe sur $]0, +\infty[$ avec $\lambda_i = \dfrac{1}{n}$ pour $i \in [\![1, n]\!]$ donne $\ln\left(\dfrac{x_1+\cdots+x_n}{n}\right) \geqslant \dfrac{1}{n}\displaystyle\sum_{i=1}^{n}\ln(x_i)$.

Par croissance de exp : $\sqrt[n]{x_1\dots x_n} \leqslant \dfrac{x_1+\cdots+x_n}{n}$ qui reste vraie si $x_1\dots x_n = 0$.

d. L'inégalité se déduit de b. avec $x = \dfrac{a_i}{\left(a_1^p+\cdots+a_n^p\right)^{1/p}}$ et $y = \dfrac{b_i}{\left(b_1^q+\cdots+b_n^q\right)^{1/q}}\cdot$

e. Si les termes a_i et b_i sont tous strictement positifs, par sommation des inégalités précédentes, on a : $\dfrac{\displaystyle\sum_{i=1}^{n}a_ib_i}{\left(a_1^p+\cdots+a_n^p\right)^{1/p}\left(b_1^q+\cdots+b_n^q\right)^{1/q}} \leqslant \dfrac{1}{p}+\dfrac{1}{q} = 1$.

Si certains termes sont nuls, l'inégalité demandée est encore vraie soit par continuité, soit parce que la sommation précédente se fait sur $N < n$ termes.

D'où le résultat attendu.

Solutions

6 - Arithmétique des entiers relatifs

Rappels de cours

1. **Divisibilité**

Définitions

Soient a et b des entiers relatifs. On dit que b divise a, et on écrit b/a, ou que a est un multiple de b s'il existe un entier relatif q tel que $a = bq$.
L'ensemble des multiples de b est noté $b\mathbb{Z}$, c'est $\{bk \mid k \in \mathbb{Z}\}$ et c'est aussi $|b|\mathbb{Z}$, d'ailleurs $a\mathbb{Z} = b\mathbb{Z} \iff |a| = |b|$. On remarque que $0 \in b\mathbb{Z}$.
L'ensemble des diviseurs de a est noté $\mathcal{D}(a)$. On remarque que $1 \in \mathcal{D}(a)$ et que $b \in \mathcal{D}(a) \iff a \in b\mathbb{Z}$.

Théorème de division euclidienne

Si $(a, b) \in \mathbb{Z} \times \mathbb{N}^\star$ alors il existe un unique élément (q, r) de $\mathbb{Z} \times \mathbb{N}$ tel que $a = bq + r$ et $r < b$. Les nombres q et r sont appelés quotient et reste de la division euclidienne de a par b. On remarque que $q = \left\lfloor \frac{a}{b} \right\rfloor$.

Algorithme d'Euclide

Soient a et b deux entiers relatifs, on a, par exemple, $|b| \leqslant |a|$. On pose alors $r_0 = |a|$ et $r_1 = |b|$ et on utilise l'algorithme :
tant que $r_{k+1} > 0$ on note r_{k+2} le reste de la division euclidienne de r_k par r_{k+1}.
On remarque que, si $b = 0$ alors l'algorithme prend fin à la définition de r_1.
L'application $k \mapsto r_k$ est strictement décroissante sur l'intersection de son ensemble de définition avec $\mathbb{N}^\star$ et à valeurs dans $\mathbb{N}$ donc il existe $k \in \mathbb{N}$ tel que $r_{k+1} = 0$ et l'ensemble de définition de la fonction précédente est donc fini.

On a (1) $\left\{\begin{array}{lcl} r_0 & = & q_1 r_1 + r_2 \\ r_1 & = & q_2 r_2 + r_3 \\ \vdots & & \vdots \\ r_{k-2} & = & q_{k-1} r_{k-1} + r_k \\ r_{k-1} & = & q_k r_k \end{array}\right.$ où les q_i sont des entiers naturels.

Par conséquent $\mathcal{D}(a) \cap \mathcal{D}(b) = \mathcal{D}(r_k)$.

Définition du PGCD

L'entier naturel r_k est appelé plus grand commun diviseur de a et b, noté $a \wedge b$ ou $PGCD(a, b)$.

Remarques

• $a \wedge b = 0 \iff a = b = 0$.

• Les $k-1$ premières lignes de (1) fournissent un couple (u, v) d'entiers relatifs tel que $au+bv = a \wedge b$. Il suffit d'écrire $a \wedge b = r_{k-2} - q_{k-1}r_{k-1}$, d'après la $(k-1)$-ième ligne, de remplacer r_{k-1} en fonction de r_{k-2} et r_{k-3} à l'aide d la ligne précédente et d'itérer jusqu'à obtenir $a \wedge b$ en fonction de r_0 et r_1.

Définition du PPCM

De la même façon il existe un unique entier naturel appelé plus petit commun multiple de a et b et noté $a \vee b$ ou $PPCM(a, b)$ tel que $a\mathbb{Z} \cap b\mathbb{Z} = (a \vee b)\mathbb{Z}$.

Théorème : $(a \wedge b)(a \vee b) = |ab|$.

Généralisation

Si $(a_1, \ldots, a_p) \in \mathbb{Z}^p$ alors il existe un unique entier naturel appelé PGCD de $(a_1, \ldots, a_p)$ et noté $\bigwedge_{k=1}^{p} a_k$ ou $PGCD(a_1, \ldots, a_p)$ tel que $\bigcap_{k=1}^{p} \mathcal{D}(a_i) = \mathcal{D}(\bigwedge_{k=1}^{p} a_k)$.

Remarques

• La loi $\wedge$ est commutative et associative *i.e.* $\forall (a, b, c) \in \mathbb{Z}^3$, $a \wedge b = b \wedge a$ et aussi $a \wedge (b \wedge c) = (a \wedge b) \wedge c$.

• Il existe $(u_1, \ldots, u_p) \in \mathbb{Z}^p$ tel que $\bigwedge_{k=1}^{p} a_k = \sum_{k=1}^{p} a_k u_k$.

2. Nombres premiers entre eux

Deux entiers relatifs a et b sont dits premiers entre eux si $a \wedge b = 1$ *i.e.* $\mathcal{D}(a) \cap \mathcal{D}(b) = \{-1, 1\}$.

Les entiers relatifs $a_1, \ldots, a_p$ sont dits premiers entre eux deux à deux si $\forall (i, j) \in [\![1, p]\!]^2$, $i \neq j \Rightarrow a_i \wedge a_j = 1$. Ils sont dits premiers entre eux dans leur ensemble si $\bigwedge_{k=1}^{p} a_k = 1$.

On remarque que s'ils sont premiers entre eux deux à deux alors ils le sont dans leur ensemble mais que la réciproque est fausse.

Théorème de Bézout

$$a \wedge b = 1 \iff \exists (u, v) \in \mathbb{Z}^2 \text{ tel que } au + bv = 1.$$

On remarquera que l'algorithme d'Euclide fournit un tel couple (u, v) dès que $a \wedge b = 1$.

Lemme de Gauss

Si $(a, b, c) \in \mathbb{Z}^3$, a/bc et $a \wedge b = 1$ alors a/c.

Forme irréductible d'un nombre rationnel

Si $r \in \mathbb{Q}$ alors il existe un unique élément (p, q) de $\mathbb{Z} \times \mathbb{N}^\star$ tel que $r = \dfrac{p}{q}$ et $p \wedge q = 1$.

$\dfrac{p}{q}$ est appelée la forme irréductible de r.

3. Nombres premiers

Un entier naturel n est dit premier s'il a exactement deux diviseurs dans $\mathbb{N}$, nécessairement $n \geqslant 2$. On note $\mathcal{P}$ l'ensemble des entiers premiers.

Théorème : $\mathcal{P}$ est un ensemble infini.

Décomposition en produit de nombres premiers

Pour tout $(n,p)\in\mathbb{N}\times\mathcal{P}$ il existe un unique entier naturel appelé valuation p-adique de n et noté $v_p(n)$ tel que $p^{v_p(n)}$ divise n et $p^{v_p(n)+1}$ ne divise pas n.
De plus $n=\prod_{p\in\mathcal{P}} p^{v_p(n)}$. Cette égalité est appelée **la** décomposition de n en produit de nombres premiers.

Si $(a,b)\in\mathbb{Z}^2$ alors $a/b \iff \forall p\in\mathcal{P},\ v_p(|a|)\leqslant v_p(|b|)$,
$a\wedge b=\prod_{p\in\mathcal{P}} p^{\min(v_p(|a|),v_p(|b|))}$ et $a\vee b=\prod_{p\in\mathcal{P}} p^{\max(v_p(|a|),v_p(|b|))}$.

4. Congruences

Rappel : si $n\in\mathbb{N}^\star$ et $(a,b)\in\mathbb{Z}^2$ on dit que a est congru à b modulo n et on écrit $a\equiv b\ [n]$ si $a-n\in n\mathbb{Z}$.
La relation de congruence modulo n est une relation d'équivalence sur $\mathbb{Z}$, si $a\in\mathbb{Z}$ en notant r le reste de la division euclidienne de a par n la classe d'équivalence de a est aussi celle de r et il y a exactement n classes d'équivalence dans $\mathbb{Z}$ représentée par les différents restes possibles : les entiers $0,1,\ldots,n-1$.

Si $a\equiv b\ [n]$ alors pour tout $c\in\mathbb{Z}$, $a+c\equiv b+c\ [n]$ et $ac\equiv bc\ [n]$, par suite

$$\begin{cases} a\equiv b\ [n] \\ c\equiv d\ [n] \end{cases} \Rightarrow \begin{cases} a+c\equiv b+d\ [n] \\ ac\equiv bd\ [n] \end{cases}$$

Petit théorème de Fermat

Si p est un nombre premier alors $a\in\mathbb{Z}\setminus p\mathbb{Z}\Rightarrow a^{p-1}\equiv 1\ [p]$ et $b\in\mathbb{Z}\Rightarrow b^p\equiv b\ [p]$.

Énoncés des exercices

1. $(a,b)\in\mathbb{Z}^2$ et $a\wedge b=1\Rightarrow\forall(p,q)\in\mathbb{N}^2,\ a^p\wedge b^q=1$.

2. Si $(a,b)\in\mathbb{Z}^2$ montrer : $a\wedge b=1\iff ab\wedge(a+b)=1$.

3. a. Si $(a,b)\in\mathbb{Z}^2$ montrer : $a\wedge(a\vee b)=|a|$.
b. Si a et b sont des entiers supérieurs ou égaux à 2 montrer : $(a+b)\wedge(a\vee b)=a\wedge b$.

4. Si $n\in\mathbb{N}$ déterminer $n\vee(n+1)\vee(n+2)$.

5. Si $n\in\mathbb{N}^\star$ montrer : $1\vee 2\vee\cdots\vee(2n)=(n+1)\vee(n+2)\vee\cdots\vee(2n)$.

6. Si $(a,b)\in(\mathbb{N}^\star)^2$ et $d=a\wedge b$ montrer : $(n^a-1)\wedge(n^b-1)=n^d-1$.

7. Quel est $\{n\in\mathbb{N}^\star\setminus\{4\}\mid(n-4)\text{ divise }(n^4-4)\}$?

8. Résoudre dans $(\mathbb{N}^\star)^2$ les systèmes $\begin{cases}x+y=360\\x\wedge y=15\end{cases}$ et $\begin{cases}x\wedge y=x-y\\x\vee y=300\end{cases}$

9. Montrer $a\wedge(b\vee c)=(a\wedge b)\vee(a\wedge c)$ si $(a,b,c)\in\mathbb{Z}^3$.

10. a. Calculer $(15a+4b)\wedge(11a+3b)$ en fonction de $a\wedge b$ si $(a,b)\in\mathbb{Z}^2$.
b. Généraliser à $(pa+qb)\wedge(ra+sb)$ si $ps-qr=1$.

11. a. Si $(k,n)\in(\mathbb{N}^\star)^2$ combien $[\![1,n]\!]$ contient-il de multiples de k ?
b. Si $n\in\mathbb{N}^\star$ et $p\in\mathcal{P}$ montrer : $v_p(n!)=\displaystyle\sum_{k=1}^{\infty}\left\lfloor\frac{n}{p^k}\right\rfloor$.

12. Montrer que $\{p\in\mathcal{P}\mid p\equiv 3\ [4]\}$ est un ensemble infini.

13. Si $p\in\mathcal{P}$ et $p>5$ montrer que 240 divise p^4-1.

14. Montrer que, pour tout entier naturel a, 330 divise $a^{21}-a$.

15. Déterminer $\{n\in\mathbb{N}\mid 3\text{ divise }n2^n+1\}$ et $\{n\in\mathbb{N}\mid 3\text{ divise }5^{2n}+5^n+1\}$.

16. Si $a \in \mathbb{N}^\star$ et $b \in [\![1, a]\!]$ montrer que b divise au moins l'un des nombres $a + 1$, $a + 2, \ldots, 2a$.

---

17. Si $p \in \mathcal{P}$ et $k \in [\![1, p-1]\!]$ montrer que p divise $\binom{p}{k}$.

---

18. a. si $x \in \mathbb{N}$ et $n \in \mathbb{N}^\star$ montrer que $x + 1$ divise $x^{2n+1} + 1$.

b. En déduire que, si $(a, m, n) \in \mathbb{N}^3$, alors $a^{m(2n+1)} + 1 \equiv 0 \ [a^m + 1]$.

c. Montrer que si $2^p + 1 \in \mathcal{P}$ alors il existe q dans $\mathbb{N}$ tel que $p = 2^q$. Réciproquement un nombre de la forme $2^{(2^q)} + 1$ est-il toujours premier ?

d. Pour $n \in \mathbb{N}$ on pose $F_n = 2^{(2^n)} + 1$ (nombre de Fermat).
Montrer, si $k \in \mathbb{N}^\star$, $F_n \wedge F_{n+k} = 1$ ainsi que u_n divise $2^{u_n} - 2$.

---

19. a. Soit n un entier naturel dont la décomposition en produit de nombres premiers est $n = p^\alpha q^\beta r^\gamma$.

Montrer que la somme de ses diviseurs dans $\mathbb{N}^\star$ est $\dfrac{p^{\alpha+1} - 1}{p - 1} \times \dfrac{q^{\beta+1} - 1}{q - 1} \times \dfrac{r^{\gamma+1} - 1}{r - 1}$.

b. *Applications :*

(i) Si p et q sont des nombres premiers distincts trouver $p^\alpha q^\beta$ admettant exactement 6 diviseurs dans $\mathbb{N}^\star$ de somme 28.

(ii) n est dit parfait s'il est égal à la demi-somme de ses diviseurs dans $\mathbb{N}^\star$.
Si $2^a - 1 \in \mathcal{P}$ montrer que $2^{a-1}(2^a - 1)$ est parfait.

---

20. Déterminer $\left\{ n \in \mathbb{N} \;\middle|\; \dfrac{n^3 + n}{2n + 1} \text{ est irréductible} \right\}$.

---

21. a. Montrer que, si $n \in \mathbb{N}$, les nombres $n(n+1)(n+2)$, $n^3 + 11n, n(2n+1)(7n+1)$, $n^3 - n$ et $n(n+1)(2n+1)$ sont des multiples de 6.

b. Si $n \in \mathbb{N}$ montrer $n^5 - n \in 30\mathbb{Z}$ et $n^7 - n \in 42\mathbb{Z}$.

---

22. Si $(a, b) \in \mathbb{Z}^2$ montrer : $7/(a^2 + b^2) \iff 7/a$ et $7/b$.

---

23. Résoudre en nombres entiers les équations :
a. $x^2 + y^2 + z^2 \equiv 7 \ [8]$; b. $(x + 1)(x + 2) \equiv 0 \ [6]$;
c. $2x - 3y \equiv 0 \ [5]$ et $3x + 2y \equiv 2 \ [5]$.

---

24. a. Si $(k, n, p) \in \mathbb{N} \times \mathbb{N}^\star \times \mathbb{Z}$ on note r_k le reste de la division euclidienne de p^k par n. Montrer que $(r_k)_k$ est périodique à partir d'un certain rang.

b. En utilisant $p = 10$ en déduire un critère de divisibilité par 11.

c. Montrer $10^{10} + 10^{(10^2)} + \cdots + 10^{(10^{10})} \equiv 5 \ [7]$.

---

25. Restes chinois
Soient p et q deux entiers naturels premiers entre eux. Si $n \in \mathbb{Z}$ on note $r_p(n)$ et $r_q(n)$ les restes des divisions euclidiennes de n par p et q.

Montrer que $\begin{pmatrix} [\![0,pq-1]\!] & \to & [\![0,p-1]\!]\times[\![0,q-1]\!] \\ n & \mapsto & \big(r_p(n),r_q(n)\big) \end{pmatrix}$ est une bijection et exprimer la réciproque à l'aide d'une relation de Bézout $pu+qv=1$.
Application : résoudre $\big(x\equiv 1\ [5]$ et $x\equiv 2\ [6]\big)$.

---

26. Soit $(u_n)_n$ définie par $(u_0,u_1)\in\mathbb{Z}^2$ et $\forall n\in\mathbb{N},\ u_{n+2}=u_{n+1}+u_n$.
Vérifier rapidement que $(u_n)_n$ est à valeurs dans $\mathbb{Z}$ puis montrer que, pour tout $p\in\mathbb{N}^\star$, $(u_n)_n$ est périodique modulo p.

---

27. Si $(a,b)\in(\mathbb{N}^\star)^2$ et $a\wedge b=1$ montrer : $a(2a)\cdots\big[(b-1)a\big]\equiv(b-1)!\ [b]$.

---

28. Si $p\in\mathcal{P}$ et $p\geqslant 5$ on considère la forme irréductible $\dfrac{A_p}{B_p}$ de $\displaystyle\sum_{i=1}^{p-1}\frac{1}{i}$.

Montrer : $A_p\equiv 0\ [p^2]$.

---

29. Soient a et b des entiers supérieurs ou égaux à 2 et premiers entre eux. On considère l'ensemble $S=\big\{ax+by \mid (x,y)\in\mathbb{N}^2\big\}$.
Montrer l'existence d'un entier naturel m_0 tel que : $\forall m\in\mathbb{N},\ m\geqslant m_0\Rightarrow m\in S$.

---

30. Si $(a,b,c)\in\mathbb{Z}^3$ et $d=a\wedge b$ décrire $\big\{(x,y)\in\mathbb{Z}^2 \mid ax+by=c\big\}$.

---

31. On se propose de résoudre l'équation $(\mathcal{E})\quad x^2+y^2=z^2$ dans $\mathbb{N}^3$.

a. Si (x,y,z) est une solution vérifiant $x\wedge y\wedge z=1$ montrer que x,y et z sont premiers entre eux deux à deux, que z est impair et que x et y sont de parités différentes.
Si y est pair calculer $(z+x)\wedge(z-x)$. Montrer l'existence de (u,v) dans $\mathbb{N}^2$ tel que $u\wedge v=1$, $x=u^2-v^2$, $y=2uv$ et $z=u^2+v^2$.

b. Résoudre $(\mathcal{E})$. Quelles sont les solutions dans $[\![1,20]\!]^3$?

---

32. Soit $x\in[0,1[$, $x=0,a_1a_2\cdots=\displaystyle\sum_{n=1}^{\infty}a_n10^{-n}$ où, pour tout $n\in\mathbb{N}^\star$, $a_n\in[\![0,9]\!]$.
Montrer : $x\in\mathbb{Q}\iff(a_n)_n$ est périodique à partir d'un certain rang.

---

33. Soient $p\in\mathcal{P}$, $(A,B)\in(\mathbb{N}^\star)^2$ tels que p ne divise ni A ni B.
Montrer que l'équation $Ax^2+By^2=p$ ne possède qu'au plus une solution dans $\mathbb{N}^2$. Examiner les cas $p=7$ et $p=29$ si $A=B=1$.

---

34. a. Montrer que, si $n\geqslant 2$, alors $\displaystyle\sum_{k=1}^{n}\frac{1}{k}\notin\mathbb{N}$.

b. Soit $(m,n)\in(\mathbb{N}^\star)^2$ tel que $m<n$. En montrant que $k\mapsto v_2(k)$ n'atteint, sur $[\![m,n]\!]$, son maximum qu'une seule fois, prouver : $\displaystyle\sum_{k=m}^{n}\frac{1}{k}\notin\mathbb{N}$.

Solutions des exercices

1. Soit $(u,v)\in\mathbb{Z}^2$ tel que $au+bv=1$.
La formule du binôme montre que $(au+bv)^p = a^pu^p + bv' = 1$ où $v'\in\mathbb{Z}$ et, donc, $a^p\wedge b = 1$. De même $(a^pu^p+bv')^q = a^pu' + b^qv'^q = 1$ où $u'\in\mathbb{Z}$, d'où $a^p\wedge b^q = 1$.

---

2. Supposons $a\wedge b = 1$ et soit p un diviseur premier de ab et $a+b$. Par exemple $p/ab \Rightarrow p$ divise a ou b. Si, par exemple, p/a alors, comme $p/a+b$ nécessairement p/b et donc p divise a et b, ce qui est impossible. Donc $ab\wedge(a+b)=1$.
Réciproquement si $ab\wedge(a+b)=1$ soit $(u,v)\in\mathbb{Z}^2$ tel que $abu+(a+b)v=1$, alors $a(bu+v)+bv=1$ d'où $a\wedge b=1$.

---

3. a. $a\wedge(a\vee b) = \prod_{p\in\mathcal{P}} p^{\min[v_p(|a|),\max(v_p(|a|),v_p(|b|))]}$ or, pour tout $p\in\mathcal{P}$, on a
$\min\left[v_p(|a|),\max(v_p(|a|),v_p(|b|))\right] = v_p(|a|)$ d'où $a\wedge(a\vee b) = \prod_{p\in\mathcal{P}} p^{v_p(|a|)} = |a|$.

b. Posons $d=a\wedge b$, $a=da'$ et $b=db'$. Alors $a'\wedge b'=1$.
$(a+b)\wedge(a\vee b) = \left[d(a'+b')\right]\wedge(a'b'd) = d\left[(a'+b')\wedge(a'b')\right] = d$ soit en utilisant l'exercice 2 soit en donnant une nouvelle preuve : si $a'u+b'v=1$ où $(u,v)\in\mathbb{Z}^2$ alors $a'^2u^2+b'^2v^2+2a'b'uv=1$ puis $(a'+b')(a'u^2+b'v^2)+a'b'(2uv-u^2-v^2)=1$.

---

4. $(n+1)-n=1 \Rightarrow n\wedge(n+1)=1$.
Donc $m = n\vee(n+1)\vee(n+2) = n(n+1)\vee(n+2)$.
• Si n est pair, $n=2p$ alors $m = 2p(2p+1)\vee 2(p+1) = 2\left[p(2p+1)\vee(p+1)\right]$.
Or $p\wedge(p+1)=1$ et $(2p+1)\wedge(2p+2)=1 \Rightarrow (2p+1)\wedge(p+1)=1$ d'où $p(2p+1)\wedge(p+1)=1$ puis $m=2p(2p+1)(p+1) = n(n+1)\dfrac{n+2}{2}$.
• Si n est impair, $n=2p+1$ alors $m=(2p+1)(2p+2)\vee(2p+3)$.
Or $(2p+3)-(2p+1)=2$ et donc $(2p+1)\wedge(2p+3)/2$ et, par imparité, $(2p+1)\wedge(2p+3)=1$. Comme, de plus, $(2p+2)\wedge(2p+3)=1$ il vient $m=n(n+1)(n+2)$.

---

5. On procède par récurrence.
Si $n=1$ alors $1\vee 2=2$.
Supposons $1\vee 2\vee\cdots\vee(2n) = (n+1)\vee(n+2)\vee\cdots\vee(2n)$ et notons le μ_n.
Alors $\mu_{n+1} = \mu_n\vee(2n+1)\vee(2n+2)$ et, comme $(n+1)/\mu_n$ et $(2n+2)$, on en déduit $\mu_{n+1} = (n+2)\vee(n+3)\vee\cdots\vee(2n+1)\vee(2n+2)$.

---

6. Si l'on effectue la division euclidienne de a par b, $a=bq+r$ où $0\leqslant r<b$ alors $n^a-1 = (n^{bq}n^r-n^r)+(n^r-1) = \left[(n^b)^q-1^q\right]n^r+n^r-1$ d'où, en utilisant la formule de la progression géométrique, $n^a-1\equiv n^r-1\ [n^b-1]$ avec $0\leqslant n^r-1<n^b-1$.
Les algorithmes d'Euclide pour déterminer $a\wedge b$ et $(n^a-1)\wedge(n^b-1)$ s'effectuent donc en parallèle, ce qui montre que $(n^a-1)\wedge(n^b-1) = n^{a\wedge b}-1$.

7. Si $m = n - 4$ alors $n^4 - 4 = (m+4)^4 - 4 \equiv 4^4 - 4\ [m]$ et donc n est solution si, et seulement si, $n - 4$ divise 252 dont la décomposition en produit de nombres premiers est $2^2 3^2 7$. Les diviseurs de 252 supérieurs à -4 sont, dans l'ordre, $-3, -2, -1, 1, 2, 3, 4, 6, 7, 9, 12, 14, 18, 21, 28, 36, 42, 63, 84, 126$ et 252. Il suffit de leur ajouter 4 pour obtenir les valeurs de n solutions.

---

8. Pour le premier système on écrit $x = 15x'$ et $y = 15y'$ avec $x' \wedge y' = 1$ et aussi $x' + y' = \dfrac{360}{15} = 24$ d'où, à permutation près, on obtient pour (x', y') les couples $(1, 23)$, $(5, 19)$, $(7, 17)$ et $(11, 13)$ soit, pour (x, y) et à permutation près, les couples $(15, 345)$, $(75, 285)$, $(105, 255)$ et $(165, 195)$.

Pour le deuxième système avec $d = x \wedge y$, $x = dx'$ et $y = dy'$ on a $x' - y' = 1$ et $300 = 2^2 3 5^2 = dx'y' = dy'(y' + 1)$.
Par suite $y' \in \{1, 2, 3, 4, 5\}$ et on obtient pour (x, y) les solutions $(50, 60)$, $(60, 75)$, $(75, 100)$, $(100, 150)$ et $(150, 300)$.

---

9. $a \wedge (b \vee c) = \prod\limits_{p \in \mathcal{P}} p^{\min\left[v_p(|a|), \max(v_p(|b|), v_p(|c|))\right]}$ or, pour tout $p \in \mathcal{P}$, on a
$\min\left[v_p(|a|), \max(v_p(|b|), v_p(|c|))\right] = \max\left[\min(v_p(|a|), v_p(|b|)), \min(v_p(|a|), v_p(|c|))\right]$
d'où le résultat.

---

10. a. Posons $\alpha = 15a + 4b$ et $\beta = 11a + 3b$. Si d divise a et b alors d divise α et β. Réciproquement s'il divise α et β alors il divise $3\alpha - 4\beta$ et $15\beta - 11\alpha$, soit a et b. Par suite $\alpha \wedge \beta = a \wedge b$.

b. Si $\alpha = pa + qb$ et $\beta = ra + sb$ alors $s\alpha - q\beta = a$ et $p\beta - r\alpha = b$ et donc, de même, $\alpha \wedge \beta + a \wedge b$.

---

11. a. $k\mathbb{Z} \cap [\![1, n]\!] = \{pk \mid k \in \mathbb{N}^\star \text{ et } pk \leqslant n\} = \left\{pk \,\middle|\, 1 \leqslant p \leqslant \left\lfloor \dfrac{n}{k} \right\rfloor\right\}$ de cardinal $\left\lfloor \dfrac{n}{k} \right\rfloor$.

b. À partir d'un certain rang k_0 on a $\left\lfloor \dfrac{n}{p^k} \right\rfloor = 0$ d'où l'existence de $\sum\limits_{k=1}^{\infty} \left\lfloor \dfrac{n}{p^k} \right\rfloor$.

Pour tout $k \in \mathbb{N}^\star$ la question précédente montre que $[\![1, n]\!]$ contient $\left\lfloor \dfrac{n}{p^k} \right\rfloor$ multiples de p^k. Parmi ceux-ci figurent $\left\lfloor \dfrac{n}{p^{k+1}} \right\rfloor$ multiples de p^{k+1}. Donc $[\![1, n]\!]$ contient $\left\lfloor \dfrac{n}{p^k} \right\rfloor - \left\lfloor \dfrac{n}{p^{k+1}} \right\rfloor$ éléments m vérifiant $v_p(m) = k$.

Comme $n! = \prod\limits_{m \in [\![1, n]\!]} m$ on en déduit $v_p(n!) = \sum\limits_{k=1}^{\infty} k \left(\left\lfloor \dfrac{n}{p^k} \right\rfloor - \left\lfloor \dfrac{n}{p^{k+1}} \right\rfloor \right)$, soit

$$v_p(n!) = \sum_{k=1}^{\infty} k \left\lfloor \frac{n}{p^k} \right\rfloor - \sum_{k=1}^{\infty} k \left\lfloor \frac{n}{p^{k+1}} \right\rfloor = \sum_{k=1}^{\infty} k \left\lfloor \frac{n}{p^k} \right\rfloor - \sum_{k=2}^{\infty} (k-1) \left\lfloor \frac{n}{p^k} \right\rfloor$$
$$= \left\lfloor \frac{n}{p} \right\rfloor + \sum_{k=2}^{\infty} [k - (k-1)] \left\lfloor \frac{n}{p^k} \right\rfloor = \sum_{k=1}^{\infty} \left\lfloor \frac{n}{p^k} \right\rfloor.$$

12. Soient $\mathcal{P}' = \{p \in \mathcal{P} \mid p \equiv 3\ [4]\}$ et $\mathcal{P}'' = \mathcal{P} \setminus \mathcal{P}'$.
Supposons que $\mathcal{P}'$ est fini et posons $N = \prod_{p \in \mathcal{P}'} p$, alors $N \in \mathbb{N}^\star$.
Comme $3^2 \equiv 1\ [4]$ on a $N \equiv 1\ [4]$ ou $N \equiv 3\ [4]$.
Si $p \in \mathcal{P}''$ alors $p \equiv 1\ [4]$ ou $p \equiv 2\ [4]$.
Si $N \equiv 1\ [4]$ alors $N + 2$ a nécessairement un diviseur premier, soit p_0, dans $\mathcal{P}'$. Alors p_0 divise N et $N + 2$ donc 2, ce qui est absurde.
Donc $N \equiv 3\ [4]$ et le même raisonnement appliqué à $N + 4$ prouve l'existence d'un élément p_1 de $\mathcal{P}'$ qui divise $N + 4$ et N, et donc 4, ce qui est tout aussi impossible.
Donc $\mathcal{P}'$ est un ensemble infini.

---

13. $p^4 - 1 = (p^2 - 1)(p^2 + 1) = (p - 1)(p + 1)(p^2 + 1)$.
$p \notin 2\mathbb{Z}$ donc $p - 1$, $p + 1$ et $p^2 + 1$ sont pairs et l'un des deux nombres $p - 1$ et $p + 1$ est multiple de 4, donc $16/p^4 - 1$. Comme $p \notin 3\mathbb{Z}$ le petit théorème de Fermat montre que $p^2 - 1 \in 3\mathbb{Z}$ et donc $3/p^4 - 1$.
De même comme $p \notin 5\mathbb{Z}$, $p^4 - 1 \in 5\mathbb{Z}$ et, comme $16, 3$ et 5 sont deux à deux premiers entre eux et que $240 = 16 \times 3 \times 5$ il vient : $240/p^4 - 1$.

---

14. $a^{21} - a$ est toujours pair.
Le petit théorème de Fermat montre : $a^{21} \equiv (a^3)^7 \equiv a^7 \equiv (a^3)^2 a \equiv a^2 a \equiv a\ [3]$ ainsi que $a^{21} \equiv (a^5)^4 a \equiv a^4 a \equiv a\ [5]$ et $a^{21} \equiv a^{11} a^{10} \equiv a a^{10} \equiv a\ [11]$.
Comme $2, 3, 5$ et 11 sont deux à deux premiers entre eux on en déduit que $2 \times 3 \times 5 \times 11/a^{21} - a$ soit $330/a^{21} - a$.

---

15. Déterminons le premier ensemble.
$2^{2k} \equiv 1\ [3]$ et $2^{2k+1} \equiv 2\ [3]$ et on distingue deux cas :
- si n est pair, $n = 2k$, alors $n2^n + 1 \equiv 2k + 1\ [3]$ et donc $3/n2^n + 1 \iff 2k \equiv 2\ [3]$ ce qui revient à $k \equiv 1\ [3]$ car $2 \wedge 3 = 1$. Comme $n = 2k$ cela revient à $n \equiv 2\ [6]$.
- si n est impair, $n = 2k + 1$, alors $n2^n + 1 \equiv 4k + 3\ [3]$ et donc $3/n2^n + 1$ si, et seulement si, $4k \equiv 0\ [3]$ *i.e.* $k \equiv 0\ [3]$ car $3 \wedge 4 = 1$. Cela équivaut encore à $n \equiv 1\ [6]$.

En définitive le premier ensemble est la réunion des classes de 1 et de 2 modulo 6.

Pour le deuxième ensemble on a $5 \equiv 2\ [3]$ d'où $5^{2n} \equiv 2^{2n} \equiv 4^n \equiv 1\ [3]$ et donc $5^{2n} + 5^n + 1 \equiv 2^n + 2\ [3]$. Donc $3/5^{2n} + 5^n + 1 \iff 2^n \equiv 1\ [3] \iff n$ est pair.

---

16. $a + 1, a + 2, \ldots, 2a$ sont a entiers consécutifs et $b \in [\![1, a]\!]$, donc $[\![a + 1, 2a]\!] \cap b\mathbb{Z} \neq \varnothing$ car, si $k \in \mathbb{Z}$, $(k + 1)b - kb = b \leqslant a$.

---

17. Si $1 \leqslant i \leqslant k \leqslant p - 1$ alors $i \wedge p = 1$, d'où $k! \wedge p = 1$.
$\binom{p}{k} = \dfrac{p(p-1)\cdots(p-k+1)}{k!} \in \mathbb{N}$ donc $k!$ divise $p(p-1)\cdots(p-k+1)$. Le lemme de Gauss montre que $k!$ divise $(p - 1)\cdots(p - k + 1)$ et, donc, p divise $\binom{p}{k}$.

---

18. a. $x^{2n+1} + 1 = x^{2n+1} - (-1)^{2n+1} = (x + 1) \sum_{k=0}^{2n} x^k \in (x + 1)\mathbb{Z}$.

Solutions

b. Avec $x = a^m$ et en remarquant que $a^{m(2n+1)} = x^{2n+1}$ la question précédente prouve l'affirmation.

c. Si $p = m(2n+1)$ où $(m,n) \in \mathbb{N}^2$ alors $2^p + 1$ est un multiple de $2^m + 1 \geqslant 2$ et, comme $2^p + 1 \in \mathcal{P}$ cela montre $2^m + 1 = 2^p + 1$ *i.e.* $n = 0$. Aucun diviseur de p n'est donc impair ou encore p est une puissance de 2.
$F_5 = 2^{(2^5)} + 1 = 641 \times 6700417$ et donc F_n n'est pas toujours premier.

d. Si $k \in \mathbb{N}^\star$ on a $F_{n+k} - 1 = 2^{(2^{n+k})} = \left(2^{(2^n)}\right)^{(2^k)} = (F_n - 1)^{(2^k)} = aF_n + 1$ où $a \in \mathbb{Z}$ et donc $F_n \wedge F_{n+k} = 1$.
$2^{F_n} - 2 = 2\left(2^{[2^{(2^n)}]} - 1\right)$ or $2^{(2^n)} \geqslant 2^n$ donc $2^{(2^n)} = 2^n + a_n$ où $a_n \in \mathbb{N}$ et donc $2^{F_n} - 2 = 2\left(\left[2^{(2^n)}\right]^{a_n} - 1\right) \in \left(2^{(2^n)} - 1\right)\mathbb{Z}$.

---

19. a. Si $\mathcal{D} = \left\{d \in \mathbb{N}^\star \mid d/n\right\}$ alors $d \in \mathcal{D} \iff \exists(\alpha', \beta', \gamma') \in [\![0,\alpha]\!] \times [\![0,\beta]\!] \times [\![0,\gamma]\!]$ tel que $d = p^{\alpha'} q^{\beta'} r^{\gamma'}$ d'où $\displaystyle\sum_{p \in \mathcal{D}} d = \sum_{\alpha'=0}^{\alpha} p^{\alpha'} \left(\sum_{\beta'=0}^{\beta} q^{\beta'} \left(\sum_{\gamma'=0}^{\gamma} r^{\gamma'}\right)\right)$ qui est un produit des trois sommes et aussi $\dfrac{p^{\alpha+1} - 1}{p-1} \times \dfrac{q^{\beta+1} - 1}{q-1} \times \dfrac{r^{\gamma+1} - 1}{r-1}$.

b. *Applications :*
(i) Quitte à permuter p et q on peut supposer $\alpha \leqslant \beta$ et on doit avoir $(\alpha+1)(\beta+1) = 6$ d'où (α, β) est $(1,2)$.
On doit avoir $(p+1)(q^2+q+1) = 28 = 4 \times 7 = 14 \times 2$ et, nécessairement $p = 3$ ou $p = 13$. La seule solution est $(p,q) = (3,2)$ et $p^\alpha q^\beta = 12$.
(ii) Avec $n = 2^{a-1}(2^a - 1)$ on a $\displaystyle\sum_{d \in \mathcal{D}} = \frac{2^a - 1}{2-1} \times \frac{(2^a-1)^2 - 1}{2^a - 2} = (2^a - 1) \times 2^a$ car $b^2 - c^2 = (b-c)(b+c)$ et cela montre que n et parfait.

---

20. Soit $p \in \mathcal{P}$ diviseur de $(n^3 + n) \wedge (2n+1)$.
$n^3 + n = n(n^2+1)$ donc, si p/n, alors p/n et $p/2n+1$ d'où $p/1$: absurde.
Donc p/n^2+1 et $p/2n+1$ donc $p/n^2 - 2n$ et on a vu que p ne divise pas n donc $p/n-2$ et $p/2n+1$ donc $p/\left[(2n+1) - 2(n-2)\right]$ *i.e.* $p = 5$.
Par suite $2n \equiv -1$ $[5]$ soit, en multipliant par 3, $n \equiv -3 \equiv 2$ $[5]$ et alors $n^2 + 1 \equiv 0$ $[5]$. Donc $\dfrac{n^3+n}{2n+1}$ est irréductible si, et seulement si, $n \not\equiv 2$ $[5]$.

---

21. a. $\dbinom{n+2}{3} = \dfrac{n(n+1)(n+2)}{6} \in \mathbb{N}$.
$n^3 + 11n$ est pair et, par le petit théorème de Fermat, $n^3 + 11n \equiv 12n \equiv 0$ $[6]$ d'où, comme $2 \wedge 3 = 1$, $n^3 + 11n \in 6\mathbb{Z}$.
$n(2n+1)(7n+1) \equiv n(-n+1)(n+1) \equiv -(n-1)n(n+1) \equiv 0$ $[3]$ et $n(n+1)$ est pair donc $n(2n+1)(7n+1) \in 6\mathbb{Z}$.
$n^3 - n = (n-1)n(n+1) \in 6\mathbb{Z}$ comme on vient de le voir, de même pour $n(n+1)(2n+1)$ car $7 \equiv 1$ $[6]$.

b. Le petit théorème de Fermat montre : $n^5 \equiv (n^2)^2 n \equiv n^2 n \equiv nn \equiv n$ $[2]$ ainsi que $n^5 \equiv n^3 n^2 \equiv nn^2 \equiv n^3 \equiv n$ $[3]$ puis $n^5 \equiv n$ $[5]$ et, comme $2, 3, 5$ sont deux à deux premiers entre eux, leur produit, soit 30, divise $n^5 - n$.

On procède de même avec $42 = 2 \times 3 \times 7$.

---

22. Les classes des carrés modulo 7 sont celles de $0, 1, 2$ et 4 et pour que deux de ces nombres aient une somme multiple de 7 il faut et il suffit que ces deux nombres soient nuls, d'où le résultat.

---

23. a. $0^2 \equiv 4^2 \equiv 0\ [8]$, $(\pm 1)^2 \equiv (\pm 3)^2 \equiv 1\ [8]$ et $(\pm 2)^2 \equiv 4\ [8]$ or une somme de trois des nombres $0, 1$ et 4 n'est jamais 7 modulo 8, l'équation n'admet donc aucune solution.

b. Les seules possibilités sont $x + 1 \equiv 0\ [6]$ ou $x + 2 \equiv 0\ [6]$ ou $x + 1 \equiv 2\ [6]$ ou $x + 1 \equiv 3\ [6]$ soit encore la classe de x est celle de ± 1 ou de ± 2.

c. En multipliant par 3 la première équation fournit $x \equiv 4y\ [5]$. En multipliant par 2 la deuxième donne $x \equiv -4y + 4 \equiv y + 4\ [5]$ d'où $4y \equiv y + 4\ [5]$ soit $3y \equiv 4\ [5]$ et, en multipliant par 2 : $y \equiv 3\ [5]$ et $x \equiv 2\ [5]$. Réciproquement ce couple convient.

---

24. a. L'application $\begin{pmatrix} \mathbb{N} & \to & [\![0, n-1]\!] \\ k & \mapsto & r_k \end{pmatrix}$ ne peut pas être injective au vu des cardinaux des ensembles. Soit $(k_0, p) \in \mathbb{N} \times \mathbb{N}^\star$ tel que $r_{k_0+p} = r_{k_0}$, alors par définition des restes, $p^{k_0+p} - p^{k_0} \in n\mathbb{Z}$ et, en multipliant par p^ℓ si $\ell \in \mathbb{N}$, on obtient $p^{k_0+p+\ell} - p^{k_0+\ell} \in n\mathbb{Z}$ *i.e.* $r_{k_0+p+\ell} = r_{k_0+\ell}$ soit $(r_k)_{k \geqslant k_0}$ est p-périodique.

b. $10 \equiv -1\ [11]$ d'où $10^2 \equiv 10^0\ [11]$ et, donc, $(r_k)_k$ est 2-périodique si l'on choisit $n = 11$.
Si $m = a_p a_{p-1} \ldots a_0 = \sum_{k=0}^{p} a_k 10^k$ alors $m \in 11\mathbb{Z} \iff \sum_{k=0}^{p} (-1)^k a_k \in 11\mathbb{Z}$ car $10^k \equiv 1\ [11]$ si k est pair et $10^k \equiv -1\ [11]$ sinon.

c. $10 \equiv 3\ [7]$ et, par calcul, $\min\{n \in \mathbb{N}^\star \mid 3^n \equiv 1\ [7]\} = 6$ donc la suite des classes de 10^n est 6-périodique. La suite des classes de 3^k modulo 6 est elle constante à partir du rang 1 égale à celle de 4.
Donc $10^{10} + 10^{(10^2)} + \cdots + 10^{(10^{10})} \equiv 3 \times 3^4 \equiv 3 \times 2^2 \equiv 5\ [7]$.

---

25. Par égalité des cardinaux des ensembles de départ et d'arrivée il suffit de montrer l'injectivité. Soit donc $(n, m) \in [\![0, pq - 1]\!]^2$ tel que $r_p(n) = r_p(m)$ et $r_q(n) = r_q(m)$. Alors p et q divisent $n - m$ et, comme $p \wedge q = 1$, on en déduit que pq divise $n - m$. Or $|n - m| \leqslant pq - 1$ et, nécessairement, $n = m$.
Si $(a, b) \in [\![0, p-1]\!] \times [\![0, q-1]\!]$, en posant $n = r_{pq}(qva + pub)$ où $pu + qv = 1$ est une relation de Bézout, on a $r_p(n) = r_p(qva + pub) = r_p(qva) = r_p\big((1 - pu)a\big) = a$ et aussi $r_q(n) = r_q(pub) = r_q\big((1 - qv)b\big) = b$. L'application réciproque est donc $(a, b) \mapsto r_{pq}(qva + pub)$.

$5 \wedge 6 = 1$ avec $5 \times (-1) + 6 \times (1) = 1$ et donc ($x \equiv 1\ [5]$ et $x \equiv 2\ [6]$) équivaut à $\big(r_5(x), r_6(x)\big) = (1, 2)$ ou encore $r_{5\times 6}(x) = 6 \times 1 - 5 \times 2$.
Le système est donc équivalent à $x \equiv -4\ [30]$ ou $x \equiv 26\ [30]$.

---

26. Par récurrence la suite est à valeurs dans $\mathbb{Z}$.
Si $m \in \mathbb{Z}$ on note $r(m)$ le reste de la division euclidienne de m par p.

L'application $\begin{pmatrix} \mathbb{N} & \to & [\![0,p-1]\!]^2 \\ k & \mapsto & (r(u_k), r(u_{k+1})) \end{pmatrix}$ n'est pas injective. Soit $(k_0, q) \in \mathbb{N} \times \mathbb{N}^\star$ tel que $r(k_0) = r(k_0+q)$ et $r(k_0+1) = r(k_0+q+1)$ et k_0 minimal.
Si $k_0 \geqslant 1$ alors, comme $u_{k_0+q-1} - u_{k_0-1} = (u_{k_0+q+1} - u_{k_0+q}) - (u_{k_0+1} - u_{k_0})$ on a $r(k_0+q-1) = r(k_0-1)$, ce qui contredit la minimalité de k_0 et donc $k_0 = 0$.
Si $r(k) = r(k+q)$ et $r(k+1) = r(k+q+1)$ pour un élément k de $\mathbb{N}$ alors, comme $u_{k+q+2} - u_{k+2} = (u_{k+q+1} + u_{k+q}) - (u_{k+1} + u_k)$, on a $r(k+2) = r(k+q+2)$ et donc $(r_k)_k$ est q-périodique, ce qu'il fallait montrer.

---

27. Si $n \in \mathbb{Z}$ on note $r_b(n)$ le reste de la division euclidienne de n par b. Soit $au+bv = 1$ une relation de Bézout.
$f : \begin{pmatrix} [\![0,b-1]\!] & \to & [\![0,b-1]\!] \\ x & \mapsto & r_b(ax) \end{pmatrix}$ est bijective de réciproque $x \mapsto r_b(ux)$ car, si $x \in \mathbb{Z}$, $aux \equiv (1-bv)x \equiv x\ [b]$ et car l'ensemble $[\![0,b-1]\!]$est fini.
Donc $\prod_{0 \leqslant x \leqslant b-1} f(x) \equiv \prod_{0 \leqslant x \leqslant b-1} x\ [b]$ *i.e.* $a(2a)\cdots\big[(b-1)a\big] \equiv (b-1)!\ [b]$.

---

28. $\displaystyle\sum_{i=1}^{p-1} \frac{1}{i} = \sum_{i=1}^{\frac{p-1}{2}} \left(\frac{1}{i} + \frac{1}{p-i}\right)$ car p est impair et $\dfrac{1}{i} + \dfrac{1}{p-i} = \dfrac{p}{i(p-i)}$.
Donc tout revient à montrer que le numérateur de la forme irréductible de $\displaystyle\sum_{i=1}^{\frac{p-1}{2}} \frac{1}{i(p-i)}$ est multiple de p ou, comme $p-i \equiv -i\ [p]$, que le numérateur de la forme irréductible de $\displaystyle\sum_{i=1}^{\frac{p-1}{2}} \frac{1}{i^2}$ est multiple de p.
Comme $4 \wedge p = 1$ et comme $(2i)^2 = 4i^2$ cela revient aussi à montrer que le numérateur de la forme irréductible de $\displaystyle\sum_{i=1}^{p-1} \frac{1}{i^2}$ est multiple de p.
Enfin pour tout $i \in [\![1,p-1]\!]$ l'application $f : \begin{pmatrix} [\![1,p-1]\!] & \to & [\![1,p-1]\!] \\ j & \mapsto & r_p(ij) \end{pmatrix}$ où $r_p(ij)$ désigne le reste de la division euclidienne de ij par p est bijective car $i \wedge p = 1$ et, donc, il existe une relation de Bézout $iu+pv = 1$ qui montre que $r_p(iju) = j$.
Par suite le numérateur de la forme irréductible de $\displaystyle\sum_{i=1}^{p-1} \frac{1}{i^2}$ est aussi celui de $\sum_{i=1}^{p-1} i^2$.
Comme $\displaystyle\sum_{i=1}^{p-1} i^2 = \frac{(p-1)p(2p-1)}{6}$ et que $6 \wedge p = 1$, le lemme de Gauss montre que 6 divise $(p-1)(2p-1)$ et le résultat est établi.

---

29. Soit $(u_0, v_0) \in (\mathbb{Z}^\star)^2$ tel que $au_0 + bv_0 = 1$. Soit $m \in \mathbb{N}$.
$ax+by = m \iff ax+by = au_0m + bv_0m \iff a(x-u_0m) = b(v_0m-y)$ ce qui, par le lemme de Gauss équivaut à l'existence de k dans $\mathbb{Z}$ tel que $x = u_0m + kb$ et $y = v_0m - ka$.
Alors $m \in S \iff u_0m + kb \geqslant 0$ et $v_0m - ka \geqslant 0 \iff k \in \left[-\dfrac{u_0m}{b}, \dfrac{v_0m}{a}\right] \cap \mathbb{Z}$.

Donc $m \in S \iff \dfrac{v_0 m}{a} + \dfrac{u_0 m}{b} \geqslant 1$ or $\dfrac{v_0 m}{a} + \dfrac{u_0 m}{b} = \dfrac{m}{ab} \geqslant 1$ dès que m est assez grand d'où l'existence de m_0.

---

30. Si $(x,y) \in \mathbb{Z}^2$ alors $d / ax + by$ et donc, pour que l'ensemble soit non vide il faut que d/c. Supposons désormais que $c = kd$ où $k \in \mathbb{Z}$.
Posons $a = da'$ et $b = db'$ et soit $a'u + b'v$ une relation de Bézout.
$c = ax + by \iff k = a'x + b'y \iff a'uk + b'vk = a'x + b'y$ ce qui équivaut à $a'(uk - x) = b'(y - vk)$ ou encore, par le lemme de Gaus, à l'existence de ℓ dans $\mathbb{Z}$ tel que $x = uk + b'\ell$ et $y = vk - a'\ell$. L'ensemble cherché est donc $\big\{k(u,v) + \ell(b', -a') \mid \ell \in \mathbb{Z}\big\}$.

---

31. a. Si p est un nombre premier diviseur de $x \wedge y$ alors il divise z^2 et donc z, ce qui est impossible. Donc $x \wedge y = 1$. De même $y \wedge z = z \wedge x = 1$.
$x \wedge y = 1$ montre que les parités de x et y diffèrent et, donc, la somme de leurs carrés est 1 modulo 4, d'où l'imparité de z. Supposons y pair.
$(z+x) \wedge (z-x) = (z+x) \wedge \big[(z-x) + (z+x)\big] = 2z \wedge (z+x) = 2\big[z \wedge (z+x)\big]$ d'où $(z+x) \wedge (z-x) = 2(z \wedge x) = 2$.
$\dfrac{y^2}{4} = \dfrac{z+x}{2} \times \dfrac{z-x}{2} = \displaystyle\prod_{1 \leqslant i \leqslant r} p_i^{2\omega_i}$ décomposition en produit de nombres premiers.
Par suite il existe $J \subset [\![1, r]\!]$ tel que $\dfrac{z+x}{2} = \displaystyle\prod_{j \in J} p_j^{2\omega_j}$.
Posons $u = \displaystyle\prod_{j \in J} p_j^{\omega_j}$ et $v = \displaystyle\prod_{j \in [\![1,r]\!] \setminus J} p_j^{\omega_j}$, alors $u \wedge v = 1$, $z = u^2 + v^2$, $x = v^2 - u^2$ et $y = 2uv$.

b. Soient (x,y,z) une solution de $(\mathcal{E})$, $d = x \wedge y \wedge z$, $x = dx'$, $y = dy'$, $z = dz'$ alors, à permutation près de (x', y') le triplet (x', y', z') est de la forme précédente et réciproquement si $(u,v) \in \mathbb{N}^2$ vérifie $u \wedge v = 1$ alors $x = d(v^2 - u^2)$, $y = 2duv$ et $z = d(u^2 + v^2)$ conviennent.

---

32. S'il existe $(n_0, p) \in (\mathbb{N}^\star)^2$ tel que $n \geqslant n_0 \Rightarrow a_{n+p} = a_n$ alors, en posant $r = \sum_{k=1}^{n_0 - 1} a_k 10^{-k}$ et $r' = \sum_{k=n_0}^{n_0+p-1} a_k 10^{-k}$, on a $x = r + r' \sum_{k=0}^{\infty} (10^{-p})^k = r + \dfrac{r'}{1 - 10^{-p}}$ et donc $x \in \mathbb{Q}$.

Réciproquement si $x \in \mathbb{Q}$, $x = \dfrac{a}{b}$ forme irréductible rappelons l'obtention du développement décimal de x.
Pour tout $n \in \mathbb{N}^\star$ on effectue la division euclidienne de $10^n a$ par b, soit l'égalité $10^n a = bq_n + r_n$ où $0 \leqslant r_n < b$ et donc $q_n = a_1 a_2 \ldots a_n$ d'où $a_1 = q_1$ et, si $n \geqslant 2$, $a_n = q_n - 10 q_{n-1} = \dfrac{10 r_{n-1} - r_n}{b}$.
L'application $n \mapsto r_n$ ne peut pas être injective. Soit $(k, T) \in (\mathbb{N}^\star)^2$ tel que $r_{k+T} = r_k$, alors $10^{k+T} a \equiv 10^k 0a\ [b]$ et, pour tout $p \in \mathbb{N}$, en multipliant par 10^p, $10^{k+p+T} a \equiv 10^{k+p} a\ [b]$ d'où $(r_n)_{n \geqslant k}$ est T-périodique puis $(a_n)_{n \geqslant k+1}$ est T-périodique.

Solutions

33. Si $(a,b,x,y)\in\mathbb{N}^2$ et si $\begin{cases}(1)\ Aa^2+Bb^2=p\\(2)\ =Ax^2+By^2=p\end{cases}$ alors $-a^2(1)+x^2(2)$ fournit $p(x^2-a^2)=B(x^2b^2-a^2y^2)=B(xb-ay)(xb+ay)$.
Le lemme de Gauss, comme $p\wedge B=1$, montre que p divise $xb-ay$ ou $xb+ay$. donc il existe ε dans $\{-1,1\}$ et ℓ dans $\mathbb{Z}$ tel que $xb+\varepsilon ay=\ell p$ (3).
D'autre part (1) × (2) donne :
$p^2=(Ax^2+By^2)(Aa^2+Bb^2)=A^2x^2a^2+B^2y^2b^2+AB(y^2a^2+x^2b^2)$ d'où
$p^2=AB(bx+\varepsilon ay)^2+(Axa-\varepsilon Byb)-^2=AB\ell^2p^2+(Axa-\varepsilon Byb)^2$ (4).
Par suite $p^2\geqslant AB\ell^2p^2$ produit d'entiers naturels et donc $\ell=0$ ou $\ell^2=A=B=1$.
• Si $\ell^2=A=B=1$ lors (4) $\Rightarrow xa-\varepsilon yb=0\Rightarrow xa=yb$ car $(x,y,a,b)\in\mathbb{N}^4$, donc $\left(\frac{a}{y}\right)^2=\left(\frac{b}{x}\right)^2=\frac{a^2+b^2}{x^2+y^2}=\frac{p}{p}=1$ *i.e.* $(x,y)=(a,b)$.
• Si $\ell=0$ alors (3) $\Rightarrow bx+\varepsilon ay=0\Rightarrow bx=ay$ de même.
Donc $\left(\frac{x}{a}\right)^2=\left(\frac{y}{b}\right)^2=\frac{Ax^2+By^2}{Aa^2+Bb^2}=\frac{p}{p}=1$ et encore $(x,y)=(a,b)$.
$7=x^2+y^2$ n'a pas de solution dans $\mathbb{N}^2$ alors que $29=5^2+2^2$.

---

34. a. Montrons par récurrence que, pour tout $n\geqslant 2$, il existe $(p_n,q_n)\in(\mathbb{N}^\star)^2$ tel que $u_n=\frac{2p_n+1}{2q_n}$. Déjà $u_2=\frac{3}{2}$ et $u_3=\frac{11}{6}$.
Si la propriété est établie jusqu'au rang $n-1$ on distingue deux cas :
• si $n=2m+1$ alors $u_n=u_{2m}+\frac{1}{2m+1}=\frac{2p_n+1}{q_n}$ où l'on a posé $p_n=m(2p_{n-1}+1)+p_{n-1}+q_{n-1}$ et $q_n=q_{n-1}(2m+1)$;
• si $n=2m$ alors $u_n=\frac{u_m}{2}+\left(1+\frac{1}{3}+\cdots+\frac{1}{2m-1}\right)=\frac{2p_m+1}{4q_m}+\frac{p}{2q+1}$ d'où le résultat avec $p_n=p_m(2q+1)+q+2q_mp$ et $q_n=4q_m(2q+1)$.
Le résultat en découle.
b. S'il existe a et b dans $[\![m,n]\!]$ tels que $a<b$ et $v_2(a)=v_2(b)=q=\max\limits_{[\![m,n]\!]}v_2$ on pose $a=2^qa'$ et $b=2^qb'$ et on a $\frac{a+b}{2}=2^q\left(\frac{a'+b'}{2}\right)$ d'où $v_2\left(\frac{a+b}{2}\right)=q$ alors que $a<\frac{a+b}{2}<b$. On montre ainsi que q est atteint une infinité de fois ce qui contredit la finitude de $[\![m,n]\!]$. Donc v_2 n'atteint son maximum qu'une fois sur $[\![m,n]\!]$; on note a l'élément de $[\![m,n]\!]$ tel que $v_2(a)=q$.
$S=\sum\limits_{k=m}^{n}\frac{1}{k}=\frac{1}{a}+\sum\limits_{k\in[\![m,n]\!]\setminus\{a\}}\frac{1}{k}=\frac{1}{a}+x.$
Le PPCM de tous les éléments de $[\![m,n]\!]$ est 2^qb où b est impair.
Si $k\in[\![m,n]\!]\setminus\{a\}$ alors $k=2^{q'}b'$ où $q'<q$ et b' est impair d'où $\frac{1}{k}=\frac{2b''}{2^qb}$ puis $x=\frac{2t}{2^qb}$ où $t\in\mathbb{N}$.
$a=2^qa'$ avec a'/b donc $\frac{1}{a}=\frac{p}{2^qb}$ où $p=\frac{b}{b'}=2r+1$ est impair.
Par suite $S=\frac{2r+2t+1}{2^qb}\notin\mathbb{N}$.

---

7 - Structures algébriques usuelles

Rappels de cours

• Lois de composition internes

On dit que $\star$ est une loi de composition interne sur un ensemble E si, pour tout $x, y \in E, x \star y \in E$.

$\star$ est associative si : $\forall (x, y, z) \in E^3, x \star (y \star z) = (x \star y) \star z$.

$\star$ est commutative si : $\forall (x, y) \in E^2, x \star y = y \star x$.

$e \in E$ est un élément neutre de E pour la loi $\star$ si : $\forall x \in E, x \star e = e \star x = x$.

$x \in E$ admet un élément symétrique pour la loi $\star$ si : $\exists x' \in E, x \star x' = x' \star x = e$.

On dit dans ce cas que x est inversible pour la loi $\star$ et que son inverse est x' souvent noté x^{-1}.

Si x et y sont inversibles, $x \star y$ est inversible et $(x \star y)^{-1} = y^{-1} \star x^{-1}$.

Si E est muni de deux lois de compositions internes $+$ et $\times$. On dit que $\times$ est distributive par rapport $+$ si : $\begin{cases} \forall (x, y, z) \in E^3, (y + z) \times x = y \times x + z \times x \\ \forall (x, y, z) \in E^3, x \times (y + z) = x \times y + x \times z \end{cases}$.

• Groupes

1. **Définition.** Un ensemble $G \neq \varnothing$ muni d'une loi de composition interne $\star$ est un groupe si cette loi est associative, s'il existe un élément neutre et si tout élément de G a un symétrique pour la loi $\star$ dans G. Si de plus $\star$ est commutative, le groupe est dit commutatif ou abélien.

2. **Exemples**

   $(\mathbb{K}, +)$ est un groupe abélien si $\mathbb{K} = \mathbb{Z}, \ \mathbb{Q}, \ \mathbb{R}$ ou $\mathbb{C}$.

   $(\mathbb{K}^*, \times)$ est un groupe abélien si $\mathbb{K} = \mathbb{Q}, \ \mathbb{R}, \ \mathbb{C}, \ \mathbb{Q}_+, \mathbb{R}_+, \mathbb{U}, \mathbb{U}_n$.

   $(\mathfrak{S}(E), \circ)$ est le groupe des permutations (bijections) de l'ensemble E.

   $(\mathfrak{S}_n, \circ)$ groupe des permutations de $[\![1, n]\!]$, appelé le groupe symétrique d'ordre n.

3. **Sous-groupes**

   a. Définition : Une partie non vide H de G est un sous-groupe de $(G, \star)$ si elle est stable par $\star$ et si, munie de la loi induite, elle a une structure de groupe.

b. Théorème : (Caractérisations)
Soit $(G,\star)$ un groupe. H est un sous-groupe de $(G,\star)$ si l'une des assertions équivalentes suivantes est vraie.

(1) $\big(H \subset G\big), \big(H \neq \varnothing\ \big)$ et $\big(\forall (x,y) \in H^2, x \star y' \in H\big)$ où y' est le symétrique de y dans G.

(2) $\big(H \subset G\big), \big(H \neq \varnothing\ \big), \big(\forall (x,y) \in H^2, x \star y \in H$ et $y' \in H\big)$ où y' est le symétrique de y dans G.

c. Exemples :

- $\{-1,1\}$ est un sous-groupe de $(\mathbb{R}^*,\times)$.
- $\mathbb{Z}[i] = \{z \in \mathbb{C} \mid \exists (a,b) \in \mathbb{Z}^2, z = a+ib\}$ est un sous-groupe de $(\mathbb{C},+)$.
- $\mathbb{K}^{(I)} = \{x = (x_i) \in \mathbb{K}^I \mid x_i = 0$ sauf sur une partie finie de $I\}$ est un sous-groupe additif de $\mathbb{K}^I$.
- Si G est un groupe additif (*resp.* multiplicatif), le sous-groupe $\mathrm{gr}(a) = \{ka \mid k \in \mathbb{Z}\}$ (*resp.* $\{a^k \mid k \in \mathbb{Z}\}$) est le sous-groupe de G engendré par l'élément a de G.

- **Anneaux et corps**

1. **Définition.** $(A,+,\star)$ est un anneau si $(A,+)$ est un groupe abélien, la loi $\star$ est associative et distributive par rapport à la loi $+$ et si A admet un élément neutre 1_A pour la loi $\star$.

   Si la loi $\star$ est commutative, l'anneau est dit commutatif.
2. **Exemples.** Si $\mathbb{K}$ est l'un des ensembles $\mathbb{Z}$, $\mathbb{Q}$, $\mathbb{R}$, $\mathbb{C}$, alors $(\mathbb{K},+,\times)$ est un anneau commutatif.
3. **Définition.** $(\mathbb{K},+,\star)$ est un corps si $(\mathbb{K},+,\star)$ est un anneau et si tout élément non nul de $\mathbb{K}$ est inversible dans $\mathbb{K}$ (pour la loi $\star$).
4. **Exemples.** $\mathbb{Q}$, $\mathbb{R}$, $\mathbb{C}$ sont des corps commutatifs.
5. ***Calculs dans un anneau***

   a. Règles de calcul dans un groupe abélien $(A,+)$.

   b. (i) $\forall x \in A,\ x \star 0_A = 0_A \star x = 0_A$.

   (ii) $\forall (x,y) \in A^2, x \star (-y) = (-x) \star y = -(x \star y)$.

   c. Binôme de Newton : si $a \star b = b \star a$ alors :
$$\forall n \in \mathbb{N}, (a+b)^n = \sum_{k=0}^{n} \binom{n}{k} a^k \star b^{n-k}.$$

   d. Applications du binôme de Newton.
$$\forall p \in [\![0,n]\!], \binom{n}{p} = \frac{n(n-1)\cdots(n-p+1)}{p!} = \frac{n!}{p!(n-p)!}.$$
$$\forall p \in [\![1,n]\!], \binom{n}{p} = \binom{n-1}{p-1} + \binom{n-1}{p}, \qquad p\binom{n}{p} = n\binom{n-1}{p-1}.$$
$$\forall n \in \mathbb{N}, \sum_{k=0}^{n} \binom{n}{k} = 2^n.\ \text{D'où } \forall n \geqslant 1, \sum_{k=0}^{[\frac{n}{2}]} \binom{n}{2k} = \sum_{k=0}^{[\frac{n-1}{2}]} \binom{n}{2k+1} = 2^{n-1}.$$

   e. Si $a \star b = b \star a$, alors : $\forall n \in \mathbb{N}, n \geqslant 2, a^n - b^n = (a-b) \sum_{k=0}^{n-1} a^{n-1-k} \star b^k$.

En particulier, pour $n \in \mathbb{N}, n \geqslant 2$ et pour tout $a \in A$,
$a^n - 1_A = (a - 1_A) \star (1_A + a + \cdots a^{n-1}) = (1_A + a + \cdots a^{n-1}) \star (a - 1_A)$.

6. Éléments inversibles

a. L'ensemble $\mathcal{U}(A)$ des éléments inversibles de l'anneau $(A, +, \star)$ est stable par la loi $\star$. Muni de la loi induite, c'est un groupe appelé groupe des unités de l'anneau $(A, +, \star)$.

b. Exemples : $\mathcal{U}(\mathbb{Z}) = \{-1, 1\}$; $\mathcal{U}(\mathbb{K}) = \mathbb{K} \setminus \{0\}$ si $(\mathbb{K}, +, .)$ est un corps.

Énoncés des exercices

1. Montrer que l'ensemble G des réels de $]-1, 1[$ muni de la loi : $x \star y = \dfrac{x+y}{1+xy}$ est un groupe abélien.

---

2. Soit $(G, \cdot)$ un groupe d'élément neutre e. Montrer que G est abélien si, et seulement si, l'une des assertions suivantes est vraie.

(i) $\forall g \in G, g^2 = e$; (ii) $\forall (x, y) \in G^2, (x.y)^2 = x^2.y^2$.

---

3. Soient $(G, \cdot)$ un groupe et H une partie finie non vide stable de G. Montrer que H est un sous-groupe de G.

---

4. ***Axiomes faibles des groupes***. Soit E un ensemble muni d'une loi de composition interne associative. On suppose qu'il existe $e \in E$ tel que : $\begin{cases} \forall x \in E, x.e = x \\ \forall x \in E, \exists y \in E, x.y = e. \end{cases}$

Montrer que $(E, \cdot)$ est un groupe.

---

5. Si H et K sont des sous-groupes de G, on pose $HK = \{hk \mid h \in H \text{ et } k \in K\}$.
Montrer que HK est un sous-groupe de G si, et seulement si, $HK \subset KH$.

---

6. Soit $(G, \cdot)$ un groupe. Si $(G_i)_{i \in I}$ est une famille de sous-groupes de $(G, \cdot)$, montrer que leur intersection est un sous-groupe de G. En est-il de même de leur réunion ?
Si votre réponse est négative, pouvez-vous donner une condition suffisante ?

---

7. ***Sous-groupes de*** $(\mathbb{Z}, +)$. Montrer que H est un sous-groupe de $(\mathbb{Z}, +)$ si, et seulement si, il existe un unique $n \in \mathbb{N}$ tel que $H = n\mathbb{Z}$.

8. ***Sous-groupes de*** $(\mathbb{R}, +)$. Soient G un sous-groupe non réduit à $\{0\}$ du groupe additif $\mathbb{R}$, $G_+^\star$ l'ensemble des éléments > 0 de G. Vérifier que $G_+^\star$ est non vide. On pose $\alpha = \inf(G_+^\star)$.

a. On suppose $\alpha > 0$. Montrer que $G = \alpha\mathbb{Z}$.

b. On suppose $\alpha = 0$. Montrer que G est dense dans $\mathbb{R}$.

---

9. Soit $(G, .)$ un groupe et A une partie de G. L'intersection des sous-groupes de $(G, .)$ contenant A est le plus petit sous-groupe de G contenant A. On l'appelle le ***sous-groupe de*** $(G, .)$ ***engendré par*** A, on le note $\text{gr}(A)$. On dit aussi que A est une ***partie génératrice*** de $\text{gr}(A)$.

Soient $(G, .)$ un groupe d'élément neutre e et A une partie de G.

Si A est l'ensemble vide, montrer que $\text{gr}(A) = \{e\}$, sinon, $\text{gr}(A)$ est l'ensemble des produits finis d'éléments de A et d'inverses d'éléments de A.

---

10. ***Morphismes de groupes***

Si (G, T) et (G', T') sont deux groupes, une application f de G dans G' est un morphisme de groupes si, pour tout $(x, y) \in G^2, f(x\,T\,y) = f(x)T'f(y)$.

Montrer que

a. L'image par f du neutre de (G, T) est le neutre de (G', T').

b. L'image par f du symétrique de $x \in G$ pour la loi T est le symétrique de $f(x) \in G'$ pour la loi T'.

c. Montrer que $f(G)$ est un sous groupe de (G', T').

d. Montrer que l'image réciproque de l'élément neutre e' de (G', T'), appelée le noyau du morphisme f et notée $\text{Ker}(f)$, est un sous-groupe de (G, T).

e. Montrer que f est injective si, et seulement si, son noyau est réduit à l'élément neutre de (G, T).

f. Montrer que $\ln$ est un morphisme bijectif du groupe $(\mathbb{R}_+^\star, \times)$ sur le groupe $(\mathbb{R}, +)$ et $\exp = \ln^{-1}$.

g. Si $(G, .)$ est un groupe et a un élément de $G, f_a : G \to G, x \mapsto a.x.a^{-1}$ est un morphisme bijectif de $(G, .)$ sur $(G, .)$. On l'appelle ***automorphisme intérieur*** de G.

Un sous-groupe H de G est dit ***sous-groupe distingué*** de G s'il est stable par tout automorphisme intérieur de G. Cette définition sera utilisée dans les deux exercices qui suivent.

---

11. Soit $(G, .)$ un groupe. Pour $(x, y) \in G^2$, on note $[x, y] = x.y.x^{-1}.y^{-1}$, appelé commutateur de x et y. Montrer que $\mathcal{D}(G)$, le sous-groupe engendré par les commutateurs des éléments de G est un sous-groupe distingué de G.

---

12. Soient $(G, .)$ un groupe et $A \subset G$. On définit $\mathcal{N}(A) = \{x \in G \mid Ax = xA\}$ et $\mathcal{C}(A) = \{x \in G \mid \forall a \in A, ax = xa\}$ respectivement normalisateur et centralisateur de A dans G.

a. Montrer que $\mathcal{N}(A)$ est un sous-groupe de G.

b. Montrer que $\mathcal{C}(A)$ est un sous-groupe distingué de $\mathcal{N}(A)$.

13. Soit $(G, .)$ un groupe cyclique et H un sous-groupe de $(G.)$. Montrer que H est cyclique aussi.

---

14. Soit $(G, .)$ un groupe cyclique de n éléments et p un diviseur de n. Montrer qu'il existe un unique sous-groupe H de G ayant p éléments.

---

15. a. Montrer que l'ensemble G des réels de la forme $x + y\sqrt{2}$ où $x \in \mathbb{N}, y \in \mathbb{Z}$ et $x^2 - 2y^2 = 1$ est un sous-groupe de $(\mathbb{R}^\star, \times)$.

b. Montrer que si $x > x' > 1, y > 0, y' > 0$ avec x, y, x', y' dans $\mathbb{Z}$, alors $(x + y\sqrt{2})(x' - y'\sqrt{2}) = x'' + y''\sqrt{2}$ où $y'' > 0$ et $1 < x'' < x$.

c. Montrer que ce sous-groupe est le groupe monogène engendré par $3 + 2\sqrt{2}$.

On pourra chercher l'élément $a = x + y\sqrt{2} \in G$ tel que $y > 0$ et x minimal pour cette propriété. Soit $g = x + y\sqrt{2} \in G$ avec $x \geqslant 3$ et $y > 0$. Soit $g = a$, soit $\dfrac{g}{a} = x' + y'\sqrt{2}$ avec $1 < x' < x$ et $y' > 0$. On recommencera avec g/a...

---

16. Soit E un ensemble non vide. Montrer que $\mathcal{P}(E)$, l'ensemble des parties de E, muni des deux lois Δ et $\cap$ est un anneau commutatif.

Si $\overline{A}$ est le complémentaire de A dans E, la loi Δ est définie par :

$$A \Delta B = (A \setminus B) \cup (B \setminus A) = (A \cap \overline{B}) \cup (\overline{A} \cap B) = (A \cup B) \cap \overline{(A \cap B)}.$$

---

17. Montrer que $E = \{x = a + b\sqrt{2} + c\sqrt{3} + d\sqrt{6} \mid (a, b, c, d) \in \mathbb{Q}^4\}$ est une partie de $\mathbb{R}$ qui, munie des lois induites par celles de $\mathbb{R}$ est un corps commutatif.

---

18. a. Montrer que $\sqrt[3]{2}$ est irrationnel.

On pourra supposer que $\sqrt[3]{2} = \dfrac{p}{q}$ avec $p, q \in \mathbb{N}^\star$, et utiliser, par exemple les décompositions de p et q en facteurs premiers.

b. Montrer que :

$\forall (x, y, z) \in \mathbb{C}^3, x^3 + y^3 + z^3 - 3xyz = (x + y + z)(x + jy + j^2 z)(x + j^2 y + jz)$.

c. On veut montrer que, $a + b\sqrt[3]{2} + c\sqrt[3]{4} = 0$ avec $a, b, c \in \mathbb{Q}$ si, et seulement si, $a = b = c = 0$.

(i) Montrer qu'il suffit de le prouver pour $a, b, c \in \mathbb{Z}$.

(ii) Montrer que, si $a + b\sqrt[3]{2} + c\sqrt[3]{4} = 0$, avec $a, b, c \in \mathbb{Z}$, alors

$$a^3 + 2b^3 + 4c^3 - 6abc = 0.$$

(iii) Si $a, b, c \in \mathbb{Z}$ et $a^3 + 2b^3 + 4c^3 - 6abc = 0$, montrer que a, b, c sont pairs. En déduire que $a = b = c = 0$.

d. Montrer que $(E, +, \cdot)$ où $E = \{a + b\sqrt[3]{2} + c\sqrt[3]{4} \mid a, b, c \in \mathbb{Q}\}$ est un corps commutatif.

---

19. a. Montrer que, pour $n \in \mathbb{N}^\star, \displaystyle\sum_{k=1}^{n} \frac{(-1)^{k+1}}{k} \binom{n}{k} = \sum_{k=1}^{n} \frac{1}{k}$.

Écrire le développement de $(1 + x)^n$.

b. Calculer $\sum_{k=0}^{n} k\binom{n}{k}$ et $\sum_{k=0}^{n} \frac{1}{k+1}\binom{n}{k}$.

c. Montrer que : $\forall p \leqslant n, \sum_{k=0}^{n-p} \binom{p+k}{k} = \binom{n+1}{p}$.

---

20. Montrer que : $\forall n \in \mathbb{N}^\star$, $\binom{2n}{n} < 4^n$ et $\binom{2n+1}{n} < 4^n$.

Solutions des exercices

1. Si $(x,y) \in \left(]-1,1[\right)^2, 1+xy \neq 0$. Montrons que $\left|\dfrac{x+y}{1+xy}\right| \leqslant 1$.

$|x+y| \leqslant |1+xy| \iff (x+y)^2 \leqslant (1+xy)^2 \iff 1+x^2y^2-x^2-y^2 \geqslant 0$.

Comme $1+x^2y^2-x^2-y^2 = (1-x^2)(1-y^2)$, le résultat est établi.

Comme $x \star 0 = 0 \star x = x$ et $x \star (-x) = (-x) \star x = 0$, on a 0 qui est élément neutre de $(E, \star)$ et tout élément x de E a un symétrique dans E qui est $-x$. La loi $\star$ est banalement commutative car $+$ et $\cdot$ le sont dans $\mathbb{R}$. Il ne reste qu'à prouver l'associativité de $\star$ pour conclure. Soit $(x,y,z) \in E^3$

$$(x \star y) \star z = \frac{(x \star y) + z}{1 + (x \star y) z} = \frac{\dfrac{x+y}{1+xy} + z}{1 + \dfrac{x+y}{1+xy} z} = \frac{x+y+z+xyz}{1+xy+xz+yz} \qquad (1)\cdot$$

La loi $\star$ étant commutative, $(x \star y) \star z = z \star (x \star y) = z \star (y \star x)$.

Donc, $z \star (y \star x)$ s'obtient en échangeant x et z dans (1).

D'où $z \star (y \star x) = \dfrac{x+y+z+xyz}{1+xy+xz+yz}\cdot$ D'où l'associativité de la loi $\star$.

---

2. Si la loi est commutative, les assertions sont vraies.

Si (1) est vraie, pour tout $x, y \in G, x.y = (x.y)^{-1} = y^{-1}.x^{-1} = y.x$

Si (2) est vraie, pour tout $x, y \in G, (x.y).(x.y) = (x.x).(y.y)$. Comme la loi est associative, $x.(y.x).y = x.(x.y).y$. Comme x et y sont inversibles, $y.x = x.y$

---

3. Une partie d'un groupe G est un sous-groupe de G si elle contient l'élément neutre e de G et si elle est stable par les applications $x \mapsto x^{-1}$ et $(x,y) \mapsto x.y$.

Ici, seule la dernière propriété est déjà vérifiée.

Pour x fixé dans H, l'application $f_x : H \to H, y \mapsto x.y$ est injective. Comme H est fini, elle est bijective.

Donc, il existe $x_0 \in H$ tel que $f_x(x_0) = x.x_0 = x$. Or $x.e = x$. Donc $f_x(x_0) = f_x(e)$, ce qui implique $x_0 = e \in H$.

Il existe $x_1 \in H$ tel que $f_x(x_1) = x.x_1 = e$. Or $x.x^{-1} = e$. Donc $x.x_1 = x.x^{-1}$. Il s'ensuit que $x_1 = x^{-1} \in H$.

---

4. On suppose les deux hypothèses réalisées. Notons les (1) et (2).

Il existe $y' \in E$ tel que $yy' = e \quad (3)$.

$(1) \Rightarrow yx = (yx)e$. On déduit de (3) que $(yx)e = (yx)(yy')$.

La loi étant associative, $yx = y(xy)y' = (ye)y'$. D'après (1) et (3), $yx = yy' = e$.

Donc $\forall x \in E, xy = yx = e \quad (4)$.

Pour tout $x \in E, ex = (xy)x = x(yx)$ d'après (4) et l'associativité de la loi.

D'après (4), on a $ex = xe$. On peut conclure que $(E, \cdot)$ est un groupe.

---

5. Si HK est un sous-groupe de G, soit $x \in HK$, alors $x^{-1} \in HK$ *i.e.* $x^{-1} = hk$ où $(h,k) \in H \times K$. Donc $x = k^{-1}h^{-1} \in KH$ car $(k^{-1}, h^{-1}) \in K \times H$. Donc $HK \subset KH$.

Inversement, si $HK \subset KH$, l'élément neutre e de G est tel que $e = e.e \in HK$.

Si $(x,y) \in (HK)^2$, il existe $h, h' \in H$ et $k, k' \in K$ tels que $x = hk$ et $y = h'k'$.

$x^{-1}y = k^{-1}(h^{-1}h')k'$. Notons $z = k^{-1}(h^{-1}h')$. Alors $z^{-1} = (h'^{-1}h)k \in HK \subset KH$ d'où $z^{-1} = k''h''$ où $(k'', h'') \in K \times H$. Donc $x^{-1}y = zk' = h''^{-1}(k''^{-1}k') \in HK$. On peut conclure que HK est un sous-groupe de G.

---

6. Notons F l'intersection des $G_i, i \in I$ et e l'élément neutre de G. Comme $e \in G_i$, pour tout $i \in I$, on a $e \in F$. Si $x(x,y) \in F^2$, alors $(x,y) \in G_i$ pour tout $i \in I$. Comme les G_i sont des sous-groupes de G, pour tout $i \in I, xy^{-1} \in G_i$. Donc $xy^{-1} \in F$. Il s'ensuit que F est un sous-groupe de G.

$\mathbb{R}^2$ muni de la loi $+$ définie par $(x,y) + (x',y') = (x+x', y+y')$ est trivialement un groupe. On montre aisément que $G_1 = \mathbb{R} \times \{0\}$ et $G_2 = \{0\} \times \mathbb{R}$ sont des sous-groupes de $(\mathbb{R}^2, +)$, mais que $G_1 \cup G_2$ n'est pas un sous-groupe de $(\mathbb{R}^2, +)$; en effet, $(1,1) = (1,0) + (0,1) \notin G_1 \cup G_2$ alors que $(1,0) \in G_1 \subset G_1 \cup G_2$ et que $(0,1) \in G_2 \subset G_1 \cup G_2$.

Mais, si $\forall (i,j) \in I^2, \exists k \in I, G_i \cup G_j \subset G_k$, on vérifie aisément que la réunion des G_i est un sous-groupe de G.

En particulier si $I = \mathbb{N}$ et si la suite $(G_n)_{n \geqslant 0}$ est croissante (pour l'inclusion), la réunion des G_n est un sous-groupe de G.

---

7. Si $H = \{0\}$, alors $H = 0\mathbb{Z}$. Supposons $H \neq \{0\}$. Alors il existe $x \in H \setminus \{0\}$. Comme H est un sous-groupe de $(\mathbb{Z}, +)$, l'élément $-x$ appartient à H, donc $|x| \in H \cap \mathbb{Z}_+^* = H'$. D'où H' est une partie non vide de $\mathbb{N}$. Il existe un unique $n \in \mathbb{N}^*$ tel que $n = \min_{\mathbb{N}}(H')$. Le sous-groupe de H engendré par n *i.e.* $(n) = n\mathbb{Z}$ est inclus dans H. Inversement, si x est un élément quelconque de H, par division euclidienne, $x = nq + r$ où $(q,r) \in \mathbb{Z}^2$ et $0 \leqslant r < n$. Comme $nq \in n\mathbb{Z} \subset H$ qui est sous-groupe de $(\mathbb{Z}, +)$, $r = x - nq$ est élément de H. Comme $r < n$, donc $r \notin H'$.

D'où $r = 0$ et $x = nq \in n\mathbb{Z}$. L'unicité du plus petit élément strictement positif de H implique l'unicité de $a \in \mathbb{N}^*$ tel que $H = a\mathbb{Z}$ si $H \neq \{0\}$.

---

8. Supposons $H \neq \{0\}$, H étant un sous-groupe de $(\mathbb{R}, +)$, il est non vide. Donc il existe $x \in H\backslash\{0\}$. $-x \in H$, car H est un sous-groupe de $(\mathbb{R}, +)$. Donc $H' = H \cap \mathbb{R}_+^*$ est une partie non vide de $\mathbb{R}$ minorée par 0. Il existe $a = \inf_{\mathbb{R}} H'$.

a. Si $a > 0$ et $a \notin H'$, il existe par critère de borne inférieure, un élément h_1 de H' tel que $a \leqslant h_1 < a + a$. Donc, vu l'hypothèse, $a < h_1 < 2a$.

De même il existe $h_2 \in H'$ tel que $a \leqslant h_2 < h_1$. Donc $a < h_2 < h_1 < 2a$.

Donc $h_1 - h_2 \in H$ (car H sous-groupe de $(\mathbb{R}, +)$) et $0 < h_1 - h_2 < a = \inf_{\mathbb{R}} H'$.

Absurde. Donc si $a > 0, a \in H$, donc $a \in H'$: c'est le minimum de H'.

Dans ce cas, $a \in H$, donc H étant un sous-groupe de $(\mathbb{R}, +), a\mathbb{Z} \subset H$.

Si $x \in H$, soit $m = E[x/a]$, alors $ma \leqslant x < (m+1)a$ et $x - ma \in H$ et vérifie : $0 \leqslant x - ma < a = \inf_{\mathbb{R}} H'$. Comme $x - ma \geqslant 0$ et n'appartient pas à H', il est nul, donc $x = ma$. D'où $H = a\mathbb{Z}$ par double inclusion.

b. Si $a = 0$ utilisons le critère de la borne inférieure dans $\mathbb{R}$. Soit $(x, y) \in \mathbb{R}^2, x < y$ $\exists\, \eta \in H', a = 0 \leqslant \eta < y - x$. Comme $\eta \in H'$, il est strictement positif, et on peut poser $p = \lfloor x/\eta \rfloor$. Alors $p\eta \leqslant x < (p+1)\eta \leqslant x + \eta < y$ et $(p+1)\eta \in H$ puisque H est un sous-groupe de $(\mathbb{R}, +)$. D'où H est dense dans $\mathbb{R}$.

---

9. Si A est non vide, il suffit de montrer que l'ensemble H des produits $a_1^{\varepsilon_1} \dots a_n^{\varepsilon_n}$ où n varie dans $\mathbb{N}^*$ et pour $1 \leqslant i \leqslant n$, les a_i sont dans A et les ε_i dans $\mathbb{Z}$, est un sous-groupe de G contenant A.

Si $a \in A$, alors $a = a^1 \in H$. Donc H est non vide et contient A.

Si x et y sont éléments de H, il existe deux entiers naturels p et q tels que $x = a_1^{\alpha_1} \dots a_p^{\alpha_p}$, $y = b_1^{\beta_1} \dots b_q^{\beta_q}$ où $(a_i, b_i) \in A^2$ et $(\alpha_i, \beta_i) \in \mathbb{Z}^2$.

Donc $y^{-1} = b_q^{-\beta_q} \dots b_1^{-\beta_1} \in H$ et $x.y \in H$.

---

10. a. Si e est l'élément neutre dans G et e' l'élément neutre dans G', pour tout $x \in G$, $xTe = eTx = e \Rightarrow f(x)T'f(e) = f(e)T'f(x) = f(e) \Rightarrow f(e) = e'$.

b. Si $xTx' = x'Tx = e$, alors $f(x)T'f(x') = f(x')T'f(x) = f(e) = e'$. Donc $f(x')$ est le symétrique de $f(x)$ dans le groupe G'.

c. On a déjà $f(e) = e' \in f(G)$. Donc $f(G)$ est non vide. Si a et b sont éléments de $f(G)$, il existe x et y dans G tels que $a = f(x)$ et $b = f(y)$. Si b' est le symétrique de b pour T', on a vu que $b' = f(y')$ où y' est le symétrique de y dans G pour T.

Donc $aT'b' = f(x)T'f(y') = f(xTy') \in f(G)$ car (G, T) est un groupe.

Donc $f(G)$ est un sous-groupe de (G', T').

d. $\text{Ker}(f) = f^{-1}(\{e'\}) = \{x \in G \mid f(x) = e'\}$ contient e, d'après a), donc $\text{Ker}(f)$ est non vide. Si $(x, y) \in \big(\text{Ker}(f)\big)^2$ $f(xTy) = f(x)T'f(y) = e'T'e' = e'$.

Si y' est le symétrique de y dans G pour T, alors $f(y')$ est le symétrique de $f(y)$ dans G' pour T'. Donc $f(y) = e' \Rightarrow f(y') = e'$ *i.e.* $y' \in \text{Ker}(f)$. Donc $\text{Ker}(f)$ est un sous-groupe de $(G, \cdot)$.

e. Si f est injective, $x \in \text{Ker}(f) \iff f(x) = e' \iff f(x) = f(e) \Rightarrow x = e$.
Donc, si f est injective, son noyau est réduit à $\{e\}$.
Réciproquement si $\text{Ker}(f) = \{e\}$, pour tout $x, y \in G, f(x) = f(y)$ implique $f(x)T'f(y') = e'$ d'après b), si y' est le symétrique de y dans G pour T. Comme f est un morphisme, $f(xTy') = e'$ *i.e.* $xTy' \in \text{Ker}(f)$. Comme $\text{Ker}(f) = \{e\}$,il s'ensuit que $xTy' = e$ ce qui équivaut à $x = y$. Donc f est injective.

f. On sait ln est une bijection de $\mathbb{R}_+^\star$ sur $\mathbb{R}$ et que :

$\forall (x, y) \in \left(\mathbb{R}_+^\star\right)^2, \ln(x.y) = \ln(x) + \ln(y)$.

g. Évidemment, G est supposé non commutatif, sinon, pour tout $a \in G, f_a = I_G$.
$\forall (x, y) \in G^2, f_a(x)f_a(y) = (axa^{-1})(aya^{-1}) = a(xy)a^{-1} = f_a(xy)$,
car la loi de groupe est associative, $a^{-1}a = e$ et $ey = y$.

$z = f_a(x) \iff x = a^{-1}za$ car a est inversible dans G.
Donc f_a est bijective et $f_a^{-1} = f_{a^{-1}}$.

---

11. $D(G) = \{g_1^{\varepsilon_1} \dots g_1^{\varepsilon_n} \mid \varepsilon_i \in \{-1, 1\}, g_i = [x_i, y_i],\ x_i, y_i \in G\}$.
On montre facilement que l'inverse du commutateur $[x, y]$ est le commutateur $[y, x]$ et que si $g = [x, y]$ et $h \in G$, alors $hgh^{-1} = [x', y']$ avec $x' = hxh^{-1}$ et $y' = hyh^{-1}$.
Par une récurrence facile, on montre que :
$hg_1 \dots g_nh^{-1} = (hg_1h^{-1})(hg_2h^{-1}) \dots (hg_nh^{-1})$ et l'on conclut avec les remarques précédentes.

---

12. a. $e \in N(A)$. Si $x, y \in N(A) A(xy) = (Ax)y = (xA)y = x(Ay) = x(yA) = xyA$.
$Ax^{-1} = x^{-1}(xA)x^{-1} = x^{-1}(Ax)x^{-1} = x^{-1}A$. Donc $xy \in N(A)$ et $x^{-1} \in N(A)$. Il en découle que $N(A)$ est un sous-groupe de A.

b. On a $e \in \mathcal{C}(A)$; si $x, y \in \mathcal{C}(A)$, pour tout $a \in A$,
$a(xy) = (ax)y = (xa)y = x(ay) = x(ya) = (xy)a$ et
$ax^{-1} = x^{-1}(xa)x^{-1} = x^{-1}(ax)x^{-1} = x^{-1}a$. Donc $\mathcal{C}(A)$ est un sous-groupe de $N(A)$. Montrons qu'il est distingué dans $N(A)$.
$\forall x \in \mathcal{C}(A), \forall y \in N(A), \forall a \in A, \exists b \in A,\ ay = yb$.
Donc $a(yxy^{-1}) = (ay)(xy^{-1}) = (yb)(xy^{-1}) = y(bx)y^{-1} = y(xb)y^{-1} = (yx)(by^{-1})$
D'où $a(yxy^{-1}) = (yx)(y^{-1}a) = (yxy^{-1})a$. Finalement, $yxy^{-1} \in \mathcal{C}(A)$.

---

13. Soit $(G, .)$ un groupe cyclique engendré par a et H un sous-groupe de G. Supposons $H \neq \{e\}$ et considérons le plus petit entier naturel non nul que $a^n \in H$ avec $a^n \neq e$. Soit $n \in \mathbb{Z}$. La division euclidienne dans $\mathbb{Z}$ donne $p, q \in \mathbb{Z}$ tel que $n = pq + r$ avec $0 \leqslant r < p$. Donc $a^n = (a^p)^q a^r$. Comme H est un sous-groupe de G, $a^r = a^n(a^p)^{-q} \in H$. D'après la définition de p, on a $r = 0$ *i.e.* $a^n = (a^p)^q, q \in \mathbb{Z}$. Le groupe H est cyclique engendré par a^p.

---

14. Soit $H = \{x \in G \mid x^p = e\}$ sous-groupe de g si $n = pq$. Alors H contient tout sous-groupe d'ordre p. En particulier H contient $H' = \{e, x^q, \dots, x^{q(p-1)}\}$. D'où H est de cardinal $\geqslant p$. D'après l'exercice précédent, H est cyclique et l'ordre de tout générateur de H a un ordre qui divise p. Donc $\text{card}(H) \leqslant p$. D'où, $\text{card}(H) = p$ et tout sous-groupe de G d'ordre p est égal à H.

15. a. Comme $1 = 1 + 0\sqrt{2} \in G$, l'ensemble G est non vide. Si $(x + y\sqrt{2})$ et $(x' + y'\sqrt{2})$ sont éléments de G, leur produit $xx' + 2yy' + (xy' + x'y)\sqrt{2}$ est élément de G car, d'une part, $(xx' + 2yy', xy' + x'y) \in \mathbb{Z}^2$ et d'autre part, puisque $x^2 - 2y^2 = 1, x > |y|\sqrt{2}$ et $x' > |y'|\sqrt{2}$ impliquent $xx' > 2yy'$ et donc $xx' + 2yy' \in \mathbb{N}$.
Comme $(x + y\sqrt{2})(x - y\sqrt{2}) = x^2 - 2y^2 = 1$, $(x + y\sqrt{2})$ est inversible dans dans $\mathbb{R}$ et son inverse est dans G. Enfin, comme $x^2 - 2y^2 = 1$ et $x \in \mathbb{N}$ impliquent $x > y\sqrt{2}$ et $x + y\sqrt{2} > 0$, une caractérisation des sous-groupes permet de conclure que G est un sous-groupe de $(\mathbb{R}_+^\star, \times)$.

b. Si $x > x' > 1, y > 0, y' > 0$ et $x, x', y, y' \in \mathbb{Z}$, $(x + y\sqrt{2})(x' - y'\sqrt{2}) = x'' + y''\sqrt{2}$ avec $x'' = xx' - 2yy'$ et $y'' = x'y - xy'$. On a $x'^2y^2 - x^2y'^2 = y^2 - y'^2$ car $x^2 = 1 + 2y^2$ et $x'^2 = 1 + 2y'^2$. Or $0 < y' = \sqrt{\dfrac{x'^2 - 1}{2}} < \sqrt{\dfrac{x^2 - 1}{2}} = y$, donc $x'^2y^2 - x^2y'^2 > 0$. Il en s'ensuit que $x'y > xy'$ et donc $y'' > 0$. Comme $x'' = \sqrt{1 + 2y''^2}$, on a $x'' > 1$.
Le signe de $x - x'' = -x(x' - 1) + 2yy'$ est celui de $z = (2yy')^2 - x^2(x' - 1)^2$.
$z = (x^2 - 1)(x'^2 - 1) - x^2(x' - 1)^2 = (x' - 1)(2x^2 - x' - 1) > (x' - 1)(2x - x' - 1) > 0$
Donc $0 < x'' < x$.

c. La recherche de l'élément $a = x + y\sqrt{2} \in G$ tel que $y > 0$ et x minimal pour cette propriété donne $a = 3 + 2\sqrt{2}$. Soit $g = x + y\sqrt{2} \in G$ avec $x \geqslant 3$ et $y > 0$. Soit $g = a$, soit $\dfrac{g}{a} = x' + y'\sqrt{2}$ avec $1 < x' < x$ et $y' > 0$. On recommence avec $\dfrac{g}{a}$. D'où une suite (g_k) où $g_{k+1} = \dfrac{g_k}{a}$, $g_k = x_k + y_k\sqrt{2}$. La suite d'entiers naturels (x_k) étant strictement décroissante, elle est stationnaire, donc finie et il existe k_0 tel que $x_{k_0} = 1$. D'où $y_{k_0} = 0$ et $g_{k_0} = a^{k_0}$.
Si $g \in G$, soit $g = x + y\sqrt{2}, y > 0$, soit $g^{-1} = x - y\sqrt{2} \in G$. Il existe donc, dans tous les cas, $k \in \mathbb{Z}$ tel que $g = a^k$ *i.e.* G est monogène.

Remarque : on vient de résoudre l'équation $x^2 - 2y^2 = 1, x \in \mathbb{N}, y \in \mathbb{Z}$. On a montré que les solutions sont les couples (x_n, y_n) tels que

$x_n + y_n\sqrt{2} = (3 + 2\sqrt{2})^n = (1 + \sqrt{2})^{2n}$. Donc $\begin{cases} x_n = \dfrac{(\sqrt{2}+1)^{2n} + (\sqrt{2}-1)^{2n}}{2} \\ y_n = \dfrac{(\sqrt{2}+1)^{2n} - (\sqrt{2}-1)^{2n}}{2\sqrt{2}} \end{cases}$

---

16. Δ est commutative, $\emptyset$ est l'élément neutre pour Δ . Comme $A\Delta A = \emptyset$, l'élément symétrique de A pour Δ est A. Montrons que Δ est associative. Soient $(A, B, C) \in \mathcal{P}(E)^3$. Notons $X = A\Delta(B\Delta C) = \big[A \cap \overline{(B\Delta C)}\big] \cup \big[\overline{A} \cap (B\Delta C)\big]$.

$X = \big(A \cap \overline{(B \cup C) \cap \overline{(B \cap C)}}\big) \cup \big(\overline{A} \cap ((B \cap \overline{C}) \cup (\overline{B} \cap C))\big)$.

$X = \big(A \cap (\overline{B} \cap \overline{C}) \cup (B \cap C))\big) \cup \big(\overline{A} \cap B \cap \overline{C}\big) \cup \big(\overline{A} \cap \overline{B} \cap C\big)$.

$X = \big(A \cap \overline{B} \cap \overline{C}\big) \cup \big(A \cap B \cap C\big) \cup \big(\overline{A} \cap B \cap \overline{C}\big) \cup \big(\overline{A} \cap \overline{B} \cap C\big) \qquad (1).$

Les propriétés des lois $\cap$ et $\cup$ étant supposées connues, comme Δ est commutative, $X = (B\Delta C)\Delta A$. Donc, si l'on note $Y = (A\Delta B)\Delta C$, alors
$Y = \big(B \cap C \cap A\big) \cup \big(B \cap \overline{C} \cap \overline{A}\big) \cup \big(\overline{B} \cap C \cap \overline{A}\big) \cup \big(\overline{B} \cap \overline{C} \cap A\big) = X$ d'après (1).

Donc $(\mathcal{P}(E), \Delta)$ est un groupe abélien.

Comme $\cap$ est une loi de composition interne sur $\mathcal{P}(E)$ associative, commutative, d'élément neutre E, il suffit de prouver la distributivité de Δ par rapport à $\cap$ pour conclure que $(\mathcal{P}(E), \Delta, \cap)$ est un anneau commutatif.

$Z = A \cap (B \Delta C) = A \cap \big((B \cap \overline{C}) \cup (\overline{B} \cap C)\big) = \big(A \cap B \cap \overline{C}\,\big) \cup \big(A \cap \overline{B} \cap C\big)$.

Soit $T = (A \cap B)\Delta(A \cap C) = \big((A \cap B) \cap \overline{(A \cap C)}\,\big) \cup \big(\,\overline{A \cap B)} \cap (A \cap C)\big)$.

$T = \big((A \cap B) \cap \overline{A} \cup \overline{C}\,\big) \cup \big((\,\overline{A} \cup \overline{B}\,) \cap (A \cap C)\big)$.

$T = \big(A \cap B \cap \overline{A}\,\big) \cup \big(A \cap B \cap \overline{C}\,\big) \cup \big(\overline{A} \cap A \cap C\big) \cup \big(A \cap C \cap \overline{B}\big) = Z$.

---

17. On admet dans cet exercice que $\sqrt{2}$, $\sqrt{3}$ et $\sqrt{6}$ sont irrationnels. Pour ceux qui ne sauraient pas le prouver, utilisez les deux méthodes données dans l'exercice suivant.

$E \subset \mathbb{R}$. La multiplication et l'addition étant associatives, commutatives, dans $\mathbb{R}$, elles le sont dans E. L'élément neutre pour la loi $+$ (*resp.* pour la loi $\cdot$) est 0 (*resp.* 1) dans E. Comme pour tout $x \in E, -x \in E$ et vérifie $x + (-x)(-x) + x = 0$, on peut conclure que $(E, +)$ est un groupe abélien.

Comme la multiplication est distributive par rapport à l'addition dans $\mathbb{R}$, c'est le cas dans E, et donc E est un anneau commutatif.

Si $x \in E \setminus \{0\}$, $\dfrac{1}{x} \in \mathbb{R}$, il suffit de montrer que $\dfrac{1}{x} \in E$ pour conclure que E est un corps commutatif.

Montrons au préalable que $a + b\sqrt{2} + c\sqrt{3} + d\sqrt{6} = 0$ avec $a, b, c, d \in \mathbb{Q}$ si, et seulement si, $a = b = c = d = 0$. Une des deux implications étant claire, intéressons nous à l'autre.

Si $a + b\sqrt{2} + c\sqrt{3} + d\sqrt{6} = 0$ avec $d \neq 0$, alors $\sqrt{6} = \alpha + \beta\sqrt{2} + \gamma\sqrt{3}$.

Donc $\sqrt{3}\,(\sqrt{2} - \gamma) = \alpha + \beta\sqrt{2}$, d'où $\sqrt{3} = \dfrac{(\alpha + \beta\sqrt{2}\,)(\sqrt{2} + \gamma)}{2 - \gamma^2} = \alpha_1 + \beta_1\sqrt{2}$ avec α_1 et β_1 dans $\mathbb{Q}$. Donc $3 = \alpha_1^2 + 2\beta_1^2 + 2\alpha_1\beta_1\sqrt{2}$. Comme $\sqrt{2} \in \mathbb{R} \setminus \mathbb{Q}$, il s'ensuit que $\alpha_1\beta_1 = 0$. Donc, soit $\alpha_1^2 = 3$, soit $2\beta_1^2 = 3$ ce qui est impossible car $\sqrt{3}$ et $\sqrt{6}$ sont irrationnels. Donc $d = 0$ *i.e.* $a + b\sqrt{2} = -c\sqrt{3}$. Donc $3c^2 = a^2 + 2b^2 + 2ab\sqrt{2}$ qui implique $a = b = c = 0$ car $\sqrt{2} \in \mathbb{R} \setminus \mathbb{Q}$.

Donc, si $x = (a + b\sqrt{2}\,) + \sqrt{3}(c + d\sqrt{2}\,) \neq 0$ alors $y = (a + b\sqrt{2}) - \sqrt{3}(c + d\sqrt{2}\,) \neq 0$.

$xy = (a + b\sqrt{2}\,)^2 - 3(c + d\sqrt{2}\,)^2 = \alpha + \beta\sqrt{2}$ avec $\alpha, \beta \in \mathbb{Q}$.

$xy(\alpha - \sqrt{2}\beta) = \alpha^2 - 2\beta^2 \neq 0$ implique

$$\frac{1}{x} = \frac{y(\alpha - \beta\sqrt{2}\,)}{\alpha^2 - 2\beta^2} = \frac{\big((a + b\sqrt{2}) - \sqrt{3}(c + d\sqrt{2}\,)\big)(\alpha - \beta\sqrt{2}\,)}{\alpha^2 - 2\beta^2}.$$

D'où $\dfrac{1}{x} = a' + b'\sqrt{2} + c'\sqrt{3} + d'\sqrt{6}$ avec $(a', b', c', d') \in \mathbb{Q}^4$. Donc $\dfrac{1}{x} \in E$.

---

18. a. *Première solution :* si $\sqrt[3]{2} = \dfrac{p}{q}$ où p et q sont des entiers naturels non nuls, alors $p^3 = 2q^3$. Dans la décomposition en facteurs premiers de p^2, tous les nombres premiers sont élevés à une puissance 3α alors que dans le second membre, 2 a une puissance $3\beta + 1$, ce qui est absurde.

Deuxième solution : si $\sqrt[3]{2} = \dfrac{p}{q}$ où p et q sont des entiers naturels non nuls et premiers entre eux, on écrit $p^3 = 2q^3$. Donc, 2 divise p. En notant $p = 2p', p' \in \mathbb{N}^\star$ on obtient $4p'^3 = q^3$. D'où 2 divise q, ce qui contredit : p et q premiers entre eux.

b. Voir l'exercice 14 du chapitre 2.

c. (i) Si $a = \dfrac{p}{q}$, $b = \dfrac{p'}{q'}$ et $c = \dfrac{p''}{q''}$, on a $a + b\sqrt[3]{2} + c\sqrt[3]{4} = 0$ si, et seulement si, $pq'q'' + p'qq''\sqrt[3]{2} + p''qq'\sqrt[3]{4} = 0$. Comme $qq'q'' \neq 0$, le résultat est établi.

(ii) L'égalité (ii) avec $x = a, y = b\sqrt[3]{2}$ et $z = c\sqrt[3]{4}$ donne
$x + y + z = 0 \Rightarrow x^3 + y^3 + z^3 - 3xyz = 0 \Rightarrow a^3 + 2b^3 + 4c^3 - 6abc = 0$.

(iii) Si $abc \neq 0$, on peut supposer a, b, c premiers entre eux, sinon on pose $a = \delta a', b = \delta b'$ et $c = \delta c'$ avec a', b', c' premiers entre eux et l'on a
$a^3 + 2b^3 + 4c^3 - 6abc = 0 \iff \delta^3\big(a'^3 + 2b'^3 + 4c'^3 - 6a'b'c'\big) = 0$.

$a^3 + 2b^3 + 4c^3 - 6abc = 0 \iff 2b^3 + 4c^3 - 6abc = -a^3$. Donc 2 divise a. Notons $a = 2a_1$ alors $4a_1^3 + b^3 + 2c^3 - 6a_1bc = 0$, qui implique 2 divise b. En notant $b = 2b_1$ on obtient $2a_1^2 + 4b_1^3 + c_1^3 - 6a_1b_1c = 0$, ce qui implique 1 divise c. Ceci contredit a, b, c premiers entre eux. Donc $abc = 0$. Si l'un des trois est nul et pas les deux autres, on aboutit à $\sqrt[3]{2} \in \mathbb{Q}$. Donc $a = b = c = 0$ si $a^3 + 2b^3 + 4c^3 - 6abc = 0$ avec $(a, b, c) \in \mathbb{Z}^3$ et même si $(a, b, c) \in \mathbb{Q}^3$.

d. $E \subset \mathbb{R}$. La multiplication et l'addition étant associatives, commutatives, dans $\mathbb{R}$, elles le sont dans E. L'élément neutre pour la loi $+$ (*resp.* pour la loi $\cdot$) est 0 (*resp.* 1) dans E. Comme pour tout $x \in E, -x \in E$ et vérifie $x + (-x)(-x) + x = 0$, on peut conclure que $(E, +)$ est un groupe abélien.

Comme la multiplication est distributive par rapport à l'addition dans $\mathbb{R}$, c'est le cas dans E, et donc E est un anneau commutatif.

Si $x \in E \setminus \{0\}$, $\dfrac{1}{x} \in \mathbb{R}$, il suffit de montrer que $\dfrac{1}{x} \in E$ pour conclure que E est un corps commutatif. Soit $x = a + b\sqrt[3]{2} + c\sqrt[3]{4} \neq 0$.

D'après b), $\dfrac{1}{x} = \dfrac{(a + bj\sqrt[3]{2} + cj^2\sqrt[3]{4})(a + bj^2\sqrt[3]{2} + cj\sqrt[3]{4})}{a^3 + 2b^3 + 4c^3 - 6abc}$.

Donc $\dfrac{1}{x} = \dfrac{(a^2 - 2bc) + (2c^2 - ab)\sqrt[3]{2} + (b^2 - a^2)\sqrt[3]{4}}{a^3 + 2b^3 + 4c^3 - 6abc} \in E$.

---

19. a. $(1 - x)^n = \displaystyle\sum_{j=0}^{n} \binom{n}{j} (-1)^j x^j$. Donc, par intégration,

$$\int_0^1 (1 - x)^n dx = \sum_{j=0}^{n} \binom{n}{j} \frac{(-1)^j}{j+1} = \Big[- \frac{(1 - x)^{n+1}}{n+1} \Big]_0^1 = \frac{1}{n+1}.$$

Pour tout $x \in \mathbb{R}^\star$, $\dfrac{(1 - x)^n - 1}{x} = \displaystyle\sum_{j=1}^{n} \binom{n}{j} (-1)^j x^{j-1}$.

Comme, pour tout $x \in \mathbb{R}^\star$, $\dfrac{1 - (1 - x)^n}{x} = \dfrac{1 - (1 - x)^n}{1 - (1 - x)} = \displaystyle\sum_{k=0}^{n-1} (1 - x)^k$, on obtient

par intégration, $\displaystyle\sum_{j=1}^{n} \binom{n}{j} \frac{(-1)^{j-1}}{j} = \sum_{k=1}^{n} \frac{1}{k}$.

b. $\forall x \in \mathbb{R}, (1 + x)^n = \displaystyle\sum_{j=0}^{n} \binom{n}{j} x^j$.

Par dérivation, $\forall x \in \mathbb{R}, n(1 + x)^{n-1} = \displaystyle\sum_{j=0}^{n} j \binom{n}{j} x^{j-1}$.

Pour $x = 1$, on obtient $\displaystyle\sum_{j=0}^{n} j\binom{n}{j} = n2^{n-1}$.

De même, on a $\displaystyle\int_0^1 (1+x)^n dx = \frac{2^{n+1}-1}{n} = \sum_{j=0}^{n} \frac{1}{j+1}\binom{n}{j}$.

c. On sait que $\forall b \leqslant a$, $\displaystyle\binom{a}{b-1} + \binom{a}{b} = \binom{a+1}{b}$.

Donc $\displaystyle\binom{a}{b} = \binom{a+1}{b} - \binom{a}{b-1}$. D'où $\displaystyle\binom{p+k}{p} = \alpha_{k+1} - \alpha_k$ où $\alpha_k = \displaystyle\binom{p+k}{p-1}$.

Donc : $\displaystyle\sum_{k=0}^{n-p} \binom{p+k}{k} = 1 + \sum_{k=1}^{n-p} \binom{p+k}{k} = 1 + \sum_{k=1}^{n-p} (\alpha_{k+1} - \alpha_k) = \alpha_{n-p+1}$ par télescopage. D'où le résultat.

---

20. $\displaystyle(1+1)^{2n} = \sum_{k=0}^{2n} \binom{2n}{k} > \binom{2n}{n} \Rightarrow 4^n > \binom{2n}{n}$.

$\displaystyle(1+1)^{2n+1} = 2.4^n = \sum_{k=0}^{2n+1} \binom{2n+1}{k} > \binom{2n+1}{n} + \binom{2n+1}{n+1} = 2\binom{2n+1}{n}$

car $\displaystyle\binom{n}{p} = \binom{n}{n-p}$. D'où le résultat.

Travail dirigé

Entiers de Gauss

Partie I

On donne G l'ensemble des nombres complexes $m + ni$ où $(m, n) \in \mathbb{Z}^2$. Pour tout $z \in \mathbb{C}$, on note $k(z)$ le nombre de $p \in G$ tels que $|z - p| < 1$.

1. Montrer que si $z \in G$ alors $k(z) = 1$.

2. Montrer que : $\forall z \in \mathbb{C},\ k(z) = k(z+1) = k(z+i) = k(iz) = k(\overline{z})$.

En déduire que : $\forall z \in \mathbb{C},\ \exists z' \in \mathbb{C},\ k(z') = k(z)$ et $0 \leqslant \Im m(z') \leqslant \Re e(z') \leqslant \dfrac{1}{2}$.

Montrer que $|z'| \leqslant \dfrac{1}{\sqrt{2}}$ et que, sauf si $z' = 0$, on a $|z' - 1| < 1$.

3. Montrer que : $\forall z \in \mathbb{C}, 1 \leqslant k(z) \leqslant 4$ avec $k(z) > 1$ sauf si $z \in G$.

4. Calculer $k(z)$ pour $z \in \left\{\dfrac{1+i}{3}, \dfrac{1+i}{4}, \dfrac{5+i}{12}\right\}$.

Partie II

1. Montrer que G est un anneau constitué d'éléments de $\mathbb{C}$. Quels sont ses éléments inversibles ? On appelle G l'***anneau des entiers de Gauss*** et l'on note $G = \mathbb{Z}[i]$.

On dit que a divise b, dans G, $a \neq 0$, lorsque $\dfrac{b}{a} \in G$. On note, pour $a \in G$, $D(a)$ l'ensemble des diviseurs de a.

2. a. Montrer que : $\forall (a,b) \in G \times \big(G \setminus \{0\}\big),\ \exists (q,r) \in G^2, \begin{cases} a = bq + r \\ |r| < |b| \end{cases}$ *Utiliser I.*

b. Montrer que le couple (q,r) est unique si et seulement si b divise a.

c. Quels sont les diviseurs de 2 dans G ?

d. Montrer que $1+i$ divise a dans G si et seulement si $\Re e(a) - \Im m(a)$ est pair.

3. a. Soit $(a,b,q,r) \in G^4$ tel que $a = bq+r$. Montrer que : $D(a) \cap D(b) = D(b) \cap D(r)$.

b. Montrer que pour tous a, b non nuls de G il existe un unique élément, noté $a \wedge b$ dans G tel que : $D(a) \cap D(b) = D(a \wedge b)$ et $\Re e(a \wedge b) > 0,\ \Im m(a \wedge b) \geqslant 0$.

c. Calculer $(4 - 7i) \wedge (8 + i)$.

4. Soient a, b non nuls dans G.

a. Montrer que : $(a \wedge b = 1) \iff (\exists (u,v) \in G^2,\ au + bv = 1$.

b. Montrer que : $(a \wedge b = 1) \Rightarrow (a \wedge b^2 = a^2 \wedge b^2 = 1)$.

c. Soit c dans G ; montrer que si $(a \wedge b = 1)$ et si a divise bc alors a divise c.

Solution

Partie I

1. Si $z \in G$, le disque ouvert de centre z et de rayon 1 ne contient que z dans G.

2. Les égalités proviennent de l'invariance de G par ces transformations de $\mathbb{C}$.
Soit $z = x + iy,\ (x,y) \in \mathbb{R}^2$; $\exists (x_0, y_0) \in \mathbb{Z}^2, |x - x_0| \leqslant \dfrac{1}{2}$ et $|y - y_0| \leqslant \dfrac{1}{2}$
Posons $z'' = z - x_0 - iy_0$, $z'' - z \in G$ et $k(z'') = k(z)$ et $|\,\Re e\, z''| \leqslant \dfrac{1}{2}, |\,\Im m\, z''| \leqslant \dfrac{1}{2}$.
Toute isométrie laissant invariant le carré constitué par les points $(1,1), (1,-1), (-1,1), (-1,-1)$ laisse G invariant. On peut par les symétries par rapport $(O; \vec{i})$ et $(O; \vec{j})$ changer le signe $\Re e\, z''$ et $\Im m\, z''$ et on peut éventuellement les permuter par la symétrie par rapport à la droite $(O; \vec{i} + \vec{j})$.
On se ramène ainsi à z' tel que $k(z) = k(z')$ et $0 \leqslant \Im m(z') \leqslant \Re e(z') \leqslant \dfrac{1}{2}$
$|z'|^2 \leqslant \dfrac{1}{4} + \dfrac{1}{4} = \dfrac{1}{2} \Rightarrow |z'| \leqslant \dfrac{1}{\sqrt{2}}$.
$|z' - 1| < 1$ sauf si $z' = 0$ car le cercle de centre 1 et de rayon 1 passe par O et le point d'affixe $1+i$. Le disque ouvert de centre 1 et de rayon 1 contient l'ensemble des points $P(x,y)$ tels que $0 \leqslant y \leqslant x \leqslant 1/2\}$ sauf O.
Un dessin est vivement conseillé.

3. La région : $0 \leqslant y \leqslant x \leqslant 1/2$ est partagée en 4 régions par les cercles de centres respectifs $1, i, 1+i$ et de rayon 1. Notons R_j l'ensemble des z de cette région tels que $k(j) = j$.

$R_1 = \{0\}$; $R_2 : 0 < x \leqslant \frac{1}{2},\ 0 \leqslant y \leqslant 1 - \sqrt{1-x^2}$.

$R_3 : 0 < x < \frac{1}{2},\ 1 - \sqrt{1-x^2} \leqslant y \leqslant 1 - \sqrt{1-(1-x)^2}$

$R_4 : 1 - \frac{1}{\sqrt{2}} < x \leqslant \frac{1}{2},\ 1 - \sqrt{1-(1-x)^2} < y \leqslant x$. (faire un dessin)

4. $\left|\frac{1+i}{3} - (1+i)\right| = \frac{2\sqrt{2}}{3} < 1$ donc $\frac{1+i}{3} \in R_4$

$\left|\frac{1+i}{4} - (1+i)\right| = \frac{3\sqrt{2}}{4} > 1$ et $\left|\frac{1+i}{4} - i\right| = \frac{\sqrt{10}}{4} < 1$ donc $\frac{1+i}{4} \in R_3$

$\left|\frac{5+i}{12} - i\right| = \frac{\sqrt{146}}{12} > 1$ et $\left|\frac{5+i}{12} - 1\right| < 1$ donc $\frac{5+i}{12} \in R_2$

Partie II

1. G est non vide car $1 \in G$. Soit $(x,y) \in G^2$, il existe $(m,n,p,q) \in \mathbb{Z}^4$ tels que $x = m + in$ et $y = p + iq$. On a : $x - y = (m-p) + i(n-q)$ et $xy = (mp - nq) + i(mq + np)$. $(\mathbb{Z}, +, .)$ étant un anneau commutatif, G un anneau contenu dans $\mathbb{C}$. Notons que pour tout $z \in G, |z|^2 \in \mathbb{N}$.
z est inversible dans G si, et seulement si, il existe $z' \in G$ tel que $zz' = 1$.
$zz' = 1 \Rightarrow |z|^2|z'|^2 = 1 \iff |z|^2 = |z'|^2 = 1$ (cf. remarque précédente). Donc $m^2 + n^2 = 1$ D'où $(m,n) \in \{(1,0),(-1,0),(0,1),(0,-1)\}$ *i.e.* $z \in \{1,-1,i,-i\} = \mathbb{U}_4$.
La réciproque étant évidente, les éléments inversibles de G sont les éléments de $\mathbb{U}_4$.

2. a. $\forall (a,b) \in G \times G - \{0\}, \exists q \in G, \left|\frac{a}{b} - q\right| < 1$. Donc $|a - bp| < |b|$ et $a - bq = r \in G$. D'où le résultat. Notons qu'il peut y avoir jusqu'à quatre couples (q,r) et que l'on peut obtenir $|a - bp| \leqslant \frac{1}{\sqrt{2}}|b|$ (cf.II.A.2.)

b. Il n'y a unicité de (q,r) que si $k\left(\frac{a}{b}\right) = 1$ *i.e.* $\frac{a}{b} \in G$ *i.e.* b divise a.

c. On a des diviseurs « évidents » dans G de tout $z \in G$, à savoir les αz où $\alpha \in U_4$. De plus pour tout u de G divisant z, les αu divisent z.
Si $(a,b) \in G \times G - \{0\}$, b divise a, alors $|b|^2$ divise $|a|^2$ dans $\mathbb{N}^\star$ car $a = bc$ implique $|a|^2 = |b|^2|c|^2$. Si b divise a et n'est pas de la forme α où αa avec $\alpha \in U_4$, alors $|b|^2$ est un diviseur de $|a|^2$ distinct de 1 et $|a|^2$.
Si $a = 2$, alors $|a|^2 = 4$ et les diviseurs de a non « évidents » sont tels que $|b|^2 = 2$ d'où $b = \pm 1 \pm i$. Réciproquement, si $|b|^2 = 2$, alors $b\bar{b} = 2$, donc b divise bien 2.
En conclusion : 2 a 12 diviseurs dans G qui sont $2\alpha, \alpha, (1+i)\alpha$ où $\alpha \in \mathbb{U}_4$.

d. Si $1+i$ divise a, alors $|1+i|^2$ divise $|a|^2$ dans $\mathbb{N}^\star$, donc $|a|^2$ est un entier naturel pair, d'où $\Re e(A)$ et $\Im m(a)$ ont même parité.
Réciproquement si $\Re e(a) = m$ et $\Im m(a) = n$ ont même parité,
supposons $m = 2m'$ et $n = 2n'$ où $(m',n') \in \mathbb{Z}^2$, alors 2 divise a dans G et donc $1+i$ divise a dans G d'après la question précédente et par transitivité de la relation de divisibilité ;
supposons $m = 2m'+1$ et $n = 2n'+1$ où $(m',n') \in \mathbb{Z}^2$, alors $a = 2a' + 1 + i$ où $a' \in G$. Or $1+i$ divise 2 dans G, donc $1+i$ divise a.

3. a. Si c divise a et b alors c divise $r = a - bq$ donc c divise b et r *i.e.* $D(a) \cap D(b) \subset D(b) \cap D(r)$.
c divise r et b alors c divise $a = bq + r$ donc c divise b et a *i.e.*

Solutions

$D(b) \cap D(r) \subset D(a) \cap D(b)$.

b. On définit la suite $(a_k)_{k\in\mathbb{N}}$ par $a_o = a, a_1 = b, a_k = q_k a_{k+1} + a_{k+2}$ si $a_{k+1} \neq 0$ avec $|a_{k+2}| < |a_{k+1}|$ et si $a_{k+1} = 0$, on pose $a_j = 0$ pour tout $j \geqslant k+1$.
Tant que $a_{k+1} \neq 0$, on a $D(a_k) \cap D(a_{k+1}) = D(a) \cap D(b)$ et la suite d'entiers naturels $|a_k|^2$ est strictement décroissante. Comme il y a un nombre fini d'entiers dans $[\![0, |a|^2]\!]$, il existe $n \in \mathbb{N}^*$ tel que : $a_n \neq 0$ et $a_{n+1} = 0$.
Donc $D(a_n) = D(a_n) \cap D(0) = D(a) \cap D(b)$. En multipliant éventuellement a_n par un élément de U_4 on peut rendre positives ses 2 coordonnées, sa partie réelle étant strictement positive. Soit d cet élément, on a :
$D(d) = D(a) \cap D(b), \Re e(d) > 0, \Im m(d) \geqslant 0$.
Supposons l'existence de 2 éléments d, d' possibles pour $a \wedge b$, alors $D(d) = D(d')$, d'où d divise d' et d' divise d ; donc $\dfrac{d}{d'}$ est inversible *i.e.* $\dfrac{d}{d'} \in \mathbb{U}_4$.
Or $\Re e(d') > 0, \Im m(d') \geqslant 0$ et $\Re e(d) > 0, \Im m(d) \geqslant 0$, donc $d = d'$.
c. *Application :* $a = 4 - 7i, b = 8 + i$ donc $|a|^2 = |b|^2 = 65, \dfrac{a}{b} = \dfrac{5}{13} - \dfrac{12}{13}i$.
L'élément de G « le plus proche » de $\dfrac{a}{b}$ est $-i$, donc : $a \wedge b = b \wedge a_2, a_2 = a + ib = 3 + i$.
$\dfrac{b}{a_2} = \dfrac{5}{2} - \dfrac{1}{2}i$; par exemple $b \wedge a_2 = a_2 \wedge a_3, a_3 = b - 2a_2 = 2 - i$.
$\dfrac{a_2}{a_3} = 1 + i$. Donc $n = 3$. Les conditions $\Re e(a \wedge b) > 0$ et $\Im m(a \wedge b) \geqslant 0$ incitent au remplacement de a_3 par $ia_3 = 1 + 2i$. Donc : $a \wedge b = 1 + 2i$.

4. a. Montrons que $I = \{ap + bq \mid (p, q) \in G^2\}$ est tel que $I = dG$ avec $d \in G$.

Si c divise d alors c divise a et b car d divise a et b $(a, b) \in (dG)^2$. Inversement si c divise a et b, alors c divise $d = au + bv$, alors $d \in (a \wedge b)U_4$ $dG = (a \wedge b)G$. En particulier $a \wedge b = 1 \iff \exists (u, v) \in G^2, au + bv = 1$.
Si $I \neq \{0\}$, parmi les éléments non nuls de G il existe c tel que $|c|^2$ minimal (il s'agit d'entiers.) On a, pour tout $z \in I, z = cq + z', |z'| < |c|$ cf B.2.a).
Comme $z' \in I, z' = 0$ par définition de c. I n'est rien d'autre que l'ensemble des multiples de c.

b. Si $a \wedge b = 1$, alors $\exists (u, v) \in G^2, au + bv = 1$, donc $a(au^2 + 2buv) + b^2v^2 = 1$ *i.e.* $\exists (u', v') \in G^2, au' + b^2v' = 1$, donc $a \wedge b^2 = 1$, donc $b^2 \wedge a = 1$ d'où $b^2 \wedge a^2 = 1$ par le raisonnement précédent.

c. Si $(\exists q \in G, bc = aq)$ et si $(\exists (u, v) \in G^2, au + bv = 1)$ alors on a :
$c = acu + bvc = a(uc + vq)$ *i.e.* a divise c.

8 - Polynômes et fractions rationnelles

Rappels de cours

Si $P = \sum a_n X^n$ est un polynôme non nul de $\mathbb{K}[X]$, on considère l'ensemble des entiers naturels tels que a_n soit non nul. Le plus grand de ces entiers est appelé, ***degré*** de P et noté $\deg(P)$, le coefficient associé est appelé ***coefficient dominant***. On dit que P est ***unitaire*** lorsque son coefficient dominant est 1.

On pose $\deg(0_{\mathbb{K}[X]}) = -\infty$. On prouve aisément :

$$\deg(P+Q) \leqslant \max\big(\deg(P), \deg(Q)\big) \text{ avec égalité si } \deg(P) \neq \deg(Q),$$
$$\deg(PQ) = \deg(P) + \deg(Q),$$
$$\deg(P \circ Q) = \deg(P) \times \deg(Q) \text{ si ni } P \text{ ni } Q \text{ n'est nul.}$$

Pour tout entier naturel n, on note $\mathbb{K}_n[X]$ l'ensemble des polynômes de degré au plus égal à n.

1. Division euclidienne

Soient A et B deux polynômes de $\mathbb{K}[X]$ avec B non nul. Il existe un unique couple (Q, R) d'éléments de $\mathbb{K}[X]$ tel que $A = BQ + R$ et $\deg(R) < \deg(B)$.

2. Dérivation

L'application $D : \mathbb{K}[X] \to \mathbb{K}[X],\ P \mapsto P'$ est un endomorphisme surjectif d'espace vectoriel de noyau $\mathbb{K}_0[X]$, pour tout $n \in \mathbb{N}$, $D\big(\mathbb{K}_{n+1}[X]\big) = \mathbb{K}_n[X]$.

Formule de Leibniz

Si $n \in \mathbb{N}$ et $(P, Q) \in \big(\mathbb{K}[X]\big)^2$ alors $D^n(PQ) = \displaystyle\sum_{k=0}^{n} \binom{n}{k} D^k(P) D^{n-k}(Q)$.

Formule de Taylor polynomiale

Soit P un élément de $\mathbb{K}[X]$ et $a \in \mathbb{K}$, $P(X) = \displaystyle\sum_{k=0}^{\infty} \frac{P^{(k)}(a)}{k!} (X-a)^k$.

3. Racines

Le nombre de racines de P est au plus égal à son degré.

$\alpha \in \mathbb{K}$ est racine de P d'ordre p si, et seulement si, l'une des assertions suivantes est vérifiée.

(i) $(X-\alpha)^p$ divise P et $(X-\alpha)^{p+1}$ ne divise pas P.

(ii) $P(\alpha) = P'(\alpha) = \cdots = P^{(p-1)}(\alpha) = 0 \neq P^{(p)}(\alpha)$.

4. Arithmétique dans $\mathbb{K}[X]$

Algorithme d'Euclide

A_0 et A_1 sont deux polynômes tels que $\deg(A_0) \geqslant \deg(A_1) \geqslant 0$ et $k = 1$.
Tant que le reste, noté A_{k+1}, de la division euclidienne de A_{k-1} par A_k est non nul on remplace k par $k+1$.
$A_0 \wedge A_1$ est le polynôme unitaire associé à A_k.

Relation de Bézout

Deux polynômes A et B sont premiers entre eux si, et seulement si, il existe deux polynômes U et V tels que $AU + BV = 1$.
Remarque : un tel couple (U, V) peut être obtenu en « remontant » l'algorithme d'Euclide.

Lemme de Gauss

Si A, B, C sont des polynômes, si A divise BC et $A \wedge B = 1$ alors A divise C.

La relation de Bézout se généralise à n polynômes premiers entre eux dans leur ensemble.

5. Décomposition dans $\mathbb{C}[X]$

Théorème de d'Alembert-Gauss

Si P est un polynôme non constant de $\mathbb{C}[X]$, il existe $\alpha \in \mathbb{C}$ tel que $P(\alpha) = 0$.

Les éléments irréductibles de $\mathbb{C}[X]$ sont les polynômes de degré 1.

Théorème de décomposition

Soient $P \in \mathbb{C}[X] \backslash \mathbb{C}_0[X]$, λ son coefficient dominant et $z_1, \ldots, z_p$ ses racines d'ordres respectifs $\omega_1, \ldots, \omega_p$, on a : $P = \lambda \prod\limits_{i=1}^{p} (X - z_i)^{\omega_i}$.

Soit $(A, B) \in \mathbb{C}[X]^2$, alors $A|B$ si, et seulement si, toute racine de A est racine de B d'ordre de multiplicité dans A inférieur à son ordre dans B,
de même $A \wedge B = 1$ si, et seulement si, A et B n'ont pas de racine commune.

6. Décomposition dans $\mathbb{R}[X]$

Les éléments irréductibles de $\mathbb{R}[X]$ sont les polynômes de degré 1 et les trinômes de degré 2 à discriminant strictement négatif.

Deux racines complexes conjuguées d'un élément de $\mathbb{R}[X]$ ont même ordre de multiplicité.

Notons que si $z \in \mathbb{C} \setminus \mathbb{R}$, $(X - z)(X - \overline{z}) = X^2 - 2X\,\Re e(z) + |z|^2$.

Théorème de décomposition

Soient $P \in \mathbb{R}[X] \setminus \mathbb{R}_0[X]$, λ son coefficient dominant, $x_1, \ldots, x_p$ ses racines réelles d'ordres respectifs $\alpha_1, \ldots, \alpha_p$, z_1 et $\overline{z_1}, \ldots, z_q$ et $\overline{z_q}$ ses racines complexes non réelles d'ordres $\beta_1, \ldots, \beta_q$, on a : $P = \lambda \prod\limits_{i=1}^{p} (X - x_i)^{\alpha_i} \prod\limits_{j=1}^{q} (X^2 - 2X\,\Re e(z_i) + |z_i|^2)^{\beta_i}$.

7. Relations entre coefficients et racines

Si $(\alpha_1, \ldots, \alpha_n) \in \mathbb{K}^n$, pour tout $k \in [\![1, n]\!], \sigma_k = \sum\limits_{1 \leqslant i_1 < \cdots < i_k \leqslant n} \alpha_{i_1}\alpha_{i_2} \cdots \alpha_{i_{\mathbb{K}}}$,

$(X - \alpha_1) \cdots (X - \alpha_n) = X^n + a_{n-1}X^{n-1} + \cdots + a_0$ si, et seulement si, pour tout $k \in [\![1, n]\!]$, $\sigma_k = (-1)^k a_{n-k}$.

8. Formule d'interpolation de Lagrange

Soient $x_1, \ldots, x_n$ des éléments deux à deux distincts de $\mathbb{K}$.

$\forall i \in [\![1, n]\!],\ L_i = \displaystyle\prod_{\substack{j=1 \\ j \neq i}}^{n} \frac{X - x_j}{x_i - x_j}$, i-ème polynôme d'interpolation de Lagrange.

$\mathbb{K}_{n-1}[X] \to \mathbb{K}^n,\ P \mapsto \big(P(x_i)\big)_{1 \leqslant i \leqslant n}$ est un isomorphisme de $\mathbb{K}$-espaces vectoriels dont la réciproque est $(y_1, \ldots, y_n) \mapsto \sum\limits_{i=1}^{n} y_i L_i$.

9. Décomposition des fractions rationnelles réelles

Dorénavant, on pose $F = \dfrac{A}{B}$ où $(A, B) \in \mathbb{R}[X]^2, B \neq 0$.

Il faut, la plupart du temps, se ramener à une partie entière nulle *i.e.* au cas $\deg(A) < \deg(B)$. Pour cela on effectue la division euclidienne de A par B :
$A = BE + R \Rightarrow F = E + \dfrac{R}{B}$.

Forme de la décomposition

• Faire la liste des pôles avec ordre de multiplicité en regroupant chaque pôle complexe non réel avec son conjugué.

• Partie polaire associée à α pôle réel d'ordre p : $\displaystyle\sum_{k=1}^{p} \frac{a_k}{(X - \alpha)^k}$.

• Partie polaire associée à deux pôles non réels z et $\overline{z}$ d'ordre p : $\displaystyle\sum_{k=1}^{p} \frac{\lambda_k X + \mu_k}{T(X)^k}$ où $T(X) = (X - z)(X - \overline{z}) = X^2 - 2X\,\Re e(z) + |z|^2$.

• Écrire *a priori* que F est la somme de ses parties polaires à l'aide de coefficients indéterminés.

Détermination pratique des coefficients

Il est hors de question de réduire au même dénominateur puis d'identifier.

• Pour α pôle réel d'ordre p on a : $a_p = \big[(X - \alpha)^p F(X)\big](\alpha)$.

Remarque : pour $p = 1$ la formule $a_1 = \dfrac{A(\alpha)}{B'(\alpha)}$ est souvent très utile.

• Pour z et $\overline{z}$ pôles non réels d'ordre p on a : $\lambda_p z + \mu_p = \big[T(X)F(X)\big](z)$

• La limite de $xF(x)$ quand $x \to \infty$ est souvent utile.

• On peut calculer la valeur de $F(\beta)$ pour des réels β bien choisis.

• Méthode du développement asymptotique pour α pôle réel d'ordre $p \geqslant 3$:

Poser $h = x - \alpha$ *i.e.* $x = \alpha + h$, on a alors :

$$F(x) = G(h) = \frac{C(h)}{h^p D(h)} \underset{h \to 0}{=} \sum_{k=1}^{p} \frac{a_k}{h^k} + o\Big(\frac{1}{h}\Big).$$

Un développement asymptotique de G au voisinage de 0 à l'ordre $\dfrac{1}{h}$ donne donc toute la partie polaire.

On peut, si l'on préfère, calculer un développement limité de $h^p G(h)$ d'ordre $p - 1$ au voisinage de 0.

• Décomposer dans $\mathbb{C}(X)$ puis regrouper les pôles conjugués (*on ne le fait que dans le cas de pôles non réels tous d'ordre 1*), on utilisera : si $\dfrac{\lambda}{X-z}$ est la partie polaire associée à z alors $\dfrac{\overline{\lambda}}{X-\overline{z}}$ est celle associée à $\overline{z}$.

Notons, pour terminer ces rappels que si $P = \lambda \prod_{i=1}^{k} (X - z_i)^{\omega_i}$, alors la décomposition en éléments simples de $\dfrac{P'}{P}$ est $\dfrac{P'}{P} = \sum_{i=1}^{k} \dfrac{\omega_i}{X - z_i}$.

10. Application au calcul de primitives

Si $a \in \mathbb{R}$, $\displaystyle\int \frac{dx}{(x-a)^n} = \begin{cases} \ln|x-a| + C & \text{si } n = 1 \\ \dfrac{-1}{(n-1)(x-a)^{n-1}} + C & \text{si } n \geqslant 2 \end{cases}$; $x < a$ ou $x > a$.

Si $a \in \mathbb{C} \setminus \mathbb{R}$, $\displaystyle\int \frac{dx}{(x-a)^n} = \begin{cases} \ln|x-a| + i \arctan\left(\dfrac{x - \Re e(a)}{\Im m(a)}\right) + C & \text{si } n = 1 \\ \dfrac{-1}{(n-1)(x-a)^{n-1}} + C & \text{si } n \geqslant 2 \end{cases}$

Pour calculer $\displaystyle\int \frac{ax+b}{(x-p)^2+q^2} dx$, on écrira $ax + b = a(x-p) + b + ap$ pour exprimer sous la forme d'un logarithme et d'un arctan.

Énoncés des exercices

1. Soit $P \in \mathbb{R}[X]$. Montrer que :
$\big(\forall x \in \mathbb{R},\ P(x) \geqslant 0\big) \iff \Big[\exists (A,B) \in (\mathbb{R}[X])^2, P = A^2 + B^2\Big]$.

---

2. a. Soient $P \in \mathbb{C}[X], n = \deg(P) \geqslant 1$, $(x_1, \ldots, x_n)$ les zéros de P, $a \in \mathbb{C}$ tel que $P(a) \neq 0$. Calculer $S_1 = \sum_{k=1}^{n} \dfrac{1}{x_k - a}$ en fonction de P, P' et a. Calculer $S_2 = \sum_{k=1}^{n} \dfrac{1}{(x_k - a)^2}$ en fonction de P, P', P'', a.

b. Montrer que si $P \in \mathbb{R}[X]$ a toutes ses racines réelles simples, alors $Q = P'^2 - P.P''$ n'a pas de zéro réel.

c. Soit $P = a_0 + a_1 X + \cdots + a_n X^n \in \mathbb{R}[X]$. Montrer que si P a tous ses zéros réels et distincts, alors : $\forall k \in [\![1, n-1]\!]$, $a_{k-1} a_{k+1} < a_k^2$. *On pourra utiliser la formule de Taylor pour les polynômes.*

---

3. Soit $n \in \mathbb{N} \setminus \{0, 1\}$, $P(X) = \sum_{k=0}^{n} a_k X^k$ avec $a_n \neq 0$. Montrer que les racines de P dans $\mathbb{C}$ sont dans le disque $\left\{ z \in \mathbb{C} \;\middle|\; |z| \leqslant 1 + \max_{1 \leqslant k < n} \left| \dfrac{a_k}{a_n} \right| \right\}$.

4. Soit $F_n(x) = \tan\big(n\arctan(x)\big)$ où $n\in\mathbb{N}^\star$. Montrer que F_n est une fonction rationnelle. Décomposer en éléments simples la fraction rationnelle associée.

---

5. Soit f un polynôme à coefficients réels.

a. Montrer que si tous les zéros de f sont réels, tous ceux de $f' + \lambda f$ le sont, quel que soit le nombre réel λ.

b. Montrer que si tous les zéros de f sont réels, et si $P = \sum_{k=0}^{n} a_k X^k$ est un polynôme de $\mathbb{R}[X]$ scindé sur $\mathbb{R}$, tous les zéros de F le sont. Le polynôme F de $\mathbb{R}[X]$ est défini par $F = a_0 f + a_1 f' + \cdots + a_n f^{(n)}$.

---

6. Soit $P(X) = a_0 + a_1 X + \cdots + a_n X^n$ un polynôme à coefficients tous strictement positifs.

a. On suppose $a_0 \geqslant a_1 \geqslant \cdots \geqslant a_n > 0$, en utilisant par exemple $(1-X)P(X)$ montrer que toute racine complexe z de P vérifie $|z| \geqslant 1$.

b. Dans le cas général montrer que, si z est une racine complexe de P, alors

$$\min_{0\leqslant k\leqslant n-1}\left(\frac{a_k}{a_{k+1}}\right) \leqslant |z| \leqslant \max_{0\leqslant k\leqslant n-1}\left(\frac{a_k}{a_{k+1}}\right).$$

(On pourra considérer un polynôme $Q(X) = P(rX)$ pour un r convenable).

---

7. Soient $a\in\mathbb{R}^\star$ et $n\in\mathbb{N}^\star$. Résoudre dans $\mathbb{C}$ l'équation $(z+1)^n = e^{2ina}$. En déduire $P_n(a) = \prod_{k=0}^{n-1} \sin\left(a + \frac{k\pi}{n}\right)$ puis $Q_n = \prod_{k=1}^{n-1} \sin\left(\frac{k\pi}{n}\right)$.

Déduire de Q_n : $R_p = \prod_{k=1}^{p} \sin\left(\frac{k\pi}{2p+1}\right)$ et $S_p = \prod_{k=1}^{p-1} \sin\left(\frac{k\pi}{2p}\right)$.

---

8. Soit $\mathbb{K}$ un corps commutatif et P un élément de $\mathbb{K}[X]$. Montrer que $P(X) - X$ divise $P\big(P(X)\big) - X$.

---

9. Soient k un entier naturel non nul, $n_1, n_2, \ldots, n_k$ des entiers naturels tels que pour tout $j\in[\![1,k]\!]$, $n_j \equiv j-1 \bmod [k]$.

Montrer que dans $\mathbb{R}[X]$ le polynôme $\sum_{j=0}^{k-1} X^j$ divise le polynôme $P = \sum_{j=1}^{k} X^{n_j}$.

---

10. Soient m et n deux entiers naturels non nuls. Montrer que

$$(X^m - 1) \wedge (X^m - 1) = X^{m\wedge n} - 1.$$

---

11. Pour tout entier naturel non nul n, on note P_n le polynôme à coefficients complexes défini par $P_n = \frac{1}{2i}\Big((X+i)^{2n+1} - (X-i)^{2n+1}\Big)$.

Déterminer les racines de P_n. En conclure que les nombres $\operatorname{cotan}^2\left(\dfrac{k\pi}{2n+1}\right)$ avec $1 \leqslant k \leqslant n$ sont les racines du polynôme $Q_n = \displaystyle\sum_{p=0}^{n}(-1)^p \binom{2n+1}{2p+1} X^{n-p}$.

Calculer successivement $\displaystyle\sum_{k=1}^{n} \operatorname{cotan}^2\left(\frac{k\pi}{2n+1}\right) \qquad \sum_{k=1}^{n} \sin^{-2}\left(\frac{k\pi}{2n+1}\right)$.

À l'aide de l'encadrement $\sin(\alpha) < \alpha < \tan(\alpha)$ valable pour tout $\alpha \in \left]0, \dfrac{\pi}{2}\right[$ établir

$$\frac{1}{6}2n(2n-1) \leqslant \sum_{k=1}^{n}\left(\frac{2n+1}{k\pi}\right)^2 < \frac{1}{6}2n(2n+2).$$

En conclure que $\displaystyle\sum_{k=1}^{\infty}\frac{1}{k^2} = \frac{\pi^2}{6}$.

---

12. a. Montrer que, pour tout couple $(A, B) \in \mathbb{K}[X]^2$ de polynômes non tous deux nuls et non constants, si $D = A \wedge B$, il existe un unique couple $(U, V) \in \mathbb{K}[X]^2$ tel que :

$$D = AU + BV,\ \deg(U) < \deg(B) - \deg(D),\ \deg(V) < \deg(A) - \deg(D).$$

Donner un moyen de les trouver.

b. Déterminer S, T de degré $\leqslant n-1$ tels que $(1-X)^n S(X) + X^n T(X) = 1$.

On pourra utiliser la dérivée $(n-1)$-ième de $\dfrac{1}{1-X} = \displaystyle\sum_{j=0}^{2n-2} X^j + \frac{X^{2n-1}}{1-X}$.

---

13. Trouver un polynôme P de $\mathbb{R}[X]$ de degré 6 tel que

$$(X-1)^3 | \big(P(X)+1\big) \qquad \text{et} \qquad X^4 | \big(P(X)+2\big).$$

---

14. Soit $P \in \mathbb{R}[X]$ un polynôme de degré p ayant n racines réelles positives distinctes et $Q(X) = (X^2+1)P(X)P'(X) + X\big(P^2(X) + P'^2(X)\big)$.

Montrer que Q possède au moins $2n-1$ racines réelles positives distinctes, sauf peut-être si $Q(1) = 0$. *On pourra factoriser Q et montrer que la fonction $x \mapsto e^{x^2/2}\big(xP'(x) + P(x)\big)$ est la dérivée d'une fonction à préciser.*

---

15. Soit P un polynôme de degré n tel que $P(-1) \neq 0$ et $-\dfrac{P'(-1)}{P(-1)} \leqslant \dfrac{n}{2}$. Montrer que P a au moins une racine de module supérieur ou égal à 1.

---

16. a. Soit $P \in \mathbb{Z}[X]$ tel qu'il existe 4 entiers λ_i tels que $P(\lambda_i) = 7$ pour $i \in \{1, 2, 3, 4\}$. Montrer que l'équation $P(n) = 14$ n'a pas de racine dans $\mathbb{Z}$.

b. Montrer que si $P \in \mathbb{Z}[X]$ de degré 7 vaut ± 1 en 7 valeurs entières distinctes, alors P est irréductible dans $\mathbb{Z}[X]$ (et donc dans $\mathbb{Q}[X]$).

c. Soient $a_1, \ldots, a_n$ des entiers distincts, montrer que le polynôme $P = 1 + (X-a_1)^2 \cdots (X-a_n)^2$ est irréductible dans $\mathbb{Z}[X]$.

17. Méthode de Horner
Soit n un entier $\geqslant 2$ et P un polynôme de $\mathbb{K}[X]$ de degré n ordonné suivant les puissances décroissantes de X : $P = a_0X^n + a_1X^{n-1} + \cdots + a_{n-1}X + a_n$.

Vérifier que P est le n-ième terme de la suite $(A_k)_{1\leqslant k\leqslant n}$ définie par la condition initiale $A_1 = a_0X + a_1$ et la relation de récurrence $A_{k+1} = A_kX + a_{k+1}$, $1 \leqslant k < n$.

---

18. Soient P un élément de $\mathbb{C}[X], m$ et n deux entiers naturels premiers entre eux. Montrer que $(P^m - 1)(P^n - 1)$ divise $(P - 1)(P^{mn} - 1)$.

---

19. a. Montrer qu'il existe un unique polynôme $T_n \in \mathbb{R}[X]$ tel que, pour tout $x \in \mathbb{R}, T_n(\cos(x)) = \cos(nx)$. On précisera les zéros, le degré et le coefficient dominant de T_n.
b. $P \in \mathbb{R}[X]$, normalisé de degré $n \geqslant 1$.
Montrer que : $(\exists\, x \in [-1, 1], |P(x)| \geqslant 2^{1-n})$ (1)
On pourra utiliser T_n polynôme de Tchebychev, $Q = 2^{n-1}P - T_n$, montrer que $\deg(Q) < n$ et utiliser $Q\Big(\cos\left(\frac{k\pi}{n}\right)\Big)$ pour obtenir une contradiction si l'inégalité (1) est fausse.

---

20. Si $P(X) = X^p + a_1X^{p-1} + \cdots + a_p = \prod_{j=1}^{p}(X - \lambda_j) \in \mathbb{C}[X]$, on pose $S_n = \sum_{j=1}^{p} \lambda_j^n$ pour $n \in \mathbb{N}^\star$ et $S_0 = p$.
a. Montrer que : $\forall n \geqslant p,\ S_n + a_1S_{n-1} + \ldots + a_pS_{n-p} = 0$.
b. Montrer que : $\forall z \in \mathbb{C} \setminus \{t \in \mathbb{C} \mid P(t) = 0\}$, $P'(z) = P(z).\sum_{j=1}^{p} \frac{1}{z - \lambda_j}$.
c. Pour $\lambda \in \mathbb{C}$, calculer $b_0, b_1, \ldots, b_p$ tels que :

$$P(z) = (z - \lambda)(b_0z^{p-1} + \cdots + b_{p-1}) + b_p.$$

d. Montrer que : $\forall m \leqslant p,\ S_m + a_1S_{m-1} + \ldots + a_{m-1}S_1 + ma_m = 0$.

---

21. Décomposer en éléments simples les fractions rationnelles suivantes :
a. $\dfrac{X+2}{X(X-1)^4}$ b. $\dfrac{1}{(X^2+1)(X^2-j^2)^2}$ c. $\dfrac{X^5 + X^2 - X + 1}{X(X-1)^3}$
d. $\dfrac{1}{(X^2 - 2X\cos(a) + 1)(X^2 - 2X\cos(b) + 1)}$, $\cos(a) \neq \cos(b), \sin(a)\sin(b) \neq 0$.
e. $\dfrac{1}{P_n}$ si P_n est polynôme de Tchebychev défini par $P_n\big(\cos(x)\big) = \cos(nx)$.
f. $\dfrac{X^n+1}{X^n-1}, n \geqslant 1$ dans $\mathbb{C}(X)$ puis dans $\mathbb{R}(X)$.
g. $\dfrac{(2n)!}{X\prod_{k=1}^{n}(X^2 - k^2)}$ h. $\dfrac{1}{X^m(1-X)^n}$ i. $\dfrac{1}{(X^2 - a^2)^n}$
j. $R = \dfrac{1}{X(X+1)(X+3)}$. Expliciter la valeur de $S_n = \sum_{p=1}^{n} R(p)$ et $\lim_{n\to\infty}(S_n)$.

22. Déterminer les primitives des fonctions définies par $f : x \mapsto f(x)$

a. $f(x) = \dfrac{1}{(x^2+2x+2)(x^2+2x+5)}$; b. $f(x) = \dfrac{1}{1+x^4}$

On pourra noter que X^4+1 *est le « début d'un carré ».*

c. $f(x) = \dfrac{\operatorname{sh}(x)}{\operatorname{ch}^3(x)+\operatorname{sh}^3(x)}$; d. $f(x) = \dfrac{x^2(x^2-1)}{(x^2+1)^2(x^4+x^2+1)}$

$\left(\textit{changement de variable } u = x + \dfrac{1}{x}\right)$.

---

23. Pour $n \in \mathbb{N}$ et $x \in \mathbb{R} \setminus \{-1, 1\}$, on pose $I_n(x) = \displaystyle\int_0^{\pi} \frac{\cos(nt)}{1-2x\cos(t)+x^2}dt$.

a. Calculer $I_0(x)$ et $I_1(x)$. $\left(\textit{Penser au changement de variable } u = \tan\left(\dfrac{t}{2}\right).\right)$

b. Trouver une relation de récurrence en calculant $I_{n-1}(x) + I_{n+1}(x)$.

c. Déterminer $I_n(x)$ pour $n \in \mathbb{N}$.

Solutions des exercices

1. Une des deux implications est triviale. Supposons que, pour tout $x \in \mathbb{R}, P(x) \geqslant 0$. La décomposition en facteurs irréductibles de P dans $\mathbb{R}[X]$ fournit

$$P(X) = \lambda \prod_{j=1}^{p} (X-a_j)^{\nu_j} \prod_{k=1}^{q} \left((X-b_k)^2 + c_k^2\right)^{\mu_k}$$

où les a_k sont des réels distincts, les (b_k, c_k) des éléments distincts de $\mathbb{R} \times \mathbb{R}^\star$ et les ν_j et μ_k des entiers naturels non nuls. Par hypothèse, les ν_j sont pairs. En écrivant que $\nu_j = 2\nu_j^\star$ où $\nu_j^\star$ appartient à $\mathbb{N}^\star$, on trouve que $P(x) \underset{x\to+\infty}{\sim} \lambda x^N$ où $N = 2\displaystyle\sum_{j=1}^{p} \nu_j^\star + 2\sum_{k=1}^{q} \mu_k$. Puisque, pour tout $x \in \mathbb{R}, P(x) \geqslant 0$ et $\lambda \neq 0$, cela exige $\lambda > 0$. On peut donc écrire $P(X) = (\sqrt{\lambda})^2 \left(\displaystyle\prod_{j=1}^{p} (X-a_j)^{\nu_j^\star}\right)^2 \prod_{k=1}^{q} \left((X-b_k)^2+c_k^2\right)^{\mu_k}$.

$\displaystyle\prod_{k=1}^{q} \left((X-b_k)^2 + c_k^2\right)^{\mu_k} = \prod_{k=1}^{q} (X-z_k)^{\mu_k} (X-\overline{z_k})^{\mu_k}$ où $z_k = a_k + ic_k$.

On peut écrire $\displaystyle\prod_{k=1}^{q} (X-z_k)^{\mu_k} = U(X) + iV(X)$ où $U, V \in \mathbb{R}[X]$.

Donc $\displaystyle\prod_{k=1}^{q} (X-\overline{z_k})^{\mu_k} = U(X) - iV(X)$. Il s'ensuit que

$\displaystyle\prod_{k=1}^{q} \left((X-b_k)^2 + c_k^2\right)^{\mu_k} = U^2(X) + V^2(X)$ et que le résultat est établi avec

$$A(X) = \sqrt{\lambda}\, U(X) \prod_{j=1}^{p} (X - a_j)^{\nu_j^\star} \text{ et } B(X) = \sqrt{\lambda}\, V(X) \prod_{j=1}^{p} (X - a_j)^{\nu_j^\star}.$$

---

2. a. $\dfrac{P'}{P} = \displaystyle\sum_{k=1}^{n} \frac{1}{X - \alpha_k}$. Donc $S_1 = -\dfrac{P'(a)}{P(a)}$.

$\left(\dfrac{P'}{P}\right)' = -\displaystyle\sum_{k=1}^{n} \frac{1}{(X - \alpha_k)^2}$ implique $S_2 = \dfrac{P'^2(a) - P''(a)P(a)}{P^2(a)}$.

b. $\left(\dfrac{P'}{P}\right)' = -\dfrac{Q}{P^2}$ implique $\dfrac{Q}{P^2} = \displaystyle\sum_{k=1}^{n} \frac{1}{(X - \alpha_k)^2}$.

Si $P(x) \neq 0$ alors $Q(x) > 0$. Si $P(a) = 0$ alors $Q(a) = P'^2(a) > 0$ puisque les racines de P sont toutes simples.

c. Comme $a_k = \dfrac{P^{(k)}(0)}{k!}$, on a $a_{k-1}a_{k+1} < a_k$ si, et seulement si,

$P^{(k-1)}(0)P^{(k+1)}(0) < \dfrac{k+1}{k}\left(P^{(k)}(0)\right)^2$.

Il suffit de prouver que : $\forall k \in [\![1, n-1]\!], P^{(k-1)}(0)P^{(k+1)}(0) < \left(P^{(k)}(0)\right)^2$.

On déduit d'un exercice vu dans le chapitre « Dérivation » que si P est scindé sur $\mathbb{R}$, il en est de même de toutes ses dérivées. L'application de b. à $P^{(k-1)}$ qui est scindé sur $\mathbb{R}$ donne : pour tout $x \in \mathbb{R}, Q_k(x) = \left(P^{(k)}(x)\right)^2 - P^{(k-1)}(x)P^{(k+1)}(x) > 0$. D'où $Q_k(0) > 0$ et le résultat.

---

3. $P(z) = 0 \iff |P(z)| = 0 \Rightarrow 0 = \left|z^n + \displaystyle\sum_{k=0}^{n-1} \frac{a_k}{n} z^k\right| \geqslant |z|^n - \left|\displaystyle\sum_{k=0}^{n-1} \frac{a_k}{n} z^k\right|$ (1).

Posons $M = \max\limits_{0 \leqslant k < n} \left|\dfrac{a_k}{a_n}\right|$. Alors $\left|\displaystyle\sum_{k=0}^{n-1} \frac{a_k}{n} z^k\right| \leqslant M \displaystyle\sum_{k=0}^{n-1} |z|^k = M\frac{|z|^n - 1}{|z| - 1}$ si $|z| \neq 1$.

On déduit de (1) que $0 \geqslant |z|^n - M\dfrac{|z|^n - 1}{|z| - 1} = \dfrac{1}{|z| - 1}\Big(|z|^n\big(|z| - 1 - M\big) + M\Big)$ ce qui serait absurde si $|z| > 1 + M$.

---

4. Des exercices sur les nombres complexes, on déduit que, pour tout $\theta \in \mathbb{R}$,

$$\cos(n\theta) = \sum_{k=0}^{[n/2]} \binom{n}{2k} (-1)^k \sin^{2k}(\theta) \cos^{n-2k}(\theta),$$

$$\sin(n\theta) = \sum_{k=0}^{[n-1/2]} \binom{n}{2k+1} (-1)^k \sin^{2k+1}(\theta) \cos^{n-2k-1}(\theta).$$

Il en découle si $\cos(\theta) \neq 0$,

$$\frac{\cos(n\theta)}{\cos^n(\theta)} = \sum_{k=0}^{[n/2]} \binom{n}{2k} (-1)^k \tan^{2k}(\theta) \text{ et}$$

$$\frac{\sin(n\theta)}{\cos^n(\theta)} = \sum_{k=0}^{[n-1/2]} \binom{n}{2k+1} (-1)^k \tan^{2k+1}(\theta).$$

Avec $\theta = \arctan(x)$, il vient $F_n(x) = \dfrac{\displaystyle\sum_{k=0}^{[n-1/2]} \binom{n}{2k+1} (-1)^k x^{2k+1}}{\displaystyle\sum_{k=0}^{[n/2]} \binom{n}{2k} (-1)^k x^{2k}}$.

F_n est bien une fonction rationnelle. Ses pôles sont les x tels que $\cos(n\theta) = 0$ *i.e.* les $x_k = \tan(\theta_k)$ où $\theta_k = \dfrac{(2k+1)\pi}{2n}$, $k \in [\![0, n-1]\!] \setminus \left\{\dfrac{n-1}{2}\right\} = E$. Si n est pair, F_n a n pôles distincts et si n est impair, F_n a $(n-1)$ pôles distincts.

Donc $F_n(X) = \displaystyle\sum_{k \in E} \frac{a_k}{X - x_k}$ avec

$a_k = \displaystyle\lim_{x \to x_k} \left[(x - x_k)F_n(x)\right] = \lim_{\theta \to \theta_k} \big(\tan(\theta) - \tan(\theta_k)\big) \tan(n\theta)$.

Or $\displaystyle\lim_{\theta \to \theta_k} \frac{\tan(\theta) - \tan(\theta_k)}{\theta - \theta_k} = \tan'(\theta_k) = 1 + \tan^2(\theta_k) = 1 + x_k^2$

et $(\theta - \theta_k)\tan(n\theta) = \sin(n\theta) \dfrac{\theta - \theta_k}{\cos(n\theta) - \cos(n\theta_k)} \xrightarrow[\theta \to \theta_k]{} \sin(n\theta_k) \cdot \dfrac{-1}{n \sin(n\theta_k)} = -\dfrac{1}{n}$.

Donc $a_k = -\dfrac{1 + x_k^2}{n}$.

---

5. On suppose $\lambda \neq 0$ compte tenu d'un exercice traité dans un chapitre précédent.

a. $f'(x) + \lambda f(x) = e^{-\lambda x} \dfrac{d}{dx}\big(e^{\lambda x} f(x)\big) = e^{-\lambda x} g(x)$.

Donc f a ses N zéros réels distincts si, et seulement si, g a N zéros réels.

Notons $f(x) = \alpha \displaystyle\prod_{i=1}^{n} (x - x_i)^{\alpha_i}$ où $\alpha \in \mathbb{R}^\star$ et $x_1 < x_2 < \cdots < x_n$.

Sur chaque segment $[x_i, x_{i+1}]$ le théorème de Rolle donne l'existence de y_i dans l'intervalle $]x_i, x_{i+1}[$ où $1 \leqslant i \leqslant n-1$ tel que $g(y_i) = 0$.

• Si $\lambda < 0$, $g(x_n) = \displaystyle\lim_{+\infty} g = 0$. Une généralisation du théorème de Rolle donne l'existence de $y_n > x_n$ tel que $g(y_n) = 0$.

• Si $\lambda > 0$, $g(x_1) = \displaystyle\lim_{-\infty} g = 0$. Une généralisation du théorème de Rolle donne l'existence de $y_0 < x_1$ tel que $g(y_0) = 0$.

Comme dans l'exercice 2, on décompte les zéros de g pour conclure.

b. $F = P(d)$ où d est l'endomorphisme de l'espace vectoriel $\mathbb{R}[X] : P \mapsto P'$.

Comme $d^k(P) = P^{(k)}$ pour tout $k \in \mathbb{N}$, notons $P(X) = \displaystyle\sum_{k=0}^{n} a_k X^k = \prod_{i=1}^{n} (X - \alpha_i)$.

Donc $P(d) = \displaystyle\prod_{i=1}^{n} (d - \alpha_i I) = (d - \alpha_n I) \circ Q(d)$. On conclut par récurrence à partir de a.

6. a. $(1-z)P(z) = a_0 - \sum_{k=1}^{n-1}(a_{k-1}-a_k)z^k - a_n z^{n+1}$

d'où $a_0 = \sum_{k=1}^{n-1}(a_{k-1}-a_k)z^k + a_n z^{n+1}$ et donc, si $|z|<1$, par inégalité triangulaire, $a_0 < \sum_{k=1}^{n-1}(a_{k-1}-a_k) + a_n = a_0$: absurde.

b. $Q(rX) = \sum_{k=0}^{n} \underbrace{a_k r^k}_{b_k} X^k$ et, en posant $r = \min_{0\leqslant k\leqslant n-1}\left(\dfrac{a_k}{a_{k+1}}\right)$, on a $b_0 \geqslant \cdots \geqslant b_n > 0$

d'où, si $P(rz)=0$ alors $|z|\geqslant 1$ et donc $|rz| \geqslant \min_{0\leqslant k\leqslant n-1}\left(\dfrac{a_k}{a_{k+1}}\right)$.

De plus, comme $z\neq 0$, on a $0 = P(z) = z^n\big[a_n + a_{n-1}z^{-1} + \cdots + a_0 z^{-n}\big]$ et donc $a_n + a_{n-1}z^{-1} + \cdots + a_0 z^{-n} = 0$ d'où $|z^{-1}| \geqslant \min_{0\leqslant k\leqslant n-1}\left(\dfrac{a_{k+1}}{a_k}\right)$

i.e. $|z| \leqslant \max_{0\leqslant k\leqslant n-1}\left(\dfrac{a_k}{a_{k+1}}\right)$.

---

7. $(z+1)^n = e^{2ina} \iff z+1 = \exp\left(2i\left(a+\dfrac{k\pi}{n}\right)\right)$ où $k\in[\![0,n-1]\!]$.

Les racines du polynôme $P(X) = (X+1)^n - e^{2ina}$ sont les z_k, $0\leqslant k < n-1$ où $z_k = 2i\exp\left(i\left(a+\dfrac{k\pi}{n}\right)\right)\sin\left(a+\dfrac{k\pi}{n}\right)$.

Des relations entre coefficients et racines d'un polynôme on déduit que

$$\prod_{k=1}^{n} z_k = (-1)^n(1-e^{2ina}) = -2i(-1)^n e^{ina}\sin(na).$$

D'autre part, $\prod_{k=1}^{n} z_k = P_n(a)\prod_{k=1}^{n} 2i\exp\left(i\left(a+\dfrac{k\pi}{n}\right)\right) = 2^n i^{2n-1}e^{ina}P_n(a)$.

Il s'ensuit que $P_n(a) = \dfrac{\sin(na)}{2^{n-1}}$.

Si $\sin(a)\neq 0$, on peut en déduire que $\dfrac{1}{2^{n-1}}\cdot\dfrac{\sin(na)}{\sin(a)} = \prod_{k=1}^{n-1}\sin\left(a+\dfrac{k\pi}{n}\right)$.

Par passage à la limite quand a tend vers 0, on trouve $Q_n = \dfrac{n}{2^{n-1}}$.

Comme $\sin\left(\dfrac{k\pi}{2p+1}\right) = \sin\left(\dfrac{(2p+1-k)\pi}{2p+1}\right)$, on a $Q_{2p+1} = \prod_{k=1}^{p}\sin^2\left(\dfrac{k\pi}{2p+1}\right)$.

Pour $1\leqslant k\leqslant p$, on a $\sin\left(\dfrac{k\pi}{2p+1}\right) > 0$, il vient donc $\prod_{k=1}^{p}\sin\left(\dfrac{k\pi}{2p+1}\right) = \dfrac{\sqrt{2p+1}}{2^p}$.

En procédant de même, on obtient $\prod_{k=1}^{p-1}\sin\left(\dfrac{k\pi}{2p}\right) = \dfrac{\sqrt{p}}{2^{p-1}}$.

---

8. Si $P = \sum_{k=0}^{n}\alpha_k X^k$ alors $P(P(X)) - P(X) = \sum_{k=0}^{n}\alpha_k\Big((P(X))^k - X^k\Big)$.

$(P(X))^k - X^k = \big(P(X)-X\big)Q_k(X)$ où $Q_k(X) = \sum_{j=0}^{k-1}(P(X))^j X^{k-1-j}$.

Solutions

En écrivant $P(P(X)) - X = P(P(X)) - P(X) + \big(P(X) - X\big)$, on a $P(P(X)) - X = (P(X) - X)\Big(1 + \sum_{k=1}^{n} \alpha_k Q_k(X)\Big)$ et le résultat.

---

9. $n_j = j - 1 + \ell_j k, \ell_j \in \mathbb{N}$. Si $P = \sum_{j=1}^{k} X^{j-1+\ell_j k}$ et $Q = \sum_{j=1}^{k} X^{j-1}$, alors $(X-1)Q(X) = X^k - 1$. Comme $P - Q = \sum_{j=1}^{k} X^{j-1}((X^k)^{\ell_j} - 1)$, on a Q qui divise $(X^k - 1)$ et par suite $(P - Q)$, donc Q divise P.

---

10. Supposons $m \geqslant n$. La division euclidienne dans $\mathbb{N}$ donne $m = nq + r$ où $0 \leqslant r < n$. $X^m - 1 = X^{nq+r} - 1 = (X^{nq} - 1)X^r + X^r - 1 = (X^n - 1)Q(X) + (X^r - 1)$ où $Q(X) = X^r(X^{n(q-1)} + X^{n(q-2)} + \cdots + X^n + 1$. Donc $(X^r - 1)$ est le reste de la division euclidienne de $(X^m - 1)$ par $(X^n - 1)$ dans $\mathbb{R}[X]$. Donc les algorithmes d'Euclide dans $\mathbb{Z}$ et dans $\mathbb{R}[X]$ sont en parallèles. D'où le résultat.

---

11. $P_n(z) = 0 \iff (z+i)^{2n+1} = (z-i)^{2n+1} \iff z + i = (z-i)e^{\frac{i2k\pi}{2n+1}}, k \in [\![0, 2n]\!]$.

Donc $P_n(z) = 0 \iff z = z_k = \text{cotan}\Big(\dfrac{k\pi}{2n+1}\Big), 0 \leqslant k \leqslant 2n$.

$$P_n(X) = \sum_{k=0}^{2n+1} \binom{2n+1}{k} \frac{i^k - (-i)^k}{2i} X^{2n+1-k} = \sum_{p=0}^{n} \binom{2n+1}{2p+1} (-1)^p X^{2(n-p)}.$$

Donc $P_n(X) = Q_n(X^2)$. Les racines de Q_n sont les $z_k^2, 1 \leqslant k \leqslant n$.

Des relations entre coefficients et racines, on déduit :

$$\sum_{k=1}^{n} z_k^2 = \frac{(-1)^n \binom{2n+1}{3}}{(-1)^n \binom{2n+1}{1}} = \frac{(2n)(2n-1)}{6} = \sum_{k=1}^{n} \text{cotan}^2\Big(\frac{k\pi}{2n+1}\Big).$$

Comme $1 + \text{cotan}^2 = \dfrac{1}{\sin^2}$, $\displaystyle\sum_{k=1}^{n} \sin^{-2}\Big(\frac{k\pi}{2n+1}\Big) = \frac{n(2n+2)}{3}$.

Donc $\displaystyle\sum_{k=1}^{n} \text{cotan}^2\Big(\frac{k\pi}{2n+1}\Big) < \sum_{k=1}^{n}\Big(\frac{2n+1}{k\pi}\Big)^2 < \sum_{k=1}^{n} \sin^{-2}\Big(\frac{k\pi}{2n+1}\Big)$.

i.e. $\displaystyle\frac{(2n)(2n-1)}{6} < \frac{(2n+1)^2}{\pi^2}\sum_{k=1}^{n}\frac{1}{k^2} < \frac{2n(n+1)}{3}$.

Par encadrement, $\displaystyle\lim_{n\to\infty} \sum_{k=1}^{n} \frac{1}{k^2} = \frac{\pi^2}{6}$.

---

12. a. D'après, l'algorithme d'Euclide, $A = BQ + R_1$; $B = R_1Q_1 + R_2$; ... ; $R_{k-1} = R_kQk + R_{k+1}$ ... et le dernier reste non nul R_p est un pgcd de A et B.

• Montrons, par récurrence que $R_k = AU_k + BV_k$.

$R_1 = A - BQ$, implique $U_1 = 1$ et $V_1 = -Q$.

$R_2 = B - R_1Q_1 = B - Q_1(A - BQ) = AU_2 + BV_2$.

Si le résultat est vrai pour R_k et R_{k-1}, alors $R_{k+1} = R_{k-1} - R_k Q_k$.
$R_{k+1} = AU_{k-1} + BV_{k-1} - Q_k(AU_k + BV_k) = A(U_{k-1} - U_k Q_k) + B(V_{k-1} - Q_k V_k)$,
Donc $R_{k+1} = AU_{k-1} + BV_{k-1}$.

• De même, on montre par récurrence que :
$\forall k \geqslant 1, \deg(U_k) = \deg(B) - \deg(R_{k-1})$ et $\deg(V_k) = \deg(A) - \deg(R_{k-1})$,
ce qui implique, puisque la suite des degrés des restes est strictement décroissante, que $\deg(U_{k-1}) < \deg(U_k)$ et $\deg(V_{k-1}) < \deg(V_k)$.

Explicitons la récurrence pour U_k.

$R_0 = B$. Alors $0 = \deg(B) - \deg(R_0)$; $\deg(U_2) = \deg(Q_1) = \deg(B) - \deg(R_1)$.

Si le résultat est vrai pour $k-1$ et k,

$U_{k+1} = U_{k-1} - U_k Q_k \Rightarrow \deg(U_{k+1}) = \deg(U_k Q_k)$ car $\deg(U_{k-1}) < \deg(U_k)$.
$\deg(Q_k) = \deg(R_{k-1}) - \deg(R_k)$;
$\deg(U_{k+1} = \deg(U_k) - \deg(Q_k) = \deg(B) - \deg(R_{k-1}) + \big(\deg(R_{k-1}) - \deg(U_k)\big)$.

L'application de ce résultat à $R_p = D$ donne l'existence de (U_p, V_p) tel que $D = R_p = AU_p + BV_p$ avec

$$\begin{cases} \deg(U_p) = \deg(B) - \deg(R_{p-1}) < \deg(B) - \deg(R_p) = \deg(B) - \deg(D) \\ \deg(V_p) = \deg(A) - \deg(R_{p-1}) < \deg(A) - \deg(R_p) = \deg(A) - \deg(D) \end{cases}.$$

Prouvons l'unicité.

Notons $A = DA_1$, $B = B_1 D$. Alors $A_1 \wedge B_1 = 1$.
$AU + BV = D \iff A_1 U + B_1 V = 1$ avec $\deg(U) < \deg(B) - \deg(D) = \deg(B_1)$ et $\deg(V) < \deg(A) - \deg(D) = \deg(A_1)$.

S'il existe $S, T \in \mathbb{K}[X], A_1 S + B_1 T = 1, \deg(S) < \deg(B_1)$ et $\deg(T) < \deg(A_1)$, alors $A_1(U - S) = B_1(T - V)$. D'après le lemme de Gauss $A_1 | (T - V)$.
Il existe $Q \in \mathbb{K}[X]$ tel que $T = V + QA_1$. On déduit de $A_1(U - S) = B_1(T - V)$ que $S = -U + QB_1$ car $B_1 \neq 0$.

Or $\deg(T - V) < \deg(A_1)$ et $A_1 | (T - V)$, donc $T = V$ et par suite $U = S$.

b. $\dfrac{1 - X^{2n-1}}{1 - X} = \displaystyle\sum_{j=0}^{2n-2} X^j \Rightarrow \frac{1}{1 - X} = \sum_{j=0}^{2n-2} X^j + \frac{X^{2n-1}}{1 - X}$.

La dérivée $(n-1)$-ième des deux membres s'écrit :

$$\frac{(n-1)!}{(1-X)} = \sum_{j=n-1}^{2n-2} j(j-1)\cdots(j-n+2)X^{j-n+1} + \frac{X^n A_n(X)}{(1-X)^n} \text{ où } A_n \in \mathbb{R}[X],$$

car $\dfrac{X^{2n-1}}{1-X}$ est une fraction rationnelle de pôle 1 et de racine 0 d'ordre $(2n-1)$.

La division des deux membres par $(n-1)!$ et le changement de variable $j - n + 1 = k$ donne $\dfrac{1}{(1-X)^n} = \displaystyle\sum_{k=0}^{n-1} \binom{n+k-1}{k} X^k + \frac{X^n A_n(X)}{(n-1)!(1-X)^n}$.

Donc $1 = (1-X)^n \displaystyle\sum_{k=0}^{n-1} \binom{n+k-1}{k} X^k + \frac{X^n A_n(X)}{(n-1)!}$.

Donc $S(X) = \displaystyle\sum_{k=0}^{n-1} \binom{n+k-1}{k} X^k$ et comme $1 = X^n S(1-X) + (1-X)^n T(X)$, on déduit de l'unicité que $T(X) = S(1-X)$.

Solutions

13. X^3 et $(X-1)^2$ divisent P'. Comme $\deg(P)=6$ et comme $(X-1)^2$ et X^3 sont premiers entre eux, il existe $\lambda\in\mathbb{R}$ tel que $P'=\lambda X^3(X-1)^2$.

D'où $P(X)=\lambda\Big(\dfrac{X^6}{6}-2\dfrac{X^5}{5}+\dfrac{X^4}{4}\Big)+\mu$ avec $\mu\in\mathbb{R}$.

On déduit des hypothèses que $P(1)+1=0=P(0)+2$. D'où un système de Cramer en λ,μ.

---

14. Compte tenu des indications, on vérifie que $Q=(P+XP')(XP+P')$.

On a, pour tout $x\in\mathbb{R}, e^{x^2/2}\big(xP'(x)+P(x)\big)=f'(x)$ où $f(x)=P(x)e^{x^2/2}$.

f a n racines réelles positives. D'après le théorème de Rolle, f' a $n-1$ racines réelles strictement positives. Il s'ensuit que donc $XP+P'$ a au moins $n-1$ racines réelles strictement positives.

D'autre part, $(XP'+P)=(XP)'$. Par application du théorème de Rolle, on trouve

• Si 0 n'est pas racine de P, alors XP a $n+1$ racines réelles positives, donc en appliquant le théorème de Rolle, $XP'+P$ a au moins n racines réelles strictement positives.

• Sinon, XP a n racines réelles positives, donc en appliquant le théorème de Rolle, $XP'+P$ a au moins $n-1$ racines réelles strictement positives ; mais comme 0 est racine double de XP, c'est une autre racine de $XP'+P$.

Finalement, $XP'+P$ a au moins n racines réelles positives distinctes de celles de P lorsqu'elles sont strictement positives.

Les racines positives de $XP'+P$ et $P'+XP$ peuvent-elles être deux à distinctes ?

Si a est une racine commune, alors $a>0$ et $P(a)\neq 0$ $\qquad(\star)$.

$aP'(a)+P(a)=0=P'(a)+aP(a)\Rightarrow(a-1)\big(P'(a)-P(a)\big)=0.$

Si $Q(1)\neq 0$, alors $a\neq 1$. Donc $P(a)=P'(a)$. Or $aP'(a)+P(a)=0=P'(a)+aP(a)$ implique $(a+1)P(a)=0$ *i.e.* $P(a)=0$ puisque $a>0$ ce qui contredit $(\star)$.

---

15. Soient $x_1,\dots,x_n$ les racines de P dans $\mathbb{C}$, on a $\dfrac{P'}{P}=\displaystyle\sum_{k=1}^{n}\frac{1}{X-x_k}\cdot$

D'après l'énoncé, $P(-1)\neq 0$ et $-\dfrac{P'(-1)}{P(-1)}=\displaystyle\sum_{k=1}^{n}\frac{1}{1+x_k}\leqslant\frac{n}{2}\cdot$

Donc $\displaystyle\sum_{k=1}^{n}\Big(\frac{1}{x_k+1}-\frac{1}{2}\Big)=\sum_{k=1}^{n}\frac{1-x_k}{2(x_k+1)}\leqslant 0$ $\qquad(\star)$.

Si $|x_k|<1$, alors $\Re e\left(\dfrac{1-x_k}{2(x_k+1)}\right)=\dfrac{1-|x_k|^2}{2|x_k+1|^2}>0$. Donc, si tous les x_k étaient de module strictement inférieur à 1, l'inégalité $(\star)$ ne pourrait avoir lieu. D'où la conclusion. P a au moins un zéro de module supérieur à 1.

---

16. a. D'après les hypothèses, $P(X)-7=Q(X)(X-x_1)(X-x_2)(X-x_3)(X-x_4)$ avec $x_i\in\mathbb{Z}$ et $Q\in\mathbb{Z}[X]$. Comme $P(x)=14\iff P(x)-7=7$, s'il existe $x\in\mathbb{Z}$ tel que $P(x)=14$, alors $7=Q(x)(x-x_1)(x-x_2)(x-x_3)(x-x_4)$.
Donc pour tout $k\in[\![1,4]\!], (x-x_k)$ divise 7.

Donc pour tout $k \in [\![1,4]\!], (x - x_k) \in \{-1, -7, 1, 7\}$. Les $(x - x_k)$ étant deux à deux distincts, tout comme les x_k, on a $(x - x_1)(x - x_2)(x - x_3)(x - x_4) = 49$.

Si x est choisi tel que $Q(x) \neq 0$, c'est possible puisque $Q \neq 0$, on a $|P(x) - 7| \geqslant 49$, ce qui est absurde, puisque $P(x) - 7 = 7$.

b. Si $P(x) = Q(x)R(x), Q, R \in \mathbb{Z}[X]$ et, par exemple $\deg(Q) \leqslant 3$ et $Q \neq \pm 1$.

On a $\deg(Q) \neq 0$ car, sinon, pour tout $x \in \mathbb{Z}, |Q(x)| \geqslant 2$ et alors pour tout $x \in \mathbb{Z}, |P(x)| \geqslant 2$ sauf pour un nombre fini (les éventuelles racines de R).

Pour $x = b_k, 1 \leqslant k \leqslant 7$, $P(b_k) = \pm 1 \Rightarrow Q(b_k) = \pm 1$ et $R(b_k) = \pm 1$.

Pour au moins 4 valeurs de k, Q prend la même valeur $+1$ ou -1. Comme $\deg(Q) \leqslant 3$, le polynôme est constant : absurde.

c. Si $P = 1 + (X - a_1)^2 \cdots (X - a_n)^2 = QR$ où $Q, R \in \mathbb{Z}[X]$ et $Q, R \neq \pm 1$.

Pour tout $x \in \mathbb{R}, P(x) > 0$. Quitte à changer Q et R en $-Q, -R$, on suppose $Q(x) > 0$ et $R(x) > 0$ pour tout nombre réel x. Puisque P est unitaire, il en est de même de Q et R. On a aussi, $Q(a_k)R(a_k) = 1$, donc $Q(a_k) = R(a_k) = 1$.

Si l'un des polynôme est de degré $< n$, il est constant et égal à 1, ce qui contredit une hypothèse, donc $\deg(Q) = \deg(R) = n$. Comme Q et R sont de même degré, unitaires et prennent les mêmes valeurs en n points distincts, on a $Q = R$. En effet, $Q - R$ est un un polynôme de degré $\leqslant n - 1$ qui a n racines distinctes.

Donc $P(X) = Q^2(X) = 1 + (X - a_1)^2 \cdots (X - a_n)^2$, ce qui implique $\big(Q(X) - (X - a_1) \cdots (X - a_n)\big)\big(Q(X) + (X - a_1) \cdots (X - a_n)\big) = 1$.

Chacun de ces facteurs est donc constant, par suite leur somme qui est égale à $2Q(X)$ ce qui contredit $\deg(Q) = n$.

---

17. $A_0 = a_0$ et pour tout $k \geqslant 1, A_{k+1} = A_k X + a_{k+1}$ puis $A_{k+1}X^{n-k-1} = A_k X^{n-k} + a_{k+1}X^{n-k-1}$. Posons $\alpha_k = A_k X^{n-k}$.
$\displaystyle\sum_{k=0}^{n-1}(\alpha_{k+1} - \alpha_k) = \sum_{k=0}^{n-1} a_{k+1}X^{n-k-1}$. Par télescopage, $\displaystyle\alpha_n - \alpha_0 = \sum_{p=1}^{n} a_p X^{n-p}$.

Comme $\alpha_n = A_n$ et $\alpha_0 = A_0 X^n$, on a $\displaystyle A_n = \sum_{p=0}^{n} a_p X^{n-p} = P(X)$.

---

18. On vérifie que pour m et n premiers entre eux, $\exp\left(\dfrac{2ki\pi}{n}\right) \neq \exp\left(\dfrac{2\ell i\pi}{m}\right)$ pour $(k,\ell) \in [\![1, n-1]\!] \times [\![1, m-1]\!]$. Donc 1 est racine double de $(X^n - 1)(X^m - 1)$.
Or $X^{nm} - 1 = \big((X^m)^n - 1\big) = \big((X^n)^m - 1\big)$ est divisible par $(X^n - 1)$ et $(X^m - 1)$, donc $(X - 1)(X^{nm} - 1)$ a 1 pour racine double et $\exp\left(\dfrac{2ki\pi}{n}\right)$, $\exp\left(\dfrac{2\ell i\pi}{m}\right)$ pour $(k,\ell) \in [\![1, n-1]\!] \times [\![1, m-1]\!]$ pour racines.

---

19. a. À l'exercice 12 du chapitre 2, l'existence d'un polynôme T_n solution a été établie. S'il existe $P \in \mathbb{R}[X]$ tel que, pour tout $x \in \mathbb{R}, T_n(\cos(x)) = P(\cos(x))$, comme cos établit une bijection entre $[0, \pi]$ et $[-1, 1]$, pour tout $y \in [-1, 1], T_n(y) = P(y)$.

Le polynôme $T_n - P$ de $\mathbb{R}[X]$ ayant une infinité de racines réelles est le polynôme nul. Donc $P = T_n$. Le polynôme T_n est appelé ***polynôme de Tchebychev***.

$$T_n(\cos(\theta)) = 0 \iff \cos(n\theta) = 0 \iff \theta = \frac{(2k+1)\pi}{2n} = \theta_k \text{ avec } k \in \mathbb{Z}.$$

Pour $k \in [\![0, n-1]\!]$, les θ_k sont deux à deux distincts et éléments de $[0, \pi]$. Comme cos établit une bijection entre $[0, \pi]$ et $[-1, 1]$, les $x_k = \cos(\theta_k)$ sont n racines distinctes de T_n. Comme T_n est un polynôme de degré n, on a toutes les racines de T_n. On peut écrire $T_n(X) = 2^{n-1} \prod_{k=0}^{n-1} (X - x_k)$.

b. Supposons que, pour tout $x \in [-1, 1], 2^{1-n} < |P(x)|$, le polynôme Q défini par $Q = 2^{n-1}P - T_n \in \mathbb{R}_n[X]$ est de degré $< n$ car le coefficient de X^n est nul.

$Q\left(\cos\left(\frac{k\pi}{n}\right)\right) = 2^{n-1}P\left(\cos\left(\frac{k\pi}{n}\right)\right) - (-1)^k$ est du signe de $(-1)^k, 0 \leqslant k \leqslant n$.

Donc Q a $(n+1)$ changements de signes sur $[-1, 1]$ donc n racines réelles distinctes d'après le théorème des valeurs intermédiaires, puisque la fonction Q est continue sur $[-1, 1]$. Comme $\deg(Q) < n$, le polynôme Q est nul, ce qui est impossible.

---

20. a. $\forall j \in [\![1, p]\!], P(\lambda_j) = \lambda_j^p + a_1\lambda_j^{p-1} + \cdots + a_{p-1}\lambda_j + a_p = 0$.

Donc $\forall n \geqslant p, \forall j \in [\![1, p]\!], P(\lambda_j)\lambda_j^{n-p} = \lambda_j^n + a_1\lambda_j^{n-1} + \cdots + a_{p-1}\lambda_j^{n-p-1} + a_p\lambda_j^{n-p} = 0$.

D'où : $\sum_{j=1}^{p} P(\lambda_j)\lambda_j^{n-p} = S_n + a_1S_{n-1} + \cdots + a_pS_{n-1} = 0$.

b. Voir les rappels de cours sur $\frac{P'}{P}$.

c. Pour tout $z \in \mathbb{C}, P(z) = (z - \lambda)(b_0z^{p-1} + \cdots + b_{p-1}) + b_p$ si, et seulement si, par égalité polynomiale, $b_0 = a_0 = 1$ et $\forall k \in [\![1, p]\!] b_k - \lambda b_{k-1} = a_k$.

Donc $\forall j \in [\![1, p]\!], b_j\lambda^{p-j} - b_{j-1}\lambda^{p-(j-1)} = \lambda^{p-j}a_j$.

Il s'ensuit que $\forall k \in [\![1, p]\!], \sum_{j=1}^{k} \left(b_j\lambda^{p-j} - b_{j-1}\lambda^{p-(j-1)}\right) = \sum_{j=1}^{k} \lambda^{p-j}a_j$.

Par télescopage, $\forall k \in [\![1, p]\!], b_k\lambda^{p-k} - \lambda^p b_0 = \sum_{j=1}^{k} \lambda^{p-j}a_j$

D'où $\forall k \in [\![0, p]\!], b_k = \sum_{j=0}^{k} \lambda^{k-j}a_j$.

d. Si $\lambda = \lambda_j, b_p = P(\lambda_j) = 0$.

Donc $\frac{P(X)}{X - \lambda_j} = \sum_{i=0}^{p-1} b_iX^{p-i-1} = \sum_{i=0}^{p-1} \left(\sum_{k=0}^{i} \lambda_j^{i-k}a_k\right)X^{p-i-1}$ d'après c).

D'après b), $P'(X) = \sum_{j=1}^{p} \frac{P(X)}{X - \lambda_j} = \sum_{j=1}^{p}\sum_{i=0}^{p-1} \left(\sum_{k=0}^{i} \lambda_j^{i-k}a_k\right)X^{p-i-1}$

Donc $P'(X) = \sum_{i=0}^{p-1} \left(\sum_{k=0}^{i} S_{i-k}a_k\right)X^{p-1-i}$ en intervertissant les sommes finies.

Or $P'(X) = \sum_{i=0}^{p-1} (p-i)a_iX^{p-1-i}$. Un polynôme est nul si, et seulement si, ses coefficients sont nuls, Donc $\forall i \in [\![0, p-1]\!], S_i + a_I S_{i-1} + \cdots + a_{i-1}S_1 + a_iS_0 = (p-i)a_i$.

Comme $S_0 = p$, le résultat est établi.

21. a. $F(X) = \dfrac{X+2}{X(X-1)^4} = \dfrac{a}{X} + \dfrac{a_1}{X-1} + \dfrac{a_2}{(X-1)^2} + \dfrac{a_3}{(X-1)^3} + \dfrac{a_4}{(X-1)^4}$.

On a facilement, $a = 2$ par la méthode des pôles.

$F(1+h) = \dfrac{3+h}{h^4(1+h)} \underset{h\to 0}{=} \dfrac{3+h}{h^4}\Big(1 - h + h^2 - h^3 + o(h^3)\Big)$.

$F(1+h) \underset{h\to 0}{=} \dfrac{1}{h^4}(3 - 2h + 2h^2 - 2h^3 + o(h^3)$.

Donc $a_4 = 3$, $a_3 = -2$, $= a_2 = 2$ et $a_1 = -2$.

b. $F(X) = \dfrac{a}{X-i} + \dfrac{b}{X+i} + \dfrac{\alpha_1}{X-j} + \dfrac{\beta_1}{(X-j)^2} + \dfrac{\alpha_2}{X+j} + \dfrac{\beta_2}{(X+j)^2}$.

Par parité, $a = -b$, $\alpha_1 = -\beta_1$ et $\alpha_2 = \beta_2$.

Par la méthode des pôles, $a = \dfrac{1}{2i(-1-j^2)^2} = -\dfrac{ij}{2}$ et $\alpha_2 = \dfrac{1}{(j^2+1)(2j)^2} = \dfrac{-1}{4}$.

Le calcul de $F(0)$ permet d'obtenir $\alpha_1 = \dfrac{1}{8}(3j^2 - 4)$.

c. $F(X) = X + 3 + \dfrac{a}{X} + \dfrac{a_1}{X-1} + \dfrac{a_2}{(X-1)^2} + \dfrac{a_3}{(X-1)^3}$ par division euclidienne.

On a classiquement $a = -1$ et $a_3 = 2$.

$F(X) - \dfrac{2}{(X-1)^3} = \dfrac{X^4 + X^3 + X^2 + 2X - 1}{X(X-1)^2}$; d'où $a_2 = 4$.

$F(X) - \dfrac{2}{(X-1)^3} - \dfrac{4}{(X-1)^4} = \dfrac{X^3 + 2X^2 + 3X + 1}{X(X-1)}$; d'où $a_1 = 7$.

d. On sait que $X^2 - 2X\cos(a) + 1 = (X - e^{ia})(X - e^{-ia})$.

$F(X) = \dfrac{\alpha_1}{X - e^{ia}} + \dfrac{\alpha_2}{X - e^{-ia}} + \dfrac{\beta_1}{X - e^{ib}} + \dfrac{\beta_2}{X - e^{-ib}}$.

Par la méthode des pôles, $\alpha_1 = \dfrac{1}{(e^{ia} - e^{-ia})(e^{2ia} - 2e^{ia}\cos(b) + 1)}$

$\alpha_1 = \dfrac{1}{(-2i\sin(a))e^{-ia}(2(\cos(a) - \cos(b))} = \dfrac{ie^{-ia}}{4\sin(a)(\cos(b) - \cos(a))}$.

L'échange de a en $-a$ dans cette expression donne α_2. L'échange de a en b dans les expressions de α_1 et α_2 donne β_1 et β_2.

e. Avec les notations de l'exercice 18, $\dfrac{1}{P_n(X)} = \displaystyle\sum_{k=0}^{n-1} \dfrac{\alpha_k}{X - x_k}$. D'où $\alpha_k = \dfrac{1}{P_n'(x_k)}$.

Comme $\cos(n\theta) = P_n(\cos(\theta))$, par dérivation, $-n\sin(n\theta) = -\sin(\theta)P_n'(\cos(\theta))$.

Comme $x_k = \cos(\theta_k)$ où $\theta_k = \dfrac{(2k+1)\pi}{2n}$ on obtient $P_n'(x_k) = \dfrac{n(-1)^k}{\sin(\theta_k)}$.

f. $F(X) = \dfrac{X^n - 1 + 2}{X^n - 1} = 1 + 2\dfrac{1}{X^n - 1} = 1 + 2\displaystyle\sum_{k=0}^{n-1} \dfrac{\alpha_n}{X - z_k}$ où $z_k = e^{\frac{2ik\pi}{n}}$.

$\alpha_k = \dfrac{1}{nz_k^{n-1}} = \dfrac{z_k}{n}$.

g. $F = \dfrac{(2n)!}{X\displaystyle\prod_{k=1}^{n}(X^2 - k^2)} = \dfrac{a_0}{X} + \displaystyle\sum_{k=1}^{n}\left(\dfrac{a_k}{X-k} + \dfrac{a_k}{X+k}\right)$ car $F(-X) = -F(X)$.

En utilisant les méthodes classiques dans le cas de pôles simples, on trouve $\forall k \in [\![0,n]\!], a_k = (-1)^{n-k}\binom{2n}{n+k}$.

h. $H_{m,n}(X) = \dfrac{1}{X^m(1-X)^n} = \displaystyle\sum_{k=1}^{m} \frac{a_k(m)}{X^k} + \sum_{k=1}^{n} \frac{a_k(n)}{(1-X)^k}$

car $H_{m,n}(1-X) = H_{n,m}(X)$. Comme $X^m H_{m,n}(X) = \dfrac{1}{(1-X)^n}$ où

$$\frac{1}{(1-X)^n} = a_m(m) + a_{m-1}(m)X + \cdots + a_1(m)X^{m-1} + X^m \sum_{k=1}^{n} \frac{a_k(n)}{(1-X)^k}$$

et comme $\dfrac{1}{(1-x)^n} \underset{x\to 0}{=} 1 + \displaystyle\sum_{k=1}^{m-1} \binom{n+k-1}{k} x^k + o(x^k)$, on a tous les coefficients.

i. $\dfrac{1}{(X^2-a^2)^n} = \displaystyle\sum_{k=1}^{n} \Big(\frac{\alpha_k(a)}{(X-a)^k} + \frac{\beta_k(a)}{(X+a)^k}\Big)$. Par parité, $\beta_k(a) = \alpha_k(-a)$.

En posant $x = a + t$, $\dfrac{1}{(x^2-a^2)^n} = \dfrac{1}{t^n}\dfrac{1}{(2a+t)^n}$.

$$\frac{1}{(2a+t)^n} = \frac{1}{(2a)^n}\Big(1+\frac{t}{2a}\Big)^{-n} \underset{t\to 0}{=} \frac{1}{(2a)^n}\Big(1 + \sum_{j=1}^{n-1} \lambda_j t^j + O(t^n)\Big)$$

Donc $\alpha_n(a) = \dfrac{1}{(2a)^n}$ et $\alpha_k(a) = \lambda_{n-k}$ pour tout $k \in [\![1, n-1]\!]$.

$$\lambda_j = \frac{(-n)(-n-1)\cdots(-n-j+1)}{j!} = \frac{(-1)^j}{(2a)^j}\binom{n+j-1}{j}.$$

j. $R = \dfrac{1}{X(X+1)(X+3)} = \dfrac{a}{X} + \dfrac{b}{X+1} + \dfrac{c}{X+3}$. On a $a+b+c = 0 = \displaystyle\lim_{x\to+\infty} xR(x)$.

On trouve aisément par la méthode des pôles : $a = \dfrac{1}{3}$, $b = -\dfrac{1}{2}$ et $c = \dfrac{1}{6}$.

$\displaystyle\sum_{p=1}^{n} R(p) = a\sum_{p=1}^{n}\frac{1}{p} + b\sum_{p=2}^{n+1}\frac{1}{p} + c\sum_{p=4}^{n+3}\frac{1}{p}$. Notons $\gamma_n = \displaystyle\sum_{p=1}^{n}\frac{1}{p}$ alors

$$\sum_{p=1}^{n} R(p) = (a+b+c)\gamma_n + b\Big(1+\frac{1}{n+1}\Big) + c\Big(-1-\frac{1}{2}-\frac{1}{3}+\frac{1}{n+1}+\frac{1}{n+2}+\frac{1}{n+3}\Big).$$

Donc $\displaystyle\sum_{p=1}^{\infty} R(p) = -b + c\Big(-1-\frac{1}{2}-\frac{1}{3}\Big) = \frac{7}{36}$.

---

22. a. $f(X) = \dfrac{1}{(X^2+2X+2)(X^2+2X+5)}$.

Première méthode :

$X^2+2X+2 = (X+1)^2+1 = (X-\lambda_1)(X-\overline{\lambda_1})$ où $\lambda_1 = -1+i$ et
$X^2+2X+5 = (X+1)^2+4 = (X-\lambda_2)(X-\overline{\lambda_2})$ où $\lambda_2 = -1+2i$.

Donc $f(X) = \dfrac{\alpha_1}{X-\lambda_1} + \dfrac{\overline{\alpha_1}}{X-\overline{\lambda_1}} + \dfrac{\alpha_2}{X-\lambda_2} + \dfrac{\overline{\alpha_2}}{X-\overline{\lambda_2}}$.

On détermine les coefficients complexes α_1 et α_2 et l'on calcule les primitives $\displaystyle\int \frac{dt}{t-\lambda}$ où $\lambda \in \mathbb{C}$.

Deuxième méthode :
$f(X) = \dfrac{aX+b}{X^2+2X+2} + \dfrac{cX+d}{X^2+2X+5}$ avec a, b, c, d réels.

$\lim\limits_{x\to+\infty} xf(x) = 0 = a+c$; $f(0) = \dfrac{1}{10} = \dfrac{b}{2}+\dfrac{d}{5}\cdot$ Si dans le produit $f(X)(X^2+2X+2)$ on substitue λ_1 à X, on a $\dfrac{1}{3} = a(-1+i)+b$, d'où $a=0$ et $b=\dfrac{1}{3}\cdot$ On déduit des deux autres égalités, $c=0$ et $d=-\dfrac{1}{3}\cdot$

Donc $\displaystyle\int f(x)dx = \frac{1}{3}\arctan(x+1) - \frac{1}{6}\arctan\Big(\frac{x+1}{2}\Big)\cdot$

b. $X^4+1 = (X^2+1)^2-2X^2 = (X^2-\sqrt{2}\,X+1)(X^2+\sqrt{2}\,X+1)$. On peut procéder comme à l'exercice précédent.

$f(X) = \dfrac{aX+b}{X^2-\sqrt{2}\,X+1} + \dfrac{cX+d}{X^2+\sqrt{2}\,X+1}\cdot$

La fonction $x\mapsto f(x)$ étant paire, $a=-c$ et $b=d$.

$f(i) = \dfrac{1}{2} = -\dfrac{2a}{\sqrt{2}} \Rightarrow a = -\dfrac{\sqrt{2}}{4} = -c$; $f(0)=1 \Rightarrow b = \dfrac{1}{2} = d.$

Donc $f(X) = \dfrac{1}{4}\Big(\dfrac{-\sqrt{2}\,X+2}{X^2-\sqrt{2}\,X+1} + \dfrac{\sqrt{2}\,X+2}{X^2+\sqrt{2}\,X+1}\Big)\cdot$

En procédant comme dans les rappels, on trouve

$$\int f(x)dx = \frac{1}{4\sqrt{2}}\ln\Big(\frac{x^2+\sqrt{2}\,x+1}{x^2-\sqrt{2}\,x+1}\Big) + \frac{\sqrt{2}}{4}\arctan\Big(\frac{\sqrt{2}\,x}{1-x^2}\Big)$$

c. Faire le changement de variable $t = \mathrm{th}(x)$. D'où une primitive

$$F : x \mapsto \frac{1}{6}\ln\Big(\frac{1+t^2}{1-t+t^2}\Big) + \frac{1}{\sqrt{3}}\arctan\Big(\frac{2t-1}{\sqrt{3}}\Big)\cdot$$

d. $f(x)dx = \dfrac{\Big(1-\dfrac{1}{x^2}\Big)dx}{\Big(x+\dfrac{1}{x}\Big)^2\Big(x^2+1+\dfrac{1}{x^2}\Big)} = \dfrac{du}{u^2(u^2-1)}\cdot$

La décomposition en éléments simples de $\dfrac{1}{X^2(X^2-1)}$ est immédiate et

$$F(x) = \frac{x}{x^2+1} + \frac{1}{2}\ln\Big(\frac{x^2-x+1}{x^2+x+1}\Big)\cdot$$

---

23. a. $f_n : t\mapsto \dfrac{\cos(nt)}{1-2x\cos(t)+x^2}$ est continue sur $\mathbb{R}$ car $1-2x\cos(t)+x^2 = |x-e^{it}|^2$ est non nul car $|x|\neq 1$. Donc $I_n(x)$ est définie pour tout $x\in\mathbb{R}\setminus\{-1,1\}\cdot$

b. Le changement de variable recommandé donne $I_0(x) = \dfrac{\pi}{|1-x^2|}\cdot$

Comme $f_1(x) = \dfrac{1}{2x}\Big((1+x^2)f_0(x)-1\Big)$ pour $x\neq 0$, on a

$$I_1(x) = \begin{cases} \dfrac{x\pi}{1-x^2} & \text{si } x\in\,]-1,1[\\ \dfrac{\pi}{x(x^2-1)} & \text{si } |x|>1 \end{cases} \quad \text{et } I_n(0)=0 \text{ pour tout } n\geqslant 1.$$

c. Dorénavant, $x\in\mathbb{R}\setminus\{-1,0,1\}\cdot$

Solutions

$I_{n+1}(x)+I_{n-1}(x)=2\int_0^{\pi} f_n(x)\cos(x)dx.$

$f_1(x)=\frac{1}{2x}\Big((1+x^2)f_0(x)-1\Big)\Rightarrow I_{n+1}(x)+I_{n-1}(x)=\frac{1+x^2}{x}I_n(x).$

$(I_n(x))_{n\geqslant 0}$ est une suite récurrente linéaire d'ordre 2. Son équation caractéristique est : $r^2-\frac{1+x^2}{x}r+1=0$ *i.e.* $\Big(r-x\Big)\Big(r-\frac{1}{x}\Big)=0.$

Il existe un unique couple $(a,b)\in\mathbb{R}$ tel que $\forall n\in\mathbb{N}, I_n(x)=ax^n+b\frac{1}{x^n}\cdot$

On détermine a,b en résolvant le système de Cramer : $\begin{cases} a+b=I_0(x)\\ ax+\frac{b}{x}=I_1(x)\end{cases}$

Donc $I_n(x)=\begin{cases}\dfrac{\pi x^n}{1-x^2} & \text{si } 0<|x|<1\\ \dfrac{\pi}{x^n(x^2-1)} & \text{si } |x|>1\end{cases}$

Travail dirigé

n désigne un entier supérieur ou égal à 2, $\mathbb{U}$ l'ensemble $\{z\in\mathbb{C}\mid |z|=1\}$, $\alpha_1,\ldots,\alpha_n$ des nombres réels deux à deux distincts et $P(X)=\prod_{k=1}^{n}(X-\alpha_k)$.

On se propose de montrer que le minimum de $|P|$ sur $\mathbb{U}$ n'est atteint qu'en ± 1.

1. Montrer l'existence d'un minimum de $|P|$ sur $\mathbb{U}$.

2. Traiter le cas où $\{\alpha_1,\ldots,\alpha_n\}\cap\{-1,+1\}\neq\varnothing$.

On suppose désormais $\{\alpha_1,\ldots,\alpha_n\}\cap\{-1,+1\}=\varnothing$.

3. Montrer que l'application $f:\begin{pmatrix}\mathbb{R} & \to & \mathbb{R}\\ \theta & \mapsto & \left|P(e^{i\theta})\right|^2\end{pmatrix}$ est de classe $\mathcal{C}^\infty$ avec :

(i) $\forall\theta\in\mathbb{R},\ \frac{f'(\theta)}{f(\theta)}=2\sum_{k=1}^{n}\frac{\alpha_k\sin(\theta)}{\alpha_k^2-2\alpha_k\cos(\theta)+1},$

(ii) pour tout $\theta\in\mathbb{R}\setminus\pi\mathbb{Z}$,

$$\frac{f''(\theta)f(\theta)-f'^2(\theta)}{f^2(\theta)}=\text{cotan}(\theta)\frac{f'(\theta)}{f(\theta)}-4\sin^2(\theta)\sum_{k=1}^{n}\frac{\alpha_k^2}{(\alpha_k^2-2\alpha_k\cos(\theta)+1)^2}\cdot$$

4. Conclure.

Solution

1. $\theta \mapsto |P(e^{i\theta})|$ est continue par composition sur le segment $[0, 2\pi]$ à valeurs réelles et donc admet un minimum.

2. Dans ce cas la valeur 0 est minimale et atteinte uniquement en tout point de l'ensemble $\{\alpha_1, \ldots, \alpha_n\} \cap \mathbb{U}$ *i.e.* en ± 1.

3. Si $\theta \in \mathbb{R}$ on a $f(\theta) = \prod_{k=1}^{n} (e^{i\theta} - \alpha_k)(e^{-i\theta} - \alpha_k) = \prod_{k=1}^{n} \left[\alpha_k^2 - 2\alpha_k \cos(\theta) + 1\right]$ et donc, comme produit, f est de classe $\mathcal{C}^\infty$.

De plus $f'(\theta) = \sum_{k=1}^{n} \left(2\alpha_k \sin(\theta) \times \prod_{j \neq k} \left[\alpha_j^2 - 2\alpha_j \cos(\theta) + 1\right]\right)$ d'où l'égalité (i).

$$\left(\frac{f'}{f}\right)'(\theta) = \frac{f''(\theta) f(\theta) - f'^2(\theta)}{f^2(\theta)}$$

$$= \sum_{k=1}^{n} \frac{2\alpha_k \cos(\theta)}{\alpha_k^2 - 2\alpha_k \cos(\theta) + 1} - \sum_{k=1}^{n} \frac{4\alpha_k^2 \sin^2(\theta)}{\left[\alpha_k^2 - 2\alpha_k \cos(\theta) + 1\right]^2}.$$

Si $\theta \notin \pi\mathbb{Z}$ alors $\cos(\theta) = \sin(\theta) \times \operatorname{cotan}(\theta)$ d'où (ii).

4. Si f admet un minimum en un point θ_0 de $\mathbb{R} \setminus \pi\mathbb{Z}$ alors nécessairement $f'(\theta_0) = 0$ d'où $\dfrac{f''(\theta_0)}{f(\theta_0)} = -4\sin^2(\theta_0) \sum_{k=1}^{n} \dfrac{\alpha_k^2}{\left[\alpha_k^2 - 2\cos(\theta_0) + 1\right]^2} < 0$ et, comme $f(\theta_0) > 0$, $f''(\theta_0) < 0$.

Par continuité, sur un intervalle $[\theta_0 - \eta, \theta_0 + \eta]$ on a $f'' < 0$ d'où le tableau

θ	$\theta_0 - \eta$		θ_0		$\theta_0 + \eta$
f''		$-$		$-$	
f'	> 0	$\searrow$	0	$\searrow$	< 0
f		$\nearrow$		$\searrow$	

qui ne correspond pas du tout à un minimum. Donc f ne peut atteindre son minimum qu'en un point θ_0 de $\pi\mathbb{Z}$ et alors $e^{i\theta_0} = \pm 1$.

$|P|$ atteint son minimum en ± 1.

9 - Analyse asymptotique

Rappels de cours

1. **Comparaison des suites**

On supposera que la suite réelle $(v_n)_n$ ne s'annule pas à partir d'un certain rang *i.e.* qu'il existe un élément n_0 de $\mathbb{N}$ tel que $\forall n \in \mathbb{N},\ n \geqslant n_0 \Rightarrow v_n \neq 0$.

• ***Définitions***

On dit que $(u_n)_n$ est dominée par $(v_n)_n$ et on écrit $u_n = O(v_n)$ si la suite $\left(\frac{u_n}{v_n}\right)_n$ est bornée. En particulier $u_n = O(1)$ si, et seulement si, $(u_n)_n$ est bornée.

On dit que $(u_n)_n$ est négligeable devant $(v_n)_n$ et on écrit $u_n = o(v_n)$ si $\left(\frac{u_n}{v_n}\right)_n$ converge vers 0. En particulier $u_n = o(1) \iff u_n \xrightarrow[n\to\infty]{} 0$.

Enfin on dit que les suites $(u_n)_n$ et $(v_n)_n$ sont équivalentes si $\frac{u_n}{v_n} \xrightarrow[n\to\infty]{} 1$.

Et donc, si $\ell \neq 0$, $u_n \xrightarrow[n\to\infty]{} \ell \iff u_n \underset{n\to\infty}{\sim} \ell$.

• ***Comparaison de ces notions***

$u_n = o(v_n) \Rightarrow u_n = O(v_n)$,

$u_n \underset{n\to\infty}{\sim} v_n \iff u_n - v_n \underset{n\to\infty}{=} o(_n) \Rightarrow u_n = O(v_n)$ et $v_n = O(u_n)$.

• ***Remarques***

$u_n \sim v_n \Rightarrow u_n v_n > 0$ pour n assez grand et, donc, si à partir d'un certain rang, $v_n > 0$, il en va de même pour u_n.

Si ($u_n \underset{n\to\infty}{\sim} v_n$ et $v_n \xrightarrow[n\to\infty]{} \ell$) alors $u_n \xrightarrow[n\to\infty]{} \ell$.

• ***Liste***

Si $\alpha > 0$ et $\beta \in \mathbb{R}$ on a : $\ln^\beta(n) = o(n^\alpha)$, $n^\beta = o(e^{\alpha n})$ et $e^{\beta n} = o(n!)$.

Formule de Stirling : $n! \underset{n\to\infty}{\sim} \left(\frac{n}{e}\right)^n \sqrt{2\pi n}$.

• ***Opérations et équivalents***

Si ($u_n \underset{n\to\infty}{\sim} v_n$ et $x_n \underset{n\to\infty}{\sim} y_n$) alors $u_n x_n \underset{n\to\infty}{\sim} v_n y_n$, $\frac{u_n}{x_n} \underset{n\to\infty}{\sim} \frac{v_n}{y_n}$ et pour tout réel α, $|u_n|^\alpha \underset{n\to\infty}{\sim} |v_n|^\alpha$.

Si ($u_n \underset{n\to\infty}{\sim} v_n$ et $v_n \xrightarrow[n\to\infty]{} \ell \in \overline{\mathbb{R}_+} \setminus \{1\}$) alors $\ln(u_n) \underset{n\to\infty}{\sim} \ln(v_n)$,

$e^{u_n} \underset{n\to\infty}{\sim} e^{v_n} \iff u_n - v_n \xrightarrow[n\to\infty]{} 0$.

En revanche : $u_n \sim v_n \not\Rightarrow u_n + w_n \sim v_n + w_n$.
Si l'on doit additionner on écrira $u_n = v_n + o(v_n)$ d'où $u_n + w_n = v_n + w_n + o(v_n)$ et on regardera si $o(v_n)$ est un $o(v_n + w_n)$ ou non.

2. Comparaison des fonctions

• ***Définitions***

On suppose les fonctions définies sur un intervalle I dont a est élément ou extrémité (finie ou infinie). On supposera également l'existence d'un voisinage V de a tel que $x \in V \setminus \{a\} \Rightarrow g(x) \neq 0$.

On écrit $f(x) \underset{x \to a}{=} O\big(g(x)\big)$ si $\dfrac{f}{g}$ est bornée au voisinage de a,

on écrit $f(x) \underset{x \to a}{=} o\big(g(x)\big)$ si $\dfrac{f}{g}$ admet 0 pour limite en a,

et on écrit $f(x) \underset{x \to a}{\sim} g(x)$ si $\dfrac{f}{g}$ admet 1 pour limite en a.

On en déduit les mêmes propriétés que pour les suites et les mêmes règles quant aux opérations.

• ***Liste***

$x \underset{x \to 0}{\sim} e^x - 1 \underset{x \to 0}{\sim} \ln(1+x) \underset{x \to 0}{\sim} \sin(x) \underset{x \to 0}{\sim} \arcsin(x) \underset{x \to 0}{\sim} \tan(x) \underset{x \to 0}{\sim} \arctan(x)$ et aussi $x \underset{x \to 0}{\sim} \operatorname{sh}(x)$,

$\dfrac{x^2}{2} \underset{x \to 0}{\sim} 1 - \cos(x) \underset{x \to 0}{\sim} \operatorname{ch}(x) - 1$,

$\ln(u) \underset{u \to 1}{\sim} u - 1$,

$e^x \underset{x \to +\infty}{\sim} 2\operatorname{ch}(x) \underset{x \to +\infty}{\sim} 2\operatorname{sh}(x)$.

3. Développements limités

• ***Définitions et premières propriétés***

On dit que f admet en a un développement limité d'ordre n s'il existe des réels $a_0, a_1, \dots, a_n$ tels que $f(a+h) \underset{h \to 0}{=} \sum\limits_{k=0}^{n} a_k h^k + o(h^n)$.

Les coefficients $a_0, a_1, \dots, a_n$ sont alors uniques et, si $m \leqslant n$, le développement limité de f en a à l'ordre m est $f(a+h) \underset{h \to 0}{=} \sum\limits_{k=0}^{m} a_k h^k + o(h^m)$.

Le polynôme $P_n(X) = \sum\limits_{k=0}^{n} a_k X^k$ est appelée partie régulière d'ordre n du développement de f en a, le polynôme $P_m(X) = \sum\limits_{k=0}^{m} a_k X^k$ est la troncature de P_n à l'ordre m.

Si l'un au moins des a_k est non nul on choisit p minimal tel que $a_p \neq 0$ et en changeant l'écriture on obtient le forme dite normalisée
$f(a+h) \underset{h \to 0}{=} h^p\big(a_0 + a_1 h + \cdots + a_n h^n + o(h^n)\big)$, développement d'ordre $p+n$.

On rappelle que f est continue en a (resp. dérivable en a) si, et seulement si, f admet un développement limité d'ordre 0 (resp. 1) en a.

Si $a = 0$ et si f est paire (resp. impaire) alors $1 \leqslant 2k+1 \leqslant n \Rightarrow a_{2k+1} = 0$ (resp. $0 \leqslant 2k \leqslant n \Rightarrow a_{2k} = 0$).

Dans le cas ou a est infini on se ramènera au cas où $a = 0$ en utilisant le changement de variable $t = \dfrac{1}{x}$.

• *Opérations*

Les notations ici vont de soi

Combinaison linéaire

Si $f(a+h) \underset{h\to 0}{=} P(h)+o(h^n)$, $g(a+h) \underset{h\to 0}{=} Q(h)+o(h^n)$
alors $(\lambda f+\mu g)(a+h) \underset{h\to 0}{=} (\lambda P+\mu Q)(h)+o(h^n)$.

Produit

Si, sous formes normalisées, $f(a+h) \underset{h\to 0}{=} h^p\big[P(h)+o(h^n)\big]$
et $g(a+h) \underset{h\to 0}{=} h^q\big[Q(h)+o(h^n)\big]$, alors en notant S la troncature à l'ordre n du produit PQ, $(fg)(a+h) \underset{h\to 0}{=} h^{p+q}\big[S(h)+o(h^n)\big]$.

Composition

Si sous forme normalisée $g(a+h) \underset{h\to 0}{=} h^p\big[Q(h)+o(h^n)\big]$ où $p \geqslant 1$ et, sans forme normalisée, $f\big(g(a)+k\big) \underset{k\to 0}{=} P(k)+o(k^m)$ où $mp \geqslant p+n$, en notant S la troncature à l'ordre n de $P\big(X^pQ(X)\big)$, $(f\circ g)(a+h) \underset{h\to 0}{=} S(h)+o(h^{p+n})$.

Quotient

On va utiliser la composition et le développement $\dfrac{1}{1-h} \underset{h\to 0}{=} \displaystyle\sum_{k=0}^{n} h^k + o(h^n)$.

On suppose que l'on a les formes normalisées $f(a+h) \underset{h\to 0}{=} h^p\big[P(h)+o(h^n)\big]$ et $g(a+h) \underset{h\to 0}{=} h^q\big[Q(h)+o(h^n)\big]$ avec $q \leqslant p$. On pose $b = Q(0)$ et on écrit $Q(X) = b\big[1-S(X)\big]$.

Alors $\dfrac{f(a+h)}{g(a+h)} \underset{h\to 0}{=} \dfrac{h^{p-q}}{b}\big[P(h)+o(h^n)\big] \times \dfrac{1}{1-S(h)+o(h^n)}$ et, en utilisant la composition et le produit, on développera le quotient à l'ordre $p-q+n$.

Intégration

Si $f(a+h) \underset{h\to 0}{=} \displaystyle\sum_{k=0}^{n} a_k h^k + o(h^n)$ alors $\displaystyle\int_a^{a+h} f(t)\,dt = \sum_{k=0}^{n} \frac{a_k h^{k+1}}{k+1} + o(h^{n+1})$.

• *Liste*

La liste provient de l'application de la formule de Taylor-Young :

si f est de classe $\mathcal{C}^n$ au voisinage de a alors $f(a+h) \underset{h\to 0}{=} \displaystyle\sum_{k=0}^{n} \frac{f^{(k)}(a)}{k!} h^k + o(h^n)$.

$$e^x \underset{x\to 0}{=} \sum_{k=0}^{n} \frac{x^k}{k!} + o(x^n),\ \sin(x) \underset{x\to 0}{=} \sum_{k=0}^{n} \frac{(-1)^k x^{2k+1}}{(2k+1)!} + o(x^{2n+1}),$$

$$\cos(x) \underset{x\to 0}{=} \sum_{k=0}^{n} \frac{(-1)^k x^{2k}}{(2k)!} + o(x^{2n}),\ \mathrm{sh}(x) \underset{x\to 0}{=} \sum_{k=0}^{n} \frac{x^{2k+1}}{(2k+1)!} + o(x^{2n+1}),$$

$$\mathrm{ch}(x) \underset{x\to 0}{=} \sum_{k=0}^{n} \frac{x^{2k}}{(2k)!} + o(x^{2n}),\ -\ln(1-x) = \sum_{k=1}^{n} \frac{x^k}{k} + o(x^n),$$

si $\alpha \in \mathbb{R}$, $(1+x)^\alpha \underset{x\to 0}{=} 1+\alpha x+\dfrac{\alpha(\alpha-1)}{2}x^2+\cdots+\dfrac{\alpha(a-1)\cdots(\alpha-n+1)}{n!}x^n+o(x^n)$,

$\tan(x) \underset{x\to 0}{=} x+\dfrac{x^3}{3}+o(x^3)$ et $\arctan(x) \underset{x\to 0}{=} x-\dfrac{x^3}{3}+o(x^3)$.

On obtiendra les développements limités de arcsin en 0 par intégration de ceux de sa dérivée car c'est, en x, $(1-x^2)^{-1/2}$.

• ***Utilisation géométrique***

Si $f(a+h) \underset{h\to 0}{=} a_0 + a_1 h + a_p h^p + o(h^p)$ où $p \geqslant 2$ et $a_p \neq 0$ alors la tangente au graphe de f en $\big(a, f(a)\big)$ a pour équation $y = a_0 + a_1(x-a)$ et la position du graphe par rapport à cette droite est donnée par le signe local de $a_p h^p$. Ainsi le graphe « traverse la tangente en ce point » si, et seulement si, p est impair.

S'il existe un intervalle ouvert de centre a sur lequel f est définie on a déjà vu que, pour que f présente en a un extremum local, il faut $a_1 = 0$.
Supposons que p est pair. Il s'agit un minimum si $a_p > 0$ et d'un maximum sinon.

Énoncés des exercices

1. Si $(x_n)_n$ est une suite récurrente définie par $x_0 > 0$ et $x_{n+1} = |x_n - n|$, montrer que $x_n \underset{n\to\infty}{\sim} \dfrac{n}{2}$.

---

2. Si $(u_n) \in \mathbb{R}^{\mathbb{N}}$, $\lim\limits_{n\to\infty}(u_n) = 0$ et $u_n + u_{n+1} \underset{n\to\infty}{\sim} \dfrac{2}{n}$, a-t-on $u_n \underset{n\to\infty}{\sim} \dfrac{1}{n}$?
Et si (u_n) décroît ?

---

3. Soit $(u_n) \in (\mathbb{R}_+^\star)^{\mathbb{N}}$ telle que : $\forall n \in \mathbb{N},\ u_{n+1}^2 = \sum\limits_{k=1}^{n} u_k$.

Montrer que $u_n \underset{n\to\infty}{\longrightarrow} +\infty$ et $u_n \underset{n\to\infty}{\sim} \dfrac{n}{2}$.

---

4. a. Étudier (u_n) définie par : $u_0 > 0$ et $u_{n+1} = u_n^2 + u_n$.

b. Montrer que la suite (v_n) définie par $v_n = \dfrac{1}{2^n}\ln(u_n)$ converge.

c. Soit ℓ sa limite, montrer que $u_n \underset{n\to\infty}{\sim} \exp(2^n \ell)$.

---

5. Soit $(a,b) \in \mathbb{R}^2, 0 < b < a$. Montrer que les suites (a_n) et (b_n) définies par $a_0 = a$, $b_0 = b$, $\dfrac{2}{b_{n+1}} = \dfrac{1}{a_n} + \dfrac{1}{b_n}$ et $a_{n+1} = \dfrac{1}{2}(a_n + b_n)$ convergent et ont même limite $\ell = \varphi(a,b)$. Donner un équivalent de $a_n - \ell$.
On pourra calculer $a_{n+1} - \ell$ et $a_{n+1} + \ell$.

---

6. Montrer que : $\forall n \in \mathbb{N},\ \exists!\ x_n \in \left]n\pi - \dfrac{\pi}{2}, n\pi + \dfrac{\pi}{2}\right[,\ \tan(x_n) = x_n$.
Déterminer $(\alpha, \beta, a, b, c) \in \mathbb{R}^5$ tel que :

$$x_n \underset{n\to\infty}{=} n\alpha + \beta + \frac{a}{n} + \frac{b}{n^2} + \frac{c}{n^3} + o\Big(\frac{1}{n^3}\Big).$$

7. $\forall n \in \mathbb{N}^\star,\ u_n = \sqrt[4]{n + \sqrt[4]{(n-1) + \cdots + \sqrt[4]{1}}}$.
Montrer que $u_n \underset{n\to\infty}{=} o(n)$. *On pourra comparer* u_n *et* $\sqrt{n}$. Montrer que $u_n \underset{n\to\infty}{\sim} \sqrt[4]{n}$. Enfin donner un développement asymptotique à deux termes de u_n.

---

8. Déterminer le développement limité à l'ordre (n) au voisinage de 0 des fonctions définies par :

$f(x) = \arccos\left(\sqrt{\dfrac{x}{\tan(x)}}\right)$ si $x \in \left]0, \dfrac{\pi}{2}\right[$ et $f(0) = 0$ (4) ;

$g(x) = \left(\dfrac{\sin(x)}{x}\right)^{\operatorname{cotan}^2(x)}$ (2) ; $h(x) = \sqrt{x(\sin(x) + \operatorname{sh}(x) - 2x)}$ (9).

---

9. Déterminer les limites en (x_0) des fonctions définies par :

$f(x) = \dfrac{(1+\sin x)^{1/x} - e^{1-x/2}}{(1+\tan x)^{1/x} - e^{1-x/2}}$ (0) ;

$g(x) = x\ln^2(x)\left[\sin\left(\dfrac{1}{\ln(x)}\right) - \sin\left(\dfrac{1}{\ln(x+1)}\right)\right]$ $(+\infty)$;

$h(x) = \dfrac{u(x)^{v(x)} - v(x)^{u(x)}}{u(x) - v(x)}$ (0) si $u(x) = \sqrt{3 + \dfrac{\operatorname{sh}(x)}{\sin(x)}}$ et $v(x) = 1 + \cos(x)$

$k(x) = \dfrac{x - a}{a\ln(x) - x\ln(a)}$ (a) où $a \in \mathbb{R}_+^* \setminus \{1\}$ est donné ;

$\ell(x) = \dfrac{(a\ln(x) - x\ln(a))^2(x\ln(x) - a\ln(a))}{(x-a)\left[x - a - a\ln\left(\dfrac{x}{a}\right)\right]}$ (a) où $a \in \mathbb{R}_+^*$ est donné.

---

10. Calculer les limites :

a. $\displaystyle\lim_{x\to+\infty}\left[\operatorname{ch}\sqrt{x+1} - \operatorname{ch}\sqrt{x}\right]^{1/\sqrt{x}}$; b. $\displaystyle\lim_{x\to+\infty}\left[\frac{\arctan(x)}{\arctan(x+1)}\right]^{x^2}$;

c. $\displaystyle\lim_{x\to+\infty} x^3\left[\arctan x - \arccos\frac{1}{x}\right]$;

d. $\displaystyle\lim_{x\to1}(2-x)^{\tan\left(\frac{\pi}{2x}\right)}$; e. $\displaystyle\lim_{x\to+\infty} x\left[\left(1+\frac{1}{2x}\right)^{3x} - \left(1+\frac{3}{x}\right)^{x/2}\right]$;

f. $\lim_0 f$ et $\lim_{+\infty} f$ si $f(x) = \left[\dfrac{1}{n}\displaystyle\sum_{i=1}^n a_i^x\right]^{1/x}$ si $a_i > 0$;

g. $\displaystyle\lim_{x\to+\infty}\left[\cos\left(\frac{\pi x}{3x+1}\right) + \sin\left(\frac{\pi x}{6x+1}\right)\right]^x$;

h. $\displaystyle\lim_{x\to0}\frac{2(1-\cos x)\sin x - x^3\sqrt[4]{1-x^2}}{\sin^5 x - x^5}$; i. $\displaystyle\lim_{x\to0}\frac{(\sin x)^{\operatorname{sh} x} - (\operatorname{sh} x)^{\sin x}}{(\tan x)^{\operatorname{th} x} - (\operatorname{th} x)^{\tan x}}$.

---

11. a. $f(x) = x^5 + x$. Montrer que f est un homéomorphisme de $\mathbb{R}$ sur $\mathbb{R}$ et que :

$$f^{-1}(x) \underset{x\to+\infty}{=} x^{1/5} - \frac{1}{5}x^{-3/5} - \frac{1}{25}x^{-7/5} + o(x^{-7/5}).$$

b. Soit $t \in \mathbb{R}_+^*$. Montrer que l'équation $xe^x = \dfrac{1}{t}$ admet une unique solution $x = g(t)$ et que : $g(t) \underset{t\to+\infty}{=} \dfrac{1}{t} - \dfrac{1}{t^2} + \dfrac{3}{2t^3} + o\left(\dfrac{1}{t^3}\right)$.

Solutions des exercices

1. Si, pour tout $n \in \mathbb{N}$, $x_n \geqslant n$ alors la relation est $x_{n+1} = x_n - n$ et donc $(x_n)_n$ décroît et est minorée par 0 donc converge, ce qui contredit l'hypothèse de départ. Soit donc $n \in \mathbb{N}$ tel que $x_n < n$, alors $x_{n+1} = n - x_n \leqslant n < n+1$ et donc, il existe $n_0 \in \mathbb{N}$ tel que $\forall n \in \mathbb{N}$, $n \geqslant n_0 \Rightarrow x_n < n$.
Si $n \geqslant n_0$ on a $x_{n+2} = (n+2) - x_{n+1} = (n+2) - (n+1) + x_n = x_n + 1$ d'où, pour tout $p \in \mathbb{N}$, $x_{n_0+2p} = x_{n_0} + p$ et $x_{n_0+2p+1} = x_{n_0+1} + p$.
Cela montre que $\dfrac{x_{n_0+2p}}{n_0+2p} \xrightarrow[p\to\infty]{} \dfrac{1}{2}$ et $\dfrac{x_{n_0+2p+1}}{n_0+2p+1} \xrightarrow[p\to\infty]{} \dfrac{1}{2}$ et donc $\dfrac{x_n}{n} \xrightarrow[n\to\infty]{} \dfrac{1}{2}$ ou encore $x_n \underset{n\to\infty}{\sim} \dfrac{n}{2}$.

---

2. Si, pour tout $n \in \mathbb{N}^\star$, $u_n = \dfrac{(-1)^n}{\sqrt{n}} + \dfrac{1}{n}$ alors $(u_n)_n$ converge vers 0 et

$$\begin{aligned} u_n + u_{n+1} &= \frac{(-1)^n}{\sqrt{n}}\left[1 - \left(1+\frac{1}{n}\right)^{-1/2}\right] + \frac{1}{n}\left[1 + \left(1+\frac{1}{n}\right)^{-1}\right] \\ &\underset{n\to\infty}{=} \frac{(-1)^n}{\sqrt{n}} O\left(\frac{1}{n}\right) + \frac{1}{n}\left[2 + O\left(\frac{1}{n}\right)\right] \underset{n\to\infty}{\sim} \frac{2}{n}. \end{aligned}$$

Et pourtant $u_n \not\sim \dfrac{1}{n}$.
On suppose désormais que $(u_n)_n$ décroît.
Alors $a_n = u_n + u_{n+1} \leqslant 2u_n \leqslant u_n + u_{n-1} = a_{n-1}$ et, comme $a_n \underset{n\to\infty}{\sim} \dfrac{2}{n}$, par encadrement $2nu_n \xrightarrow[n\to\infty]{} 2$ *i.e.* $u_n \underset{n\to\infty}{\sim} \dfrac{1}{n}$.

---

3. Si $n \in \mathbb{N}$, $u_{n+2}^2 - u_{n+1}^2 = u_{n+1} > 0$ donc $(u_n)_{n\geqslant 1}$ est croissante. Si elle convergeait vers ℓ on aurait $0 = \ell^2 - \ell^2 = \ell$, ce qui contredit la croissance de la suite. Donc $u_n \xrightarrow[n\to\infty]{} +\infty$. Comme $u_{n+1}^2 - u_n^2 = (u_{n+1} - u_n)(u_{n+1} + u_n)$, on a $u_{n+1} - u_n = \dfrac{u_n}{u_{n+1} + u_n} = \dfrac{u_n}{\sqrt{u_n + u_n^2} + u_n} \xrightarrow[n\to\infty]{} \dfrac{1}{2}$. L'utilisation du travail dirigé « Théorème de Cesàro », on en déduit $\dfrac{u_n}{n} \xrightarrow[n\to\infty]{} \dfrac{1}{2}$ *i.e.* $u_n \underset{n\to\infty}{\sim} \dfrac{n}{2}$.

---

4. a. $(u_n)_n$ est croissante et, si elle converge vers ℓ, par continuité de $x \mapsto x^2 + x$, on a $\ell = \ell^2 + \ell$ *i.e.* $\ell = 0$ d'où $0 < u_0 \leqslant u_n \leqslant \ell = 0$, ce qui est absurde. Donc $u_n \xrightarrow[n\to\infty]{} +\infty$.

b. $v_{n+1} - v_n = 2^{-n-1}\ln(u_n^2 + u_n) - 2^{-n}\ln(u_n) = 2^{-n-1}\ln(1 + u_n^{-1}) \leqslant \alpha 2^{-n-1}$ où l'on a posé $\alpha = \ln(1 + u_0^{-1})$. On remarque que $v_{n+1} - v_n \geqslant 0$.

Si $p \in \mathbb{N}$, $\sum\limits_{n=0}^{p}(v_{n+1} - v_n) = v_{n+p+1} - v_0 \leqslant \dfrac{\alpha}{2}\sum\limits_{n=0}^{p} 2^{-n} \leqslant \dfrac{\alpha}{2} \times \dfrac{1 - 2^{-p-1}}{1 - 1/2} \leqslant \alpha$.

$(v_n)_n$ est croissante et majorée donc convergente.

c. D'après le calcul précédent et par croissance de $(u_n) - n$ on a :

$\sum_{k=n}^{n+p}(v_{k+1}-v_k)=v_{n+p+1}-v_n=\sum_{k=n}^{n+p}2^{-p-1}\ln(1+u_k^{-1})\leqslant 2^{-n-1}\ln(1+u_n^{-1})\sum_{k=0}^{p}2^{-k}$
d'où, quand $p\to\infty$, $0\leqslant \ell-v_n\leqslant 2^{-n}\ln(1+u_n^{-1})\underset{n\to\infty}{=}o(2^{-n})$ car $u_n\xrightarrow[n\to\infty]{}0$.
Donc $2^{-n}\ln(u_n)=v_n\underset{n\to\infty}{=}\ell+o(2^{-n})$ puis $u_n\underset{n\to\infty}{=}e^{2^n\ell}\times e^{o(1)}\underset{n\to\infty}{\sim}e^{2^n\ell}$.

---

5. $0<b_0<a_0$.
Si $0<b_0<\cdots<b_n<a_n<\cdots<a_0$ alors $a_n-a_{n+1}=\dfrac{a_n-b_n}{2}>0$,
$\dfrac{2}{b_n}-\dfrac{2}{b_{n+1}}=\dfrac{1}{b_n}-\dfrac{1}{a_n}>0$ et $a_{n+1}-b_{n+1}=\dfrac{(a_n-b_n)^2}{2(a_n+b_n)}>0$ d'où
$0<b_0<\cdots<b_{n+1}<a_{n+1}<\cdots<a_0$, ce qui montre les convergences de $(a_n)_n$ et $(b_n)_n$. Si on note ℓ et ℓ' leurs limites alors $\ell=\dfrac{\ell+\ell'}{2}$ d'où $\ell=\ell'\in]a_0,b_0[$.
Pour tout $n\in\mathbb{N}$, $a_{n+1}b_{n+1}=a_nb_n$ d'où $a_nb_n=\ell^2$ et donc $a_{n+1}=\dfrac{1}{2}\Big(a_n+\dfrac{\ell^2}{a_n}\Big)$
d'où $a_{n+1}+\ell=\dfrac{1}{2a_n}(a_n+\ell)^2$ et $a_{n+1}-\ell=\dfrac{1}{2a_n}(a_n-\ell)^2$ puis, par quotient,
$\dfrac{a_{n+1}-\ell}{a_{n+1}+\ell}=\Big(\dfrac{a_n-\ell}{a_n+\ell}\Big)^2$ d'où $\dfrac{a_n-\ell}{a_n+\ell}=\Big(\dfrac{a_0-\ell}{a_0+\ell}\Big)^{2^n}\underset{n\to\infty}{\sim}\dfrac{a_n-\ell}{2\ell}$ ce qui montre que $a_n-\ell\underset{n\to\infty}{\sim}2\ell\Big(\dfrac{a_0-\ell}{a_0+\ell}\Big)^{2^n}$ avec $\ell=\sqrt{ab}$ car $(a_nb_n)_n$ est constante.

---

6. Pour tout $n\in\mathbb{N}$, $\varphi:x\mapsto\tan(x)-x$ est dérivable sur $I_n=\Big]n\pi-\dfrac{\pi}{2},n\pi+\dfrac{\pi}{2}\Big[$ avec $\varphi'(x)=\tan^2(x)>0$ sauf en $n\pi$. φ réalise une bijection de I_n sur $\mathbb{R}$ d'où l'existence et l'unicité de x_n. Par encadrement $x_n\underset{n\to\infty}{\sim}n\pi$; posons $a_n=x_n-n\pi$.
On a $|a_n|<\dfrac{\pi}{2}$ et $\tan(a_n)=\tan(x_n)=x_n=a_n+n\pi$ d'où $a_n=\arctan(n\pi+a_n)$ et, par suite, $a_n\xrightarrow[n\to\infty]{}\dfrac{\pi}{2}$. On pose $b_n=a_n-\dfrac{\pi}{2}$, alors $\tan(a_n)=-\operatorname{cotan}(b_n)$ d'où $\tan(b_n)=-\dfrac{1}{x_n}\underset{n\to\infty}{\sim}-\dfrac{1}{n\pi}\underset{n\to\infty}{\sim}b_n$ car $b_n\xrightarrow[n\to\infty]{}0$.
Alors $\tan(b_n)\underset{n\to\infty}{=}-\dfrac{1}{n\pi+\frac{\pi}{2}-\frac{1}{n\pi}+o(\frac{1}{n})}$
soit $b_n+\dfrac{b_n^3}{3}+o(b_n^3)\underset{n\to\infty}{=}-\dfrac{1}{n\pi}\Big(1+\dfrac{1}{2n}-\dfrac{1}{n^2\pi^2}+o\Big(\dfrac{1}{n^2}\Big)\Big)^{-1}$ et, comme on a $b_n^3\underset{n\to\infty}{=}o\Big(\dfrac{1}{n^2}\Big)$, $b_n\underset{n\to\infty}{=}-\dfrac{1}{n\pi}+\dfrac{1}{2n^2\pi}+o\Big(\dfrac{1}{n^2}\Big)$.
En reportant $b_n-\dfrac{1}{3n^3\pi^3}+o\Big(\dfrac{1}{n^3}\Big)\underset{n\to\infty}{=}-\dfrac{1}{n\pi}\Big(1+\dfrac{1}{2n}-\dfrac{1}{n^2\pi^2}+\dfrac{1}{2n^3\pi^2}+o\Big(\dfrac{1}{n^3}\Big)\Big)^{-1}$
puis, en développant $b_n-\dfrac{1}{3n^3\pi^3}+o\Big(\dfrac{1}{n^3}\Big)\underset{n\to\infty}{=}-\dfrac{1}{n\pi}+\dfrac{1}{2n^2\pi}-\dfrac{1}{n^3\pi}\Big[\dfrac{1}{\pi^2}+\dfrac{1}{4}\Big]+o\Big(\dfrac{1}{n^3}\Big)$
d'où $b_n\underset{n\to\infty}{=}-\dfrac{1}{n\pi}+\dfrac{1}{2n^2\pi}-\dfrac{1}{n^3\pi}\Big[\dfrac{2}{3\pi^2}+\dfrac{1}{4}\Big]+o\Big(\dfrac{1}{n^3}\Big)$ et enfin

$$x_n=n\pi+\frac{\pi}{2}-\frac{1}{n\pi}+\frac{1}{2n^2\pi}-\frac{1}{n^3\pi}\Big[\frac{2}{3\pi^2}+\frac{1}{4}\Big]+o\Big(\frac{1}{n^3}\Big).$$

7. $u_1 = 1 \leqslant \sqrt{1}$.

Supposons $u_{n-1} \leqslant \sqrt{n-1}$ et $n \geqslant 2$, alors $u_n = \sqrt[4]{n + u_{n-1}} \leqslant \sqrt[4]{n + \sqrt{n-1}}$ d'où $u_n \leqslant \sqrt[4]{n+\sqrt{n}} \leqslant \sqrt{n}$ car $n + \sqrt{n} \leqslant n^2$. En effet cela revient à $1 + \dfrac{1}{\sqrt{n}} \leqslant n$ qui découle de $1 + \dfrac{1}{\sqrt{n}} \leqslant 2 \leqslant n$. Donc, par récurrence, pour tout $n \in \mathbb{N}^\star$, $u_n \leqslant \sqrt{n}$ et, donc, $u_n \underset{n\to\infty}{=} o(n)$.

Alors $\dfrac{u_{n-1}}{n} \xrightarrow[n\to\infty]{} 0$ et, comme $u_n = n^{1/4}\Big(1 + \dfrac{u_{n-1}}{n}\Big)^{1/4}$, il vient $u_n \underset{n\to\infty}{\sim} n^{1/4}$.

Ensuite $u_n \underset{n\to\infty}{=} n^{1/4}\big[1 + n^{-3/4} + o(n^{-3/4})\big]^{1/4} \underset{n\to\infty}{=} n^{1/4}\Big[1 + \dfrac{1}{4n^{3/4}} + o(n^{-3/4})\Big]$

soit encore $u_n \underset{n\to\infty}{=} n^{1/4} + \dfrac{1}{4\sqrt{n}} + o\Big(\dfrac{1}{\sqrt{n}}\Big)$.

8.

$$\cos\big(f(x)\big) = \Big(\frac{\tan(x)}{x}\Big)^{-1/2} = \Big(1 + \frac{x^2}{3} + \frac{2x^4}{15} + o(x^5)\Big)^{-1/2}$$
$$= 1 - \frac{1}{2}\Big(\frac{x^2}{3} + \frac{2x^4}{15}\Big) + \frac{3}{8} \times \frac{x^4}{9} + o(x^5) = 1 - \frac{x^2}{6} - \frac{x^4}{40} + o(x^5)$$

d'où $1 - \dfrac{f^2(x)}{2} + \dfrac{f^4(x)}{24} = 1 - \dfrac{x^2}{6} - \dfrac{x^4}{40} + o(x^5)$ puis, comme $f(x) \geqslant 0$,

$$f(x)\Big(1 - \frac{f^2(x)}{12}\Big)^{1/2} = \frac{x}{\sqrt{3}}\Big(1 + \frac{3x^2}{20} + o(x^3)\Big)^{1/2}$$

$f(x) - \dfrac{f^3(x)}{24} = \dfrac{x}{\sqrt{3}} + \dfrac{x^3\sqrt{3}}{40} + o(x^4)$ d'où $f(x) \sim \dfrac{x}{\sqrt{3}}$ puis

$$f(x) = \frac{x}{\sqrt{3}} + x^3\sqrt{3}\Big(\frac{1}{40} + \frac{1}{9.24}\Big) + o(x^4) = \frac{x}{\sqrt{3}} + \frac{4x^3}{45\sqrt{3}} + o(x^4).$$

$\dfrac{\sin(x)}{x} = 1 - \dfrac{x^2}{6} + \dfrac{x^4}{120} + o(x^4)$ d'où $\ln\Big(\dfrac{\sin(x)}{x}\Big) = -\Big(\dfrac{x^2}{6} - \dfrac{x^4}{120}\Big) - \dfrac{1}{2}\dfrac{x^4}{36} + o(x^4)$

soit $\ln\Big(\dfrac{\sin(x)}{x}\Big) = -\dfrac{x^2}{6} - \dfrac{x^4}{180} + o(x^4)$.

Alors $\operatorname{cotan}^2(x)\ln\Big(\dfrac{\sin(x)}{x}\Big) = -\dfrac{x^2}{6}\Big(x + \dfrac{x^3}{3} + o(x^3)\Big)^{-2}\Big(1 + \dfrac{x^2}{30} + o(x^2)\Big)$ soit

$\ln\big(g(x)\big) = -\dfrac{1}{6}\Big(1 - \dfrac{2x^2}{3}\Big)\Big(1 + \dfrac{x^2}{30}\Big) + o(x^2) = -\dfrac{1}{6} + \dfrac{19}{180}x^2 + o(x^2)$ et enfin

$$g(x) = e^{-1/6}e^{19x^2/180 + o(x^2)} = e^{-1/6}\Big(1 + \frac{19}{180}x^2\Big) + o(x^2).$$

$$\sin(x) + \operatorname{sh}(x) - 2x = \frac{x^5}{60} + \frac{2x^9}{9!} + o(x^{12})$$

d'où $h(x) = \Big(\dfrac{x^6}{60} + \dfrac{2x^{10}}{9!} + o(x^{13})\Big)^{1/2} = \dfrac{x^3}{2\sqrt{15}}\Big(1 + \dfrac{x^4}{6.7.8.9} + o(x^7)\Big)^{1/2}$ et enfin

$$h(x) = \frac{1}{2\sqrt{15}}\Big(x^3 + \frac{x^7}{2.6.7.8.9}\Big) + o(x^9).$$

---

9. $\ln\big(1 + \sin(x)\big) = \ln\Big(1 + x - \dfrac{x^3}{6} + o(x^3)\Big) = x - \dfrac{x^3}{6} - \dfrac{x^2}{2} + \dfrac{x^3}{3} + o(x^3)$ d'où $\dfrac{1}{x}\ln\big(1 + \sin(x)\big) - 1 + \dfrac{x}{2} \sim \dfrac{x^2}{6}$. De même $\dfrac{1}{x}\ln\big(1 + \tan(x)\big) \sim \dfrac{2x^2}{3}$ et, comme

$f(x) = \dfrac{e^{\frac{1}{x}\ln(1+\sin(x))-1+\frac{x}{2}-1}}{e^{\frac{1}{x}\ln(1+\tan(x))-1+\frac{x}{2}-1}} \sim \dfrac{\frac{1}{x}\ln(1+\sin(x))-1+\frac{x}{2}-1}{\frac{1}{x}\ln(1+\tan(x))-1+\frac{x}{2}-1} \sim \dfrac{\frac{x^2}{6}}{\frac{2x^2}{3}} = \dfrac{1}{4}$, il vient $\lim_0 f = \dfrac{1}{4}\cdot$

$\sin(a)-\sin(b) = 2\cos\left(\dfrac{a+b}{2}\right)\sin\left(\dfrac{a-b}{2}\right)$ et, lorsque $a = \dfrac{1}{\ln(x)}$ et $b = \dfrac{1}{\ln(x+1)}$ alors $\sin(a)-\sin(b) \sim a-b = \dfrac{1}{\ln(x)}\left(1-\dfrac{\ln(x)}{\ln(x)+\ln\left(1+\frac{1}{x}\right)}\right)$ d'où

$\sin(a)-\sin(b) \sim \dfrac{1}{\ln(x)}\left(1-\left(1+\dfrac{\ln\left(1+\frac{1}{x}\right)}{\ln(x)}\right)^{-1}\right) \sim \dfrac{\ln\left(1+\frac{1}{x}\right)}{\ln^2(x)} \sim \dfrac{1}{x\ln^2(x)}$ d'où $\lim_{x\to+\infty} g(x) = 1.$

$u(x) \to 2$ et $v(x) \to 2$ d'où $h(x) \sim 2^2\dfrac{e^{v(x)\ln(u(x))-u(x)\ln(v(x))}-1}{u(x)-v(x)}$ puis

$h(x) \sim 4\dfrac{v(x)\ln(u(x))-u(x)\ln(v(x))}{u(x)-v(x)} = 4\dfrac{[v(x)-u(x)]\ln(u(x))-u(x)\ln\left(\frac{v(x)}{u(x)}\right)}{u(x)-v(x)}$

$\ln\left(\dfrac{v(x)}{u(x)}\right) \sim \dfrac{v(x)}{u(x)}-1 = \dfrac{v(x)-u(x)}{u(x)} \sim \dfrac{v(x)-u(x)}{2}$ d'où $\lim_{x\to 0} h(x) = 4[1-\ln(2)]$.

Si $\varphi : x \mapsto a\ln(x)-x\ln(a)$ alors $\varphi(a) = 0$, φ est dérivable en a avec $\varphi'(a) = 1-\ln(a)$ d'où $\lim_{x\to a} \dfrac{a\ln(x)-x\ln(a)}{x-a} = \varphi'(a) = 1-\ln(a)$ puis $\lim_{x\to a} k(x) = \dfrac{1}{1-\ln(a)}$.

$\ell(x) = \left(\dfrac{\varphi(x)-\varphi(a)}{x-a}\right)^2 \dfrac{x\ln(x)-a\ln(a)}{1-\frac{a}{x-a}\ln\left(\frac{x}{a}\right)}$ et, en posant $x = a+h$ on a

$\dfrac{x\ln(x)-a\ln(a)}{1-\frac{a}{x-a}\ln\left(\frac{x}{a}\right)} = \dfrac{a\ln\left(1+\frac{h}{a}\right)+h\ln(a+h)}{1-\frac{a}{h}\ln\left(1+\frac{h}{a}\right)} = \dfrac{h[1+\ln(a)]+o(h)}{\frac{h}{2a}+o(h)}$ qui tend, lorsque $h \to 0$, vers $2a[\ln(1+a)]$ d'où $\lim_{x\to a} \ell(x) = 2a[1-\ln(a)]^2[1+\ln(a)]$.

---

10. a. $\ln\left(\left[\operatorname{ch}\left(\sqrt{x+1}\right)-\operatorname{ch}\left(\sqrt{x}\right)\right]^{\frac{1}{\sqrt{x}}}\right) = \dfrac{1}{\sqrt{x}}\left[\ln\left(\operatorname{ch}\left(\sqrt{x}\right)\right)+\ln\left(\dfrac{\operatorname{ch}(\sqrt{x+1})}{\operatorname{ch}(\sqrt{x})}\right)\right]$.

Or $\operatorname{ch}\left(\sqrt{x}\right) \sim \dfrac{e^{\sqrt{x}}}{2}$ d'où $\ln\left(\operatorname{ch}\left(\sqrt{x}\right)\right) \sim \sqrt{x}$ et $\ln\left(\dfrac{\operatorname{ch}(\sqrt{x+1})}{\operatorname{ch}(\sqrt{x})}\right) = o(\sqrt{x})$ d'où $\ln\left(\left[\operatorname{ch}\left(\sqrt{x+1}\right)-\operatorname{ch}\left(\sqrt{x}\right)\right]^{\frac{1}{\sqrt{x}}}\right) \xrightarrow[x\to+\infty]{} 1$ et $\left[\operatorname{ch}\left(\sqrt{x+1}\right)-\operatorname{ch}\left(\sqrt{x}\right)\right]^{\frac{1}{\sqrt{x}}} \xrightarrow[x\to+\infty]{} e.$

b. $\ln\left(\dfrac{\arctan(x)}{\arctan(x+1)}\right) \sim \dfrac{\arctan(x)}{\arctan(x+1)}-1 \sim \dfrac{\arctan(x)-\arctan(x+1)}{\frac{\pi}{2}}$

or $\arctan(x)-\arctan(x+1) = \arctan\left(\dfrac{x-(x+1)}{1+x(x+1)}\right)+k_x\pi$ et $k_x \xrightarrow[x\to+\infty]{} 0$ donc, pour x assez grand, $k_x = 0$ d'où $\arctan(x)-\arctan(x+1) \sim -\dfrac{1}{x^2}$ d'où $x^2\ln\left(\dfrac{\arctan(x)}{\arctan(x+1)}\right) \xrightarrow[x\to+\infty]{} -\dfrac{2}{\pi}$ et $\left(\dfrac{\arctan(x)}{\arctan(x+1)}\right)^{x^2} \xrightarrow[x\to+\infty]{} e^{-2/\pi}$.

c. $\alpha(x) = \arctan(x)-\arccos\left(\dfrac{1}{x}\right) = \dfrac{\pi}{2}-\arccos\left(\dfrac{1}{x}\right)-\left(\dfrac{\pi}{2}-\arctan(x)\right)$

d'où $\alpha(x) = \arcsin\left(\frac{1}{x}\right) - \arctan\left(\frac{1}{x}\right) = \frac{1}{x} + \frac{1}{6x^3} - \frac{1}{x} + \frac{1}{3x^3} + o\left(\frac{1}{x^3}\right)$ d'où $\lim\limits_{x\to+\infty} x^3\alpha(x) = \frac{1}{2}\cdot$

d. $\ln(2-x) \sim (2-x) - 1 = 1 - x = -h$ si l'on pose $x = 1+h$.
$\frac{\pi}{2x} = \frac{\pi}{2} \times \frac{1}{1+h} = \frac{\pi}{2}(1 - h + o(h))$ d'où $\tan\left(\frac{\pi}{2x}\right) = \text{cotan}\left(\frac{\pi h}{2} + o(h)\right) \sim \frac{2}{\pi h}$ et
donc $\tan\left(\frac{\pi}{2x}\right)\ln(2-x) \xrightarrow[x\to1]{} -\frac{2}{\pi}$ puis $(2-x)^{\tan\left(\frac{\pi}{2x}\right)} \xrightarrow[x\to1]{} e^{-2/\pi}$.

e. $\beta(x) = \left(1 + \frac{1}{2x}\right)^{3x} = \exp\left(3x\ln\left(1 + \frac{1}{2x}\right)\right) = \exp\left(3x\left(\frac{1}{2x} - \frac{1}{8x^2}\right) + o\left(\frac{1}{x}\right)\right)$
d'où $\beta(x) = \exp\left(\frac{3}{2}\right)\exp\left(-\frac{3}{8x} + o\left(\frac{1}{x}\right)\right) = e^{3/2}\left(1 - \frac{3}{8x}\right) + o\left(\frac{1}{x}\right)\cdot$
De même $\gamma(x) = \left(1 + \frac{3}{x}\right)^{x/2} = e^{3/2}\left(1 - \frac{9}{4x}\right) + o\left(\frac{1}{x}\right)$
d'où $\lim\limits_{x\to+\infty} x\big(\beta(x) - \gamma(x)\big) = e^{3/2}\left(\frac{9}{4} - \frac{3}{8}\right) = \frac{15e^{3/2}}{8}\cdot$

f. $\ln\big(f(x)\big) = \frac{1}{x}\ln\left(\frac{1}{n}\sum_{i=1}^{n} e^{x\ln(a_i)}\right) \underset{x\to0}{\sim} \frac{1}{x}\left(\frac{1}{n}\sum_{i=1}^{n} e^{x\ln(a_i)} - 1\right) = \frac{1}{n}\sum_{i=1}^{n}\frac{e^{x\ln(a_i)} - 1}{x}$
or $\frac{e^{x\ln(a_i)} - 1}{x} \xrightarrow[x\to0]{} \ln(a_i)$ pour tout $i \in [\![1, n]\!]$ donc $\ln\big(f(x)\big) \xrightarrow[x\to0]{} \frac{1}{n}\sum_{i=1}^{n}\ln(a_i)$
puis $f(x) \xrightarrow[x\to0]{} \exp\left(\frac{1}{n}\sum_{i=1}^{n}\ln(a_i)\right) = \left(\prod_{i=1}^{n} a_i\right)^{1/n}$.
On suppose $a_1 \leqslant a_2 \leqslant \cdots \leqslant a_p < a_{p+1} = \cdots = a_n$.
$\frac{1}{n}\sum_{i=1}^{n} a_i^x \underset{x\to+\infty}{\sim} \frac{n-p}{n}a_n^x \underset{x\to+\infty}{\not\longrightarrow} 1$ sauf si $a_1 = \cdots = a_n = 1$.
Dans ce cas $\ln\left(\frac{1}{n}\sum_{i=1}^{n} a_i^x\right) \underset{x\to+\infty}{\sim} x\ln(a_n)$ d'où $f(x) \xrightarrow[x\to+\infty]{} a_n$.
Si $a_1 = \cdots = a_n = 1$ alors f est constante égale à 1.

g. $\delta(x) = \cos\left(\frac{\pi x}{3x+1}\right) + \sin\left(\frac{\pi x}{6x+1}\right) \xrightarrow[x\to+\infty]{} 1$ d'où $x\ln\big(\delta(x)\big) \underset{x\to+\infty}{\sim} x\big[\delta(x) - 1\big]$
soit $x\ln\big(\delta(x)\big) \underset{x\to+\infty}{\sim} x\left[\cos\left(\frac{\pi x}{3x+1}\right) - \frac{1}{2} + \sin\left(\frac{\pi x}{6x+1}\right) - \frac{1}{2}\right]\cdot$
$\frac{\cos(u) - \frac{1}{2}}{u - \frac{\pi}{3}} \underset{u\to\pi/3}{\sim} \cos'\left(\frac{\pi}{3}\right) = -\frac{\sqrt{3}}{2}$ d'où $\cos\left(\frac{\pi x}{3x+1}\right) - \frac{1}{2} \underset{x\to+\infty}{\sim} \frac{\pi x}{3x+1} - \frac{\pi}{3}$
puis, en réduisant au même dénominateur, $x\left[\cos\left(\frac{\pi x}{3x+1}\right) - \frac{1}{2}\right] \underset{x\to+\infty}{\sim} \frac{\pi}{6\sqrt{3}}\cdot$
De même $x\left[\sin\left(\frac{\pi x}{6x+1}\right) - \frac{1}{2}\right] \underset{x\to+\infty}{\sim} -\frac{\pi}{24\sqrt{3}}$ d'où $x\ln\big(\delta(x)\big) \xrightarrow[x\to+\infty]{} \frac{\pi}{8\sqrt{3}}$ et
donc $\big(\delta(x)\big)^x \xrightarrow[x\to+\infty]{} e^{\pi/8\sqrt{3}}$.

h. $\sin^5(x) - x^5 = \big[\sin(x) - x\big]\big[\sin^4(x) + x\sin^3(x) + x^2\sin^2(x) + x^3\sin(x) + x^4\big]$
d'où $\sin^5(x) - x^5 \underset{x\to0}{\sim} -\frac{x^3}{6} \times 5x^4 = -\frac{5x^7}{6}$ ce qui montre qu'il faut développer le numérateur à l'ordre 7.

En le faisant on a $\dfrac{2(1-\cos(x))\sin(x)-x^3\sqrt[4]{1-x^2}}{\sin^5(x)-x^5} \xrightarrow[x\to 0]{} \dfrac{19/160}{-5/6} = -\dfrac{57}{400}$.

$\operatorname{sh}(x)\ln\big(\sin(x)\big) \underset{x\to 0}{\sim} x\ln(x) \xrightarrow[x\to 0]{} 0$ et donc, en factorisant :

i. $\varepsilon(x) = \sin(x)^{\operatorname{sh}(x)} - \operatorname{sh}(x)^{\sin(x)} = \operatorname{sh}(x)^{\sin(x)}\big[e^{\operatorname{sh}(x)\ln(\sin(x))-\sin(x)\ln(\operatorname{sh}(x))} - 1\big]$ d'où $\varepsilon(x) \underset{x\to 0}{\sim} \operatorname{sh}(x)\ln\big(\sin(x)\big) - \sin(x)\ln\big(\operatorname{sh}(x)\big)$ soit

$$\varepsilon(x) \underset{x\to 0}{=} x\ln\left(\frac{\sin(x)}{\operatorname{sh}(x)}\right) + \frac{x^3}{6}\ln\big(\sin(x)\operatorname{sh}(x)\big) + o\big(x^3\ln(x)\big)$$

$$\underset{x\to 0}{=} x\ln\left(\frac{1-\frac{x^2}{6}+o(x^2)}{1+\frac{x^2}{6}+o(x^2}\right) + \frac{x^3}{3}\ln(x) + o\big(x^3\ln(x)\big)$$

$$\underset{x\to 0}{=} -\frac{x^3}{3} + \frac{x^3}{3}\ln(x) + o\big(x^3\ln(x)\big) \underset{x\to 0}{\sim} \frac{x^3}{3}\ln(x).$$

De même $\varphi(x) = \tan(x)^{\operatorname{th}(x)} - \operatorname{th}(x)^{\tan(x)} \underset{x\to 0}{\sim} -\dfrac{2x^3}{3}\ln(x)$ d'où $\dfrac{\varepsilon(x)}{\varphi(x)} \xrightarrow[x\to 0]{} -\dfrac{1}{2}$.

---

11. a. f est de classe $\mathcal{C}^1$ sur $\mathbb{R}$ et $f' : x \mapsto 5x^4+1>0$ donc f réalise un $\mathcal{C}^1$-difféomorphisme croissant de $\mathbb{R}$ sur lui même car $f(x) \underset{x\to\pm\infty}{\sim} x^5$.

Posons $y = f^{-1}(x)$, alors $x\to+\infty \Rightarrow y\to+\infty$ et, comme $y^5+y=x$ il vient $y^5 \underset{x\to+\infty}{\sim} x$ *i.e.* $y \underset{x\to+\infty}{\sim} x^{1/5}$.

Posons $z = yx^{-1/5}$ puis $z = 1+h$ où $h\to 0$.

$(1+h)^5 + x^{-4/5}(1+h) = 1$ soit $1+h = \big(1-x^{-4/5}(1+h)\big)^{1/5}$ et, en développant

$1+h \underset{x\to+\infty}{=} 1 - \dfrac{1}{5}x^{-4/5} - \dfrac{h}{5}x^{-4/5} - \dfrac{2}{25}x^{-8/5} + o(x^{-8/5})$

puis $h \underset{x\to+\infty}{=} -\dfrac{x^{-4/5}}{5}\left(1+\dfrac{2x^{-4/5}}{5}\right)\left(1+\dfrac{x^{-4/5}}{5}\right)^{-1} + o(x^{-8/5})$

soit $h \underset{x\to+\infty}{=} -\dfrac{x^{-4/5}}{5} - \dfrac{x^{-8/5}}{25} + o(x^{-8/5})$ d'où le développement demandé.

b. $h : x\mapsto xe^x$ est de classe $\mathcal{C}^1$ sur $\mathbb{R}$ avec $h' : x\mapsto (1+x)e^x$ d'où le tableau

x	$-\infty$		-1		0		$+\infty$
$h(x)$	0	$\searrow$		$\nearrow$	0	$\nearrow$	$+\infty$

qui montre que l'équation a une et une seule solution.

Quand $t\to+\infty$ alors $x\to 0$ d'où $\dfrac{1}{t} = xe^x \underset{t\to 0}{\sim} x$.

Posons $x = \dfrac{1}{t}+y$ alors $1 = txe^x = (1+ty)e^{\frac{1}{t}+y} = (1+ty)\left(1+\dfrac{1}{t}+y+\dfrac{1}{2t^2}+o\left(\dfrac{1}{t^2}\right)\right)$ d'où $y(t+2) = -\dfrac{1}{t}\left(1+\dfrac{1}{2t}\right)+o\left(\dfrac{1}{t^2}\right)$ *i.e.* $y = -\dfrac{1}{t^2}\left(1+\dfrac{1}{2t}\right)\left(1+\dfrac{2}{t}\right)^{-1}+o\left(\dfrac{1}{t^3}\right)$ soit $y = -\dfrac{1}{t^2}+\dfrac{3}{2t^3}+o\left(\dfrac{1}{t^3}\right)$ ce qui est le résultat souhaité.

Travaux dirigés

Équivalent du terme général d'une suite récurrente

Soient $a \in \mathbb{R}_+^*$ et $f \in \mathcal{C}\big([0,a[,[0,a[\big)$ telle que :
$0 < f(x) < x$ si $x \in]0,a[$ et $\exists\ (\alpha,k) \in (\mathbb{R}_+^*)^2,\ f(x) \underset{x\to 0}{=} x - \alpha x^{1+k} + o(x^{k+1})$.

On pose $u_0 \in]0,a[$ et pour $n \geqslant 0, u_{n+1} = f(u_n)$.

1. Montrer que la suite (u_n) converge vers 0.
Déterminer $\gamma \in \mathbb{R}^*$ tel que la suite $\big((u_{n+1})^\gamma - (u_n)^\gamma\big)$ converge vers $\ell \in \mathbb{R}^*$.

2. En déduire un équivalent de u_n.

3. **Exemples :** $f(x) = xe^{-x}$; $f(x) = \arctan(x)$; $f(x) = \ln(1+x)$; $f(x) = \sin(x)$; $f(x) = x - x^2$. On pourra préciser dans ces cas un intervalle I de $\mathbb{R}$ tel que $u_0 \in I \Rightarrow \lim\limits_{n\to\infty}(u_n) = 0$ et on donnera un équivalent de u_n lorsque $n \to \infty$.

Solution

1. Comme $]0,a[$ est stable par f la suite $(u_n)_n$ est à valeurs dans cet intervalle et strictement décroisant car $0 < x < a \Rightarrow f(x) < x$. Cette suite converge donc dans $[0,a[$ et, en notant ℓ sa limite, par continuité de f en ℓ on a $f(\ell) = \ell$ d'où $\ell = 0$.

$$f^\gamma(x) - x^\gamma = x^\gamma\left[\left(\frac{f(x)}{x}\right)^\gamma - 1\right] = x^\gamma\left[\big(1 - \alpha x^k + o(x^k)\big)^\gamma - 1\right] \underset{x\to 0}{\sim} -\alpha\gamma x^{k+\gamma}$$

d'où, avec $\gamma = -k$, $\ell = \alpha k$.

2. Le TD du chapitre 4 montre que $\displaystyle\frac{1}{n}\sum_{k=0}^{n-1}(u_{k+1}^\gamma - u_k^\gamma) \xrightarrow[n\to\infty]{} \ell$ ou encore, par télescopage, $\displaystyle\frac{u_n^\gamma}{n} - \frac{u_0^\gamma}{n} \xrightarrow[n\to\infty]{} \ell$ d'où $u_n^\gamma \underset{n\to\infty}{\sim} \ell n$ *i.e.* $u_n \underset{n\to\infty}{\sim} (\alpha k)^{-1/k}$.

3. $f : x \mapsto xe^{-x}$ est de classe $\mathcal{C}^1$ sur $\mathbb{R}_+$ avec $f'(x) = (1-x)e^{-x} < 1$ si $x > 0$.
Le théorème des accroissements finis montre que, si $x > 0$, alors $f(x) = f(x) - f(0) < x - 0$ et, comme $f(x) > 0$, il vient $0 < f(x) < x$. Tout $a > 0$ convient et $f(x) \underset{x\to 0}{=} x\big(1 - x + o(x)\big)$ d'où $\alpha = k = 1$.

Si $u_0 > 0$ alors $(u_n)_n$ converge vers 0 en décroissant strictement et $u_n \underset{n\to\infty}{\sim} \dfrac{1}{n}$.

De même arctan est de classe $\mathcal{C}^1$ sur $\mathbb{R}_+$ avec $\arctan' < 1$ sur $\mathbb{R}_+^\star$ d'où, de la même façon, $x > \Rightarrow 0 < \arctan(x) < x$. De plus $\alpha = \dfrac{1}{3}$ et $k = 2$.
Donc si $u_0 > 0$ alors $(u_n)_n$ converge vers 0 en décroissant strictement et $u_n \underset{n\to\infty}{\sim} \sqrt{\dfrac{3}{2n}}$.

$f : x \mapsto \ln(1+x)$ est aussi de classe $\mathcal{C}^1$ sur $\mathbb{R}_+$ avec $f' < 1$ sur $\mathbb{R}_+^\star$ et, toujours, $x > 0 \Rightarrow 0 < f(x) < f(x)$. De plus $\alpha = \dfrac{1}{2}$ et $k = 1$ et donc si $u_0 > 0$ alors $(u_n)_n$ converge vers 0 en décroissant strictement et $u_n \underset{n\to\infty}{\sim} \dfrac{2}{n}$.

sin est de classe $\mathcal{C}^1$ sur $\left[0, \dfrac{\pi}{2}\right]$ avec, si $0 < x \leqslant \dfrac{\pi}{2}$, $\sin'(x) < 1$ et donc, $0 < x \leqslant \dfrac{\pi}{2} \Rightarrow 0 < \sin(x) < x$.

dans ce cas on a $a = \dfrac{\pi}{2}$, $\alpha = \dfrac{1}{6}$ et $k = 2$ d'où si $0 < u_0 \leqslant \dfrac{\pi}{2}$ alors $(u_n)_n$ converge vers 0 en décroissant strictement et $u_n \underset{n\to\infty}{\sim} \sqrt{\dfrac{3}{n}}$.

Enfin $f : x \mapsto x - x^2$ est continue sur $[0,1]$ et, pour $0 < x \leqslant 1$, $0 < f(x) < x$. On choisit $a = 1$, alors $\alpha = k = 1$ et donc, si $0 < u_0 \leqslant 1$, $(u_n)_n$ converge vers 0 en décroissant strictement et $u_n \underset{n\to\infty}{\sim} \dfrac{1}{n}$.

Nombres et polynômes de Bernoulli

On pose $\varphi(t) = \begin{cases} \dfrac{t}{e^t - 1} & \text{si } t \neq 0 \\ 1 & \text{si } t = 0 \end{cases}$. On suppose que $\varphi(t) \underset{t\to 0}{=} \displaystyle\sum_{n=0}^{N} b_n \frac{t^n}{n!} + o(t^N)$.

b_n est appelé n-ième **nombre de Bernoulli**.

Justifier l'écriture suivante : $\forall x \in \mathbb{R}, \varphi(t)\exp(tx) \underset{t\to 0}{=} \displaystyle\sum_{n=0}^{N} B_n(x)\frac{t^n}{n!} + o(t^N)$

où les B_n sont des polynômes (appelés **polynômes de Bernoulli**)

1. Calculer b_i, pour $i \in [\![0,4]\!]$. Montrer que $b_{2n+1} = 0$ si $n \geqslant 1$.

2. Montrer que pour tout $n \in \mathbb{N}^\star$, $\displaystyle\sum_{i=0}^{n} \binom{n+1}{i} b_i = 0$.
En déduire que pour tout $n \in \mathbb{N}, b_n \in \mathbb{Q}$.

3. Montrer que les B_n sont des polynômes normalisés à coefficients dans $\mathbb{Q}$.

4. Déterminer les polynômes $B_i(X)$ pour $i \in [\![0,4]\!]$.

5. Montrer que : $\forall n \in \mathbb{N}^*, B_n(1-X) = (-1)^n B_n(X)$. En déduire $B_{2n+1}\left(\dfrac{1}{2}\right)$ et une conséquence sur le graphes de B_{2n} et de B_{2n+1}.

6. Comparer $B_n(0)$ et $B_n(1)$ à b_n.

7. Montrer que : $\forall n \in \mathbb{N}^*$, $B_n(X+1) - B_n(X) = nX^{n-1}$.

8. Montrer que : $\forall n \in \mathbb{N}^*, 2^{1-n}B_n(X) = B_n\left(\dfrac{X}{2}\right) + B_n\left(\dfrac{X+1}{2}\right)$.

9. Montrer que : $\forall n \in \mathbb{N}^*$, $B_n' = nB_{n-1}$.

10. Étudier les variations de B_n sur $[0,1]$. On commencera par B_1, B_2, B_3 et on montrera par récurrence que : $\forall p \in \mathbb{N}^*$, $\forall x \in \left]0, \dfrac{1}{2}\right[$, $B_{4p-1}(x) > 0$.

Solution

φ et $t \mapsto e^{tx}$ ont un développement limité d'ordre N quelconque en 0 ; donc la fonction $t \mapsto \varphi(t)e^{tx}$ a un développement limité d'ordre N : $\sum_{n=0}^{N} c_n t^n + o(t^N)$ où $c_n = \sum_{k=0}^{n} \frac{b_k}{k!}\frac{x^{n-k}}{(n-k)!} = \frac{1}{n!}\sum_{k=0}^{n}\binom{n}{k} b_k x^{n-k}$. L'écriture est ainsi justifiée et même B_n est de degré n puisque $b_0 = 1$.

1. En écrivant $t = \varphi(t)(e^t - 1)$, et d'après l'unicité des développements limités, on a $b_0 = 1, b_1 = -\frac{1}{2}, b_2 = \frac{1}{6}, b_3 = 0, b_4 = -\frac{1}{30}\cdot$ D'autre part, si $b_{2n+1} = 0$ pour $n \geqslant 1$, c'est que $t \mapsto \varphi(t) + \frac{t}{2}$ est paire. En effet, $\varphi(-t) = \frac{te^t}{e^t - 1} = t + \varphi(t)$.

2. De la définition de φ on déduit : $1 \underset{t\to 0}{=} \Big(\sum_{n=0}^{N} \frac{b_n}{n!}t^n + o(t^N)\Big)\Big(\sum_{n=0}^{N} \frac{1}{(n+1)!}\,t^n + o(t^N)\Big)$.

De l'unicité du développement limité en 0, on déduit : $\forall n \geqslant 1, 0 = \sum_{i=0}^{n} \frac{b_i}{i!(n+1-i)!}\cdot$ *i.e.* le résultat. Par récurrence, avec cette relation, on déduit que : $\forall n \in \mathbb{N}, b_n \in \mathbb{Q}$.

3. $B_n \in \mathbb{Q}[X]$, degré de B_n égal à n et B_n normalisé découle alors du préliminaire.

4. $B_0 = 1$; $B_1 = X - \frac{1}{2}$; $B_2 = X^2 - X + \frac{1}{6}$; $B_3 = X^3 - \frac{3}{2}X^2 + \frac{1}{2}X$

$B_4 = X^4 - 2X^3 + X^2 - \frac{1}{30}\cdot$

5. Posons $f(x,t) = \varphi(t)e^{xt}$ alors $f(1-x,t) = f(x,-t)$ *cf.* calculs de 1. De l'unicité du développement limité en 0 de $t \mapsto f(x,t)$, on déduit, pour tout x réel et tout $n \in \mathbb{N}^*, B_n(1-x) = (-1)^n B_n(x)$. Le polynôme $B_n(1-X) - (-1)^n B_n(X)$ a une infinité de racines. C'est le polynôme nul. Donc $B_n(1-X) = (-1)^n B_n(X)$ si $n \geqslant 1$. D'où $B_{2n+1}\Big(\frac{1}{2}\Big) = 0$ par substitution de X par $1/2$.

D'autre part, pour tout $x \in \mathbb{R}, B_{2n}(1-x) = B_{2n}(x)$. Donc la droite d'équation $x = 1/2$ est axe de symétrie de la courbe représentative de B_{2n}. Le point $I(1/2, 0)$ est centre de symétrie de la courbe représentative de B_{2n+1}.

6. D'après I.5. $\forall n \geqslant 1, B_n(1) = (-1)^n B_n(0)$.
Donc $B_{2n+1}(1) = -B_{2n+1}(0) = -b_{2n+1} = 0, B_{2n}(1) = B_{2n}(0) = b_{2n}$.

7. En opérant comme à la question 5 puisque $f(x+1,t) - f(x,t) = te^{xt}$,

$$f(x+1,t) - f(x,t) \underset{t\to 0}{=} \sum_{n=0}^{N}[B_n(x+1) - B_n(x)]\frac{t^n}{n!} + o(t^N).$$

Or $te^{xt} \underset{t\to 0}{=} \sum_{n=0}^{N-1} \frac{x^n}{n!}t^{n+1} + o(t^N)$, on conclut, par unicité du développement limité.

8. Raisonnement analogue avec ici $f\Big(\frac{x}{2},t\Big) + f\Big(\frac{x+1}{2},t\Big) = 2f\Big(x,\frac{t}{2}\Big)\cdot$

9. $B_n(X) = \sum_{k=0}^{n} \binom{n}{k} b_k x^{n-k} \Rightarrow B'_n(X) = \sum_{k=0}^{n-1} \binom{n}{k} b_k (n-k) x^{n-k-1}$.

$\forall n \geqslant 1, \forall k \in [\![0, n[\![, (n-k)\binom{n}{k} = n\binom{n-1}{k}$,

Donc : $B'_n(X) = n \sum_{k=0}^{n-1} \binom{n-1}{k} b_k x^{n-k-1} = nB_{n-1}(X)$ si $n \geqslant 1$.

10. On a le tableau car $B'_2 = 2B_1$ et $B'_3 = 3B_2$.

x	0		$\frac{1}{2}$		1
B_1	$-\frac{1}{2}$	$\nearrow$	0	$\nearrow$	$\frac{1}{2}$
		$-$		$+$	
B_2	$\frac{1}{6}$	$\searrow$	$-\frac{1}{12}$	$\nearrow$	$\frac{1}{6}$
	$+$	0	$-$	0	$+$
B_3	0	$+$	0	$-$	0
	$\nearrow$		$\searrow$		$\nearrow$

Si l'on suppose $B_{4p-1} > 0$ sur $\left]0, \frac{1}{2}\right[$ alors $B_{4p-1} < 0$ sur $\left]\frac{1}{2}, 1\right[$ d'après 5.
Comme $B'_{4p} = 4pB_{4p-1}$ on a le tableau

x	0		$\frac{1}{2}$		1
B'_{4p}	0	$+$	0	$-$	0
B_{4p}	b_{4p}	$\nearrow$	$B_{4p}(\frac{1}{2})$	$\searrow$	b_{4p}

$B_{4p+1}(0) = B_{4p+1}(\frac{1}{2}) = 0$ et B_{4p+1} est $\mathcal{C}^\infty$ sur $\mathbb{R}$ donc, par le théorème de Rolle, $\exists \alpha \in \left]0, \frac{1}{2}\right[$, $B'_{4p+1}(\alpha) = (4p+1)B_{4p}(\alpha) = 0$. B_{4p} étant continue strictement croissante sur $\left[0, \frac{1}{2}\right]$, α est unique. Or $B_{4p}(1-\alpha) = B_{4p}(\alpha) = 0$ et on a le tableau

x	0		α		$\frac{1}{2}$		$1-\alpha$		1
B_{4p}	$-$	$\nearrow$	0	$\nearrow$	$+$	$\searrow$	0	$\searrow$	$-$
B_{4p+1}	0	$\searrow$	$-$	$\nearrow$	0	$\nearrow$	$+$	$\searrow$	0
B_{4p+2}	$+$	$\searrow$	0	$\searrow$	$-$	$\nearrow$	0	$\nearrow$	$+$
B_{4p+3}	0	$\nearrow$	$+$	$\searrow$	0	$\searrow$	$-$	$\nearrow$	0

B_{4p+2} s'annulant en un point de $\left]0, \frac{1}{2}\right[$ de même que précédemment. Donc B_{4p+3} et B_{4p-1} ont même signe sur $\left]0, \frac{1}{2}\right[$, ce qui termine la récurrence.
En particulier : $\forall n, (-1)^n b_{2n} < 0$.

10 - Espaces vectoriels et applications linéaires

Rappels de cours

A - Espaces vectoriels

1. **Définition**
   Un ensemble E est un $\mathbb{K}$-espace vectoriel, s'il est muni d'une loi de composition interne notée $+$ et d'une loi de composition externe notée . telles que
   (i) (E,+) est un groupe, (ii) $\forall (x,y) \in E^2, \forall \lambda \in \mathbb{K}, \lambda(x+y) = \lambda x + \lambda y$,
   (iii) $\forall x \in E, \forall (\lambda, \mu) \in \mathbb{K}^2, (\lambda + \mu)x = \lambda x + \mu x$ et $(\lambda.\mu)x = \lambda.(\mu x)$,
   (iv) $\forall x \in E, 1_{\mathbb{K}} x = x$.
2. **Exemples fondamentaux**
   $\mathbb{K}^n$ est un $\mathbb{K}$-espace vectoriel pour $n \geqslant 1$; $\mathbb{C}$ est un $\mathbb{C}$-espace vectoriel et aussi un $\mathbb{R}$-espace vectoriel ; $\mathbb{R}$ est un $\mathbb{R}$-espace vectoriel et un $\mathbb{Q}$-espace vectoriel ; $\mathbb{K}[X]$ est un $\mathbb{K}$-espace vectoriel. $\mathcal{F}(I, \mathbb{K})$ est un $\mathbb{K}$-espace vectoriel, si I est un intervalle de $\mathbb{R}$.
3. **Produit de n $\mathbb{K}$-espaces vectoriels**
   Si $E_1, \ldots, E_n$ sont n espaces vectoriels sur $\mathbb{K}$, l'ensemble $E_1 \times \cdots \times E_n$ est muni d'une structure d'espace vectoriel. Les lois sont définies par :
   $(x_1, \ldots, x_n) + (y_1, \ldots, y_n) = (x_1 + y_1, \ldots, x_n + y_n)$
   et pour $\lambda \in \mathbb{K}, \lambda(x_1, \ldots, x_n) = (\lambda x_1, \ldots, \lambda x_n)$.
4. **Combinaisons linéaires**
   E un $\mathbb{K}$-espace vectoriel et $(x_i)_{i \in I}$ une famille de vecteurs indexée par un ensemble I non vide, $x \in E$ est combinaison linéaire des x_i si : $\exists (\alpha_i) \in \mathbb{K}^{(I)},\ x = \sum_{i \in I} \alpha_i x_i$.
   $\mathbb{K}^{(I)}$ est l'ensemble des familles presque nulles (ou à support fini) d'éléments de I.
5. **Linéarité (définitions)**
   Soient E et F deux $\mathbb{K}$-espace vectoriel. Une application U de E dans F est dite $\mathbb{K}$-linéaire et on note $U \in \mathcal{L}_{\mathbb{K}}(E, F)$ si :
   $$\forall (x,y) \in E^2,\ \forall \lambda \in \mathbb{K},\ U(\lambda x + y) = \lambda U(x) + U(y).$$
   Si $E = F$, U est appelé ***endomorphisme*** de E, on note $U \in \mathcal{L}_{\mathbb{K}}(E)$.
   Si U est bijective, U est appelée ***isomorphisme*** de E sur F.
   Si $F = \mathbb{K}$, U est une ***forme linéaire*** sur E, on note $U \in E^\star$: le **dual** de E.

Un endomorphisme bijectif de E est appelé ***automorphisme*** de E, on note $U \in \mathrm{GL}(E)$.

Remarque : si U est linéaire, alors $U(0_E) = 0_F$. (Peut servir à prouver qu'une application n'est pas linéaire.)

B - Sous espaces vectoriels

1. **Définition**
   Une partie E' d'un $\mathbb{K}$-espace vectoriel E est un sous espace vectoriel de E si E' est stable par les deux lois sur E et si, muni des lois induites, E' est un $\mathbb{K}$-espace vectoriel.
2. **Caractérisation**
   Une partie E' d'un $\mathbb{K}$-espace vectoriel E est un sous-espace vectoriel de E si et seulement si : $E' \neq \emptyset$ et $\forall (x, y) \in E'^2, \forall \lambda \in \mathbb{K},\ \lambda x + y \in E'$.
3. **Exemples**
   Si I un intervalle de $\mathbb{R}$, alors $\mathcal{C}^n(I, \mathbb{K}),\ \mathcal{D}(I, \mathbb{K})$ sont des sous-espaces vectoriels de $\mathcal{F}(I, \mathbb{K})$.
4. Une intersection de sous-espaces vectoriels est un sous-espace vectoriel. Mais en général une réunion de sous-espaces vectoriels n'en est pas un.
5. **Sous-espace vectoriel engendré** par une partie A d'un $\mathbb{K}$-espace vectoriel E noté $\mathrm{Vect}(A)$. C'est l'intersection des sous-espaces vectoriels de E contenant A.
   C'est le plus petit (au sens de l'inclusion) sous-espace vectoriel de E contenant A.
   C'est l'ensemble des combinaisons linéaires d'éléments de A si $A \neq \emptyset$, et $\{0_E\}$ si $A = \emptyset$.
6. **Somme de deux sous-espaces vectoriels** F et G **de** E.
   On note $F + G$ l'ensemble $\{x + y \mid (x, y) \in F \times G\} = \mathrm{Vect}(F \cup G)$, c'est un sous-espace vectoriel de E.

   L'application $\Phi : F \times G \to F + G,\ (x, y) \mapsto x + y$, est linéaire surjective.

   On dit que $F + G$ est une ***somme directe***, et on la note alors $F \oplus G$, si l'application Φ est un isomorphisme de $\mathbb{K}$-espaces vectoriels.

   Théorème
   $F + G$ est directe si, et seulement si, $F \cap G \subset \{0\}$ ou encore si, et seulement si, $\forall z \in F + G,\ \exists ! (x, y) \in F \times G,\ z = x + y$.

   Si $E = F \oplus G$, on dit que F et G sont **supplémentaires**.

   Remarque : on ne confondra pas complémentaires et supplémentaires. Deux sous-espaces vectoriels F et G de E ne peuvent être complémentaires puisque $0_E \in F \cap G$. Cette intersection ne peut être l'ensemble vide.

C - Familles génératrices, familles libres, bases

1. Définition : soient E un $\mathbb{K}$-espace vectoriel et $\mathcal{B} = (e_i)_{i \in I}$ une famille de vecteurs indexée par un ensemble I non vide.
   $\mathcal{B}$ est ***libre*** si : $\forall (\lambda_i) \in \mathbb{K}^{(I)}, \sum\limits_{i \in I} \lambda_i e_i = 0_E \Rightarrow (\forall i \in I, \lambda_i = 0)$

   i.e. si l'application linéaire $\varphi : \mathbb{K}^{(I)} \to E, (\lambda_i) \mapsto \sum\limits_{i \in I} \lambda_i e_i$ est injective.

   $\mathcal{B}$ est ***liée*** si, et seulement si, elle n'est pas libre *i.e* $\exists j \in I, e_j \in \mathrm{Vect}\Big\{e_i \mid i \in I \backslash \{j\}\Big\}$.

$\mathcal{B}$ est ***génératrice*** de E si $E = \mathrm{Vect}(\mathcal{B})$ *i.e.* tout vecteur de E est combinaison linéaire des vecteurs de $\mathcal{B}$ *i.e.* φ est surjective.

$\mathcal{B}$ est une **base** de E si $\mathcal{B}$ est libre et génératrice de E si, et seulement si, φ est bijective *i.e.* $$\forall x \in E, \exists\,!(x_i) \in \mathbb{K}^{(I)}, x = \sum_{i\in I} x_i e_i.$$

2. $U \in \mathcal{L}(E,F)$. $\mathcal{B} = (e_i)_{i\in I} \in E^I$, $U(\mathcal{B}) = \big(U(e_i)\big)_{i\in I} \in F^I$.
Si $\mathcal{B}$ est libre et U injective, alors $U(\mathcal{B})$ est libre.
Si $\mathcal{B}$ est génératrice de E, $U(\mathcal{B})$ est génératrice de $\mathrm{Im}(U)$.
Si $\mathcal{B}$ est base de E et U bijective, alors $U(\mathcal{B})$ est base de F.

3. Toute sous-famille d'une famille libre est libre.
Toute sur-famille d'une famille liée est liée.
Toute sur-famille d'une famille génératrice est génératrice.
Toute famille contenant le vecteur 0_E est liée.
$x \neq 0_E \Rightarrow \{x\}$ est libre.

4. Une application linéaire est déterminée par l'image d'une base. Autrement dit : Soient E et F deux $\mathbb{K}$-espace vectoriel , $\mathcal{B} = (e_i)_{i\in I}$ une base de E, $\mathcal{S} = (f_i)_{i\in I}$ une famille de vecteurs de F, alors
$$\exists\,!\,U \in \mathcal{L}(E,F),\ \forall i \in I, U(e_i) = f_i$$
Si $\mathcal{S}$ est libre (*resp.* génératrice), (*resp.* base), alors U est injective, (*resp.* surjective), (*resp.* bijective.)
Exemple : toute famille échelonnée en degrés d'éléments de $\mathbb{K}[X]$ est libre.

D - En dimension finie

1. Définition
E est un $\mathbb{K}$-espace vectoriel ***de dimension finie*** si E a une famille génératrice finie.

2. Théorème
Si E est un $\mathbb{K}$-espace vectoriel de dimension finie, E a au moins une base. $\dim_{\mathbb{K}}(E) = \mathrm{card}(\mathcal{B})$, où $\mathcal{B}$ est une base quelconque de E ; c'est la ***dimension*** de E.

3. Théorème de la base incomplète
E est un $\mathbb{K}$-espace vectoriel de dimension finie, $\mathcal{G} = (g_i)_{i\in I}$ génératrice de E, $\mathcal{L} = (\ell_j)_{j\in J}$ libre, alors il existe $\mathcal{B} = \mathcal{L} \cup \mathcal{C}$ une base de E où $\mathcal{C} \subset \mathcal{G}$.

4. E est un $\mathbb{K}$-espace vectoriel de dimension $n \geqslant 1$, les assertions suivantes sont équivalentes :
(i) $\mathcal{B}$ est base de E
(ii) $\mathcal{B}$ est libre et de cardinal n
(iii) $\mathcal{B}$ est génératrice et de cardinal n.

5. Deux espaces vectoriels de dimension finie sont isomorphes si, et seulement si, ils ont même dimension.

6. Si E, F deux $\mathbb{K}$-espace vectoriel de dimension finie,
$$\dim(\mathcal{L}(E,F)) = \big(\dim(E)\big).\big(\dim(F)\big),$$
$$\dim(E\times F) = \dim(E\oplus F) = \dim(E) + \dim(F).$$

7. E un $\mathbb{K}$-espace vectoriel de dimension finie, E' un sous-espace vectoriel de E, alors $\dim(E') \leqslant \dim(E)$ avec égalité si, et seulement si, $E = E'$.

8. Rang d'une famille de vecteurs

a. Si E est un $\mathbb{K}$-espace vectoriel $\mathcal{S} = (e_i)_{i \in [\![1,n]\!]}$. Le ***rang*** de $\mathcal{S}$, noté $\text{rg}(\mathcal{S})$, est le nombre maximal de vecteurs libres qu'on peut extraire de $\mathcal{S}$ *i.e.* $\dim\left[\text{Vect}(\mathcal{S})\right]$.

b. Propriétés : le rang de $\mathcal{S}$ ne change pas si l'on fait l'une des ***opérations élémentaires*** suivantes

permutation des vecteurs de $\mathcal{S}$.
addition à un vecteur d'une combinaison linéaire des autres.
multiplication d'un vecteur par un scalaire non nul.

c. Détermination pratique : méthode du pivot de Gauss.

9. Rang d'une application linéaire

a. Définition : E, F 2 $\mathbb{K}$-espaces vectoriels, $U \in \mathcal{L}(E, F)$. Si $\text{Im}(U)$ est de dimension finie, on dit que U est ***de rang fini*** et on pose $\text{rg}(U) = \dim\left[\text{Im}(U)\right]$.

b. Théorème : si $\mathcal{B} = (e_i)_{i \in [\![1,n]\!]}$ est une base de E, $\text{rg}(U) = \text{rg}\left\{U(e_i) | 1 \leqslant i \leqslant n\right\}$.

c. Composition : (quand cela a un sens) $\text{rg}(V \circ U) \leqslant \min\left(\text{rg}(U), \text{rg}(V)\right)$, $\text{rg}(V \circ U) = \text{rg}(U)$ si V est un isomorphisme, $\text{rg}(V \circ U) = \text{rg}(V)$ si U est un isomorphisme.

E - Applications linéaires

1. Théorème

Soient E et F deux $\mathbb{K}$-espace vectoriel et $U \in \mathcal{L}(E, F)$.

(i) Si E' est un sous-espace vectoriel de E, alors $U(E')$ est un sous-espace vectoriel de F. En particulier $\text{Im}(U)$ est un sous-espace vectoriel de F.

(ii) Si F' est un sous-espace vectoriel de F, alors $U^{-1}(F')$ est un sous-espace vectoriel de E.

En particulier $\text{Ker}(U) = U^{-1}\left(\{0_F\}\right)$ est un sous-espace vectoriel de E.

(iii) U est injective si, et seulement si, $\text{Ker}(U) = \{0_E\}$.

2. Endomorphisme induit

Soit f un endomorphisme de l'espace vectoriel E et F un sous-espace vectoriel de E. On dit que F est stable par f si $f(F) \subset F$. Dans ces conditions, on définit $\widetilde{f} : F \to F, x \mapsto f(x)$ l'**endomorphisme induit** par f sur F. On ne confondra pas $\widetilde{f} \in \mathcal{L}(F)$ et $f\big|_F : F \to E, x \mapsto f(x)$, la restriction de f à F.

3. Exemples

a. $U : f \mapsto \displaystyle\int_a^b f$ est une forme linéaire sur $\mathcal{C}([a, b], \mathbb{C})$.

b. $(x_n) \mapsto \lim(x_n)$ est une forme linéaire sur l'espace vectoriel des suites convergentes de $\mathbb{K}$.

c. Homothéties vectorielles.

d. Projecteurs et symétries.

(i) Définition : soit E un $\mathbb{K}$-espace vectoriel tel que $E = F \oplus G$.

$$\forall x \in E,\ \exists!(y, z) \in F \times G,\ x = y + z.$$

$p : x \mapsto y$ est le projecteur de E sur F parallèlement à G ; $p \in \mathcal{L}(E)$
$q : x \mapsto z$ est le projecteur de E sur G parallèlement à F ; $q \in \mathcal{L}(E)$
$s : x \mapsto y - z$ la symétrie par rapport à F parallèlement à G. $s \in GL(E)$

$p \circ p = p^2 = p,\ q \circ q = q^2 = q,\ p \circ q = q \circ p = 0,\ p + q = I_E,\ s = p - q$
$s = 2p - I_{d_E},\ s^2 = I_{d_E}$.

$\mathrm{Ker}(p) = G,\ \mathrm{Im}(p) = F = \{x \in E \mid p(x) = x\} = \mathrm{Ker}(p - I_E) = \mathrm{Ker}(s - I_E)$,
$G = \mathrm{Ker}(s + I_E)$

(ii) Exemple : $\Re e$ est un projecteur sur $\mathbb{C}$; $\varphi : z \mapsto \overline{z}$ est une symétrie de $\mathbb{C}$.

(iii) Caractérisations :
$(U \in \mathcal{L}(E),\ U^2 = U)$ si, et seulement si, U est un projecteur de E sur $\mathrm{Im}(U)$ parallèlement à $\mathrm{Ker}(U)$.
$(U \in \mathcal{L}(E),\ U^2 = I_E)$ si, et seulement si, U est une symétrie par rapport à $\mathrm{Ker}(U - I_E)$ parallèlement à $\mathrm{Ker}(U + I_E)$.

4. $\mathcal{L}(E, F)$ est un $\mathbb{K}$-espace vectoriel ; $(\mathrm{GL}(E), \circ)$ est le ***groupe linéaire*** de E

- La composée de deux applications linéaires est linéaire.
- $(\mathcal{L}(E), +, \circ)$ est un anneau.
- $U \mapsto V \circ U$ et $V \mapsto V \circ U$ sont linéaires si U et V le sont.
- $\mathrm{Ker}(U) \subset \mathrm{Ker}(V \circ U)$, $\qquad \mathrm{Im}(U \circ V) \subset \mathrm{Im}(U)$,
- $U \circ V = 0 \iff \mathrm{Im}(V) \subset \mathrm{Ker}(U)$.
- $U \in \mathcal{L}(E)$ est dit ***nilpotent*** s'il existe $n \in \mathbb{N}^\star$ tel que $U^n = 0$.

5. Si $E = E_1 \oplus E_2$ et si, pour tout $i \in \{1, 2\}$, $u_i \in \mathcal{L}(E_i, F)$, alors il existe un unique élément u de $\mathcal{L}(E, F)$ tel que $u\big|_{E_i} = u_i$ pour tout i de $\{1, 2\}$, $u\big|_{E_i}$ désignant la restriction de u à E_i.

Si F est un sous-espace vectoriel de E, une base est dite ***adaptée*** à F si ses premiers éléments constituent une base de F.

- **Théorème fondamental**
Si $u \in \mathcal{L}(E, F)$ et si V est un supplémentaire de $\mathrm{Ker}(u)$, alors l'application $\widetilde{u}$ de V dans $\mathrm{Im}(u)$ définie par $\widetilde{u}(x) = u(x)$ est un isomorphisme de $\mathbb{K}$-espaces vectoriels.
Si E est de dimension finie, on a le ***théorème du rang*** :

$$\dim(E) = \mathrm{rg}(u) + \dim\left[\mathrm{Ker}(u)\right]$$

- Si E et F sont de même dimension finie n et si $u \in \mathcal{L}(E, F)$, alors :
u isomorphisme $\iff$ u injective $\iff$ u surjective $\iff$ $\mathrm{rg}(u) = n$.
- Si E est de dimension finie n et $u \in \mathcal{L}(E)$, alors :
$(\star) \iff u \in \mathrm{GL}(E) \iff u$ injective $\iff u$ surjective $\iff \mathrm{rg}(u) = n$
$(\star) \iff u$ est inversible à droite ou à gauche.

- **Formule de Grassmann**
Si V et W sont des sous-espaces vectoriels de dimension finie de E alors $\dim(V + W) + \dim(V \cap W) = \dim(V) + \dim(W)$.

6. Un ***hyperplan*** est le noyau d'une forme linéaire non nulle.

- Si H est un hyperplan de E, pour toute droite D non contenue dans H, $E = H \oplus D$. Réciproquement, tout supplémentaire d'une droite est un hyperplan.
- Si l'on note $(x_1, \ldots, x_n)$ les coordonnées relativement à une base $\mathcal{B}$ de E de tout élément x de E, alors H est un hyperplan de E si, et seulement si, il existe $(\alpha_1, \ldots, \alpha_n)$ dans $\mathbb{K}^n \setminus \{0_{\mathbb{K}^n}\}$ tel que $\sum_{i=1}^{n} \alpha_i x_i = 0$ soit une équation de H.

• Si E est un espace vectoriel de dimension finie n, l'intersection de m hyperplans est de dimension au moins égale à $n-m$. Réciproquement, tout sous-espace vectoriel de dimension $n-m$ est l'intersection de $n-m$ hyperplans.

F - Sous-espaces affines

1. Définitions

Si $\overrightarrow{u} \in E$ la ***translation*** de vecteur $\overrightarrow{u}$ est $\tau_{\overrightarrow{u}} : E \to E,\ A \mapsto A+\overrightarrow{u}$; c'est une bijection de réciproque $\tau_{-\overrightarrow{u}}$.

Lorsque $B=\tau_{\overrightarrow{u}}(A)=A+\overrightarrow{u}$ on a $\overrightarrow{u}=B-A$ que l'on note aussi $\overrightarrow{AB}$.

Si $A \in E$ et si V est un sous-espace vectoriel de E on appelle ***sous-espace affine*** de E passant par A et de direction V l'ensemble $\{A+\overrightarrow{u} \mid \overrightarrow{u} \in V\}$; on le note aussi $A+V$. Alors si $B \in A+V$ on a $A+V=B+V$ et $V=\{\overrightarrow{CD} \mid (C,D) \in (A+V)^2\}$.

Lorsque H est un hyperplan de E on dit que $A+H$ un ***hyperplan affine*** de E.

2. Intersection

Si $(A_1,\dots,A_p) \in E^p$ et si $V_1,\dots,v_p$ sont des sous-espaces vectoriels de E alors $\bigcap\limits_{i=1}^{p}(A_i+V_i)$ est soit vide soit un sous-espace affine de E de direction $\bigcap\limits_{i=1}^{p} V_i$.

3. Équation

Si $u \in \mathcal{L}(E,F)$ et $a \in F$ alors ou bien $\{x \in E \mid u(x)=a\}$ est vide car $a \notin \mathrm{Im}(u)$ ou bien c'est un sous-espace affine de E de direction $\mathrm{Ker}(u)$.

Exemples

1. Si H est un hyperplan d'équation $\varphi(x)=0$ où $\varphi \in E^\star$ et si $a=\varphi(A)$ alors $\varphi(x)=a$ est une équation de $A+H$.

2. Suite arithmético-géométrique
Soient $(a,b) \in \mathbb{K}^2$ et $u : \mathbb{K}^{\mathbb{N}} \to \mathbb{K}^{\mathbb{N}},\ (x_n)_n \mapsto (x_{n+1}-ax_n)_n$; $\mathrm{Ker}(u)$ est la droite vectorielle engendrée par $(a^n)_n$.
Si $a=1$ alors $u(x)=(b)_n \iff \exists \lambda \in \mathbb{K},\ \forall n \in \mathbb{N},\ x_n=nb+\lambda$;
sinon $u(x)=(b)_n \iff \exists \lambda \in \mathbb{K},\ \forall n \in \mathbb{N},\ x_n=\dfrac{b}{1-a}+\lambda a^n$.

3. Interpolation de Lagrange
Soient $x_1,\dots,x_n$ des éléments deux à deux distincts de $\mathbb{K}$, $(y_1,\dots,y_n) \in \mathbb{K}^n$ et l'application linéaire $u : \mathbb{K}[X] \to \mathbb{K}^n,\ P \mapsto \big(P(x_i)\big)_{1 \leqslant i \leqslant n}$.

On pose $\forall i \in [\![1,n]\!],\ L_i=\prod\limits_{\substack{j=1\\ j\neq i}}^{n}\dfrac{X-x_j}{x_i-x_j}$ et $\Pi=\prod\limits_{j=1}^{n}(X-x_j)$

$u(P)=(y_1,\dots,y_n)$ est le sous-espace affine de $\mathbb{K}[X]$ passant par $\sum\limits_{i=1}^{n} y_iL_i$ et de direction $\mathrm{Ker}(u)$ qui est l'ensemble des multiples de Π.

Énoncés des exercices

1. E, F, G trois $\mathbb{K}$-espaces vectoriels de dimension finie.

a. $U \in \mathcal{L}(E,F)$, $W \in \mathcal{L}(E,G)$. Montrer que :

$$\big(\exists\ V \in \mathcal{L}(F,G), W = V \circ U\big) \text{ si, et seulement si, } \big(\operatorname{Ker}(U) \subset \operatorname{Ker}(W)\big).$$

b. $V \in \mathcal{L}(F,G)$, $W \in \mathcal{L}(E,G)$. Montrer que :

$$\big(\exists\ U \in \mathcal{L}(E,F), W = V \circ U\big) \text{ si, et seulement si, } \big(\operatorname{Im}(W) \subset \operatorname{Im}(V)\big).$$

---

2. Montrer que les familles suivantes sont libres dans E.

a. $E = \mathbb{R}^{\mathbb{N}}$ et $a \in]0, +\infty[$, $u(a)$ la progression géométrique $(a^n)_{n \in \mathbb{N}}$ $\big(u(a)\big)_{a>0}$.

b. $E = \mathcal{F}(\mathbb{R}, \mathbb{R})$ et $f_n(x) = \cos(nx)$, $n \in \mathbb{N}$.

c. $E = \mathcal{F}(\mathbb{R}, \mathbb{R})$ et $f_\alpha(x) = \exp(\alpha x), \alpha \in \mathbb{R}$.

d. $E = \mathcal{C}([a,b], \mathbb{R})$ et $f_\alpha(x) = |x - \alpha|, \alpha \in [a,b]$. Montrer que le sous-espace vectoriel engendré par les f_α est l'espace vectoriel des applications continues et affines par morceaux sur $[a,b]$ et à valeurs dans $\mathbb{R}$.

---

3. a. Soient $\alpha_1, \alpha_2, \ldots, \alpha_n$ réels non nuls et deux à deux distincts et $a_1, a_2, \ldots a_n$ réels non tous nuls. Montrer par récurrence en utilisant le théorème de Rolle que :

$$\operatorname{card}(E_n) \leqslant n \text{ où } E_n = \Big\{x \in \mathbb{R}_+^* \ \Big|\ \sum_{i=0}^{n} a_i x^{\alpha_i} = 0\Big\}\ (\alpha_0 = 0).$$

b. En déduire que $(f^\alpha)_{\alpha \in \mathbb{R}}$ est une famille libre de $\mathcal{F}(A, \mathbb{R})$ si $f \in \mathcal{F}(A, \mathbb{R})$ $f(A) \subset \mathbb{R}_+^\star$ et $f(A)$ est infini.

---

4. Soit E espace vectoriel réel de dimension n. Une famille $\mathcal{E}$ d'éléments de E est dite positivement génératrice si tout élément de E est combinaison linéaire à coefficients dans $\mathbb{R}_+$ d'éléments de $\mathcal{E}$. Quel est le cardinal minimal d'une famille positivement génératrice de E ?

---

5. p, q deux projecteurs du $\mathbb{K}$-espace vectoriel E. Montrer que $p \circ q = p$ si, et seulement si, $\operatorname{Ker}(q) \subset \operatorname{Ker}(p)$ et $q \circ p = p$ si, et seulement si, $\operatorname{Im}(p) \subset \operatorname{Im}(q)$. Montrer que $p + q$ est un projecteur si, et seulement si, $p \circ q = q \circ p = 0$. Caractériser alors son noyau et son image.

---

6. Si $\mathcal{P}$ est l'ensemble des fonctions de $\mathbb{R}$ dans $\mathbb{R}$, paires et si $\mathcal{I}$ l'ensemble des fonctions de $\mathbb{R}$ dans $\mathbb{R}$, impaires. Montrer que $\mathcal{P}$ et $\mathcal{I}$ sont des sous-espaces vectoriels supplémentaires de $\mathcal{F}(\mathbb{R}, \mathbb{R})$.

---

7. Soient E un $\mathbb{K}$-espace vectoriel et G un sous-groupe fini de $\mathrm{GL}(E)$ de cardinal n, F un sous-espace vectoriel de E stable par tout élément de G et p un projecteur d'image F. Montrer que $q = \dfrac{1}{n}\sum\limits_{g\in G} g\circ p\circ g^{-1}$ est un projecteur d'image F. Montrer qu'il existe un supplémentaire de F dans E stable par tout élément de G.

---

8. Soit $\mathcal{P}$ l'ensemble des projecteurs d'un $\mathbb{K}$-espace vectoriel E. On considère la relation binaire $\leqslant$ définie par les couples (P,Q) d'éléments de $\mathcal{P}$, et l'on écrit $P \leqslant Q$ si $PQ = QP = Q$.

a. Montrer que $(\mathcal{P}, \leqslant)$ est un ensemble ordonné.

b. Soient P et Q deux éléments qui commutent. On pose

$$P \wedge Q = PQ \text{ et } P \vee Q = P + Q - PQ.$$

Montrer que $P \wedge Q$ appartient à $\mathcal{P}$, que $P \wedge Q$ est la borne inférieure de $\{P, Q\}$ dans $\mathcal{P}$ et que $\mathrm{Im}(P \wedge Q) = \mathrm{Im}(P) \cap \mathrm{Im}(Q)$.

Montrer de même, que $P \vee Q$ appartient à $\mathcal{P}$, que $P \vee Q$ est la borne supérieure de $\{P, Q\}$ dans $\mathcal{P}$ et que $\mathrm{Im}(P \vee Q) = \mathrm{Im}(P) + \mathrm{Im}(Q)$.

---

9. E un $\mathbb{K}$-espace vectoriel de dimension finie On se propose de déterminer le commutant $\mathcal{C}$ de $\mathrm{GL}(E)$ dans $\mathcal{L}(E)$ *i.e.* $\{g \in \mathcal{L}(E) \mid \forall f \in \mathrm{GL}(E),\ f\circ g = g\circ f\}$. Soit $f \in \mathcal{C}$. Montrer que pour tout $x \in E$, $\{x, f(x)\}$ est liée, qu'il existe $\lambda \in \mathbb{K}$, $f = \lambda I_E$. Enfin conclure.

---

10. Soient E un $\mathbb{K}$-espace vectoriel de dimension finie $n \geqslant 1$ et $U \in \mathcal{L}(E)$.

a. Montrer que $\mathcal{C}(U) = \{V \in \mathcal{L}(E) | V \circ U = U \circ V\}$ est un sous-espace vectoriel de $\mathcal{L}(E)$ et que $(\mathcal{C}(U), +, \circ)$ est un anneau contenant $\mathbb{K}[U]$ où $\mathbb{K}[U]$ est l'ensemble des endomorphismes de la forme $P(U)$ où $P \in \mathbb{K}[X]$.

b. On suppose qu'il existe $x_0 \in E$ tel que $(U^k(x_0))_{0\leqslant k\leqslant n}$ soit une base de E. Montrer que $\mathcal{C}(U) = \mathbb{K}[U]$. Préciser la dimension de $\mathcal{C}(U)$ en tant que sous-espace vectoriel de $\mathcal{L}(E)$.

---

11. E un $\mathbb{K}$-espace vectoriel de dimension finie et $u \in \mathcal{L}(E)$ nilpotent non nul. On note n l'indice de nilpotence de u *i.e.* $u^n = 0$ et $u^{n-1} \neq 0$.
Soit $T : \mathcal{L}(E) \to \mathcal{L}(E), v \mapsto T(v) = u\circ v - v\circ u$.
a. Établir (sans récurrence) :

$$\forall v \in \mathcal{L}(E), \forall p \in \mathbb{N}^\star, T^p(v) = \sum_{k=0}^{p} (-1)^k \binom{p}{k} u^{p-k}\circ v\circ u^k.$$

Montrer que T est nilpotent.
b. Pour $a \in \mathcal{L}(E)$ construire $b \in \mathcal{L}(E)$ tel que $a\circ b\circ a = a$. Déterminer l'indice de nilpotence de T.

---

12. Soit E un $\mathbb{K}$-espace vectoriel. Démontrer que si F_1 et F_2 sont deux sous-espaces vectoriels stricts de E, alors $F_1 \cup F_2 \neq E$. Plus généralement, établir que, si $\mathbb{K}$ est infini et si $(F_1, \ldots, F_n)$ est une suite finie de sous-espaces vectoriels stricts de E, alors $\bigcup_{i=1}^{n} F_i \neq E$. (*On rappelle qu'un sous-espace vectoriel F de E est dit strict si $F \neq E$ et $F \neq \{0\}$*).

Application : soient $\varphi_1, \varphi_2, \dots, \varphi_n$ des formes linéaires non nulles sur E. Montrer que le produit $\varphi_1.\varphi_2 \dots \varphi_n$ est non nul.

---

13. Soient E et F deux $\mathbb{K}$-espaces vectoriels de dimension finie et G un sous-espace vectoriel de E. On pose $A = \{u \in \mathcal{L}(E) \,|\, G \subset \mathrm{Ker}(u)\}$.

a. Montrer que A est un sous-espace vectoriel de $\mathcal{L}(E, F)$.

b. Déterminer sa dimension. *On pourra considérer G' un sous-espace vectoriel supplémentaire de G dans E. Considérons $f : A \mapsto \mathcal{L}(G', F), u \mapsto u_{|G'}$: restriction de u à G'.*

---

14. Soient $n \in \mathbb{N}^\star, E$ un $\mathbb{K}$-espace vectoriel et $\mathcal{A} = \{f \in \mathcal{L}(E) \mid f^n = I_E\}$.
$(\mathcal{A}, \circ)$ est-il un groupe ?

---

15. Montrer que $\begin{pmatrix} \mathbb{K}[X] & \to & \mathbb{K}[X] \\ P & \mapsto & P - P' \end{pmatrix}$ est bijective. Donner l'application réciproque.

---

16. Soient $\mathcal{C} = \{f : \mathbb{R} \to \mathbb{R} \mid f \text{ est croissante }\}$ et $\mathcal{V} = \{f - g \mid (f, g) \in \mathcal{C}^2\}$. Montrer que $\mathcal{V}$ est un $\mathbb{R}$-espace vectoriel.

---

17. Montrer que l'ensemble des suites constantes et l'ensemble des suites convergeant vers 0 sont des sous-espaces supplémentaires de l'ensemble des suites convergentes.

---

18. Soient f et g dans $\mathcal{L}(E)$ où E est un espace vectoriel.
Montrer : f et g sont dans $\mathrm{GL}(E) \iff f \circ g$ et $g \circ f$ sont dans $\mathrm{GL}(E)$.

---

19. Soient $E = \mathcal{C}(\mathbb{R}, \mathbb{R})$ et $\Phi : f \mapsto \Phi_f$ où $\Phi_f : x \mapsto xf(x)$. Montrer que Φ est linéaire, donner son noyau et son image.

---

20. Soit $f \in \mathcal{L}(E)$ tel que $\forall x \in E,\ \big(x, f(x)\big)$ est liée.

a. Montrer, pour tout $x \in E, x \neq 0$, il existe un unique $\lambda_x \in \mathbb{R}$ tel que $f(x) = \lambda_x.x$

b. Montrer que $x \mapsto \lambda_x$ est constante sur $E \setminus \{0\}$. *On distinguera les cas (x, y) libres et (x, y) liés.*

c. Que peut-on dire de f ?

---

21. Soient p et q projecteurs, montrer : $p = q \iff \begin{cases} \mathrm{Im}(p) = \mathrm{Im}(q) \\ p \circ q = q \circ p \end{cases}$

---

22. Soit $f \in \mathcal{L}(E)$ vérifiant $f^2 - (\alpha + \beta)f + \alpha\beta Id_E = 0$ où α et β sont des scalaires distincts. Montrer $E = \mathrm{Ker}(f - \alpha I_E) \oplus \mathrm{Ker}(f - \beta I_E)$.

23. a. Si E est un $\mathbb{K}$-espace vectoriel et $u \in \mathcal{L}(E)$, montrer que :

(1) $E = \mathrm{Ker}(u) + \mathrm{Im}(u) \iff$ (2) $\mathrm{Im}(u) = \mathrm{Im}(u^2)$,

(3) $\mathrm{Im}(u) \cap \mathrm{Ker}(u) = \{0\} \iff$ (4) $\mathrm{Ker}(u) = \mathrm{Ker}(u^2)$.

b. Si E est de dimension finie et $u \in \mathcal{L}(E)$ montrer que les propriétés suivantes sont équivalentes :

(i) $E = \mathrm{Ker}(u) \oplus \mathrm{Im}(u)$, (ii) $E = \mathrm{Ker}(u) + \mathrm{Im}(u)$,

(iii) $\mathrm{Ker}(u) \cap \mathrm{Im}(u) = \{0_E\}$, (iv) $\mathrm{Ker}(u) = \mathrm{Ker}(u^2)$, (v) $\mathrm{Im}(u) = \mathrm{Im}(u^2)$.

---

24. On pose $E = \mathcal{C}^\infty(\mathbb{R}, \mathbb{R})$, $P : f \mapsto g$ où $g : x \mapsto \displaystyle\int_0^x f$ et $D : f \mapsto f'$.

a. Montrer que P et D sont des endomorphismes de E. Calculer $P \circ D$ et $D \circ P$.

b. Déterminer $\mathrm{Ker}(I_E - P)$ et $\mathrm{Ker}(I_E - D)$.

c. Si $g \in E$, donner un antécédent de g par $I_E - D$.

---

25. Soit $f \in \mathcal{L}(E)$ où E est de dimension finie.
Montrer que f est un projecteur si, et seulement si, $\mathrm{rg}(f) + \mathrm{rg}(I_E - f) = \dim E$.

---

26. Soient $E = \big\{f \in \mathcal{C}^\infty(\mathbb{R}, \mathbb{R}) \mid f \text{ est 1-périodique}\big\}$ et $\Delta : f \mapsto f''$.

Déterminer $\mathrm{Ker}(\Delta)$ et montrer, si $g \in E$, $g \in \mathrm{Im}(\Delta) \iff \displaystyle\int_0^1 g = 0$.

Montrer alors $E = \mathrm{Ker}(\Delta) \oplus \mathrm{Im}(\Delta)$.

---

27. Si E est un espace vectoriel de dimension n et $A = \big\{(u, v) \in \big(\mathcal{L}(E)\big)^2 \mid u \circ v = 0\big\}$, déterminer $\displaystyle\sup_{(u,v) \in A} \big[\mathrm{rg}(u) + \mathrm{rg}(v)\big]$.

---

28. E, F et G sont des $\mathbb{K}$-espaces vectoriels de dimension finie, $\varphi \in \mathcal{L}(E, F)$ et $\psi \in \mathcal{L}(F, G)$. V désigne un sous-espace vectoriel de F.

a. Montrer $\dim\big[\psi(V)\big] = \dim(V) - \dim\big[\mathrm{Ker}(\psi) \cap V\big]$.

b. En déduire $\mathrm{rg}(\varphi) + \mathrm{rg}(\psi) - \dim(F) \leqslant \mathrm{rg}(\psi \circ \varphi) \leqslant \min\big[\mathrm{rg}(\varphi), \mathrm{rg}(\psi)\big]$.

---

29. E et F sont des $\mathbb{K}$-espaces vectoriels de dimension finie. Si f et g sont dans $\mathcal{L}(E, F)$, montrer : $\mathrm{rg}(f + g) = \mathrm{rg}(f) + \mathrm{rg}(g) \iff \begin{cases} \mathrm{Im}(f) \cap \mathrm{Im}(g) = \{0\} \\ \mathrm{Ker}(f) + \mathrm{Ker}(g) = E \end{cases}$

---

30. Soient f et g deux endomorphismes d'un $\mathbb{K}$-espace vectoriel de dimension finie E.

a. Si $f \circ g \circ f = f$ montrer $f \circ g$ et $g \circ f$ sont des projecteurs et que

$$\mathrm{Ker}(g \circ f) = \mathrm{Ker}(f) \text{ et } \mathrm{Im}(f \circ g) = \mathrm{Im}(f).$$

b. Si (i) $f \circ g \circ f = f$, (ii) $g \circ f \circ g = g$, (iii) $\mathrm{rg}(f) = \mathrm{rg}(g)$,
montrer que deux quelconques des propriétés entraînent la troisième.

31. On considère le diagramme

$$\begin{array}{ccccc} E & \xrightarrow{f} & F & \xrightarrow{g} & G \\ \varphi\downarrow & & \theta\downarrow & & \psi\downarrow \\ E' & \xrightarrow{f'} & F' & \xrightarrow{g'} & G' \end{array}$$

où E, F, G, E', F', G' sont des espaces vectoriels, $f, g, f', g', \psi, \theta, \psi$ sont des applications linéaires, f et f' sont injectives, g et g' sont surjectives, $\mathrm{Ker}(g) = \mathrm{Im}(f)$ ainsi que
$\mathrm{Ker}(g') = \mathrm{Im}(f')$, φ et ψ sont des isomorphismes avec $\theta \circ f = f' \circ \varphi$ et $g' \circ \theta = \psi \circ g$.
On se propose de montrer que θ est un isomorphisme.

Les espaces vectoriels E, F, G, E', F', G' sont tous de dimension finie et on enchaîne les questions
a. θ est injective.

b. $\dim(F) = \dim(E) + \dim(G)$ puis $\dim(F) = \dim(F')$.

c. θ est un isomorphisme.

d. S'affranchir de l'hypothèse concernant les dimensions finies.

---

32. Soient E espace vectoriel de dimension finie $n \geqslant 1$, u et v éléments de $\mathcal{L}(E)$.

Montrer : $\left\{\begin{array}{l} u \circ v = 0 \\ u + v \in \mathrm{GL}(E) \end{array}\right. \Rightarrow \left\{\begin{array}{l} \mathrm{rg}(u) + \mathrm{rg}(v) = n \\ \mathrm{Ker}(u) = \mathrm{Im}(v) \\ E = \mathrm{Ker}(u) \oplus \mathrm{Im}(u) \end{array}\right.$

Solutions des exercices

1. a. S'il existe $V \in \mathcal{L}(F, G)$ tel que $W = V \circ U$, on a $\mathrm{Ker}(U) \subset \mathrm{Ker}(W)$.

Réciproquement, si U est bijective, $V = W \circ U^{-1}$ convient. Sinon, Comme E est de dimension finie, il existe E' sous-espace vectoriel de E tel que $E = \mathrm{Ker}(U) \oplus E'$. D'après le théorème fondamental, $\widetilde{U} : E' \to \mathrm{Im}(U), x \mapsto U(x)$ est un isomorphisme d'espaces vectoriels. Soit $V : F \to G, x \mapsto \left\{\begin{array}{ll} W \circ \widetilde{U}^{-1}(x) & \text{si } x \in \mathrm{Im}(U) \\ 0 & \text{si } x \in F' \end{array}\right.$ où F' est un sous-espace vectoriel supplémentaire de $\mathrm{Im}(U)$ dans F.

Si $x \in \mathrm{Ker}(U)$, alors $U(x) = 0$ et $W(x) = 0$ car $\mathrm{Ker}(U) \subset \mathrm{Ker}(W)$, donc $W(x) = V \circ U(x)$. Si $x \in E', U(x) \in \mathrm{Im}(U)$ et $\widetilde{U}^{-1}(U(x)) = x$.
Donc $W(x) = W \circ \widetilde{U}^{-1}(U(x)) = V \circ U(x)$.

Une application linéaire étant déterminée par ses restrictions à des sous-espaces vectoriels supplémentaires, le résultat est prouvé.

b. Si $W = V \circ U$, alors $\mathrm{Im}(W) \subset \mathrm{Im}(V)$.

Réciproquement, si $\mathrm{Im}(W) \subset \mathrm{Im}(V)$ et si V est bijective, $U = V^{-1} \circ W$ convient. Sinon, $\widetilde{V}$ étant un isomorphisme de F' (tel que $F = F' \oplus \mathrm{Ker}(V)$) sur $\mathrm{Im}(V)$. L'application $U = \widetilde{V}^{-1} \circ W$ est solution.

---

2. a. Supposons que $\big(u(a)\big)_{a>0}$ est une famille liée de l'espace vectoriel $\mathbb{R}^{\mathbb{N}}$. On peut trouver des scalaires $\lambda_i, 1 \leqslant i \leqslant p$ non tous nuls tels que $\displaystyle\sum_{i=1}^{p} \lambda_i u(a_i)$ est la suite nulle. Quitte à supprimer tous les indices i pour lesquels λ_i est nul on peut supposer tous les λ_i non nuls. Quitte à réindéxer on peut supposer $a_1 < \cdots < a_p$.

On a, pour tout $n \in \mathbb{N}$, $\displaystyle\sum_{i=1}^{p} \lambda_i a_i^n = 0$ et, en comparant les croissances en $+\infty$, $\lambda_p a_p^n \underset{n\to\infty}{\sim} 0$, ce qui est absurde.

b. *Première méthode :* procédons par récurrence. $f_0 \neq 0$ implique (f_0) est libre.

Supposons $(f_0, \ldots, f_{n-1})$ libre. Soit $(\lambda_k)_{0 \leqslant k \leqslant n} \in \mathbb{R}^{n+1}$ tel que $\displaystyle\sum_{k=0}^{n} \lambda_k f_k = 0$ (1).

Par dérivation (2 fois), on déduit de (1) : $\displaystyle\sum_{k=0}^{n} \lambda_k(-k^2) f_k = 0$ (2).

(2)+n^2(1) $\Rightarrow \displaystyle\sum_{k=0}^{n-1} \lambda_k (n^2 - k^2) f_k = 0$. On déduit de l'hypothèse de récurrence que $\forall k \in [\![0, n-1]\!] (n^2 - k^2)\lambda_k = 0$. D'où $\forall k \in [\![0, n-1]\!], \lambda_k = 0$.

(1) $\Rightarrow \lambda_n f_n = 0 \Rightarrow \lambda_n = 0$ puisque $f_n \neq 0$.

Finalement $(f_0, \ldots, f_n)$ est libre et l'on peut conclure.

Deuxième méthode : On peut utiliser les polynômes de Tchebychev vus dans le chapitre 9 du premier semestre. Soit $(\lambda_k)_{0 \leqslant k \leqslant n} \in \mathbb{R}^{n+1}$ tel que $\displaystyle\sum_{k=0}^{n} \lambda_k f_k = 0$ (1).

Comme $T_k \in \mathbb{R}_k[X]$ est de degré k et vérifie : $\forall x \in \mathbb{R}, T_k(\cos(x)) = \cos(kx)$, (1) implique, pour tout $x \in \mathbb{R}$, $\displaystyle\sum_{k=0}^{n} \lambda_k T_k(\cos(x)) = 0$. Comme la fonction cos établit une bijection entre $[0, \pi]$ et $[-1, 1]$, on a $\forall y \in [-1, 1], P(y) = \displaystyle\sum_{k=0}^{n} \lambda_k T_k(y) = 0$.

Le polynôme P ayant une infinité de racines, est le polynôme nul.

Donc $\displaystyle\sum_{k=0}^{n} \lambda_k T_k(X) = 0$. La famille $(T_k)_{0 \leqslant k \leqslant n}$ étant échelonnée en degrés, est libre, d'où, pour tout $k \in [\![0, n]\!], \lambda_k = 0$.

c. Soient $n \in \mathbb{N}^\star$ et n réels distincts que l'on peut supposer notés $(\alpha_i)_{1 \leqslant i \leqslant n}$ tels que $\alpha_1 < \alpha_2 < \cdots < \alpha_n$. Pour tout $(\lambda_1, \ldots, \lambda_n) \in \mathbb{R}^n$,

Supposons $F_n = \displaystyle\sum_{k=1}^{n} \lambda_k f_k = 0$. Par récurrence, on montre que tous les λ_k sont nuls.

En effet, $f_{\alpha_1} \neq 0$ implique (f_{α_1}) est une famille libre. Si l'on suppose $(f_{\alpha_k})_{1 \leqslant k \leqslant n-1}$ libre. $F_n = 0 \Rightarrow \forall x \in \mathbb{R}, F_n(x) = \displaystyle\sum_{k=1}^{n} \lambda_k e^{\alpha_k x} = 0$ (1).

$$(1) \Rightarrow \forall x \in \mathbb{R}, F_n(x)e^{-\alpha_n x} = 0 = \sum_{k=1}^{n-1} \lambda_k e^{(\alpha_k - \alpha_n)x} + \lambda_n \qquad (2).$$

Par passage, à la limite dans (2) on obtient $\lambda_n = 0$.

Comme $(f_{\alpha_k})_{1 \leqslant k \leqslant n-1}$ est libre, $\lambda_1 = \cdots = \lambda_{n-1} = 0$. Donc : $\forall k \in [\![1, n]\!], \lambda_k = 0$.

Remarque : la « méthode de dérivation » utilisée en b) aurait pu aussi convenir.

d. Si $\alpha \in [a, b]$ notons f_α l'élément de $\mathcal{A}$, espace vectoriel des fonctions continues , affines par morceaux sur $[a, b]$, défini par $f_\alpha(x) = |x - \alpha|$ et montrons que $(f_\alpha)_{a \leqslant \alpha \leqslant b}$ est une famille libre.

Supposons que $(\alpha_0, \ldots, \alpha_n)$ est une subdivision de $[a, b]$ et que $\displaystyle\sum_{i=0}^{n} \lambda_i f_{\alpha_i} = 0$.

Si $1 \leqslant i \leqslant n-1$ alors $\lambda_i f_{\alpha_i} = -\displaystyle\sum_{j \neq i} \lambda_j f_{\alpha_j}$ qui est dérivable en α_i alors que f_{α_i} ne l'est pas, donc $\lambda_i = 0$. Reste alors $\lambda_0 f_a + \lambda_n f_b = 0$ ce qui, en a, fournit $\lambda_0(b - a) = 0$ *i.e.* $\lambda_0 = 0$ et enfin $\lambda_n = 0$.

Montrons que la famille $(f_\alpha)_{a \leqslant \alpha \leqslant b}$ est génératrice de $\mathcal{A}$ en utilisant sa liberté.

Soit $(\alpha_0, \ldots, \alpha_n)$ une subdivision de $[a, b]$ et $\mathcal{A}_n$ le sous-espace vectoriel de $\mathcal{A}$ constitué des fonctions dérivables sur $[a, b] \setminus \{\alpha_0, \ldots, \alpha_n\}$.

L'application $\varphi : \begin{pmatrix} \mathcal{A}_n & \to & \mathbb{R}^{n+1} \\ f & \mapsto & (f(\alpha_0), \ldots, f(\alpha_n)) \end{pmatrix}$ est un isomorphisme car un élément f de $\mathcal{A}_n$ est entièrement déterminé par la donnée de $\big(f(\alpha_0), \ldots, f(\alpha_n)\big)$, donc $\dim(\mathcal{A}_n) = n + 1$. La famille $(f_{\alpha_0}, \ldots, f_{\alpha_n})$ est une famille libre de $\mathcal{A}_n$ constituée de $n + 1$ éléments, c'en est donc une base.

Comme tout élément de $\mathcal{A}$ est élément d'un espace vectoriel $\mathcal{A}_n$ cela montre le caractère générateur de $(f_\alpha)_{a \leqslant \alpha \leqslant b}$.

Remarque : on peut décrire un procédé de calcul des coordonnées $(\lambda_0, \ldots, \lambda_n)$ d'un élément f de $\mathcal{A}_n$ dans la base $(f_{\alpha_0}, \ldots, f_{\alpha_n})$ en utilisant le fait que, si l'on pose $g = f + \displaystyle\sum_{i=1}^{n-1} \frac{f'_g(\alpha_i) - f'_d(\alpha_i)}{2} f_{\alpha_i}$, alors $g \in \mathcal{A}_n$ et, pour tout $i \in [\![1, n-1]\!]$, on a $g'_g(\alpha_i) = g'_d(\alpha_i) = \dfrac{f'_d(\alpha_i) + f'_g(\alpha_i)}{2}$, ce qui prouve que g est dérivable en α_i. Par suite g est un élément de $\mathcal{A}_n$ partout dérivable donc affine *i.e.* dans $\mathrm{Vect}(f_a, f_b)$. Si $g = \lambda_0 f_a + \lambda_n f_b$ alors $g(a) = \lambda_n(b - a)$ et $g(b) = \lambda_0(b - a)$.

On a montré que, si $1 \leqslant i \leqslant n - 1$, alors $\lambda_i = \dfrac{f'_d(\alpha_i) - f'_g(\alpha_i)}{2}$.

---

3. a. Pour $n = 1$, $\lambda x^\alpha = 0$ n'a pas de solution dans $]0, +\infty[$ si $\lambda \neq 0$, ce qui initialise la récurrence.

Supposons la propriété établie à un rang $n \geqslant 1$, $\alpha_1, \ldots, \alpha_{n+1}$ deux à deux distincts, $\lambda_1, \ldots, \lambda_{n+1}$ non tous nuls et montrons $\mathrm{card}\left(\left\{x > 0 \mid \sum_{i=1}^{n+1} \lambda_i x^{\alpha_i} = 0\right\}\right) < n + 1$ par l'absurde. Si $a_1, \ldots, a_{n+1}$ sont dans cet ensemble avec $a_1 < \cdots < a_{n+1}$ et, par exemple, $\lambda_1 \neq 0$, $\varphi : x \mapsto \displaystyle\sum_{i=1}^{n} \lambda_i x^{\alpha_i - \alpha_{n+1}}$ est dérivable sur $]0, +\infty[$ avec $\varphi(a_1) = \cdots = \varphi(a_{n+1}) = -\lambda_{n+1}$.

Le théorème de Rolle assure l'existence de n zéros de φ' dans $]a_1, a_{n+1}[$ et donc dans $]0, +\infty[$. Or $\forall x > 0,\ \varphi'(x) = \sum_{i=1}^{n}(\alpha_i - \alpha_{n+1})\lambda_i x^{\alpha_i - \alpha_{n+1} - 1}$, les $(\alpha_i - \alpha_{n+1} - 1)$ sont deux à deux distincts et $(\alpha_1 - \alpha_{n+1})\lambda_1 \neq 0$, ce qui contredit la propriété au rang n et termine la récurrence.

b. Si $(f^\alpha)_\alpha$ est liée on peut trouver n dans $\mathbb{N}^\star$, $\alpha_1, \ldots, \alpha_n$ deux à deux distincts et $\lambda_1, \ldots, \lambda_n$ non tous nuls tels que $\sum_{i=1}^{n} \lambda_i f^{\alpha_i} = 0$. Comme f prend une infinité de valeurs, l'ensemble $\left\{x > 0 \,\middle|\, \sum_{i=1}^{n} \lambda_i x^{\alpha_i} = 0\right\}$ est infini, ce qui contredit a).

---

4. Si $\mathcal{E}$ est une famille positivement génératrice, comme elle est génératrice, on a $\mathrm{card}(\mathcal{E}) \geqslant n$. Si $\mathcal{E} = (e_1, \ldots, e_n)$ alors il s'agit d'une base et $-\sum_{i=1}^{n} e_i \notin \sum_{i=1}^{n} \mathbb{R}_+ e_i$, ce qui est absurde, donc $\mathrm{card}(\mathcal{E}) \geqslant n + 1$.

Soit alors $(e_1, \ldots, e_n)$ une base, posons $e_{n+1} = -\sum_{i=1}^{n} e_i$ et $\mathcal{E} = (e_1, \ldots, e_{n+1})$.

Si $x \in E$, et $x = \sum_{i=1}^{n} x_i e_i$ avec au moins un x_i strictement négatif, choisissons i_0 tel que x_{i_0} est minimal, on a $x = \sum_{i=1}^{n}(x_i - x_{i_0})e_i + (-x_{i_0})e_{n+1} \in \sum_{i=1}^{n+1} \mathbb{R}_+ e_i$ car $x_i \geqslant x_{i_0}$ pour tout i et $(-x_{i_0}) > 0$. Cette famille est donc positivement génératrice, le cardinal minimal est donc $n + 1$.

---

5. $p \circ q = p \Rightarrow \mathrm{Ker}(q) \subset \mathrm{Ker}(p)$. Réciproquement, si $\mathrm{Ker}(q) \subset \mathrm{Ker}(p)$, pour tout $x \in \mathrm{Ker}(q), (p \circ q)(x) = 0 = p(x)$. Si $x \in \mathrm{Im}(q), q(x) = x \Rightarrow (p \circ q)(x) = p(x)$.

Comme $E = \mathrm{Ker}(q) \oplus \mathrm{Im}(q)$, il s'ensuit que $p \circ q = p$.

On montre de même que $q \circ p = p \iff \mathrm{Im}(p) \subset \mathrm{Im}(q)$.

Comme $p+q \in \mathcal{L}(E)$, $p+q$ est un projecteur de E si, et seulement si, $(p+q)^2 = p+q$.

$$\text{Or } (p+q)^2 = p+q \iff p \circ q + q \circ p = 0 \Rightarrow \begin{cases} p \circ (p \circ q + q \circ p) = 0 \\ q \circ (p \circ q + q \circ p) = 0 \end{cases} \iff (1)$$

$$(1) \iff \begin{cases} p \circ q + p \circ q \circ p = 0 \\ p \circ q \circ p + q \circ p = 0 \end{cases} \Rightarrow p \circ q = q \circ p = 0.$$

Réciproquement, si $p \circ q = q \circ p = 0$, alors $(p+q)^2 = p+q$.

Montrons que $\mathrm{Ker}(p+q) = \mathrm{Ker}(p) \cap \mathrm{Ker}(q)$ et $\mathrm{Im}(p+q) = \mathrm{Im}(p) \oplus \mathrm{Im}(q)$.

• $x \in \mathrm{Ker}(p+q) \Rightarrow p(x) = -q(x) \Rightarrow p^2(x) = p(x) = -(p \circ q)(x) = 0 \Rightarrow p(x) = 0$ et $q(x) = 0$. Donc $x \in \mathrm{Ker}(p) \cap \mathrm{Ker}(q)$. Comme on a $\mathrm{Ker}(p \cap \mathrm{Ker}(q) \subset \mathrm{Ker}(p+q)$, on a prouvé que $\mathrm{Ker}(p+q) = \mathrm{Ker}(p) \cap \mathrm{Ker}(q)$.

• $x \in \mathrm{Im}(p+q) \Rightarrow (p+q)(x) = x$ car $p+q$ est un projecteur. Donc $x \in \mathrm{Im}(p) + \mathrm{Im}(q)$.

$$\text{Inversement, } x \in \mathrm{Im}(p) + \mathrm{Im}(q) \Rightarrow x = y + z = p(y) + q(z) \Rightarrow \begin{cases} p(x) = p(y) = y \\ q(x) = q(z) = z \end{cases}$$

D'où $x=(p+q)(x)$ *i.e.* $x\in \mathrm{Im}(p+q)$.

Enfin $x\in \mathrm{Im}(p)\cap \mathrm{Im}(q)\Rightarrow x=p(x)=q(x)\Rightarrow q(x)=x=(q\circ p)(x)=0$.

Donc $\mathrm{Im}(p+q)=\mathrm{Im}(p)\oplus \mathrm{Im}(q)$.

---

6. *Première méthode.* Notons φ l'application de $E=\mathcal{F}(\mathbb{R},\mathbb{R})$ dans E qui à f associe $\widehat{f}$ définie par $\widehat{f}(x)=f(-x)$. L'application φ est clairement linéaire et involutive *i.e.* $\varphi\circ\varphi=I_E$. φ est donc une symétrie de E. On sait que $E=\mathrm{Ker}(\varphi-I_E)\oplus \mathrm{Ker}(\varphi+I_E)$. Comme $\mathcal{P}=\mathrm{Ker}(\varphi-I_E)$ et $\mathcal{I}=\mathrm{Ker}(\varphi+I_E)$, le résultat est établi.

Deuxième méthode. Il faut prouver que $\mathcal{P}$ et $\mathcal{I}$ sont des sous-espaces vectoriels de E, ensuite procéder par analyse-synthèse.

• Soit $f\in E$. S'il existe $(g,h)\in\mathcal{P}\times\mathcal{I}$ tel que $f=g+h$, alors, pour tout $x\in\mathbb{R}$, $f(x)=g(x)+h(x)$, d'où $f(-x)=g(x)-h(x)$. Il en résulte que $g(x)=\frac{1}{2}\big(f(x)+f(-x)\big)$ et $h(x)=\frac{1}{2}\big(f(x)-f(-x)\big)$ et l'unicité du couple (g,h).

• Soit $f\in E$. Notons $g(x)=\frac{1}{2}\big(f(x)+f(-x)\big)$ et $h(x)=\frac{1}{2}\big(f(x)-f(-x)\big)$. On vérifie que $f=g+h$, $g\in\mathcal{P}$ et $h\in\mathcal{I}$.

On conclut que : $\forall f\in E, \exists!(g,h)\in\mathcal{P}\times\mathcal{I},\ f=g+h$.

---

7. $q\circ q=\dfrac{1}{n^2}\displaystyle\sum_{g,g'\in G} g\circ p\circ g^{-1}\circ g'\circ p\circ g'^{-1}$.

F est stable par tout élément de G et p est d'image F, donc
$\forall x\in E, p(x)\in F\Rightarrow (g^{-1}\circ g'\circ p)(x)\in F\Rightarrow \big(p\circ g^{-1}\circ g'\circ p\big)(x)=\big(g^{-1}\circ g'\circ p\big)(x)$
i.e. $g^{-1}\circ g'\circ p=p\circ g^{-1}\circ g'\circ p$. D'où

$$q\circ q=\frac{1}{n^2}\sum_{g,g'\in G} g\circ g^{-1}\circ g'\circ p\circ g'^{-1}=\frac{1}{n^2}\sum_{g,g'\in G} g'\circ p\circ g'^{-1}=\frac{1}{n}\sum_{g,\in G} g'\circ p\circ g'^{-1}=q.$$

Comme $q\in\mathcal{L}(E)$, c'est un projecteur de E.

Montrons que $\mathrm{Im}(q)=F$.

Si $x\in F, g^{-1}(x)\in F\Rightarrow p\circ g^{-1}(x)\in F\Rightarrow g\circ p\circ g^{-1}(x)\in F\Rightarrow q(x)\in F$.

Donc $F\subset \mathrm{Im}(q)$. D'autre part,
pour tout $x\in E, (p\circ g^{-1})(x)\in F\Rightarrow (g\circ p\circ g^{-1})(x)\in F$. Comme F est un sous-espace vectoriel de E, $q(x)\in F$. Donc $\mathrm{Im}(q)\subset F$. Donc $\mathrm{Im}(q)=F$.

On a $E=\mathrm{Ker}(q)\oplus\mathrm{Im}(q)=\mathrm{Ker}(q)\oplus F$. Montrons que $\mathrm{Ker}(q)$ est stable par tout élément de G. Pour ce, il suffit de montrer que : $\forall h\in G, h\circ q=q\circ h$

Or $h\circ q\circ h^{-1}=\dfrac{1}{n}\displaystyle\sum_{g\in G}(h\circ g)\circ p\circ(h\circ g)^{-1}$ et $g\mapsto h\circ g$ est une bijection de G sur G, donc $h\circ q\circ h^{-1}=\dfrac{1}{n}\displaystyle\sum_{k\in G} k\circ p\circ k^{-1}=q$. Donc $h\circ q=q\circ h$.

Remarque : Si f et g sont deux endomorphismes de E et si $f\circ g=g\circ f$, $\mathrm{Ker}(f)$ et $\mathrm{Im}(f)$ sont stables par g.

Solutions

8. a. La relation est réflexive car $P.P = P.P = P$.
La relation est antisymétrique car si $P.Q = Q.P = Q$ et $P.Q = Q.P = P$ alors $P = Q$. Enfin la relation est transitive car si $P.Q = Q.P = Q$ et $R.Q = Q.R = R$ alors $R.Q.P = Q.R.P = R.P$, $P.R.Q = P.Q.R = P.R$ et $P.Q.R = Q.R = R$. Donc $R = PR$. Or $R.Q.P = R.Q = R$. Donc $P.R = R.P = R$. Donc $\leqslant$ est une relation d'ordre sur $\mathcal{P}$. Ce n'est pas une relation d'ordre total. Il suffit, pour s'en convaincre de prendre P et Q non nuls tels que $\operatorname{Ker}(P) = \operatorname{Im}(Q)$ et $\operatorname{Ker}(Q) = \operatorname{Im}(P)$.

b. • $P \wedge Q = PQ \in \mathcal{L}(E)$
$(P \wedge Q)^2 = P.Q.P.Q = P^2Q^2 = PQ$ car $P.Q = Q.P$ et $P, Q \in \mathcal{P}$.

• Montrons que $P \wedge Q \leqslant P$ car $\wedge$ étant commutative, on aura $P \wedge Q \leqslant Q$ et le résultat.
$(P \wedge Q).P = Q.P^2 = Q.P = P.Q = P \wedge Q$ et $P.(P \wedge Q) = P.Q = P \wedge Q$.
Donc $(P \wedge Q).P = P.(P \wedge Q) = P \wedge Q$. D'où $P \wedge Q = \sup\{P, Q\}$.
Comme $P \wedge Q = P.Q = Q.P$, on a $\operatorname{Im}(P \wedge Q) \subset \operatorname{Im}(P)$ et $\operatorname{Im}(P \wedge Q) \subset \operatorname{Im}(Q)$.
Donc $\operatorname{Im}(P \wedge Q) \subset \operatorname{Im}(P) \cap \operatorname{Im}(Q)$.
Inversement, si $x \in \operatorname{Im}(P) \cap \operatorname{Im}(Q)$ alors $x = P(x) = Q(x)$, d'où $Q(x) = Q.P(x)$.
Donc $Q(x) = Q.P(x) = (P \wedge Q)(x)$ *i.e.* $x \in \operatorname{Im}(P \wedge Q)$.
Finalement, $\operatorname{Im}(P \wedge Q) = \operatorname{Im}(P) \cap \operatorname{Im}(Q)$.
On procède de même pour $P \vee Q$.

---

9. Soit $x \in E \setminus \{0\}$. Si $(x, f(x))$ est une famille libre, on peut écrire $E = \mathbb{K}x \oplus F$ où $f(x) \in F$. Soit s la symétrie par rapport à $\mathbb{K}x$ parallèlement à F. De $f \circ s = s \circ f$ on déduit que $f(x) = -f(x)$ *i.e.* $f(x) = 0$, ce qui est absurde. Comme $f(0) = 0$, pour tout $x \in E, (x, f(x))$ est une famille liée.

Comme E est un espace vectoriel de dimension finie, soit $(e_1, \ldots, e_n)$ une base de E. Pour tout $i \in [\![1, n]\!], f(e_i) = \lambda_i e_i$ et $f(e_1 + e_2 + \cdots + e_n) = \lambda(e_1 + e_2 + \cdots + e_n)$. La linéarité de f implique $\lambda(e_1 + e_2 + \cdots + e_n) = \lambda_1 e_1 + \lambda_2 e_2 + \cdots + \lambda_n e_n$. La famille $(e_1, \ldots, e_n)$ étant libre, pour tout $i \in [\![1, n]\!], \lambda_i = \lambda$. Donc : $\forall i \in [\![1, n]\!], f(e_i) = \lambda e_i$. D'où $f = \lambda I_E$. Comme $\mathbb{K}I_E \subset \mathcal{C}$, on conclut que $\mathcal{C} = \mathbb{K}I_E$.

---

10. a. L'application $\varphi : \mathcal{L}(E) \to \mathcal{L}(E), V \mapsto V \circ U - U \circ V$ est un endomorphisme de $\mathcal{L}(E)$ car, d'après le cours, $V \mapsto V \circ U$ et $V \mapsto U \circ V$ le sont et $\mathcal{L}(\mathcal{L}(E))$ est un $\mathbb{K}$-espace vectoriel. Comme $\mathcal{C} = \operatorname{Ker}(\varphi)$, il s'ensuit que $\mathcal{C}$ est un sous-espace vectoriel de $\mathcal{L}(E)$. Donc $(\mathcal{C}, +)$ est un groupe abélien.
La loi $\circ$ étant associative sur $\mathcal{L}(E)$, elle l'est sur $\mathcal{C}$. On a $I_E \in \mathcal{C}$. La loi $\circ$ étant distributive par rapport à la loi $+$ dans $\mathcal{L}(E)$, elle l'est sur $\mathcal{C}$.

Montrons que $\mathcal{C}$ est stable par $\circ$. Si $V, W \in \mathcal{C}$, on déduit de l'associativité de $\circ$ que
$(V \circ W) \circ U = V \circ (W \circ U) = V \circ (U \circ W) = (V \circ U) \circ W = U \circ (V \circ W)$. Donc $V \circ W \in \mathcal{C}$. D'où $(\mathcal{C}, +, \circ)$ est un anneau.

Par une récurrence facile, comme $U \in \mathcal{C}$, pour tout $k \in \mathbb{N}, U^k \in \mathcal{C}$. Comme $\mathcal{C}$ est un $\mathbb{K}$-espace vectoriel, il s'ensuit que $\mathbb{K}[U] \subset \mathcal{C}(U)$.

b. Comme $(U^k(x_0))_{0 \leqslant k \leqslant n}$ est une base de E, si $V \in \mathcal{C}$, il existe un unique $(n+1)$-uplet $(\lambda_0, \ldots, \lambda_n) \in \mathbb{K}^{n+1}$ tel que $V(x_0) = \sum_{k=0}^{n} \lambda_k U^k(x_0)$. Notons $W = \sum_{k=0}^{n} \lambda_k U^k$.

On a $V(x_0) = W(x_0)$. Pour tout $j \in [\![1, n]\!], W(U^j(x_0)) = \sum_{k=0}^{n} \lambda_k U^{k+j}(x_0)$.

Comme $V \in \mathcal{C}, V(U^j(x_0)) = U^j(V(x_0)) = U^j\Big(\sum_{k=0}^{n} \lambda_k U^k(x_0)\Big) = \sum_{k=0}^{n} \lambda_k U^{j+k}(x_0)$.

Donc, pour tout $j \in [\![0, n]\!], V(U^j(x_0)) = W(U^j(x_0))$. Les application linéaires V et W étant égales sur la base $(U^k(x_0))_{0 \leqslant k \leqslant n}$ de E, sont égales. Donc $V = W \in \mathbb{K}[U]$. Finalement, $\mathcal{C}(U) = \mathbb{K}[U]$. Donc $\mathcal{B} = (I_E, U, \ldots, U^n)$ est une famille génératrice de $\mathcal{C}$. Montrons qu'elle est libre. Soit $(\lambda_0, \ldots, \lambda_n) \in \mathbb{K}^{n+1}$ tel que $\sum_{k=0}^{n} \lambda_k U^k = 0$.

Alors $\sum_{k=0}^{n} \lambda_k U^k(x_0) = 0$. Comme $(U^k(x_0))_{0 \leqslant k \leqslant n}$ est libre, $\lambda_k = 0$ pour tout $k \in [\![0, n]\!]$. La famille $\mathcal{B}$ est libre. Par suite, $\mathcal{B}$ est une base de $\mathcal{C}(U)$.
Donc $\dim(\mathcal{C}(U)) = n + 1$.

---

11. a. $T = f - g$ où $f : v \mapsto u \circ v$ et $g : v \mapsto v \circ u$ sont deux endomorphismes de $\mathcal{L}(E)$. Comme $\big(\mathcal{L}(\mathcal{L}(E)), +, \circ\big)$ est un anneau, $T \in \mathcal{L}\big(\mathcal{L}(E)\big)$.

Comme $(f \circ g)(v) = (g \circ f)(v) = u \circ v \circ u$, on déduit du binôme de Newton que

$$T^p = (f - g)^p = \sum_{k=0}^{p} \binom{p}{k} (-1)^k f^{p-k} \circ g^k.$$

Par une récurrence immédiate, $f^k : v \mapsto u^k \circ v$ et $g^j : v \mapsto v \circ u^j$, donc

$$\forall p \in \mathbb{N}^\star, \forall v \in \mathcal{L}(E), T^p(v) = \sum_{k=0}^{p} (-1)^k \binom{p}{k} u^{p-k} \circ v \circ u^k.$$

$$T^{2n-1}(v) = T^p(v) = \sum_{k=0}^{2n-1} (-1)^k \binom{2n-1}{k} u^{2n-1-k} \circ v \circ u^k = \alpha + \beta \text{ où}$$

$$\alpha = \sum_{k=0}^{n-1} (-1)^k \binom{2n-1}{k} u^{2n-1-k} \circ v \circ u^k = 0 \text{ car } 2n - 1 - k \geqslant n \text{ et } u^n = 0, \text{ et}$$

$$\beta = \sum_{k=n}^{2n-1} (-1)^k \binom{2n-1}{k} u^{2n-1-k} \circ v \circ u^k = 0 \text{ car } k \geqslant n \text{ et } u^n = 0.$$

Donc $T^{2n-1} = 0$. Donc T est nilpotente.

b. Si a est inversible, $b = a^{-1}$ convient. Sinon, $\mathrm{Ker}(a) \neq \{0\}$ et comme E est un $\mathbb{K}$-espace vectoriel de dimension finie, il existe E' un sous-espace vectoriel de E tel que $E = E' \oplus \mathrm{Ker}(a)$. D'après le théorème fondamental, $\widetilde{a} : E' \to \mathrm{Im}(a), x \mapsto a(x)$ est un isomorphisme d'espaces vectoriels.

Soit $b \in \mathcal{L}(E)$ définie par $b(x) = \widetilde{a}^{-1}(x)$ si $x \in \mathrm{Im}(a)$ et $b(x) = 0$ si $x \in F'$ où F' est un sous-espace vectoriel supplémentaire de $\mathrm{Im}(a)$ dans E.

Si $x \in \mathrm{Ker}(a), (a \circ b \circ a)(x) = 0 = a(x)$.

Si $x \in E', (a \circ b \circ a)(x) = (a \circ b \circ \widetilde{a})(x) = a(x)$.

Comme $E = E' \oplus \mathrm{Ker}(a)$, on a bien $a \circ b \circ a = a$.

On montre aisément que $T^{2n-2}(v) = (-1)^{n-1} \binom{2n-2}{n-1} u^{n-1} \circ v \circ u^{n-1}$.

L'application du résultat précédent à $a = u^{n-1}$ montre qu'il existe $v \in \mathcal{L}(E)$ tel que $T^{2n-2}(v) = (-1)^{n-1}\binom{2n-2}{n-1}u^{n-1} \neq 0$ car $u^{n-1} \neq 0$. L'indice de nilpotence de T est $2n-1$.

---

12. a. Il suffit de montrer que $F_1 \cup F_2$ est un sous-espace vectoriel de E si, et seulement si, $F_1 \subset F_2$ ou $F_2 \subset F_1$.
Si $F_1 \subset F_2$, alors $F_1 \cup F_2 = F_2$ est un sous-espace vectoriel de E. Pour montrer la réciproque, raisonnons par l'absurde. Si $F_1 \not\subset F_2$ et $F_2 \not\subset F_1$, il existe $x_1 \in F_1, x_1 \notin F_2$ et $x_2 \in F_2, x_1 \notin F_1$. Comme $F_1 \cup F_2$ est un sous-espace vectoriel de E, $x_1 + x_2 \in F_1 \cup F_2$. Donc $x_1 + x_2 \in F_1$ ou $x_1 + x_2 \in F_2$. Si, par exemple, $x_1 + x_2 \in F_1$, alors $x_2 = (x_1 + x_2) - x_1 \in F_1$: absurde.

b. Supposons $E = F_1 \cup \ldots \cup F_n$. Quitte à ne considérer que $F_2, \ldots, F_n$ on peut supposer que $F_1 \not\subset F_2 \cup \ldots \cup F_n$. On a alors $F_2 \cup \ldots \cup F_n \not\subset F_1$ sinon $F_1 = E$. Il existe donc $x \in F_1, x \notin F_2 \cup \ldots \cup F_n$ et $y \in F_2 \cup \ldots \cup F_n, y \notin F_1$.
Pour tout $\lambda \in \mathbb{K}$, $\lambda x + y$ ne peut appartenir à F_1 sinon $y = (\lambda x + y) - \lambda x \in F_1$ puisque F_1 est un sous-espace vectoriel de E. Donc, pour tout $\lambda \in \mathbb{K} \setminus \{0\}$, il existe $i(\lambda) \in [\![2, n]\!]$ tel que $y + \lambda x \in F_{i(\lambda)}$. L'application $\lambda \mapsto i(\lambda)$ est injective puisque si $y + \lambda x$ et $y + \mu x$ sont éléments de $F_{i(\lambda)}$ alors $(\lambda - \mu)x \in F_{i(\lambda)}$, ce qui n'est possible que si $\lambda = \mu$. Il s'ensuit que $\text{card}(\mathbb{K}) \leqslant \text{card}([\![2, n]\!]) = n - 1$ ce qui contredit $\mathbb{K}$ infini.
Application : $F_i = \text{Ker}(\varphi_i)$ est un hyperplan de E donc un sous-espace vectoriel strict de E. Donc $F_1 \cup \ldots \cup F_n \neq E$. Il existe donc $x \in E \setminus (F_1 \cup \ldots \cup F_n)$*i.e.* il existe $x \in E$ tel que $(\varphi_1 \ldots \varphi_n)(x) \neq 0$.

---

13. a. Comme $w : E \to F, x \mapsto 0_F$ est élément de A, on a A non vide.

Pour $\lambda \in \mathbb{K}, (u, v) \in A^2, \forall x \in G, (\lambda u + v)(x) = \lambda u(x) + v(x) = 0$ car $u(x) = v(x) = 0$.

Donc $G \subset \text{Ker}(\lambda u + v)$. Il s'ensuit que A est un sous-espace vectoriel de $\mathcal{L}(E, F)$.

b. E étant de dimension finie, on peut considérer G' un sous-espace vectoriel supplémentaire de G dans E. Considérons $f : A \mapsto \mathcal{L}(G', F), u \mapsto u_{|G'}$. L'application f est clairement linéaire.

$u \in \text{Ker}(f) \iff \left(u \in A \text{ et } u_{|G'} = 0\right)$ ce qui équivaut à $(\forall x \in G, u(x) = 0)$ et $(\forall x \in G', u(x) = 0)$. Comme $E = G \oplus G'$, on a $u = 0$. Il s'ensuit que f est injective.

Montrons que f est surjective. Pour $v \in \mathcal{L}(G', H)$ si p est le projecteur de E sur G' parallèlement à G et si $u = p \circ v$. Comme $\text{Ker}(p) = G$, on a $G \subset \text{Ker}(u)$ *i.e.* $u \in A$ et $f(u) = v$. Donc f est surjective.

f est un isomorphisme de A sur $\mathcal{L}(G', F)$. Ces deux espaces vectoriels ont même dimension. Donc $\dim(A) = \dim(F)\big(\dim(E) - \dim(G)\big)$.

---

14. Si $n = 1$, la réponse est : oui puisque $\mathcal{A} = \{I_E\}$.

Si $n \geqslant 2$, la réponse est : non. Soit par exemple E de dimension 2 rapporté à la base $(e_1, e_2) = \mathcal{B}$. Notons f, g les endomorphismes de E définis par

$f(e_1) = e_1$, $f(e_2) = -e_2$; $g(e_1) = e_2$, $g(e_2) = e_1$. On a $f^2 = g^2 = I_E$ alors que $(f \circ g)^2 \neq I_E$ puisque $(f \circ g)(e_1) = -e_2$ et $(f \circ g)(e_2) = e_1$.

---

15. Si $d : \mathbb{K}[X] \to \mathbb{K}[X], P \mapsto P'$. On sait que $d \in \mathcal{L}(\mathbb{K}[X])$. Comme $f = I_{\mathbb{K}[X]} - d$ et comme $\mathcal{L}(\mathbb{K}[X])$ est un $\mathbb{K}$-espace vectoriel, $f \in \mathcal{L}(\mathbb{K}[X])$.

Comme, pour tout $n \in \mathbb{N}, \mathbb{K}_n[X]$ est stable par f, on peut introduire f_n l'application induite par f sur $\mathbb{K}_n[X]$ *i.e.* $f_n : \mathbb{K}_n[X] \to \mathbb{K}_n[X], P \mapsto f(P)$.

$P \in \mathrm{Ker}(f) \iff P = P'$ et donc il existe un scalaire λ tel que, pour tout $x \in \mathbb{R}$, $P(x) = \lambda e^x$ d'où $P = 0$. Il s'ensuit que f_n est un endomorphisme injectif de $\mathbb{K}_n[X]$ espace vectoriel de dimension finie, donc c'est un automorphisme de $\mathbb{K}_n[X]$.

Si $Q \in \mathbb{K}[X]$, il existe $n \in \mathbb{N}$ tel que $Q \in \mathbb{K}_n[X]$. Il existe $P \in \mathbb{K}_n[X]$ tel que $Q = f_n(P) = f(P)$. L'application f est donc surjective. Comme elle est injective, elle est bijective.

$$\forall n \in \mathbb{N}, \forall Q \in \mathbb{K}_n[X],\ f_n\left(\sum_{k=0}^{n} Q^{(k)}\right) = \sum_{k=0}^{n} Q^{(k)} - \sum_{k=0}^{n} Q^{(k+1)} = Q - Q^{(n+1)} = Q$$

car $Q^{(n+1)} = 0$ et donc, par injectivité de f_n, on a $f_n(P) = Q \iff P = \sum_{k=0}^{n} Q^{(k)}$.

Donc $f^{-1} : \mathbb{K}[X] \to \mathbb{K}[X], Q \mapsto \sum_{k=0}^{\infty} Q^{(k)}$.

---

16. Montrons que $\mathcal{V}$ est un sous-espace vectoriel de $\mathcal{F}(\mathbb{R}, \mathbb{R})$.

Comme l'application nulle sur $\mathbb{R}$ peut s'écrire $f - f$ avec $f \in \mathcal{C}$, on a $\mathcal{V} \neq \emptyset$.

Si $(f, g) \in \mathcal{V}^2$, il existe $f_1, f_2, g_1, g_2 \in \mathcal{V}$ tels que $f = f_1 - g_1$ et $g = f_2 - g_2$.

$f + g = (f_1 + f_2) - (g_1 + g_2) \in \mathcal{V}$ car $f_1 + f_2 \in \mathcal{V}$ et $g_1 + g_2 \in \mathcal{V}$.

Si $\lambda \in \mathbb{R}_+, \lambda f = (\lambda f_1) - (\lambda g_1) \in \mathcal{V}$ car $(\lambda f_1, \lambda g_1) \in \mathcal{V}^2$.

Si $\lambda < 0$, alors $\lambda = -\mu$ avec $\mu > 0$. Donc $\lambda f = (\mu g_1) - (\mu f_1) \in \mathcal{V}$.

Donc, pour tout $\lambda \in \mathbb{R}, \lambda f \in \mathcal{V}$, ce qui met fin à la preuve.

---

17. Notons $\mathcal{C}$ l'espace vectoriel des suites réelles convergentes. D'après les théorèmes sur les suites convergentes, l'application $\varphi : \mathcal{C} \to \mathbb{R}, (u_n)_{n \geqslant 0} \mapsto \lim(u_n)$ est une forme linéaire sur $\mathcal{C}$. Cette forme linéaire est non nulle car la suite constante égale à 1 a pour image 1 par φ. Donc $\mathrm{Ker}(\varphi)$ *i.e.* l'ensemble des suites nulles est un hyperplan de $\mathcal{C}$ et l'on a $\mathcal{C} = \mathrm{Ker}(\varphi) \oplus \mathbb{R}(1)_{n \geqslant 1}$.

---

18. Si f et g sont dans $\mathrm{GL}(E)$ alors $f \circ g$ et $g \circ f$ sont dans $\mathrm{GL}(E)$ car $(\mathrm{GL}(E), \circ)$ est un groupe. Réciproquement, si $f \circ g$ et $g \circ f$ sont dans $\mathrm{GL}(E)$,
$f \circ g$ bijective implique g injective et f surjective ; $g \circ f$ bijective implique f injective et g surjective. Donc f et g sont bijectives.

---

19. La linéarité de Φ est claire.

$f \in \mathrm{Ker}(\Phi) \iff \forall x \in \mathbb{R}, xf(x) = 0 \Rightarrow \forall x \in \mathbb{R}^\star, f(x) = 0$.

f étant continue sur $\mathbb{R}$, on a, pour tout $x \in \mathbb{R}, f(x) = 0$. Donc $\mathrm{Ker}(\Phi) = \{0\}$ *i.e.* l'application linéaire Φ est injective.

$g \in \text{Im}(\Phi) \iff \exists f \in E, \forall x \in \mathbb{R}, xf(x) = g(x)$

Ceci implique $g(0) = 0$ et $\forall x \in \mathbb{R}^\star, f(x) = \dfrac{g(x)}{x}$.

Comme f doit être continue en 0, il existe $\lim\limits_{x \to 0} \dfrac{g(x)}{x} = f(0) \in \mathbb{R}$, donc g est dérivable en 0. Soit $F = \Big\{ g \in \mathcal{C}(\mathbb{R}, \mathbb{R}) \,\Big|\, g(0) = 0 \text{ et } g \text{ est dérivable en } 0 \Big\}$. On a $\text{Im}(\Phi) \subset F$.

Inversement, si $g \in F$, la fonction $f : \mathbb{R} \to \mathbb{R}, x \mapsto \begin{cases} \dfrac{g(x)}{x} & \text{si } x \neq 0 \\ g'(0) & \text{si } x = 0 \end{cases}$ est continue sur $\mathbb{R}$ et vérifie $\Phi(f) = g$. Donc $\text{Im}(\Phi) = F$.

---

20. a. Si $x \neq 0$, $\text{Vect}(x, f(x))$ est la droite $\text{Vect}(x)$. D'où l'existence et l'unicité de λ_x.

b. • Si (x, y) est libre, $z = x + y \neq 0$ et $f(z) = \lambda_z z = \lambda_z(x + y)$.
Comme f est linéaire, $f(z) = f(x) + f(y) = \lambda_x x + \lambda_y y$. Donc :
$(\lambda_z - \lambda_x)x + (\lambda_z - \lambda_y)y = 0$, ce qui implique $\lambda_z = \lambda_x = \lambda_y$ car (x, y) est libre.

• Si (x, y) est liée, $y = \alpha x$ où $\alpha \in \mathbb{K} \setminus \{0\}$.
On a $f(y) = \alpha f(x) = \alpha \lambda_x x = \lambda_x y = \lambda_y y$. D'où $\lambda_x = \lambda_y$ car $y \neq 0$.

Donc la fonction $x \mapsto \lambda_x$ est constante sur $E \setminus \{0\}$.

c. On conclut aisément que l'ensemble des applications $f \in \mathcal{L}(E)$ telles que, pour tout $x \in E, (x, f(x))$ est liée, est l'espace vectoriel $\mathbb{K}I_E$.

Remarque : cet exercice a reçu une autre solution dans le cas où E est de dimension finie dans l'exercice 9.

---

21. L'implication $p = q \Rightarrow (\text{Im}(p) = \text{Im}(q) \text{ et } p \circ q = q \circ p)$ est claire.

Réciproquement, supposons : $(\text{Im}(p) = \text{Im}(q) \text{ et } p \circ q = q \circ p)$.

On a $E = \text{Ker}(p) \oplus \text{Im}(p) = \text{Ker}(q) \oplus \text{Im}(p)$.

Si $x \in \text{Ker}(p)$, $p(x) = 0 \Rightarrow (q \circ p)(x) = 0 \Rightarrow (p \circ q)(x) = 0 \Rightarrow q(x) \in \text{Ker}(p)$.
Donc $q(x) \in \text{Ker}(p) \cap \text{Im}(q) = \text{Ker}(p) \cap \text{Im}(p) = \{0\}$. D'où $q(x) = 0$.

Il s'ensuit que $\text{Ker}(p) \subset \text{Ker}(q)$. L'échange de p et q donne $\text{Ker}(p) \subset \text{Ker}(q)$.

Donc $\text{Ker}(p) = \text{Ker}(q)$. Comme $\text{Im}(p) = \text{Im}(q)$ et comme p et q sont des projecteurs, on a $p = q$.

---

22. Notons que $(f - \alpha I_E) \circ (f - \beta I_E) = 0$.
Procédons comme à l'exercice 6.

Soit $x \in E$. S'il existe $(y, z) \in \text{Ker}(f - \alpha I_E) \times \text{Ker}(f - \beta I_E)$ tel que $x = y + z$ alors $f(x) = \alpha y + \beta z$. D'où $y = \dfrac{1}{\alpha - \beta}(f(x) - \beta x)$ et $z = \dfrac{1}{\beta - \alpha}(f(x) - \alpha x)$ et l'unicité du couple.

Montrons maintenant l'existence d'un couple solution.

Soit $(y, z) \in E^2$ défini par $y = \dfrac{1}{\alpha - \beta}(f(x) - \beta x)$ et $z = \dfrac{1}{\beta - \alpha}(f(x) - \alpha x)$.

On vérifie que $x = y + z$.

Comme $(f - \alpha I_E)(y) = \dfrac{1}{\alpha - \beta}(f - \alpha I_E) \circ (f - \beta I_E)(x) = 0$, on a $y \in \text{Ker}(f - \alpha I_E)$.

De même, on vérifie que $z \in \mathrm{Ker}(f - \beta I_E)$.

On peut conclure que : $\forall x \in E, \exists!(y,z) \in \mathrm{Ker}(f - \alpha I_E) \times \mathrm{Ker}(f - \beta I_E), x = y + z$ *i.e.* $E = \mathrm{Ker}(f - \alpha I_E) \oplus \mathrm{Ker}(f - \beta I_E)$.

---

23. a. Notons que d'après le cours, $\mathrm{Ker}(u) \subset \mathrm{Ker}(u^2)$ et $\mathrm{Im}(u^2) \subset \mathrm{Im}(u)$.

(1)$\Rightarrow$(2) : $\forall y \in \mathrm{Im}(u), \exists x \in E, y = u(x)$.
Donc il existe $(x_1, x_2 \in \mathrm{Ker}(u) \times \mathrm{Im}(u)$ tel que $x = x_1 + x_2$. L'application u étant linéaire, $y = u(x_1) + u(x_2) = u(x_2)$ car $x_1 \in \mathrm{Ker}(u)$. Comme $x_2 \in \mathrm{Im}(u)$, il existe $z \in E$ tel que $y = u(x_2) = u^2(z)$, donc $y \in \mathrm{Im}(u^2)$. D'où $\mathrm{Im}(u) \subset \mathrm{Im}(u^2)$.

(2)$\Rightarrow$(1) : soit $x \in E$, alors $u(x) \in \mathrm{Im}(u^2)$, soit $u(x) = u^2(z)$ où $z \in E$, alors, par linéarité, $v = x - u(z) \in \mathrm{Ker}(u)$ et $x = v + u(z) \in \mathrm{Ker}(u) + \mathrm{Im}(u)$ *i.e.* (1).

(3)$\Rightarrow$(4) Pour tout $x \in \mathrm{Ker}(u) \cap \mathrm{Im}(u)$, il existe $y \in E$ tel que $x = u(y)$ et $u(x) = 0$. Donc $u^2(y) = u(x) = 0$, donc $y \in \mathrm{Ker}(u^2) = \mathrm{Ker}(u)$; d'où $u(y) = 0 = x$ et (4).

(4)$\Rightarrow$(3) Si $x \in \mathrm{Ker}(u^2$, $u\big(u(x)\big) = 0$. Donc $u(x) \in \mathrm{Im}(u) \cap \mathrm{Ker}(u) = \{0\}$· Il s'ensuit que $u(x) = 0$ et donc $x \in \mathrm{Ker}(u)$. D'où (3).

b. • Les équivalences entre (i) (ii) et (iii) découlent du théorème du rang : $\dim(E) = \mathrm{rg}(u) + \dim\big[\mathrm{Ker}(u)\big]$.

• On a toujours $\mathrm{Ker}(u) \subset \mathrm{Ker}(u^2)$; supposons (i) et prenons x dans $\mathrm{Ker}(u^2)$, alors $u(x) \in \mathrm{Im}(u) \cap \mathrm{Ker}(u) = \{0_E\}$ d'où $x \in \mathrm{Ker}(u)$ et donc (iv) est prouvée.
• Supposons (iv), on a toujours $\mathrm{Im}(u^2) \subset \mathrm{Im}(u)$ et comme, par le théorème, $\dim(E) = \mathrm{rg}(u) + \dim\big[\mathrm{Ker}(u)\big] = \mathrm{rg}(u^2) + \dim\big[\mathrm{Ker}(u^2)\big]$, ces deux sous-espaces vectoriels sont de même dimension donc égaux, d'où (v).
• Supposons enfin (v). du (2)$\Rightarrow$(1) vu au a), on déduit (ii) et donc (i).

---

24. a. Si $f \in E$, la fonction g, sa primitive qui s'annule en 0 est élément de E et $g' = f$. Par linéarité de l'intégration, P est linéaire. Donc $P \in \mathcal{L}(E)$.

$D \in \mathcal{L}(E)$ d'après le cours. $D \circ P = I_E$ et $(P \circ D)(f) = f - f(0)$.

b. $f \in \mathrm{Ker}(I_E - P) \iff \forall x \in \in \mathbb{R}, f(x) = \displaystyle\int_0^x f \iff \begin{cases} f(0) = 0 \\ \forall x \in \mathbb{R}, f'(x) = f(x) \end{cases}$ (1)

$$(1) \iff \begin{cases} \exists \lambda \in \mathbb{R}, \forall x \in \mathbb{R}, f(x) = \lambda e^x \\ f(0) = 0 \end{cases} \iff f = 0.$$ Donc $(I_E - P)$ est injective.

$f \in \mathrm{Ker}(I_E - D) \iff \forall x \in \in \mathbb{R}, f'(x) = f(x) \iff \exists \lambda \in \mathbb{R}, \forall x \in \mathbb{R}, f(x) = \lambda e^x$.
Donc $\mathrm{Ker}(I_E - D)$ est la droite vectorielle engendrée par la fonction exp.

c. $f = (I_E - D)^{-1}(g) \iff (I_E - D)(f) = g \iff \forall x \in \mathbb{R}, f'(x) - f(x) = -g(x)$ ce qui est équivalent à $\forall x \in \mathbb{R}, \dfrac{d}{dx}(e^{-x} f(x)) = -e^{-x} g(x)$ (1).

$$(1) \iff \exists \lambda \in \mathbb{R}, \forall x \in \mathbb{R}, f(x) = e^x\Big(\lambda - \int_0^x g(t)dt\Big).$$

---

25. Le sens direct découle du cours.
Si $\mathrm{rg}(f) + \mathrm{rg}(f - I_E) = \dim(E) = n$ alors $\dim\big[\mathrm{Ker}(f)\big] + \dim\big[\mathrm{Ker}(f - I_E)\big]$ est aussi $\big[n - \mathrm{rg}(f)\big] + \big[n - \mathrm{rg}(f - I_E)\big]$ soit n.

Solutions

De plus, si $x \in \operatorname{Ker}(f) \cap \operatorname{Ker}(f - I_E)$ alors $f(x) = 0 = x$, $\operatorname{Ker}(f) \cap \operatorname{Ker}(f - I_E) = \{0\}$ et donc $E = \operatorname{Ker}(f) \oplus \operatorname{Ker}(f - I_E)$ ce qui prouve que f est un projecteur.

---

26. Si $f \in \operatorname{Ker}(\Delta)$ alors f est affine et 1-périodique, $f - f(0)$ est polynomiale nulle sur $\mathbb{Z}$ de cardinal infini, donc f est constante. La réciproque est immédiate, $\operatorname{Ker}(\Delta)$ est constitué des fonctions constantes.

Si $g \in \operatorname{Im}(\Delta)$, $g = f''$ où $f \in E$, alors f' est 1-périodique d'où $\displaystyle\int_0^1 g = 0$.

Si $g \in E$ et $\displaystyle\int_0^1 g = 0$, le cours d'analyse montre que toute primitive de g est 1-périodique, si φ est une primitive alors $\psi = \varphi - \displaystyle\int_0^1 \varphi$ aussi et $\displaystyle\int_0^1 \psi = 0$, donc toute primitive f de ψ est 1-périodique, élément de E et $\Delta(f) = g$ donc $g \in \operatorname{Im}(\Delta)$.

On a prouvé que g est élément de $\operatorname{Im}(\Delta)$ si, et seulement si, $g \in E$ et $\displaystyle\int_0^1 g = 0$.

Soit alors $f \in E$, supposons que $f = \lambda + g$ où $\lambda \in \mathbb{R}$ et $g \in \operatorname{Im}(\Delta)$. On a $\displaystyle\int_0^1 f = \lambda$ et $g = f - \displaystyle\int_0^1 f$, ce qui prouve l'unicité de (λ, g).

D'autre part, pour tout f dans E, en posant $\lambda = \displaystyle\int_0^1 f$ et $g = f - \displaystyle\int_0^1 f$ on a $f = \lambda + g$, $\lambda \in \mathbb{R}$ et $g \in \operatorname{Im}(\Delta)$, tout élément de E admet donc une décomposition unique dans $\operatorname{Ker}(\Delta) + \operatorname{Im}(\Delta)$ *i.e.* $E = \operatorname{Ker}(\Delta) \oplus \operatorname{Im}(\Delta)$.

---

27. Si $(u, v) \in A$ alors $\operatorname{Im}(v) \subset \operatorname{Ker}(u)$ d'où $\operatorname{rg}(v) \leqslant n - \operatorname{rg}(u)$ *i.e.* $\operatorname{rg}(u) + \operatorname{rg}(v) \leqslant n$.
Si $(u, v) = (I_E, 0)$ alors $(u, v) \in A$ et $\operatorname{rg}(u) + \operatorname{rg}(v) = n$.

Donc $\displaystyle\sup_{(u,v)\in A} \big[\operatorname{rg}(u) + \operatorname{rg}(v)\big] = \max_{(u,v)\in A} \big[\operatorname{rg}(u) + \operatorname{rg}(v)\big] = n$.

---

28. a. Avec $\widetilde{\psi} = \psi\big|_V$ on a $\dim(V) = \operatorname{rg}(\widetilde{\psi}) + \dim\big[\operatorname{Ker}(\widetilde{\psi})\big]$ et, comme

$\operatorname{Ker}(\widetilde{\psi}) = \operatorname{Ker}(\psi) \cap V$, il vient $\dim\big[\psi(V)\big] = \dim(V) - \dim\big[\operatorname{Ker}(\psi) \cap V\big]$.

b. Appliquons a) avec $V = \operatorname{Im}(\varphi)$ en remarquant que $\operatorname{Ker}(\psi) \cap \operatorname{Im}(\varphi) \subset \operatorname{Ker}(\psi)$:
(1) $\dim\big[(\psi \circ \varphi)(E)\big] = \dim\big[\varphi(E)\big] - \dim\big[\ker(\psi) \cap \operatorname{Im}(\varphi)\big] \geqslant \operatorname{rg}(\varphi) - \dim\big[\operatorname{Ker}(\psi)\big]$
soit encore $\operatorname{rg}(\psi \circ \varphi) \geqslant \operatorname{rg}(\varphi) + \operatorname{rg}(\psi) - \dim(F)$.
(1) montre également que $\operatorname{rg}(\psi \circ \varphi) \leqslant \operatorname{rg}(\varphi)$ et, comme $\operatorname{Im}(\psi \circ \varphi)$ est un sous-espace vectoriel de $\operatorname{Im}(\psi)$, on a $\operatorname{rg}(\psi \circ \varphi) \leqslant \operatorname{rg}(\psi)$, d'où l'encadrement de $\operatorname{rg}(\psi \circ \varphi)$.

---

29. On a toujours $\operatorname{Im}(f + g) \subset \operatorname{Im}(f) + \operatorname{Im}(g)$ et donc, par la formule de Grassmann, $\operatorname{rg}(f + g) \leqslant \operatorname{rg}(f) + \operatorname{rg}(g) - \dim\big[\operatorname{Im}(f) \cap \operatorname{Im}(g)\big] \leqslant \operatorname{rg}(f) + \operatorname{rg}(g)$.
Par suite $\operatorname{rg}(f + g) = \operatorname{rg}(f) + \operatorname{rg}(g)$ équivaut à $\big(\operatorname{Im}(f) + \operatorname{Im}(g)$ est directe et $\operatorname{Im}(f) \oplus \operatorname{Im}(g) \subset \operatorname{Im}(f + g)\big)$.
• Si $\operatorname{rg}(f + g) = \operatorname{rg}(f) + \operatorname{rg}(g)$ on a déjà $\operatorname{Im}(f) \cap \operatorname{Im}(g) = \{0\}$.
Si $x \in E$, $f(x) \in \operatorname{Im}(f) \subset \operatorname{Im}(f) \oplus \operatorname{Im}(g) \subset \operatorname{Im}(f + g)$, donc $f(x) = (f + g)(z)$ où $z \in E$, d'où $f(x - z) = g(z) \in \operatorname{Im}(f) \cap \operatorname{Im}(g) = \{0\}$ *i.e.* $(x - z, z) \in \operatorname{Ker}(f) \times \operatorname{Ker}(g)$.
Enfin $x = (x - z) + z \in \operatorname{Ker}(f) + \operatorname{Ker}(g)$ d'où $E = \operatorname{Ker}(f) + \operatorname{Ker}(g)$.

• Si $\mathrm{Im}(f) \cap \mathrm{Im}(g) = \{0\}$ et $E = \mathrm{Ker}(f) + \mathrm{Ker}(g)$, $\mathrm{Im}(f) + \mathrm{Im}(g)$ est directe et, si $y \in \mathrm{Im}(f)$, $y = f(x)$ où $x \in E$, on écrit $x = z + t$ avec $(z,t) \in \mathrm{Ker}(f) \times \mathrm{Ker}(g)$, alors $f(x) = f(z+t) = f(t) = (f+g)(t) \in \mathrm{Im}(f+g)$ d'où $\mathrm{Im}(f) \subset \mathrm{Im}(f+g)$. De même $\mathrm{Im}(g) \subset \mathrm{Im}(f+g)$ et donc $\mathrm{Im}(f) \oplus \mathrm{Im}(g) \subset \mathrm{Im}(f+g)$.

---

30. a. On a $(f \circ g)^2 = (f \circ g \circ f) \circ g = f \circ g$ et $(g \circ f)^2 = g \circ (f \circ g \circ f) = g \circ f$, $f \circ g$ et $g \circ f$ sont des projecteurs.
$\mathrm{Ker}(f) \subset \mathrm{Ker}(g \circ f)$ est toujours vrai et, de même, $\mathrm{Ker}(g \circ f) \subset \mathrm{Ker}(f \circ g \circ f)$ d'où $\mathrm{Ker}(f) = \mathrm{Ker}(f \circ g \circ f)$.
De même $\mathrm{Im}(f \circ g) \subset \mathrm{Im}(f) = \mathrm{Im}(f \circ g \circ f) \subset \mathrm{Im}(f \circ g)$ d'où $\mathrm{Im}(f) = \mathrm{Im}(f \circ g)$.

b. Si (i) et (ii) alors en utilisant a) on a en particulier $\mathrm{Im}(f) = \mathrm{Im}(f \circ g)$ et $\mathrm{Ker}(g) = \mathrm{Ker}(f \circ g)$ d'où $\mathrm{rg}(f) = \mathrm{rg}(f \circ g) = \dim(E) - \dim\left[\mathrm{Ker}(f \circ g)\right]$ d'où $\mathrm{rg}(f) = \dim(E) - \dim\left[\mathrm{Ker}(g)\right] = \mathrm{rg}(g)$ et (iii).

Si (i) et (iii) on a, d'après a), $E = \mathrm{Ker}(f \circ g) \oplus \mathrm{Im}(f \circ g)$ et tout élément de $\mathrm{Im}(f \circ g)$ est point fixe de $f \circ g$ d'où $g_{|\mathrm{Im}(f \circ g)} = (g \circ f \circ g)_{|\mathrm{Im}(f \circ g)}$.

De plus $\mathrm{Ker}(g) \subset \mathrm{Ker}(f \circ g)$ et comme $\mathrm{rg}(g) = \mathrm{rg}(f) = \mathrm{rg}(f \circ g)$, par égalité des dimensions on a $\mathrm{Ker}(g) = \mathrm{Ker}(f \circ g)$ d'où $g_{|\mathrm{Ker}(f \circ g)} = (g \circ f \circ g)_{|\mathrm{Ker}(f \circ g)}$ ce qui finit de prouver (ii).

De même, si (ii) et (iii) on a (i).

---

31. a. Si $y \in \mathrm{Ker}(\theta)$ alors $\psi \circ g(y) = g' \circ \theta(y) = 0$ d'où, comme ψ est injective, $y \in \mathrm{Ker}(g) = \mathrm{Im}(f)$.
Soit $x \in E$ tel que $y = f(x)$, alors $f' \circ \varphi(x) = \theta \circ f(x) = \theta(y) = 0$ et, comme $f' \circ \varphi$ est injective par composition, $x = 0$ puis $y = 0$.

b. On applique le théorème de rang à g : $\dim(F) = \mathrm{rg}(f) + \dim(G)$ or, en appliquant le même théorème à f on a $\mathrm{rg}(f) = \dim(E)$ d'où $\dim(F) = \dim(E) + \dim(G)$.
De même $\dim(F') = \dim(E') + \dim(G')$ or d'une part E et E'ont même dimension et, d'autre part, G et G' ont même dimension, donc F et F' ont même dimension.

c. θ est une application linéaire injective entre deux espaces vectoriels de même dimension finie donc un isomorphisme.

d. Si $y' \in F'$ alors $\psi^{-1} \circ g'(y') \in G = \mathrm{Im}(g)$ donc on peut choisir $y \in F$ tel que $\psi \circ g(y) = g'(y')$. C'est aussi $g' \circ \theta(y)$ donc $y' - \theta(y) \in \mathrm{Ker}(g') = \mathrm{Im}(f')$; notons $y' - \theta(y) = f'(x')$ où $x' \in E'$ et posons $x = \varphi^{-1}(x')$.
Alors $\theta \circ f(x) = f' \circ \varphi(x) = f'(x') = y' - \theta(y)$ puis $y' = \theta\big(y + f(x)\big) \in \mathrm{Im}(\theta)$.
Par suite θ est surjective.

---

32. $u \circ v = 0 \Rightarrow \mathrm{Im}(v) \subset \mathrm{Ker}(u) \Rightarrow \mathrm{rg}(v) \leqslant n - \mathrm{rg}(u)$ d'où $\mathrm{rg}(u) + \mathrm{rg}(v) \leqslant n$ (1)
D'autre part $E = \mathrm{Im}(u+v) \subset \mathrm{Im}(u) + \mathrm{Im}(v) \subset E$ donc $E = \mathrm{Im}(u) + \mathrm{Im}(v)$ puis $\mathrm{rg}(u) + \mathrm{rg}(v) = n + \dim\left[\mathrm{Im}(u) \cap \mathrm{Im}(v)\right] \geqslant n$ (2) *cf.* Grassmann
(1) et (2) donnent $\mathrm{rg}(u) + \mathrm{rg}(v) = n$ et $\mathrm{Im}(u) \cap \mathrm{Im}(v) = \{0\}$ d'où $E = \mathrm{Im}(u) \oplus \mathrm{Im}(v)$.
$\mathrm{Im}(v)$ est un sous-espace vectoriel de $\mathrm{Ker}(u)$ et $\dim\left[\mathrm{Im}(v)\right] = \dim\left[\mathrm{Ker}(u)\right]$ d'où $\mathrm{Im}(v) = \mathrm{Ker}(u)$ et enfin $E = \mathrm{Ker}(u) \oplus \mathrm{Im}(u)$.

Travaux dirigés

Application Δ

On définit $\Delta : \mathbb{K}[X] \to \mathbb{K}[X], P \mapsto P(X+1) - P(X)$.

1. Montrer que Δ est un endomorphisme de $\mathbb{K}[X]$ et déterminer son noyau.

2. Montrer que Δ laisse stable $\mathbb{K}_n[X]$ quel que soit $n \in \mathbb{N}$. Soit Δ_n l'endomorphisme induit par Δ sur $\mathbb{K}_{n+1}[X]$.

a. Préciser son noyau, son image. En déduire $\mathrm{Im}(\Delta)$.

b. Montrer que Δ_n est nilpotente. En déduire que $\left(I_{\mathbb{K}_{n+1}[X]} - \Delta_n\right)$ est inversible.

c. Montrer que : $\exists (a_k) \in \mathbb{Z}^{(\mathbb{N})}, \forall P \in \mathbb{K}_{n+1}[X], \displaystyle\sum_{k=0}^{\infty} a_k P(X+k) = 0$.

3. Montrer que, pour tout $Q \in \mathbb{K}[X]$, il existe un unique $P \in \mathbb{K}[X]$ tel que

$$P(X+1) - P(X) = Q(X) \text{ et } \int_0^1 P(t)dt = 0.$$

4. On définit $N_0 = 1$ et pour tout $n \geqslant 1, N_n = \dfrac{X(X-1)\cdots(X-n+1)}{n!}$.

a. Montrer que la suite $(N_n)_{n\geqslant 0}$ est une base de $\mathbb{K}[X]$.

b. Examiner $\Delta(N_n)$. Montrer que, pour tout $P \in \mathbb{K}[X], P = \displaystyle\sum_{n=0}^{\infty} \Delta^n P(0) N_n$.

c. Soit $P \in \mathbb{R}[X]$. Montrer que $P(\mathbb{Z}) \subset \mathbb{Z}$ si, et seulement si, $P = \displaystyle\sum_{i=0}^{\infty} \lambda_i N_i$ où les λ_i sont des entiers relatifs.

Solution

1. Soit $T : \mathbb{K}[X] \to \mathbb{K}[X], P \mapsto P(X+1)$. Comme $T \in \mathcal{L}(\mathbb{K}[X])$ et comme $\Delta = T - I$ où I est l'application identité dans $\mathbb{K}[X]$ on a $\Delta \in \mathcal{L}(\mathbb{K}[X])$ car $\mathcal{L}(\mathbb{K}[X])$ est un $\mathbb{K}$-espace vectoriel. On a $\mathbb{K}_0[X] \subset \mathrm{Ker}(\Delta)$. Proposons trois réciproques :

• $P \in \mathrm{Ker}(\Delta) \iff P(X+1) = P(X)$. Donc : $\forall n \in \mathbb{N}, P(n+1) = P(n)$.
D'où $P(n) = P(0)$ pour tout $n \in \mathbb{N}$. Le polynôme $Q = P - P(0)$ ayant une infinité de racines est le polynôme nul. Donc $P = P(0)$.

• Soit $P(X) = \displaystyle\sum_{i=0}^{n} a_i X^i$. On a $P \in \mathrm{Ker}(\Delta) \iff \displaystyle\sum_{i=1}^{n} a_i\left[(X+1)^i - X^i\right] = 0$. La famille $\left[(X+1)^i - X^i\right]_{i\in[\![1,n]\!]}$ échelonnées en degrés, est libre. D'où $P = a_0$.

• Si $P \in \mathrm{Ker}(\Delta)$, la fonction $\mathbb{R} \to \mathbb{C}, x \mapsto P(x)$ est 1-périodique et continue, donc bornée, ce qui n'est pas le cas si $\deg(P) \geqslant 1$. Donc $P = P(0)$.

2. $\Delta(X^0) = 0$ et pour tout $k \in \mathbb{N}^\star, \Delta(X^k) = (X+1)^k - X^k \in \mathbb{K}_{k-1}[X]$.

Donc $\Delta(\mathbb{K}_n[X]) \subset \mathbb{K}_{n-1}[X] \subset \mathbb{K}_n[X]$.

Donc $\Delta_n : \mathbb{K}_{n+1}[X] \to \mathbb{K}_{n+1}[X], P \mapsto \Delta(P)$.

a. On a immédiatement $\mathrm{Ker}(\Delta_n) = \mathrm{Ker}(\Delta) \cap \mathbb{K}_{n+1}[X] = \mathbb{K}_0[X]$.

On déduit du théorème du rang :

$\dim\big(\mathrm{Im}(\Delta_n)\big) = \dim(\mathbb{K}_{n+1}[X]) - \dim(\mathrm{Ker}(\Delta_n)) = (n+2) - 1 = n+1$.

Or $\Delta(\mathbb{K}_{n+1}[X]) \subset \mathbb{K}_n[X]$ et $\dim(\mathbb{K}_n[X]) = n+1$. Donc $\mathrm{Im}(\Delta_n) = \mathbb{K}_n[X]$.

Soit $Q \in \mathbb{K}[X]$. Il existe $n \in \mathbb{N}$ tel que $Q \in \mathbb{K}_n[X] = \mathrm{Im}(\Delta_n)$. Il existe donc $P \in \mathbb{K}[X]$ tel que $Q = \Delta(P)$. On a ainsi prouvé que $\mathrm{Im}(\Delta) = \mathbb{K}[X]$ *i.e.* Δ est surjective.

b. On a vu que $\Delta(\mathbb{K}_{n+1}[X]) \subset \mathbb{K}_n[X]$. Par une récurrence immédiate, pour tout $k \in \mathbb{N}, \deg(\Delta^k(P)) \leqslant \deg(P) - k$. Donc $\Delta_n^{n+2} = 0$. D'où Δ_n est nilpotente.

Comme dans un anneau $\mathcal{A}$, pour tout entier $p \geqslant 1$,
$1_{\mathcal{A}} - a^p = (1_{\mathcal{A}} - a)(1_{\mathcal{A}} + a + a^2 + \cdots + a^{p-1}) = (1_{\mathcal{A}} + a + a^2 + \cdots + a^{p-1})(1_{\mathcal{A}} - a)$, dans l'anneau $\mathcal{L}(\mathbb{K}_{n+1}[X])$ avec $1_{\mathcal{A}} = I_{\mathbb{K}_{n+1}[X]}$ et $a = \Delta_n$ et $p = n+2$, par exemple,
$I_{\mathbb{K}_{n+1}[X]} = (I_{\mathbb{K}_{n+1}[X]} - \Delta_n)(I_{\mathbb{K}_{n+1}[X]} + \Delta_n + \cdots + \Delta_n^{n+1})$ et
$I_{\mathbb{K}_{n+1}[X]} = (I_{\mathbb{K}_{n+1}[X]} + \Delta_n + \cdots + \Delta_n^{n+1})(I_{\mathbb{K}_{n+1}[X]} - \Delta_n)$, ce qui implique que $(I_{\mathbb{K}_{n+1}[X]} - \Delta_n)$ est inversible et $(I_{\mathbb{K}_{n+1}[X]} - \Delta_n)^{-1} = I_{\mathbb{K}_{n+1}[X]} + \Delta_n + \cdots + \Delta_n^{n+1}$.

c. On a $\Delta = T - I$, avec $T \circ I = I \circ T = T$ dans l'anneau $\mathcal{L}(\mathbb{K}[X])$. D'après le binôme de Newton, pour tout $p \in \mathbb{N}, \Delta^p = \displaystyle\sum_{j=0}^{p} \binom{p}{j} T^j(-I)^{p-j}$. Donc, pour tout $Q \in \mathbb{K}[X]$, comme $T^j(Q) = Q(X+j)$, on a $\Delta^p(Q) = \displaystyle\sum_{j=0}^{p} \binom{p}{j} (-1)^{p-j} Q(X+j)$.

$$\Delta_n^{n+2} = 0 \Rightarrow \forall Q \in \mathbb{K}_{n+1}[X], \sum_{j=0}^{n+2} \binom{n+2}{j} (-1)^{n-j} Q(X+j) = 0.$$

D'où le résultat.

3. Si $E = \mathbb{K}[X]$ et $\Phi : P \mapsto \displaystyle\int_0^1 P$ alors Φ est une forme linéaire non nulle sur E car $\Phi(X^0) = 1$, donc $H = \mathrm{Ker}(\Phi)$ est un hyperplan de $\mathbb{K}[X]$ dont $\mathbb{K}_0[X]$ est supplémentaire. Donc $E = \mathbb{K}_0[X] \oplus \mathrm{Ker}(\Phi) = \mathrm{Ker}(\Delta) \oplus \mathrm{Ker}(\Phi)$.
$\mathrm{Ker}(\Phi)$ est un sous-espace vectoriel supplémentaire de $\mathrm{Ker}(\Delta)$ dans E. On déduit du théorème fondamental que $\widetilde{\Delta} : \mathrm{Ker}(\Phi) \to \mathrm{Im}(\Delta) = \mathbb{K}[X], P \mapsto \Delta(P)$ est un isomorphisme d'espaces vectoriels *i.e.* pour tout $Q \in \mathbb{K}[X]$ il existe un unique $P \in \mathbb{K}[X]$ tel que $\Phi(P) = 0$ et $\Delta(P) = Q$, ce qui est exactement la réponse à la question posée.

4. a. La famille $\mathcal{B} = (N_n)_{n \geqslant 0}$ étant échelonnée en degrés, est libre. La famille $\mathcal{B}_n = (N_k)_{0 \leqslant k \leqslant n}$ est libre de cardinal $n+1 = \dim(\mathbb{K}_n[X])$. Elle constitue une base de $\mathbb{K}_n[X]$. Soit $Q \in \mathbb{K}[X]$. Il existe $n \in \mathbb{N}$ tel que $Q \in \mathbb{K}_n[X]$. Donc $Q \in \mathrm{Vect}(\mathcal{B}_k) \subset \mathrm{Vect}(\mathcal{B})$. Donc $\mathcal{B}$ est une famille génératrice de $\mathbb{K}[X]$. La famille $\mathcal{B}$ étant libre et génératrice de $\mathbb{K}[X]$, elle constitue une base de $\mathbb{K}[X]$.

b. On montre aisément que $\Delta(N_k) = N_{k-1}$ si $k \geqslant 1$; $\Delta(N_0) = 0$.

Par une récurrence facile, il vient $\Delta^j(N_k) = \begin{cases} N_{k-j} & \text{si } k \geqslant j \\ 0 & \text{si } k < j \end{cases}$

Solutions

On déduit de 4.a) que : $\forall P \in \mathbb{K}[X], \exists!(\lambda_0, \ldots, \lambda_n) \in \mathbb{K}^{n+1}, P = \sum_{k=0}^{n} \lambda_k N_k$.

Δ étant linéaire, pour tout $j \in [\![0, n]\!], \Delta^j P = \sum_{k=j}^{n} \lambda_k N_{k-j}$.

Comme $N_k(0) = 0$ si $k \geqslant 1$ et 1 si $k = 0$, il s'ensuit que $\Delta^j P(0) = \lambda_j$ si $j \in [\![0, n]\!]$.

c. On déduit de b) que si $P \in \mathbb{R}[X]$, il suffit de montrer que :

$$(P(\mathbb{Z}) \subset \mathbb{Z}) \iff \forall n \in \mathbb{N}, \Delta^n(P)(0) \in \mathbb{Z}.$$

• Si $P(\mathbb{Z}) \subset \mathbb{Z}$, alors $\Delta P(\mathbb{Z}) \subset \mathbb{Z}$ et par suite, pour tout $n \in \mathbb{N}, \Delta^n(P)(\mathbb{Z}) \subset \mathbb{Z}$ et donc $\forall n \in \mathbb{N}, \Delta^n(P)(0) \in \mathbb{Z}$.

• Si $\forall n \in \mathbb{N}, \Delta^n(P)(0) \in \mathbb{Z}$, il suffit de prouver que : $\forall n \in \mathbb{N}, N_n(\mathbb{Z}) \subset \mathbb{Z}$.

Examinons uniquement les cas où $n \geqslant 1$. On a, pour tout $k \in [\![0, n-1]\!], N_n(k) = 0$.

Si $k \geqslant n, N_n(k) = \dfrac{k(k-1)\cdots(k-n+1)}{n!} = \dbinom{n}{k}$.

Si $k \in \mathbb{Z}_-^\star$, alors $k = -p$ avec $p \in \mathbb{N}^\star$.

Donc $N_n(k) = \dfrac{-p(-p-1)\cdots(-p-n+1)}{n!} = (-1)^n \dbinom{n-k-1}{n}$.

Donc : $\forall k \in \mathbb{Z}, \forall n \in \mathbb{N}, N_n(k) \in \mathbb{Z}$.

L'équivalence est ainsi prouvée.

Noyaux itérés

E désigne un $\mathbb{K}$-espace vectoriel de dimension finie $n \geqslant 1$ et f est un endomorphisme fixé de E. Pour tout $k \in \mathbb{N}$, $N_k = \mathrm{Ker}(f^k), n_k = \dim(N_k)$ et $I_k = \mathrm{Im}(f^k)$.

1. Montrer que, pour l'inclusion, $(N_k)_k$ et $(I_k)_k$ sont respectivement croissante et décroissante.

2. a. Montrer $\{k \in [\![0, n]\!] \mid N_k = N_{k+1}\} \neq \emptyset$. On note désormais p le minimum de cet ensemble.

b. Montrer : $\forall k \in \mathbb{N},\ k \geqslant p \Rightarrow N_k = N_p$.
En déduire : $\forall k \in \mathbb{N},\ k < p \Rightarrow I_k \neq I_{k+1}$ et $k \geqslant p \Rightarrow I_k = I_p$.

c. Comparer les rangs de f^n et f^{n+1}.

3. a. Montrer $E = N_p \oplus I_p$.

b. En déduire que f induit un automorphisme de I_p.

c. Montrer également que f induit un endomorphisme nilpotent de N_p d'indice p, *i.e.* $p = \min\{k \in \mathbb{N} \mid \forall x \in N_p, f^k(x) = 0\}$.

d. Si f est nilpotent d'indice p_0 montrer $p_0 \leqslant n$.

4. On se propose de montrer : $n_1 - n_0 \geqslant n_2 - n_1 \geqslant \cdots \geqslant n_p - n_{p-1} \geqslant 1$.

a. Pour tout $k \in \mathbb{N}$ montrer que $f(N_{k+1})$ est un sous-espace de N_k.

b. En considérant $g_0 : N_2 \to N_1$ définie par $g_0(x) = f(x)$ montrer $2n_1 \geqslant n_2$.

c. Montrer $n_1 - n_0 \geqslant n_2 - n_1 \geqslant \cdots \geqslant n_p - n_{p-1} \geqslant 1$.

5. On suppose ici f nilpotent.

a. Montrer $\forall k \in [\![1,p]\!],\ n_1 + k - 1 \leqslant n_k \leqslant kn_1$.

b. En déduire :

$$n_1 = 1 \iff p = n \iff f^{n-1} \neq 0 = f^n \iff \big(\forall k \in [\![1,p]\!],\ n_k = k\big)$$

Solution

1. Si $k \in \mathbb{N}$ et $x \in N_k$ alors $f^{k+1}(x) = f\big(f^k(x)\big) = f(0) = 0$ d'où $x \in N_{k+1}$ et $N_k \subset N_{k+1}$. On a aussi $I_{k+1} = f^{k+1}(E) = f^k\big(f(E)\big) \subset f^k(E) = I_k$.

2. a. Si cet ensemble est vide alors $(n_k)_{0 \leqslant k \leqslant n}$ est une suite strictement croissante à valeurs dans $\mathbb{N}$ donc $n_n > n$: absurde.

b. Si $k \geqslant p$ on a toujours $N_k \subset N_{k+1}$.
Si $x \in N_{k+1}$ alors $f^{k+1}(x) = 0$ *i.e.* $f^{p+1}\big(f^{k-p}(x)\big) = 0$ d'où $f^{k-p}(x) \in N_{p+1} = N_p$ et donc $f^k(x) = f^p\big(f^{k-p}(x)\big) = 0$ *i.e.* $x \in N_k$. On vient de montrer que $(N_k)_{k \geqslant p}$ est constante.

Si $k < p$ on a $\dim(I_k) = n - n_k > n - n_{k+1} = \dim(I_{k+1})$ donc $I_k \neq I_{k+1}$.
Si $k \geqslant p$ on a $I_k \subset I_p$ et $\dim(I_k) = n - n_k = n - n_p = \dim(I_p)$ d'où $I_k = I_p$.

c. $p \geqslant n$ donc $I_n = I_{n+1} = I_p$ et $\mathrm{rg}(f^n) = \mathrm{rg}(f^{n+1})$.

3. a. Si $x \in N_p \cap I_p$ alors $x = f^p(z)$ où $z \in E$ et $f^p(x) = 0 = f^{2p}(z)$, par suite $z \in N_{2p} = N_p$ et $x = 0$. Donc $N_p \cap I_p = \{0\}$ et le cours assure alors que $E = N_p \oplus I_p$.

b. $f(I_p) = I_{p+1} = I_p$ et $f_p : I_p \to I_p,\ x \mapsto f(x)$ est un endomorphisme surjectif de I_p espace vectoriel de dimension finie donc $f_p \in \mathrm{GL}(I_p)$.

c. Si $x \in N_p$ alors $f^p\big(f(x)\big) = f\big(f^p(x)\big) = f(0) = 0$ donc N_p est stable par f et f induit un endomorphisme φ de N_p.
$\forall x \in N_p$ on a $\varphi^p(x) = f^p(x) = 0$ par définition de N_p.
Si $x \in N_p \setminus N_{p-1}$ (un tel x existe car $N_{p-1} \subsetneq N_p$), on a $\varphi^{p-1}(x) = f^{p-1}(x) \neq 0$.
On a donc $\varphi^{p-1} \neq 0$, et φ est nilpotent d'indice p.

d. Si $f^{p_0-1} \neq 0 = f^{p_0}$ alors $I_{p_0-1} \neq I_{p_0} = \{0\} = I_k$ pour tout $k \geqslant p_0$, donc $p = p_0 \leqslant n$.

4. a. Si $y \in f(N_{k+1})$ alors $y = f(x)$ où $x \in N_{k+1}$ et donc $f^k(y) = f^{k+1}(x) = 0$ *i.e.* $y \in N_k$, $f(N_{k+1})$ est un sous-espace vectoriel de N_k.

b. On a $n_2 = \mathrm{rg}(g_0) + \dim\big[\mathrm{Ker}(g_0)\big] \leqslant n_1 + \dim\big[N_1 \cap N_2\big] = 2n_1$ car $N_1 \subset N_2$.

c. $\widetilde{g_k} : V_{k+1} \to W_k,\ x \mapsto g_k(x)$ est clairement linéaire surjective et, si $x \in \mathrm{Ker}(\widetilde{g_k})$ alors $x \in N_1 \cap V_{k+1} \subset N_{k+1} \cap V_{k+1} = \{0\}$, $\widetilde{g_k}$ est donc un isomorphisme.

Si $x \in N_k \cap W_k$ alors $x = f(z)$ où $z \in V_{k+1}$, $z \in N_{k+1} \cap V_{k+1} = \{0\}$ d'où $x = 0$ et $N_k \cap W_k = \{0\}$.

On a $n_{k+2} = \dim(V_{k+1}) + n_{k+1} = \dim(W_k) + n_{k+1}$ or $N_k \oplus W_k$ est un sous-espace vectoriel de N_{k+1} d'où $n_k + \dim(W_k) \leqslant n_{k+1}$.
Par suite $n_{k+2} \leqslant 2n_{k+1} - n_k$ *i.e.* $n_{k+2} - n_{k+1} \leqslant n_{k+1} - n_k$.
Comme $n_0 = \dim\big[\mathrm{Ker}(I_E)\big] = 0$ et $N_{p-1} \subsetneq N_p$ on a :

$$n_1 = n_1 - n_0 \geqslant n_2 - n_1 \geqslant \cdots \geqslant n_p - n_{p-1} \geqslant 1$$

Solutions

5. a. f nilpotent $\Rightarrow f^p = 0 \Rightarrow n_p = n$.

$n_k = n_1 + \sum_{i=1}^{k-1}(n_{i+1} - n_i)$ or, si $1 \leqslant i \leqslant k-1$, $1 \leqslant n_{i+1} - n_i \leqslant n_1$ d'après 4.

Donc $n_1 + k - 1 \leqslant n_k \leqslant kn_1$.

b.

• Si $n_1 = 1$ a) donne $\forall k \in [\![1, p]\!]$, $k \leqslant n_k \leqslant k$ et donc $p = n$.

• Si $p = n$, la définition de p montre que $f^{n-1} \neq 0 = f^n$.

• Si $f^{n-1} \neq 0 = f^n$, pour $k = n-1$ a) donne $n_1 + n - 2 \leqslant n_{n-1} < n$ donc $n_1 < 2$ *i.e.* $n_1 \leqslant 1$ et, pour $k = n$, a) donne $n_n = n \leqslant nn_1$ d'où $n_1 \geqslant 1$ et, en définitive, $n_1 = 1$. On a alors montré que $\forall k \in [\![1, n]\!]$, $n_k = k$.

11 - Matrices

Rappels de cours

A - Calcul matriciel

1. $\mathfrak{M}_{n,p}(\mathbb{K})$ est un $\mathbb{K}$-espace vectoriel de dimension $n.p$ dont la base canonique est $(M_{i,j})_{\substack{1\leqslant i\leqslant n\\ 1\leqslant j\leqslant p}}$. La matrice $M_{i,j} = (\delta_{i,s}\delta_{j,t})$ où $\delta_{p,q}$ est le symbole de Kroneker.

Si $A = (a_{i,j})$ et $B = (b_{i,j})$, alors $A + B = (a_{i,j} + b_{i,j})$.

Si $\lambda \in \mathbb{K}, \lambda A = (\lambda a_{i,j})$.

$$M = (\alpha_{i,j}) = \sum_{i=1}^{n}\sum_{j=1}^{p} \alpha_{i,j} M_{i,j}.$$

2. Produit de matrices

a. Si $A = (a_{i,j}) \in \mathfrak{M}_{n,p}(\mathbb{K})$, $B = (b_{i,j}) \in \mathfrak{M}_{p,q}(\mathbb{K})$, $A.B = (c_{i,j})$, $c_{i,j} = \displaystyle\sum_{k=1}^{p} a_{i,k}b_{k,j}$.

On retiendra : « LIN - COL » (N) ou « licol » si l'on a vu des vaches dans un pré *i.e.* produit ligne par colonne.

b. Résultat fondamental : $\boxed{M_{i,j}.M_{k,\ell} = \delta_{j,k}.M_{i,\ell}}$

3. $(\mathfrak{M}_n(\mathbb{K}), +, \cdot)$ est un $\mathbb{K}$-espace vectoriel et $(\mathfrak{M}_n(\mathbb{K}), +, \times)$ est un anneau non commutatif dont l'élément unité pour la loi $\times$ est noté $I_n = (\delta_{i,j})$.

$\mathrm{GL}_n(\mathbb{K})$: ensemble des matrices inversibles de $\mathfrak{M}_n(\mathbb{K})$ est un groupe multiplicatif. C'est le groupe des éléments inversibles de l'anneau $(\mathfrak{M}_n(\mathbb{K}), +, \times)$. On l'appelle le ***groupe linéaire d'ordre*** n.

$\forall \lambda \in \mathbb{K}, \forall (A, B) \in \mathfrak{M}_n(\mathbb{K})^2, (\lambda.A) \times B = A \times (\lambda.B) = \lambda.(A \times B)$.

4. Transposition

a. Définition : si $A = (a_{i,j}) \in \mathfrak{M}_{n,p}(\mathbb{K})$ on appelle transposée de A, la matrice notée $A^T = (a'_{i,j}) \in \mathfrak{M}_{p,n}(\mathbb{K})$ telle que : $a'_{i,j} = a_{j,i}$.

b. Propriétés :

(i) $\Psi : \mathfrak{M}_{n,p} \to \mathfrak{M}_{p,n},\ A \mapsto A^T$ est un isomorphisme de $\mathbb{K}$-espaces vectoriels. C'est une symétrie vectorielle si, et seulement si, $n = p$.

Si $n = p$, $\mathrm{Ker}(\Psi - I_{\mathfrak{M}_n(\mathbb{K})}) = \mathcal{S}_n(\mathbb{K})$ espace vectoriel des matrices symétriques est de dimension $\dfrac{n(n+1)}{2}$ dont une base est $\{M_{i,j} + M_{j,i} \,|\, 1 \leqslant i \leqslant j \leqslant n\}$.

$\operatorname{Ker}(\Psi + I_{\mathfrak{M}_n(\mathbb{K})}) = \mathcal{A}_n(\mathbb{K})$ espace vectoriel des matrices antisymétriques est de dimension $\dfrac{n(n-1)}{2}$ dont une base est $\{M_{i,j} - M_{j,i} | 1 \leqslant i < j \leqslant n\}$.
$\mathfrak{M}_n(\mathbb{K}) = \mathcal{A}_n(\mathbb{K}) \oplus \mathcal{S}_n(\mathbb{K})$ *i.e.*

$$\forall M \in \mathfrak{M}_n(\mathbb{K}), \exists !\, (A, S) \in \mathcal{A}_n(\mathbb{K}) \times \mathcal{S}_n(\mathbb{K}), M = A + S.$$

$M = (\alpha_{i,j}) \in \mathcal{S}_n(\mathbb{K}) \iff \forall (i,j), \alpha_{i,j} = \alpha_{j,i}$.
$M = (\alpha_{i,j}) \in \mathcal{A}_n(\mathbb{K}) \iff \forall (i,j), \alpha_{i,j} = -\alpha_{j,i}$.
En particulier, $M = (\alpha_{i,j}) \in \mathcal{A}_n(\mathbb{K}) \Rightarrow \forall i \in [\![1, n]\!], \alpha_{i,i} = 0$.
(ii) $\forall (A, B) \in \mathfrak{M}_{n,p}(\mathbb{K}) \times \mathfrak{M}_{p,q}(\mathbb{K})$, $(AB)^T = B^T.A^T$.
(iii) Si $A \in \mathrm{GL}_n(\mathbb{K})$, $A^T \in \mathrm{GL}_n(\mathbb{K})$ et $(A^T)^{-1} = (A^{-1})^T$.

5. Si $(E_1, \ldots, E_n)$ est la base canonique de $\mathfrak{M}_{n,1}(\mathbb{K})$, $M_{i,j} = E_i E_j^T$ et $E_i^T E_j = \delta_{i,j}$.

6. Anneau des matrices carrées
$\mathfrak{M}_n(\mathbb{K})$ est un anneau, il est non commutatif dès que $n \geqslant 2$. L'ensemble $\mathrm{GL}_n(\mathbb{K})$ de ses éléments inversibles est un groupe, il est non commutatif dès que $n \geqslant 2$.

• **Matrices triangulaires (ou trigonales) supérieures**
$A = (a_{i,j}) \in \mathcal{T}_n(\mathbb{K}) \iff (a_{i,j} = 0 \text{ si } i > j)$.

$\mathcal{T}_n(\mathbb{K})$ est un $\mathbb{K}$-espace vectoriel de dimension $\dfrac{n(n+1)}{2}$ dont une base est $\{M_{i,j} \,|\, 1 \leqslant i \leqslant j \leqslant n\}$. C'est aussi un sous-anneau de $\mathfrak{M}_n(\mathbb{K})$.

• $A = (a_{i,j}) \in \mathcal{T}_n(\mathbb{K}) \cap \mathrm{GL}_n(\mathbb{K}) \iff a_{1,1}. \ldots .a_{n,n} \neq 0$ dans ce cas, $A^{-1} \in \mathcal{T}_n(\mathbb{K})$.

• **Matrices diagonales**
$A = (a_{i,j}) \in \mathcal{D}_n(\mathbb{K}) \iff A = \sum\limits_{i=1}^{n} a_{i,i} M_{i,i} = (a_{i,j}\delta_{i,j}) = \mathrm{diag}(a_{1,1}, \ldots, a_{n,n})$.
$\mathcal{D}_n(\mathbb{K})$ est un $\mathbb{K}$-espace vectoriel de dimension n et un sous-anneau de $\mathcal{T}_n(\mathbb{K})$, toujours commutatif.
$A = (a_{i,j}) \in \mathcal{D}_n(\mathbb{K}) \cap \mathrm{GL}_n(\mathbb{K}) \iff a_{1,1}. \ldots .a_{n,n} \neq 0$.

• **Matrices nilpotentes**
$N \in \mathfrak{M}_n(\mathbb{K})$ est dite nilpotente s'il existe $p \in \mathbb{N}^\star$ tel que $N^p = 0_n$.
Si $N^p = 0_n$ alors $I_n - N \in \mathrm{GL}_n(\mathbb{K})$ et $(I_n - N)^{-1} = \sum\limits_{i=0}^{p-1} N^k$.

B - Matrices et applications linéaires

1. E, F deux $\mathbb{K}$-espaces vectoriels de dimensions respectives p, n. $\mathcal{B} = (e_j)_{1 \leqslant j \leqslant p}$ une base de E et $\mathcal{B}' = (f_i)_{1 \leqslant i \leqslant n}$ une base de F, $U \in \mathcal{L}(E, F)$.
La matrice de U dans les bases $\mathcal{B}$ et $\mathcal{B}'$ est $M_{\mathcal{B},\mathcal{B}'}(U)$.

$$M_{\mathcal{B},\mathcal{B}'}(U) = (\alpha_{i,j}) \text{ si, et seulement si, } \forall j \in [\![1, p]\!], U(e_j) = \sum_{i=1}^{n} \alpha_{i,j} f_i.$$

Autrement dit, les colonnes de $M_{\mathcal{B},\mathcal{B}'}(U)$ sont les coordonnées des vecteurs $U(e_j)$ dans la base $\mathcal{B}'$ de F.

2. Théorème
Soient E, F deux espaces vectoriels de dimensions respectives p, n avec $\mathcal{B}$ une base de E et $\mathcal{B}'$ une base de F. L'application de $\mathcal{L}(E, F)$ dans $\mathfrak{M}_{n,p}(\mathbb{K})$, $U \mapsto M_{\mathcal{B},\mathcal{B}'}(U)$ est un isomorphisme de $\mathbb{K}$-espaces vectoriels.

Corollaire

Soit $M \in \mathfrak{M}_{n,p}(\mathbb{K})$, $\exists !\, U \in \mathcal{L}(\mathbb{K}^p, \mathbb{K}^n)$, $M = M_{\mathcal{B},\mathcal{B}'}(U)$
où $\mathcal{B}, \mathcal{B}'$ sont les bases canoniques de $\mathbb{K}^p$ et $\mathbb{K}^n$.
U est ***l'appelée application linéaire canoniquement associée à*** M.

On identifie souvent U et M. On parle de $\mathrm{Ker}(M), \mathrm{Im}(M)$ au lieu de $\mathrm{Ker}(U), \mathrm{Im}(U)$.

3. E, F deux $\mathbb{K}$-espaces vectoriels de dimension finie, $\mathcal{B}$ une base de E et $\mathcal{B}'$ une base de F, $U \in \mathcal{L}(E, F)$. Si X est la matrice colonne des coordonnées de $x \in E$ dans la base $\mathcal{B}$ et si Y est la matrice colonne des coordonnées de $y \in F$ dans la base $\mathcal{B}'$.

$$y = U(x) \iff Y = M_{\mathcal{B},\mathcal{B}'}(U).X.$$

4. Système linéaire

Soient $A \in \mathfrak{M}_{n,p}(\mathbb{K})$ et $B \in \mathfrak{M}_{n,1}(\mathbb{K})$.

On note (Σ) le système linéaire $\left(\forall i \in [\![1, n]\!],\ \sum_{j=1}^{p} a_{i,j} x_j = b_i\right)$.

(Σ) s'écrit aussi $AX = B$ si l'on pose $X = (x_1 \dots x_p)^T$ ou encore $\sum_{i=1}^{p} x_i C_i = B$ si l'on note $C_1, \dots, C_p$ les colonnes de A.
Le système homogène associé à (Σ) est (Σ_H) : $AX = 0$, l'ensemble de ses solutions est $\mathrm{Ker}(A)$.

Le rang de (Σ) est celui de A (*cf* plus loin C.4.), c'est aussi celui de $(C_1, \dots, C_p)$ et du système homogène (Σ_H).

L'ensemble de ses solutions est soit l'ensemble vide si $B \notin \mathrm{Im}(A) = \mathrm{Vect}(C_1, \dots, C_p)$ soit un sous-espace affine de $\mathbb{K}^p$ de direction $\mathrm{Ker}(A)$ et, donc, de dimension $p - \mathrm{rg}(A)$. Dans ce dernier cas, si X_0 est une solution particulière, alors l'ensemble des solutions de (Σ) est $X_0 + \mathrm{Ker}(A)$.

Si $A \in \mathrm{GL}_n(\mathbb{K})$ cet ensemble est réduit à un point, à savoir $A^{-1}B$, si, de plus, A est triangulaire la résolution du système est immédiate de proche en proche.

C - Changement de bases, équivalence, similitude

1. Matrice de passage

E $\mathbb{K}$-espace vectoriel de dimension n. $\mathcal{B}, \mathcal{B}'$ deux bases sur E, on appelle matrice de passage de $\mathcal{B}$ à $\mathcal{B}'$, la matrice $P = M_{\mathcal{B}',\mathcal{B}}(I_E)$.
P est la matrice dont les colonnes sont constituées des coordonnées des vecteurs de la nouvelle base $\mathcal{B}'$ dans l'ancienne $\mathcal{B}$.

P est inversible et P^{-1} est la matrice de passage de $\mathcal{B}'$ à $\mathcal{B}$.

2. Effets de changement de bases

a. Sur les vecteurs.
Soient E un $\mathbb{K}$-espace vectoriel de dimension n, $\mathcal{B}, \mathcal{B}'$ deux bases sur E, X la matrice colonne des coordonnées de x dans $\mathcal{B}$, X' la matrice colonne des coordonnées de x dans $\mathcal{B}'$, alors $X = PX'$.

b. Sur une application linéaire.
Soient E un $\mathbb{K}$-espace vectoriel de dimension n. $\mathcal{B}_1, \mathcal{B}_2$ deux bases sur E, P la matrice de passage de $\mathcal{B}_1$ à $\mathcal{B}_2$.
Soient F un $\mathbb{K}$-espace vectoriel de dimension p. $\mathcal{B}'_1, \mathcal{B}'_2$ deux bases sur F, Q la matrice de passage de $\mathcal{B}'_1$ à $\mathcal{B}'_2$
Si $U \in \mathcal{L}(E, F)$ et $M_i = M_{\mathcal{B}_i,\mathcal{B}'_i}(U)$, $i \in \{1, 2\}$, alors $M_2 = Q^{-1} M_1 P$.

3. Matrices équivalentes - matrices semblables

• $A, B \in \mathfrak{M}_{n,p}(\mathbb{K}))$ sont ***équivalentes*** si, et seulement si,

$$\exists (P, Q) \in \mathrm{GL}_p(\mathbb{K}) \times \mathrm{GL}_n(\mathbb{K}),\ B = Q^{-1}AP.$$

• $A, B \in \mathfrak{M}_n(\mathbb{K}))$ sont ***semblables*** si, et seulement si,

$$\exists P \in \mathrm{GL}_n(\mathbb{K}),\ B = P^{-1}AP.$$

• A et B sont équivalentes si, et seulement si, $\exists\, U \in \mathcal{L}(\mathbb{K}^p, \mathbb{K}^n)$, $A = M_{\mathcal{B}_1,\mathcal{B}_2}(U)$ et $B = M_{\mathcal{B}'_1,\mathcal{B}'_2}(U)$.

• Deux matrices semblables sont équivalentes. La réciproque est fausse.
contre-exemple : A est semblable à I_n si, et seulement si, $A = I_n$.

A est équivalente à I_n si, et seulement si, $A \in \mathrm{GL}_n(\mathbb{K})$.

• A et B sont équivalentes si, et seulement si, elles sont équivalentes à J_r si, et seulement si, $\mathrm{rg}(A) = \mathrm{rg}(B)$.

4. Rang d'une matrice carrée

Notations : $A \in \mathfrak{M}_{n,p}(\mathbb{K}), A \neq 0$, $\mathcal{B}$ une base de $\mathbb{K}^p$ et $\mathcal{B}'$ une base de $\mathbb{K}^n$, $A = M_{\mathcal{B},\mathcal{B}'}(U)$; $(C_1, C_2, \ldots, C_p)$ les vecteurs colonnes de A ; $(L_1, L_2, \ldots, L_n)$ les vecteurs lignes de A.

• $\mathrm{rg}(A) = \mathrm{rg}(U) = \mathrm{rg}(A^T) = \dim\left[\mathrm{Im}(U)\right] = \dim\left[\mathrm{Vect}(U(\mathcal{B})\right] \leqslant \min(n, p)$.

• $\mathrm{rg}(A) = \mathrm{rg}(C_1, C_2, \ldots, C_p) = \mathrm{rg}(L_1, L_2, \ldots, L_n)$.

• $\mathrm{rg}(A) =$ ordre maximal des matrices carrées extraites de A et inversibles.

5. Matrice carrée inversible

Si $A \in \mathfrak{M}_n(\mathbb{K})$ alors les assertions suivantes sont équivalentes :

(i) A est inversible ;
(ii) A est inversible à droite ou à gauche ;
(iii) $\mathrm{rg}(A) = n$;
(iv) $\mathrm{Ker}(A) = \{0\}$;
(v) les colonnes de A engendrent $\mathbb{K}^n$.

$\forall (A, B) \in (\mathfrak{M}_n(\mathbb{K}))^2$, $\mathrm{rg}(AB) \leqslant \min(\mathrm{rg}(A), \mathrm{rg}(B))$ avec égalité si A ou B est inversible.

6. Trace

• Définition : Si $A = (a_{i,j}) \in \mathfrak{M}_n(\mathbb{K})$, on appelle trace de A, et l'on note $\mathrm{tr}(A)$, le scalaire $a_{1,1} + a_{2,2} + \cdots + a_{n,n}$.

• Propriétés :

tr est une forme linéaire non nulle sur $\mathfrak{M}_n(\mathbb{K})$.
$\mathrm{Ker}(\mathrm{tr})$ est un hyperplan de $\mathfrak{M}_n(\mathbb{K})$ dont un supplémentaire est $\mathbb{K}I_n$.

• Si $A \in \mathfrak{M}_{n,p}(\mathbb{K})$ et $B \in \mathfrak{M}_{p,n}(\mathbb{K})$ alors $\mathrm{tr}(AB) = \mathrm{tr}(BA)$.

• Deux matrices semblables ont même trace.

• La trace d'un endomorphisme d'un espace vectoriel de dimension finie est la trace de sa matrice dans une base quelconque de cet espace vectoriel.

• La trace d'un projecteur est égale à son rang.

D - Opérations élémentaires

Soit $n \in \mathbb{N}^\star$. On note $(E_1, \dots, E_n)$ la base canonique de $\mathfrak{M}_{n,1}(\mathbb{K})$ et on rappelle que, si $(i,j) \in [\![1,n]\!]^2$, on a $M_{i,j} = E_i E_j^T$ et $E_i^T E_j = \delta_{i,j}$.

Si A est un élément de $\mathfrak{M}_n(\mathbb{K})$ et $(i,j) \in [\![1,n]\!]^2$ alors AE_j est la j-ème colonne de A et $E_i^T A$ est sa i-ème ligne, par suite $E_i^T A E_j = a_{i,j}$, si $A = (a_{i,j})$.

1. Définitions

• Si $(i,j) \in [\![1,n]\!]^2$, $i \neq j$ et $\lambda \in \mathbb{K}$ on pose $T^{i,j}(\lambda) = I_n + \lambda E^{i,j}$.
On appelle ***matrice de transvection*** toute matrice de la forme $T^{i,j}(\lambda)$; c'est une matrice triangulaire et inversible.

• Si $i \in [\![1,n]\!]$ et $\lambda \in \mathbb{K}^\star$ on pose $D^i(\lambda) = I_n + (\lambda - 1)E^{i,i}$.
On appelle ***matrice de dilatation*** toute matrice de la forme $D^i(\lambda)$; c'est une matrice diagonale et inversible.

• Si $\sigma \in \mathfrak{S}_n$ on appelle ***matrice de la permutation*** σ, $M_\sigma = \left(\delta_{i,\sigma(j)}\right)_{1 \leqslant i,j \leqslant n}$; c'est encore une matrice inversible d'inverse $M_{\sigma^{-1}} = M_\sigma^T$.

2. Interprétation en terme de produit matriciel

• Remplacer A par $AT^{i,j}(\lambda)$ revient à effectuer l'opération élémentaire $C_j \leftarrow C_j + \lambda C_i$. Remplacer A par $T^{i,j}(\lambda)A$ revient à effectuer l'opération élémentaire $L_i \leftarrow L_i + \lambda L_j$.

• Remplacer A par $AD^i(\lambda)$ revient à effectuer l'opération élémentaire $C_i \leftarrow \lambda C_i$. Remplacer A par $D^i(\lambda)A$ revient à effectuer l'opération élémentaire $L_i \leftarrow \lambda L_i$.

• Remplacer A par AM^σ revient à effectuer les opérations élémentaires $\left(\forall j \in [\![1,n]\!],\ C_j \leftarrow C_{\sigma(j)}\right)$.
Remplacer A par $M^\sigma A$ revient à effectuer les opérations élémentaires $\left(\forall i \in [\![1,n]\!],\ L_i \leftarrow L_{\sigma^{-1}(i)}\right)$.

Ces opérations conservent le rang.

• **Système linéaire**
Une suite d'opérations élémentaires bien menée sur les lignes d'un système permet de le ramener à un système triangulaire que l'on peut discuter et, éventuellement, résoudre.

3. Calcul d'inverse

Soit $A \in \mathrm{GL}_n(\mathbb{K})$, une suite convenable d'opérations élémentaires sur les colonnes de A conduit à I_n. La même suite d'opérations élémentaires sur les colonnes de I_n conduit à A^{-1}.
On peut procéder de même sur les lignes mais on ne mélangera surtout pas les deux procédés.

De même le système linéaire $AX = Y$ a pour unique solution $X = A^{-1}Y$ et sa résolution fournit, par conséquent, un calcul de A^{-1}. On pourra, pour ce faire, effectuer des opérations élémentaires ramenant à un système triangulaire.

Énoncés des exercices

1. Une construction de $\mathbb{C}$

Soit E l'ensemble des matrices $M(a,b) = \begin{pmatrix} a & b \\ -b & a \end{pmatrix}$ où a et b parcourent $\mathbb{R}$.

a. Montrer que E est un $\mathbb{R}$-espace vectoriel de dimension 2.

b. Montrer que E muni de l'addition et de la multiplication de $\mathfrak{M}_2(\mathbb{R})$ est un corps commutatif. Préciser l'inverse de $M(a,b)$ s'il existe.

---

2. Soit E l'ensemble des matrices $M(x,y) = \begin{pmatrix} x & y & y \\ y & x & y \\ y & y & x \end{pmatrix}$ où $x, y \in \mathbb{R}$.

a. Montrer que E est un $\mathbb{R}$-espace vectoriel dont on précisera une base et la dimension.

b. Montrer que $(E, +, \times)$ est un anneau commutatif.

c. Déterminer les matrices M de E telles que : $\exists n \in \mathbb{N}^\star$, $\big(M(x,y)\big)^n = I_3$.
On pourra examiner les puissances de $M(1,1)$.

---

3. Soit E l'ensemble des matrices $M(x,y) = \begin{pmatrix} x & y \\ -\overline{y} & \overline{x} \end{pmatrix}$ où x et y parcourent $\mathbb{C}$.

a. Montrer que $(E, +, \times)$ est un anneau non commutatif.

b. Calculer $M(x,y) \times M(\overline{x}, -y)$. Que pouvez-vous en déduire ?

---

4. Calculer les puissances n-ièmes des matrices carrées suivantes :

a. $A(t) = \begin{pmatrix} \cos(t) & -\sin(t) \\ \sin(t) & \cos(t) \end{pmatrix}$ *Examiner* $A(t)A(t')$.

b. $A = (a_{i,j}) \in \mathfrak{M}_p(\mathbb{C})$ où $a_{i,i} = a, a_{i,i+1} = b$ et $a_{i,j} = 0$ sinon.

c. $B = (b_{i,j}) \in \mathfrak{M}_p(\mathbb{C})$ où $b_{i,i} = \alpha$ et $b_{i,j} = \beta$ si $i \neq j$.

---

5. Pour $P = \begin{pmatrix} 1 & 1 \\ 1 & 1 \end{pmatrix}$, on définit l'application $u : \mathfrak{M}_2(\mathbb{R}) \to \mathfrak{M}_2(\mathbb{R}), M \mapsto PM$.

a. Montrer que u est un endomorphisme de $\mathfrak{M}_2(\mathbb{R})$ et donner sa matrice dans la base canonique $(M_{1,1}, M_{1,2}, M_{2,1}, M_{2,2})$ de $\mathfrak{M}_2(\mathbb{R})$.

b. Déterminer le noyau et l'image de u.

---

6. Soient $n \in \mathbb{N}^\star$ et $\omega = \exp\left(\dfrac{2i\pi}{n}\right)$. Si $(p,q) \in [\![1,n]\!]^2$, on note $x_{p,q} = \omega^{(p-1)(q-1)}$ et $y_{p,q} = \dfrac{1}{x_{p,q}}$ ainsi que $X = (x_{p,q})$ et $Y = (y_{p,q})$ deux matrices de $\mathfrak{M}_n(\mathbb{C})$.

Calculer X^2, Y^2, $X.Y$, $Y.X$, X^{-1}.

7. Déterminer le rang des matrices suivantes :
a. $A = (a_{i,j}) \in \mathfrak{M}_n(\mathbb{R})$, $a_{i,i} = a$, $a_{i,i+1} = b$ et $a_{i,j} = 0$ sinon.
b. $A = (a_{i,j}) \in \mathfrak{M}_n(\mathbb{R})$, $a_{i,j} = \sin(i+j)$. c. $A = (a_{i,j}) \in \mathfrak{M}_n(\mathbb{R})$, $a_{i,j} = i+j+ij$.

---

8. Déterminer les matrices inverses des matrices suivantes :
a. $A = (a_{i,j}) \in \mathfrak{M}_n(\mathbb{R})$ où $a_{i,j} = 1$ si $i \leqslant j$ et $a_{i,j} = 0$ sinon.
b. $A = (a_{i,j}) \in \mathfrak{M}_n(\mathbb{R})$ où $a_{i,j} = j - i + 1$ si $i \leqslant j$ et $a_{i,j} = 0$ sinon.

---

9. Déterminer les matrices de $\mathfrak{M}_n(\mathbb{K})$ qui commutent avec tout élément de $\mathfrak{M}_n(\mathbb{K})$.
On pourra utiliser les matrices $M_{i,j}$.

---

10. Trouver l'ensemble des formes linéaires φ sur $\mathfrak{M}_n(\mathbb{K})$ vérifiant :

$$\forall (A, B) \in \left(\mathfrak{M}_n(\mathbb{K})\right)^2,\ \varphi(AB) = \varphi(BA)$$

---

11. Résoudre dans $\mathfrak{M}_n(\mathbb{K})$: $X + \mathrm{tr}(X)A = B$ où A et B sont fixés dans $\mathfrak{M}_n(\mathbb{K})$.

---

12. Soit $T : \mathfrak{M}_n(\mathbb{K}) \to \mathfrak{M}_n(\mathbb{K})^\star, A \mapsto T_A$ où $T_A(X) = \mathrm{tr}(AX)$.
a. Montrer que T est un isomorphisme d'espaces vectoriels.
b. Si $\varphi \in \mathfrak{M}_n(\mathbb{K})^\star$ et vérifie : $\forall (X, Y) \in (\mathfrak{M}_n(\mathbb{K}))^2, \varphi(XY) = \varphi(YX)$ (1), montrer que $\varphi \in \mathrm{Vect}(\mathrm{tr})$.

---

13. Soient $A \in \mathfrak{M}_p(\mathbb{K})$, $B \in \mathfrak{M}_{q,p}(\mathbb{K})$ et $C \in \mathfrak{M}_q(\mathbb{K})$. On pose $M = \begin{pmatrix} A & O \\ B & C \end{pmatrix}$
a. Montrer que $\mathrm{rg}(M) \geqslant \mathrm{rg}(A) + \mathrm{rg}(C)$.
b. Montrer qu'il y a égalité si A et C sont inversibles.

---

14. $A = \begin{pmatrix} 1 & 2 & 0 & 0 \\ 2 & 1 & 0 & 0 \\ 0 & 0 & 1 & -2 \\ 0 & 0 & -1 & 1 \end{pmatrix}$.
Déterminer la dimension de $\mathcal{C}(A) = \{X \in \mathfrak{M}_4(\mathbb{R}) | AX = XA\}$.

---

15. Soit G un sous-groupe de $\mathrm{GL}_n(\mathbb{K})$ de cardinal p et $M = \sum_{X \in G} X$. Calculer M^2. En déduire que $\mathrm{tr}(M) \in p\mathbb{N}$. Que peut-on en déduire si $\mathrm{tr}(M) = 0$?

---

16. Soient E un $\mathbb{K}$-espace vectoriel de dimension $3n, U \in \mathcal{L}(E)$ tel que $U^3 = 0$, $U^2 \neq 0$ et $\mathrm{rg}(U) = 2n$. Montrer qu'il existe une base $\mathcal{B}$ de E dans laquelle la matrice de U est $\begin{pmatrix} 0_n & 0_n & 0_n \\ I_n & 0_n & 0_n \\ 0_n & I_n & 0_n \end{pmatrix}$, où $(0_n, I_n) \in \left(\mathfrak{M}_n(\mathbb{K})\right)^2$.
On pourra utiliser l'exercice 28 du chapitre précédent.

---

17. Soit $N : \mathfrak{M}_n(\mathbb{C}) \to \mathbb{R}_+$ telle que pour tout $(A, B) \in \left(\mathfrak{M}_n(\mathbb{C})\right)^2$ et $\lambda \in \mathbb{C}$,

$$N(A + B) \leqslant N(A) + N(B),\ N(\lambda A) = |\lambda| N(A) \text{ et } N(AB) = N(BA).$$

Montrer qu'il existe $\alpha \in \mathbb{R}_+$ tel que $N = \alpha|\operatorname{tr}|$.

---

18. Soit $A \in \mathfrak{M}_n(\mathbb{K})$. On définit l'endomorphisme f de $\mathfrak{M}_n(\mathbb{K})$ par $f(M) = AM$. Déterminer $\operatorname{tr}(f), f^k$ pour $k \in \mathbb{N}$.

---

19. Si $(X_1, \ldots, X_q)$ et $(Y_1, \ldots, Y_p)$ sont des familles libres dans $\mathfrak{M}_{n,1}(\mathbb{K})$, montrer que $\left(Y_i X_j^T\right)_{\substack{1 \leqslant i \leqslant p \\ 1 \leqslant j \leqslant q}}$ est libre dans $\mathfrak{M}_n(\mathbb{K})$.

---

20. Si $A \in \mathrm{GL}_n(\mathbb{R})$, montrer l'équivalence entre :

(i) Les coefficients de A et A^{-1} sont dans $\mathbb{R}_+$.

(ii) A est à coefficients dans $\mathbb{R}_+$, chaque ligne et chaque colonne de A contient un et un seul terme non nul.

---

21. Si $A \in \mathfrak{M}_{n,p}(\mathbb{R})$ on définit $A \geqslant 0$ par : $\forall (i, j) \in [\![1, n]\!] \times [\![1, p]\!],\ a_{i,j} \geqslant 0$.

Montrer l'équivalence suivante : (on dira alors que A est monotone)

$\left(A \in \mathrm{GL}_n(\mathbb{R}) \text{ et } A^{-1} \geqslant 0\right) \iff \left(\forall C \in \mathfrak{M}_{n,1}(\mathbb{R}),\ AC \geqslant 0 \Rightarrow C \geqslant 0\right)$.

Montrer que $A = \begin{pmatrix} 2+c_1 & -1 & 0 & \ldots & 0 \\ -1 & 2+c_2 & -1 & \cdots & 0 \\ 0 & \ddots & \ddots & \ddots & \vdots \\ \vdots & & \ddots & \ddots & -1 \\ 0 & \ldots & 0 & -1 & 2+c_n \end{pmatrix}$ est monotone si les $c_i, 1 \leqslant i \leqslant n$ sont positifs.

---

22. Soit $(A, B) \in (\mathfrak{M}_n(\mathbb{K}))^2$. Montrer l'équivalence des assertions :

(i) $\exists X \in \mathfrak{M}_n(\mathbb{K}),\ AX + XA = B$.

(ii) $\forall C \in \mathfrak{M}_n(\mathbb{K}), AC + CA = 0 \Rightarrow \operatorname{tr}(BC) = 0$.

On pourra utiliser les exercices 12.b. de ce chapitre et l'exercice 1 du chapitre précédent. On pourra introduire l'application $\mathfrak{M}_n(\mathbb{K}) \to \mathfrak{M}_n(\mathbb{K}), X \mapsto AX + XA$.

---

23. On considère les quatre matrices suivantes de $\mathfrak{M}_4(\mathbb{C})$:

$$A = \begin{pmatrix} 0 & 0 & 0 & 1 \\ 0 & 0 & 1 & 0 \\ 0 & 1 & 0 & 0 \\ 1 & 0 & 0 & 0 \end{pmatrix}, B = \begin{pmatrix} 0 & 0 & 0 & i \\ 0 & 0 & -i & 0 \\ 0 & i & 0 & 0 \\ -i & 0 & 0 & 0 \end{pmatrix},$$

$$C = \begin{pmatrix} 0 & 0 & 1 & 0 \\ 0 & 0 & 0 & -1 \\ 1 & 0 & 0 & 0 \\ 0 & -1 & 0 & 0 \end{pmatrix} \text{ et } D = \begin{pmatrix} 1 & 0 & 0 & 0 \\ 0 & 1 & 0 & 0 \\ 0 & 0 & -1 & 0 \\ 0 & 0 & 0 & -1 \end{pmatrix}.$$

a. Calculer, pour $(x, y, z, t) \in \mathbb{C}^4$, le carré de la matrice E définie par $E = xA + yB + zC + tD$. Que peut-on en déduire pour A, B, C, D ?

b. Soit $\mathcal{G}$ le sous-groupe de $\mathrm{GL}_4(\mathbb{C})$ engendré par les matrices A, B, C, D. Montrer que toute matrice de $\mathcal{G}$ se met sous la forme $\pm A^{\alpha_1}B^{\alpha_2}C^{\alpha_3}D^{\alpha_4}$ où $(\alpha_1, \alpha_2, \alpha_3, \alpha_4) \in \{0,1\}^4$.

c. Calculer le cardinal de $\mathcal{G}$. *On pourra examiner l'application*

$$\{-1,1\} \times \{0,1\}^4 \to \mathcal{G}, (\varepsilon, (\alpha_1, \dots, \alpha_4)) \mapsto \varepsilon A^{\alpha_1}B^{\alpha_2}C^{\alpha_3}D^{\alpha_4}.$$

---

24. Soit $A \in \mathfrak{M}_3(\mathbb{R})$ telle que $A^2 = 0$ et $A \neq 0$. Montrer que A est semblable à $J = \begin{pmatrix} 0 & 0 & 0 \\ 1 & 0 & 0 \\ 0 & 0 & 0 \end{pmatrix}$. En déduire $\dim(E)$ où $E = \{X \in \mathfrak{M}_3(\mathbb{R}) \mid AX + XA = 0\}$.

---

25. Soient $n \in \mathbb{N}^\star$ et $p \in \mathbb{N}$. Montrer qu'il existe une base de $\mathfrak{M}_n(\mathbb{K})$ constituée de matrices de rang p.

---

26. Une matrice carrée complexe $A = (a_{i,j})_{1 \leqslant i,j \leqslant n}$ vérifie $\forall i \in [\![1, n]\!]$, $|a_{i,i}| > \sum_{i \neq j} |a_{i,j}|$.

Montrer qu'elle est inversible.

---

27. Si $A = (a_{i,j}) \in \mathfrak{M}_n(\mathbb{C})$ et $B \in \mathfrak{M}_n(\mathbb{C})$. On définit $A \otimes B \in \mathfrak{M}_{n^2}(\mathbb{C})$ par blocs en notant : $A \otimes B = (a_{i,j}B)$.

a. Montrer que $\forall (A, A', B, B') \in \left[\mathfrak{M}_n(\mathbb{C})\right]^4, (A \otimes B).(A' \otimes B') = (A.A') \otimes (B.B')$.

b. En déduire que $A \otimes B$ est inversible si, et seulement si, A et B le sont.

---

28. Si $A \in \mathfrak{M}_n(\mathbb{K})$, montrer que $\mathrm{rg}(A) \leqslant 1$ si, et seulement si, il existe C dans $\mathfrak{M}_{n,1}(\mathbb{K})$ et L dans $\mathfrak{M}_{1,n}(\mathbb{K})$ telles que $A = CL$. Exprimer dans ce cas AC en fonction de C et de $\mathrm{tr}(A)$.

---

29. Soit u endomorphisme de E, $\mathbb{K}$-espace vectoriel de dimension finie n. Montrer que $u^n = 0 \neq u^{n-1}$ si, et seulement si, $\begin{pmatrix} 0 & \cdots & \cdots & 0 \\ 1 & \ddots & & \vdots \\ & \ddots & \ddots & \vdots \\ (0) & & 1 & 0 \end{pmatrix}$ est matrice de u.

---

30. a. Soit $(\mathcal{A}, +, \cdot)$ un anneau d'élément unité $I_{\mathcal{A}}$; montrer que si a et b sont deux éléments de $\mathcal{A}$ nilpotents et qui commutent, alors $a \cdot b$ et $a + b$ sont nilpotents.

Si $\mathcal{N}$ est l'ensemble des matrices nilpotentes de $\mathfrak{M}_n(\mathbb{C})$, on note $\nu = \mathrm{Vect}(\mathcal{N})$, $H = \mathrm{Ker}(\mathrm{tr})$.

b. Montrer que $\mathcal{N}$ contient les matrices élémentaires $M_{i,j}$ avec $i \neq j$.

c. Montrer que ν contient les matrices $M_{i,i} - M_{j,j}$.

d. En déduire que ν contient les matrices diagonales de trace nulle.

e. Déduire des questions précédentes que $H \subset \nu$. A-t-on $H = \nu$?

On admettra, pour l'instant, que toute matrice nilpotente est de trace nulle.

Solutions des exercices

1. a. Notons que $M(1,0) = I_2$. Soit $J = M(0,1)$. Alors $M(a,b) = aI_2 + bJ$.

Donc $E = \mathrm{Vect}(I_2, J)$. Il s'ensuit que E est un $\mathbb{R}$-espace vectoriel et que (I_2, J) est une famille génératrice de E.

$aI_2 + bJ = 0 \iff M(a,b) = 0 \iff a = b = 0$ par définition de l'égalité de deux matrices. Donc (I_2, J) est une famille libre de $\mathfrak{M}_2(\mathbb{R})$. Il en résulte que (I_2, J) est une base de E et que $\dim(E) = 2$.

b. On a déjà $(E, +)$ groupe abélien. Comme la multiplication est associative, distributive par rapport à l'addition dans $\mathfrak{M}_2(\mathbb{R})$, c'est le cas dans E. La matrice I_2 est élément unité de $(E, \cdot)$. Comme $I_2^2 = I_2$, $I_2 J = J I_2 = J$ et $J^2 = -I_2$, on peut dire que E est stable par la multiplication et que cette dernière est commutative. En conclusion, $(E, +, \cdot)$ est un anneau commutatif.

Notons que $M(a,b)M(a',b') = (aI_2 + bJ)(a'I_2 + b'J) = (aa' - bb')I_2 + (ab' + a'b)J$.

Montrons que tout élément non nul de E est inversible.

Notons que $M(a,b)M(a,-b) = M(a^2 + b^2, 0) = (a^2 + b^2)I_2$.

Si $(a,b) \neq (0,0)$, alors $M(a,b) \neq 0$. On déduit de l'égalité précédente que $M(a,b)$ est inversible et que $M(a,b)^{-1} = \dfrac{1}{a^2+b^2} M(a,-b) = \dfrac{a}{a^2+b^2} I_2 - \dfrac{b}{a^2+b^2} J$ puisque la multiplication est commutative dans E.

---

2. a. Notons que $M(1,0) = I_3$. Soit $J = M(0,1)$. Alors $M(x,y) = xI_3 + yJ$.

Donc $E = \mathrm{Vect}(I_3, J)$. Il s'ensuit que E est un $\mathbb{R}$-espace vectoriel et que (I_3, J) est une famille génératrice de E.

$xI_3 + yJ = 0 \iff M(x,y) = 0 \iff x = y = 0$ par définition de l'égalité de deux matrices. Donc (I_2, J) est une famille libre de $\mathfrak{M}_2(\mathbb{R})$. Il en résulte que (I_3, J) est une base de E et que $\dim(E) = 3$.

b. On a déjà $(E, +)$ groupe abélien. Comme la multiplication est associative, distributive par rapport à l'addition dans $\mathfrak{M}_3(\mathbb{R})$, c'est le cas dans E. La matrice I_3 est élément unité de $(E, \cdot)$. Comme $I_3^2 = I_3$, $I_3 J = J I_3 = J$ et $J^2 = 2I_3 + J$, on peut dire que E est stable par la multiplication et que cette dernière est commutative. En conclusion, $(E, +, \cdot)$ est un anneau commutatif.

c. Notons $M(1,1) = K$. On a $K^2 = 3K$ et par une récurrence immédiate, pour tout $n \in \mathbb{N}^\star$, $K^n = 3^{n-1}K$. On déduit du binôme de Newton dans l'anneau commutatif $(E, +, \cdot)$ que $M(x,y)^n = \big((x-y)I_3 + yK\big)^n = \displaystyle\sum_{k=0}^{n} \binom{n}{k} (x-y)^{n-k} y^k K^k$.

$$M(x,y)^n = (x-y)^n I_3 + \Big(\sum_{k=1}^{n} \binom{n}{k} (x-y)^{n-k} y^k 3^{k-1}\Big) K.$$

$$M(x,y)^n = (x-y)^n I_3 + \frac{1}{3}\Big(\sum_{k=0}^{n} \binom{n}{k} (x-y)^{n-k} (3y)^k\Big) K - \frac{1}{3}(x-y)^n K.$$

$M(x,y)^n = (x-y)^n I_3 + \frac{1}{3}\Big((x+2y)^n - (x-y)^n\Big)K.$

Comme (I_3, K) est libre, $M(x,y)^n = I_3 \iff (x+2y)^n = (x-y)^n = 1$.

Si n est impair, $M(x,y)^n = I_3 \iff x+2y = x-y = 1 \iff \big(x=1 \text{ et } y=0\big)$.

Si n est pair, $M(x,y)^n = I_3 \iff |x-y| = 1 = |x+2y|$ si, et seulement si, après la résolution de 4 systèmes linéaires, $(x,y) \in \Big\{(1,0), (-1,0), \Big(\frac{1}{3}, \frac{-2}{3}\Big), \Big(\frac{-1}{3}, \frac{2}{3}\Big)\Big\}$.

L'équation a donc 5 solutions.

---

3. a. $\forall x, y, x', y' \in \mathbb{C}^4, M(x,y) - M(x',y') = M(x-x', y-y') \in E$.

$M(1,0) = I_2 \in E$. Donc E est un sous-groupe de $\mathfrak{M}_2(\mathbb{C}), +)$.

On a aussi, $M(x,y) \times M(x',y') = M(xx' - y\overline{y'}, xy' + y\overline{x'}) \in E$.

Comme la multiplication est associative, distributive par rapport à l'addition dans $\mathfrak{M}_2(\mathbb{C})$, c'est le cas dans E. Donc $(E, +, \cdot)$ est un anneau non commutatif puisque $M(0,1) \times M(0,i) \neq M(0,i) \times M(0,1)$.

b. $M(x,y) \times M(\overline{x}, -y) = M(|x|^2 + |y|^2, 0) = (|x|^2 + |y|^2)I_2 = M(\overline{x}, -y) \times M(x,y)$.

$M(x,y) = 0 \iff x = y = 0 \iff |x|^2 + |y|^2 = 0$ car $(|x|^2, |y|^2) \in (\mathbb{R}_+)^2$.

Donc, si $M(x,y) \neq 0$, alors $M(x,y)$ est inversible et son inverse est la matrice $M\Big(\frac{\overline{x}}{|x|^2, |y|^2}, \frac{-y}{|x|^2, |y|^2}\Big) \in E$. Donc $(E, +, \cdot)$ est un corps non commutatif.

---

4. a. Comme $A(t+t') = A(t)A(t')$, par une récurrence immédiate, il vient $\forall n \in \mathbb{N}, \big(A(t)\big)^n = A(nt)$.

b. $A = aI_p + N$. Nous conseillons vivement à notre lecteur étudiant de se familiariser avec la matrice $N = \begin{pmatrix} 0 & 1 & & 0 \\ & \ddots & \ddots & \\ & & \ddots & 1 \\ 0 & & & 0 \end{pmatrix}$. C'est la matrice de l'endomorphisme f de $\mathbb{R}^p$ défini par $f(e_1) = 0$ et pour $j \in [\![2, p]\!], f(e_j) = e_{j-1}$.

Examiner $f^2, \dots, f^p$, constater que $f^p = 0$ et donc $f^n = 0$ pour tout $n \geqslant p$.

Comme $I_p N = N I_p = N$, l'application du binôme de Newton dans l'anneau $\mathfrak{M}_p(\mathbb{C})$ donne $A^n = \sum_{k=0}^{n} \binom{n}{k} a^{n-k} b^k N^k$ si $n < p$ et $A^n = \sum_{k=0}^{p-1} \binom{n}{k} a^{n-k} b^k N^k$ si $n \geqslant p$.

A^n est une matrice trigonale supérieure dont les éléments sont identiques sur des parallèles à la diagonale principale.

c. $B = (a-b)I_p + bJ$ où J est la matrice que nous vous conseillons de bien connaître $J = (\alpha_{i,j})$ où tous les $\alpha_{i,j}$ sont égaux à 1. On a $J^2 = pJ$ et par une récurrence immédiate, pour tout $k \geqslant 1, J^k = p^{k-1}J$. Comme $I_p J = J I_p = J$, l'application du binôme de Newton dans l'anneau $\mathfrak{M}_p(\mathbb{C})$ donne $A^n = \sum_{k=0}^{n} \binom{n}{k} (a-b)^{n-k} b^k J^k$.

$$A^n = (a-b)^n I_p + \frac{1}{p}\Big[\sum_{k=1}^{n} \binom{n}{k} (a-b)^{n-k} (bp)^k\Big] J.$$

Donc $A^n = (a-b)^n I_p + \dfrac{(a+(p-1)b)^n - (a-b)^n}{p} J$.

Solutions

5. a. La linéarité de u découle du cours. Pour avoir sa matrice A dans la base donnée, il suffit de calculer les $u(M_{i,j})$. On a immédiatement $A = \begin{pmatrix} 1 & 0 & 1 & 0 \\ 0 & 1 & 0 & 1 \\ 1 & 0 & 1 & 0 \\ 0 & 1 & 0 & 1 \end{pmatrix}$.

b. Le rang de A étant celui de ses vecteurs colonnes, on a $\text{rg}(A) = 2$. Une base de $\text{Im}(u)$ est $(M_{1,1} + M_{2,1}, M_{1,2} + M_{2,2})$. On déduit du théorème du rang que $\dim(\text{Ker}(u)) = \dim(\mathfrak{M}_2(\mathbb{R})) - \text{rg}(A) = 2$.

Comme $u(M_{1,1} - M_{2,1}) = 0 = u(M_{1,2} - M_{2,2})$ et comme $(M_{1,1} - M_{2,1}, M_{1,2} - M_{2,2})$ est libre, elle constitue une base de $\text{Ker}(u)$.

---

6. $X^2 = (z_{p,q})$ où $z_{p,q} = \sum_{k=1}^{n} x_{p,k}x_{k,q} = \sum_{k=1}^{n} \omega^{(k-1)(p+q-2)}$.

Dans l'exercice 9 du chapitre 2, on a vu que $S_p = \sum_{k=0}^{n-1} \omega_k^p = \begin{cases} 0 & \text{si } p \notin n\mathbb{Z} \\ n & \text{si } p \in n\mathbb{Z} \end{cases}$.

Comme $(p,q) \in [\![1,n]\!]^2$, $p + q - 2 \in n\mathbb{Z} \iff \big(p + q = 2 \text{ ou } p + q = n + 2\big)$.

Donc $z_{p,q} = n$ si $p = q = 1$ ou $q = n + 2 - p$ et $z_{p,q} = 0$ sinon.

Donc $X^2 = \begin{pmatrix} 1 & 0 & \dots & 0 \\ 0 & \dots & \dots & 1 \\ & & \iddots & 0 \\ 0 & 1 & \dots & 0 \end{pmatrix}$.

Comme $y_{p,q} = \overline{x_{p,q}}$, on a $Y = \overline{X}$ et donc $Y^2 = \overline{X}^2 = X^2$ car $X^2 \in \mathfrak{M}_n(\mathbb{R})$.

En procédant de même, $XY = (t_{p,q})$ où $t_{p,q} = \sum_{k=1}^{n} x_{p,k}y_{k,q} = \sum_{k=1}^{n} \omega^{(k-1)(p-q)}$.

Donc $t_{p,q} = S_{p-q}$. Il s'ensuit que $XY = nI_n$ *i.e.* $X\overline{X} = nI_n$. Par conjugaison, on en déduit que $\overline{X}X = nI_n$. Donc $X \in \text{GL}_n(\mathbb{C}), X^{-1} = \frac{1}{n}Y$ et $YX = nI_n$.

---

7. a. Un examen des vecteurs colonnes permet de conclure que si $a \neq 0$, le rang de A est $r = n$, si $a = 0 \neq b$ alors $r = n - 1$ et si $a = b = 0$, alors $r = 0$.

b. Comme $a_{i,j} = \sin(i)\cos(j) + \sin(j)\cos(i)$, si l'on note $C_j(A)$ le j-ième vecteur colonne de A, on a $C_j(A) = \cos(j)X + \sin(j)Y$ où X et Y sont les matrices colonnes telles que $Y^T = \big(\cos(1)\ \cos(2) \dots \cos(n)\big)$ et $X^T = \big(\sin(1)\ \sin(2) \dots \sin(n)\big)$.

Donc $\text{rg}(A) = \text{rg}(X, Y) = 2$.

c. Pour tout $(i,j) \in [\![2,n]\!] \times [\![1,n]\!], a_{i,j} - a_{i-1,j} = j + 1$. Donc, en faisant les opérations élémentaires $L_i \longleftarrow L_i - L_{i-1}$ pour $i = n$ puis $n - 1, \dots 2$, on obtient une matrice où les $n - 1$ dernières lignes sont égales à $(2\,3 \dots\dots (n+1))$, comme la première ligne de la matrice obtenue est $(3\,5 \dots\dots (2n+1))$, on conclut que $\text{rg}(A) = 2$.

---

8. a. *Première méthode :* $A = I_n + N + N^2 + \cdots + N^{n-1}$ où N est la matrice nilpotente rencontrée à l'exercice 4.b. Comme $N^n = 0$, on déduit d'une formule vue dans les calculs sur les anneaux :

$(I_n - N)(I_n + \cdots + N^{n-1}) = (I_n + \cdots + N^{n-1})(I_n - N) = I_n - N^n = I_n$.

On retrouve le fait que A est inversible et $A^{-1} = I_n - N$.

Deuxième méthode :
A est transformée en I_n par $L_i \longleftarrow L_i - L_{i+1}$ pour $1 \leqslant i < n-1$. Donc I_n est transformée en A^{-1} par les mêmes opérations élémentaires, d'où le résultat.

b. La dernière méthode appliquée à B transforme B en A, D'où $B^{-1} = (\alpha_{i,j})$ où $\alpha_{i,i} = 1, \alpha_{i,i+1} = -2, \alpha_{i,i+2} = 1$ et $\alpha_{i,j} = 0$ sinon.

---

9. Montrons que $\mathcal{Z} = \{A \in \mathfrak{M}_n(\mathbb{K}) \mid \forall B \in \mathfrak{M}_n(\mathbb{K}),\ AB = BA\}$ est $\mathbb{K}I_n$.
On a immédiatement l'inclusion $\mathbb{K}I_n \subset \mathcal{Z}$.
Soit $A \in \mathcal{Z}$ alors, pour tout $j \in [\![1,n]\!]$ on a $AM_{j,j} = M_{j,j}A$ d'où, pour tout $i \in [\![1,n]\!] \setminus \{j\}$, $E_i^T AM_{j,j}E_j = E_i^T M_{j,j}AE_j$ *i.e.* $a_{i,j} = E_i^T AE_j = 0$ et donc A est diagonale.
Pour tout $i \in [\![2,n]\!]$ on a $AM_{1,i} = M_{1,i}A$ d'où $E_1^T AM_{1,i}E_i = E_1^T M_{1,i}AE_i$ soit encore $a_{1,1} = E_1^T AE_1 = E_i^T AE_i = a_{i,i}$ d'où $A = a_{1,1}I_n \in \mathbb{K}I_n$.

---

10. Soit φ une forme linéaire solution.
Si $(i,j,k) \in [\![1,n]\!]^3$ on a $\varphi(E^{i,j}E^{j,k}) = \varphi(E^{j,k}E^{i,j})$ *i.e.* $\varphi(E^{i,k}) = \delta_{i,k}\,\varphi(E^{j,j})$.
Pour $k \neq i$ on a $\varphi(E^{i,k}) = 0$, pour $k = i$, $\varphi(E^{i,i}) = \varphi(E^{j,j})$.
φ et $\varphi(E^{1,1})\,\mathrm{tr}$ coïncident sur la base canonique de $\mathfrak{M}_n(\mathbb{K})$ donc $\varphi \in \mathrm{Vect}(\mathrm{tr})$.
La réciproque a été vue en cours, l'ensemble cherché est donc la droite $\mathrm{Vect}(\mathrm{tr})$.

---

11. Si X est solution $\mathrm{tr}(B) = \mathrm{tr}(X + \mathrm{tr}(X)A) = \mathrm{tr}(X)(1 + \mathrm{tr}(A))$ (1).

• Si $\mathrm{tr}(A) \neq -1$, alors $\mathrm{tr}(X) = \dfrac{\mathrm{tr}(B)}{1+\mathrm{tr}(A)}$ et $X = B - \dfrac{\mathrm{tr}(B)}{1+\mathrm{tr}(A)}A$ et la solution est unique.

• Si $\mathrm{tr}(A) = -1$, alors, (1) $\iff \mathrm{tr}(B) = 0$. Si $\mathrm{tr}(B) \neq 0$ il n'y a pas de solution.

Si $\mathrm{tr}(B) = 0$, $B + \lambda A, \lambda \in \mathbb{K}$ est solution.

La synthèse est immédiate. L'ensemble des solutions est la droite affine $B + \mathbb{K}A$.

---

12. a. L'application $X \mapsto AX$ et l'application tr étant linéaires, d'après le cours, par composition, $T_A \in \mathcal{L}(\mathfrak{M}_n(\mathbb{K}), \mathfrak{M}_n(\mathbb{K})^\star)$. Comme $\mathfrak{M}_n(\mathbb{K})$ et son dual ont même dimension n^2 finie, pour établir le résulta, il suffit de montrer que T_A est injective.

Or $A \in \mathrm{Ker}(T_A) \iff \forall X \in \mathfrak{M}_n(\mathbb{K}), T_A(X) = 0 \Rightarrow \forall (i,j) \in [\![1,n]\!]^2, T_A(M_{i,j}) = 0$.

$T_A(M_{i,j}) = \mathrm{tr}(AM_{i,j}) = \mathrm{tr}(AE_iE_j^T) = \mathrm{tr}(E_j^T AE_i)$ car $\mathrm{tr}(MN) = \mathrm{tr}(NM)$.

Comme $E_j^T AE_i = a_{j,i}$, on a $A \in \mathrm{Ker}(T_A) \Rightarrow A = 0$ *i.e.* T_A est injective.

b. On déduit de a. que $\forall \varphi \in \mathfrak{M}_n(\mathbb{K}), \exists! A \in \mathfrak{M}_n(\mathbb{K}), \varphi = T_A$.

$\forall X, Y \in \mathfrak{M}_n(\mathbb{K}), T_A(XY) = T_A(YX) \iff \mathrm{tr}(AXY) = \mathrm{tr}((AY)X) = \mathrm{tr}(XAY)$.

Donc (1) $\iff \forall X, Y \in \mathfrak{M}_n(\mathbb{K}), T_{AX}(Y) = T_{XA}(Y)$.

On déduit alors de a. que : $\forall X \in \mathfrak{M}_n(\mathbb{K}), AX = XA$.

On déduit alors de l'exercice 9. que $A \in \mathrm{Vect}(I_n)$.

Si $A = \lambda I_n$, on a $T_A(X) = \mathrm{tr}(\lambda X) = \lambda\,\mathrm{tr}(X)$, d'où $\varphi = \lambda\,\mathrm{tr}$.

---

13. Notons $(u_1,\dots,u_p)$ les vecteurs colonnes de A et $(v_1,\dots,v_q)$ ceux de C. Si $r=\mathrm{rg}(A)$ et $s=\mathrm{rg}(C)$, notons $(u_{j_1},\dots,u_{j_r})$ et $(v_{k_1},\dots,v_{k_s})$ des familles libres extraites respectivement de $(u_1,\dots,u_p)$ et $(v_1,\dots,v_q)$.

Notons $(u'_1,\dots u'_p,v'_1,\dots,v'_q)$ les vecteurs colonnes de M. Montrons que la famille $(u'_{j_1},\dots,u'_{j_r},v'_{k_1},\dots,v'_{k_s})$ est libre. Si $\displaystyle\sum_{i=1}^{r}\lambda_i u'_{j_i}+\sum_{i=1}^{s}\alpha_i v'_{k_i}=0 \qquad (\star)$.

En considérant les p premières composantes, on a $\displaystyle\sum_{i=1}^{r}\lambda_i u_{j_i}=0$, ce qui implique la nullité des $\lambda_i, 1\leqslant i\leqslant r$ puisque $(u_{j_1},\dots,u_{j_r})$ est libre.

$(\star)\Rightarrow\displaystyle\sum_{i=1}^{s}\alpha_i v_{k_i}=0$, ce qui implique la nullité des $\alpha_i, 1\leqslant i\leqslant s$ puisque $(v_{k_1},\dots,v_{k_s})$ est libre. Donc la famille de $r+s$ vecteurs colonnes est libre, d'où $\mathrm{rg}(M)\geqslant\mathrm{rg}(A)+\mathrm{rg}(C)$. L'inégalité peut être stricte, si par exemple, $A=C=0$ et $B\neq 0$. Si A et C sont inversibles, $\mathrm{rg}(A)=p,\mathrm{rg}(C)=q\Rightarrow\mathrm{rg}(M)\geqslant p+q$. Comme $M\in\mathfrak{M}_{p+q}(\mathbb{K})$, on a $\mathrm{rg}(M)=p+q$ et M est inversible.

---

14. Notons $A=\begin{pmatrix}A_1&0\\0&A_2\end{pmatrix}$ et recherchons X sous la forme $X=\begin{pmatrix}X_1&X_2\\X_3&X_4\end{pmatrix}$. Par un calcul facile on trouve que $\mathcal{C}(A)=\left\{\begin{pmatrix}I_2&0\\0&0\end{pmatrix},\begin{pmatrix}J&0\\0&0\end{pmatrix},\begin{pmatrix}0&0\\0&I_2\end{pmatrix},\begin{pmatrix}0&0\\0&K\end{pmatrix}\right\}$ où $J=\begin{pmatrix}0&1\\1&0\end{pmatrix}$ et $K=\begin{pmatrix}0&2\\1&0\end{pmatrix}$.

---

15. a. Si $Y\in G$, $MY=\displaystyle\sum_{X\in G}XY$. L'application $G\to G, X\mapsto XY$ étant une bijection de G sur lui même, $MY=\displaystyle\sum_{Z\in G}Z=M$. Donc

$$M^2=M\sum_{X\in G}X=\sum_{X\in G}MX=\sum_{X\in G}M=pM.$$

b. $N=\dfrac{M}{p}$ vérifie alors $N^2=N$ *i.e.* N est la matrice d'un projecteur. Donc $\mathrm{rg}(N)=\mathrm{tr}(N)$, d'où $\mathrm{tr}(M)=p\,\mathrm{tr}(N)=p\,\mathrm{rg}(N)\in p\mathbb{N}$.

c. $\mathrm{tr}(M)=0\Rightarrow\mathrm{tr}(N)=0\Rightarrow\mathrm{rg}(N)=0\Rightarrow N=0\Rightarrow M=0$.

---

16. $u^3=0\Rightarrow\mathrm{Im}(u)\subset\mathrm{Ker}(u^2)$ et $\mathrm{Im}(u^2)\subset\mathrm{Ker}(u)$.

On déduit du théorème du rang que $\dim(\mathrm{Ker}(u))=\dim(E)-\mathrm{rg}(u)=n$.

Il s'ensuit que $\mathrm{rg}(u^2)\leqslant\dim(\mathrm{Ker}(u))=n$.

L'indication de l'énoncé permet de dire que $\mathrm{rg}(u^2)\geqslant 2\,\mathrm{rg}(u)-\dim(E)=n$.

Donc $\mathrm{rg}(u^2)=n=\dim(\mathrm{Ker}(u)$. Comme $\mathrm{Im}(u^2)\subset\mathrm{Ker}(u)$, on a $\mathrm{Im}(u^2)=\mathrm{Ker}(u)$. On déduit du théorème du rang que $\dim(\mathrm{Ker}(u^2))=\dim(E)-\mathrm{rg}(u^2)=2n$. Comme $\mathrm{Im}(u)\subset\mathrm{Ker}(u^2)$ et qu'ils ont même dimension, $\mathrm{Im}(u)=\mathrm{Ker}(u^2)$.

Soit $\mathcal{C}=(y_1,\dots,y_n)$ une base de $\mathrm{Im}(u^2)=\mathrm{Ker}(u)$. Il existe $(e_1,\dots,e_n)\in E^n$ tel que $y_i=u^2(e_i)$. Montrons que $\mathcal{B}=(e_1,\dots,e_n,u(e_1),\dots,u(e_n),u^2(e_1),\dots,u^2(e_n))$ est une base de E et le problème sera résolu.

$$x = \sum_{i=1}^{n} \lambda_i e_i + \sum_{i=1}^{n} \lambda_i u(e_i) + \sum_{i=1}^{n} \nu_i u^2(e_i).$$

$$x = 0 \Rightarrow u^2(x) = 0 = \sum_{i=1}^{n} \lambda_i u^2(e_i) \Rightarrow \forall i \in [\![1, n]\!], \lambda_i = 0 \text{ car } \mathcal{C} \text{ est libre.}$$

$$u(x) = 0 \Rightarrow \sum_{i=1}^{n} \mu_i u^2(e_i) = 0 \Rightarrow \forall i \in [\![1, n]\!], \mu_i = 0 \text{ car } \mathcal{C} \text{ est libre.}$$

$x = 0 \Rightarrow \forall i \in [\![1, n]\!], \nu_i = 0$ car $\mathcal{C}$ est libre.
Donc $\mathcal{B}$ est une famille libre de E de cardinal $3n = \dim(E)$. C'est une base de E.

---

17. • En procédant comme dans l'exercice 10, compte tenu des deux dernières propriétés de N, on a $N(M_{i,j}) = 0$ si $i \neq j$ et $N(M_{i,i}) = N(M_{1,1}) = \alpha \in \mathbb{R}_+$.
Si A est à coefficients diagonaux nuls, on a $A = \sum_{i \neq j} a_{i,j} M_{i,j}$. D'où :

$$0 \leqslant N(A) \leqslant \sum_{i \neq j} |a_{i,j}| N(M_{i,j}) = 0 \text{ et } N(A) = 0.$$

• $N(AB) = N(BA)$ implique $N(A) = N(B^{-1}AB)$ si B est inversible. Donc si A et A' sont semblables, $N(A) = N(A')$.
• D'après le début du travail dirigé sur les commutateurs, toute matrice de trace nulle est semblable à une matrice dont les éléments diagonaux sont nuls.
• Si $(A, B) \in \left(\mathfrak{M}_n(\mathbb{C})\right)^2$ et $N(B) = 0$, alors $N(A + B) = N(A)$.
En effet, $N(A + B) \leqslant N(A) + N(B) = N(A)$. D'autre part :
$N(A) = N(A + B - B) \leqslant N(A + B) + N(B) = N(A + B)$. D'où le résultat.
• Si $A \in \mathfrak{M}_n(\mathbb{C})$, posons $M = nA - \operatorname{tr}(A) I_n$. Alors $\operatorname{tr}(M) = 0$.
Donc $N(nA) = N(\operatorname{tr}(A) I_n + M) = N\left[\operatorname{tr}(A) I_n\right] = |\operatorname{tr}(A)| N(I_n)$.
Donc $N(A) = \alpha |\operatorname{tr}(A)|$ avec $\alpha = \dfrac{N(I_n)}{n}$.
La réciproque résulte de la linéarité de tr et de la propriété :
$\forall (A, B) \in \left(\mathfrak{M}_n(\mathbb{C})\right)^2, \operatorname{tr}(AB) = \operatorname{tr}(BA)$.

---

18. $f(M_{i,j}) = \sum_{k=1}^{n} \sum_{\ell=1}^{n} a_{k,\ell} M_{k,\ell} M_{i,j} = \sum_{k=1}^{n} \sum_{\ell=1}^{n} a_{k,\ell} \delta_{\ell,i} M_{k,j} = \sum_{k=1}^{n} a_{k,i} M_{k,j}$.
Soit $\mathcal{B} = (M_{1,1}, M_{2,1}, \ldots, M_{n,1}, M_{1,2}, \ldots M_{n,2}, \ldots\ldots, M_{1,n}, \ldots, M_{n,n})$ la base canonique (ordonnée) de $\mathfrak{M}_n(\mathbb{K})$. La matrice de f dans la base $\mathcal{B}$ est, par blocs $M = \operatorname{diag}(A, A, \ldots, A)$, d'où $\operatorname{tr}(f) = \operatorname{tr}(M) = n \operatorname{tr}(A)$ et La matrice de f^k dans la base $\mathcal{B}$ est $M^k = \operatorname{diag}(A^k, A^k, \ldots, A^k)$.

---

19. Complétons $(X_1, \ldots, X_q)$ et $(Y_1, \ldots, Y_p)$ en $(X_1, \ldots, X_n)$ et $(Y_1, \ldots, Y_n)$ bases de $\mathfrak{M}_{n,1}(\mathbb{K})$. Soient A et B les éléments de $\mathfrak{M}_n(\mathbb{K})$ dont les colonnes sont $Y_1, \ldots, Y_n$ et $X_1, \ldots, X_n$, on a, pour tout (i, j) dans $[\![1, n]\!]^2$, $Y_i X_j^T = (AE_i)(BE_j)^T$ d'où $Y_i X_j^T = A(E_i E_j^T) B^T = A M_{i,j} B^T$.
$\Phi : Z \mapsto AZB^T$ est un automorphisme de $\mathfrak{M}_n(\mathbb{K})$ car A et B sont inversibles, $(Y_i X_j^T)_{1 \leqslant i,j \leqslant n}$ est donc une base de $\mathfrak{M}_n(\mathbb{K})$ et, en tant que sous-famille, $\left(Y_i X_j^T\right)_{\substack{1 \leqslant i \leqslant p \\ 1 \leqslant j \leqslant q}}$ est libre dans $\mathfrak{M}_n(\mathbb{K})$.

20. Supposons (i) et choisissons un i dans $[\![1, n]\!]$.
Comme A est inversible la i-ième ligne de A est non nulle.
Si $a_{i,j} \neq 0$ et $a_{i,k} \neq 0$ où $1 \leqslant j < k \leqslant n$, en notant B la matrice A^{-1}, on a, pour tout ℓ dans $[\![1, n]\!]$, $(AB)_{i,\ell} = \sum_{p=1}^{n} b_{i,p} b_{p,\ell}$ somme de réels positifs.
Donc, si $\ell \in [\![1, n]\!] \setminus \{i\}$, $b_{j,\ell} = b_{k,\ell} = 0$, les lignes j et k de B sont liées car colinéaires à E_i^T : absurde. Donc la i-ième ligne de A comporte un et un seul coefficient non nul. On raisonne de même avec les colonnes.
Supposons (ii) et considérons la matrice B de coefficient générique $b_{i,j} = \dfrac{1}{b_{j,i}}$ si $A_{j,i} \neq 0$ et 0 sinon. On a $(AB)_{i,j} = \sum_{k=1}^{n} A_{i,k} B_{k,j}$.
Or $a_{i,k} b_{k,i} = 1$ si $a_{i,k} \neq 0$ et 0 sinon, d'après (ii) on a donc $(AB)_{i,i} = 1$.
Par contre, si $i \neq j$ on a toujours $a_{i,k} b_{k,j} = 0$ toujours d'après (ii) et la définition de B. On a donc $AB = I_n$ d'où $B = A^{-1} \in \mathfrak{M}_n(\mathbb{R}_+)$.

---

21. Commençons par le sens direct. Si $AC \geqslant 0$ alors $C = A^{-1}(AC)$, le coefficient générique de C est somme de réels positifs donc positif.
Réciproquement, si $X \in \operatorname{Ker}(A)$, $AX = 0 \geqslant 0$ donc $X \geqslant 0$. De même $-X \in \operatorname{Ker}(A)$ donc $-X \geqslant 0$ et, facilement, $X = 0$.
A est donc inversible et la i-ième colonne de A^{-1} est $C = A^{-1} E_i$ qui vérifie $AC = E_i \geqslant 0$, donc $C \geqslant 0$ et $A^{-1} \geqslant 0$.
Si $X^T = (x_1\, x_1 \ldots x_n) \in \mathfrak{M}_{1,n}(\mathbb{R})$ est tel que $AX \geqslant 0$, notons $x_k = \min\limits_{i \in [\![1,n]\!]}(x_i)$. Il suffit de prouver que $x_k \geqslant 0$ pour conclure que $X \geqslant 0$.

$$AX \geqslant 0 \iff \begin{cases} (2 + c_1)x_1 - x_2 \geqslant 0 \\ \forall i \in [\![2, n-1]\!], -x_{i-1} + (2 + c_i)x_i - x_{i+1} \geqslant 0 \\ -x_{n-1} + (2 + c_n)x_n \geqslant 0 \end{cases}$$

$$\text{i.e. } AX \geqslant 0 \iff \begin{cases} \forall i \in [\![1, n]\!], (2 + c_i)x_i \geqslant x_{i-1} + x_{i+1} \\ x_0 = x_{n+1} = 0 \end{cases}$$

En particulier, $(2 + c_k)x_k \geqslant x_{k-1} + x_{k+1} \geqslant 2x_k \Rightarrow c_k x_k \geqslant 0$.
Si $c_k > 0$ pour $k \in [\![1, n]\!]$, on a $x_k \geqslant 0$.
Sinon, $x_{k-1} + x_{k+1} = 2x_k$ *i.e.* $(x_{k+1} - x_k + (x_{k-1} - x_k) = 0$, ce qui implique $x_k = x_{k-1} = x_{k+1}$, compte tenu de la définition de k. On remplace k par $k-1$ ou $k+1$ et l'on se ramène soit à $k = 1$, soit à $k = n$ ou à $c_k > 0$.

---

22. (i)$\Rightarrow$(ii). $BC = (AX + XA)C = (AX)C - (XC)A$. Comme $\operatorname{tr}(MN = \operatorname{tr}(NM)$, on a $\operatorname{tr}(BC) = 0$.
(ii)$\Rightarrow$(i). D'après l'exercice 12.b. l'application $\mathfrak{M}_n(\mathbb{K}) \to \mathfrak{M}_n(\mathbb{K})^\star, M \mapsto T_M$ où $T_M(X) = \operatorname{tr}(MX)$ est un isomorphisme d'espaces vectoriels.
L'application $u : \mathfrak{M}_n(\mathbb{K}) \to \mathfrak{M}_n(\mathbb{K}), X \mapsto AX + XA$ est un endomorphisme de $\mathfrak{M}_n(\mathbb{K})$ en tant que somme de deux endomorphismes de $\mathfrak{M}_n(\mathbb{K})$.
(ii) équivaut à $\operatorname{Ker}(u) \subset \operatorname{Ker}(T_B)$. D'après l'exercice 1. du chapitre précédent, il existe $g \in \mathfrak{M}_n(\mathbb{K})^\star$ tel que $g \circ u = T_B$. Comme $g \in \mathfrak{M}_n(\mathbb{K})^\star$, il existe $M \in \mathfrak{M}_n(\mathbb{K})$ tel que $g = T_M$. Donc $\forall X \in \mathfrak{M}_n(\mathbb{K}), (g \circ u)(X) = T_B(X)$,

i.e. $\forall X \in \mathfrak{M}_M(\mathbb{K}), T_B(X) = T_M(u(X)) = \mathrm{tr}(M(AX + XA))$,
i.e. $\forall X \in \mathfrak{M}_M(\mathbb{K}), T_B(X) = \mathrm{tr}(MAX) + \mathrm{tr}(AMX) = \mathrm{tr}\big((MA + AM)X\big)$,
i.e. $T_B = T_{MA+AM}$ *i.e.* $B = MA + AM$ puisque $N \mapsto T_N$ est un isomorphisme d'espaces vectoriels.

---

23. a. $E = \begin{pmatrix} t & 0 & z & x+iy \\ 0 & t & x-iy & -z \\ t & x+iy & -t & 0 \\ x-iy & -z & 0 & -t \end{pmatrix} \Rightarrow E^2 = (x^2+y^2+z^2+t^2)I_4.$

D'autre part, $E^2 = x^2A^2 + y^2B^2 + z^2C^2 + t^2D^2 + xy(AB+BA) + yz(BC+CB) + xz(AC+CA) + xt(AD+DA) + yt(BD+DB) + zt(CD+DC)$.

En utilisant des valeurs particulières pour (x,y,z,t) on obtient
$A^2 = B^2 = C^2 = D^2 = I_4$ et

$AB + BA = BC + CB = AC + CA = AD + DA = BD + DB = CD + DC = 0.$

b. $\mathcal{G}$ est l'ensemble des produits finis d'éléments de $\mathcal{E} = \{A, B, C, D\}$ et d'inverses d'éléments de cet ensemble. Comme, si $M \in \mathcal{E}, M^{-1} = M$ et comme les matrices de $\mathcal{E}$ anticommutent *i.e.* sont telles que $MN = -NM$, le résultat est établi.

c. On vient de prouver que l'application
$f : \{-1,1\} \times \{0,1\}^4 \to \mathcal{G}, (\varepsilon, (\alpha_1, \ldots, \alpha_4)) \mapsto \varepsilon A^{\alpha_1} B^{\alpha_2} C^{\alpha_3} D^{\alpha_4}$ est surjective.
Donc $\mathrm{card}(\mathcal{G}) \leqslant 2^5$. Montrons que f est injective.

$\varepsilon A^{\alpha_1} B^{\alpha_2} C^{\alpha_3} D^{\alpha_4} = \varepsilon' A^{\alpha_1'} B^{\alpha_2'} C^{\alpha_3'} D^{\alpha_4'} \Rightarrow A^{\alpha_1-\alpha_1'} B^{\alpha_2-\alpha_2'} C^{\alpha_3-\alpha_3'} D^{\alpha_4-\alpha_4'} = \pm I_4.$

Il suffit de prouver que $\varepsilon A^{\alpha_1} B^{\alpha_2} C^{\alpha_3} D^{\alpha_4} = I_4 \Rightarrow (\alpha_1, \ldots, \alpha_4) = (0,0,0,0)$.
Notons $M = \varepsilon A^{\alpha_1} B^{\alpha_2} C^{\alpha_3} D^{\alpha_4}$ et $(E_1, \ldots, E_4)$ la base canonique de $\mathbb{C}^4$.

Si $M = I_4$, comme $B^{\alpha_2} E_1 = \varepsilon A^{\alpha_1} C^{\alpha_3} D^{\alpha_4} E_1$ est à coefficients réels, $\alpha_2 = 0$.

Comme $D^{\alpha_4} E_1 = E_1$, il s'ensuit que $A^{\alpha_1} C^{\alpha_3} E_1 = \varepsilon E_1$.

$\alpha_3 = 1 \Rightarrow A^{\alpha_1} E_3 = \varepsilon E_1$: absurde. Donc $\alpha_3 = 0$, puis $\alpha_1 = 0$ et $\alpha_4 = 0$.

f est donc bijective et $\mathcal{G}$ a 32 éléments.

---

24. Si u est l'endomorphisme canoniquement associé à A, on a $u^2 = 0$ et $u \neq 0$.
Donc $u^2 = 0 \Rightarrow \mathrm{Im}(u) \subset \mathrm{Ker}(u) \Rightarrow \mathrm{rg}(u) \leqslant \dim\big[\mathrm{Ker}(u)\big]$.

D'après le théorème du rang, $2\,\mathrm{rg}(u) \leqslant \mathrm{rg}(u) + \dim\big[\mathrm{Ker}(u)\big] = 3$.

Comme $\mathrm{rg}(u) \in \mathbb{N}$, il s'ensuit que $\mathrm{rg}(u) \in \{0,1\}$. Comme $A \neq 0$, on a $\mathrm{rg}(u) \neq 0$. Donc $\mathrm{rg}(u) = 1$ et $\dim(\mathrm{Ker}(u)) = 2$.

Soit $e_2 \in \mathrm{Im}(u) \setminus \{0\}$, alors e_2 est un vecteur libre de $\mathrm{Im}(u) \subset \mathrm{Ker}(u)$. Par théorème de la base incomplète, il existe $e_3 \in \mathrm{Ker}(u)$ tel que (e_2, e_3) soit une base de $\mathrm{Ker}(u)$. Comme $e_2 \in \mathrm{Im}(u)$, soit $e_1 \in \mathbb{R}^3$ tel que $u(e_1) = e_2$. Comme $e_2 \neq 0$, $e_2 \notin \mathrm{Ker}(u)$. Donc $\mathbb{R}e_1 + \mathrm{Ker}(u) = \mathbb{R}e_1 \oplus \mathrm{Ker}(u)$ sous-espace vectoriel de $\mathbb{R}^3$ de dimension 3. Donc $\mathbb{R}^3 = \mathbb{R}e_1 \oplus \mathrm{Ker}(u)$. D'où $\mathcal{B}$ est une base de $\mathbb{R}^3$. La matrice J est la matrice de u dans la base $\mathcal{B}$. Donc $A = PJP^{-1}$ où P est la matrice de passage de la base canonique de $\mathbb{R}^3$ à $\mathcal{B}$.

L'application $\varphi_A : X \mapsto AX + XA$ étant somme de deux endomorphismes de $\mathfrak{M}_3(\mathbb{R})$, en est un. $E = \mathrm{Ker}(\varphi_A)$ est donc un sous-espace vectoriel de $\mathfrak{M}_3(\mathbb{R})$.

$X \in E \iff PJP^{-1}X + XPJP^{-1} = 0 \iff JX' + X'J = 0$, où $X' = P^{-1}XP$.

Donc $X \in \mathrm{Ker}(\varphi_A) \iff X' \in \mathrm{Ker}(\varphi_J)$.
L'application $f : X \mapsto X' = P^{-1}XP$ est un isomorphisme de $\mathfrak{M}_3(\mathbb{R})$, car elle est la composée des deux isomorphismes $X \mapsto P^{-1}X$ et $X \mapsto XP$, $\mathrm{Ker}(\varphi_A)$ et $\mathrm{Ker}(\varphi_J)$ ont même dimension. Notons $X' = (\alpha_{i,j}) \in \mathfrak{M}_3(\mathbb{R})$.

$$JX' + X'J = \begin{pmatrix} \alpha_{1,2} & 0 & 0 \\ \alpha_{2,2} & 0 & 0 \\ \alpha_{3,2} & 0 & 0 \end{pmatrix} + \begin{pmatrix} 0 & 0 & 0 \\ \alpha_{1,1} & \alpha_{1,2} & \alpha_{1,3} \\ 0 & 0 & 0 \end{pmatrix}.$$

Donc $JX' + X'J = 0 \iff \begin{cases} \alpha_{1,2} = \alpha_{3,2} = \alpha_{1,3} = 0 \\ \alpha_{1,1} + \alpha_{2,2} = 0 \end{cases}$ si, et seulement si,

$X' = \alpha_{1,1}(M_{1,1} - M_{2,2}) + \alpha_{2,1}M_{2,1} + \alpha_{3,1}M_{3,1} + \alpha_{3,3}M_{3,3} + \alpha_{2,3}M_{2,3}$.

La famille $\{(M_{1,1}-M_{2,2}), M_{2,1}, M_{3,1}, M_{3,3}, M_{2,3}\}$ est donc génératrice de $\mathrm{Ker}(\varphi_J)$. On vérifie qu'elle est libre. C'est une base de $\mathrm{Ker}(\varphi_J)$; donc $\dim(E) = 5$.

---

25. Si r est le rang de $M \in \mathfrak{M}_n(\mathbb{K})$, elle est équivalente à $J_r = \sum_{i=1}^{r} M_{i,i}$ *i.e.* il existe P et Q deux matrices inversibles de $\mathfrak{M}_n(\mathbb{K})$ telles que $M = PJ_rQ$. Comme les $PM_{i,i}Q$ sont des matrices de rang 1, M est somme de r matrices de rang 1. Il suffit de prouver le résultat pour les matrices de rang 1.

Si M est de rang 1, elle est équivalente à $J_1 = M_{1,1}$.
$M_{1,1} = A + B$ où $A = \mathrm{diag}(2, 1, 1 \dots, 1, 0, \dots 0), B = \mathrm{diag}(-1, -1, \dots, -1, 0 \dots 0)$.
Ces matrices diagonales ayant $(n - p)$ zéros dans la diagonale, sont de rang p.

---

26. Montrons que si $X \in \mathfrak{M}_{n,1}(\mathbb{C})$ est telle que $AX = 0$, alors $X = 0$. D'où A sera inversible. Notons $X^T = (\, x_1 \ \cdots \ x_n \,)$ et $|x_p| = \max_{1 \leqslant i \leqslant p} |x_i|$.

$$AX = 0 \Rightarrow |a_{p,p}x_p| = \Big|\sum_{j \neq p} a_{p,j}x_j\Big| \leqslant \sum_{j \neq p} |a_{p,j}||x_j| \leqslant |x_p| \sum_{j \neq p} |a_{p,j}|.$$

Donc $|x_p|\Big(|a_{p,p}| - \sum_{j \neq p} |a_{p,j}|\Big) \leqslant 0$. D'où $|x_p| \leqslant 0$ compte tenu des hypothèses faites sur la matrice A. Donc $x_p = 0$. Par suite, $X = 0$. D'où $A \in \mathrm{GL}_n(\mathbb{C})$.

---

27. a. Si $A \otimes B = (\alpha_{i,j})$ et $(A' \otimes B') = (\beta_{i,j})$ alors $(A \otimes B).(A' \otimes B') = (\gamma_{i,j})$ où

$$\gamma_{i,j} = \sum_{k=1}^{n} \alpha_{i,k}\beta_{k,j} = \sum_{k=1}^{n} a_{i,k}Ba'_{k,j}B' = \sum_{k=1}^{n} a_{i,k}a'_{k,j}BB'.$$

Comme $(AA')_{i,j} = \sum_{k=1}^{n} a_{i,k}a'_{k,j}$, on observe que $(\gamma_{i,j}) = (A.A') \otimes (B.B')$.

b. Si A et B sont inversibles,
$(A \otimes B).(A^{-1} \otimes B^{-1}) = I_n \otimes I_n = I_{n^2}$ et $(A^{-1} \otimes B^{-1})(A \otimes B) = I_{n^2}$.
Donc $(A \otimes B)$ est inversible et $(A \otimes B)^{-1} = A^{-1} \otimes B^{-1}$.

Si A n'est pas inversible, il existe $A' \in \mathfrak{M}_n(\mathbb{K})$ telle que $AA' = 0$. Il suffit de prendre A' nulle sur $\mathrm{Im}(A)$ et non nulle sur un sous-espace vectoriel supplémentaire de $\mathrm{Im}(A)$ dans $\mathbb{K}^n$. On a $(A \otimes B).(A' \otimes I_n) = 0$. La matrice $(A \otimes B)$ n'est pas inversible puisque $(A' \otimes I_n) \neq 0$. On procède de manière analogue si c'est B qui n'est pas inversible.

28. Pour tout élément X de $\mathfrak{M}_n(\mathbb{K})$ et tout i de $[\![1,n]\!]$ on note $C_i(X)$ et $L_i(X)$ les i-ièmes colonnes et lignes de X.

• Si $A = CL$ et $L = (\ell_1 \ \ \dots \ \ \ell_n)$, alors $\forall i \in [\![1,n]\!]$, $C_i(A) = AE_i = C(LE_i) = \ell_i C$ et donc $\mathrm{Im}(A) \subset \mathrm{Vect}(C)$, $\mathrm{rg}(A) \leqslant 1$.

• Si $A = 0$ on choisit C et L nulles. Si A est de rang 1 alors on choisit P et Q dans $\mathrm{GL}_n(\mathbb{K})$ telles que $A = PM_{1,1}Q$. On a $A = (PE_1)(E_1^T Q) = C_1(P)L_1(Q)$.

• Si $A = CL$ alors $\mathrm{tr}(A) = \mathrm{tr}(CL) = \mathrm{tr}(LC) = LC$ car c'est un élément de $\mathfrak{M}_1(\mathbb{K})$ que l'on confond naturellement avec $\mathbb{K}$.
De plus $AC = (CL)C = C(LC) = (LC)C = \mathrm{tr}(A)C$.

---

29. Si A est la matrice donnée par l'énoncé on a, pour tout k dans $[\![1, n-1]\!]$,

$$A^k = \begin{pmatrix} k\left\{\begin{matrix} 0 \\ \vdots \\ 0 \end{matrix}\right. & \cdots & \cdots & \begin{matrix} 0 \\ \vdots \\ 0 \end{matrix} \\ 1 & \ddots & & \vdots \\ & \ddots & \ddots & \vdots \\ (0) & & 1 & \underbrace{0 \cdots 0}_{k} \end{pmatrix}$$

et $A^n = 0$ d'où le sens réciproque.

Supposons $f^n = 0 \neq f^{n-1}$ et choisissons x dans $E \setminus \mathrm{Ker}(f^{n-1})$.
Si $\displaystyle\sum_{i=0}^{n-1} \lambda_i f^i(x) = 0$ avec des λ_i non tous nuls, on choisit k minimal tel que $\lambda_k \neq 0$ et on applique f^{n-k-1}, ce qui a un sens car $k \leqslant n-1$, on obtient $\lambda_k f^{n-1}(x) = 0$ car $f^p = 0$ dès que $p \geqslant n$. Comme ni λ_k ni $f^{n-1}(x)$ n'est nul il y a une absurdité.
On vient de montrer la liberté de $\mathcal{E} = \big(x, f(x), f^2(x), \dots, f^{n-1}(x)\big)$ de cardinal n donc base. Relativement à cette base A est matrice de f.

---

30. a. Si $a^p = 0$ et $b^q = 0$ et a et b commutent, $(ab)^p = a^p b^p = 0$.
D'après le binôme de Newton, comme $ab = ba$,

$$(a+b)^{p+q} = \sum_{k=0}^{p+q} \binom{p+q}{k} a^{p+q-k} b^k = \alpha + \beta \text{ où}$$

$$\alpha = \sum_{k=0}^{q} \binom{p+q}{k} a^{p+q-k} b^k = 0 \text{ car } p+q-k \geqslant p \text{ et } a^{p+q-k} = 0, \text{ et}$$

$$\beta = \sum_{k=q+1}^{p+q} \binom{p+q}{k} a^{p+q-k} b^k = 0 \text{ car } k > q \text{ et } b^k = 0.$$

Donc$(a+b)^{p+q} = 0$. Donc $a+b$ est nilpotente.

b. Si $i \neq j$, $M_{i,j}^2 = 0$, donc $M_{i,j} \in \mathcal{N}$.

c. Cas où $n = 2$.
On a $M_{1,1} - M_{2,2} = \begin{pmatrix} 1 & 1 \\ -1 & -1 \end{pmatrix} + \begin{pmatrix} 0 & 0 \\ 1 & 0 \end{pmatrix} - \begin{pmatrix} 0 & 1 \\ 0 & 0 \end{pmatrix} = B + M_{2,1} - M_{1,2}$
où $B = \begin{pmatrix} 1 & 1 \\ -1 & -1 \end{pmatrix}$ est de rang 1 et de trace nulle, ce qui implique (exercice 30) que $B^2 = 0$.

Solutions

Cas général $n \geqslant 2$. Si $i \neq j$, on a $M_{i,i} - M_{j,j} = A + M_{i,j} - M_{j,i}$ où $A = (a_{p,q})$ avec $a_{i,i} = 1, a_{j,j} = -1, a_{i,j} = -1, a_{j,i} = 1$ et $a_{p,q} = 0$ sinon. Le calcul est analogue à celui fait dans le cas où $n = 2$, d'où la conclusion.

d. Si $D = \text{diag}(\lambda_1, \ldots, \lambda_n)$ avec $\text{tr}(D) = \lambda_1 + \cdots \lambda_n = 0$, on peut écrire $D = \lambda_1(M_{1,1} - M_{2,2}) + (\lambda_1 + \lambda_2)(M_{2,2} - M_{3,3}) + \cdots + (\lambda_1 + \cdots + \lambda_{n-1})(M_{n-1,n-1} - M_{n,n})$ ce qui implique $D \in \nu$.

e. Si $M \in H$, alors $M = D + R$ où D est la matrice diagonale dont les éléments diagonaux sont ceux de M. Comme $\text{tr}(M) = \text{tr}(D) = 0$, on a $D \in \nu$ d'après d.

$\text{tr}(R) = 0$ et $R \in \text{Vect}(M_{i,j})_{i \neq j}$, donc $R \in \nu$ d'après b. Donc $H \subset \nu$.

Comme toute matrice nilpotente est de trace nulle d'après le résultat admis ou d'après un travail dirigé qui suit, $\nu \subset H$, et donc $\nu = H$.

Travaux dirigés

Génération de $\mathbf{SL_2}(\mathbb{Z})$

On note $SL_2(\mathbb{Z})$ l'ensemble des matrices $M = \begin{pmatrix} a & b \\ c & d \end{pmatrix}$ à coefficients dans $\mathbb{Z}$ telles que : $ad - bc = 1$.

1. Justifier très brièvement que $\text{SL}_2(\mathbb{Z})$ est un groupe.

On considère les éléments de $\text{SL}_2(\mathbb{Z})$: $T = \begin{pmatrix} 1 & 1 \\ 0 & 1 \end{pmatrix}$ et $J = \begin{pmatrix} 0 & -1 \\ 1 & 0 \end{pmatrix}$

2. Calculer J^2 ; calculer T^m pour $m \in \mathbb{Z}$.

3. On donne $M = \begin{pmatrix} a & b \\ c & d \end{pmatrix} \in \text{SL}_2(\mathbb{Z})$. Pour $q \in \mathbb{Z}$, calculer MT^{-q}.

Calculer MJ.

4. On donne M comme en 3.

Soit $\mathcal{E}$ l'ensemble des éléments de $\text{SL}_2(\mathbb{Z})$ de la forme $MA_1^{\alpha_1} A_2^{\alpha_2} \cdots A_m^{\alpha_m}$ où $m \in \mathbb{N}$, où les α_i sont dans $\mathbb{Z}$ et où pour tout i, on a $A_i \in \{T, J\}$.
(Si $m = 0$, la matrice écrite est par convention M).

Pour chaque élément $N = \begin{pmatrix} \alpha & \beta \\ \gamma & \delta \end{pmatrix} \in \mathcal{E}$, on note $\varphi(N) = |\gamma|$.

Soit m le minimum des entiers $\varphi(N)$ pour N décrivant $\mathcal{E}$.

Soit $N \in \mathcal{E}$, $N = \begin{pmatrix} \alpha & \beta \\ \gamma & \delta \end{pmatrix}$ telle que $\gamma \neq 0$. Utiliser les résultats de la question 3 pour montrer qu'il existe $N' \in \mathcal{E}$ telle que $\varphi(N') < \varphi(N)$.
À cet effet, on pourra considérer un élément $q \in \mathbb{Z}$ tel que $|\delta - \gamma q| < |\gamma|$.

En déduire que $m = 0$.

Soit alors $N = \begin{pmatrix} \alpha & \beta \\ \gamma & \delta \end{pmatrix} \in \mathcal{E}$ telle que $\gamma = 0$. Montrer que N appartient au sous-groupe $\langle T, J \rangle$ de $\mathrm{SL}_2(\mathbb{Z})$ engendré par T et J *i.e.* au plus petit sous-groupe (au sens de l'inclusion) de $\mathrm{SL}_2(\mathbb{Z})$ contenant T et J.

5. Déduire de ce qui précède que $\mathrm{SL}_2(\mathbb{Z})$ est engendré par $\{T, J\}$.

Solution

1. $I_2 \in \mathrm{SL}_2(\mathbb{Z})$ et, si M et M' sont éléments de $\mathrm{SL}_2(\mathbb{Z})$ avec $M = \begin{pmatrix} a & b \\ c & d \end{pmatrix}$ et $M' = \begin{pmatrix} a' & b' \\ c' & d' \end{pmatrix}$, alors $MM'^{-1} = \begin{pmatrix} a & b \\ c & d \end{pmatrix} \begin{pmatrix} d' & -b' \\ -c' & a' \end{pmatrix} = \begin{pmatrix} ad' - bc' & a'b - ab' \\ cd' - dc' & da' - cb' \end{pmatrix}$ qui est à coefficients dans $\mathbb{Z}$ et $\det(MM'^{-1}) = \left[\det(M)\right]\left[\det(M'^{-1})\right] = 1$. Donc $\mathrm{SL}_2(\mathbb{Z})$ est un sous-groupe de $\mathrm{GL}_2(\mathbb{R})$.

2. $J^2 = -I_2$ et $T = I_2 + N$ où $N = \begin{pmatrix} 0 & 1 \\ 0 & 0 \end{pmatrix}$ vérifie $N^2 = 0$.
Si $m \in \mathbb{N}$. $T^m = (I_2 + N)^m = I_2 + mN$ par la formule du binôme d'où $T^m = \begin{pmatrix} 1 & m \\ 0 & 1 \end{pmatrix}$. De plus $T^m(I_2 - mN) = I_2 - m^2N^2 = I_2$ d'où $T^{-m} = I_2 - mN$.
En définitive, pour tout $m \in \mathbb{Z}$, $T^m = \begin{pmatrix} 1 & m \\ 0 & 1 \end{pmatrix}$.

3. $MT^{-q} = \begin{pmatrix} a & b - aq \\ c & d - cq \end{pmatrix}$ et $MJ = \begin{pmatrix} b & -a \\ d & -c \end{pmatrix}$.

4. Si $\gamma > 0$, la division euclidienne de δ par γ montre l'existence de q dans $\mathbb{Z}$ tel que $0 \leqslant \delta - \gamma q < \gamma$. Sinon on a $\gamma < 0$ et la division euclidienne de $-\delta$ par $-\gamma$ fournit un q dans $\mathbb{Z}$ tel que $0 \leqslant \gamma q - \delta < -\gamma$. Choisissons un tel q.
Alors $N' = NT^{-q}J = \begin{pmatrix} \alpha' & \beta' \\ \gamma' & \delta' \end{pmatrix}$ où $\gamma' = \delta - \gamma q$ et donc $\varphi(N') < \varphi(N)$.
On vient de montrer que m ne peut pas être strictement positif ; comme $m \in \mathbb{N}$, nécessairement $m = 0$.
Si $N = \begin{pmatrix} \alpha & \beta \\ 0 & \delta \end{pmatrix} \in \mathrm{SL}_2(\mathbb{Z})$ alors $\alpha\delta = 1$ et $(\alpha, \delta) \in \mathbb{Z}^2$ d'où $(\alpha, \delta) = \pm(1, 1)$.
- Si $(\alpha, \delta) = (1, 1)$ alors $N = T^\beta$.
- Si $(\alpha, \delta) = -(1, 1)$ alors $NJ^2 = -N = T^{-\beta}$ d'où $N = T^{-\beta}J^{-2}$.

Dans tous les cas $N \in \langle T, J \rangle$.

5. Utilisons les notations et les résultats précédents. Si $M \in SL_2(\mathbb{Z})$ on arrive à $MA_1^{\alpha_1} \ldots A_m^{\alpha_m} \in \langle T, J \rangle$ et, comme $(A_1^{\alpha_1} \ldots A_m^{\alpha_m})^{-1} = A_m^{-\alpha_m} \ldots A_1^{-\alpha_1} \in \langle T, J \rangle$ il vient $M \in \langle T, J \rangle$. Donc $\mathrm{SL}_2(\mathbb{Z}) \subset \langle T, J \rangle \subset \mathrm{SL}_2(\mathbb{Z})$.
Donc $\mathrm{SL}_2(\mathbb{Z})$ est engendré par $\{T, J\}$.

Solutions

Pseudo inverse

Soit $A = \left(a_{i,j}\right)_{\substack{1\leqslant i\leqslant n\\ 1\leqslant j\leqslant p}}$ un élément de $\mathfrak{M}_{n,p}(\mathbb{R})$.

1. Montrer $\mathrm{tr}(AA^T) = 0 \Rightarrow A = 0$.

2. Soient B et C matrices telles que $BAA^T = CAA^T$. Montrer $BA = CA$.

3. On considère le système (S) $\begin{cases} \text{(a)} & AXA = A \\ \text{(b)} & (AX)^T = AX \\ \text{(c)} & XAX = X \\ \text{(d)} & (XA)^T = XA \end{cases}$ où $X \in \mathfrak{M}_{p,n}(\mathbb{R})$.

Montrer que $\begin{cases} \text{(b)} \\ \text{(c)} \end{cases} \iff$ (bc) $XX^TA^T = X$ et $\begin{cases} \text{(a)} \\ \text{(d)} \end{cases} \iff$ (ad) $XAA^T = A^T$.

4. Montrer que si B vérifie (4) $BA^TAA^T = A^T$ alors $X = BA^T$ est solution de (ad) puis que X est solution de (bc) et donc de (S).

5. En utilisant la question 2 montrer que s'il existe $r \in \mathbb{N}^\star$ tel que

(5) $\qquad B\left(A^TA\right)^{r+1} = \left(A^TA\right)^r$ alors B vérifie la relation (4).

6. Montrer qu'il existe un polynôme non nul P tel que $P(A^TA) = 0$. En déduire l'existence d'une solution B de (5). *(On prendra pour r la valuation de P).* On a ainsi montré l'existence d'une solution X de (S).

7. Montrer, en utilisant (bc) et (ad) que la solution X de (S) est unique, on la note $A^\natural$. Montrer $\left(A^\natural\right)^\natural = A$.

Si $p = n$ et $A \in \mathrm{GL}_n(\mathbb{R})$ montrer l'égalité $A^\natural = A^{-1}$.

Solution

1. On a $\mathrm{tr}(AA^T) = \sum_{i=1}^{n}(AA^T)_{i,i} = \sum_{i=1}^{n}\sum_{j=1}^{p} a_{i,j}^2$ somme de réels positifs.

Donc $\mathrm{tr}(AA^T) = 0 \Rightarrow \forall (i,j) \in [\![1,n]\!] \times [\![1,p]\!],\ a_{i,j} = 0$ *i.e.* $A = 0$.

2. Avec $D = B - C$ on a $DAA^T = 0$ d'où $DAA^TD^T = 0$ *i.e.* $(DA)(DA)^T = 0$ et 1. montre alors que $DA = 0$ *i.e.* $BA = CA$.

3. • Si (b) alors $X(X^TA^T) = X(AX)$ d'où (bc) si l'on suppose de plus (c).

• Si (bc), alors $XX^TA^TX^T = XX^T$ et, en transposant, $XAXX^T = XX^T$ *i.e.* $(XA)XX^T = (I_p)XX^T$ d'où $XAX = I_pX$ d'après 2. et (c) en découle.

De plus (bc)$\Rightarrow AX = AXX^TA^T$ d'où $(AX)^T = AXX^TA^T = AX$ et (b).

• Supposons (a) et (d), (d)$\Rightarrow XAA^T = A^TX^TA^T = (AXA)^T = A^T$ par (a) d'où (ad).

• (ad)$\Rightarrow AA^TX^T = A \Rightarrow XA = XAA^TX^T$

d'où $(XA)^T = XAA^TX^T = XA$ et (d).

D'autre part (ad)$\Rightarrow AXAA^pT = AA^T = I_nAA^T \Rightarrow AXA = I_nA = A$ d'après 2.

En résumé : $\begin{cases} \text{(b)} \\ \text{(c)} \end{cases} \iff$ (bc) $\qquad$ et $\qquad \begin{cases} \text{(a)} \\ \text{(d)} \end{cases} \iff$ (ad).

4. Supposons (4) et posons $X = BA^T$, alors $XAA^T = BA^TAA^T = A^T$ d'après (4), donc X est solution de (ad).
Donc X vérifie (a) et $A^TX^TA^T = A^T$ d'où $XX^TA^T = BA^TX^TA^T = BA^T = X$ et X est solution de (bc). D'après 3. X est alors solution de (S).

5. Montrons par récurrence sur r que (5)$\Rightarrow$(4).
• Si $r = 1$, $BA^TAA^TA = A^TA$. Posons $A' = A^T$, alors $(BA^TA)A'A'^T = A'A'^T$ et, d'après 2. $(BA^TA)A' = A'$ *i.e.* (4).
• Supposons l'implication établie à un rang $r \geqslant 1$.

Si $B(A^TA)^{r+2} = (A^TA)^{r+1}$, avec $A' = A^T$, on a $(BA^TA)A'A'^T = A'A'^T$ d'où, d'après 2., $\left[B(A^TA)^{r+1}\right]A^T = \left[(A^TA)^r\right]A^T$
i.e. $\left[B(A^TA)^rA^T\right]AA^T = \left[(A^TA)^{r-1}A^T\right]AA^T$ d'où, toujours d'après 2., $\left[B(A^TA)^rA^T\right]A = \left[(A^TA)^{r-1}A^T\right]A$ *i.e.* $B(A^TA)^{r+1} = (A^TA)^r$ puis (4) d'après l'hypothèse de récurrence.

En, définitive (5)$\Rightarrow$(4).

6. $\mathfrak{M}_p(\mathbb{R})$ étant de dimension p^2, la famille $\left((A^TA)^k\right)_{0\leqslant k\leqslant p^2}$ est liée, en écrivant $\displaystyle\sum_{k=0}^{p^2}\lambda_k(A^TA)^k = 0$ où $(\lambda_0,\ldots,\lambda_{p^2})\in\mathbb{R}^{p^2}\setminus\{0\}$, le polynôme $P = \displaystyle\sum_{k=0}^{p^2}\lambda_kX^k$ est non nul et vérifie $P\big((A^TA)\big) = 0$. Notons r la valuation de P.

On a $(A^TA)^r = \displaystyle\sum_{k=r+1}^{p^2} -\Big(\frac{\lambda_k}{\lambda_r}\Big)(A^TA)^k = \Big[\sum_{k=r+1}^{p^2} -\Big(\frac{\lambda_k}{\lambda_r}\Big)(A^TA)^{k-r-1}\Big](A^TA)^{r+1}$

Par suite $B = \displaystyle\sum_{k=r+1}^{p^2} -\Big(\frac{\lambda_k}{\lambda_r}\Big)(A^TA)^{k-r-1} = \sum_{i=0}^{p^2-r-1} -\Big(\frac{\lambda_{r+i+1}}{\lambda_r}\Big)(A^TA)^i$ est solution.

7. Si X_1 et X_2 sont solutions de (S), en utilisant (bc) et (ad) on arrive à :

$$(X_1X_1^T - X_2X_2^T)A^T = X_1 - X_2 \quad (\star) \qquad \text{et} \qquad (X_1 - X_2)AA^T = 0 \quad (\star\star)$$

Posons $Y = X_1X_1^T - X_2X_2^T$, alors $\begin{cases} (\star) \iff YA^T = X_1 - X_2 \\ (\star\star) \Rightarrow (YA^T)AA^T = 0 = 0AA^T \end{cases}$

D'après 2. on a successivement $YA^TA = 0A = 0A^TA$ et $YA^T = 0A^T = 0$ d'où $X_1 = X_2$ d'après $(\star)$.

Posons $X' = A$ et $A' = A^\natural$, alors, comme $A^\natural$ est solution de (S), il vient :

$$\begin{cases} X'A'X' = X' \\ (X'A')^T = X'A' \\ A'X'A' = A' \\ (A'X')^T = A'X' \end{cases} \text{d'où} \begin{cases} A'X'A' = A' \\ (A'X')^T = A'X' \\ X'A'X' = X' \\ (X'A')^T = X'A' \end{cases}$$ et donc, par unicité de $A'^\natural$, $X' = A'^\natural$.

En définitive, $A = (A^\natural)^\natural$.

Supposons $A\in\mathrm{GL}_n(\mathbb{R})$, $AA^{-1}A = A$, $(AA^{-1})^T = I_n = AA^{-1}$, $A^{-1}AA^{-1} = A^{-1}$ et $(A^{-1}A)^T = I_n = A^{-1}A$, donc A^{-1} est solution de (S). Par unicité de $A^\natural$, on en déduit que $A^\natural = A^{-1}$.

Commutateurs

1. Si $A \in \mathfrak{M}_n(\mathbb{K})$ montrer que $\mathrm{tr}(A)$ est nulle si, et seulement si, il existe $P \in \mathrm{GL}_n(\mathbb{K})$ et N matrice à diagonale nulle telles que $A = P^{-1}NP$.
On pourra utiliser l'exercice 9 du chapitre précédent.

2. Si $(A, B) \in \big(\mathfrak{M}_n(\mathbb{K})\big)^2$ on appelle commutateur de (A, B) et on note $[A, B]$ la matrice $AB - BA$. On note $\mathcal{C}$ l'ensemble des commutateurs et $\mathcal{N}$ l'ensemble des éléments de $\mathfrak{M}_n(\mathbb{K})$ à diagonale nulle.
Enfin $\Phi : \mathfrak{M}_n(\mathbb{K}) \to \mathfrak{M}_n(\mathbb{K})$ est définie par $\Phi(X) = [D, X]$ où D est la matrice $\mathrm{diag}(1, 2, \ldots, n)$.
a. Montrer que Φ induit un automorphisme de $\mathcal{N}$.
b. Montrer que, si C est un commutateur et $P \in \mathrm{GL}_n(\mathbb{K})$, alors PCP^{-1} est encore un commutateur.
c. En déduire $\mathrm{Ker}(\mathrm{tr}) = \mathcal{C}$.

Solution

1. La réciproque est immédiate, on va montrer le sens direct par récurrence sur n.
Le cas $n = 1$ est clair.
Supposons la propriété établie à un rang n et soit $A \in \mathfrak{M}_{n+1}(\mathbb{K})$ de trace nulle.
Si $A \in \mathrm{Vect}(I_{n+1})$ alors A est nulle et c'est terminé.
Sinon, en notant φ un endomorphisme de $\mathbb{K}^{n+1}$ dont A est matrice, l'exercice 9 du chapitre précédent, assure l'existence d'un vecteur x tel que $\big(x, \varphi(x)\big)$ soit libre. Complétons en $\mathcal{E} = \big(x, \varphi(x), e_3, \ldots, e_{n+1}\big)$ base de $\mathbb{K}^{n+1}$, la matrice A' de φ relativement à $\mathcal{E}$ s'écrit $\begin{pmatrix} 0 & \star & \cdots & \star \\ 1 & & & \\ 0 & & & \\ \vdots & & B & \\ 0 & & & \end{pmatrix}$ avec $B \in \mathfrak{M}_n(\mathbb{K})$ et $\mathrm{tr}(B) = 0$ bien sûr.

Par hypothèse de récurrence on peut choisir P dans $\mathrm{GL}_n(\mathbb{K})$ et B' à diagonale nulle telles que $PBP^{-1} = B'$.

Considérons les matrices $Q = \begin{pmatrix} 1 & 0 & \cdots & 0 \\ 0 & & & \\ \vdots & & P & \\ 0 & & & \end{pmatrix}$ et $Q' = \begin{pmatrix} 1 & 0 & \cdots & 0 \\ 0 & & & \\ \vdots & & P^{-1} & \\ 0 & & & \end{pmatrix}$ définies par blocs, alors $QQ' = I_{n+1}$ facilement, donc Q est inversible et $Q^{-1} = Q'$.

Par blocs, $QA'Q^{-1} = \begin{pmatrix} 0 & \star & \cdots & \star \\ \star & & & \\ \vdots & & PBP^{-1} & \\ \star & & & \end{pmatrix} = \begin{pmatrix} 0 & \star & \cdots & \star \\ \star & & & \\ \vdots & & B' & \\ \star & & & \end{pmatrix}$ matrice à diagonale nulle de la forme RAR^{-1}, d'où la fin de la récurrence.

2. a. Φ est clairement linéaire. Si $X \in \mathfrak{M}_n(\mathbb{K})$ et $(i, j) \in [\![1, n]\!]^2$ on a :
$(DX)_{i,j} = \sum_{k=1}^{n} d_{i,k} x_{k,j} = i x_{i,j}$ et $(XD)_{i,j} = \sum_{k=1}^{n} x_{i,k} d_{k,j} = j x_{i,j}$ d'où, par différence, $[D, X]_{i,j} = (i - j) x_{i,j}$.

• Si $X \in \mathcal{N}$ alors, pour tout i dans $[\![1, n]\!]$, $[D, X]_{i,i} = 0$ d'où $\Phi(X) \in \mathcal{N}$ et Φ induit un endomorphisme $\widetilde{\Phi}$ de $\mathcal{N}$.

• Si $X \in \mathrm{Ker}(\widetilde{\Phi})$ alors, pour $i \neq j$, $(i-j)x_{i,j} = 0$ d'où $x_{i,j} = 0$ et donc $X = 0$ car $X \in \mathcal{N}$.

$\widetilde{\Phi}$ est donc un automorphisme de $\mathcal{N}$.

b. Si $P \in \mathrm{GL}_n(\mathbb{K})$, A et B dans $\mathfrak{M}_n(\mathbb{K})$ alors $P[A, B]P^{-1} = PABP^{-1} - PBAP^{-1}$ d'où $P[A, B]P^{-1} = (PAP^{-1})(PBP^{-1}) - (PBP^{-1})(PAP^{-1}) = [PAP^{-1}, PBP^{-1}]$ qui est élément de $\mathcal{C}$.

c. Si A et B sont dans $\mathfrak{M}_n(\mathbb{K})$ alors $\mathrm{tr}\big([A, B]\big) = \mathrm{tr}(AB) - \mathrm{tr}(BA) = 0$ d'où $\mathcal{C} \subset \mathrm{Ker}(\mathrm{tr})$.

Si $Y \in \mathrm{Ker}(\mathrm{tr})$, écrivons $Y = PNP^{-1}$ où $P \in \mathrm{GL}_n(\mathbb{K})$ et $N \in \mathcal{N}$ en utilisant 1. Comme $\widetilde{\Phi}$ est un automorphisme de $\mathcal{N}$, on peut considérer $X = \widetilde{\Phi}^{-1}(bc)$ et alors $Y = P[D, X]P^{-1} \in \mathcal{C}$ d'après b. Donc $\mathrm{Ker}(\mathrm{tr}) = \mathcal{C}$.

Suggestion : essayez de montrer directement que $\mathcal{C}$ est stable par l'addition.

Solutions

12 - Déterminants

Rappels de cours

1. **Groupes symétriques**

Définitions

On appelle groupe des permutations de $[\![1,n]\!]$ le groupe noté $(S_n, \circ)$ des bijections de $[\![1,n]\!]$ sur lui-même. Il s'agit d'un groupe de cardinal $n!$ non commutatif dès que $n \geqslant 3$. Son élément neutre est noté e et la loi $\circ$ est aussi notée multiplicativement.
Si $(i,j) \in [\![1,n]\!]^2$ et $i \neq j$ on appelle transposition (i,j) la permutation σ telle que $\sigma(i) = j$, $\sigma(j) = i$ et $\forall k \in [\![1,n]\!] \setminus \{i,j\}$, $\sigma(k) = k$. Ainsi $(i,j)^2 = e$.
Si $\{a_1, a_2, \ldots, a_p\}$ est une partie de cardinal $p \geqslant 2$ de $[\![1,n]\!]$ on appelle cycle $(a_1\ a_2 \cdots a_p)$ l'élément σ de S_n défini par : $\forall i \in [\![1,p-1]\!]$, $\sigma(a_i) = a_{i+1}, \sigma(a_p) = a_1$ et $\forall k \in [\![1,n]\!] \setminus \{a_1, \ldots, a_p\}$, $\sigma(k) = k$. L'ensemble $\{a_1, a_2, \ldots a_p\}$ est appelé support du cycle. Ainsi la transposition (i,j) est le cycle de support $\{i,j\}$ et $(a_1\ a_2 \cdots a_p)^{-1} = (a_p\ a_{p-1} \cdots a_1)$.

Décompositions

Toute permutation de $[\![1,n]\!]$ est le produit d'au plus $n-1$ transpositions. Elle est également le produit de cycles à supports disjoints, cette dernière décomposition est unique à l'ordre près des facteurs et les cycles qui y interviennent commutent entre eux.

Signature

Il existe une unique application, notée ε, de S_n dans $\{-1, 1\}$ telle que :
(i) pour toute transposition τ on a $\varepsilon(\tau) = -1$,
(ii) pour toutes permutations σ et σ' on a $\varepsilon(\sigma\sigma') = \varepsilon(\sigma)\varepsilon(\sigma')$.

Remarque : si on décompose σ en produit de transpositions alors $\varepsilon(\sigma) = 1$ si le nombre de transpositions est pair, $\varepsilon(\sigma) = -1$ sinon.

2. **Déterminant d'une famille de vecteurs**

E désigne désormais un espace vectoriel sur $\mathbb{K}$ de dimension finie n où $n \in \mathbb{N}^\star$.

Formes n-linéaires alternées.

On appelle forme n-linéaire alternée sur E toute application f de E^n dans $\mathbb{K}$ vérifiant :
(i) $\forall (a_1, \ldots, a_n) \in E^n, \forall j \in [\![1,n]\!], x \mapsto f(a_1, \ldots, a_{j-1}, x, a_{j+1}, \ldots, a_n)$ est linéaire,
(ii) $\forall (x_1, \ldots, x_n) \in E^n$, $\text{card}\left(\{x_1, x_2, \ldots, x_n\}\right) < n \Rightarrow f(x_1, \ldots, x_n) = 0$.

Si f est une forme n-linéaire alternée sur E et si $\sigma \in S_n$ on note ${}^{\sigma}f$ l'application définie par : $\forall (x_1, \ldots, x_n) \in E^n$, ${}^{\sigma}f(x_1, \ldots, x_n) = f(x_{\sigma(1)}, x_{\sigma(2)}, \ldots, x_{\sigma(n)})$, il s'agit encore d'une forme n-linéaire alternée.
Si f est une forme n-linéaire alternée sur E alors :
(i) si $(x_1, \ldots, x_n)$ est liée on a $f(x_1, \ldots, x_n) = 0$,
(ii) $\forall \sigma \in S_n$, ${}^{\sigma}f = \varepsilon(\sigma) f$ et, donc, si τ est une transposition, ${}^{\tau}f = -f$.

Déterminant d'une famille de vecteurs dans une base

Théorème et définition : si e est une base de E il existe une unique forme n-linéaire alternée f telle que $f(e) = 1$. On l'appelle déterminant dans la base e et on la note $\det_e$. De plus g est une forme n-linéaire alternée si, et seulement si, il existe $\lambda \in \mathbb{K}$ tel que $g = \lambda \det_e$. Si $e = (e_1, \ldots, e_n)$ et $\forall j \in [\![1, n]\!]$, $x_j = \sum_{i=1}^{n} a_{i,j} e_i$ alors $\det_e(x_1, \ldots, x_n) = \sum_{\sigma \in S_n} \varepsilon(\sigma) \prod_{j=1}^{n} a_{\sigma(j),j}$.
Si e et e' sont deux bases de E alors $\det_{e'} = \det_{e'}(e) \times \det_e$ et $(x_1, \ldots, x_n)$ est une base de E si, et seulement si, $\det_e(x_1, \ldots, x_n) \neq 0$.

Interprétations géométriques :
Si $\mathbb{K} = \mathbb{R}$ on dit que deux bases e et e' de E sont de même sens si $\det_e(e') > 0$. Il s'agit d'une relation d'équivalence sur l'ensemble des bases de E et il y a deux classes d'équivalence. Orienter E consiste à choisir la classe dite des bases directes, l'autre classe étant appelée classe des bases indirectes.

Si A, B, C, D sont les sommets d'un parallélogramme de $\mathbb{R}^2$ et si e est la base canonique de $\mathbb{R}^2$ alors $\det_e\left(\overrightarrow{AB}, \overrightarrow{AD}\right)$ est l'aire algébrique du parallélogramme orienté (A, B, C, D).
De même si e est la base canonique de $\mathbb{R}^3$ alors $\det_e\left(\overrightarrow{AB}, \overrightarrow{AC}, \overrightarrow{AD}\right)$ est l'aire algébrique du parallélépipède orienté construit à partir des points A, B, C, D.

Déterminant d'un endomorphisme

Théorème et définition : si $u \in \mathcal{L}(E)$ alors $e \mapsto \det_e\big(u(e)\big)$ est constante sur l'ensemble des bases de E. Cette constante est appelée déterminant de u et notée $\det(u)$. Par suite si $v \in \mathcal{L}(E)$ alors $\det(u \circ v) = \det(u) \times \det(v)$ et, donc, $u \in \mathrm{GL}(E) \iff \det(u) \neq 0$.
On a $\det(I_E) = 1$, $\det(\lambda u) = \lambda^n \det(u)$ si $\lambda \in \mathbb{K}$ et $\det(u^{-1}) = \big[\det(u)\big]^{-1}$ si $u \in \mathrm{GL}(E)$.

Déterminant d'une matrice carrée

Définition : si $A \in \mathfrak{M}_n(\mathbb{K})$ on pose $\det(A) = |A| = \sum_{\sigma \in S_n} \varepsilon(\sigma) \prod_{j=1}^{n} a_{\sigma(j),j}$.

Si u est un endomorphisme d'un espace vectoriel de dimension n de matrice A, si l'on note $C_1, C_2, \ldots, C_n$ les colonnes de A et si e est la base canonique de $\mathfrak{M}_{n,1}(\mathbb{K})$ alors $\det(A) = \det(u) = \det_e(C_1, \ldots, C_n)$.

Propriétés :
Soient $\lambda \in \mathbb{K}$ et $(A, B) \in \big(\mathfrak{M}_n(\mathbb{K})\big)^2$.
$\det(I_n) = 1, \det(\lambda A) = \lambda^n \det(A), \det(AB) = \det(A) \times \det(B), \det(A^T) = \det(A)$.
$A \in \mathrm{GL}_n(\mathbb{K}) \iff \det(A) \neq 0 \iff \mathrm{rg}(A) = n$.
Si $P \in \mathrm{GL}_n(\mathbb{K})$ alors $\det(P^{-1}) = \big[\det(P)\big]^{-1}$ et $\det(A) = \det(P^{-1}AP)$.

Calcul du déterminant d'une matrice

Opérations élémentaires : soit $A \in \mathfrak{M}_n(\mathbb{K})$ de colonnes notées $C_1, C_2, \ldots, C_n$.

- $C_j \leftarrow C_j + \sum\limits_{k \neq j} \lambda_k C_k$ ne change pas $\det(A)$,
- $C_j \leftrightarrow C_k$ multiplie $\det(A)$ par -1,
- $C_j \leftarrow \lambda C_j$ multiplie $\det(A)$ par λ.

Développement selon une rangée :
Si $(i,j) \in [\![1,n]\!]^2$ on appelle cofacteur i,j et on note $\Delta_{i,j}(A)$ ou plus simplement $\Delta_{i,j}$ le produit par $(-1)^{i+j}$ du déterminant de la matrice obtenue en supprimant dans A la i-ième ligne et la j-ème colonne.
La matrice des cofacteurs de A est appelée comatrice de A et notée $\mathrm{com}(A)$; soit $\mathrm{com}(A) = \big(\Delta_{i,j}\big)_{\substack{1 \leqslant i \leqslant n \\ 1 \leqslant j \leqslant n}} \in \mathfrak{M}_n(\mathbb{K})$.

Si $(i,j) \in [\![1,n]\!]^2$ alors $\det(A) = \sum\limits_{k=1}^{n} a_{i,k}\Delta_{i,k} = \sum\limits_{k=1}^{n} a_{k,j}\Delta_{k,j}$.
On en déduit $A \times \mathrm{com}(A)^T = \mathrm{com}(A)^T \times A = \det(A) \times I_n$, par suite si $A \in \mathrm{GL}_n(\mathbb{K})$ alors $A^{-1} = \dfrac{1}{\det(A)} \times \mathrm{com}(A)^T$.

Matrices triangulaires :
Si A est triangulaire supérieure ou inférieure alors $\det(A) = \prod\limits_{i=1}^{n} a_{i,i}$.

Déterminant de Vandermonde : si $(\alpha_1, \ldots, \alpha_n) \in \mathbb{K}^n$ alors le déterminant de la matrice carrée à n colonnes de coefficient générique i,j égal à α_j^{i-1} est $\prod\limits_{1 \leqslant i < j \leqslant n} (\alpha_j - \alpha_i)$; on le notera $\mathrm{Vdm}(\alpha_1, \ldots, \alpha_n)$.

Formules de Cramer :
Soient $A \in \mathrm{GL}_n(\mathbb{K})$, $B \in \mathfrak{M}_{n,1}(\mathbb{K})$. On note e la base canonique de $\mathfrak{M}_{n,1}(\mathbb{K})$ et $C_1, C_2, \ldots, C_n$ les colonnes de A. Alors la solution du système, dit de Cramer, $AX = B$ vérifie : $\forall i \in [\![1,n]\!]$, $x_i = \dfrac{\det_e(C_1, \ldots, C_{i-1}, X, C_{i+1}, \ldots, C_n)}{\det(A)}$.

Énoncés des exercices

1. Matrices de permutation

a. Si $M \in \mathrm{GL}_n(\mathbb{R})$ et si $\forall j \in [\![1,n]\!]$, il existe i_j dans $[\![1,n]\!]$ tel que $m_{i_j,j} = 1$ et $(i \neq j \Rightarrow m_{i,j} = 0)$ montrer l'existence de σ dans S_n tel que : $\forall j \in [\![1,n]\!]$, $i_j = \sigma(j)$. On pose alors $\varphi(\sigma) = M$. Vérifier : $\forall (i,j) \in [\![1,n]\!]^2$, $m_{i,j} = \delta_{i,\sigma(j)}$.
b. Montrer : $\forall (\sigma, \sigma') \in S_n^2$, $\varphi(\sigma\sigma') = \varphi(\sigma)\varphi(\sigma')$, $\varphi(\sigma)^{-1} = \varphi(\sigma)^T$ et enfin $\det\big(\varphi(\sigma)\big) = \varepsilon(\sigma)$.

2. Quelques calculs :

a. $\begin{vmatrix} 1 & \binom{n}{1} & \cdots & \binom{n}{p} \\ 1 & \binom{n+1}{1} & \cdots & \binom{n+1}{p} \\ \vdots & \vdots & & \vdots \\ 1 & \binom{n+p}{1} & \cdots & \binom{n+p}{p} \end{vmatrix}$ b. $\begin{vmatrix} a^2 & (a+1)^2 & (a+2)^2 \\ b^2 & (b+1)^2 & (b+2)^2 \\ c^2 & (c+1)^2 & (c+2)^2 \end{vmatrix}$ c. $\begin{vmatrix} (0) & & 1 \\ & \cdot^{\cdot^{\cdot}} & \\ 1 & & (0) \end{vmatrix}$

d. $\begin{vmatrix} \alpha+\beta & \alpha\beta & & (0) \\ 1 & \ddots & \ddots & \\ & \ddots & \ddots & \alpha\beta \\ (0) & & 1 & \alpha+\beta \end{vmatrix}$ e. $\begin{vmatrix} a & & (0) & (0) & & b \\ & \ddots & & & \cdot^{\cdot^{\cdot}} & \\ (0) & & a & b & & (0) \\ (0) & & b & a & & (0) \\ & \cdot^{\cdot^{\cdot}} & & & \ddots & \\ b & & (0) & (0) & & a \end{vmatrix}$ f. $\begin{vmatrix} 1 & \cdots & 1 \\ \vdots & \ddots & (0) \\ 1 & (0) & 1 \end{vmatrix}$

g. $\begin{vmatrix} b-a-c & 2b & 2b \\ 2c & c-a-b & 2c \\ 2a & 2a & a-b-c \end{vmatrix}$ h. $\begin{vmatrix} \cos(a) & \cos(a+k) & \cos(a+2k) \\ \cos(b) & \cos(b+k) & \cos(b+2k) \\ \cos(c) & \cos(c+k) & \cos(c+2k) \end{vmatrix}$.

---

3. Calculer $\Delta_n = \det\Big(|i-j|\Big)_{1\leqslant i,j\leqslant n}$.

---

4. Si $A_n = (a_{i,j})_{1\leqslant i,j\leqslant n}$ où $a_{i,j} = (x+i+j-2)^2$ calculer $\det(A_n)$ pour $n \geqslant 2$.

---

5. Si $(x_1,\ldots,x_n)\in\mathbb{K}^n$, $(y_1,\ldots,y_n)\in\mathbb{K}^n$ où $n\geqslant 3$, calculer $\det\Big(1+x_iy_j\Big)_{1\leqslant i,j\leqslant n}$.

---

6. À l'aide de $\mathrm{Vdm}(x_1,\ldots,x_n,X)$ calculer $\begin{vmatrix} 1 & \cdots & \cdots & \cdots & 1 \\ x_1 & \cdots & \cdots & \cdots & x_n \\ \vdots & & & & \vdots \\ x_1^{n-2} & \cdots & \cdots & \cdots & x_n^{n-2} \\ x_1^n & \cdots & \cdots & \cdots & x_n^n \end{vmatrix}$.

---

7. Calculer $\begin{vmatrix} \alpha_1 & & (a) \\ & \ddots & \\ (b) & & \alpha_n \end{vmatrix}$ *(on ajoutera $x\Big((1)\Big)$, on montrera que la fonction obtenue est polynomiale de degré au plus 1, on la déterminera si $a\neq b$ et on terminera l'exercice).*

---

8. Soient $M = \begin{pmatrix} a_0 & a_1 & \cdots & a_{n-1} \\ a_{n-1} & \ddots & \ddots & \\ & \ddots & \ddots & \\ a_1 & & a_{n-1} & a_0 \end{pmatrix}$, $\omega = e^{\frac{2i\pi}{n}}$, $U = \Big(\omega^{ij}\Big)_{\substack{1\leqslant i\leqslant n \\ 1\leqslant j\leqslant n}}$ et $f : z\mapsto \sum_{k=0}^{n-1} a_k z^k$. Si $C = MU$ montrer : $\forall (i,j)\in[\![1,n]\!]^2,\ c_{i,j} = \omega^{ij} f(\omega^j)$.

En déduire $\det(M) = \prod_{k=0}^{n-1} f(\omega^k)$.

9. Si a, b, c sont les racines de l'équation $t^3 - t - 1 = 0$ montrer que le système linéaire $\begin{cases} x + y + z = 0 \\ ax + by + cz = 2 \\ a^2x + b^2y + c^2z = 3 \end{cases}$ est de Cramer ; on note (x_0, y_0, z_0) sa solution.
Exprimer x_0 en fonction de a.

---

10. Soit $A \in \mathfrak{M}_n(\mathbb{K})$ admettant 1 pour déterminant. On note $a_{i,j}$ son coefficient i, j et $\alpha_{i,j}$ celui de A^{-1}. On pose $s = \sum_{i=1}^{n} \sum_{j=1}^{n} \alpha_{i,j}$ et, $\forall (i,j) \in [\![1, n]\!]^2$, $b_{i,j} = 1 + a_{i,j}$.
Montrer que $\det(B) = 1 + s$ si B est la matrice dont le coefficient i, j est $b_{i,j}$.

---

11. Soient $A \in \mathfrak{M}_n(\mathbb{R})$ de colonnes notées $A_1, \dots, A_n$, e la base canonique de $\mathfrak{M}_{n,1}(\mathbb{R})$ et φ l'application $\left(\begin{array}{ccc} \mathfrak{M}_{n,1}(\mathbb{R}) & \to & \mathfrak{M}_{n,1}(\mathbb{R}) \\ X & \mapsto & \begin{pmatrix} \det_e(X, A_2, \dots, A_n) \\ \vdots \\ \det_e(A_1, \dots, A_{n-1}, X) \end{pmatrix} \end{array}\right)$.

a. Montrer que φ est linéaire.

b. Déterminer $\mathrm{rg}(\varphi)$ en fonction du rang de A.

---

12. Soient p un nombre premier et P un polynôme de degré n à coefficients entiers tels qu'il existe $n+1$ éléments de $[\![0, p-1]\!]$ en lesquels la valeur de P est multiple de p. Montrer que les coefficients de P sont multiples de p.

---

13. a. Si $(A, B) \in \big(\mathrm{GL}_n(\mathbb{C})\big)^2$ montrer que $P : t \mapsto \det(tA + B)$ est une fonction polynomiale de degré n.

b. En déduire les sous-espaces vectoriels maximaux $\mathcal{V}$ de $\mathfrak{M}_n(\mathbb{C})$ vérifiant : $\mathcal{V} \setminus \{0_n\} \subset \mathrm{GL}_n(\mathbb{C})$.

---

14. Soient E un espace vectoriel de dimension n, e une base de E et f un endomorphisme de E. Déterminer, en fonction de f, un scalaire λ tel que, pour tout $(x_1, \dots, x_n) \in E^n$ on ait :
$\det_e\big(f(x_1), x_2, \dots, x_n\big) + \det_e\big(x_1, f(x_2), x_3, \dots, x_n\big) + \dots + \det_e\big(x_1, \dots, x_{n-1}, f(x_n)\big)$
est égal à $\lambda \det_e(x_1, \dots, x_n)$.

---

15. Si pour tout $(i,j) \in [\![1, n]\!]^2, 0 \leqslant a_{i,j} < 1$ et $\sum_{j=1}^{n} a_{i,j} \leqslant 1$ montrer $|\det(A)| < 1$.

---

16. Soient A et B dans $\mathfrak{M}_n(\mathbb{R})$ semblables dans $\mathfrak{M}_n(\mathbb{C})$, $A = P^{-1}BP$ où $P \in \mathrm{GL}_n(\mathbb{C})$, $P = P_1 + iP_2$ avec P_1 et P_2 dans $\mathfrak{M}_n(\mathbb{R})$. En considérant la fonction F définie par $F(\lambda) = \det(P_1 + \lambda P_2)$ montrer que l'ensemble $\{\lambda \in \mathbb{R} \mid \det(P_1 + \lambda P_2) \neq 0\}$ est non vide. En déduire que A et B sont semblables dans $\mathfrak{M}_n(\mathbb{R})$.

---

17. Soient A et B des éléments de $\mathfrak{M}_n(\mathbb{C})$ et P la fonction définie sur $\mathbb{C}$ par $P(t) = \det(tA + B)$.
Montrer que P est polynomiale, que $\deg(P) \leqslant \mathrm{rg}(A)$.
Indication : on pourra utiliser l'existence de matrices inversibles U et V *telles que* $UAV = \mathrm{diag}(I_r, 0_{n-r})$.

---

18. Si $a_1, \dots, a_n > 0$, $b_1 < \cdots < b_n$ on pose $A = \begin{pmatrix} a_1 + b_1 & a_1 & \cdots & a_1 \\ a_2 & a_2 + b_2 & & a_2 \\ \vdots & \vdots & \ddots & \vdots \\ a_n & a_n & \cdots & a_n + b_n \end{pmatrix}$.
Montrer que $P : t \mapsto \det(A - tI_n)$ est une fonction polynomiale de degré n. En l'évaluant en les b_i montrer qu'elle possède n racines réelles deux à deux distinctes.

---

19. Soit $P \in \mathbb{C}[X]$ de degré n et $a_0, \dots, a_n$ des nombres complexes deux à deux distincts. Si $\mathcal{B} = \left(P, P', \dots, P^{(n)}\right)$ calculer $\det_{\mathcal{B}} \left(P(X + a_i)\right)_{0 \leqslant i \leqslant n}$.
En déduire que $\left(P(X + a_i)\right)_{0 \leqslant i \leqslant n}$ est une base de $\mathbb{C}_n[X]$.

---

20. a. Donner $\mathrm{rg}\left(\mathrm{com}(A)\right)$ en fonction de $\mathrm{rg}(A)$ si $A \in \mathfrak{M}_n(\mathbb{C})$.
b. Si B est un élément fixé de $\mathrm{GL}_n(\mathbb{C})$ résoudre l'équation $\mathrm{com}(A) = B$ dans $\mathfrak{M}_n(\mathbb{C})$.

---

21. Si $n \geqslant 2$ on pose $\mathcal{E} = \left\{A \in \mathfrak{M}_n(\mathbb{K}) \mid \forall X \in \mathfrak{M}_n(\mathbb{K}), \det(A+X) = \det(A) + \det(X)\right\}$.
a. Montrer que $I_n \notin \mathcal{E}$.
b. Montrer de même que, si $r \in [\![1, n-1]\!]$, $\begin{pmatrix} I_r & 0 \\ 0 & 0_{n-r} \end{pmatrix} \notin \mathcal{E}$.
c. Déterminer, en utilisant par exemple la méthode du pivot, l'ensemble $\mathcal{E}$.

---

22. Soient $f_1, \dots, f_q$ des applications de $\mathbb{R}$ dans $\mathbb{R}$.
Montrer que $(f_1, \dots, f_q)$ est libre si, et seulement si, il existe $(x_1, \dots, x_q) \in \mathbb{R}^q$ tel que $\det\Big(f_i(x_j)\Big)_{1 \leqslant i,j \leqslant q} \neq 0$.
Pour le sens direct raisonner par récurrence sur q *et utiliser la fonction*

$$D : x \mapsto \begin{vmatrix} f_1(x_1) & \cdots & f_1(x_q) & f_1(x) \\ \vdots & & \vdots & \vdots \\ f_q(x_1) & \cdots & f_q(x_q) & f_q(x) \\ f_{q+1}(x_1) & \cdots & f_{q+1}(x_q) & f_{q+1}(x) \end{vmatrix}.$$

Solutions des exercices

1. a. Montrons que $\sigma : \begin{pmatrix} [\![1,n]\!] & \to & [\![1,n]\!] \\ j & \mapsto & i_j \end{pmatrix}$ est injective : si $i_j = i_{j'}$ alors la j-ième colonne est égale à la j'-ième colonne et, comme M est inversible, cela montre $j = j'$. Comme $[\![1,n]\!]$ est fini on en déduit $\sigma \in S_n$.
Si $(i,j) \in [\![1,n]\!]^2$ alors $m_{i,j} = \begin{cases} 1 & \text{si } i = i_j = \sigma(j) \\ 0 & \text{sinon} \end{cases}$ d'où $m_{i,j} = \delta_{i,\sigma(j)}$.
b. Posons $M = \varphi(\sigma)$, $N = \varphi(\sigma')$ et $O = \varphi(\sigma)\varphi(\sigma')$.
Si $(i,j) \in [\![1,n]\!]^2$ alors $o_{i,j} = \sum\limits_{k=1}^{n} m_{i,k}n_{k,j} = \sum\limits_{k=1}^{n} \delta_{i,\sigma(k)} \times \delta_{k,\sigma'(j)} = \delta_{i,\sigma\sigma'(j)}$ car $\delta_{k,\sigma'(j)} = 0$ si $k \neq \sigma'(j)$. Par suite $o_{i,j}$ est le coefficient i,j de $\varphi(\sigma\sigma')$ *i.e.* $\varphi(\sigma)\varphi(\sigma') = \varphi(\sigma\sigma')$.
Par suite $\varphi(\sigma)^{-1} = \varphi(\sigma^{-1})$ matrice dont le coefficient i,j est $\delta_{i,\sigma^{-1}(j)}$ alors que celui de $\varphi(\sigma)^T$ est $\delta_{j,\sigma(i)} = \delta_{\sigma(i),j} = \delta_{i,\sigma^{-1}(j)}$ d'où $\varphi(\sigma)^{-1} = \varphi(\sigma)^T$.

---

2. a. Notons Δ_p le déterminant proposé, sa i-ième ligne a pour j-ième coefficient $\binom{n+i-1}{j-1}$. On effectue $L_i \leftarrow I_i - L_{i-1}$ pour $i \in [\![2,n]\!]$ et on obtient, par blocs, $\Delta_p = \begin{vmatrix} 1 & L \\ 0 & A_{p-1} \end{vmatrix}$ où L est une ligne et, en développant selon la première colonne, $\Delta_p = |A_{p-1}| = \Delta_{p-1}$ car $\binom{n+i-1}{j-1} - \binom{n+i-2}{j-2} = \binom{n+i-2}{j-2}$ et donc, par récurrence, $\Delta_p = \Delta_1 = 1$.
b. On note Δ le déterminant proposé et on effectue $C_2 \leftarrow C_2' = C_2 - C_1$ ainsi que $C_3 \leftarrow C_3 - C_1 - 2C_2'$ pour obtenir $\Delta = \begin{vmatrix} a^2 & 2a+1 & 2 \\ b^2 & 2b+1 & 2 \\ c^2 & 2c+1 & 2 \end{vmatrix}$ puis $C_2 \leftarrow C_2 - \dfrac{C_3}{2}$ montre $\Delta = \begin{vmatrix} a^2 & 2a & 2 \\ b^2 & 2b & 2 \\ c^2 & 2c & 2 \end{vmatrix} = 4\mathrm{Vdm}(a,b,c) = 4(b-a)(c-a)(c-b)$.
c. On note Δ_n le déterminant proposé et, en développant selon sa première colonne, $\Delta_n = (-1)^{n+1}\Delta_{n-1}$ puis $\Delta_n = -\Delta_{n-2}$ d'où $(\Delta_n)_n$ est 4-périodique.
Comme $\Delta_1 = 1$, $\Delta_2 = -1 = \Delta_3$ et $\Delta_4 = 1$ il vient $\Delta_n = 1$ si $n \equiv 0$ ou 1 $[4]$, -1 sinon.
d. On note $\Delta_n(\alpha,\beta)$ le déterminant proposé. En développant selon la première colonne $\Delta_n(\alpha,\beta) = (\alpha+\beta) = \Delta_{n-1}(\alpha,\beta) - \begin{vmatrix} \alpha\beta & 0 & \cdots & 0 \\ 1 & \alpha+\beta & \ddots & \vdots \\ & \ddots & \ddots & 0 \\ (0) & & 1 & \alpha+\beta \end{vmatrix}$ et, en développant le dernier déterminant selon sa première ligne :

$\Delta_n(\alpha,\beta) = (\alpha+\beta)\Delta_{n-1}(\alpha,\beta) - \alpha\beta\Delta_{n-2}(\alpha,\beta)$ si $n \geqslant 3$.
Il s'agit d'une récurrence linéaire d'ordre 2 et, comme $\Delta_1(\alpha,\beta) = \alpha+\beta$ et $\Delta_2(\alpha,\beta) = (\alpha+\beta)^2 - \alpha\beta$, en posant $\Delta_0(\alpha,\beta) = 1$, la relation de récurrence est valable pour $n \geqslant 2$.

• Si $\alpha \neq \beta$ alors le polynôme caractéristique de la récurrence linéaire, à savoir $X^2 - (\alpha+\beta)X + \alpha\beta$, admet α et β comme racines et donc il existe deux scalaires λ et μ tels que $\forall n \in \mathbb{N},\ \Delta_n(\alpha,\beta) = \lambda\alpha^n + \mu\beta^n$.
Alors $1 = \Delta_0(\alpha,\beta) = \lambda+\mu$ et $\alpha+\beta = \Delta_1(\alpha,\beta) = \lambda\alpha+\mu\beta$ d'où $\lambda = \dfrac{\alpha}{\alpha-\beta}$ et $\beta = \dfrac{\beta}{\beta-\alpha}$ d'où : $\forall n\in\mathbb{N},\ \Delta_n(\alpha,\beta) = \dfrac{\alpha^{n+1}-\beta^{n+1}}{\alpha-\beta} = \displaystyle\sum_{k=0}^{n} \alpha^k\beta^{n-k}$.

• $P : \beta \mapsto \Delta_n(\alpha,\beta)$ est polynomiale par définition du déterminant et, sur $\mathbb{K}\backslash\{\alpha\}$, $P(\beta) = \sum\limits_{k=0}^{n} \alpha^k\beta^{n-k}$, d'où, par continuité, $P(\alpha) = \sum\limits_{k=0}^{n} \alpha^k\alpha^{n-k} = (n+1)\alpha^n$.

e. On note Δ_{2n} le déterminant proposé et on le développe selon sa première colonne

$$\Delta_{2n} = a\begin{vmatrix} a & & (0) & (0) & & b & 0 \\ & \ddots & & & \iddots & & \vdots \\ (0) & & a & b & (0) & & \vdots \\ (0) & & b & a & (0) & & \vdots \\ & \iddots & & & \ddots & & 0 \\ b & & (0) & (0) & & & a \end{vmatrix} - b\begin{vmatrix} 0 & \cdots & \cdots & \cdots & \cdots & b \\ a & & & & \iddots & \\ & \ddots & & \iddots & & \\ (0) & & a & b & & (0) \\ (0) & & b & a & & (0) \\ & \iddots & & & \ddots & \\ b & & (0) & (0) & a & 0 \end{vmatrix}$$

et, en développant ces deux déterminants selon leur dernière colonne on a enfin $\Delta_{2n} = (a^2-b^2)\Delta_{2(n-1)} = (a^2-b^2)^{n-1}\Delta_2 = (a^2-b^2)^n$.

f. En effectuant $C_1 \leftarrow C_1 - \sum\limits_{j=2}^{n} C_j$, $\Delta = \begin{vmatrix} 2-n & 1 & \cdots & 1 \\ & 1 & & \\ & & \ddots & (0) \\ (0) & & & 1 \end{vmatrix} = 2-n$.

g. On effectue $L_1 \leftarrow L_1+L_2+L_3$ pour obtenir $(a+b+c)\begin{vmatrix} 1 & 1 & 1 \\ 2c & c-a-b & 2c \\ 2a & 2a & a-b-c \end{vmatrix}$

puis, avec $C_2 \leftarrow C_2 - C_1$ et $C_3 \leftarrow C_3 - C_1$, $(a+b+c)\begin{vmatrix} 1 & 0 & 0 \\ \star & -a-b-c & 0 \\ \star & 0 & -a-b-c \end{vmatrix}$

d'où $(a+b+c)^3$ en définitive.

h. Les trois colonnes sont dans le sous-espace vectoriel de $\mathfrak{M}_{3,1}(\mathbb{R})$ engendré par $\begin{pmatrix} \cos(a) \\ \cos(b) \\ \cos(c) \end{pmatrix}$ et $\begin{pmatrix} \sin(a) \\ \sin(b) \\ \sin(c) \end{pmatrix}$ et, donc, le déterminant est nul.

---

3. On effectue $C_i \leftarrow C_i - C_{i-1}$ pour $i\in[\![2,n]\!]$ puis $L_i \leftarrow L_i - L_{i-1}$ toujours pour $i\in[\![2,n]\!]$ et alors le déterminant, noté Δ_n, est égal à $\begin{vmatrix} 0 & 1 & \cdots & 1 \\ 1 & -2 & & \\ \vdots & & \ddots & (0) \\ 1 & & (0) & -2 \end{vmatrix}$

et, en effectuant $C_1 \leftarrow C_1 + \dfrac{1}{2}\sum_{j=2}^{n} C_j$ on a $\Delta_n = \begin{vmatrix} \frac{n-1}{2} & & & (\star) \\ & -2 & & \\ & & \ddots & \\ (0) & & & -2 \end{vmatrix}$ d'où $\Delta_n = (-1)^{n-1}(n-1)2^{n-2}$.

---

4. On effectue $C_i \leftarrow C_i - C_{i-1}$ pour $i \in [\![2, n]\!]$ puis on recommence pour $i \in [\![3, n]\!]$ pour obtenir $\Delta_n = \begin{vmatrix} x^2 & 2x+1 & 2 & \cdots & 2 \\ (x+1)^2 & 2x+3 & \vdots & & \vdots \\ \vdots & \vdots & \vdots & & \vdots \\ \vdots & \vdots & \vdots & & \vdots \\ (x+n-1)^2 & 2x+2n-1 & 2 & \cdots & 2 \end{vmatrix}$ d'où $n \geqslant 4 \Rightarrow \Delta_n = 0$.

$\Delta_2 = \begin{vmatrix} x^2 & 2x+1 \\ (x+1)^2 & 2x+3 \end{vmatrix} = -2x^2 - 4x - 1$ et $\Delta_3 = \begin{vmatrix} x^2 & 2x+1 & 2 \\ (x+1)^2 & 2x+3 & 2 \\ (x+2)^2 & 2x+5 & 2 \end{vmatrix}$
et, en effectuant $L_i \leftarrow L_i - L_{i-1}$ pour $i \in \{2, 3\}$ puis $L_3 \leftarrow L_3 - L_2$ enfin $\Delta_3 = \begin{vmatrix} x^2 & 2x+1 & 2 \\ 2x+1 & 2 & 0 \\ 2 & 0 & 0 \end{vmatrix} = -8$.

---

5. En notant $U = (1\ 1 \cdots 1)^T$ et $X = (x_1\ x_2 \cdots x_n)^T$ alors les colonnes sont éléments de $\text{Vect}(U, X)$, plus précisément la j-ième colonne est $U + y_j X$, et donc le déterminant est nul.

---

6. Notons, pour changer un peu, Δ le déterminant proposé et considérons le polynôme $\text{Vdm}(x_1, \ldots, x_n, X)$ que l'on développe selon sa dernière colonne. Δ est l'opposé du coefficient de X^{n-1} or $\text{Vdm}(x_1, \ldots, x_n, X) = \text{Vdm}(x_1, \ldots, x_n) \prod_{i=1}^{n}(X - x_i)$ d'où, en développant le produit, $\Delta = \text{Vdm}(x_1, \ldots, x_n) \sum_{i=1}^{n} x_i$.

---

7. Soient, pour $x \in \mathbb{K}$, $P_{a,b}(x) = \begin{vmatrix} \alpha_1 + x & & (a+x) \\ & \ddots & \\ (b+x) & & \alpha_n + x \end{vmatrix}$ et $\varphi(x) = \prod_{i=1}^{n}(\alpha_i - x)$.
Le but de l'exercice est le calcul de $P_{a,b}(0)$.
Les opérations $C_i \leftarrow C_i - C_{i-1}$ pour $2 \leqslant i \leqslant n$ montrent que $P_{a,b}$ est polynomiale de degré au plus 1, soit $P_{a,b}(x) = \alpha x + \beta$ sur $\mathbb{K}$.
De plus, par structures triangulaires, on a $P_{,b}(-a) = \varphi(a)$ et $P_{a,b}(-b) = \varphi(b)$.
Par suite $-a\alpha + \beta = \varphi(a)$ et $-b\alpha + \beta = \varphi(b)$ d'où $P_{a,b}(0) = \beta = \dfrac{a\varphi(b) - b\varphi(a)}{a-b}$ si $a \neq b$.
$Q : a \mapsto P_{a,b}(0)$ est polynomiale et, si $a \neq b$, $Q(a) = \dfrac{\psi(a) - \psi(b)}{a-b}$ où l'on a posé $\psi(a) = a\varphi(b) - b\varphi(a)$ polynôme en a. Par continuité de Q en b il vient $P_{b,b}(0) = \psi'(b) = \varphi(b) - b\varphi'(b)$.

---

8. Notons, pour tout $p \in \mathbb{Z}$, $r_n(p)$ le reste de la division euclidienne de p par n. On a, pour tout $(i,j) \in [\![1,n]\!]^2$, $m_{i,j} = a_{r_n(j-i)}$ et donc $c_{i,j} = \sum_{k=1}^{n} a_{r_n(k-i)}\omega^{kj}$. On remarque que lorsque k décrit $[\![1,n]\!]$, $r_n(k-i)$ décrit $[\![0,n-1]\!]$ et que $k \mapsto \omega^{kj}$ est n-périodique d'où $c_{i,j} = \sum_{p=0}^{n-1} a_p\omega^{(p+i)j} = \omega^{ij}\sum_{p=0}^{n-1} a_p\omega^{pj} = \omega^{ij}f(\omega^j)$.

Par n-linéarité du déterminant ce qui précède montre que $\det(C) = \prod_{j=0}^{n-1} f(\omega^j)\det(U)$ et, comme $\det(U) = \mathrm{Vdm}(1,\omega,\ldots,\omega^{n-1}) \neq 0$, en divisant $\det(C) = \det(M)\det(U)$ par $\det(U)$ on en déduit $\det(M) = \prod_{j=0}^{n-1} f(\omega^j)$.

---

9. Si $P(t) = t^3 - t - 1$ alors $P'(t) = 3t^2 - 1$ a pour racines $\pm\dfrac{1}{\sqrt{3}}$ qui ne sont pas racines de P. Les racines a, b, c de P sont donc deux à deux distinctes et le déterminant $\mathrm{Vdm}(a,b,c)$ du système est non nul, c'est un système de Cramer.

Les formules de Cramer montrent que $x_0 = \dfrac{\Delta}{\mathrm{Vdm}(a,b,c)}$ où $\Delta = \begin{vmatrix} 0 & 1 & 1 \\ 2 & b & c \\ 3 & b^2 & c^2 \end{vmatrix}$. On effectue $C_2 \leftarrow C_2 - C_3$ et alors $\Delta = (b-c)\begin{vmatrix} 0 & 0 & 1 \\ 2 & 1 & c \\ 3 & b+c & c^2 \end{vmatrix} = (b-c)(2b+2c-3)$ en développant selon la première ligne.

Comme $t^3 - t - 1 = (t-a)(t-b)(t-c)$ on a $a+b+c = 0$ et $abc = 1$ d'où $b + c = -az$ et $bc = \dfrac{1}{a}$ puis $x_0 = \dfrac{2(b+c)-3}{(b-a)(a-c)} = \dfrac{2a+3}{\frac{1}{a} - a^2 - a} = \dfrac{a(2a+3)}{2a^3+1}$ or $a^3 = a+1$ d'où $x_0 = \dfrac{a(2a+3)}{2a+3} = a$.

---

10. On pose $U = (1\ 1 \cdots 1)^T$, on note $C_1, C_2, \ldots, C_n$ les colonnes de A et e la base canonique de $\mathfrak{M}_{n,1}(\mathbb{K})$.

$\det(B) = \det_e(U + C_1, U + C_2, \ldots, U + C_n) = \det_e(C_1, \ldots, C_n) + \sum_{i=1}^{n} \Delta_i$ où on a posé $\Delta_i = \det_e(C_1, \ldots, C_{i-1}, U, C_{i+1}, \ldots, C_n)$ car, comme $\det_e$ est n-linéaire alternée les déterminants dans lesquels U figure au moins deux fois sont nuls.

Les formules de Cramer montrent que, pour tout $i \in [\![1,n]\!]$, $\Delta_i = x_i$ où X est la solution de $AX = U$, soit $X = A^{-1}U$ car $\det(A) = 1$, donc $x_i = \sum_{j=1}^{n} \alpha_{i,j}$.

Par suite $\det(B) = 1 + \sum_{i=1}^{n} x_i = 1 + \sum_{i=1}^{n}\left(\sum_{j=1}^{n} \alpha_{i,j}\right) = 1 + s$.

---

11. a. φ est linéaire par n-linéarité de $\det_e$.

b. Si $\mathrm{rg}(A) \leqslant n-2$ alors toute sous famille de $(A_1, \ldots, A_n)$ de cardinal $n-1$ est liée et, donc, φ est nulle.

Si $\mathrm{rg}(A) = n$ alors, si $\varphi(X) = 0$, les formules de Cramer montrent que la solution du système $AZ = X$ est $Z = 0$, d'où $X = AZ = 0$ et φ est de rang n.

Si $\mathrm{rg}(A) = n-1$ alors pour tout $X \in \mathrm{Im}(A)$ la famille constituée de X et de $n-1$ colonnes de A est une famille de cardinal n dans $\mathrm{Im}(A)$ de dimension $n-1$, donc cette famille est liée. Cela montre : $\mathrm{Im}(A) \subset \mathrm{Ker}(\varphi)$.
Réciproquement si $X \in \mathrm{Ker}(\varphi)$ et si, par exemple, $(A_1, \ldots, A_{n-1})$ est libre, alors $\det_e(A_1, \ldots, A_{n-1}, X) = 0$ montre que $X \in \mathrm{Vect}(A_1, \ldots, A_{n-1}) = \mathrm{Im}(A)$.
En résumé $\mathrm{Ker}(\varphi) = \mathrm{Im}(A)$ de dimension $n-1$ d'où, par le théorème de rang, $\mathrm{rg}\,\varphi) = 1$.

---

12. Posons $P(X) = \sum\limits_{k=0}^{n} a_k X^k$. Soient $k_1, k_2, \ldots, k_{n+1}$ éléments deux à deux distincte de $[\![0, p-1]\!]$ tels que, si $1 \leqslant i \leqslant n+1$, $P(k_i) \in p\mathbb{Z}$.

Alors $\begin{pmatrix} 1 & k_1 & \cdots & k_1^n \\ 1 & k_2 & \cdots & k_2^n \\ \vdots & \vdots & & \vdots \\ 1 & k_{n+1} & \cdots & k_{n+1}^n \end{pmatrix} \begin{pmatrix} a_0 \\ a_1 \\ \vdots \\ a_n \end{pmatrix} = pU$ où $U \in \mathfrak{M}_{n+1,1}(\mathbb{Z})$ et les formules de Cramer montrent que, si $0 \leqslant i \leqslant n$, $a_i \mathrm{Vdm}(k_1, \ldots, k_{n+1}) = pN_i$ où $N_i \in \mathbb{Z}$.
$\mathrm{Vdm}(k_1, \ldots, k_{n+1}) \in \mathbb{Z}$ et chacun de ses facteurs est premier avec p car p est premier et $1 \leqslant |k_i - k_j| < p$ si $i \neq j$, donc $p \wedge \mathrm{Vdm}(k_1, \ldots, k_{n+1}) = 1$.
Le lemme de Gauss montre que $a_i \in p\mathbb{Z}$ pour tout $i \in [\![0, n]\!]$.

---

13. a. $\forall t \in \mathbb{C}$, $P(t) = \det(A)\det(tI_n + A^{-1}B)$ et $\det(A) \neq 0$. Posons, pour tout $t \in \mathbb{C}$, $M(t) = tI_n + A^{-1}B$ alors $\det\big(M(t)\big) = \sum\limits_{\sigma \in S_n} \varepsilon(\sigma) P_\sigma(t)$ où l'on a posé $P_\sigma(t) = \prod\limits_{j=1}^{n} m_{\sigma(j),j}(t)$ pour tout $\sigma \in S_n$. Or $m_{\sigma(j),j}(t)$ est polynomiale de degré au plus 1 avec égalité si, et seulement si, $\sigma(j) = j$ et donc, pour $\sigma \neq e$, $\deg(P_\sigma) \leqslant n-2$ car il y a au moins deux indices pour lesquels $\sigma(j) \neq j$ et $\deg(P_e) = n$. Cela montre que P est polynomiale de degré n.

b. Si $A \in \mathrm{GL}_n(\mathbb{C})$ et $\mathcal{V} = \mathrm{Vect}(A)$ alors $\mathcal{V} \setminus \{0_n\} \subset \mathrm{GL}_n(\mathbb{R})$.
Si $\mathcal{V}$ est un sous-espace vectoriel de $\mathfrak{M}_n(\mathbb{C})$ solution et si (A, B) est libre dans $\mathcal{V}$ alors pour tout $t \in \mathbb{C}$, $tA + B \in \mathcal{V} \setminus \{0_n\}$ d'où $P(t) \neq 0$, ce qui contredit le théorème de d'Alembert.
Donc $\mathcal{V}$ est solution si, et seulement si, $\mathcal{V} = \mathrm{Vect}(A)$ où $A \in \mathrm{GL}_n(\mathbb{C})$.

---

14. Pour tout $i \in [\![1, n]\!]$ on note $\delta_i : (x_1, \ldots, x_n) \mapsto \det_e(x_1, \ldots, x_{i-1}, f(x_i), x_{i+1}, \ldots, x_n)$ et $g = \sum\limits_{i=1}^{n} \delta_i$. L'application g est n-linéaire par linéarité de f et n-linéarité de $\det_e$.
Si $1 \leqslant k < \ell \leqslant n$ et $x_k = x_\ell$ pour $i \notin \{k, \ell\}$ immédiatement $\delta_i(x_1, \ldots, x_n) = 0$ et $\delta_k(x_1, \ldots, x_n) = -\delta_\ell(x_1, \ldots, x_n)$ car $\det_e$ est alternée, d'où $g(x_1, \ldots, x_n) = 0$.
Par suite g est proportionnelle à $\det_e$, soit $g = \lambda \det_e$ et $g(e) = \lambda$.
Soit M la matrice de f dans e, alors, par blocs, $\delta_i(e) = \begin{vmatrix} I_{i-1} & \star \\ 0 & A_i \end{vmatrix}$ où A_i est triangulaire supérieure avec, sur la diagonale, $m_{i,i}, 1, \ldots, 1$ d'où $\delta_i(e) = m_{i,i}$ et $\lambda = \sum\limits_{i=1}^{n} \delta_i(e) = \mathrm{tr}(f)$.

---

15. On procède par récurrence sur n, le cas $n = 1$ étant immédiat.
Si le résultat est établi au rang n et si $A \in \mathfrak{M}_{n+1}(\mathbb{R})$ et vérifie les hypothèses alors, en développant selon la première colonne, $\det(A) = \sum_{i=1}^{n+1} a_{i,1}\Delta_{i,1}$ on a, par inégalité triangulaire, $|\det(A)| \leqslant \sum_{i=1}^{n+1} a_{i,1}|\Delta_{i,1}|$ d'où $|\det(A)| \leqslant \max_{1\leqslant i\leqslant n+1} |\Delta_{i,1}| \times \sum_{i=1}^{n+1} a_{i,1}$ soit $|\det(A)| \leqslant \max_{1\leqslant i\leqslant n+1} |\Delta_{i,1}| < 1$ par hypothèse de récurrence car les matrices extraites de A vérifient les mêmes hypothèses. Cela termine la récurrence.

---

16. L'expression du déterminant prouve que F est polynomiale et, comme on a $F(i) = \det(P) \neq 0$, F n'est pas nulle. Soient $\lambda_0 \in \mathbb{R}$ tel que $F(\lambda_0) \neq 0$ et $P_0 = P_1 + \lambda_0 P_2$. Clairement $P_0 \in \mathrm{GL}_n(\mathbb{R})$.
En séparant les parties réelles et imaginaires des coefficients l'égalité $PA = BP$ montre $P_1 A = BP_1$ et $P_2 A = BP_2$ d'où, par combinaison linéaire, $P_0 A = BP_0$, soit $A = P_0^{-1}BP_0$.

---

17. Soient U et V inversibles telles que $UAV = J_r = \mathrm{diag}(I_r, 0_{n-r})$ où $r = \mathrm{rg}(A)$.
Pour tout $t \in \mathbb{C}$, $P(t) = \det(U)\det(tJ_r + C)\det(V)$ où $C = U^{-1}BV^{-1}$.
Si l'on note $D(t) = tJ_r + C$ alors $\det(tJ_r + C) = \sum_{\sigma\in S_n} P_\sigma(t)$ où l'on a posé $P_\sigma(t) = \varepsilon(\sigma) \prod_{j=1}^{n} d_{\sigma(j),j}(t)$.
Si $j > r$ et si ($1 \leqslant j \leqslant r$ et $\sigma(j) \neq j$) alors $t \mapsto d_{\sigma(j),j}(t)$ est constante, sinon elle est polynomiale de degré 1 et, donc, P_σ est polynomiale de degré au plus r et P aussi.

---

18. On note $e = (e_1, \ldots, e_n)$ la base canonique de $\mathfrak{M}_{n,1}(\mathbb{K})$ et $a = (a_1\ a_2 \cdots a_n)^T$.
$\forall t \in \mathbb{R}$, $P(t) = \det_e(a+(b_1-t)e_1, a+(b_2-t)e_2, \ldots, a+(b_n-t)e_n)$, soit comme $\det_e$ est n-linéaire alternée en ne conservant que les termes où a apparaît au plus une fois

$$P(t) = \left(\prod_{i=1}^{n}(b_i - t)\right)\det_e(e) + \sum_{i=1}^{n}\left(\prod_{j\neq i}(b_j - t)\right)\det_e(e_1, \ldots, e_{i-1}, a, e_{i+1}, \ldots, e_n).$$

En notant Δ_i le déterminant de la somme précédente, par blocs, $\Delta_i = \begin{vmatrix} I_{i-1} & \star \\ 0 & A_i \end{vmatrix}$ où $A_i = \begin{pmatrix} 1 & & (0) \\ & \ddots & \\ (\star) & & 1 \end{pmatrix}$ d'où $\Delta_i = 1$ puis $P(t) = \prod_{i=1}^{n}(b_i - t) + \sum_{i=1}^{n}\left(\prod_{j\neq i}(b_j - t)\right)$.

Si $1 \leqslant i \leqslant n$, $P(b_i) = \left(\prod_{1\leqslant j<i}(b_j - b_i)\right)\left(\prod_{i+1\leqslant j\leqslant n}(b_j - b_i)\right)$ du signe de $(-1)^{j-1}$ et $P(t) \underset{t\to+\infty}{\sim} (-t)^n$ du signe de $(-1)^n$. Le théorème des valeurs intermédiaires montre que P possède un zéro noté λ_1 dans $]b_1, b_2[$, un zéro noté λ_2 dans $]b_2, b_3[$, …,un zéro noté λ_{n-1} dans $]b_{n-1}, b_n[$ et un zéro noté λ_n dans $]b_n, +\infty[$.
Comme P est de degré n on a $P = \prod_{i=1}^{n}(\lambda_i - t)$ et ses racines ont donc au nombre de n et toutes réelles.

---

19. Pour tout $i \in [\![0, n]\!]$ la formule de Taylor montre que $P(X + a_i) = \sum_{k=0}^{n} \frac{a_i^k}{k!} P^{(k)}(X)$ et donc le déterminant demandé est $\frac{1}{\prod_{k=0}^{n} k!} \mathrm{Vdm}(a_0, \dots, a_n)$ donc non nul.
Cela montre que $\big(P(X + a_i)\big)_{0 \leqslant i \leqslant n}$ est une base de $\mathbb{C}_n[X]$.

---

20. a. Si $\mathrm{rg}(A) \leqslant n - 2)$ alors tous les cofacteurs de A sont nuls d'où $\mathrm{com}(A) = 0_n$. Si A est inversible alors $A^T \mathrm{com}(A) = \det(A) I_n$ montre que $\mathrm{com}(A)$ est inversible. Enfin si A est de rang $n - 1$ l'un des cofacteurs au moins est non nul d'où $\mathrm{rg}\big(\mathrm{com}(A)\big) \geqslant 1$. De plus $A^T \mathrm{com}(A) = 0_n$ montre que $\mathrm{Im}\big(\mathrm{com}(A)\big) \subset \mathrm{Ker}(A^T)$ de dimension 1, d'où $\mathrm{rg}\big(\mathrm{com}(A)\big) \leqslant 1$ et, en définitive, $\mathrm{rg}\big(\mathrm{com}(A)\big) = 1$.

b. Si A est solution la question précédente montre que A est inversible et que, en posant $\lambda = \det(A)$, on a $A = \lambda (B^T)^{-1}$ puis $\lambda = \det(A) = \lambda^n \det^{-1}(B)$ d'où $\lambda^{n-1} = \det(B)$ *i.e.* λ est une racine $(n-1)$-ième de $\det^{-1}(B)$.
Réciproquement si $\lambda^{n-1} = \det^{-1}(B)$ et $A = \lambda (B^T)^{-1}$ alors $\det(A) = \lambda^n \det^{-1}(B)$ soit $\det(A) = \lambda$ et $\mathrm{com}(A) = \lambda \times (A^T)^{-1} = \lambda \times \frac{1}{\lambda} \times B = B$ donc A est solution.

---

21. a. $\det(I_n + I_n) = 2^n \neq 2 \det(I_n)$ car $n \geqslant 2$ donc $I_n \notin \mathcal{E}$.

b. Si $J = \begin{pmatrix} I_r & 0 \\ 0 & 0_{n-r} \end{pmatrix}$ et $J' = \begin{pmatrix} 0 & 0 \\ 0 & I_{n-r} \end{pmatrix}$ alors $|J + J'| = 1$ alors que $|J| = |J'| = 0$ car $1 \leqslant r \leqslant n - 1$, donc $J \notin \mathcal{E}$.

c. Si $A \in \mathcal{E}$ et si $r = \mathrm{rg}(A)$ il existe U et V dans $\mathrm{GL}_n(\mathbb{K})$ telles que $UAV = J$ et, pour tout $X \in \mathfrak{M}_n(\mathbb{K})$, $\det(J + X) = \det(UAV + UYV)$ où $Y = U^{-1} X V^{-1}$, d'où $\det(J + X) = \det(U) \det(A + Y) \det(V) = \det(U)\big[\det(A) + \det(Y)\big] \det(V)$, soit $\det(J + X) = \det(J) + \det(X)$ d'où $r = 0$ d'après les deux questions précédentes, et donc $\mathcal{E} \subset \{0_n\}$. L'inclusion réciproque est immédiate.

---

22. Si $(f_1, \dots, f_q)$ est liée, $\sum_{i=1}^{q} \lambda_i f_i = 0$ où $(\lambda_1, \dots, \lambda_q) \neq (0, \dots, 0)$. Alors la matrice $\big(f_i(x_j)\big)_{1 \leqslant i,j \leqslant q}$ vérifie $\sum_{i=1}^{q} \lambda_i L_i = 0$, son déterminant est donc nul.
Si $f_1 \neq 0$ alors il existe un réel x_1 tel que $f_1(x_1) \neq 0$.
Supposons que pour toute famille libre $(f_1, \dots, f_q)$ on puisse trouver $(x_1, \dots, x_q)$ élément de $\mathbb{R}^q$ tel que le déterminant proposé est non nul. Supposons également $(f_1, \dots, f_{q+1})$ libre.
Alors $(f_1, \dots, f_q)$ est libre et on considère $(x_1, \dots, x_q) \in \mathbb{R}^q$ tel que $\Delta \neq 0$ où Δ est le déterminant en question au rang q.

En développant selon la dernière colonne $D = \sum_{i=1}^{q+1} \lambda_i f_i$ où $\lambda_{q+1} = \Delta \neq 0$ et donc, par liberté de $(f_1, \dots, f_{q+1})$, D n'est pas nulle. Il suffit de choisir $x_{q+1} \in \mathbb{R}$ tel que $D(x_{q+1}) \neq 0$ pour terminer la récurrence.

Travaux dirigés

Déterminant de Cauchy

Soient $n \in \mathbb{N}^\star$, $a_1, \dots, a_n$, $b_1, \dots, b_n$ des nombres complexes tels que, pour tout élément (i,j) de $[\![1,n]\!]^2$, on ait $a_i + b_j \neq 0$. On se propose de montrer que le déterminant de la matrice $\left(\dfrac{1}{a_i+b_j}\right)_{1 \leqslant i,j \leqslant n}$, appelé déterminant de Cauchy et noté $C(a_1, \dots, a_n, b_1, \dots, b_n)$ est égal à $\dfrac{\prod\limits_{1 \leqslant i<j \leqslant n} (a_j - a_i)(b_j - b_i)}{\prod\limits_{1 \leqslant i,j \leqslant n} (a_i + b_j)}$.

1. Traiter le cas où deux au moins des b_i sont égaux.

On suppose désormais les b_i deux à deux distincts.

2. Décomposer en éléments simples la fraction $F(X) = \dfrac{(X-a_1)\cdots(X-a_{n-1})}{(X+b_1)\cdots(X+b_n)}$.

3. On pose $\Delta = \begin{vmatrix} \dfrac{1}{a_1+b_1} & \cdots & \dfrac{1}{a_1+b_{n-1}} & F(a_1) \\ \vdots & & \vdots & \vdots \\ \dfrac{1}{a_n+b_1} & \cdots & \dfrac{1}{a_n+b_{n-1}} & F(a_n) \end{vmatrix}$. Montrer, à l'aide de la décomposition en éléments simples de F et en calculant Δ de deux façons différentes que :

$$F(a_n)C(a_1, \dots, a_{n-1}, b_1, \dots, b_{n-1}) = \frac{\prod\limits_{i=1}^{n-1} (a_i + b_n)}{\prod\limits_{i=1}^{n-1} (b_n - b_i)} \times C(a_1, \dots, a_n, b_1, \dots, b_n).$$

4. Conclure.

Solution

1. Deux colonnes de la matrices sont égales donc le déterminant est nul, tout comme le numérateur de la fonction proposée, d'où la validité de l'égalité.

2. $F(X) = \sum\limits_{k=1}^{n} \dfrac{\alpha_k}{X+b_k}$ et, avec $F_k(X) = (X+b_k)F(X)$ on a $\alpha_k = F_k(-b_k)$ soit $\alpha_k = (-1)^{n-1} \dfrac{\prod\limits_{i=1}^{n-1} (a_i + b_k)}{\prod\limits_{i \neq k} (b_i - b_k)}$. En particulier $\alpha_n = \dfrac{\prod\limits_{i=1}^{n-1} (a_i + b_n)}{\prod\limits_{i=1}^{n-1} (b_n - b_i)}$.

3. Si on note $C_1, \ldots, C_n$ les colonnes et e la base canonique de $\mathfrak{M}_{n,1}(\mathbb{C})$ alors la question précédente montre : $C_n = \sum\limits_{k=1}^{n} \alpha_k C_k$ d'où $\Delta = \sum\limits_{k=1}^{n} \alpha_k \det_e(C_1, \ldots, C_{n-1}, C_k)$ d'où $\Delta = \alpha_n \det_e(C_1, \ldots, C_n) = \alpha_n C(a_1, \ldots, a_n, b_1, \ldots, b_n)$.
D'autre part $F(a_1) = \cdots = F(a_{n-1}) = 0$ et, en développant selon la dernière colonne on a $\Delta = F(a_n) C(a_1, \ldots a_{n-1}, b_1, \ldots, b_{n-1})$ d'où le résultat avec l'expression de α_n donnée dans la question précédente.

4. Comme $F(a_n) = \dfrac{\prod\limits_{i=1}^{n-1} (a_n - a_i)}{\prod\limits_{i=1}^{n} (a_n + b_i)}$ une récurrence et la question précédente établissent l'égalité.

Décomposition LU

Notations

A désigne un élément de $\mathfrak{M}_n(\mathbb{K})$.
Pour tout $i \in [\![1, n]\!]$, on note A_i le bloc supérieur gauche $i \times i$ de A et $\Delta_i(A)$ son déterminant ; $\Delta_i(A) = \det(A_i)$. Ainsi $\Delta_1(A) = a_{1,1}$ et $\Delta_n(A) = \det(A)$.
On dit que A admet une décomposition LU (lower - upper) s'il existe une matrice triangulaire inférieure L et une matrice triangulaire supérieure U telles que $A = LU$ et, pour tout $i \in [\![1, n]\!]$, $\ell_{i,i} = 1$ et $u_{i,i} \neq 0$.

On se propose de démontrer que A admet une décomposition LU si, et seulement si, pour tout $i \in [\![1, n]\!]$, $\Delta_i(A) \neq 0$ et que, dans ce cas, la décomposition est unique.

1. Montrer que, si A admet une décomposition LU, alors celle-ci est unique.

2. Montrer que, si A admet une décomposition LU, alors $\forall i \in [\![1, n]\!]$, $\Delta_i(A) \neq 0$.

3. On veut montrer par récurrence sur n que la condition est suffisante.

a. Traiter le cas où $n = 1$.

b. On suppose la suffisance établie pour les éléments de $\mathfrak{M}_{n-1}(\mathbb{K})$.
Soit $A \in \mathfrak{M}_n(\mathbb{K})$ telle que, pour tout $i \in [\![1, n]\!]$, $\Delta_i(A) \neq 0$.
On écrit $A = \begin{pmatrix} B & C \\ D & a_{n,n} \end{pmatrix}$ où $B \in \mathfrak{M}_{n-1}(\mathbb{K})$, C est une colonne et D une ligne.

(i) Montrer que B admet une décomposition LU, soit $B = LU$.

(ii) Déterminer explicitement une ligne X, une colonne Y et un scalaire λ tels que l'on a $A = \begin{pmatrix} L & 0 \\ X & 1 \end{pmatrix} \begin{pmatrix} U & Y \\ 0 & \lambda \end{pmatrix}$.

(iii) Montrer que $\lambda \neq 0$ et conclure.

4. Donner la décomposition LU de $\begin{pmatrix} 1 & 1 & 1 \\ 1 & 0 & 2 \\ 1 & 1 & 3 \end{pmatrix}$.

5. Pourquoi une décomposition LU permet-elle de résoudre le système $AX = B$ si B est fixé dans $\mathfrak{M}_{n,1}(\mathbb{K})$?

Résoudre ainsi $\begin{pmatrix} 1 & 1 & 1 \\ 1 & 0 & 2 \\ 1 & 1 & 3 \end{pmatrix} \begin{pmatrix} x \\ y \\ z \end{pmatrix} = \begin{pmatrix} \alpha \\ \beta \\ \gamma \end{pmatrix}$.

Solution

1. $L_1U_1 = L_2U_2 \Rightarrow L_2^{-1}L_1 = U_2U_1^{-1}$ qui est à la fois triangulaire supérieure et inférieure avec une diagonale constituée de 1, donc $L_2^{-1}L_1 = I_n$ d'où $L_1 = L_2$ et $U_1 = U_2$.

2. Par blocs $A = LU = \begin{pmatrix} L_i & 0 \\ \star & \star \end{pmatrix} \begin{pmatrix} U_i & \star \\ 0 & \star \end{pmatrix} = \begin{pmatrix} L_iU_i & \star \\ \star & \star \end{pmatrix}$ d'où $A_i = L_iU_i$ et

$\Delta_i(A) = |L_i| \times |U_i| = \prod_{j=1}^{i} u_{j,j} \neq 0$.

3. a. On pose $\ell_{1,1} = 1$ et $u_{1,1} = a_{1,1}$.

b. (i) $\forall i \in [\![1, n-1]\!]$, $\Delta_i(B) = \Delta_i(A) \neq 0$ d'où l'existence d'une décomposition $B = LU$ par hypothèse de récurrence.

(ii) $\begin{pmatrix} L & 0 \\ X & 1 \end{pmatrix} \begin{pmatrix} U & Y \\ 0 & \lambda \end{pmatrix} = \begin{pmatrix} B & LY \\ XU & XY + \lambda \end{pmatrix}$ d'où $X = DU^{-1}$, $YL^{-1}C$ et $\lambda = a_{n,n} - XY = a_{n,n} - DU^{-1}L^{-1}C$.

(iii) $\Delta_n(A) = \begin{vmatrix} L & 0 \\ X & 1 \end{vmatrix} \times \begin{vmatrix} U & Y \\ 0 & \lambda \end{vmatrix} = \lambda \prod_{i=1}^{n} u_{i,i} \neq 0 \Rightarrow \lambda \neq 0$. Pr suite A admet une décomposition LU.

4. $\ell_{1,1} = u_{1,1} = 1$.

$\begin{pmatrix} 1 & 1 \\ 1 & 0 \end{pmatrix} = \begin{pmatrix} 1 & 0 \\ X & 1 \end{pmatrix} \begin{pmatrix} 1 & Y \\ 0 & \lambda \end{pmatrix} \Rightarrow X = Y = -\lambda = 1.$

$\begin{pmatrix} 1 & 1 & 1 \\ 1 & 0 & 2 \\ 1 & 1 & 3 \end{pmatrix} = \begin{pmatrix} 1 & 0 & 0 \\ 1 & 1 & 0 \\ a & b & 1 \end{pmatrix} \begin{pmatrix} 1 & 1 & c \\ 0 & -1 & d \\ 0 & 0 & \lambda \end{pmatrix} \Rightarrow a = c = d = 1,\ b = 0$ et $\lambda = 2$.

5. $AX = B \iff \begin{cases} LY = B \\ UX = Y \end{cases}$ Les systèmes $LY = B$ et $UX = Y$ sont de résolutions rapides car triangulaires.

Ainsi dans l'application numérique $LY = B \iff y_1 = \alpha,\ y_2 = \beta - \alpha$ et $y_3 = \gamma - \alpha$.

Alors $UX = Y \iff x_1 = \alpha + \beta - \gamma,\ x_2 = \dfrac{\alpha - 2\beta + \gamma}{2}$ et $x_3 = \dfrac{-\alpha + \gamma}{2}$.

Sous-espaces de $\mathfrak{M}_n(\mathbb{R})$

Si V est un sous-espace vectoriel de $\mathfrak{M}_n(\mathbb{R})$ tel que $\forall M \in V,\ \operatorname{rg} M \leqslant p$ où p est fixé dans $[\![0, n]\!]$, on se propose de montrer : $\dim(V) \leqslant np$.

1. Soit $q = \max\limits_{M \in V} \operatorname{rg}(M)$ puis $M_0 \in V$ de rang q. On pose $M_0 = QJ_qP$ où P, Q dans $\mathrm{GL}_n(\mathbb{R})$ et $J_q = \begin{pmatrix} I_q & 0 \\ 0 & 0_{n-q} \end{pmatrix}$. Soit $V_q = \{Q^{-1}MP^{-1} \mid M \in V\}$.
Montrer que V et V_q sont deux sev isomorphes de $\mathfrak{M}_n(\mathbb{R})$, que $J_q \in V_q$ et que $\forall N \in V_q,\ \operatorname{rg}(N) \leqslant q$.

2. Si $N \in V_q$, on écrit par blocs $N = \begin{pmatrix} A & B \\ C & D \end{pmatrix}$ où $A \in \mathfrak{M}_q(\mathbb{R})$. On fixe (i, j) dans $[\![1, n-q]\!]^2$. En considérant les coefficients de λ^q et λ^{q-1} de la fonction

$$\lambda \mapsto P(\lambda) = \det \begin{pmatrix} & & & b_{1,j} \\ & A + \lambda I_q & & \vdots \\ & & & b_{q,j} \\ c_{i,1} & \cdots & c_{i,q} & d_{i,j} \end{pmatrix} \text{ montrer } d_{i,j} = 0 \text{ et } \sum_{k=1}^{q} c_{i,k} b_{k,j} = 0.$$

3. Soit $\Psi : V_q \to \mathfrak{M}_{q,n}(\mathbb{R})$ qui à $\begin{pmatrix} A & B \\ C & 0 \end{pmatrix}$ associe $\begin{pmatrix} A & B + C^T \end{pmatrix}$, montrer que Ψ est une injection linéaire, conclure.

Solution

1. L'application $\Phi : V \to V_q,\ M \mapsto Q^{-1}MP^{-1}$ est un isomorphisme de V sur V_q. $\Phi(M_0) = J_q$ et, comme pour tout $M \in V$, $\operatorname{rg}\big(\Phi(M)\big) = \operatorname{rg}(M) \leqslant q$, on a : $\forall N \in V_q,\ \operatorname{rg}(N) \leqslant q$.

2. On note $M(\lambda)$ la matrice donnée par l'énoncé, elle est de rang au plus q car $N + \lambda J_q \in V_q$ et donc $P(\lambda) = 0$. Or $P(\lambda)$ est polynomiale, $P(\lambda) = \sum\limits_{\sigma \in S_{q+1}} P_\sigma(\lambda)$ où $P_\sigma(\lambda) = \varepsilon(\sigma) \prod\limits_{k=1}^{q+1} m_{\sigma(k),k}(\lambda)$ et $m_{\sigma(k),k}(\lambda)$ est polynomiale de degré 1 si $\sigma(k) = k \leqslant q$ et constante sinon. Cela montre que $P(\lambda)$ est de degré au plus q avec pour seul P_σ éventuellement de degré q le polynôme $P_e(\lambda)$ qui est $d_{i,j} \prod\limits_{k=1}^{q} (a_{k,k} + \lambda)$ et, donc, $d_{i,j} = 0$.
Alors les seuls $P\sigma$ de degré éventuellement $q-1$ sont les P_σ où σ est une transposition $(k, q+1)$ où $k \leqslant q$ et $P_{(k,q+1)}(\lambda) = -c_{i,k} b_{k,j} \prod\limits_{\ell \neq k} (a_{\ell,\ell} + \lambda)$. Le coefficient de λ^{q-1} de $P(\lambda)$ est donc $-\sum\limits_{k=1}^{q} c_{i,k} b_{k,j}$ et il est nécessairement nul.

3. Ψ est linéaire et si $\begin{pmatrix} A & B \\ C & 0 \end{pmatrix} \in \operatorname{Ker}(\Psi)$ alors $A = 0$ et $C^T = -B$.
Si $1 \leqslant i \leqslant n - q$, $(CC^T)_{i,i} = \sum\limits_{k=1}^{q} c_{i,k}^2 = -\sum\limits_{k=1}^{q} c_{i,k} b_{k,i} = 0$ donc $C == 0$ puis $B = 0$ et Ψ est injective. Par suite $\dim(V) = \dim(V_q) \leqslant \dim\big(\mathfrak{M}_{q,n}(\mathbb{R})\big) = qn \leqslant pn$.
Le sous-espace vectoriel de $\mathfrak{M}_n(\mathbb{R})$ des matrices dont les $n-p$ dernières lignes sont nulles convient comme V et est de dimension np.

Transvections

Dans tout le texte $\mathbb{K}$ désigne l'un des corps $\mathbb{R}$ ou $\mathbb{C}$ et n un entier, $n \geqslant 2$.

Première partie

1. a. $E^{i,j}$ désigne la matrice élémentaire i,j. Calculer pour tous i,j,k,ℓ de $[\![1,n]\!]$, $E^{i,j}E^{k,\ell}$.

b. Soit $A \in \mathfrak{M}_n(\mathbb{K})$. Montrer que l'addition à une ligne de A d'une homothétique d'une autre ligne peut se faire en multipliant A à gauche par une matrice convenable. Démontrer que l'on peut effectuer une opération analogue sur les colonnes par une multiplication à droite.

2. On suppose que la première ligne de A comporte au moins un terme non nul. Montrer qu'il existe des matrices P et Q, produits de matrices de la forme $I_n + \lambda E^{i,j}$ avec $i \neq j$ et $\lambda \in \mathbb{K}$, telles que PAQ soit de la forme :

$$PAQ = \begin{pmatrix} 1 & 0 & \cdots & 0 \\ 0 & & & \\ \vdots & & B & \\ 0 & & & \end{pmatrix}$$

(on pourra, dans un premier temps, transformer A en une matrice dont le coefficient 1,1 est égal à 1).

3. On suppose que A est de rang $r > 0$. Montrer qu'il existe des matrices P et Q, produits de matrices $I_n + \lambda E^{i,j}$, avec $i \neq j$ et $\lambda \in \mathbb{K}$, telles que PAQ soit la matrice diagonale $\mathrm{diag}(1, 1, \cdots, 1, d, 0, \ldots, 0)$, le terme d étant à la place d'indice r et $d \neq 0$ et en outre que, si $r < n$, on peut choisir $d = 1$ *(on pourra raisonner par récurrence sur n).*

4. En déduire que le groupe $\mathrm{SL}_n(\mathbb{K})$ des éléments de $\mathfrak{M}_n(\mathbb{K})$ de déterminant 1 est engendré par les matrices $I_n + \lambda E^{i,j}$ avec $i \neq j$ et $\lambda \in \mathbb{K}$.

Dans toute la suite du problème on suppose $n \geqslant 3$.

5. Soit $T = I_n + \lambda E^{i,j}$ avec $i \neq j$ et $\lambda \in \mathbb{K}$.

a. Donner l'inverse de T.

b. Montrer que T est un commutateur : $T = A^{-1}B^{-1}AB$ où A et B sont de la forme $I_n + \alpha E^{k,\ell}$ avec $k \neq \ell$ et $\alpha \in \mathbb{K}$.

Deuxième partie

Soit $\Phi : \mathfrak{M}_n(\mathbb{K}) \to \mathbb{K}$ vérifiant les conditions suivantes :

(i) $\forall (A,B) \in \mathfrak{M}_n(\mathbb{K})^2$, $\Phi(AB) = \Phi(A)\Phi(B)$,

(ii) Pour toute matrice diagonale D, $\Phi(D)$ est le produit des coefficients diagonaux de D.

1. Montrer que pour tout $(i,j) \in [\![1,n]\!]^2$, pour tout $t \in \mathbb{K}$, si $i \neq j$, $\Phi(I_n + tE^{i,j}) = 1$. *(On pourra utiliser I.5.)*

2. Montrer que $\Phi = \det$ sur $\mathfrak{M}_n(\mathbb{K})$.

Troisième partie

Soit E un ensemble et $\Psi : \mathfrak{M}_n(\mathbb{K}) \to E$ telle que $\Psi(XYZ) = \Psi(XZY)$ pour tout triplet de matrices (X, Y, Z).

1. Montrer que pour tout $X \in \mathfrak{M}_n(\mathbb{K})$, tout $U \in \mathrm{SL}_n(\mathbb{K})$, $\Psi(XU) = \Psi(X) = \Psi(UX)$. *(On pourra utiliser I.5. et raisonner par récurrence sur le nombre minimal de transvections qui composent U).*

2. Pour tout $r \in [\![1, n-1]\!]$ on pose $X_r = \begin{pmatrix} I_r & 0 \\ 0 & 0 \end{pmatrix} \in \mathfrak{M}_n(\mathbb{K})$, par blocs, et aussi $X_0 = 0_n$.

a. Montrer que pour tous A et B éléments de $\mathfrak{M}_n(\mathbb{K})$ de même rang $r < n$, on a :

$$\Psi(A) = \Psi(B).$$

b. Montrer qu'il existe une matrice Y de rang r telle que $X_{r-1} = YX_r$ et $Y = X_rY$ si $r \in [\![1, n-1]\!]$ *(on pourra effectuer des produits par blocs).*

c. En déduire que Ψ est constante sur l'ensemble des matrices non inversibles.

3. En conclure que pour tout $(X, Y) \in \mathfrak{M}_n(\mathbb{K})^2$, $\det X = \det Y \Rightarrow \Psi(X) = \Psi(Y)$.

Solution

Première partie

1. a. En notant $(E_1, \ldots, E_n)$ la base canonique de $\mathfrak{M}_{n,1}(\mathbb{K})$ on a :
$E^{i,j}E^{k,\ell} = (E_iE_j^T)(E_kE_\ell^T) = E_i(E_j^TE_k)E_\ell^T = \delta_{j,k}E_iE_\ell^T = \delta_{j,k}E^{i,\ell}$.

b. $E^{i,j}A = E_i(E_j^TA) = E_iL_j(A)$ où $L_j(A)$ désigne la j-ème ligne de A, $E^{i,j}A$ est donc la matrice dont la i-ème ligne est $L_j(A)$ et dont les autres lignes sont nulles. $A \leftarrow (I_n + \lambda E^{i,j})A$ effectue $L_i \leftarrow L_i + \lambda L_j$, $A \leftarrow A(I_n + \lambda E^{i,j})$ effectue $C_j \leftarrow C_j + \lambda C_i$ en transposant pour passer des opérations sur les lignes à celles sur les colonnes.

2. En effectuant des opérations décrites dans 1.b. on remplace A par PAQ où P et Q sont des produits de matrices de transvection.

α) Si $a_{1,2} = 0$ on effectue $C_2 \leftarrow C_2 + C_{j_0}$ où $a_{1,j_0} \neq 0$, ainsi $a_{1,2} \neq 0$,

β) on effectue ensuite $C_1 \leftarrow C_1 + \dfrac{1 - a_{1,1}}{a_{1,2}} C_2$, ainsi $a_{1,1} = 1$,

γ) pour $k \in [\![2, n]\!]$ on effectue $C_k \leftarrow C_k - a_{1,k}C_1$, ainsi $a_{1,k} = 0$,

δ) pour $k \in [\![2, n]\!]$ on effectue $L_k \leftarrow L_k - a_{k,1}L_1$, ainsi $a_{k,1} = 0$,

à l'issue de ces transformations $PAQ = \begin{pmatrix} 1 & 0 & \cdots & 0 \\ 0 & & & \\ \vdots & & B & \\ 0 & & & \end{pmatrix}$ où P et Q sont des produits de matrices du type $I_n + \lambda E^{i,j}$ avec $i \neq j$.

3. Procédons par récurrence sur n.

• Si $n = 1$ on a $r = n$, $A = \begin{pmatrix} d \end{pmatrix}$ avec $d \neq 0$.

• Si la propriété a été établie à un rang $n \geqslant 1$ et si $A \in \mathfrak{M}_{n+1}(\mathbb{K})$ est de rang $r > 0$, quitte à effectuer $L_1 \leftarrow L_1 + L_i$ où L_i est non nulle, par 2 on arrive à :

$PAQ = \begin{pmatrix} 1 & 0 & \cdots & 0 \\ 0 & & & \\ \vdots & & B & \\ 0 & & & \end{pmatrix}$ où $B \in \mathfrak{M}_n(\mathbb{K})$, P et Q produits de matrices de transvection $n+1, n+1$. De plus $r = \mathrm{rg}(A) = 1 + \mathrm{rg}(B)$.

Solutions

$\diamond$ Si $r = 1$ alors $B = 0_n$ et c'est terminé,
$\diamond$ sinon $r' = \text{rg}(B) > 0$ et il existe P' et Q' produits de matrices de transvection n, n telles que $P'BQ' = \text{diag}(1, \cdots, 1, d, 0, \cdots, 0)$ où $d \neq 0$ et est en r'-ième position, avec $d = 1$ si $r' < n$.

Posons $P'' = \begin{pmatrix} 1 & 0 & \cdots & 0 \\ 0 & & & \\ \vdots & & P' & \\ 0 & & & \end{pmatrix}$ et $Q'' = \begin{pmatrix} 1 & 0 & \cdots & 0 \\ 0 & & & \\ \vdots & & Q' & \\ 0 & & & \end{pmatrix}$, comme P' et Q' sont produits de $I_n + \lambda E_n^{i,j}$ où $i \neq j$, P'' et Q'' sont produits de $I_{n+1} + \lambda E_{n+1}^{i,j}$ avec encore $i \neq j$.

De plus $P''(PAQ)Q'' = \begin{pmatrix} 1 & 0 & \cdots & 0 \\ 0 & & & \\ \vdots & & P'BQ' & \\ 0 & & & \end{pmatrix} = \text{diag}(1, \cdots, 1, d, 0, \cdots, 0)$ où d est en r-ième position, $d \neq 0$ et $d = 1$ si $r < n + 1$.

Dans tous les cas on a établi la propriété au rang $n + 1$, et donc terminé la récurrence.

4. Si $A \in SL_n(\mathbb{K})$ la question 3 montre que l'on obtient $PAQ = \text{diag}(1, \cdots, 1, d)$ où P et Q sont produits de matrices de transvection.
Comme $\det(I_n + \lambda E^{i,j}) = 1$ si $i \neq j$, on a $\det(P) = \det(Q) = 1$ par produit.
Donc $\det(A) = \det(PAQ) = d = 1$ *i.e.* $PAQ = I_n$.
On en déduit $A = P^{-1}Q^{-1}$ puis $A^{-1} = QP$. Quand A décrit $SL_n(\mathbb{K})$, A^{-1} aussi et donc tout élément de $SL_n(\mathbb{K})$ est produit de matrices de transvection. La réciproque est claire.
Les $I_n + \lambda E^{i,j}$ où $i \neq j$ et $\lambda \in \mathbb{K}$ engendrent le groupe $SL_n(\mathbb{K})$.

5. a. On a $(T - I_n)^2 = \lambda^2(E^{i,j})^2 = 0_n$ par 1.a. d'où $2T - T^2 = I_n$ *i.e.* $T(2I_n - T) = I_n$ puis $T^{-1} = 2I_n - T$ donc $T^{-1} = I_n - \lambda E^{i,j}$.
b. Choisissons k dans $[\![1, n]\!] \setminus \{i, j\}$, ce qui est possible car $n \geqslant 3$ et posons $A = I_n - E^{k,j}$ et $B = I_n + \lambda E^{i,k}$,

$$\begin{aligned} A^{-1}B^{-1}AB &= \left[(I_n + E^{k,j})(I_n - \lambda E^{i,k})\right]\left[(I_n - E^{k,j})(I_n + \lambda E^{i,k})\right] \\ &= (I_n + E^{k,j} - \lambda E^{i,k})(I_n - E^{k,j} + \lambda E^{i,k}) \\ &= I_n - E^{k,j} + \lambda E^{i,k} + E^{k,j} - \lambda E^{i,k} + \lambda E^{i,j} \\ &= T \end{aligned}$$

donc T est un commutateur.

Deuxième partie

1. (ii) montre que $\Phi(I_n) = 1$. Écrivons $I_n + tE^{i,j} = A^{-1}B^{-1}AB$ comme dans I.5., alors $\Phi(I_n + tE^{i,j}) = \Phi(A^{-1})\Phi(B^{-1})\Phi(A)\Phi(B) = \Phi(A^{-1})\Phi(A)\Phi(B^{-1})\Phi(B)$ soit $\Phi(I_n + tE^{i,j}) = \Phi(A^{-1}A)\Phi(B^{-1}B) = 1$ d'après le début de la question. Donc si $i \neq j$ et $\lambda \in \mathbb{K}$, $\Phi(I_n + tE^{i,j}) = 1$.

2. Soit $A \in \mathfrak{M}_n(\mathbb{K}) \setminus \{0_n\}$, $PAQ = \text{diag}(1, \cdots, 1, d, 0, \cdots, 0) = D$ comme dans I.2.
$\Phi(PAQ) = \det(D)$ par (ii), or $\Phi(PAQ) = \Phi(P)\Phi(A)\Phi(Q)$ par (i).
D'après 1. et (i) on a $\Phi(P) = \Phi(Q) = 1$, d'où $\Phi(A) = \det(D)$.
Or $\det(D) = \det(PAQ) = \left[\det(P)\right]\left[\det(A)\right]\left[\det(Q)\right] = \det(A)$, donc $\Phi = \det$ sur $\mathfrak{M}_n(\mathbb{K}) \setminus \{0_n\}$.

Enfin $\Phi(0_n) = 0$ par (ii). En définitive : $\Phi = \det$.

Troisième partie

1. Raisonnons par récurrence sur le nombre minimal k de matrices de transvection qui composent U.

• Si $k = 0$, $U = I_n$ et les égalités sont claires.

• Supposons les établies à un rang k et $U = T_1 \dots T_{k+1}$ où les T_i sont des matrices de transvection.

Posons $U' = T_1 \dots T_k$ et $X' = XU'$.

$\Psi(XU) = \Psi(X'T_{k+1}) = \Psi\big[(X'A^{-1})B^{-1}(AB)\big]$ par I.5.

$\Psi(XU) = \Psi\big[(X'A^{-1})(AB)B^{-1}\big] = \Psi(X')$ par hypothèse,

donc $\Psi(XU) = \Psi(XU') = \Psi(X)$ par hypothèse de récurrence. De même $\Psi(UX) = \Psi(X)$.

Donc si $X \in \mathfrak{M}_n(\mathbb{K})$ et $U \in SL_n(\mathbb{K})$ on a $\Psi(XU) = \Psi(X) = \Psi(UX)$.

2. a. Si $r = \text{rg}(A) < n$ alors par I.3., $A = PX_rQ$ où P et Q sont produits de matrices de transvections, donc éléments de $SL_n(\mathbb{K})$.

Par 1. $\Psi(A) = \Psi(X_r)$ et, par transitivité, il vient :

$$\text{rg}(A) = \text{rg}(B) < n \Rightarrow \Psi(A) = \Psi(B).$$

b. Si $Y = \begin{pmatrix} & & 0 & 0 & \\ & I_{r-1} & \vdots & \vdots & (0) \\ 0 & \cdots & 0 & 1 & \\ & (0) & & (0) & \end{pmatrix}$, la permutation de C_r et C_{r+1} montre que Y est de rang r.

En effectuant les produits on obtient $X_{r-1} = YX_r$ et $Y = X_rY$.

c. Si $r \in [\![1, n[\![$ on a $\Psi(Y) = \Psi(X_r)$ puis $\Psi(Y) = \Psi(X_rY) = \Psi(I_nX_rY)$ soit $\Psi(Y) = \Psi(I_nYX_r) = \Psi(X_{r-1}) = \dots = \Psi(X_0)$.

$$\Psi \text{ est constante sur } \mathfrak{M}_n(\mathbb{K}) \setminus \text{GL}_n(\mathbb{K}).$$

3. Le cas $\det(X) = \det(Y) = 0$ vient d'être traité.

Supposons $\det(X) = \det(Y) \neq 0$, alors $X = YY^{-1}X$

d'où $\Psi(X) = \Psi(YY^{-1}X) = \Psi(YXY^{-1})$ et, comme $XY^{-1} \in SL_n(\mathbb{K})$, la question 1 montre que $\Psi\big[Y(XY^{-1})\big] = \Psi(Y)$.

$$\det(X) = \det(Y) \Rightarrow \Psi(X) = \Psi(Y).$$

---

13 - Intégration

Rappels de cours

1. **Continuité uniforme**

a. Définition : $f : I \to \mathbb{K}$ est dite uniformément continue sur l'intervalle I de $\mathbb{R}$ si

$$\forall \varepsilon \in \mathbb{R}_+^\star, \exists \alpha(\varepsilon) \in \mathbb{R}_+^\star, \forall (x, y) \in I^2, |x - y| \leqslant \alpha(\varepsilon) \Rightarrow |f(x) - f(y)| \leqslant \varepsilon.$$

b. Théorèmes

• Toute fonction lipschitzienne sur I est uniformément continue sur I ; la réciproque est fausse.

• Toute fonction uniformément continue sur I est continue sur I ; la réciproque est fausse.

c. **Théorème de Heine.** Toute fonction continue sur un segment y est uniformément continue.

2. **Fonctions continues par morceaux**

a. On appelle subdivision du segment $[a, b]$ de $\mathbb{R}$, toute suite finie strictement croissante $(a_k)_{0 \leqslant k \leqslant n}$ de points de $[a, b]$ telle que : $a_0 = a, a_n = b$.

b. $f \in \mathcal{F}([a, b], \mathbb{K})$ est dite continue par morceaux sur le segment $[a, b]$ de $\mathbb{R}$ et on note $f \in \mathcal{CM}([a, b], \mathbb{K})$ s'il existe une subdivision $\sigma = (a_k)_{0 \leqslant k \leqslant n}$ de $[a, b]$ telle que pour tout $k \in [\![1, n]\!]$, la restriction de f à l'intervalle ouvert $]a_{k-1}, a_k[$ soit prolongeable par continuité au segment $[a_{k-1}, a_k]$. Une telle subdivision est dite subordonnée à f.

$f \in \mathcal{F}(I, \mathbb{K})$ est dite continue par morceaux sur l'intervalle I si elle l'est sur tout segment de I. On notera $f \in \mathcal{CM}(I, \mathbb{K})$.

• $\mathcal{CM}(I, \mathbb{K})$ est un sous-espace vectoriel de $\mathcal{F}(I, \mathbb{K})$.

• $(\mathcal{CM}(I, \mathbb{K}), +, \times)$ est un anneau commutatif.

c. $f \in \mathcal{F}(\mathbb{R}, \mathbb{K})$ est dite en escalier et on note $f \in \mathrm{Esc}(\mathbb{R}, \mathbb{K})$ s'il existe un segment $[a, b]$ de $\mathbb{R}$, une subdivision $\sigma = (a_k)_{0 \leqslant k \leqslant n}$ de $[a, b]$ tels que :

(i) pour tout $k \in [\![1, n]\!]$, $f\big|_{]a_{k-1}, a_k[}$ soit constante,

(ii) f est nulle en dehors de $[a, b]$.

Une telle subdivision est dite subordonnée à f.

• $\mathrm{Esc}(\mathbb{R}, \mathbb{K})$ est un sous-espace vectoriel de $\mathcal{F}(\mathbb{R}, \mathbb{K})$.

• $(\mathrm{Esc}(\mathbb{R}, \mathbb{K}), +, \times)$ est un anneau commutatif.

3. Sommes de Riemann d'une fonction continue

a. Définitions

• On appelle subdivision pointée de $[a,b]$ le couple (s,ξ) d'une subdivision $s=(a_0,a_1,\dots,a_n)$ de $[a,b]$ et d'un n-uplet $\xi=(\xi_0,\xi_1,\dots,\xi_{n-1})$ tel que pour tout $i\in[\![0,n-1]\!]$, $\xi_i\in[a_i,a_{i+1}]$.

• Soit $[a,b]$ un segment de $\mathbb{R}$, (s,ξ) une subdivision pointée de $[a,b]$ avec $s=(a_0,a_1,\dots,a_n)$ et $\xi=(\xi_0,\xi_1,\dots,\xi_{n-1})$, et $f:[a,b]\to\mathbb{K}$.
On appelle ***somme de Riemann*** de f associée à la subdivision pointée (s,ξ) le vecteur $R\big(f;(s,\xi)\big)=\sum\limits_{i=0}^{n-1}(a_{i+1}-a_i)f(\xi_i)$.

• On appelle pas de la subdivision $s=(a_0,a_1,\dots,a_n)$ (*resp.* pas de la subdivision pointée (s,ξ)), le nombre $\delta(s)$ défini par $\delta(s)=\max\limits_{1\leqslant i\leqslant n}\big(a_i-a_{i-1}\big)$.

b. Théorème

Si f est une application continue de $[a,b]$ dans $\mathbb{R}$, pour tout $\varepsilon>0$, il existe $\alpha>0$ tel que, pour toute subdivision pointée (s,ξ) de $[a,b]$ de pas inférieur à α, on ait

$$\left|\int_{[a,b]} f - R\big(f;(s,\xi)\big)\right|\leqslant\varepsilon.$$

En particulier, si $f\in\mathcal{C}([a,b],\mathbb{K})$, alors

$$\frac{b-a}{n}\sum_{k=0}^{n-1} f\Big(a+k\frac{b-a}{n}\Big)\xrightarrow[n\to\infty]{}\int_a^b f.$$

4. Intégrale et primitives

Soient $f\in\mathcal{C}(I,\mathbb{K})$ et $a\in I$. L'application $F:x\mapsto\displaystyle\int_a^x f(t)dt$ est l'unique primitive de f qui s'annule en a. Pour toute primitive G de f sur I,

$$\int_a^x f(t)dt=G(x)-G(a)=\big[G(x)\big]_a^x.$$

5. Propriétés de l'intégrale

• **linéarité :** L'application $\mathcal{CM}([a,b],\mathbb{K})\to\mathbb{K}, f\mapsto\displaystyle\int_a^b f$ est linéaire. Autrement dit, si f et g sont éléments de $\mathcal{CM}([a,b],\mathbb{K})$,

$$\int_a^b(\lambda f+g)=\lambda\int_a^b f+\int_a^b g.$$

• **Relation de Chasles**

Soient a,b,c trois points d'un intervalle I de $\mathbb{R}$, et $f\in\mathcal{CM}(I,\mathbb{K})$,

$$\int_a^c f=\int_a^b f+\int_b^c f.$$

• **Positivité dans le cas où les fonctions sont réelles**

(i) Si $f\in\mathcal{CM}([a,b],\mathbb{R}), a<b$, alors : $f\geqslant 0\Rightarrow\displaystyle\int_a^b f\geqslant 0$.

(ii) Si $(f,g)\in\big(\mathcal{CM}([a,b],\mathbb{R})\big)^2, a<b$, alors : $f\leqslant g\Rightarrow\displaystyle\int_a^b f\leqslant\int_a^b g$.

(iii) Si $f\in\mathcal{C}\big([a,b],\mathbb{R}\big)$ est de ***signe constant*** sur $[a,b]$ alors $\displaystyle\int_a^b f=0\Rightarrow f=0$.

La démonstration rapide de ce dernier résultat est à connaître :

Supposons $f \geqslant 0$ et notons $F : x \mapsto \int_a^x f$ la primitive de f qui s'annule en a. On a alors $F' = f \geqslant 0$ donc F croissante avec $F(a) = F(b) = 0$, ce qui implique $F = 0$ et par dérivation $F' = f = 0$.

• **Cas des fonctions périodiques**
Si f est continue par morceaux sur $\mathbb{R}$ et à valeurs dans $\mathbb{C}$,

$$\forall (a,b) \in \mathbb{R}^2, \int_a^b f = \int_{a+T}^{b+T} f \qquad \text{et} \qquad \int_a^{a+T} f = \int_b^{b+T} f.$$

• **Inégalités de la moyenne**
Si $(f,g) \in (\mathcal{CM}([a,b],\mathbb{R}))^2, a \leqslant b$ avec $g \geqslant 0$ et s'il existe $(m,M) \in \mathbb{R}^2$ tel que pour tout $x \in [a,b], m \leqslant f(x) \leqslant M$, alors $m \int_a^b g \leqslant \int_a^b fg \leqslant M \int_a^b g$.

Si $f \in \mathcal{CM}([a,b],\mathbb{K}), \left| \int_a^b f(t)dt \right| \leqslant \left| \int_a^b |f(t)|dt \right|$.

• **Inégalité de Cauchy-Schwarz**
Si f et g sont continues par morceaux sur $[a,b]$ et à valeurs complexes,

$$\left| \int_a^b fg \right| \leqslant \sqrt{\int_a^b |f|^2} . \sqrt{\int_a^b |g|^2}.$$

Si f et g sont continues sur $[a,b]$ on a égalité dans l'inégalité précédente si, et seulement si, (f,g) est liée dans l'espace vectoriel $\mathcal{C}([a,b],\mathbb{C})$.

6. **Intégration par parties**
Le théorème a déjà été rappelé au chapitre 3 du premier semestre.

Quand l'utiliser ?

a. Pour déterminer une formule de récurrence. *Exemple :* $\int_0^x \frac{dt}{(t^2+1)^n}$.
b. Dans le cas de fonctions transcendantes ayant une dérivée algébrique : $\ln, \arctan, \arcsin, \arccos$.

c. Le lecteur étudiant aura noté que nous avons évité la réponse : lorsque je ne sais pas quoi faire !

Intégration par parties itérée

Soient $n \in \mathbb{N}^\star, f \in \mathcal{C}^n(I,\mathbb{K})$. Alors, quel que soit $(a,b) \in I^2$,

$$\int_a^b g^{(n)} f = \Big[\sum_{k=0}^{n-1} (-1)^k g^{(n-1-k)}(t) f^{(k)}(t) \Big]_a^b + (-1)^n \int_a^b g.f^{(n)}.$$

7. **Changement de variable**
Le théorème a déjà été rappelé au chapitre 3 du premier semestre.

8. **Formules de Taylor**
• **Théorème de Taylor avec reste intégral**
Soient $f \in \mathcal{C}^{k+1}(I,\mathbb{K})$ et $a \in I$.

$$\forall x \in I, f(x) = \sum_{n=0}^{k} \frac{(x-a)^n}{n!} f^{(n)}(a) + R_k(x) \text{ où}$$

$$R_k(x) = \int_a^x \frac{(x-t)^k}{k!} f^{(k+1)}(t)dt = (x-a)^{n+1} \int_0^1 \frac{(1-u)^n}{n!} f^{(n+1)}((1-u)a+ux)dt.$$

Remarque : les deux expressions de $R_k(x)$ sont à connaître. La seconde étant très utile lors de majorations.

- **Inégalité de Taylor-Lagrange**

Soient $f \in \mathcal{C}^{k+1}(I,\mathbb{K})$ et $(a,b) \in I^2$.

$$\left|f(b) - f(a) - \sum_{p=1}^{k} \frac{(b-a)^p}{p!} f^{(p)}(a)\right| \leqslant \frac{|b-a|^{k+1}}{(k+1)!} \sup_{x\in[a,b]} |f^{(k+1)}(x)|.$$

- **Théorème de Taylor-Young**

Soit $x_0 \in I$. $f \in \mathcal{C}^n(I,\mathbb{K})$ a un développement limité d'ordre n en x_0 :

$$f(x) \underset{x\to x_0}{=} f(x_0) + (x-x_0)f'(x_0) + \ldots + \frac{(x-x_0)^n}{n!} f^{(n)}(x_0) + o((x-x_0)^n).$$

Quand utiliser l'une ou l'autre des formules de Taylor ?

On se rappellera que « Taylor-Young » est local alors que « Taylor avec reste intégral » est global.

Énoncés des exercices

1. Étudier la convergence des suites définies par :

a. $u_n = \dfrac{1}{n^3}\displaystyle\sum_{k=0}^{n} k^2 \sin\left(\frac{k\pi}{n}\right)$;

b. $v_n = \displaystyle\sum_{k=1}^{n-1} \frac{1}{\sqrt{n^2-k^2}}$. *On pourra utiliser la monotonie d'une fonction et une inégalité de la moyenne* ;

c. $w_n = \left[\dfrac{1}{n!}\displaystyle\prod_{k=1}^{n}(a+k)\right]^{\frac{1}{n}}, a > 0$. *On pourra utiliser l'inégalité démontrée dans un autre exercice :* $\forall x \in \mathbb{R}_+, 0 \leqslant \ln(1+x) \leqslant x$;

d. $x_n = \dfrac{1}{n}\displaystyle\sum_{k=1}^{n} \frac{n+k}{n^2+k^2}$;

e. $t_n = \left(\sin\dfrac{\pi}{n}\right)\displaystyle\sum_{k=1}^{n-1} \frac{1}{2+\cos(k\pi/n)}$;

f. $y_n = \dfrac{1}{n}\displaystyle\sum_{k=1}^{n} f\left(\frac{k}{n}\right) f'\left(\frac{k+1}{n}\right), f \in \mathcal{C}^1([0,1],\mathbb{R})$.

2. $n \in \mathbb{N}^{\star}$. Montrer que $f \in \mathcal{C}([a,b],\mathbb{R})$ telle que $\forall k \in [\![0,n]\!], \displaystyle\int_a^b f(x)x^k dx = 0$ a au moins $n+1$ zéros avec changement de signe sur $]a,b[$.

---

3. Soit $f \in \mathcal{C}([a,b],\mathbb{K}), a < b$. On suppose f non identiquement nulle sur $[a,b]$.

a. Si $\mathbb{K} = \mathbb{R}$, montrer que $\left|\displaystyle\int_a^b f\right| = \displaystyle\int_a^b |f|$ si, et seulement si, f est de signe constant.

b. Si $\mathbb{K} = \mathbb{C}$, montrer que $\left|\displaystyle\int_a^b f\right| = \displaystyle\int_a^b |f|$ si, et seulement si, il existe $\theta \in \mathbb{R}$ tel que $e^{i\theta} f$ soit à valeurs dans $\mathbb{R}_+$.

---

4. a. Montrer que si $f \in \mathcal{C}^1([a,b],\mathbb{C}), a < b$ alors $\displaystyle\int_a^b f(t)e^{i\lambda t}dt \xrightarrow[\substack{|\lambda|\to+\infty \\ \lambda \in \mathbb{R}}]{} 0$.

b. Déterminer $(\alpha,\beta) \in \mathbb{R}^2$ tel que : $\forall n \in \mathbb{N}^{\star}, \dfrac{1}{n^2} = \displaystyle\int_0^{\pi} (\alpha t^2 + \beta t)\cos(nt)dt$.

On pourra examiner $\sin\left(\dfrac{t}{2}\right)\displaystyle\sum_{k=1}^{n}\cos(kt)$. En déduire la valeur de $\zeta(2) = \displaystyle\sum_{n=1}^{\infty}\frac{1}{n^2}$.

c. Calculer $\displaystyle\int_0^{\frac{\pi}{2}} \frac{\sin(2n+1)t}{\sin(t)}dt$; montrer que $\displaystyle\lim_{\lambda\to+\infty}\int_0^{\frac{\pi}{2}}\left(\frac{1}{\sin(t)}-\frac{1}{t}\right)\sin(\lambda t)dt = 0$.

Montrer que $\displaystyle\int_0^{+\infty}\frac{\sin(t)}{t}dt = \frac{\pi}{2}$ si l'on admet l'existence de cette extension d'intégrale.

---

5. a. Soit $P_n(x) = \dfrac{1}{2^n n!}\cdot\dfrac{d^n}{dx^n}\left[(x^2-1)^n\right]$. Montrer que $P_n \in \mathbb{R}[X]$, préciser son degré, son coefficient dominant. Montrer que tous ses zéros sont dans $]-1,1[$.

On pourra raisonner par récurrence.

b. Si $f \in \mathcal{C}^{\infty}([-1,1],\mathbb{C})$, trouver une relation entre

$$\int_{-1}^{1} f.P_n \text{ et } \int_{-1}^{1} f^{(n)}(x)(1-x^2)^n dx.$$

c. Calculer pour tout $(n,m) \in \mathbb{N}^2$, $\displaystyle\int_{-1}^{1} P_n.P_m$.

---

6. Déterminer les applications $f \in \mathcal{C}(\mathbb{R},\mathbb{R})$ telles que :

$$\forall (x,y) \in \mathbb{R}^2, f(x+y) = f(x) + f(y).$$

---

7. Déterminer les applications $f \in \mathcal{C}(\mathbb{R},\mathbb{R})$ telles que :

$$\forall (x,y) \in \mathbb{R}^2, f(x).f(y) = \int_{x-y}^{x+y} f(t)dt \qquad (\star).$$

On pourra montrer que f, si elle existe, est impaire, de classe $\mathcal{C}^{\infty}$ sur $\mathbb{R}$ et si f est distincte de la fonction nulle, $f'(0) = 2$.

8. Soient $f \in \mathcal{C}^1\big([a,b],\mathbb{R}\big)$ et $u_n = \displaystyle\int_a^b f(t)dt - \frac{b-a}{n}\sum_{k=1}^{n} f\Big(a + k\frac{b-a}{n}\Big)$.

Déterminer $\lim(nu_n)$.

---

9. Déterminer $\displaystyle\lim_{x\to 0} f(x)$ où $f : x \mapsto \displaystyle\int_x^{3x} \frac{\sin(t)}{t^2}\,dt$.
Déterminer un développement limité à l'ordre 2 de f en 0.

---

10. Soient $f, g \in \mathcal{C}([a,b],\mathbb{R}_+^\star), a < b$. On note $u_n = \displaystyle\int_a^b f^n g$.

a. Montrer que la suite $\big((u_n)^{1/n}\big)_{n\geqslant 1}$ converge et donner sa limite.

b. Montrer que la suite $\left(\dfrac{u_{n+1}}{u_n}\right)_{n\geqslant 1}$ converge en décroissant et donner sa limite.

---

11. Déterminer : a. $\displaystyle\lim_{n\to\infty} \frac{1}{n!}\int_0^1 (\arcsin(x))^n dx$; b. $\displaystyle\lim_{n\to\infty}\int_0^{\pi} \frac{\sin(x)}{x+n}dx$;

c. $\displaystyle\lim_{a\to 0^+}\int_0^{\frac{\pi}{2}} \frac{1-\cos(x)}{\sqrt{\sin^2(x) + a\cos^2(x)}}dx.$

---

12. $f \in \mathcal{C}^1([a,b],\mathbb{R}), a < b$. Montrer que :

$$\int_a^b (f(x) - f(a))^2 dx \leqslant \frac{(b-a)^2}{2}\int_a^b f'^2(x)dx.$$

---

13. $E = \mathcal{C}\big([0,1],\mathbb{R}\big)$. Soit $\varphi : E \to E, f \mapsto \varphi(f)$ où $\varphi(f)(x) = \displaystyle\int_0^1 f(t)\min(t,x)dt$.

Montrer que $\varphi(f)$ est de classe $\mathcal{C}^2$, injective et linéaire. Est-elle surjective ?

---

14. Soient $f \in \mathcal{C}(\mathbb{R},\mathbb{C})$ et $F : x \mapsto \displaystyle\int_0^x \frac{(x-t)^n}{n!}f(t)dt$. Montrer que F est la fonction de $\mathcal{C}^{n+1}(\mathbb{R},\mathbb{C})$ solution de l'équation différentielle $y^{(n+1)} = f$ sur $\mathbb{R}$ avec les conditions de Cauchy $y(0) = y'(0) = \cdots = y^{(n)}(0)$.

---

15. $a < b$. Soit $f \in \mathcal{C}^1\big([a,b],\mathbb{R}_+\big)$ décroissante et $g \in \mathcal{C}\big([a,b],\mathbb{R}\big)$. Montrer qu'il existe $c \in [a,b]$ tel que $\displaystyle\int_a^b fg = f(a)\int_a^c g$. *Deuxième formule de la moyenne soft.*

---

16. Soit a un nombre réel strictement positif et f une fonction continue strictement croissante de $[0,a]$ dans $\mathbb{R}$. Alors f induit un homéomorphisme de $[0,a]$ sur $[0,f(a)]$. On note g l'homéomorphisme réciproque.

a. Montrer que $\forall x \in [0,a], xf(x) = \displaystyle\int_0^x f(t)dt + \int_0^{f(x)} g(t)dt$.

b. Montrer que : $\forall (x,y) \in [0,a]\times[0,f(x)], xy \leqslant \displaystyle\int_0^x f(t)dt + \int_0^y g(t)dt$.

c. Si $\dfrac{1}{p} + \dfrac{1}{q} = 1$ où $p > 1$, montrer que : $\forall (u,v) \in (\mathbb{R}_+)^2, uv \leqslant \dfrac{u^p}{p} + \dfrac{v^q}{q}$.

17. Montrer que la fonction $F : x \mapsto \int_x^{x^2} \frac{dt}{\ln(t)}$ si $x \in \mathbb{R}_+^\star \setminus \{1\}$ et telle que $F(0) = 0$ et $F(1) = \ln(2)$ est définie, de classe $\mathcal{C}^1$ sur $[0, +\infty[$. Préciser le tableau de variations de la fonction F.

---

18. Soit $I_n = \int_0^1 x^n \sin(\pi x) dx$.

a. Calculer I_0, I_1.

b. Trouver une relation de récurrence entre I_{n+2} et I_n.

c. Montrer que $(I_n)_{n \geqslant 0}$ converge en décroissant.

d. Déterminer un équivalent de I_n quand $n \to \infty$.

---

19. a. Soit $f \in \mathcal{C}(\mathbb{R}, \mathbb{C})$. Montrer que $F : x \mapsto \frac{1}{2} \int_{x-1}^{x+1} f(t) dt$ est de classe $\mathcal{C}^1$ sur $\mathbb{R}$.

b. Si $\lim_{x \to +\infty} f(x) = \ell \in \mathbb{C}$, montrer que $\lim_{x \to +\infty} F(x) = \ell$.

c. Calculer $F(x)$ si $f(t) = |t|$.

---

20. Étude de $f : x \mapsto \int_0^{\sin^2(x)} \arcsin(\sqrt{t}) dt + \int_0^{\cos^2(x)} \arccos(\sqrt{t}) dt$.

---

21. a. Montrer qu'il existe une unique fonction f définie par $\forall x \in \mathbb{R}, \int_x^{f(x)} e^{t^2} dt = 1$.

b. Montrer que f est de classe $\mathcal{C}^\infty$ sur $\mathbb{R}$.

c. Tracer le graphe de f en précisant les branches infinies et l'axe de symétrie.

---

22. Soit $f \in \mathcal{C}(\mathbb{R}, \mathbb{C})$. Montrer que $g : x \mapsto \int_a^b f(x+t) \cos(t) dt$ est de classe $\mathcal{C}^1$ sur $\mathbb{R}$ et donner une expression de $g'(x)$.

---

23. Soit $x \in \mathbb{R} \setminus \{-1, 1\}$. On pose $I(x) = \int_0^\pi \ln\left(1 - 2x\cos(\theta) + x^2\right) d\theta$.

a. Montrer que $I(x) \in \mathbb{R}$ pour tout $x \in \mathbb{R} \setminus \{-1, 1\}$.

b. Exprimer $I(-x)$, $I(1/x)$ et $I(x^2)$ en fonction de $I(x)$.

c. Montrer que $\lim_{x \to 0} I(x) = 0$.

d. En déduire $I(x)$ pour tout $x \in \mathbb{R} \setminus \{-1, 1\}$.

e. Proposer une manière de calculer $I(x)$ utilisant des sommes de Riemann.

---

24. Soit $E = \mathcal{C}([0, 1], \mathbb{R}_+^\star)$. Pour tout $f \in E, P(f) = \left(\int_0^1 f(t) dt \right) \left(\int_0^1 \frac{1}{f(t)} dt \right)$.

a. Déterminer $\inf_{f \in E} P(f)$. On déterminera les fonctions f telles que cette borne inférieure soit atteinte.

b. Montrer que $\{P(f) \mid f \in E\}$ n'est pas majoré.

25. a. Décomposer en éléments simples dans $\mathbb{C}[X]$, $F_n(X) = \dfrac{nX^{n-1}}{X^n - 1}$.

b. En déduire $\displaystyle\int_0^{2\pi} \frac{dt}{x - e^{it}}$ si $x \in \mathbb{C} \setminus \mathbb{U}$.

26. Soit $f \in \mathcal{C}^1([a,b],\mathbb{R})$, $a < b$. On suppose que, pour toute fonction $g \in \mathcal{C}^1([a,b],\mathbb{R})$ telle que $g(a) = g(b) = 0$, $\displaystyle\int_a^b fg' = 0$. Déterminer f.

27. Calculer $\displaystyle\lim_{n\to\infty} \sum_{k=1}^{n} \tan^2\left(\frac{1}{\sqrt{k+n}}\right)$. *On pourra d'abord montrer que sur un voisinage de 0 à droite, il existe $\lambda \in \mathbb{R}_+$, tel que $x^2 \leqslant \tan^2(x) \leqslant x^2 + \lambda x^3$.*

28. a. Montrer que : $\forall x \in \mathbb{R}_+, x - \dfrac{x^2}{2} \leqslant \ln(1+x) \leqslant x$.

b. Déterminer $\displaystyle\lim_{n\to\infty} (u_n)$ où $u_n = \prod_{k=1}^{n} \left(1 + \sqrt{\frac{k}{n^3}}\right)$.

29. $f \in \mathcal{C}([0,1],\mathbb{R})$ telle que $\displaystyle\int_0^1 f^2 = \int_0^1 f^3 = \int_0^1 f^4$. Montrer que f est constante égale à 0 ou 1.

30. Déterminer $a, b \in \mathbb{R}$ tels que $\displaystyle\int_0^1 \frac{e^t}{1+t^n} dt \underset{n\to\infty}{=} a + \frac{b}{n} + o\left(\frac{1}{n}\right)$.

31. a. On sait que si f est dérivable et paire, impaire ou périodique, il en est de même de sa dérivée. Qu'en est-il, si f est continue, de ses primitives si f est paire, impaire ou périodique ?

b. Soit $f \in \mathcal{C}(\mathbb{R},\mathbb{K})$ et T-périodique. Montrer que f a une primitive T-périodique si, et seulement si, toutes ses primitives le sont ou encore si, et seulement si, $\displaystyle\int_0^T f = 0$.

Solutions des exercices

1. a. On a affaire à un cas simple d'application du théorème sur les sommes de Riemann de fonctions continues sur un segment. $f : x \mapsto x^2 \sin(\pi x)$ étant continue sur $[0,1]$, la suite (u_n) converge vers $\displaystyle\int_0^1 x^2 \sin(\pi x)dx = \frac{1}{\pi} - \frac{4}{\pi^3}$ par intégration par parties ou avec une calculette.

b. Le théorème évoqué précédemment ne s'applique pas ici car $f : x \mapsto \dfrac{1}{\sqrt{1-x^2}}$ n'est pas continue sur le segment $[0,1]$. Comme elle est croissante, on déduit de l'inégalité de la moyenne : $\forall k \in [\![1, n-1]\!]$, , $\displaystyle\frac{1}{n} f\Big(\frac{k-1}{n}\Big) \leqslant \int_{\frac{k-1}{n}}^{\frac{k}{n}} f(t)dt \leqslant \frac{1}{n} f\Big(\frac{k}{n}\Big)$.

Donc $\displaystyle\int_{\frac{k-1}{n}}^{\frac{k}{n}} f(t)\,dt \leqslant \frac{1}{n} f\Big(\frac{k}{n}\Big) \leqslant \int_{\frac{k}{n}}^{\frac{k+1}{n}} f(t)\,dt.$

Par addition membres à membres, $\displaystyle\int_0^{\frac{n-1}{n}} f \leqslant v_n \leqslant \int_{\frac{1}{n}}^{1} f(t)\,dt$

i.e. $\displaystyle \arcsin\Big(\frac{n-1}{n}\Big) \leqslant v_n \leqslant \frac{\pi}{2} - \arcsin\Big(\frac{1}{n}\Big)$.

Le théorème d'encadrement implique $\displaystyle\lim_{n\to\infty} (v_n) = \frac{\pi}{2}$.

c. *Première méthode :* $\displaystyle \ln(w_n) = \frac{1}{n}\sum_{k=1}^{n} \ln\Big(1 + \frac{a}{k}\Big)$.

On déduit de l'inégalité de l'énoncé avec $x = \dfrac{a}{k}$ que $\forall k \in [\![1, n]\!], 0 \leqslant \ln\Big(1+\dfrac{a}{k}\Big) \leqslant \dfrac{a}{k}$.

Par addition membres à membres, $\forall n \in \mathbb{N}^\star, 0 \leqslant \ln(w_n) \leqslant a\lambda_n$

où $\displaystyle\lambda_n = \frac{1}{n}\sum_{k=1}^{n}\frac{1}{k} \xrightarrow[n\to\infty]{} 0$ d'après le lemme de Cesàro. Par encadrement, $\displaystyle\lim_{n\to\infty}(\ln(w_n)) = 0$. D'où $\displaystyle\lim_{n\to\infty}(w_n) = 1$ car exp est continue en 0.

Deuxième méthode : en utilisant un travail dirigé (lemme de Cesàro) vu au chapitre 4 de la première partie, on a $\displaystyle\frac{\alpha_{n+1}}{\alpha_n} \xrightarrow[n\to\infty]{} \ell \Rightarrow \sqrt[n]{\alpha_n} \xrightarrow[n\to\infty]{} \ell.$

Le résultat est alors immédiat ici car $\displaystyle\frac{\alpha_{n+1}}{\alpha_n} = \frac{a+n+1}{n+1}$.

d. On est tenté de penser à une somme de Riemann...

Notons que si $k \in [\![1, n]\!], 0 < \dfrac{n+k}{n^2+k^2} \leqslant \dfrac{2n}{n^2} = \dfrac{2}{n}$. Donc $0 < u_n \leqslant \dfrac{2}{n}$.

Par encadrement, $\displaystyle\lim_{n\to\infty}(u_n) = 0$.

e. $\displaystyle t_n \underset{n\to\infty}{\sim} \frac{\pi}{n}\sum_{k=1}^{n-1} f\Big(\frac{k\pi}{n}\Big)$ où f est la fonction définie par $f(t) = \dfrac{1}{2+\cos(t)}$ continue sur $[0,\pi]$. Le théorème sur les sommes de Riemann de fonctions continues sur un

Solutions

segment s'applique et donc $\lim\limits_{n\to\infty}(t_n) = \displaystyle\int_0^\pi f(t)dt = \frac{\pi}{\sqrt{3}}\cdot$ Cette intégrale se calcule avec une calculette ou bien en faisant le changement de variable $u = \tan\left(\dfrac{t}{2}\right)\cdot$

f. Soit $z_n = \dfrac{1}{n}\displaystyle\sum_{k=1}^{n} f\left(\frac{k}{n}\right)f'\left(\frac{k}{n}\right)\cdot$ Comme $f\in\mathcal{C}^1([0,1],\mathbb{R})$, le théorème sur les sommes de Riemann de fonctions continues sur un segment s'applique à ff' et donc $\lim\limits_{n\to\infty}(z_n) = \displaystyle\int_0^1 ff' = \frac{1}{2}\Big(f^2(1) - f^2(0)\Big)$ que nous noterons ℓ.
Il suffit de prouver que $\lim\limits_{n\to\infty}(y_n - z_n) = 0$, pour conclure que $\lim\limits_{n\to\infty}(y_n) = \ell$.

$|u_n - v_n| \leqslant \dfrac{1}{n}\displaystyle\sum_{k=1}^{n}\left|f\left(\frac{k}{n}\right)\right|\left|f'\left(\frac{k+1}{n}\right) - f'\left(\frac{k}{n}\right)\right|\cdot$

f' étant continue sur $[0,1]$ y est uniformément continue d'après le théorème de Heine, donc : $\forall\varepsilon > 0, \exists\alpha > 0, \forall(x,y)\in[0,1]^2, |x-y| \leqslant \alpha \Rightarrow |f'(x) - f'(y)| \leqslant \varepsilon$.

Il existe $n_0\in\mathbb{N}^\star$ tel que $\dfrac{1}{n_0} < \alpha$. Il suffit de prendre, par exemple, $n_0 = \left[\dfrac{1}{\alpha}\right] + 1$.

Pour tout $n \geqslant n_0$, $\left|\dfrac{k+1}{n} - \dfrac{k}{n}\right| = \dfrac{1}{n} \leqslant \alpha$, donc $\left|f'\left(\dfrac{k+1}{n}\right) - f'\left(\dfrac{k}{n}\right)\right| \leqslant \varepsilon$.
Nous invitons notre lecteur étudiant à réfléchir au fait que la continuité de la fonction f' était insuffisante pour conclure.
La fonction f étant continue sur le segment $[0,1]$ est bornée. Soit $M = \sup\limits_{t\in[0,1]}|f(t)|$ on a pour tout $n \geqslant n_0$, $|u_n - v_n| \leqslant M\varepsilon$ et la conclusion.

---

2. Le résultat étant sans objet si f est la fonction nulle, supposons donc f distincte de la fonction nulle sur $[a,b]$.

Notons que, par linéarité de l'intégration, $\forall P\in\mathbb{R}[X]$, $\displaystyle\int_a^b f(t)P(t)dt = 0 \qquad (\star)$.

Montrons que f a au moins un changement de signe sur $[a,b]$. Si ce n'était pas le cas, on aurait $\displaystyle\int_a^b f = 0$ avec f continue sur $[a,b]$, distincte de la fonction nulle et de signe constant ce qui est contraire à un résultat du cours.

Soit $r \leqslant n$ le nombre d'annulations de f avec changement de signe sur $[a,b]$. Notons $x_1,\ldots,x_r$ ces points et $P(X) = (X - x_1)\cdots(X - x_r)$. La fonction $t\mapsto f(t)P(t)$ est continue, de signe constant sur $[a,b]$ (*minute de réflexion : là est la difficulté.*)

Comme la fonction $t\mapsto f(t)P(t)$ est aussi distincte de la fonction nulle, $\displaystyle\int_a^b fP \neq 0$ ce qui contredit $(\star)$. Donc $r > n$ et le résultat est prouvé.

---

3. a. $\displaystyle\int_a^b |f| = \left|\int_a^b f\right| \Rightarrow \int_a^b |f| = \varepsilon\int_a^b f \Rightarrow \int_a^b (|f| - \varepsilon f) = 0$ où $\varepsilon\in\{-1,1\}\cdot$
Comme $|f| - \varepsilon f$ est continue et positive sur $[a,b]$, on a $|f| - \varepsilon f = 0$ *i.e.* f est de signe constant sur $[a,b]$.

b. $\displaystyle\int_a^b f \neq 0$ sinon $\displaystyle\int_a^b |f| = 0$, ce qui implique $f = 0$.

On peut donc poser $\int_a^b f = \left|\int_a^b f\right| e^{i\theta}$ où $\theta = \text{Arg}\Big(\int_a^b f\Big)$ et $f(t) = g(t)e^{i\theta}$.
$\int_a^b |f| = \left|\int_a^b f\right| \Rightarrow \int_a^b |g| = \int_a^b g \Rightarrow \int_a^b (|g| - \Re e(g)) = 0 \Rightarrow |g| = \Re e(g)$ car $\Re e(g) \leqslant |\Re e(g)| \leqslant |g|$ et $|g| - \Re e(g)$ est continue sur $[a,b]$.
Or $|g| = \Re e(g) \Rightarrow g\big([a,b]\big) \subset \mathbb{R}_+ \Rightarrow \arg(g(t)) \equiv 0\ [2\pi]$.
Comme $\arg(g(t)) = \arg(g(t)) - \theta$, le résultat est prouvé.

---

4. a. Comme $f \in \mathcal{C}^1([a,b],\mathbb{C})$, par intégration par parties, pour tout $\lambda \neq 0$
$\int_a^b f(t)e^{i\lambda t}dt = \frac{1}{i\lambda}\Big[f(b)e^{i\lambda b} - f(a)e^{i\lambda a}\Big] - \frac{1}{i\lambda}\int_a^f f'(t)e^{i\lambda t}dt.$
Donc $\left|\int_a^b f(t)e^{i\lambda t}dt\right| \leqslant \frac{1}{|\lambda|}\Big(|f(b)| + |f(a)| + \int_a^b |f'|\Big) = \frac{M}{|\lambda|}$ où M est indépendant de λ. On déduit du théorème d'encadrement que $\int_a^b f(t)e^{i\lambda t}dt \xrightarrow[\substack{|\lambda|\to+\infty \\ \lambda\in\mathbb{R}}]{} 0$.

b. Par deux intégrations par parties, on obtient
$\forall n \in \mathbb{N}^\star,\ I_n = \int_0^\pi (\alpha t^2 + \beta t)\cos(nt)dt = \frac{1}{n^2}\Big((2\alpha\pi + \beta)(-1)^n - \beta\Big)$.
$\forall n \in \mathbb{N}^\star,\ I_n = \frac{1}{n^2} \iff \begin{cases}(2\alpha\pi+\beta) - \beta = 1 \\ -2\alpha\pi - 2\beta = 1\end{cases} \iff \alpha = \frac{1}{2\pi}$ et $\beta = -1$.

Il s'ensuit que $\sum_{k=1}^n \frac{1}{k^2} = \int_0^\pi (\alpha t^2 + \beta t)S_n(t)dt$ où $S_n(t) = \sum_{k=1}^n \cos(kt)$.

$S_n(t)\sin\Big(\frac{t}{2}\Big) = \frac{1}{2}\sum_{k=1}^n \Big(\sin\Big(\frac{(2k+1)t}{2}\Big) - \sin\Big(\frac{(2k-1)t}{2}\Big)\Big)\cdot$ Par télescopage,
$S_n(t)\sin\Big(\frac{t}{2}\Big) = \frac{1}{2}\Big(\sin\Big(\frac{(2n+1)t}{2}\Big) - \sin\Big(\frac{t}{2}\Big)\Big)\cdot$
Donc $\sum_{k=1}^n \frac{1}{k^2} = \int_0^\pi \frac{(\alpha t^2 + \beta t)}{2\sin(t/2)}\cdot\sin\Big(\frac{(2n+1)t}{2}\Big)dt - \frac{1}{2}\int_0^\pi (\alpha t^2 + \beta t)dt.$
Notons $f(t) = \frac{(\alpha t^2 + \beta t)}{2\sin(t/2)}$ si $t \in]0,\pi]$ et $f(0) = \beta$. La fonction f est continue sur $[0,\pi]$ et de classe $\mathcal{C}^1$ sur $]0,\pi]$. Il suffit de prouver que f est de classe $\mathcal{C}^1$ sur $[0,\pi]$ pour conclure avec le a. que $\int_0^\pi f(t)\sin\Big(\frac{(2n+1)t}{2}\Big)dt \xrightarrow[n\to\infty]{} 0$.

$\forall t \in]0,\pi],\ f'(t) = \frac{1}{2\sin^2(t/2)}\Big((2\alpha t + \beta)\sin\Big(\frac{t}{2}\Big) - \frac{1}{2}(\alpha t^2 + \beta t)\cos\Big(\frac{t}{2}\Big)\Big)\cdot$
$(2\alpha t + \beta)\sin\Big(\frac{t}{2}\Big) - \frac{1}{2}(\alpha t^2 + \beta t)\cos\Big(\frac{t}{2}\Big) \underset{t\to 0}{=} \frac{\alpha}{2}t^2 + +o(t^2)$.
Donc $f'(t) \underset{t\to 0}{=} \frac{\alpha}{2} + o(1)$. On déduit du théorème de limite de la dérivée que f est de classe $\mathcal{C}^1$ sur $[0,\pi]$. Donc $\sum_{k=1}^n \frac{1}{k^2} \xrightarrow[n\to\infty]{} -\frac{1}{2}\int_0^\pi (\alpha t^2 + \beta t)dt = \frac{\pi^2}{6}\cdot$

c. Pour calculer $J_n = \int_0^{\frac{\pi}{2}} \frac{\sin(2n+1)t}{\sin(t)}dt$ qui existe car la fonction définie par

Solutions

$t \mapsto \dfrac{\sin(2n+1)t}{\sin(t)}$ si $t \in]0, \pi/2]$ et $(2n+1)$ si $t = 0$. est continue sur $[0, \pi/2]$, on peut, soit utiliser S_n vue au b. soit calculer $J_n - J_{n-1}$ pour $n \geqslant 1$.

Pour tout $n \geqslant 1$, $J_n - J_{n-1} = \displaystyle\int_0^{\frac{\pi}{2}} \cos(2nt)dt = 0$. Donc $\forall n \in \mathbb{N}, J_n = J_0 = \dfrac{\pi}{2}\cdot$

Notons $f(t) = \dfrac{1}{\sin(t)} - \dfrac{1}{t}$ si $t \in]0, \pi/2]$ et $f(0) = 0$.

Comme $f(t) = \dfrac{t - \sin(t)}{t\sin(t)} \underset{t \to 0}{\sim} \dfrac{t}{6}$ la fonction f a un développement limité d'ordre 1 en 0, elle est donc dérivable en 0 et $f'(0) = 1/6$.

Pour tout $t \in \left]0, \dfrac{\pi}{2}\right]$, $f'(t) = \dfrac{\sin^2(t) - t^2\cos(t)}{t^2\sin^2(t)}\cdot$

En procédant comme au b. par un développement limité en 0 de f', on vérifie que f est de classe $\mathcal{C}^1$ sur $\left[0, \dfrac{\pi}{2}\right]$ avec le théorème de limite de la dérivée.

On déduit de a. que $\displaystyle\lim_{\lambda \to +\infty} \int_0^{\frac{\pi}{2}} \left(\frac{1}{\sin(t)} - \frac{1}{t}\right)\sin(\lambda t)dt = 0$. En prenant $\lambda = 2n+1$ ceci implique $\displaystyle\lim_{n \to \infty}\left(J_n - \int_0^{\frac{\pi}{2}} \frac{\sin(2n+1)t}{t}dt\right) = 0$. Le changement de variable affine $(2n+1)t = u$ implique $\displaystyle\lim_{n \to \infty} \int_0^{\frac{(2n+1)\pi}{2}} \frac{\sin(u)}{u}du = \frac{\pi}{2}\cdot$

On conclut avec le résultat admis.

---

5. a. En tant que dérivée n-ième d'un polynôme de degré $2n$, P_n est de degré n et son coefficient dominant est $\dfrac{(2n)!}{2^n(n!)^2}\cdot$ Notons $h(t) = (t^2-1)^n$ et raisonnons par récurrence. h n'a aucune racine sur $]-1, 1[$. Soit $1 \leqslant k \leqslant n-1$. Supposons que $h^{(k)}$ a k racines distinctes sur $]-1, 1[$ et notons $-1 < a_1 < \cdots < a_k < 1$ ces racines.

L'application du théorème de Rolle à $h^{(k)}$ sur chaque segment $[a_p, a_{p+1}]$ donne $b_p \in]a_p, a_{p+1}[$ tels que $h^{(k+1)}(b_p) = 0$ pour $p \in [\![1, k-1]\!]$.

D'autre part, h est une fonction polynôme qui a -1 et 1 comme zéros d'ordre n, donc $h^{(k)}(-1) = h^{(k)}(1) = 0$. Le théorème de Rolle appliqué sur $[-1, a_1]$ et sur $[a_k, 1]$ prouve l'existence de $b_0 \in]-1, a_1[$et $b_k \in]a_k, 1[$ tels que $h^{(k+1)}(b_0) = h^{(k+1)}(b_k) = 0$. Donc $h^{(k+1)}$ a $k+1$ zéros distincts sur $]-1, 1[$.

b. La formule d'intégration par parties itérée appliquée aux fonctions f et g de classe $\mathcal{C}^\infty$ sur $[-1, 1]$ s'écrit :

$$\int_{-1}^{1} f(t)g^{(n)}(t)dt = \Big[\sum_{k=0}^{n-1}(-1)^k f^{(k)}(t)g^{(n-1-k)}(t)\Big]_{-1}^{1} + (-1)^n \int_{-1}^{1} f^{(n)}(t)g(t)dt.$$

Posons $g(t) = \dfrac{1}{2^n n!}(t^2-1)^n$. Comme g est une fonction polynôme qui a -1 et 1 comme zéros d'ordre n, on a $g^{(i)}(-1) = 0 = g^{(i)}(1)$ pour tout $i \in [\![0, n-1]\!]$. Il s'ensuit que, dans la formule précédente, le « crochet » est nul et que

$$\int_{-1}^{1} f(t)P_n(t)dt = \frac{1}{2^n\, n!}\int_{-1}^{1} f^{(n)}(t)(1-t^2)^n dt.$$

c. Si $m < n$, l'application du résultat de b. à $f(t) = P_m(t)$ donne $\displaystyle\int_{-1}^{1} P_m P_n = 0$.

Comme $P_m P_n = P_n P_m$, on conclut que pour tout $m \neq n$, $\displaystyle\int_{-1}^{1} P_m P_n = 0$.

Dans le cas où $m = n$, on a $f^{(n)}(t) = \dfrac{(2n)!}{2^n\, n!}$.

D'où $\displaystyle\int_{-1}^{1} P_n^2(t)dt = \frac{2(2n)!}{(2^n n!)^2}\int_0^1 (1-t^2)^n dt$. Le changement de variable de classe $\mathcal{C}^1$ et bijectif entre $[0,1[$ et $[0,\pi/2[$, $u = \arcsin(\theta)$ donne

$\displaystyle\int_{-1}^{1} P_n^2(t)dt = \frac{2(2n)!}{(2^n n!)^2}\int_0^{\pi/2} \cos^{2n+1}(\theta)d\theta$. On reconnait une intégrale de Wallis calculée dans un travail dirigé de ce chapitre.

Donc : $\displaystyle\int_{-1}^{1} P_n^2(t)dt = \frac{2(2n)!}{(2^n n!)^2}\cdot\frac{(2^n n!)^2}{(2n+1)!} = \frac{2}{2n+1}$.

---

6. Les applications $x \mapsto ax$ sont solutions du problème.

Si f existe, pour tout $x \in \mathbb{R}$, $\displaystyle\int_0^1 \big(f(x) + f(y)\big)dy = \int_0^1 f(x+y)dy$.

Par changement de variable affine, $\forall x \in \mathbb{R}, f(x) + \displaystyle\int_0^1 f(y)dy = \int_x^{x+1} f(u)du$.

La fonction f étant continue sur $\mathbb{R}$, la fonction $F : x \mapsto \displaystyle\int_0^x f(t)dt$ est, en tant que primitive de f, de classe $\mathcal{C}^1$ sur $\mathbb{R}$. Comme $f(x) = F(x+1) - F(x) - F(1)$, la fonction f est de classe $\mathcal{C}^1$ sur $\mathbb{R}$. On déduit de l'énoncé, que $\forall (x,y) \in \mathbb{R}^2$, $f'(x) = f'(x+y)$ par dérivation. Donc $\forall y \in \mathbb{R}, f'(y) = f'(0)$.

En notant $f'(0) = a$, on a : $\forall x \in \mathbb{R}, f(x) = ax + b$.

De $f(x+y) = f(x) + f(y)$ pour tout x, y, on déduit $b = 0$ et la conclusion : les fonctions solutions sont les fonctions $\mathbb{R} \to \mathbb{R}, x \mapsto ax$ où $a \in \mathbb{R}$.

Remarque : on retiendra l'idée de montrer qu'une fonction continue qui vérifie une équation fonctionnelle est de classe $\mathcal{C}^p, p \geqslant 1$.

---

7. • Si f existe, en substituant x et y par 0, $(\star)$ donne $f(0) = 0$.

En substituant x par 0, $(\star) \Rightarrow \forall y \in \mathbb{R}$, $\displaystyle\int_{-y}^{y} f(t)dt = 0 \qquad (1).$

f étant continue sur $\mathbb{R}$, sa primitive F s'annulant en 0, *i.e.* $x \mapsto \displaystyle\int_0^x f(t)dt$ est de classe $\mathcal{C}^1$ sur $\mathbb{R}$ et $(1) \Rightarrow \forall y \in \mathbb{R}, F(y) - F(-y) = 0 \Rightarrow \forall y \in \mathbb{R}, f(y) + f(-y) = 0$, par dérivation. Donc f est impaire.

Si f est distincte de la fonction nulle, il existe $y_0 \in \mathbb{R}$ tel que $f(y_0) \neq 0$. On a alors pour tout $x \in \mathbb{R}$, $f(x) = \dfrac{1}{f(y_0)}\big(F(x+y_0) - F(x-y_0)\big)$; par suite, $f \in \mathcal{C}^1(\mathbb{R},\mathbb{R})$.

Par une récurrence facile, on montre que si f est de classe $\mathcal{C}^k$ sur $\mathbb{R}$, la fonction F est de classe $\mathcal{C}^{k+1}$ sur $\mathbb{R}$ et l'on déduit de $f(x) = \dfrac{1}{f(y_0)}\big(F(x+y_0) - F(x-y_0)\big)$ que f est de classe $\mathcal{C}^{k+1}$ sur $\mathbb{R}$. Donc $f \in \mathcal{C}^\infty(\mathbb{R},\mathbb{R})$.

Dérivons par rapport à y avec x fixé les deux membres de $(\star)$, il vient $f(x)f'(y) = f(x+y)+f(x-y)$. Ce qui implique $f(y_0)f'(0) = 2f(y_0)$ *i.e.* $f'(0) = 2$. Dérivons une deuxième fois par rapport à y avec x fixé les deux membres de $(\star)$, il vient $f(x)f''(y) = f'(x+y) - f'(x-y)$.
Dérivons, deux fois par rapport à x avec y fixé les deux membres de $(\star)$, il vient $f''(x)f(y) = f'(x+y) - f'(x-y)$. Donc : $\forall(x,y)\in\mathbb{R}^2, f''(x)f(y) = f(x)f''(y)$.

Attention : on se gardera d'écrire $\forall(x,y)\in\mathbb{R}^2, \dfrac{f''(x)}{f(x)} = \dfrac{f''(y)}{f(y)}$ et surtout on comprendra pourquoi ceci constitue une énormité !

On pose $a = \dfrac{f''(y_0)}{f(y_0)}\cdot$ La fonction f est alors solution de l'équation différentielle linéaire à coefficients constants $y'' - ay = 0$ avec les conditions $f(0) = 0, f'(0) = 2$.

Si $a > 0, f(x) = \dfrac{2}{\sqrt{a}}\,\mathrm{sh}(\sqrt{a}\,x)$; si $a < 0, f(x) = \dfrac{2}{\sqrt{-a}}\sin(\sqrt{-a}\,x)$ et si $a = 0, f(x) = 2x$.

- Il reste à vérifier que les fonctions $x \mapsto 2x$, $x \mapsto \dfrac{2}{\omega}\sin(\omega x), x \mapsto \dfrac{2}{\omega}\mathrm{sh}(\omega x)$ où $\omega\in\mathbb{R}^\star$ sont solutions.
- Enfin, la conclusion, les solutions du problème sont les fonctions précédentes ainsi que la fonction nulle.

---

8. ***Idée à retenir :*** pour déterminer la limite d'une expression du type $\displaystyle\int_a^b f(t)dt - \ell$ « mettre tout, sous le signe somme ».

$$u_n = \sum_{k=1}^{n}\Big(\int_{x_{k-1}}^{x_k} f(t)dt - (x_k - x_{k-1})f(x_k)\Big) \text{ où } x_k = a + k\frac{(b-a)}{n}\cdot$$

Idée à retenir : une question d'intégration avec l'hypothèse d'une fonction de classe $\mathcal{C}^1$ peut suggérer d'intégrer par parties.

Par intégration par parties, $\displaystyle\int_{x_{k-1}}^{x_k} f = \Big[(t-x_{k-1})f(t)\Big]_{x_{k-1}}^{x_k} - \int_{x_{k-1}}^{x_k}(t-x_{k-1})f'(t)dt.$

Donc $\displaystyle\int_{x_{k-1}}^{x_k} f(t)dt - (x_k - x_{k-1})f(x_k) = -\int_{x_{k-1}}^{x_k}(t - x_{k-1})f'(t)dt.$

D'après l'égalité dans l'inégalité de la moyenne, il existe $c_k\in]x_{k-1}, x_k[$ tel que

$$\int_{x_{k-1}}^{x_k}(t - x_{k-1})f'(t)dt = f'(c_k)\int_{x_{k-1}}^{x_k}(t - x_{k-1})dt = f'(c_k)\frac{(x_k - x_{k-1})^2}{2}\cdot$$

Donc $\displaystyle nu_n = -\frac{(b-a)}{2n}\sum_{k=1}^{n}(x_k-x_{k-1})f'(c_k) \xrightarrow[n\to\infty]{} -\frac{b-a}{2}\int_a^b f'$ car $f'\in\mathcal{C}([a,b],\mathbb{R})$, d'après le théorème sur les sommes de Riemann. Donc

$$\lim_{n\to\infty} nu_n = -\frac{(b-a)}{2}\big(f(b) - f(a)\big).$$

---

9. *Première méthode :* d'après l'égalité dans l'inégalité de la moyenne, il existe $c(x)$ compris entre x et $3x$ tel que $f(x) = \dfrac{\sin(c(x))}{c(x)}\displaystyle\int_x^{3x}\frac{dt}{t} = \dfrac{\sin(c(x))}{c(x)}\ln(3).$

Par encadrement, $\lim_{x\to 0} c(x) = 0$. Donc $\lim_{x\to 0} f(x) = \ln(3)$.

Deuxième méthode : comme $\dfrac{\sin(t)}{t^2} \underset{t\to 0}{=} \dfrac{1}{t} - \dfrac{t}{6} + o(t)$, par intégration des développements limités, $h(x) = \displaystyle\int_0^x \Big(\frac{\sin(t)}{t} - \frac{1}{t}\Big)dt \underset{x\to 0}{=} -\frac{x^2}{12} + o(x^2)$.

Donc $h(3x) - h(x) = f(x) - \ln(3) \underset{x\to 0}{=} -\dfrac{2x^2}{3} + o(x^2)$.

D'où le développement limité $f(x) \underset{x\to 0}{=} \ln(3) - \dfrac{2x^2}{3} + o(x^2)$.

---

10. a. Pour tout $n \geqslant 0$, $f^n g \in \mathcal{C}([a,b], \mathbb{R}_+^\star)$. Donc $u_n \in \mathbb{R}_+^\star$.

Si l'on note $M = \sup_{t\in[a,b]} f(t) = \max_{t\in[a,b]} f(t)$, on a $\forall n \geqslant 1$, $\sqrt[n]{u_n} \leqslant M \sqrt[n]{\int_a^b g}$.

Soit $c \in [a,b]$ tel que $M = f(c)$. Comme f est continue en c, pour tout $\varepsilon \in]0, M]$, il existe $[\alpha, \beta] \subset [a,b]$ tel que $\forall t \in [\alpha,\beta], f(t) \geqslant M - \varepsilon = f(c) - \varepsilon > 0$.
Comme $g > 0$, pour tout $t \in [\alpha, \beta]$, $f^n(t)g(t) \geqslant (M-\varepsilon)^n g(t) > 0$.

Donc $\forall n \geqslant 1$, $\sqrt[n]{u_n} \geqslant \sqrt[n]{\int_a^b f^n g} \geqslant (M-\varepsilon)\sqrt[n]{\int_\alpha^\beta g}$.

Comme $\sqrt[n]{\int_\alpha^\beta g}$ et $\sqrt[n]{\int_a^b g}$ ont pour limite 1 quand $n \to \infty$,
$\forall \varepsilon \in]0, M], \exists n_0 \in \mathbb{N}, \forall n \geqslant n_0, M - 2\varepsilon \leqslant \sqrt[n]{u_n} \leqslant M + 2\varepsilon$
i.e. la suite $(\sqrt[n]{u_n})_{n\geqslant 1}$ converge vers M.

b. Compte tenu d'un travail dirigé « Théorème de Cesàro » vu à un chapitre du premier semestre, il suffit de montrer que la suite $\left(\dfrac{u_{n+1}}{u_n}\right)_{n\geqslant 0}$ converge.

Comme, d'après l'inégalité de la moyenne, $0 < \dfrac{u_{n+1}}{u_n} \leqslant M$, la suite en question est bornée. D'après l'inégalité de Cauchy-Schwarz, si φ et ψ sont continues par morceaux sur $[a,b]$ et à valeurs complexes, $\left|\int_a^b \varphi\psi\right| \leqslant \sqrt{\int_a^b |\varphi|^2}.\sqrt{\int_a^b |\psi|^2}$.

Posons $\varphi = \sqrt{gf^n}$ et $\psi = \sqrt{gf^{n+2}}$ fonctions continues sur $[a,b]$, il vient $u_{n+1}^2 \leqslant u_n u_{n+2}$ et donc la suite $\left(\dfrac{u_{n+1}}{u_n}\right)_{n\geqslant 0}$ est croissante. Comme elle est majorée, elle converge.

---

11. a. $\forall x \in [0,1], 0 \leqslant \arcsin(x) \leqslant \dfrac{\pi}{2} \Rightarrow \forall n \in \mathbb{N}, 0 \leqslant \dfrac{1}{n!}\displaystyle\int_0^1 \big(\arcsin(x)\big)^n dx \leqslant \frac{(\pi/2)^n}{n!}$.

Par croissances comparées, $\lim_{n\to\infty} \dfrac{(\pi/2)^n}{n!} = 0$, donc $\lim_{n\to\infty} \dfrac{1}{n!}\displaystyle\int_0^1 \big(\arcsin(x)\big)^n dx = 0$ par encadrement.

b. $\forall x \in [0,\pi], \forall n \in \mathbb{N}^\star\ 0 \leqslant \dfrac{\sin(x)}{x+n} \leqslant \dfrac{1}{n} \Rightarrow \forall n \in \mathbb{N}^\star, 0 \leqslant \displaystyle\int_0^\pi \frac{\sin(x)}{x+n}dx \leqslant \frac{\pi}{n}$.

Donc, par encadrement, $\lim_{n\to\infty} \displaystyle\int_0^\pi \frac{\sin(x)}{x+n}dx = 0$.

c. Notons, pour tout $a \in \mathbb{R}_+^\star$, $F(a) = \displaystyle\int_0^{\frac{\pi}{2}} \frac{1-\cos(x)}{\sqrt{\sin^2(x) + a\cos^2(x)}}dx$.

La fonction $x \mapsto \tan\left(\dfrac{x}{2}\right) = \begin{cases} \dfrac{1-\cos(x)}{\sin(x)} & \text{si } x \in \left]0, \dfrac{\pi}{2}\right] \\ 0 & \text{si } x = 0 \end{cases}$ étant continue sur $\left[0, \dfrac{\pi}{2}\right]$,

l'intégrale $F(0) = \displaystyle\int_0^{\frac{\pi}{2}} \frac{1-\cos(x)}{\sin(x)}dx$ existe et $F(0) = \displaystyle\int_0^{\frac{\pi}{2}} \tan\left(\frac{x}{2}\right)dx = \ln(2)$.

$$F(0) - F(a) = \int_0^{\frac{\pi}{2}} \frac{a\cos^2(x)(1-\cos(x))}{\sin(x)\sqrt{\sin^2(x)+a\cos^2(x)}\left(\sin(x) + \sqrt{\sin^2(x)+a\cos^2(x)}\right)}dx.$$

Donc : $\forall a \in \mathbb{R}_+^\star, 0 \leqslant \ln(2) - F(a) \leqslant \sqrt{a}\displaystyle\int_0^{\frac{\pi}{2}} \frac{\cos(x)}{1+\cos(x)}dx$.

Par encadrement, $\displaystyle\lim_{a\to 0^+} F(a) = \ln(2)$.

---

12. $\forall x \in [a,b], \big(f(x) - f(a)\big)^2 = \left(\displaystyle\int_a^x f'(t)dt\right)^2$.

D'après l'inégalité de Cauchy-Schwarz,

$\forall x \in [a,b], \left(\displaystyle\int_a^x f'\right)^2 \leqslant \left(\int_a^x f'^2\right)\left(\int_a^x dt\right) = (x-a)\int_a^b f'^2$.

Par croissance et linéarité de l'intégration,

$$\int_a^b \big(f(x) - f(a)\big)^2 dx \leqslant \left(\int_a^b f'^2\right)\left(\int_a^b (x-a)^2 dx = \left(\int_a^b f'^2\right) \times \frac{(b-a)^2}{2}\right.$$

---

13. Pour $x \in [0,1]$, la fonction $t \mapsto f(t)\min(t,x)$ est continue sur $[0,1]$. Donc $\varphi(f)$ est définie sur $[0,1]$. Par linéarité de l'intégration, φ est linéaire. De plus,

$\forall x \in [0,1], \varphi(f)(x) = \displaystyle\int_0^1 f(t)\min(t,x)dt = \int_0^x tf(t)dt + x\int_x^1 f(t)dt$.

Comme les fonctions f et $t \mapsto tf(t)$ sont continues sur $[0,1]$, on déduit du théorème sur les primitives de fonctions continues que $\varphi(f) \in \mathcal{C}^1([0,1], \mathbb{R})$ et

$$\forall x \in [0,1], \varphi(f)'(x) = xf(x) + \int_x^1 f(t)dt - xf(x) = \int_x^1 f.$$

Donc φ n'est pas surjective. De plus, $\varphi(f)$ est de classe $\mathcal{C}^2$ sur $[0,1]$ et $\varphi(f)'' = -f$.

Comme φ est linéaire, étudions son noyau.

$\varphi(f) = 0 \Rightarrow \varphi(f)' = 0 \Rightarrow \forall x \in [0,1], \displaystyle\int_x^1 f = 0 \Rightarrow \forall x \in [0,1], f(x) = 0$,

par dérivation. Donc φ est injective.

---

14. D'après le théorème de Taylor avec reste intégral, si $y \in \mathcal{C}^{n+1}(\mathbb{R}, \mathbb{R})$,

$$\forall x \in \mathbb{R}, y(x) = \sum_{k=0}^{n} \frac{x^k}{k!}y^{(k)}(0) + \int_0^x \frac{(x-t)^n}{n!}y^{(n+1)}(t)dt.$$

Si y est de classe $\mathcal{C}^{n+1}$ sur $\mathbb{R}, y^{(n)} = f$ et $y^{(k)}(0) = 0$ pour tout $k \in [\![0,n]\!]$ alors $y = F$. Il ne reste plus qu'à vérifier que F est solution.

$n!F(x) = \sum_{k=0}^{n} \binom{n}{k} x^k \int_0^x (-t)^{n-k} f(t)dt$. En tant que primitive de fonction continue, $x \mapsto \int_0^x (-t)^{n-k} f(t)dt$ est de classe $\mathcal{C}^1$ sur $\mathbb{R}$. On déduit des théorèmes sur les opérations sur les fonctions de classe $\mathcal{C}^1$ que $F \in \mathcal{C}^1(\mathbb{R}, \mathbb{R})$ et

$$\forall x \in \mathbb{R}, n!F'(x) = \sum_{k=0}^{n} \binom{n}{k} \Big(kx^{k-1} \int_0^x (-t)^{n-k} f(t)dt + x^k(-x)^{n-k} f(x) \Big).$$

Comme, pour tout $k \in [\![1, n]\!], k\binom{n}{k} = n\binom{n-1}{k-1}$ et $\sum_{k=0}^{n} \binom{n}{k} x^k(-x)^{n-k} = 0$,

$$n!F'(x) = \sum_{p=0}^{n-1} n \binom{n-1}{p} x^p \int_0^x (-t)^{n-1-p} f(t)dt = n \int_0^x (x-t)^{n-1} f(t)dt.$$

D'où $\forall x \in \mathbb{R}, F'(x) = \int_0^x \frac{(x-t)^{n-1}}{(n-1)!} f(t)dt$.

Par récurrence, $F^{(n)}(x) = \int_0^x f$ puis $F^{(n+1)}(x) = f(x)$.

---

15. Si $f(a) = 0$, la fonction f est nulle et le résultat est immédiat. Si $f(a) > 0$, on pose $G(x) = \int_a^x g(t)dt, M = \max_{x \in [a,b]} G(x)$ et $m = \min_{x \in [a,b]} G(x)$. On déduit le résultat du théorème des valeurs intermédiaires car $mf(a) \leqslant \int_a^b fg \leqslant Mf(a)$.

Par intégration par parties, prouvons l'inégalité la moins claire.

$$\int_a^b fg = f(b)G(b) + \int_a^b (-f')G \leqslant f(b)G(b) + M \int_a^b (-f') \leqslant Mf(a).$$

D'où le résultat.

---

16. Inégalité d'Young

a. Utilisons pour ce faire des sommes de Riemann. Pour $n \in \mathbb{N}^\star$ soit $x_k = g\Big(\frac{ky}{n}\Big)$.
La suite $\sigma = (x_k)_{0 \leqslant k \leqslant n}$ est une subdivision de $[0, g(y)]$. Soit

$$S_n = \sum_{k=0}^{n-1} (x_{k+1} - x_k) f(x_k) = \sum_{k=0}^{n-1} (x_{k+1} - x_k) \frac{ky}{n} = \frac{y}{n} \sum_{k=0}^{n-1} k \Big[g\Big(\frac{(k+1)y}{n}\Big) - g\Big(\frac{ky}{n}\Big) \Big].$$

$$k\Big[g\Big(\frac{(k+1)y}{n}\Big) - g\Big(\frac{ky}{n}\Big)\Big] = \Big((k+1)g\Big(\frac{(k+1)y}{n}\Big) - kg\Big(\frac{ky}{n}\Big)\Big) - g\Big(\frac{(k+1)y}{n}\Big).$$

Par télescopage, $S_n = yg(y) - \sum_{k=1}^{n} \frac{y}{n} g\Big(\frac{ky}{n}\Big)$. Il vient $S_n \xrightarrow[n \to \infty]{} yg(y) - \int_0^y g(t)dt$.

Comme S_n est une somme de Riemann associée à f et σ. Pour montrer que $S_n \xrightarrow[n \to \infty]{} \int_0^{g(y)} f(t)dt$, il suffit de justifier que le pas de la subdivision σ tend vers 0 quand n tend vers l'infini. Or ceci découle de l'uniforme continuité de g sur le segment $[0, y]$. Le résultat est ainsi prouvé car g est continue sur le segment $[0, 1]$ y est uniformément continue d'après le théorème de Heine.

b. Pour y fixé, la fonction $\varphi : x \mapsto xy - \int_0^x f(t)dt$ est de classe $\mathcal{C}^1$ sur $[0,a]$ et vérifie $\varphi(0) = 0$ et $\varphi'(x) = y - f(x)$.
Si $b = g(y)$, la fonction φ est croissante sur $[0,b]$ et décroissante sur $[b,a]$ avec $\varphi(b) = by - \int_0^b f(t)dt = yg(y) - \int_0^{g(y)} f(t)dt$.

Il suffit pour conclure de prouver que $yg(y) = \int_0^{g(y)} f(t)dt + \int_0^y g(u)du$ ce qui a été fait au a.
c. $\frac{1}{p} + \frac{1}{q} = 1$ s'écrit aussi $(p-1)(q-1) = 1$. Alors $f : t \mapsto t^{p-1}$ est continue strictement croissante sur $\mathbb{R}_+$ de réciproque $g : t \mapsto t^{q-1}$ et l'inégalité de b. donne immédiatement le résultat.

---

17. La fonction $f : t \mapsto \frac{1}{\ln(t)}$ est continue sur $]0,1[\cup]1,+\infty[$. Les fonctions $G :]0,1[, x \mapsto \int_{\frac{1}{2}}^x f$ et $H :]1,+\infty[, x \mapsto \int_2^x f$ sont de classe $\mathcal{C}^1$.
$\forall x \in]0,1[, F(x) = G(x^2) - G(x) \Rightarrow F \in \mathcal{C}^1(]0,1[,\mathbb{R})$
et $F'(x) = 2xf(x^2) - f(x) = \frac{x-1}{\ln(x)}$.
$\forall x \in]1,+\infty[, F(x) = H(x^2) - H(x) \Rightarrow F \in \mathcal{C}^1(]1,+\infty[,\mathbb{R})$
et $F'(x) = 2xf(x^2) - f(x) = \frac{x-1}{\ln(x)}$.

Si $x \in]0,1[$, on déduit du théorème de la moyenne : $\exists c(x) \in]x^2,x[, F(x) = \frac{x^2-x}{\ln(c(x))}$.
$x \to 0^+ \Rightarrow c(x) \to 0^+$. Donc $\lim_{x\to 0^+} F(x) = 0 = F(0)$. Donc F est continue en 0.

Notons que $\int_x^{x^2} \frac{dt}{t\ln(t)} = \ln(2)$. On écrit $F(x) = \int_x^{x^2} \frac{tdt}{t\ln(t)}$. D'après le théorème de la moyenne, si $x \in]0,1[, \exists d(x) \in]x^2,x[, F(x) = d(x)\ln(2)$ et si $x > 1$, il existe $d(x) \in]x,x^2[$ tel que $F(x) = d(x)\ln(2)$. Donc par encadrement, $\lim_{x\to 1} F(x) = \ln(2)$.
Comme $F(1) = \ln(2)$, la fonction F est continue en 1.
On peut conclure, pour l'instant que F est continue sur $\mathbb{R}_+$ de classe $\mathcal{C}^1$ sur $]0,1[\cup]1,+\infty[$ et pour tout $x \in]0,1[\cup]1,+\infty[, F'(x) = \frac{x-1}{\ln(x)} > 0$.
Comme $\lim_{0^+} F' = 0$ et $\lim_1 F' = 1$, on déduit du théorème sur la limite de F', que $F \in \mathcal{C}^1(\mathbb{R}_+,\mathbb{R})$, que $F'(0) = 0$ et $F'(1) = 1$.
Avec les notations précédentes, si $x > 1, F(x) = d(x)\ln(2) > x\ln(2)$. Donc $\lim_{+\infty} F = +\infty$. Le tableau de variations de F est immédiat ainsi que l'allure de la courbe représentative.

---

18. Pour tout $n \in \mathbb{N}, [0,1] \to \mathbb{R}, x \mapsto x^n \sin(\pi x)$ est continue, d'où l'existence de I_n pour tout $n \in \mathbb{N}$.

a. $I_0 = \dfrac{2}{\pi}$ et par intégration par parties, $I_1 = \dfrac{1}{\pi}\cdot$

b. Par deux intégrations par parties, on obtient : $I_{n+2} = \dfrac{1}{\pi} - \dfrac{(n+1)(n+2)}{\pi^2} I_n$.

c. Si $x \in [0,1], 0 \leqslant x^{n+1} \leqslant x^n$ et $0 \leqslant \sin(\pi x) \leqslant 1$ impliquent $0 \leqslant I_{n+1} \leqslant I_n$. La suite $(I_n)_{n \geqslant 0}$ est donc décroissante et minorée par 0, donc convergente.

Comme $0 \leqslant I_n \leqslant \displaystyle\int_0^1 x^n dx = \frac{1}{n+1}$, par encadrement, $\displaystyle\lim_{n\to\infty}(I_n) = 0$.

d. On déduit de b. et c. que $\dfrac{1}{\pi} - \dfrac{(n+1)(n+2)}{\pi^2} I_n \underset{n\to\infty}{\longrightarrow} 0$. Donc $I_n \underset{n\to\infty}{\sim} \dfrac{\pi}{n^2}\cdot$

---

19. a. En tant que primitive de la fonction f continue sur $\mathbb{R}$, $\varphi : x \mapsto \displaystyle\int_0^x f(t)dt$ est de classe $\mathcal{C}^1$ sur $\mathbb{R}$ et $\varphi'(x) = f(x)$. Comme $F(x) = \dfrac{1}{2}\big(\varphi(x+1) - \varphi(x-1)\big)$, il s'ensuit que F est de classe $\mathcal{C}^1$ sur $\mathbb{R}$ et $F'(x) = \dfrac{1}{2}\big(f(x+1) - f(x-1)\big)$.

b. ***Idée à retenir :*** pour déterminer la limite d'une expression du type $\displaystyle\int_a^b f(t)dt - \ell$ « mettre tout, sous le signe somme ».

$\forall x \in \mathbb{R}, F(x) - \ell = \dfrac{1}{2}\displaystyle\int_{x-1}^{x+1} f(t)dt - \ell = \frac{1}{2}\int_{x-1}^{x+1} \big(f(t) - \ell\big)dt.$

D'après l'hypothèse, $\forall \varepsilon > 0, \exists \alpha > 0, \forall x \geqslant \alpha, |f(x) - \ell| \leqslant \varepsilon$.

Si $x \geqslant \alpha + 1$, alors $x + 1 > x - 1 \geqslant \alpha$, donc

$|F(x) - \ell| \leqslant \dfrac{1}{2}\displaystyle\int_{x-1}^{x+1} \big|f(t) - \ell\big|dt \leqslant \frac{1}{2}\int_{x-1}^{x+1} \varepsilon dt = \varepsilon$. D'où $\displaystyle\lim_{x\to+\infty} F(x) = \ell$.

c. Si $f(t) = |t|$ alors $F(x) = \dfrac{1}{2}\displaystyle\int_{x-1}^{x+1} |t|dt$. On montre aisément que F est paire ce qui implique qu'il suffit d'étudier F sur $\mathbb{R}_+$.

Si $x \geqslant 1, F(x) = \dfrac{1}{2}\displaystyle\int_{x-1}^{x+1} tdt = \frac{1}{4}\big((x+1)^2 - (x-1)^2\big) = x.$

Si $x \in [0,1[$, $F(x) = \dfrac{1}{2}\displaystyle\int_{x-1}^{0} (t)dt + \frac{1}{2}\int_0^{x+1} tdt = \frac{1}{4}\big((x-1)^2 + (x+1)^2\big) = \frac{x^2+1}{2}\cdot$

---

20. $t \mapsto \arcsin(\sqrt{t})$, étant continue sur $[0,1]$, sa primitive F qui s'annule en 0 est de classe $\mathcal{C}^1$ sur $[0,1]$ et $F'(x) = \arcsin(\sqrt{x})$. De même $t \mapsto \arccos(\sqrt{t})$, étant continue sur $[0,1]$, sa primitive G qui s'annule en 0 est de classe $\mathcal{C}^1$ sur $[0,1]$ et $G'(x) = \arccos(\sqrt{x})$. Comme, pour tout $x \in \mathbb{R}, (\cos^2(x), \sin^2(x)) \in [0,1]^2$, la fonction $f : x \mapsto F(\sin^2(x)) + G(\cos^2(x))$ est définie sur $\mathbb{R}$ et par théorème de composition, de classe $\mathcal{C}^1$ sur $\mathbb{R}$, avec $f'(x) = 2\sin(x)\cos(x)\big(F'(\sin^2(x)) - G'(\cos^2(x))\big)$.

La fonction f étant π-périodique et paire, il suffit de l'étudier sur $[0, \pi/2]$.

Si $x \in [0, \pi/2], f'(x) = 2\sin(x)\cos(x)\big(x - x\big) = 0$, Donc f est constante sur $[0, \pi/2]$.

$f\left(\frac{\pi}{4}\right) = \int_0^{\frac{1}{2}} \left(\arcsin(\sqrt{t}) + \arccos(\sqrt{t})\right)dt = \frac{\pi}{4}$ car $\arcsin(t) + \arccos(t) = \frac{\pi}{2}$ pour tout $t \in [-1, 1]$. Donc $\forall x \in [0, \pi/2], f(x) = \pi/4$.

---

21. a. Comme $t \mapsto e^{t^2}$ est continue sur $\mathbb{R}$, sa F primitive qui s'annule en 0 est de classe $\mathcal{C}^1$ sur $\mathbb{R}$ et $F'(x) = e^{x^2} > 0$. Donc $F \in \mathcal{C}^\infty(\mathbb{R}, \mathbb{R})$. De plus F est impaire comme on le vérifie aisément.

Comme $e^{t^2} \geqslant 1$, on a pour tout $x \geqslant 0, F(x) \geqslant x$. Donc $\lim\limits_{+\infty} F = +\infty$.

Par imparité $\lim\limits_{-\infty} F = -\infty$. Donc F est un homéomorphisme de $\mathbb{R}$ sur $\mathbb{R}$. Comme $F \in \mathcal{C}^\infty(\mathbb{R}, \mathbb{R})$ et $F'(x) > 0$, F^{-1} est aussi de classe $\mathcal{C}^\infty$ sur $\mathbb{R}$. On peut donc écrire

$$\int_x^{f(x)} e^{t^2} dt = 1 \iff F(f(x)) - F(x) = 1 \iff f(x) = F^{-1}\left(1 + F(x)\right).$$

b. Il s'ensuit que f est définie et de classe $\mathcal{C}^\infty$ sur $\mathbb{R}$ par composition.

c. $\displaystyle\int_x^{f(x)} e^{t^2} dt = 1 \Rightarrow f(x) > x$. Si $x > 0$, $\displaystyle\int_x^{f(x)} e^{t^2} dt = 1 \Rightarrow 1 > \left(f(x) - x\right)e^{x^2}$.

Donc $\forall x \in \mathbb{R}_+^\star, 0 < f(x) - x < e^{-x^2}$.

Donc la droite : $y = x$ est asymptote à la courbe représentative de f et au voisinage de $+\infty$, la courbe est au-dessus de son asymptote.

$$y = f(x) \Rightarrow 1 = \int_x^y e^{t^2} dt = -\int_{-x}^{-y} e^{t^2} dt = \int_{-y}^{-x} e^{t^2} dt \Rightarrow -x = f(-y).$$

La courbe représentative de f est donc symétrique par rapport à la droite : $y+x = 0$ *i.e.* la seconde bissectrice.

---

22. La définition de la fonction $g : \mathbb{R} \to \mathbb{C}, x \mapsto \displaystyle\int_a^b f(x+t)\cos(t)dt$ découle de la continuité de la fonction $t \mapsto f(t)\cos(x+t)$ sur $[a, b]$. Le changement de variable affine $x + t = u$ donne $g(x) = \displaystyle\int_{a+x}^{b+x} f(u)\cos(u-x)du = \cos(x)h(x) + \sin(x)k(x)$ où $h(x) = \displaystyle\int_{a+x}^{b+x} f(u)\cos(u)du$ et $k(x) = \displaystyle\int_{a+x}^{b+x} f(u)\sin(u)du$.

Les fonctions $F : x \mapsto \displaystyle\int_0^x f(u)\cos(u)du$ et $G : x \mapsto \displaystyle\int_0^x f(u)\sin(u)du$ étant primitives de fonctions continues sur $\mathbb{R}$ sont de classe $\mathcal{C}^1$ sur $\mathbb{R}$.

Comme $h(x) = F(b+x) - F(a+x)$ et $k(x) = G(b+x) - G(a+x)$, les fonctions h et k sont de classe $\mathcal{C}^1$ sur $\mathbb{R}$ et par théorèmes généraux, $g \in \mathcal{C}^1(\mathbb{R}, \mathbb{C})$ et

$$g'(x) = \cos(x)\big(f(b+x)\cos(b+x) - f(a+x)\cos(a+x) - \sin(x)\int_{a+x}^{b+x} f(u)\cos(u)du$$

$$+ \sin(x)\big(f(b+x)\sin(b+x) - f(a+x)\sin(a+x) + \cos(x)\int_{a+x}^{b+x} f(u)\sin(u)du.$$

Donc $g'(x) = f(b+x)\cos(b) - f(a+x)\cos(a) - \displaystyle\int_{a+x}^{b+x} f(u)\sin(x-u)du$.

---

23. a. $\forall x \in \mathbb{R}, \forall \theta \in [0,\pi], x^2 - 2x\cos(\theta) + 1 = (x - e^{i\theta})(x - e^{-i\theta}) = |x - e^{i\theta}|^2$.
Comme $x = e^{i\theta} \Rightarrow |x| = 1$, pour tout $x \in \mathbb{R} \setminus \{-1,1\}, \theta \mapsto \ln|x - e^{i\theta}|^2$ est continue sur $[0,\pi]$. Donc $I(x)$ est défini.

b. Par le changement de variable affine $u = \pi - \theta$, on montre que $I(-x) = I(x)$.

On a aisément $\forall x \in \mathbb{R} \setminus \{-1,1\}, I\left(\frac{1}{x}\right) = I(x) - \pi\ln(x^2)$.

Pour étudier $I(x^2)$ notons que
$x^4 - 2x^2\cos(\theta) + 1 = (x^2 - e^{i\theta})(x^2 - e^{-i\theta}) = (x - e^{\frac{i\theta}{2}})(x + e^{\frac{i\theta}{2}})(x - e^{\frac{-i\theta}{2}})(x + e^{\frac{-i\theta}{2}})$,
donc $x^4 - 2x^2\cos(\theta) + 1 = (x - e^{\frac{i\theta}{2}})(x - e^{\frac{-i\theta}{2}})(x + e^{\frac{i\theta}{2}})(x + e^{\frac{-i\theta}{2}})$,

i.e. $x^4 - 2x^2\cos(\theta) + 1 = \left(x^2 - 2x\cos\left(\frac{\theta}{2}\right) + 1\right)\left(x^2 + 2x\cos\left(\frac{\theta}{2}\right) + 1\right)$.

Il s'ensuit que $I(x^2) = J(x) + K(x)$ où

$$J(x) = \int_0^\pi \ln\left(x^2 - 2x\cos\left(\frac{\theta}{2}\right) + 1\right)d\theta = 2\int_0^{\frac{\pi}{2}} \ln(x^2 - 2x\cos(u) + 1)du$$

et $K(x) = \displaystyle\int_0^\pi \ln\left(x^2 + 2x\cos\left(\frac{\theta}{2}\right) + 1\right)d\theta = 2\int_0^{\frac{\pi}{2}} \ln(x^2 + 2x\cos(u) + 1)du$ par le changement de variable linéaire $\theta = 2u$. Enfin, par le changement de variable affine $u = \pi - t$ dans $K(x)$, on obtient $K(x) = \displaystyle\int_{\frac{\pi}{2}}^{\pi} \ln(x^2 - 2x\cos(t) + 1)dt$.

Enfin, avec le théorème de Chasles, $I(x^2) = 2I(x)$.

c. Comme $-1 \leqslant \cos(\theta) \leqslant 1$, si $x > 0, \ln(1-x)^2 \leqslant \ln(x^2 - 2x\cos(t) + 1) \leqslant \ln(1+x)^2$.
Donc $\forall x \in]0,1[, \pi\ln(1-x)^2 \leqslant I(x) \leqslant \pi\ln(1+x)^2$.

Par théorème d'encadrement, $\lim\limits_{x\to 0^+} I(x) = 0$. Comme I est paire, $\lim\limits_{x\to 0^-} I(x) = 0$.

Donc $\lim\limits_{x\to 0} I(x) = 0$.

d. Si $x \in]-1,1[, I(x) = \frac{1}{2}I(x^2) = \frac{1}{2^n}I(x^{2^n})$ pour tout $n \geqslant 0$ par récurrence. Si l'on fait tendre n vers l'infini avec x fixé dans $]-1,1[$, on déduit de c. que $I(x) = 0$.
Donc : $\forall x \in]-1,1[, I(x) = 0$.

Si $|x| > 1, \frac{1}{|x|} \in]0,1[, I\left(\frac{1}{x}\right) = 0 = I(x) - \pi\ln(x^2) \Rightarrow I(x) = 2\pi\ln|x|$.

e. Notons $P_n(X) = \displaystyle\prod_{k=1}^{n}\left(X^2 - 2X\cos\left(\frac{k\pi}{n}\right) + 1\right) = \prod_{k=1}^{n}(X - z_k)(X - \overline{z_k})$

où les $z_k = \exp\left(\frac{ik\pi}{n}\right), 0 \leqslant k \leqslant 2n-1$ sont les racines $(2n)$-ièmes de l'unité.

Comme $\overline{z_n} = z_{2n-k}$, $P_n(X) = \displaystyle\prod_{k=1}^{n}(X - z_k)\prod_{k=n}^{2n-1}(X - z_k) = (X - z_n)\prod_{k=1}^{2n-1}(X - z_k)$

i.e. $P_n(X) = (X+1)\dfrac{X^{2n} - 1}{X - 1}$.

D'après le théorème sur les sommes de Riemann de fonctions continues, pour tout $x \in \mathbb{R} \setminus \{-1,1\}, I(x) = \lim\limits_{n\to\infty} \frac{\pi}{n}\ln(P_n(x))$.

Si $|x| < 1$, $\lim\limits_{n\to\infty} P_n(x) = \dfrac{1+x}{1-x}$ ce qui implique $I(x) = 0$

Si $|x| > 1, \ln(P_n(x)) = \ln(x^{2n} - 1) + \ln\left(\dfrac{x+1}{x-1}\right) \underset{n\to\infty}{\sim} \ln(x^{2n}) = 2n\ln|x|$.

Donc $I(x) = 2\pi \ln|x|$. On retrouve bien les résultats précédents.

---

24. a. On déduit de l'inégalité de Cauchy-Schwarz que $P(f) \geqslant \displaystyle\int_0^1 \sqrt{f}\cdot\frac{1}{\sqrt{f}} = 1$ avec égalité si, et seulement si, $\sqrt{f} = \lambda\dfrac{1}{\sqrt{f}}$, avec $\lambda \in \mathbb{R}$. Comme f est valeurs dans $\mathbb{R}_+^\star$, ceci équivaut à $f = \lambda \in \mathbb{R}_+^\star$.

b. Soit, pour $n \in \mathbb{N}^\star$, $f_n : x \mapsto e^{nx}$, on a $P(f_n) = \dfrac{1}{n^2}(e^n - 1)(1 - e^{-n})$.

Comme $P(f_n) \underset{n\to\infty}{\sim} \dfrac{e^n}{n^2}$, par croissances comparées $\lim\limits_{n\to\infty} P(f_n) = +\infty$.

L'ensemble $\{P(f) \mid f \in E\}$ n'est donc pas majoré.

---

25. a. $F_n(X) = \dfrac{P_n'(X)}{P_n(X)} = \displaystyle\sum_{k=0}^{n-1} \frac{1}{X - z_k}$ où $z_k = \exp\left(\dfrac{2ik\pi}{n}\right)$ (voir le chapitre 9 du cours du premier semestre).

b. Comme $|x| \neq 1$, $f : t \mapsto \dfrac{1}{x - e^{it}}$ est continue sur $[0, 2\pi]$. Donc $I(x) \in \mathbb{C}$.

La question a. incite à utiliser les sommes de Riemann. $I(x) = \displaystyle\int_0^{2\pi} f = \lim_{n\to\infty} u_n$

où $u_n = \dfrac{2\pi}{n}\displaystyle\sum_{k=0}^{n-1} f\Big(\frac{2k\pi}{n}\Big) = \frac{2\pi}{n}\sum_{k=0}^{n-1}\frac{1}{x - z_k} = \frac{2\pi}{x}\cdot\frac{x^n}{x^n - 1}$.

- Si $|x| < 1$, $\lim\limits_{n\to\infty} x^n = 0 \Rightarrow \lim\limits_{n\to\infty} u_n = 0 \Rightarrow I(x) = 0$.
- Si $|x| > 1$, $\dfrac{x^n}{x^n - 1} = \dfrac{1}{1 - x^{-n}} \xrightarrow[n\to\infty]{} 1 \Rightarrow \lim\limits_{n\to\infty}(u_n) = I(x) = \dfrac{2\pi}{x}$.

---

26. Si f est constante, $\displaystyle\int_a^b fg' = \lambda\big(g(b) - g(a)\big) = 0$.

Réciproquement, si pour tout $g \in \mathcal{C}^1([a,b],\mathbb{R})$, $\displaystyle\int_a^b fg' = 0$, cherchons g telle que $g' = f - \lambda$ où $\lambda \in \mathbb{R}$. On a alors $\forall x \in [a,b], g(x) = \displaystyle\int_a^x f(t)dt + \lambda x + \mu$.

$g(a) = 0 \Rightarrow \lambda a + \mu = 0$; $g(b) = 0 \Rightarrow \displaystyle\int_a^b f + \lambda b + \mu = 0$.

Donc $\lambda = \dfrac{1}{a-b}\displaystyle\int_a^b f$ et $\mu = -\lambda a$. Donc $g(x) = \displaystyle\int_a^x f(t)dt + \frac{x-a}{b-a}\int_a^b f(t)dt$.

$\displaystyle\int_a^b fg' = 0$ et $\displaystyle\int_a^b \lambda g' = 0$ impliquent $\displaystyle\int_a^b (f - \lambda)g' = \int_a^b (f(t) - \lambda)^2 dt = 0$.

$t \mapsto (f(t) - \lambda)^2$ étant continue, positive sur $[a,b]$, on a $\forall t \in [a,b], f(t) = \lambda$.

---

27. La fonction $\varphi : x \mapsto \begin{cases} \dfrac{\tan^2(x) - x^2}{x^3} & \text{si } x \in]0,1] \\ 0 & \text{si } x = 0 \end{cases}$ étant positive, continue sur le segment $[0,1]$ y est bornée. Il existe donc $\lambda \in \mathbb{R}_+^\star$ tel que : $\forall x \in [0,1], 0 \leqslant \varphi(x) \leqslant \lambda$.
i.e. $\forall x \in [0,1], x^2 \leqslant \tan^2(x) \leqslant x^2 + \lambda x^3$.

En posant $x = \dfrac{1}{\sqrt{k+n}}$ pour $k \in [\![1,n]\!]$ et en additionnant les inégalités membres à membres, on obtient $a_n \leqslant u_n \leqslant a_n + \lambda b_n$,

avec $a_n = \displaystyle\sum_{k=1}^{n} \frac{1}{k+n} = \frac{1}{n}\sum_{k=1}^{n} \frac{1}{1+\frac{k}{n}} \xrightarrow[n\to\infty]{} \int_0^1 \frac{dt}{1+t} = \ln(2)$ (somme de Riemann)

et $0 \leqslant b_n = \displaystyle\sum_{k=1}^{n} \frac{1}{(k+n)^{3/2}} \leqslant \frac{n}{n^{3/2}} = \frac{1}{\sqrt{n}}\cdot$ Donc $\displaystyle\lim_{n\to\infty} b_n = 0$ et par encadrement, $(u_n)_{n\geqslant 1}$ converge vers $\ln(2)$.

---

28. a. Appliquons le théorème de Taylor avec reste intégral sur $[0,x], x > 0$ à la fonction $f : t \mapsto \ln(1+t)$ qui est de classe $\mathcal{C}^\infty$ sur $\mathbb{R}_+$.

$f(x) = f(0) + xf'(0) + \dfrac{x^2}{2}\displaystyle\int_0^1 (1-t)f''(tx)dt$.

Donc $\forall x \in \mathbb{R}_+^\star, \ln(1+x) = x - x^2 \displaystyle\int_0^1 \frac{1-t}{(1+tx)^2}dt$.

Comme, pour $x \in \mathbb{R}_+$ et $t \in [0,1], 0 \leqslant \dfrac{1-t}{(1+tx)^2} \leqslant (1-t)$ et $\displaystyle\int_0^1 (1-t)dt = \frac{1}{2}$, l'inégalité est établie, pour $x > 0$. Elle est immédiate si $x = 0$.

b. $\ln(u_n) = \displaystyle\sum_{k=1}^{n} \ln\left(1 + \sqrt{\frac{k}{n^3}}\right)\cdot$ On déduit de a. $\alpha_n - \dfrac{\beta_n}{2} \leqslant \ln(u_n) \leqslant \alpha_n$ où

$\alpha_n = \displaystyle\sum_{k=1}^{n} \sqrt{\frac{k}{n^3}} = \frac{1}{n}\sum_{k=1}^{n} \sqrt{\frac{k}{n}} \xrightarrow[n\to\infty]{} \int_0^1 \sqrt{t}\,dt = \frac{2}{3}$ (somme de Riemann) et

$\beta_n = \displaystyle\sum_{k=1}^{n} \frac{k}{n^3} = \frac{n(n+1)}{2n^3} \xrightarrow[n\to\infty]{} 0$. Par encadrement, $\ln(u_n) \xrightarrow[n\to\infty]{} \dfrac{2}{3}\cdot$

Par continuité de la fonction exp, $u_n \xrightarrow[n\to\infty]{} e^{2/3}$.

---

29. *Première méthode :* $\displaystyle\int_0^1 (f^4 - 2f^3 + f^2) = 0$ *i.e.* $\displaystyle\int_0^1 f^2(t)(f(t)-1)^2 dt = 0$.

La fonction $t \mapsto f^2(t)(f(t)-1)^2$ étant continue et positive sur $[0,1]$, il s'ensuit que $\forall t \in [0,1], f^2(t)(f(t)-1)^2 = 0$ *i.e.* $\forall t \in [0,1], f(t)(f(t)-1) = 0$.

Donc $f([0,1]) \subset \{0,1\}\cdot$ Comme f est continue sur $[0,1]$, d'après le théorème des valeurs intermédiaires, $f([0,1])$ est un intervalle de $\mathbb{R}$. Donc f est la fonction nulle sur $[0,1]$ ou la fonction constante égale à 1 sur $[0,1]$.

Deuxième méthode : d'après l'inégalité de Cauchy-Schwarz sur $\mathcal{C}([0,1],\mathbb{R})$, on a $\left(\displaystyle\int_0^1 f.f^2\right)^2 \leqslant \int_0^1 f^2.\int_0^1 f^4$ avec égalité si, et seulement si, (f^2, f) est liée dans l'espace vectoriel $\mathcal{C}([0,1],\mathbb{R})$. Donc ici, $f = 0$ ou il existe $\lambda \in \mathbb{R}$ tel que $f^2 = \lambda f$.

Comme $\int_0^1 f^2 = \int_0^1 f^4$ et f continue, distincte de la fonction nulle, $\lambda^2 = 1$.

Comme $\int_0^1 f^2 = \int_0^1 f^3$ et f continue, distincte de la fonction nulle, $\lambda = 1$. On termine comme dans le premier cas.

---

30. Comme $\lim_{n\to\infty} \dfrac{e^t}{t^n+1} = \begin{cases} e^t & \text{si } t \in [0,1[\\ \dfrac{e}{2} & \text{si } t = 1 \end{cases}$, on pense que $\lim_{n\to\infty}(I_n) = \int_0^1 e^t dt$

où $I_n = \int_0^1 \dfrac{e^t}{t^n+1}dt$. On a $u_n = \int_0^1 e^t dt - I_n = \int_0^1 \dfrac{t^n e^t}{t^n+1}dt$.

Comme $u_n = \int_0^1 \dfrac{t^{n-1}}{1+t^n} te^t dt$, on a idée d'intégrer par parties.

$u_n = \dfrac{1}{n}\Big[te^t \ln(1+t^n)\Big]_0^1 - \dfrac{1}{n}v_n = \dfrac{1}{n}\big(e\ln(2) - v_n\big)$ où $v_n = \int_0^1 (1+t)e^t \ln(1+t^n)dt$.

En utilisant une inégalité prouvée dans l'exercice 29.a. et que vous feriez bien de connaître, on a, pour tout $t \in [0,1], \ln(1+t^n) \leqslant t^n$.

Il s'ensuit que, pour tout $n \in \mathbb{N}^\star, 0 \leqslant v_n \leqslant 2e\int_0^1 t^n dt = \dfrac{2e}{n+1}\cdot$ Donc $v_n \underset{n\to\infty}{=} o(1)$

et donc $u_n \underset{n\to\infty}{=} \dfrac{e\ln(2)}{n} + o\Big(\dfrac{1}{n}\Big)$ *i.e.* $I_n \underset{n\to\infty}{=} e - 1 - \dfrac{e\ln(2)}{n} + o\Big(\dfrac{1}{n}\Big)\cdot$

---

31. a. Si $f \in \mathcal{C}(\mathbb{R},\mathbb{R})$ notons g une de ses primitives sur $\mathbb{R}$.

- Si $f(x) = \cos(x) + 1$ et $g(x) = \sin(x) + x + 1$, alors f est paire et g non impaire. f est 2π-périodique, alors que g ne l'est pas.
- Si f est impaire, toutes ses primitives sont de la forme $x \mapsto \int_0^x f(t)dt + k$ et sont paires comme on le vérifie aisément.
- Si f est paire sa primitive s'annulant en 0 *i.e.* $x \mapsto \int_0^x f(t)dt$ est impaire.

b. Soit $H(x) = \int_x^{x+T} f = F(x+T) - F(x)$ où $F : x \mapsto \int_0^x f(t)dt$ est la primitive de f s'annulant en 0. Tout comme F, H est de classe $\mathcal{C}^1$ sur $\mathbb{R}$, et $H'(x) = F'(x+T) - F'(x) = f(x+T) - f(x) = 0$, donc H est constante.

F est T-périodique si, et seulement si, $\forall x \in \mathbb{R}, H(x) = H(0) = \int_0^T f = 0$.

Si G est une primitive de f sur $\mathbb{R}$, $G : x \mapsto F(x) + C$ et

$F(x+T) - F(x) = G(x+T) - G(x)$.

Travaux dirigés

Comparaison des normes de f, f', f''

Notations

Pour toute application $f \in \mathcal{F}(\mathbb{R}, \mathbb{C})$ bornée, $\|f\| = N_\infty^{\mathbb{R}}(f) = \sup\limits_{t \in \mathbb{R}} |f(t)|$.

De même pour $f : \mathbb{R}_+ \to \mathbb{C}$ bornée on désigne par $\|f\|_+ = N_\infty^{\mathbb{R}_+}(f) = \sup\limits_{t \in \mathbb{R}_+} |f(t)|$.

On désigne par E (*resp.* E^+) le $\mathbb{C}$-espace vectoriel $\mathcal{C}^2(\mathbb{R}, \mathbb{C})$ (*resp.* $\mathcal{C}^2(\mathbb{R}^+, \mathbb{C})$).

1. Soit f dans E telle que f et f'' soient bornées.

a. Établir l'égalité suivante :

$$\forall (x,t) \in \mathbb{R}^2, f(x+t) - f(x-t) = 2tf'(x) + t^2 \int_0^1 (1-u)\big[f''(x+tu) - f''(x-tu)\big]du.$$

b. En déduire que f' est bornée sur $\mathbb{R}$ et que : $\forall t \in \mathbb{R}_+^\star, \|f'\| \leqslant \dfrac{\|f\|}{t} + \dfrac{t}{2}\|f''\|$.

c. Prouver que $\|f'\| \leqslant \sqrt{2\|f\|.\|f''\|}$.

2. On suppose dans cette question uniquement, que $f \in \mathcal{C}^3(\mathbb{R}, \mathbb{C})$ et que f et f''' sont bornées.

a. En adaptant la méthode précédente, prouver que f' est bornée et que :
$\|f'\| \leqslant \dfrac{1}{2}\Big(K\|f\|^2\|f'''\|\Big)^{\frac{1}{3}}$ où K est une constante réelle que l'on déterminera.

b. Prouver que f'' est également bornée et déterminer une majoration de $\|f''\|$ en fonction de $\|f\|$ et $\|f'''\|$.

3. Pour tout $n \in \mathbb{N}^\star$ on désigne par g_n la fonction impaire 2-périodique telle que :

$$g_n(x) = \begin{cases} 2nx & \text{si } 0 \leqslant x \leqslant \dfrac{1}{2n} \\ 1 & \text{si } \dfrac{1}{2n} < x < 1 - \dfrac{1}{2n} \\ 2n(1-x) & \text{si } 1 - \dfrac{1}{2n} \leqslant x \leqslant 1 \end{cases} ;$$

on pose $h_n(x) = \displaystyle\int_{\frac{1}{2}}^x g_n$ et $f_n(x) = \displaystyle\int_0^x h_n$.

a. Montrer que h_n est paire et admet 2 pour période.

b. Simplifier $x \mapsto g_n(x) - g_n(1-x)$ puis $x \mapsto h_n(x) + h_n(1-x)$ sur $\mathbb{R}$.

c. Montrer que f_n est impaire et admet 2 pour période.

d. Donner les expressions de $h_n(x)$ si $x \in \left[0, \dfrac{1}{2n}\right]$ et si $x \in \left[\dfrac{1}{2n}, \dfrac{1}{2}\right]$.

e. Dresser le tableau de variations de f_n'', f_n' et f_n sur $[0,1]$.

f. Montrer que f_n, f_n', f_n'' sont bornées et calculer $\|f_n\|, \|f_n'\|, \|f_n''\|$.

g. En déduire que dans la question 1 le coefficient 2 est le plus petit réel α vérifiant $\|f'\|^2 \leqslant \alpha\|f\| \times \|f''\|$ pour tout élément f de E borné ainsi que sa dérivée seconde.

Solution

1. a. Comme $f \in \mathcal{C}^2(\mathbb{R}, \mathbb{C})$, le théorème de Taylor avec reste intégrale donne :

$\forall (x,t) \in \mathbb{R}^2, f(x+t) = f(x) + tf'(x) + t^2 \displaystyle\int_0^1 (1-u)f''(x+tu)du.$

D'où : $\forall (x,t) \in \mathbb{R}^2, f(x-t) = f(x) - tf'(x) + t^2 \displaystyle\int_0^1 (1-u)f''(x-tu)du.$

Par soustraction membre à membre des deux égalités, on obtient le résultat.

b. On déduit de 1. compte tenu de l'inégalité de la moyenne : $\forall (x,t) \in \mathbb{R} \times \mathbb{R}_+^\star$,

$|f'(x)| \leqslant \dfrac{1}{2t}|f(x+t)| + |f(x-t)| + \dfrac{t}{2}\displaystyle\int_0^1 (1-u)\big[|f''(x+tu)| + |f''(x-tu)|\big]du.$

Donc : $\forall (x,t) \in \mathbb{R} \times \mathbb{R}_+^\star, |f'(x)| \leqslant \dfrac{1}{t}\|f\| + t\displaystyle\int_0^1 (1-u)\|f''\|du = \dfrac{1}{t}\|f\| + \dfrac{t}{2}\|f''\|.$

En particulier, pour tout $x \in \mathbb{R}, |f'(x)| \leqslant \|f\| + \dfrac{\|f''\|}{2}\cdot$ D'où f' est bornée.

Donc : $\forall t \in \mathbb{R}_+^\star, \|f'\| \leqslant \dfrac{1}{t}\|f\| + \dfrac{t}{2}\|f''\|.$

c. Rappelons que $2ab \leqslant a^2 + b^2$ pour tout $(a,b) \in \mathbb{R}^2$ avec égalité si, et seulement si, $a = b$.

- Si $\|f''\| \neq 0$, pour tout $t > 0$, on a $\varphi(t) = \dfrac{1}{t}\|f\| + \dfrac{t}{2}\|f''\| \geqslant \sqrt{2\|f\|.\|f''\|}$ avec égalité si, et seulement si, $t = t_0 = \sqrt{\dfrac{2\|f\|}{\|f''\|}}$.

D'après 1.b. $\varphi(t_0) = \sqrt{2\|f\|.\|f''\|} \geqslant \|f'\|$.

- Si $\|f''\| = 0$, f est affine. Comme elle est bornée, elle est constante, $f' = 0$.

Dans les deux cas, l'inégalité est vérifiée.

2. a. Comme $f \in \mathcal{C}^3(\mathbb{R}, \mathbb{C})$, le théorème de Taylor avec reste intégrale donne :

$\forall (x,t) \in \mathbb{R}^2, f(x+t) = f(x) + tf'(x) + \dfrac{t^2}{2}f''(x) + t^3\displaystyle\int_0^1 \dfrac{(1-u)^2}{2}f'''(x+tu)du.$

Donc : $\forall (x,t) \in \mathbb{R}^2, f(x-t) = f(x) - tf'(x) + \dfrac{t^2}{2}f''(x) - t^3\displaystyle\int_0^1 \dfrac{(1-u)^2}{2}f'''(x-tu)du.$

Par soustraction membre à membre des deux égalités, on obtient, pour $(x,t) \in \mathbb{R}^2$,

$f(x+t) - f(x-t) = 2tf'(x) + t^3\displaystyle\int_0^1 \dfrac{(1-u)^2}{2}\big[f'''(x+tu) + f'''(x-tu)\big]du.$

En procédant comme en 1.b. on obtient :

$\forall (x,t) \in \mathbb{R} \times \mathbb{R}_+^\star, |f'(x)| \leqslant \dfrac{\|f\|}{t} + \dfrac{t^2}{2}\displaystyle\int_0^1 (1-u)^2\|f'''\|du = \dfrac{\|f\|}{t} + \dfrac{t^2}{6}\|f'''\|.$

D'où f' est bornée et : $\forall t \in \mathbb{R}_+^\star, \|f'\| \leqslant \dfrac{\|f\|}{t} + \dfrac{t^2}{6}\|f'''\|.$

$\psi : t \mapsto \dfrac{\|f\|}{t} + \dfrac{t^2}{6}\|f'''\|$ est de classe $\mathcal{C}^1$ sur $\mathbb{R}_+^\star$ et $\psi'(t) = -\dfrac{\|f\|}{t^2} + \dfrac{t}{3}\|f'''\|.$

$t>0, \psi'(t)\geqslant 0 \iff t\geqslant t_1=\sqrt[3]{\dfrac{3\|f\|}{\|f'''\|}}\cdot$ Comme $\psi(t_1)=\left[\dfrac{1}{3^{\frac13}}+\dfrac{3^{\frac23}}{6}\right]\sqrt[3]{\|f\|^2\|f'''\|}$, on a : $\|f'\|\leqslant \dfrac12\sqrt[3]{9\|f\|^2\|f'''\|}$.

b. f' et f''' étant bornées, l'application de 1.c. à f' donne f'' bornée et : $\|f''\|\leqslant\sqrt{2\|f'\|\|f'''\|}$. D'où, d'après 2.a. $\|f''\|\leqslant\sqrt[3]{3\|f\|.\|f'''\|^2}$.

3. a. g_n est facilement continue sur $\mathbb{R}$, affine par morceaux.
h_n est paire en tant que primitive de fonction impaire, de plus, par périodicité et imparité de g_n, $\displaystyle\int_0^2 g_n(t)\,dt=\int_{-1}^1 g_n(t)\,dt=0$, ce qui prouve la 2-périodicité de h_n.

b. Soit $\varphi_n : x\mapsto g_n(x)-g_n(1-x)$, on vérifie immédiatement la nullité de φ_n sur $[0,1]$ ainsi que sa 2-périodicité.
De plus pour tout $x\in\mathbb{R}$, $\varphi_n(-x)=-\big[g_n(x)-g_n(-1-x)\big]=-\varphi_n(x)$ car g_n est 2-périodique. La nullité de φ_n sur $\mathbb{R}$ en découle.
Soit alors $\psi_n : x\mapsto h_n(x)+h_n(1-x)$, $\varphi_n=\psi_n'$ et ψ_n est constante égale à $\psi_n\left(\dfrac12\right)=2h_n\left(\dfrac12\right)=0$, φ_n et ψ_n sont nulles sur $\mathbb{R}$.

c. f_n est la primitive de h_n nulle en 0 donc impaire.
Par parité et 2-périodicité on a : $\displaystyle\int_0^2 h_n(x)\,dx=2\int_0^1 h_n(x)\,dx$ et, par le changement de variable $u=1-x$, $\displaystyle\int_0^1 h_n(x)\,dx=\int_0^1 h_n(1-u)\,du=-\int_0^1 h_n(u)\,du$ d'où $\displaystyle\int_0^2 h_n(x)\,dx=0$ et donc f_n est 2-périodique.

d. Si $x\in\left[0,\dfrac{1}{2n}\right]$, $\displaystyle h_n(x)=\int_{1/2}^{1/2n}dt+2n\int_{1/2n}^{x}t\,dt=\frac{1}{2n}(1-n)+n\Big(x^2-\frac{1}{4n^2}\Big)$ d'où $h_n(x)=nx^2-\dfrac12\left[1-\dfrac{1}{2n}\right]\cdot$ Sinon, $\displaystyle h_n(x)=\int_{1/2}^{x}dt=x-\frac12\cdot$

e. On a le tableau :

	0				$\frac12$		$1-\frac{1}{2n}$		1
f_n''	0	$\nearrow$	1	$\rightarrow$	1	$\rightarrow$	1	$\searrow$	0
f_n'	$-a$	$\nearrow$	$-$	$\nearrow$	0	$\nearrow$	$+$	$\nearrow$	a
f_n	0	$\searrow$	$-$	$\searrow$	$-$	$\nearrow$	$-$	$\nearrow$	0

f. Si f est 2-périodique, paire ou impaire et continue sur $\mathbb{R}$ on a $|f|(\mathbb{R})=|f|\big([0,1]\big)$ compact donc borné, f_n, f_n' et f_n'' sont donc bornées et le tableau précédent permet de calculer leur norme. $\|f_n''\|=1$ et $\|f_n'\|=-h_n(0)=\dfrac12\left[1-\dfrac{1}{2n}\right]\cdot$

$\displaystyle\|f_n\|=f_n\Big(\frac12\Big)=\int_0^{1/2n}\Big(nt^2-\frac12+\frac{1}{4n}\Big)\,dt+\int_{1/2n}^{1/2}\Big(t-\frac12\Big)\,dt$ d'où, après un calcul sans difficulté, $f_n\Big(\dfrac12\Big)=\dfrac18\left[\dfrac{1}{3n^2}-1\right]\cdot$

En résumé : $\|f_n''\|=1, \|f_n'\|=\dfrac12\left[1-\dfrac{1}{2n}\right]$ et $\|f_n\|=\dfrac18\left[1-\dfrac{1}{3n^2}\right]\cdot$

Solutions

g. Si α est solution alors, pour tout n, on a $\|f_n'\| \leqslant \alpha\|f_n\| \times \|f_n''\|$, ce qui revient à $\frac{1}{4}\Big[1-\frac{1}{2n}\Big]^2 \leqslant \frac{\alpha}{8}\Big[1-\frac{1}{3n^2}\Big]$, ce sont des termes généraux de suites convergentes et, en passant à la limite, $\frac{1}{4} \leqslant \frac{\alpha}{8}$ *i.e.* $\alpha \geqslant 2$. Cela prouve que 2 est la plus petite solution du problème.

Intégrales de Wallis

1. Si pour $n \in \mathbb{N}$, $I_n = \int_0^{\pi/2} \sin^n(x)dx$, montrer que $I_n \in \mathbb{R}$ et $I_n = \int_0^{\pi/2} \cos^n(x)dx$.

2. Montrer que $(I_n)_{n\geqslant 0}$ est décroissante et positive.

3. Montrer que, pour tout $n \geqslant 2, nI_n = (n-1)I_{n-2}$ et expliciter I_n.

4. Montrer que $I_n \underset{n\to\infty}{\sim} I_{n+1}$.

5. Montrer que la suite $(u_n)_{n\geqslant 0}$ définie par $u_n = (n+1)I_nI_{n+1}$ est constante.

6. Conclure que $I_n \underset{n\to\infty}{\sim} \sqrt{\frac{\pi}{2n}}$.

7. En déduire que $\frac{1.3.\ldots(2n-1)}{2.4.\ldots(2n)} \underset{n\to\infty}{\sim} \frac{1}{\sqrt{n\pi}}$.

Solution

1. La fonction $t \mapsto \sin^n(t)$ étant continue sur le segment $\left[0, \frac{\pi}{2}\right]$, on a $I_n \in \mathbb{R}$.

Le changement de variable affine $x = \frac{\pi}{2} - t$ donne l'égalité.

2. Pour tout $t \in \left[0, \frac{\pi}{2}\right]$, $0 \leqslant \sin(t) \leqslant 1 \Rightarrow 0 \leqslant \sin^{n+1}(t) \leqslant \sin^n(t) \Rightarrow 0 \leqslant I_{n+1} \leqslant I_n$.

3. Intégrons par parties en posant $f(x) = \sin^{n-1}(x)$ et $g(x) = -\cos(x)$. Les fonctions f et g sont de classe $\mathcal{C}^1$ sur $\mathbb{R}$ si $n \geqslant 2$, et $(fg)(0) = (fg)\left(\frac{\pi}{2}\right) = 0$.

$I_n = (n-1)\int_0^{\pi/2} \sin^{n-2}\cos^2 = (n-1)(I_{n-2} - I_n)$. D'où le résultat.

Comme $I_0 = \frac{\pi}{2}$ et $I_1 = 1$, on obtient I_{2p} et I_{2p+1} par récurrence.

$I_{2p} = \frac{(2p-1)(2p-3)\cdots 3{\cdot}1}{(2p)(2p-2)\cdots 4{\cdot}2} I_0 = \frac{(2p)!}{(2^p p!)^2}\cdot\frac{\pi}{2}$.

$I_{2p+1} = \frac{(2p)\ldots 2}{(2p+1)\ldots 1} I_1 = \frac{(2^p p!)^2}{(2p+1)!}$.

4. On a donc $I_n > 0$. Notons que ce résultat découle aussi du fait que $t \mapsto \sin^n(t)$ est continue, positive et distincte de la fonction nulle sur $\left[0, \frac{\pi}{2}\right]$.

Comme la suite $(I_n)_{n\geqslant 0}$ est décroissante et à valeurs dans $\mathbb{R}_+^\star$, on peut écrire $\forall n \in \mathbb{N}, \frac{I_{n+2}}{I_n} \leqslant \frac{I_{n+1}}{I_n} \leqslant 1 \Rightarrow \frac{n+1}{n+2} \leqslant \frac{I_{n+1}}{I_n} \leqslant 1$.
D'où la conclusion par théorème d'encadrement.

5. On déduit de la relation de récurrence trouvée à la question 3 que la suite (u_n) définie par $u_n = (n+1)I_nI_{n+1}$ est constante. D'où : $\forall n \in \mathbb{N}, u_n = u_0 = \frac{\pi}{2}\cdot$

6. $nI_nI_{n+1} \underset{n\to\infty}{\sim} nI_n^2 \Rightarrow I_n^2 \underset{n\to\infty}{\sim} \frac{\pi}{2n}\cdot$ Comme $I_n > 0$ on a le résultat.

7. $\frac{I_{2n}}{I_{2n-1}} = \left(\frac{1.3.\dots(2n-1)}{2.4\dots(2n)}\cdot\sqrt{n\pi}\right)^2$. Le résultat découle de 4.

Irrationalité de π

Si $(a,b)\in(\mathbb{N}^\star)^2$ et $n\in\mathbb{N}$, on note $P_n(X) = \frac{1}{n!}X^n(bX-a)^n$.

1. Montrer que, pour tout entier naturel k, $P_n^{(k)}(0)$ et $P_n^{(k)}\left(\frac{a}{b}\right)$ sont entiers.

2. Montrer que $\lim\limits_{n\to\infty}\int_0^\pi P_n(t)\sin(t)dt = 0$.

3. En déduire que π est irrationnel.

Solution

1. *Première méthode :* avec la convention $\binom{n}{p} = 0$ si $p \notin [\![0,n]\!]$, en appliquant la formule de Leibniz, on trouve $P_n^{(k)}(x) = \sum\limits_{i=0}^{\infty}\frac{1}{n!}\binom{i}{k}\frac{d^i}{dx^i}(x^n)\frac{d^{n-i}}{dx^{n-i}}((bx-a)^n)$

i.e. $P_n^{(k)}(0) = \begin{cases}\binom{n}{k}b^{k-n}(-a)^{2n-k} & \text{si } k \leqslant 2n\\ 0 & \text{si } k > 2n\end{cases}$, d'où $P_n^{(k)}(0)\in\mathbb{Z}$.

Deuxième méthode : en utilisant la formule de Taylor-polynômes,

$$P_n(X) = \sum_{i=0}^{\infty}\frac{P_n^{(i)}(0)}{i!}X^i = \sum_{k=0}^{n}\frac{1}{n!}\binom{n}{k}b^k(-a)^{n-k}X^{n+k}.$$

D'autre part, $P_n\left(\frac{a}{b}-X\right) = \frac{1}{n!}\left(\frac{a}{b}-X\right)^n(-bX)^n = P_n(X)$,

donc, pour tout $k\in\mathbb{N}$, $(-1)^kP_n^{(k)}\left(\frac{a}{b}\right) = P_n^{(k)}(0)$. D'où $P_n^{(k)}\left(\frac{a}{b}\right)\in\mathbb{Z}$.

2. La fonction $t\mapsto t(bt-a)$ est continue, donc bornée sur le segment $[0,\pi]$. Comme la fonction sin y est positive, si l'on note $M = \max\limits_{t\in[0,\pi]}|t(bt-a)|$, on déduit de l'inégalité de la moyenne que : $\left|\int_0^\pi P_n(t)\sin(t)dt\right| \leqslant \frac{M^n}{n!}\int_0^\pi \sin(t)dt = 2\frac{M^n}{n!}\cdot$

Comme $M^n \underset{n\to\infty}{=} o(n!)$, on déduit du théorème d'encadrement que

$$\lim_{n\to\infty}\int_0^\pi P_n(t)\sin(t)dt = 0.$$

3. Si $\pi\in\mathbb{Q}$, notons $\pi = \frac{a}{b}$ où $(a,b)\in(\mathbb{N}^\star)^2$. Appliquons la formule d'intégration par parties itérée : $\int_\alpha^\beta g^{(2n)}f = \left[\sum\limits_{k=0}^{2n-1}(-1)^kg^{(2n-1-k)}(t)f^{(k)}(t)\right]_\alpha^\beta + (-1)^{2n}\int_\alpha^\beta g.f^{(2n)}$

Solutions

au couple (f, g) de fonctions de classe $\mathcal{C}^{\infty}$ sur $\mathbb{R}$ défini par :
$f = P_n, g : x \mapsto \sin\left(x - 2n\frac{\pi}{2}\right)$ et avec $\alpha = 0$ et $\beta = \pi = \frac{a}{b}$.

On déduit de 1 que $\left[\sum_{k=0}^{2n-1} (-1)^k g^{(2n-1-k)}(t) f^{(k)}(t)\right]_{\alpha}^{\beta} \in \mathbb{Z}$.

$$(-1)^{2n} \int_{\alpha}^{\beta} g.f^{(2n)} = (-1)^n P_n^{(2n)}(x) \int_0^{\pi} \sin(x)dx = 2(-1)^n \frac{(2n)!}{n!} b^n \in \mathbb{Z}.$$

Donc, pour tout $n \in \mathbb{N}$, $I_n = \displaystyle\int_0^{\pi} P_n(t)\sin(t)dt \in \mathbb{Z}$. Comme cette suite d'entiers converge vers 0, elle est stationnaire en 0 *i.e.* il existe $n_0 \in \mathbb{N}$ tel que pour tout $n \geqslant n_0, I_n = 0$. Or, ceci est absurde puisque sur $[0, \pi]$, la fonction $t \mapsto P_n(t)\sin(t)$ est continue, de signe constant et distincte de la fonction nulle.

14 - Séries numériques

Rappels de cours

1. **Définition**

Soit $(u_n)_{n\in\mathbb{N}}$ suite d'éléments de $\mathbb{K}$. On appelle suite des sommes partielles la suite de terme général $S_n = \sum_{k=0}^{n} u_k$. On appelle série de terme général u_n le couple $\big((u_n),(S_n)\big)$. On dit que la série de terme général u_n converge si, et seulement si, la suite $(S_n)_n$ converge, sinon elle est dite divergente. En cas de convergence, $S = \lim_{n\to\infty} S_n$ est appelé somme de la série et, pour tout $n\in\mathbb{N}$, on définit le reste de rang n, $R_n = S - S_n$.

• $\sum u_n$ désigne la série de terme général u_n, $\sum_{n=0}^{\infty} u_n$ sa somme en cas de convergence.

• On ne modifie pas la nature (convergence ou divergence) de $\sum u_n$ en modifiant un nombre fini de ses termes.

• Si $\sum u_n$ converge alors, pour tout $n\in\mathbb{N}$, on a $R_n = \sum_{k=n+1}^{\infty} u_k \xrightarrow[n\to\infty]{} 0$.

• Si $\sum u_n$ converge, comme $u_n = S_n - S_{n-1} = R_{n-1} - R_n$ pour $n \geqslant 1$, il y a convergence vers 0 de $(u_n)_n$.

• On dit que $\sum u_n$ ***diverge grossièrement*** si $(u_n)_n$ ne converge pas vers 0.

• **Lien suite-série**

$$(a_n)_{n\geqslant 0} \text{ converge si, et seulement si, } \sum(a_{n+1} - a_n) \text{ converge.}$$

2. **Exemples fondamentaux**

• **Série géométrique.** Pour tout z complexe $\sum z^n$ converge si, et seulement si, $|z| < 1$ et sa somme est dans ce cas $\dfrac{1}{1-z}$.

• **Série exponentielle.** Si z est un nombre complexe, la série série de terme général $\dfrac{z^n}{n!}$ converge et a pour somme $\sum_{n=0}^{\infty} \dfrac{z^n}{n!} = e^z$.

• **Séries de Riemann**

$$\text{Si } \alpha \text{ est réel, } \left(\sum \frac{1}{n^\alpha}\right)_{n\geqslant 1} \text{ converge si, et seulement si, } \alpha > 1.$$

3. Théorème. L'ensemble des séries convergentes d'éléments de $\mathbb{K}$ est un $\mathbb{K}$-espace vectoriel et l'application $\sum u_n \mapsto \sum_{n=0}^{\infty} u_n$ est linéaire, autrement dit si $\sum u_n$ et $\sum v_n$ convergent, si $\lambda \in \mathbb{K}$ alors $\sum(\lambda u_n + v_n)$ converge et l'on a :

$$\sum_{n=0}^{\infty} (\lambda u_n + v_n) = \lambda \sum_{n=0}^{\infty} u_n + \sum_{n=0}^{\infty} v_n$$

Remarques

- Si $\lambda \in \mathbb{K}^\star$ alors $\sum u_n$ et $\sum \lambda u_n$ sont de même nature.
- Si $\sum u_n$ converge alors $\sum v_n$ et $\sum(u_n + v_n)$ sont de même nature,

$$\begin{cases} \sum u_n \text{ convergente} \\ \sum v_n \text{ divergente} \end{cases} \Rightarrow \sum(u_n + v_n) \text{ divergente.}$$

- Si $\sum u_n$ et $\sum v_n$ sont divergentes on ne peut rien affirmer *a priori* quant à la nature de $\sum(u_n + v_n)$ comme le prouvent les exemples où $v_n = -u_n$ d'une part et $v_n = u_n$ d'autre part.

4. Séries à termes complexes

$\sum u_n$ converge si, et seulement si, $\sum \Im m(u_n)$ et $\sum \Re e(u_n)$ convergent.

De plus, en cas de convergence, $\displaystyle\sum_{n=0}^{\infty} \Re e(u_n) + i \sum_{n=0}^{\infty} \Im m(u_n) = \sum_{n=0}^{\infty} u_n$.

5. Séries à termes réels positifs

- Définition. On dit que $\sum u_n$ est une série à termes positifs si elle est à termes réels et si, à partir d'un certain rang $u_n \geqslant 0$.
- **Théorème.** Si $\sum u_n$ est une série à termes positifs, alors $\sum u_n$ converge si, et seulement si, la suite de ses sommes partielles est majorée.

Contre-exemple : $\sum(-1)^n$ diverge alors que : $\forall n \in \mathbb{N}, \left|\displaystyle\sum_{k=0}^{n} (-1)^k\right| \leqslant 1$.

- **Théorème.** Si à partir d'un certain rang, on a $0 \leqslant u_n \leqslant v_n$ alors :
  - Si la série $\sum v_n$ converge alors la série $\sum u_n$ converge.
  - Si la série $\sum u_n$ diverge alors la série $\sum v_n$ diverge.
- **Théorème.** Si $(u_n)_{n\geqslant 0}$ et $(v_n)_{n\geqslant 0}$ sont positives, et si $u_n \underset{n\to\infty}{\sim} v_n$, les séries $\sum u_n$ et $\sum v_n$ sont de même nature.
- **Théorème. Règle de d'Alembert**

Si $(u_n)_{n\geqslant 0}$ est une suite à termes strictement positifs à partir d'un certain rang, et s'il existe $\ell \in \mathbb{R}_+ \cup \{+\infty\}$ tel que $\dfrac{u_{n+1}}{u_n} \xrightarrow[n\to\infty]{} \ell$, alors :

si $\ell < 1$, $\sum u_n$ converge ; si $\ell > 1$, $\sum u_n$ diverge grossièrement.

- **Comparaison série-intégrale**

Soit $f \in \mathcal{CM}(\mathbb{R}_+, \mathbb{R}_+)$, est une fonction monotone

a. Si f est croissante pour tout $n \in \mathbb{N}^\star$, $\displaystyle\int_0^n f \leqslant \sum_{k=1}^{n} f(k) \leqslant \int_1^{n+1} f$.

b. Si f est décroissante pour tout $n \in \mathbb{N}^\star$, $\displaystyle\int_1^{n+1} f \leqslant \sum_{k=1}^{n} f(k) \leqslant \int_0^n f$, la série de terme général $w_n = \displaystyle\int_{n-1}^{n} f(t)dt - f(n)$ est une série à termes positifs convergente.

$\sum f(n)$ converge si, et seulement si, la suite $\left(\int_0^n f\right)_{n\geqslant 0}$ converge et sinon $\sum_{k=0}^{n} f(k) \underset{n\to\infty}{\sim} \int_0^n f$.

6. Constante d'Euler

$$\sum_{k=1}^{n} \frac{1}{k} \underset{n\to\infty}{=} \ln(n) + \gamma + o(1).$$

La démonstration avec le théorème suite-série est à connaître.

7. Séries absolument convergentes

- On dit que $\sum u_n$ est absolument convergente si $\sum |u_n|$ est convergente.
- Si $\sum u_n$ est absolument convergente alors $\sum u_n$ converge et l'on a l'inégalité $\left|\sum\limits_{n=0}^{\infty} u_n\right| \leqslant \sum\limits_{n=0}^{\infty} |u_n|$. La réciproque est fausse.
- Si $(u_n)_{n\geqslant 0} \in \mathbb{C}^{\mathbb{N}}$, si $(v_n)_{n\geqslant 0}$ est une suite d'éléments de $\mathbb{R}_+$, si $u_n = O(v_n)$ et si $\sum v_n$ converge, alors $\sum v_n$ converge absolument donc converge.

8. Théorème des séries alternées

Si la suite réelle $(u_n)_n$ converge en décroissant vers 0 alors $\sum(-1)^n u_n$ converge et pour tout $n \in \mathbb{N}$, $\left|\sum\limits_{k=n}^{\infty} (-1)^k u_k\right| \leqslant u_n$.

Énoncés des exercices

1. Convergence et somme de la série de terme général $\dfrac{(-1)^{n+1}}{n}$.

---

2. Nature des séries de termes généraux :

a. $u_n = \dfrac{a^n + (\ln n)^{\sqrt{n}}}{b^n + (\sqrt{n})^{\ln n}}, a > 0,\ b > 0,$ b. $u_n = \sin\left(\dfrac{(-1)^n}{n^\alpha} + \dfrac{k}{n^{5\alpha}}\right), \alpha > 0, k \neq 0,$

c. $u_n = \arccos\left(\dfrac{n^3+1}{n^3+2}\right),$ d. $u_n = \dfrac{(-1)^n}{\sqrt{n}.\ln(n + (-1)^n)}$

e. $u_n = \big(\sin(\pi e n!)\big)^p$, $p \in \mathbb{N}^\star$. On rappelle que e est limite de deux suites adjacentes (a_n) et (b_n), $a_n = \sum\limits_{k=0}^{n} \dfrac{1}{k!}$ et $b_n = a_n + \dfrac{1}{nn!}$.

---

3. Étant données deux séries $\sum u_n$ et $\sum v_n$ à termes strictement positifs, on suppose la convergence de $\sum v_n$ et pour tout $n \in \mathbb{N}$, $\dfrac{u_{n+2}}{u_n} \leqslant \dfrac{v_{n+2}}{v_n}$. Montrer la convergence de $\sum u_n$.

---

4. Étudier la suite $(u_n)_{n\geqslant 2}$ définie par $u_n = \prod\limits_{k=1}^{n}\left(1 + \dfrac{(-1)^{k-1}}{\sqrt{k}}\right)$ puis $\sum u_n$.

5. a. Montrer que pour $k \in \mathbb{N}^\star$ donné, $\displaystyle\int_0^1 \frac{dt}{1+t^k} = \sum_{n=0}^{\infty} \frac{(-1)^n}{nk+1}$.

b. Trouver la partie principale, par rapport à $\dfrac{1}{n}$ de $R_n = \displaystyle\int_0^1 \frac{dt}{1+t^k} - \sum_{p=0}^{n-1} \frac{(-1)^p}{pk+1}$.

c. Étudier la série de terme général R_n.

---

6. Notons u la suite de terme général $u_n \in \mathbb{C}$, et, pour $p \in \mathbb{N}^\star$, $\ell_p(\mathbb{N},\mathbb{C})$ l'ensemble des suites u telles que : $\sum |u_n|^p$ converge.

a. Montrer que $\ell_1(\mathbb{N},\mathbb{C})$ et $\ell_2(\mathbb{N},\mathbb{C})$ sont des $\mathbb{C}$-espaces vectoriels.

b. Montrer que $(u,v) \in (\ell_2(\mathbb{N},\mathbb{C}))^2 \Rightarrow u.\overline{v} \in \ell_1(\mathbb{N},\mathbb{C})$.

---

7. Montrer qu'il existe $K \in \mathbb{R}$ tel que $\displaystyle\sum_{k=1}^{n} k^{1/k} \underset{n\to\infty}{=} n + \frac{\ln^2 n}{2} + K + o(1)$.

---

8. a. Montrer que $(a_n)_{n\geqslant 1}$ définie par $a_n = \dfrac{1}{n!} n^{n+1/2} e^{-n}$ converge vers $\ell \in \mathbb{R}^\star$.

b. Calculer ℓ en utilisant la formule de Wallis : $\displaystyle\sqrt{\frac{\pi}{2}} = \lim_{n\to\infty}\left(\frac{(2^n n!)^2}{(2n)!}\frac{1}{\sqrt{2n+1}}\right)$

c. En déduire que : $n! \underset{n\to\infty}{\sim} \left(\dfrac{n}{e}\right)^n \sqrt{2\pi n}$ ***formule de Stirling***.

---

9. Montrer que pour tout $n \in \mathbb{N}$, l'équation : $\ln(t) = \arctan(t) + n\pi$ a une unique solution $x_n > 0$. Nature de la série de terme général $\dfrac{1}{x_n}$.

---

10. Convergence et somme des séries de termes généraux suivants :

a. $u_n = (-1)^n \displaystyle\int_0^1 t^n f(t)dt$ si $f \in \mathcal{C}([0,1],\mathbb{R})$.

b. $u_n = \left(\displaystyle\sum_{k=1}^{n} k^2\right)^{-1}$ si $n \geqslant 1$. On rappelle que $\displaystyle\sum_{k=1}^{n} k^2 = \frac{n(n+1)(2n+1)}{6}$.

c. $x \in \left]0, \dfrac{\pi}{2}\right[$, $u_n = \ln\left(\cos\left(\dfrac{x}{2^n}\right)\right)$, $n \geqslant 1$.

On pourra utiliser $\sin(2a) = 2\sin(a)\cos(a)$.

---

11. a. Si (u_n) est une suite décroissante positive telle que la série $\sum u_n$ converge, montrer que $u_n \underset{n\to\infty}{=} o\left(\dfrac{1}{n}\right)$.

b. Si $\sum u_n$ est une série à termes positifs convergente, on note $R_n = \displaystyle\sum_{k=n+1}^{\infty} u_k$, montrer que $\sum n u_n$ et $\sum R_n$ sont de même nature. En cas de convergence, donner une relation entre les sommes de ces séries.

12. Si $\sum u_n$ est une série convergente, à termes strictement positifs, on note $R_n = \sum_{k=n+1}^{\infty} u_k$. Nature de $\sum v_n$ où $v_n = \dfrac{u_n}{(R_{n-1})^\alpha}$, où $\alpha > 0$.

On examinera d'abord le cas où $\alpha = 1$ et dans le cas où $\alpha \in]0,1[$, on pourra utiliser l'inégalité des accroissements finis ou une intégrale.

Solutions des exercices

1. Si $n \in \mathbb{N}^\star$ on a $S_{2n} = \sum_{k=1}^{2n} \dfrac{(-1)^{k-1}}{k} = \left(1 + \dfrac{1}{3} + \cdots + \dfrac{1}{2n-1}\right) - \left(\dfrac{1}{2} + \dfrac{1}{4} + \cdots + \dfrac{1}{2n}\right)$

$S_{2n} = \sum_{k=1}^{2n} \dfrac{1}{k} - 2\left(\dfrac{1}{2} + \dfrac{1}{4} + \cdots + \dfrac{1}{2n}\right)$ soit encore $S_{2n} = \sum_{k=1}^{2n} \dfrac{1}{k} - \sum_{k=1}^{n} \dfrac{1}{k} = \sum_{k=n+1}^{2n} \dfrac{1}{k}$ puis

$S_{2n} = \sum_{k=1}^{n} \dfrac{1}{n+k} = \dfrac{1}{n} \sum_{k=1}^{n} \left(1 + \dfrac{k}{n}\right)^{-1}$ somme de Riemann de $f : x \mapsto \dfrac{1}{1+x}$ continue sur $[0,1]$. Par conséquent $(S_{2n})_n$ converge et a pour limite $\displaystyle\int_0^1 \frac{dx}{1+x} = \ln(2)$.

D'autre part $S_{2n+1} - S_{2n} = \dfrac{1}{2n+1}$, $(S_{2n+1})_n$ converge et a même limite que $(S_{2n})_n$, ce qui termine la démonstration sans utiliser a.

---

2. a. Notons $\alpha_n = a^n + (\ln n)^{\sqrt{n}}$ et $\beta_n = b^n + (\sqrt{n})^{\ln n}$; alors $\alpha_n = (\ln n)^{\sqrt{n}}(1 + e^{x_n})$ où $x_n = \ln\left(\dfrac{a^n}{(\ln n)^{\sqrt{n}}}\right)$.

$$x_n = n \ln a - \sqrt{n} \ln(\ln n) = n \ln(a)\left(1 - \frac{\ln(\ln n)}{\sqrt{n}\,\ln(a)}\right) \underset{n\to\infty}{\sim} n \ln a \text{ si } a \neq 1.$$

D'où $\alpha_n \underset{n\to\infty}{\sim} a^n$ si $a > 1$ et $\alpha_n \underset{n\to\infty}{\sim} (\ln n)^{\sqrt{n}}$ si $a \leqslant 1$.

De même $\beta_n \underset{n\to\infty}{\sim} b^n$ si $b > 1$ et $\beta_n \underset{n\to\infty}{\sim} (\sqrt{n})^{\ln n}$ si $b \leqslant 1$.

D'où quatre cas :

- $a > 1,\ b > 1$; $u_n \underset{n\to\infty}{\sim} \left(\dfrac{a}{b}\right)^n$, la série $\sum u_n$ converge si $a < b$ et diverge si $a \geqslant b$.
- $a > 1,\ b \leqslant 1$; $u_n \underset{n\to\infty}{\sim} \dfrac{a^n}{(\sqrt{n})^{\ln n}}$, la série $\sum u_n$ diverge grossièrement puisque $\lim(\ln(u_n)) = +\infty$.
- $a \leqslant 1,\ b \leqslant 1$; $u_n \underset{n\to\infty}{\sim} \dfrac{(\ln n)^{\sqrt{n}}}{(\sqrt{n})^{\ln n}}$, la série $\sum u_n$ diverge grossièrement puisque $\lim(\ln(u_n)) = +\infty$.
- $a \leqslant 1,\ b > 1$; $u_n \underset{n\to\infty}{\sim} \dfrac{(\ln n)^{\sqrt{n}}}{b^n} = y_n$. De l'examen de $\ln(y_n)$, on déduit que

Solutions

$y_n \underset{n\to\infty}{=} o(b^{-n/2})$. D'où la convergence de la série à termes positifs $\sum y_n$ puis celle de $\sum u_n$.

b. Du développement limité de la fonction sinus en 0 on déduit :

$$u_n \underset{n\to\infty}{=} \frac{(-1)^n}{n^\alpha} + \frac{k}{n^{5\alpha}} - \frac{(-1)^n}{6n^{3\alpha}} + \frac{(-1)^n}{120n^{5\alpha}} + o\Big(\frac{1}{n^{5\alpha}}\Big).$$

Pourquoi à l'ordre 5 ? Pour tenir compte de $n^{5\alpha}$ avec un terme de signe constant.

$u_n = a_n + b_n$ où $b_n \underset{n\to\infty}{=} \dfrac{k}{n^{5\alpha}} + o(\dfrac{1}{n^{5\alpha}})$ et a_n est une somme de 3 termes généraux de séries alternées qui convergent d'après l'exercice 1 car $\alpha > 0$.

$b_n \underset{n\to\infty}{\sim} \dfrac{k}{n^{5\alpha}}$. La série à termes de signes constants $\sum b_n$ converge si, et seulement si, $5\alpha > 1$, d'après le critère d'équivalence. D'où la conclusion d'après les théorèmes sur les opérations sur les séries.

Conclusion : $\sum u_n$ converge si $\alpha > 1/5$ et diverge si $\alpha \leqslant 1/5$.

c. $\arccos x \underset{x\to 1}{\sim} \sqrt{2}\sqrt{1-x}$. En effet $u = \arccos x$, $1 - \cos u \underset{u\to 0}{\sim} \dfrac{u^2}{2}$ et $u > 0$ au voisinage de 0. Par suite $u_n \underset{n\to\infty}{\sim} \sqrt{\dfrac{2}{n^3+2}}$. D'où $u_n \underset{n\to\infty}{\sim} \dfrac{\sqrt{2}}{n^{3/2}}$ et $\sum u_n$ converge.

d. $u_n = \dfrac{(-1)^n}{\sqrt{n}.\ln(n+(-1)^n)}$ est défini si $n \geqslant 2$. $\sum u_n$ converge car

$$\ln(n+(-1)^n) = \ln(n) + \ln\Big(1 + \frac{(-1)^n}{n}\Big) \underset{n\to\infty}{=} \ln(n) + \frac{(-1)^n}{n} + o\Big(\frac{1}{n}\Big).$$

$$u_n \underset{n\to\infty}{=} \frac{(-1)^n}{\sqrt{n}.\ln(n)}\left(\frac{1}{1 + \dfrac{(-1)^n}{n\ln(n)} + o\Big(\dfrac{1}{n\ln(n)}\Big)}\right)$$

$$u_n \underset{n\to\infty}{=} \frac{(-1)^n}{\sqrt{n}.\ln(n)} - \frac{1}{n^{3/2}.\ln^2(n)} + o\Big(\frac{1}{n^{3/2}.\ln^2(n)}\Big).$$

Donc $u_n = a_n + b_n$ où $a_n = \dfrac{(-1)^n}{\sqrt{n}.\ln n}$. $\sum a_n$ converge avec l'exercice 1 sur les séries alternées ; $\sum b_n$ converge absolument donc converge car $b_n \underset{n\to\infty}{=} o(n^{-3/2})$.

e. Compte tenu de l'indication :

$$\forall n \in \mathbb{N},\ 0 \leqslant e - a_{n+1} \leqslant b_{n+1} - a_{n+1} = \frac{1}{(n+1)(n+1)!}.$$

$0 \leqslant \pi e n! - \pi a_{n+1} n! \leqslant \dfrac{\pi}{(n+1)^2}$. Donc $\pi e n! = \pi a_{n+1} n! + O\Big(\dfrac{1}{n^2}\Big)$.

Or si $n \geqslant 2$, $\pi a_{n+1} n! = \pi N + \pi n + \pi + \dfrac{\pi}{n+1}$ où $N = \displaystyle\sum_{k=0}^{n-2} \frac{n!}{k!} \in 2\mathbb{N}$.

Donc $\sin(\pi e n!) \underset{n\to\infty}{=} (-1)^{n+1} \sin\Big(\dfrac{\pi}{n+1} + O\Big(\dfrac{1}{n^2}\Big)\Big) \underset{n\to\infty}{=} \dfrac{(-1)^{n+1}\pi}{n+1} + O\Big(\dfrac{1}{n^2}\Big)$.

En conclusion, $\sum u_n$ converge absolument si $p \in \mathbb{N}, p \geqslant 2$ et est semi-convergente si $p = 1$.

3. $\forall p \in \mathbb{N},\ u_{2p+2} \leqslant \dfrac{u_0}{v_0}\, v_{2p+2}$ et $u_{2p+1} \leqslant \dfrac{u_1}{v_1}\, v_{2p+1}$. Donc pour tout $n \in \mathbb{N}$, $u_n \underset{n\to\infty}{=} O(v_n)$. D'où la conclusion par théorème de comparaison de séries à termes positifs.

---

4. En utilisant le développement limité en 0 à l'ordre 3 de la fonction $x \mapsto \ln(1+x)$ on a : $\ln\Big(1+\dfrac{(-1)^{k-1}}{\sqrt{k}}\Big) \underset{k\to\infty}{=} \dfrac{(-1)^{k-1}}{\sqrt{k}} - \dfrac{1}{2k} + O\Big(\dfrac{1}{k^{\frac{3}{2}}}\Big)$.

Donc $\ln\Big(1+\dfrac{(-1)^{k-1}}{\sqrt{k}}\Big) = \dfrac{(-1)^{k-1}}{\sqrt{k}} - \dfrac{1}{2k} + \dfrac{\varphi(k)}{k^{\frac{3}{2}}}$ où φ est bornée.

$$\ln(u_n) = \sum_{k=1}^{n} \frac{(-1)^{k-1}}{\sqrt{k}} - \frac{1}{2}\Big(1+\frac{1}{2}+\ldots+\frac{1}{n}\Big) + \sum_{k=1}^{n}\frac{\varphi(k)}{k^{\frac{3}{2}}}.$$

Les séries de termes généraux respectifs $\dfrac{(-1)^{k-1}}{\sqrt{k}}$ et $\dfrac{\varphi(k)}{k^{\frac{3}{2}}}$ étant convergentes, leurs sommes partielles ont une limite finie. Donc $\lim(\ln(u_n)) = -\infty$ car la série à termes positifs $\sum \dfrac{1}{n}$ diverge. Or $1+\dfrac{1}{2}+\ldots+\dfrac{1}{n} \underset{n\to\infty}{=} \ln(n)+\gamma+o(1)$. Donc la suite $(u_n)_{n\geqslant 2}$ converge vers 0. De plus on peut écrire :

$$\ln(u_n) + \frac{1}{2}\ln(n) \underset{n\to\infty}{=} -\frac{\gamma}{2} + \sum_{k=1}^{n}\frac{(-1)^{k-1}}{\sqrt{k}} + \sum_{k=1}^{n}\frac{\varphi(k)}{k^{\frac{3}{2}}} + o(1).$$

La suite $\Big(\ln(u_n)+\dfrac{1}{2}\ln(n)\Big)_{n\geqslant 2}$ converge. Si C est sa limite, la fonction exp étant continue sur $\mathbb{R}$, la suite $(\sqrt{n}u_n)_{n\geqslant 2}$ converge vers $\ell = e^C > 0$. La série de terme général u_n diverge car $u_n \underset{n\to\infty}{\sim} n^{-1/2}\ell$, $u_n > 0$ et $\sum n^{-1/2}$ diverge.

---

5. a. Des résultats classiques sur les suites géométriques, on déduit :

$$\forall n \geqslant 1, \forall x \in [0,1],\ \frac{1}{1+x^k} = \sum_{p=0}^{n-1}(-1)^p x^{pk} + (-1)^n\frac{x^{nk}}{1+x^k}.$$

D'où $\displaystyle\int_0^1 \frac{dx}{1+x^k} = \sum_{p=0}^{n-1}\frac{(-1)^p}{pk+1} + R_n$ avec $R_n = (-1)^n I_n$ et $I_n = \displaystyle\int_0^1 \frac{x^{nk}}{1+x^k}dx$.

Pour tout $n \in \mathbb{N}, 0 \leqslant I_n \leqslant \displaystyle\int_0^1 x^{nk}dx = \frac{1}{nk+1}$. Par théorème d'encadrement, $\lim(I_n) = 0$. D'où $\lim(R_n) = 0$ car $|R_n| = I_n$. D'où le résultat.

b. Pour tout $x \in [0,1], x^{n+1} \leqslant x^n$ implique pour tout $n \in \mathbb{N}, I_{n+1} - I_n \leqslant 0$ et donc la décroissance de $(I_n)_{n\geqslant 1}$.

D'autre part, $I_{n+1} + I_n = \displaystyle\int_0^1 x^{nk}dx = \frac{1}{nk+1}$.

Donc $2I_{n+1} \leqslant \dfrac{1}{nk+1} \leqslant 2I_n$. D'où $\dfrac{1}{2(nk+1)} \leqslant I_n \leqslant \dfrac{1}{2((n-1)k+1)}$.

Puis, par théorème d'encadrement, $I_n \underset{n\to\infty}{\sim} \dfrac{1}{2nk}$ et $R_n \underset{n\to\infty}{\sim} \dfrac{(-1)^n}{2nk}$.

c. La série $\sum(-1)^n I_n$ est une série alternée qui vérifie les hypothèses du théorème des séries alternées, puisque (I_n) décroît et tend vers 0. Elle converge.

6. a. $\ell_1(\mathbb{N},\mathbb{C})$ et $\ell_2(\mathbb{N},\mathbb{C})$ sont non vides car ils contiennent la suite nulle. Le fait que $\ell_1(\mathbb{N},\mathbb{C})$ soit un sous-espace vectoriel de $\mathbb{C}^{\mathbb{N}}$ est une conséquence des théorèmes sur les opérations sur les séries complexes absolument convergentes.

Quant à $\ell_2(\mathbb{N},\mathbb{C})$, sa stabilité par combinaison linéaire est une conséquence du résultat élémentaire suivant :

$$\forall (a,b)\in\mathbb{R}^2, 2|ab|\leqslant a^2+b^2.$$

En effet $2|u_nv_n|\leqslant |u_n|^2+|v_n|^2 \Rightarrow |\lambda u_n+v_n|^2\leqslant 2(|\lambda|^2|u_n|^2+|v_n|^2)$.

Si $\sum |u_n|^2$ et $\sum |v_n|^2$ convergent, $\sum|\lambda u_n+v_n|^2$ converge et $\lambda u+v\in\ell_2(\mathbb{N},\mathbb{C})$.

b. Conséquence immédiate de l'inégalité : $2|u_nv_n|\leqslant |u_n|^2+|v_n|^2$.

---

7. Posons $u_n=\displaystyle\sum_{k=1}^{n}k^{1/k}-n-\frac{\ln^2(n)}{2}\cdot$ Pour montrer la convergence de la suite (u_n) il suffit, d'après le critère suite-série, d'étudier celle de la série $\sum a_n$ où :

$a_n=u_n-u_{n-1}=n^{1/n}-1-\dfrac{\ln^2(n)}{2}+\dfrac{\ln^2(n-1)}{2}$.

$\ln(n-1)=\ln(n)+\ln\left(1-\dfrac{1}{n}\right)$ et $\ln^2(n-1)\underset{n\to\infty}{=}\ln^2(n)-2\dfrac{\ln(n)}{n}+O\Big(\dfrac{\ln(n)}{n^2}\Big)$;

donc $\dfrac{\ln^2(n-1)}{2(n-1)}\underset{n\to\infty}{=}\dfrac{1}{2n}\Big(\ln^2(n)+\dfrac{\ln^2(n)}{n}+o\Big(\dfrac{\ln^2(n)}{n}\Big)\Big)\cdot$

Il vient : $a_n\underset{n\to\infty}{\sim}\dfrac{\ln^2 n}{2n^2}$. D'où $a_n\underset{n\to\infty}{=}o\Big(\dfrac{1}{n^{3/2}}\Big)$. La série $\sum a_n$ converge absolument, donc converge.

---

8. a. $u_n=\ln(a_{n+1})-\ln(a_n)=\left(n+\dfrac{1}{2}\right)\ln\left(1+\dfrac{1}{n}\right)-1\underset{n\to\infty}{\sim}\dfrac{1}{12n^2}$ par un développement limité immédiat. Il en résulte que la série $\sum u_n$ converge. Donc la suite $(\ln(a_n))$ converge vers L. De la continuité de la fonction exponentielle, on déduit que la suite (a_n) converge vers $\ell=e^L>0$.

b. La formule de Wallis a été démontrée dans un travail dirigé du chapitre précédent. Par passage à la limite dans l'égalité : $\dfrac{(2^nn!)^2}{(2n)!}\dfrac{1}{\sqrt{2n+1}}=\dfrac{\sqrt{n}}{\sqrt{4n+2}}\dfrac{a_{2n}}{(a_n)^2}$,

on déduit $\ell=\dfrac{1}{\sqrt{2\pi}}\cdot$

c. Par suite $n!\underset{n\to\infty}{\sim}\left(\dfrac{n}{e}\right)^n\sqrt{2\pi n}$.

---

9. La fonction $f:t\mapsto \ln t-\arctan t-n\pi$ est de classe $\mathcal{C}^\infty$ sur $\mathbb{R}_+^*$;

$f'(t)=\dfrac{t^2-t+1}{t(1+t^2)}>0$; $\lim\limits_{0^+}f=-\infty$; $\lim\limits_{+\infty}f=+\infty$. f établit donc un homéomorphisme strictement croissant de $]0,+\infty[$ sur $]-\infty,+\infty[$. Il existe un unique $x_n\in\mathbb{R}_+^\star$ tel que $f(x_n)=0$.

$x_n>0\Rightarrow \ln(x_n)=\arctan x_n+n\pi>n\pi\Rightarrow x_n>\exp(n\pi)\Rightarrow 0<\dfrac{1}{x_n}<e^{-n\pi}$.

De la convergence de la série géométrique de terme général $(e^{-\pi})^n$ et du théorème de comparaison des séries à termes positifs, on déduit la convergence de la série de terme général $1/x_n$.

10. a. Tous les critères classiques du cours se révélant inopérants, et compte tenu de la forme de la question (convergence et somme), considérons

$$S_n = \sum_{k=0}^{n} u_k = \int_0^1 f(t)\sum_{k=0}^{n}(-t)^k\, dt = \int_0^1 f(t)\frac{1-(-t)^{n+1}}{1-(-t)}dt.$$

La fonction $t \mapsto \dfrac{f(t)}{1+t}$ étant continue sur $[0,1]$, $I = \displaystyle\int_0^1 \frac{f(t)}{1+t}dt \in \mathbb{R}$ et il existe $M = \sup\limits_{[0,1]}|f| \in \mathbb{R}_+$. $\forall n \in \mathbb{N}$, $|S_n - I| \leqslant \displaystyle\int_0^1 \frac{f(t)t^{n+1}}{1+t}dt \leqslant \frac{M}{n+2}$.

En effet $f \in \mathcal{C}([0,1],\mathbb{R})$ et pour $t \in [0,1], 1 \leqslant 1+t$.

Par théorème d'encadrement, la suite (S_n) converge vers I *ie.* la série converge et a pour somme I.

b. $u_n \underset{n\to\infty}{\sim} \dfrac{3}{n^3}$ donc la série à termes positifs converge d'après le théorème d'équivalence et les résultats sur la série de Riemann. Décomposons la fraction rationnelle en éléments simples, $u_n = \dfrac{6}{n} + \dfrac{6}{n+1} - \dfrac{24}{2n+1}$.

Donc $S_{n-1} = \displaystyle\sum_{k=1}^{n-1} u_k = 12(1+\frac{1}{2}+\ldots+\frac{1}{n}) - 6 - \frac{6}{n} - 24(1+\frac{1}{3}+\ldots+\frac{1}{2n-1}) + 24.$

$S_{n-1} = 18 - \dfrac{6}{n} + 12(1+\dfrac{1}{2}+\ldots+\dfrac{1}{n}) - 24(1+\dfrac{1}{2}+\ldots+\dfrac{1}{2n}) + 24(\dfrac{1}{2}+\dfrac{1}{4}+\ldots+\dfrac{1}{2n}).$

$S_{n-1} = 18 - \dfrac{6}{n} - 24(\dfrac{1}{n+1}+\ldots+\dfrac{1}{2n}) \to 18 - 24\ln 2$, compte tenu d'un résultat déjà vu sur les sommes de Riemann.

c. Un idée simple pour calculer la somme d'une série convergente, est de voir si on ne peut pas utiliser le télescopage *i.e.* : $\displaystyle\sum_{k=p}^{p+q}(a_{k+1}-a_k) = a_{q+p+1} - a_p$.

Posons $u_k = \ln\left(\cos\left(\dfrac{x}{2^k}\right)\right)$; de l'indication donnée dans l'énoncé, on déduit :

$u_k = a_{k-1} - a_k - \ln 2$ où $a_k = \ln\left(\sin\left(\dfrac{x}{2^k}\right)\right)$. Donc :

$$S_n = \sum_{p=1}^{n} u_p = \ln(\sin x) - \ln(\sin(\frac{x}{2^n})) - n\ln 2 = \ln(\sin x) - \ln\left(2^n \sin\left(\frac{x}{2^n}\right)\right).$$

Comme $\sin(h) \underset{h\to 0}{\sim} h$, la série converge et a pour somme $\ln\left(\dfrac{\sin x}{x}\right)$.

---

11. a. En posant $S_n = \displaystyle\sum_{k=0}^{n} u_k$, on a $S_{2p} - S_p = u_{p+1} + \ldots + u_{2p}$. (u_n) étant décroissante et à termes positifs, $0 \leqslant pu_{2p} \leqslant S_{2p} - S_p$. La suite $(2pu_{2p})$ converge vers 0.

D'autre part $0 \leqslant (2p+1)u_{2p+1} = u_{2p+1} + 2pu_{2p+1} \leqslant u_{2p+1} + 2pu_{2p}$.
Donc $((2p+1)u_{2p+1})$ converge vers 0 par encadrement.

La suite (nu_n) ayant ses deux sous-suites $(2pu_{2p})$ et $((2p+1)u_{2p+1})$ convergeant vers 0 converge vers 0.

b. $R_n = u_{n+1} + R_{n+1}$. Donc (R_n) est décroissante et à termes positifs.

$$\sum_{k=0}^{n} ku_k = \sum_{k=1}^{n} k(R_{k-1} - R_k) = \sum_{k=1}^{n} kR_{k-1} - \sum_{k=1}^{n} kR_k = \sum_{k=0}^{n-1}(k+1)R_k - \sum_{k=1}^{n} kR_k$$

soit $\displaystyle\sum_{k=0}^{n} ku_k = \sum_{k=0}^{n-1} R_k - nR_n$.

- Si $\sum ku_k$ converge, par majoration $\sum R_k$ converge.
- Si $\sum R_k$ converge, d'après a. $\lim(nR_n) = 0$, la suite $\left(\displaystyle\sum_{k=0}^{n} ku_k\right)$ converge.

En cas de convergence, les sommes des deux séries associées sont égales.

---

12. a. Si $\alpha = 1$, $v_n = \dfrac{R_{n-1} - R_n}{R_{n-1}} \Rightarrow 1 - v_n = \dfrac{R_n}{R_{n-1}}$ puis
$\ln(1 - v_n) = \ln(R_n) - \ln(R_{n-1})$.
$\lim(R_n) = 0 \Rightarrow \lim(\ln(R_n)) = -\infty$.
La série de terme général $\ln(1 - v_n)$ est divergente.

Si v_n ne tend pas vers 0, la série $\sum v_n$ diverge grossièrement.

Si $v_n \to 0$, $\ln(1 - v_n) \underset{n\to\infty}{\sim} -v_n$. Comme $v_n > 0$, $\sum v_n$ diverge.

b. Si $\alpha > 1$, il existe $N \in \mathbb{N}$, tel que pour $n > N$, $R_{n-1}^{\alpha} \leqslant R_{n-1}$ car $\lim(R_n) = 0$.

D'où : $v_n \geqslant \dfrac{u_n}{R_{n-1}}$. D'où la divergence de $\sum v_n$ d'après la question a.

c. Si $\alpha \in]0,1[$, l'application du théorème des accroissements finis à $f : x \mapsto x^{1-\alpha}$ sur $[R_n, R_{n-1}]$ donne : $0 \leqslant (1-\alpha)v_n = (1-\alpha)\dfrac{u_n}{(R_{n-1})^{\alpha}} \leqslant R_{n-1}^{1-\alpha} - R_n^{1-\alpha}$.

La convergence de la suite $(R_n^{1-\alpha})$ implique celle de la série $\sum(R_{n-1}^{1-\alpha} - R_n^{1-\alpha})$ puis celle de $\sum v_n$ d'après le théorème de comparaison des séries à termes positifs.

Et avec une intégrale ? On peut utiliser la décroissance de $t \mapsto \dfrac{1}{t^{\alpha}}$ sur $\mathbb{R}_+^{\star}$ et écrire, pour tout $n \geqslant 1$, $\dfrac{u_n}{R_{n-1}^{\alpha}} \leqslant \displaystyle\int_{R_n}^{R_{n-1}} \frac{dt}{t^{\alpha}} = w_n$ et vérifier que la série à termes positifs $\sum w_n$ converge car ses sommes partielles sont majorées puisque $\alpha \in]0,1[$.

Travaux dirigés

Cas douteux de la règle de d'Alembert

1. Soit u_n le terme général d'une série à termes strictement positifs. On suppose qu'il existe $\alpha \in \mathbb{R}$ et $v_n \in \mathbb{R}$ tels que : $\dfrac{u_{n+1}}{u_n} = 1 - \dfrac{\alpha}{n} + v_n$ où $\sum |v_n|$ converge. Montrer qu'il existe $K \in \mathbb{R}_+^\star$, tel que $u_n \underset{n\to\infty}{\sim} \dfrac{K}{n^\alpha}\cdot$

On pourra étudier la série de terme général $a_{n+1} - a_n$ *où* $a_n = \ln(n^\alpha u_n)$

2. Application à l'étude des séries $\sum u_n$:

a. $u_n = \dfrac{2.4.\ldots(2n)}{3.5.\ldots(2n+1)}$; b. $u_n = \dfrac{nn!}{(a+1)\ldots(a+n)}$ où $a > 0$;

c. $u_n = n^{-n} n! e^n$.

Solution

1. Si nous montrons que la série de terme général $(a_{n+1} - a_n)$ converge, il en sera de même de la suite (a_n) vers $L \in \mathbb{R}$, et de la continuité de la fonction exponentielle nous déduirons l'existence de $K = \lim(n^\alpha u_n) = \exp L > 0$.

$$a_{n+1} - a_n = \alpha \ln\left(1 + \frac{1}{n}\right) + \ln\left(\frac{u_{n+1}}{u_n}\right) = \alpha \ln\left(1 + \frac{1}{n}\right) + \ln\left(1 - \frac{\alpha}{n} + v_n\right)\cdot$$

Or $\ln\left(1+\dfrac{1}{n}\right) \underset{n\to\infty}{=} \dfrac{\alpha}{n} + \dfrac{1}{n^2}O(1)$ et $\ln\left(1-\dfrac{\alpha}{n}+v_n\right) \underset{n\to\infty}{=} -\dfrac{\alpha}{n}+v_n+\left(-\dfrac{\alpha}{n}+v_n\right)^2 O(1)$.

$$a_{n+1} - a_n \underset{n\to\infty}{=} v_n + \frac{1}{n^2}O(1) + \frac{v_n}{n}O(1) + (v_n)^2 O(1).$$

Pour $n \geqslant 1$, $\dfrac{|v_n|}{n} \leqslant |v_n|$ et $\sum |v_n|$ converge ; donc $\sum \dfrac{|v_n|}{n}$ converge.

Comme $\sum |v_n|$ converge, $|v_n| \to 0$, donc $(v_n)^2 = o(v_n)$; donc $\sum (v_n)^2$ converge.

En tant que somme de séries absolument convergentes, $\sum (a_{n+1} - a_n)$ converge absolument donc converge. D'où le résultat.

2. Il suffit d'effectuer des développements limités en $\dfrac{1}{n}$ de $\dfrac{u_{n+1}}{u_n}$

a. On trouve $\dfrac{u_{n+1}}{u_n} \underset{n\to\infty}{=} 1 - \dfrac{1}{2n} + O\left(\dfrac{1}{n^2}\right)\cdot$ D'où $u_n \underset{n\to\infty}{\sim} \dfrac{K}{\sqrt{n}}$ et $\sum u_n$ diverge.

b. $\dfrac{u_{n+1}}{u_n} \underset{n\to\infty}{=} 1 - \dfrac{a-1}{n} + O\left(\dfrac{1}{n^2}\right)\cdot$ D'où $u_n \underset{n\to\infty}{\sim} \dfrac{K}{n^{a-1}}$ et $\sum u_n$ converge si, et seulement si, $a > 2$.

c. $\dfrac{u_{n+1}}{u_n} \underset{n\to\infty}{=} 1 + \dfrac{1}{2n} + O\left(\dfrac{1}{n^2}\right)$. D'où $u_n \underset{n\to\infty}{\sim} K\sqrt{n}$ et $\sum u_n$ diverge.

Critère de la loupe et séries de Bertrand

1. On considère une suite (U_n) décroissante, strictement positive et de limite nulle. Montrer que les séries $\sum U_n$ et $\sum V_n$ où $V_n = 2^n U_{2^n}$ sont de même nature.

2. Application à $U_n = \dfrac{1}{n(\ln n)^\beta}$, où $\beta \in \mathbb{R}$.

3. Nature de la série de terme général $u_n = \dfrac{1}{n^\alpha(\ln n)^\beta}$, $(\alpha, \beta) \in \mathbb{R}^2$.

Solution

1. Si $A_n = \displaystyle\sum_{k=0}^{n} U_k$ et $B_n = \displaystyle\sum_{k=0}^{n} V_k$, alors $A_{2^{n+1}} - A_{2^n} = U_{2^n+1} + U_{2^n+2} + \ldots + U_{2^n+2^n}$.

La suite (U_n) étant décroissante $\dfrac{1}{2}V_{n+1} = 2^n U_{2^{n+1}} \leqslant A_{2^{n+1}} - A_{2^n} \leqslant 2^n U_{2^n} = V_n$.

Par sommation : $\dfrac{1}{2}(B_{n+1} - B_0) \leqslant A_{2^{n+1}} - A_1 \leqslant B_n$.

• Si $\sum U_n$ converge, (A_n) est majorée ; comme $B_n \leqslant 2A_{2^n} + B_0$, (B_n) est majorée. Donc $\sum V_n$ converge.

• Si $\sum U_n$ diverge, alors $\lim(A_n) = +\infty$; or $A_{2^{n+1}} - A_1 \leqslant B_n \Rightarrow \lim(B_n) = +\infty$ et $\sum V_n$ diverge.

2. Dans le cas où $U_n = \dfrac{1}{n(\ln n)^\beta}$, $V_n = \dfrac{1}{n^\beta(\ln 2)^\beta}$. Comme série de Riemann, $\sum V_n$ converge et donc $\sum U_n$ converge si, et seulement si, $\beta > 1$.

3. Si $\alpha > 1$, il existe α' tel que $\alpha > \alpha' > 1$, alors $n^{\alpha'} u_n = \dfrac{1}{n^{\alpha-\alpha'}(\ln n)^\beta} \xrightarrow[n\to\infty]{} 0$, quel que soit β. Donc $u_n \underset{n\to\infty}{=} o\Big(\dfrac{1}{n^{\alpha'}}\Big)$. Donc la série à termes positifs $\sum u_n$ converge.

Si $\alpha < 1$, $nu_n = \dfrac{n^{1-\alpha}}{(\ln n)^\beta} \xrightarrow[n\to\infty]{} +\infty$ par croissance comparée. Donc $\dfrac{1}{n} \underset{n\to\infty}{=} o(u_n)$. Donc la série à termes positifs $\sum u_n$ diverge.

Sommation de relations de comparaison

1. $\sum v_n$ désigne une série à termes positifs, $\sum u_n$ une série à termes complexes vérifiant $u_n \underset{n\to\infty}{=} O(v_n)$.

a. Si $\sum v_n$ converge montrer $\displaystyle\sum_{k=n}^{\infty} u_k \underset{n\to\infty}{=} O\Big(\sum_{k=n}^{\infty} v_k\Big)$.

b. Si $\sum v_n$ diverge montrer $\displaystyle\sum_{k=0}^{n} u_k \underset{n\to\infty}{=} O\Big(\sum_{k=0}^{n} v_k\Big)$.

c. Que deviennent ces résultats si l'on remplace l'hypothèse « $u_n = O(v_n)$ » par « $u_n \underset{n\to\infty}{=} o(v_n)$ », « $u_n \underset{n\to\infty}{\sim} v_n$ » ?

2. a. Prouver que si $\sum \alpha_n$ est une série à termes positifs divergente et $(\beta_n)_n$ est une suite complexe convergeant vers β, alors la suite de terme général $\dfrac{\sum_{k=0}^{\infty} \alpha_k \beta_k}{\sum_{k=0}^{n} \alpha_k}$ (définie à partir d'un certain rang) converge vers β.

b. Écrire les résultats obtenus dans les cas suivants :

(i) Pour tout $k \in \mathbb{N}, \alpha_k = 1$.

(ii) Pour tout $k \in \mathbb{N}, \alpha_k = 1$ et $u_k = a_{k+1} - a_k$.

c. Montrer que si pour tout $n \in \mathbb{N}, u_n > 0$ et $\dfrac{u_{n+1}}{u_n} \xrightarrow[n\to\infty]{} \ell \in \mathbb{R}_+^\star$ alors $\sqrt[n]{u_n} \xrightarrow[n\to\infty]{} \ell$.

3. Application à une suite définie par une récurrence.

Soient $a \in \mathbb{R}_+^\star$ et $f \in \mathcal{C}([0,a[,[0,a[)$ telle que :

$0 < f(x) < x$ si $x \in]0,a[$ et $\exists\ (\alpha,k) \in (\mathbb{R}_+^\star)^2,\ f(x) \underset{x\to 0}{=} x - \alpha x^{1+k} + o(x^{k+1})$.

On pose $u_0 \in]0,a[$ et pour $n \geqslant 0, u_{n+1} = f(u_n)$.

a. Montrer que la suite (u_n) converge vers 0, puis déterminer $\gamma \in \mathbb{R}^\star$ tel que la suite $\big((u_{n+1})^\gamma - (u_n)^\gamma\big)_{n\geqslant 1}$ converge vers $\ell \in \mathbb{R}^\star$.

b. En déduire la nature de de $\sum u_n$.

c. Exemples :

(i) $a \in]0,\pi/2[$ et $f(x) = \sin x$.

(ii) $a \in \mathbb{R}_+^*$ et $f \in \{x \mapsto \ln(1+x), x \mapsto xe^{-x}, x \mapsto \arctan x\}$.

4. On suppose que $\sum u_n$ est une série à termes strictement positifs vérifiant :

$$\frac{u_{n+1}}{u_n} \xrightarrow[n\to\infty]{} \ell \in \mathbb{R}_+ \cup \{+\infty\}.$$

a. Si $\ell < 1$ montrer que $\displaystyle\sum_{k=n}^{\infty} u_k \underset{n\to\infty}{\sim} \frac{u_n}{1-\ell}$.

b. Si $\ell > 1$, $\ell \in \mathbb{R}$ montrer que $\displaystyle\sum_{k=0}^{n} u_k \underset{n\to\infty}{\sim} \frac{\ell}{1-\ell} u_n$.

c. Donner un équivalent de $\sum_{k=0}^{n} u_k$ si $\ell = +\infty$.

5. a. Si $\beta \in \mathbb{R}^\star$ donner un équivalent de $n^\beta - (n+1)^\beta$.

b. En déduire un équivalent de $\displaystyle\sum_{k=1}^{n} \frac{1}{k^\alpha}$ si $\alpha < 1$, de $\displaystyle\sum_{k=n}^{\infty} \frac{1}{k^\alpha}$ si $\alpha > 1$.

Solution

1. a. $\sum u_n$ est absolument convergente. Puisque $u_n \underset{n\to\infty}{=} O(v_n)$ il existe $M > 0$ et $n_0 \in \mathbb{N}$ tels que $\forall n,\ n \geqslant n_0 \Rightarrow |u_n| \leqslant M|v_n|$.

Alors, si $n \geqslant n_0$, $\left|\sum_{k=n}^{\infty} u_k\right| \leqslant \sum_{k=n}^{\infty} |u_k| \leqslant M \sum_{k=n}^{\infty} v_k$ d'où le résultat.

b. Avec les mêmes M et n_0, si $n \geqslant n_0$ on a :
$\left|\sum_{k=0}^{n} u_k\right| \leqslant \sum_{k=0}^{n_0-1} |u_k| + M \sum_{k=n_0}^{n} v_k = C + M \sum_{k=0}^{n} v_k$ où C est un réel. Comme $\sum_{k=0}^{n} v_k \to +\infty$ on a $C \underset{n\to\infty}{=} o\left(\sum_{k=0}^{n} v_k\right)$, à partir d'un rang $n_1 \geqslant n_0$, $C \leqslant M \sum_{k=0}^{n} v_k$ puis $\left|\sum_{k=0}^{n} u_k\right| \leqslant 2M \sum_{k=0}^{n} v_k$, ce qui termine la question.

c. Si $u_n \underset{n\to\infty}{=} o(v_n)$, en remplaçant M par ε on obtient les mêmes conclusions que dans a. et b. en remplaçant O par o.
Si $u_n \underset{n\to\infty}{\sim} v_n$ alors $u_n - v_n \underset{n\to\infty}{=} o(v_n)$ et on peut donc remplacer O par $\sim$ dans les conclusions de a. et b.

2. a. On a $\beta_n - \beta \underset{n\to\infty}{=} o(1)$ d'où $\alpha_n(\beta_n - \beta) \underset{n\to\infty}{=} o(\alpha_n)$, comme $\sum \alpha_n$ est une série à termes positifs divergente, la question 1 montre $\sum_{k=0}^{n} \alpha_k(\beta_k - \beta) \underset{n\to\infty}{=} o\left(\sum_{k=0}^{n} \alpha_k\right)$ soit

$\sum_{k=0}^{n} \alpha_k\beta_k - \beta \sum_{k=0}^{n} \alpha_k \underset{n\to\infty}{=} o\left(\sum_{k=0}^{n} \alpha_k\right)$ puis $\dfrac{\sum_{k=0}^{n} \alpha_k\beta_k}{\sum_{k=0}^{n} \alpha_k} \underset{n\to\infty}{=} \beta + o(1)$ ce qui termine la question.

b. et c. Do it yourself ! Voir le travail dirigé du chapitre « Nombres réels et suites réelles » (Cesàro).

3. a. Pour tout $x \in [0, a[$, $f(x) \leqslant x$. La suite (u_n) est décroissante, minorée par 0 donc converge, et c'est vers un point fixe de f car f est continue, donc vers 0.

$(u_{n+1})^\gamma - (u_n)^\gamma = (f(u_n))^\gamma - (u_n)^\gamma$.

$(f(x))^\gamma - x^\gamma \underset{x\to 0}{=} x^\gamma\left[(1 - \alpha x^k + o(x^k))^\gamma - 1\right] \underset{x\to 0}{=} -\alpha\gamma x^{k+\gamma} + o(x^{k+\gamma})$.

La seule valeur de γ qui convienne est $-k$ et on a $(u_{n+1})^{-k} - (u_n)^{-k} \xrightarrow[n\to\infty]{} \alpha k > 0$.

On déduit de 2.b. que $(u_n)^{-k} \underset{n\to\infty}{\sim} \alpha k n$ et $u_n \underset{n\to\infty}{\sim} \left(\dfrac{1}{\alpha k n}\right)^{1/k}$.

b. $\sum u_n$ converge si, et seulement si, $k < 1$.

c. Immédiat et laissé au lecteur.

4. a. On a $u_{n+1} - \ell u_n \underset{n\to\infty}{=} o(u_n)$ et $\sum u_n$ est une série à termes positifs convergente d'où $\sum_{k=n}^{\infty} (u_{k+1} - \ell u_k) \underset{n\to\infty}{=} o\left(\sum_{k=n}^{\infty} u_k\right)$ ou encore $(1-\ell) \sum_{k=n}^{\infty} u_k - u_n \underset{n\to\infty}{=} o\left(\sum_{k=n}^{\infty} u_k\right)$ et, comme $1 - \ell \neq 0$, $\displaystyle\sum_{k=n}^{\infty} u_k \underset{n\to\infty}{\sim} \frac{u_n}{1-\ell}$.

b. De même $u_{n+1} - \ell u_n \underset{n\to\infty}{=} o(u_n)$ et $\sum u_n$ est une série à termes positifs divergente d'où $\sum_{k=0}^{n} (u_{k+1} - \ell u_k) \underset{n\to\infty}{=} o\left(\sum_{k=0}^{n} u_k\right)$.

Par suite $(1-\ell)\sum_{k=0}^{n} u_k + u_{n+1} - u_0 \underset{n\to\infty}{=} o\Big(\sum_{k=0}^{n} u_k\Big)$ et, comme $1-\ell \neq 0$ et que $u_{n+1} \to +\infty$, finalement $\ell u_n \underset{n\to\infty}{\sim} u_{n+1} \underset{n\to\infty}{\sim} (\ell-1)\sum_{k=0}^{n} u_k$

puis $\displaystyle\sum_{k=0}^{n} u_k \underset{n\to\infty}{\sim} \frac{\ell}{\ell-1} u_n$.

c. On a $u_n \underset{n\to\infty}{=} o(u_{n+1})$ d'où $u_n - u_{n-1} \underset{n\to\infty}{\sim} u_n$ et $\sum u_n$ est une une série à termes positifs divergente d'où, par sommation : $\sum_{k=1}^{n} u_k \underset{n\to\infty}{\sim} \sum_{k=1}^{n} (u_k - u_{k-1}) = u_n - u_0$.

Comme $\sum_{k=0}^{n} u_k \to +\infty$ et $u_n \to +\infty$, il vient $\sum_{k=0}^{n} u_k \underset{n\to\infty}{\sim} u_n$.

5. a. On a $n^\beta - (n+1)^\beta = n^\beta\left[1 - \left(1+\dfrac{1}{n}\right)^\beta\right] \underset{n\to\infty}{\sim} -\beta n^{\beta-1}$.

b. On utilise la question a. avec $\beta = 1-\alpha$:

• Si $\alpha < 1$ on a $\dfrac{1}{n^\alpha} \underset{n\to\infty}{\sim} \dfrac{1}{1-\alpha}\left[(n+1)^{1-\alpha} - n^{1-\alpha}\right]$ d'après a. Comme $\sum \dfrac{1}{n^\alpha}$ est une une série à termes positifs divergente on obtient :

$$\sum_{k=1}^{n} \frac{1}{k^\alpha} \underset{n\to\infty}{\sim} \frac{1}{1-\alpha}\sum_{k=1}^{n}\left[(k+1)^{1-\alpha} - k^{1-\alpha}\right] = \frac{1}{1-\alpha}\left[(n+1)^{1-\alpha} - 1\right],$$

d'où $\displaystyle\sum_{k=1}^{n} \frac{1}{k^\alpha} \underset{n\to\infty}{\sim} \frac{n^{1-\alpha}}{1-\alpha}$.

• Si $\alpha < 1$ on a $\dfrac{1}{n^\alpha} \underset{n\to\infty}{\sim} \dfrac{1}{\alpha-1}\left[\dfrac{1}{n^{\alpha-1}} - \dfrac{1}{(n+1)^{\alpha-1}}\right]$, $\sum \dfrac{1}{n^\alpha}$ est une une série à termes positifs convergente d'où, par sommation :

$$\sum_{k=n}^{\infty} \frac{1}{k^\alpha} \underset{n\to\infty}{\sim} \frac{1}{\alpha-1}\sum_{k=n}^{\infty}\left[\frac{1}{k^{\alpha-1}} - \frac{1}{(k+1)^{\alpha-1}}\right] \text{ (télescopage).}$$

En définitive $\displaystyle\sum_{k=n}^{\infty} \frac{1}{k^\alpha} \underset{n\to\infty}{\sim} \frac{1}{\alpha-1}\,\frac{1}{n^{\alpha-1}}$.

Solutions

15 - Probabilités

Rappels de cours

A - Dénombrements

1. **Cardinal d'un ensemble fini** noté $\text{card}(E) = |E|$.

• Pour qu'un ensemble E soit fini, il faut et il suffit que pour toute partie E' de E distincte de E, on ait $\text{card}(E') < \text{card}(E)$.

• Si E et F sont des ensembles finis ayant même nombre d'éléments, $f \in \mathcal{F}(E, F)$ est bijective si elle est injective ou si elle est surjective.

• Si $E_1, \dots, E_n$ sont des ensembles finis, $\text{card}(E_1 \times \cdots \times E_n) = \text{card}(E_1) \dots \text{card}(E_n)$. et $\text{card}(E_1 \cup \dots \cup E_n) \leqslant \text{card}(E_1) + \cdots + \text{card}(E_n)$.

Si A et B sont deux ensembles finis et $A \cap B = \emptyset$, $\text{card}(A \cup B) = \text{card}(A) + \text{card}(B)$.

• Si $(E_i)_{1 \leqslant i \leqslant n}$ est une partition de l'ensemble fini E, $\text{card}(E) = \displaystyle\sum_{i=1}^{p} \text{card}(E_i)$.

• Si E et F sont deux ensembles finis, $\text{card}\big(\mathcal{F}(E, F)\big) = \big(\text{card}(F)\big)^{\text{card}(E)}$.

• Si E est un ensemble fini, $\text{card}\big(\mathcal{P}(E)\big) = 2^{\text{card}(E)}$.

2. **Listes et combinaisons**

• Soit E un ensemble à p éléments et F un ensemble à n éléments, $p \leqslant n$, le nombre de p-listes d'éléments distincts de F est égal à $p! \dbinom{n}{p} = \dfrac{n!}{(n-p)!}$.

C'est le nombre d'applications injectives de E dans F.

• Le nombre de permutations d'un ensemble de cardinal n est égal à $n!$.

• Le nombre de parties à p éléments (ou p-combinaisons) d'un ensemble de cardinal n est égal à $\dbinom{n}{p}$.

B - Probabilités sur un ensemble fini

1. **Expérience aléatoire et univers**

On appelle ***univers***, que l'on note Ω, l'ensemble de tous les résultats possibles ou réalisables d'une expérience aléatoire.

Terminologie probabiliste	Terminologie ensembliste	Notation
Événement certain	Ensemble entier	Ω
Événement impossible	Ensemble vide	$\varnothing$
Événement élémentaire	Singleton	$\{\omega\}$
Événement contraire de A	Complémentaire de A	$\overline{A}$
A ou B	Réunion de A et B	$A \cup B$
A et B	Intersection de A et B	$A \cap B$
A implique B	A inclus dans B	$A \subset B$
A et B incompatibles	A et B disjoints	$A \cap B = \varnothing$
ω réalise A	ω appartient à A	$\omega \in A$

On appelle ***système complet d'événements*** toute partition (finie) de Ω.

2. Espaces probabilisés finis

a. Définition : une probabilité sur un univers fini Ω est une application P de $\mathcal{P}(\Omega)$ dans $[0,1]$ telle que $\mathbb{P}(\Omega) = 1$ et, pour tout couple (A, B) d'événements incompatibles, $\mathbb{P}(A \cup B) = \mathbb{P}(A) + \mathbb{P}(B)$.

b. Propriétés :

- $\mathbb{P}(\emptyset) = 0$; $P(\overline{A}) = 1 - \mathbb{P}(A)$.
- Si $A_1, \ldots, A_n$ sont n-événements deux à deux incompatibles, on a :
$$\mathbb{P}(A_1 \cup A_2 \cup \ldots \cup A_n) = \mathbb{P}(A_1) + \cdots + \mathbb{P}(A_n).$$
- $A \subset B \Rightarrow \mathbb{P}(A) \leqslant \mathbb{P}(B)$ et $\mathbb{P}(B \setminus A) = \mathbb{P}(B) - \mathbb{P}(A)$.
- Pour tout couple (A, B) d'événements, $\mathbb{P}(A \cup B) = \mathbb{P}(A) + \mathbb{P}(B) - \mathbb{P}(A \cap B)$.
- Si $(A_i)_{1 \leqslant i \leqslant m}$ est un système complet d'événements, $\displaystyle\sum_{i=1}^{m} \mathbb{P}(A_i) = 1$.
- Si $\mathbb{P}(A) = \displaystyle\sum_{\omega \in A} \mathbb{P}(\{\omega\})$.
- On dit qu'une probabilité P est uniforme si, tous les événements élémentaires ont la même probabilité. On parle aussi d'***équiprobabilité***.

Dans ce cas : $\forall A \subset \Omega, \mathbb{P}(A) = \dfrac{\text{card}(A)}{\text{card}(\Omega)}$ que l'on retiendra sous la forme « nombre de cas favorables (à l'événement A) sur nombre de cas possibles ».

3. Probabilité conditionnelle

a. Définition : soit B un événement de probabilité non nulle. On appelle probabilité conditionnelle à B, ou probabilité sachant B associée à P, l'application de $\mathcal{P}(\Omega)$ dans $[0,1]$ définie par : $\mathbb{P}(A|B) = P_B(A) = \dfrac{\mathbb{P}(A \cap B)}{\mathbb{P}(B)}$.

b. Cas particulier de l'équiprobabilité : $P_B(A) = \dfrac{\text{card}(A \cap B)}{\text{card}(B)}$.

c. Formule des probabilités composées : $\mathbb{P}(A \cap B) = \mathbb{P}(B).\mathbb{P}(A|B)$.

d. Formule des probabilités totales : si $(A_i)_{1 \leqslant i \leqslant m}$ est un système complet d'événements tels que tous les $\mathbb{P}(A_i)$ soient non nuls, $\mathbb{P}(A) = \displaystyle\sum_{i=1}^{m} \mathbb{P}(A|A_i)\mathbb{P}(A_i)$.

Remarque : on utilisera souvent la formule précédente dans le cas du système complet $\{B, \overline{B}\}$ *i.e.* $\mathbb{P}(A) = \mathbb{P}(A|B)\mathbb{P}(B) + \mathbb{P}(A|\overline{B})\mathbb{P}(\overline{B})$.

e. Formule de Bayes (ou formule de la probabilité des causes ou des hypothèses).

• Soient A et B deux événements de probabilité non nulle, on a

$$\mathbb{P}(B|A) = \frac{\mathbb{P}(A|B)\mathbb{P}(B)}{\mathbb{P}(A)}.$$

• Cas particulier d'un système complet d'événements $(A_i)_{1\leqslant i\leqslant m}$ de probabilité non nulle et où $\mathbb{P}(A) > 0$.

$$\forall j \in [\![1, m]\!], \mathbb{P}(A_j|A) = \frac{\mathbb{P}(A|A_j)\mathbb{P}(A_j)}{\sum\limits_{i=1}^{m} \mathbb{P}(A|A_i)\mathbb{P}(A_i)}$$

4. Événements indépendants

a. Définition : A est dit indépendant de B si $\mathbb{P}(A|B) = \mathbb{P}(A)$ ou si $\mathbb{P}(B) = 0$.

A est dit indépendant de B si, et seulement si, $\mathbb{P}(A \cap B) = \mathbb{P}(A).\mathbb{P}(B)$.

b. Définition : on dit que n événements $A_1, \ldots, A_n$ sont mutuellement indépendants si : $\forall I \subset [\![1, n]\!], I \neq \emptyset, \mathbb{P}\Big(\bigcap\limits_{i \in I} A_i\Big) = \prod\limits_{i \in I} \mathbb{P}(A_i)$.

On dit indépendants dans leur ensemble si : $\mathbb{P}\Big(\bigcap\limits_{i=1}^{n} A_i\Big) = \prod\limits_{i=1}^{n} \mathbb{P}(A_i)$.

C - Variables aléatoires sur un espace probabilisé fini

1. Définitions

• On appelle variable aléatoire (sur Ω) une application de Ω dans un ensemble E. La variable aléatoire est dite réelle lorsque $E = \mathbb{R}$.

• Si $A \subset E$ on note $(X \in A)$ ou $\{X \in A\}$ l'événement $X^{-1}(A)$, si $x \in E$ on note aussi $(X = x)$ l'événement $(X \in \{x\})$ *i.e.* $X^{-1}(\{x\})$; ainsi $\mathbb{P}(X = x) = \mathbb{P}\big(X^{-1}(\{x\})\big)$.

• Si $x \in E = \mathbb{R}$ alors $\mathbb{P}(X \leqslant x) = \mathbb{P}\big(X \in]-\infty, x]\big)$ et $F : x \mapsto \mathbb{P}(X \leqslant x)$ est une fonction croissante sur $\mathbb{R}$ de limite nulle en $-\infty$ et 1 en $+\infty$.

• On appelle loi de X et on note P_X la loi de probabilité définie sur $X(\Omega)$ par $\mathbb{P}_X(A) = \mathbb{P}(X \in A)$. Cette loi est entièrement déterminée par la donnée des réels $\mathbb{P}(X = x)$ lorsque x décrit $X(\Omega)$ car $\forall A \subset X(\Omega)$, $\mathbb{P}_X(A) = \sum\limits_{x \in A} \mathbb{P}(X = x)$.

• Si X est une variable aléatoire à valeurs dans E et f une application de E dans F alors $f \circ X$ est une variable aléatoire notée $f(X)$ et l loi associée sur $(f \circ X)(\Omega)$ est $\mathbb{P}_{f(X)} : A \mapsto \mathbb{P}_X\big(f^{-1}(A)\big) = \mathbb{P}\big(X \in f^{-1}(A)\big)$.

2. Moments d'une variable aléatoire réelle

a. Définitions

Ici X désigne une variable aléatoire réelle.

• On appelle espérance de X et on note $\mathbb{E}(X)$ le nombre réel défini par

$$\sum_{\omega \in \Omega} X(\omega)\mathbb{P}(\{\omega\}) = \sum_{x \in X(\Omega)} x\mathbb{P}(X = x).$$

La variable X est dite centrée si $\mathbb{E}(X) = 0$.

• Si $k \in \mathbb{N}$ on appelle moment d'ordre k de X l'espérance de X^k. Plus généralement si f est une application de $\mathbb{R}$ dans lui-même on peut définir l'espérance de $f(X)$ par $\mathbb{E}\big(f(X)\big) = \sum_{\omega \in \Omega} f\big(X(\omega)\big)\mathbb{P}(\{\omega\}) = \sum_{x \in X(\Omega)} f(x)\mathbb{P}(X = x) = \sum_{y \in f(X(\Omega))} y\mathbb{P}(f(X) = y)$.

• La variance de X est $\mathbb{V}(X) = \mathbb{E}\Big(\big[X - \mathbb{E}(X)\big]^2\Big) \geqslant 0$, son écart type est $\sigma(X) = \sqrt{\mathbb{V}(X)}$. La variable X est dite réduite lorsque $\mathbb{V}(X) = 1$.

b. Propriétés

Si X est constante égale à b alors $\mathbb{E}(X) = b$.
L'application $X \mapsto \mathbb{E}(X)$ est linéaire positive et croissante.
Les deux dernières propriétés signifient :
si $X(\Omega) \subset \mathbb{R}_+$ alors $\mathbb{E}(X) \geqslant 0$ et si $X \leqslant Y$ sur Ω alors $\mathbb{E}(X) \leqslant \mathbb{E}(Y)$.

On en déduit que $X - \mathbb{E}(X)$ est une variable centrée.

Inégalité de Markov

$$\text{Si } X(\Omega) \subset \mathbb{R}_+ \text{ et } a > 0 \text{ alors } \mathbb{P}(X \geqslant a) \leqslant \frac{\mathbb{E}(X)}{a}.$$

$\mathbb{V}(X) = \mathbb{E}(X^2) - \mathbb{E}(X)^2$, $\mathbb{V}(aX+b) = a^2\mathbb{V}(X)$ et $\sigma(aX+b) = |a|\sigma(X)$ si $(a, b) \in \mathbb{R}^2$ et, donc, si $\sigma(X) > 0$, alors $\dfrac{X - E(X)}{\sigma}$ est centrée réduite.

Inégalité de Bienaymé-Tchebychev

$$\forall a > 0,\ \mathbb{P}\big(|X - \mathbb{E}(X) \geqslant a\big) \leqslant \frac{\mathbb{V}(X)}{a^2}.$$

3. Lois usuelles

a. Loi uniforme

Si $X(\Omega) = \{x_1, \ldots, x_n\}$ est de cardinal n on dit que X suit une loi uniforme si $\forall i \in [\![1, n]\!]$, $\mathbb{P}(X = x_i) = \dfrac{1}{n}$, donc pour tout $A \subset X(\Omega)$, $\mathbb{P}_X(A) = \dfrac{\operatorname{card}(A)}{n}$.

Si $X(\Omega) = [\![1, n]\!]$ on a $\mathbb{E}(X) = \dfrac{n+1}{2}$ et $\mathbb{V}(X) = \dfrac{n^2 - 1}{12}$.

b. Loi de Bernoulli

Si $p \in [0, 1]$ on dit que la variable aléatoire suit la loi de Bernoulli de paramètre p, notée $\mathcal{B}(p)$, si $X(\Omega) = \{0, 1\}$ et $\mathbb{P}(X = 1) = p$. Par suite $\mathbb{P}(X = 0) = 1 - p = q$.
Si un événement S, appelé succès, a p pour probabilité alors la loi de la fonction indicatrice de S, soit $\mathbb{I}_S : \omega \mapsto \begin{cases} 1 & \text{si } \omega \in S \\ 0 & \text{sinon} \end{cases}$ est $\mathcal{B}(p)$.

Si X suit $\mathcal{B}(p)$ alors $\mathbb{E}(X) = p$ et $\mathbb{V}(X) = pq = \mathbb{P}(1 - p)$.

c. Loi binomiale

Si $n \in \mathbb{N}^\star$ et $p \in [0, 1]$ on dit que la variable aléatoire X suit la loi binomiale de paramètres n et p, notée $\mathcal{B}(n, p)$, si, en posant $q = 1 - p$, $X(\Omega) = [\![0, n]\!]$ et $\forall k \in [\![0, n]\!]$, $\mathbb{P}(X = k) = \dbinom{n}{k} p^k q^{n-k}$.

Si $S \subset \Omega$ et $\mathbb{P}(S) = p$ alors le nombre total de succès (occurrences de S) lors de la répétition n fois de l'expérience de façon indépendante suit $\mathcal{B}(n, p)$.
De même si une urne contient une proportion p de boules blanches alors le nombre total de boules blanches obtenues lors de n tirages successifs avec remise suit $\mathcal{B}(n, p)$.
Si X suit $\mathcal{B}(n, p)$ alors $\mathbb{E}(X) = np$ et $\mathbb{V}(X) = npq = n\mathbb{P}(1 - p)$.

4. Vecteurs aléatoires

a. Définitions

Si $X_1, \dots, X_n$ sont des variables aléatoires à valeurs dans $E_1, \dots, E_n$ alors $X = (X_1, \dots, X_n)$ est une variable aléatoires à valeurs dans $E_1 \times \cdots \times E_n$.

• La loi conjointe de $X_1, \dots, X_n$ est celle de $(X_1, \dots, X_n)$, déterminée par les $\mathbb{P}\big((X_1, \dots, X_n) = (x_1, \dots, x_n)\big)$ où $(x_1, \dots, x_n)$ décrit $E_1 \times \cdots \times E_n$, les lois marginales sont les lois de $X_1, \dots, X_n$.

La connaissance de $\mathbb{P}_{(X_1,\dots,X_n)}$ permet de déterminer les lois marginales, la réciproque est fausse, si $1 \leqslant i \leqslant n$ et $x_i \in X_i(\Omega)$, $\mathbb{P}(X_i = x_i) = \sum\limits_{\substack{y \in X(\Omega) \\ y_i = x_i}} \mathbb{P}(X = y)$.

• Si X et Y sont deux variables aléatoires, si $x \in X(\Omega)$ et $\mathbb{P}(X = x) > 0$ on appelle loi conditionnelle de Y sachant $X = x$ la loi définie par :

$$\forall y \in Y(\Omega),\ \mathbb{P}_{(X=x)}(Y = y) = \frac{\mathbb{P}\big((X,Y) = (x,y)\big)}{\mathbb{P}(X = x)}.$$

• Les variables X et Y sont dites indépendantes si $(x,y) \in X(\Omega) \times Y(\Omega)$ les événements $(X = x)$ et $(Y = y)$ sont indépendants, autrement dit si l'on a : $\mathbb{P}\big((X,Y) = (x,y)\big) = \mathbb{P}(X = x) \times \mathbb{P}(Y = y)$.

Plus généralement $X_1, \dots, X_n$ sont dites mutuellement indépendantes si :

$\forall (x_1, \dots, x_n) \in \prod\limits_{i=1}^{n} X_i(\Omega)$, les événements $\big((X_i = x_i)\big)_{1 \leqslant i \leqslant n}$ sont mutuellement indépendants.

• On appelle covariance du couple de variables aléatoires et on note $\mathrm{Cov}(X,Y)$ l'espérance de $XY - \mathbb{E}(XY)$; ainsi $\mathbb{V}(X) = \mathrm{Cov}(X,X)$.

b. Propriétés

$\mathrm{Cov}(X,Y) = \mathbb{E}(XY) - \mathbb{E}(X)\mathbb{E}(Y)$ et $\mathbb{V}\left(\sum\limits_{i=1}^{n} X_i\right) = \sum\limits_{i=1}^{n} \mathbb{V}(X_i) + 2 \sum\limits_{1 \leqslant i < j \leqslant n} \mathrm{Cov}(X_i, X_j)$.

• Si X et Y sont indépendantes : $\forall (A,B) \in \mathcal{P}\big(X(\Omega)\big) \times \mathcal{P}\big(Y(\Omega)\big)$, $(X \in A)$ et $(Y \in B)$ sont des événements indépendants.

• Si $X_1, \dots, X_n$ sont mutuellement indépendantes : $\forall (A_1, \dots, A_n) \in \prod\limits_{i=1}^{n} \mathcal{P}\big(X_i(\Omega)\big)$ les événements $\big((X_i \in A_i)\big)_{1 \leqslant i \leqslant n}$ sont mutuellement indépendants et $X_1, \dots, X_n$ sont deux à deux indépendantes.

• Si $X_1, \dots, X_n$ suivent toutes $\mathcal{B}(p)$ et si elles sont mutuellement indépendantes alors $\sum\limits_{i=1}^{n} X_i$ suit $\mathcal{B}(n,p)$.

• Si X et Y sont indépendantes alors, pour toutes fonctions f et g les variables $f(X)$ et $g(Y)$ sont indépendantes, $\mathbb{E}(XY) = \mathbb{E}(X)\mathbb{E}(Y)$, $\mathrm{Cov}(X,Y) = 0$ et $\mathbb{V}(X+Y) = \mathbb{V}(X) + \mathbb{V}(Y)$.

• Si $X_1, \dots, X_n$ sont deux à deux indépendantes alors $\mathbb{V}\left(\sum\limits_{i=1}^{n} X_i\right) = \sum\limits_{i=1}^{n} \mathbb{V}(X_i)$.

Énoncés des exercices

Certains résultats ont déjà été vus dans le premier chapitre du premier semestre mais il nous a semblé bon de les rappeler ici.

1. a. Soit E un ensemble à n éléments. Quel est le nombre de couples (A, B) de parties de E telles que $A \subset B$?

b. Généralisation : quel est le nombre de familles $A_1, A_2, \dots, A_p$ de E telles que $A_1 \subset A_2 \cdots \subset A_p$?

---

2. On considère une population de N individus, on effectue n prélèvements successifs avec remise d'un individu de cette population. La suite de ces prélèvements constitue un résultat.

a. Combien existe-t-il de résultats différents pour lesquels un individu X est prélevé k fois $(k \leqslant n)$?

b. Combien existe-t-il de résultats différents pour lesquels un individu X est prélevé m fois au cours des r premiers tirages $(m \leqslant r \leqslant n)$?

c. Combien existe-t-il de résultats différents pour lesquels un individu X est prélevé pour la s-ième fois au t-ième tirage $(s \leqslant t \leqslant n)$?

---

3. a. $2n$ personnes doivent prendre place autour d'une table ronde. De combien de façons différentes peuvent-elles s'asseoir ?

b. On suppose qu'il y a n hommes et n femmes. De combien de façons peuvent-ils s'asseoir en respectant l'alternance ?

---

4. Soit E_n un ensemble non vide de cardinal n. On note p_n le nombre de partitions de E_n. Ce nombre est appelé le **nombre de Bell** d'indice n. On pose $p_0 = 1$.

a. Calculer p_1, p_2 et p_3.

b. Soit $E_n = [\![1, n]\!]$. On désigne par p_n le nombre de partitions de E_n ; on convient que, pour $n = 0$, on a $p_0 = 1$. Montrer que :

$$\forall n \in \mathbb{N}, p_{n+1} = \sum_{k=0}^{n} \binom{n}{k} p_k.$$

Il est conseillé pour chaque $k \in [\![0, n]\!]$ de considérer les partitions de E_{n+1} contenant $\{1\}$ et ayant $k+1$ éléments.

c. Vérifier les résultats de a) et calculer p_6.

---

5. a. Soit E un ensemble fini de cardinal $2n, n \geqslant 1$. On appelle partage par paires de E tout n-uplet $(x_1, \dots, x_n)$ où les x_i sont des paires d'éléments distincts de E deux à deux disjointes. On appelle partition par paires de E tout élément $\{x_1, \dots, x_n\}$ où les x_i sont comme ci-dessus. Trouver le nombre de partages par paires et de partitions par paires de E.

b. On considère 32 joueurs de tennis. De combien de façons peut-on organiser le premier tour d'un tournoi en simple ? De combien de façons peut-on organiser le premier tour d'un tournoi en double ?

---

6. a. Soient n, p deux entiers naturels non nuls. Déterminer le cardinal des ensembles suivants :

$$S_{n,p} = \{(x_1, \dots, x_n) \in (\mathbb{N}^\star)^n \mid x_1 + \dots + x_n \leqslant p\}$$
$$S'_{n,p} = \{(x_1, \dots, x_n) \in (\mathbb{N}^\star)^n \mid x_1 + \dots + x_n = p\}.$$

On pourra introduire l'application Φ qui à tout n-uplet $(x_1, \dots, x_n)$ d'entiers naturels associe l'application f définie sur $[\![1, n]\!]$ par : $\forall i \in [\![1, n]\!], f(i) = \sum_{j=1}^{i} x_j$.

b. Soient n, p deux entiers naturels. Déterminer le cardinal des ensembles suivants

$$T_{n,p} = \{(x_1, \dots, x_n) \in \mathbb{N}^n \mid x_1 + \dots + x_n \leqslant p\}$$
$$T'_{n,p} = \{(x_1, \dots, x_n) \in \mathbb{N}^n \mid x_1 + \dots + x_n = p\}.$$

---

7. Soit (E, T) un magma associatif (*i.e.* un ensemble muni d'une loi interne). On désigne par $\mathbb{P}(n)$ le nombre de composés distincts que l'on peut former avec n éléments donnés de E pris dans un ordre donné ($n \geqslant 1$).

a. Vérifier que $\mathbb{P}(n+1) = \sum_{k=1}^{n} \mathbb{P}(k)\mathbb{P}(n+1-k)$.

b. Montrer que que $\mathbb{P}(n) = \dfrac{(2n-2)!}{n!(n-1)!}$.

---

8. a. Si $r, n \in \mathbb{N}$, démontrer l'égalité : $\sum_{k=0}^{n} \binom{k}{r} = \binom{n+1}{r+1}$.

b. Si $n, p \in \mathbb{N}$, démontrer l'égalité : $\sum_{k=0}^{p} \binom{n}{k}\binom{n-k}{p-k} = 2^p \binom{n}{p}$.

---

9. Formule d'inversion de Pascal

Soient $(a_n)_{n \in \mathbb{N}}$ et $(b_n)_{n \in \mathbb{N}}$ deux suites de nombres réels, montrer que :

$$\forall n \in \mathbb{N}, a_n = \sum_{k=0}^{n} \binom{n}{k} b_k \iff \forall n \in \mathbb{N}, b_n = \sum_{k=0}^{n} \binom{n}{k} (-1)^{n-k} a_k.$$

On pourra écrire les premières égalité sous forme matricielle $X = PY$ où ${}^tX = (a_0 \dots\dots a_n)$, ${}^tY = (b_0 \dots\dots b_n)$ et $P \in \mathrm{GL}_n(\mathbb{R})$, puis examiner le produit matriciel PZ où ${}^tZ = (1\, x \dots\dots x^n)$.

---

10. n étant un entier donné, on cherche d_n le nombre de dérangements, c'est-à-dire de permutations $\sigma \in \mathfrak{S}_n$ vérifiant $\sigma(k) \neq k$ pour tout $k \in [\![1, n]\!]$.

a. Montrer que $n! = \sum_{k=0}^{n} \binom{n}{k} d_k$ avec $d_0 = 1$ par convention.

b. Déduire de la formule d'inversion de Pascal une expression explicite de d_n.

11. On note $E_n = \{1, \ldots, n\}$ et $E_m = \{1, \ldots, m\}$. On se propose de chercher le nombre Γ_m^n des applications croissantes de E_n dans E_m.

a. Calculer Γ_m^n. *On pourra interpréter φ croissante de E_n dans E_m par le schéma suivant : une rangée de $(n+m-1)$ points, $(m-1)$ d'entre eux étant séparés d'un trait vertical appelé cloison.*

b. Déterminer le nombre d'applications strictement croissantes de E_n dans E_m.

c. Retrouver les résultats de l'exercice 6 précédent.

---

12. Une urne contient N boules numérotées de 1 à N. On tire successivement sans remise n boules de l'urne $(1 \leqslant n \leqslant N)$.
a. Quel est l'ensemble Ω des résultats possibles ? Calculer card(Ω).

b. On suppose désormais les résultats possibles équiprobables. Les boules numérotées de 1 à $M < N$ sont rouges et les boules numérotées de $M+1$ à N sont blanches. Soit A_k l'événement « la k-ième boule tirée est rouge ».
Calculer $\mathbb{P}(A_k)$ et $\mathbb{P}(A_k \cap A_\ell)$.

---

13. On a décelé dans un élevage de moutons une probabilité de $0,3$ pour qu'un animal soit atteint par la maladie M. Si le mouton n'est pas atteint, il a 9 chances sur 10 d'être négatif à un test T. S'il est atteint, il a 8 chances sur 10 d'être positif à ce test. Quelle est la probabilité pour qu'un mouton pris au hasard et ayant un test positif soit atteint par M ?

---

14. Une boîte contient N pièces dont quelques-unes peuvent être défectueuses. Une pièce tirée au hasard s'avère être bonne. Déterminer la probabilité que : 1) que toutes les pièces contenues dans la boîte soient bonnes ; 2) que $N-1$ pièces soient bonnes et une défectueuse ; 3) que $N-2$ pièces soient bonnes et 2 soient défectueuses ; ... ; que N soient défectueuses.

---

15. On cherche un parapluie qui se trouve dans un immeuble de 7 étages (rez-de--chaussée compris) avec la probabilité $p \in]0,1[$. On a exploré en vain les 6 premiers niveaux, quelle est la probabilité que le parapluie se trouve au dernier étage ? (On admettra qu'il n'y a *a priori* pas d'étage privilégié).

---

16. Un gardien de prison essaie au hasard et une à une les n clés dont il dispose pour ouvrir une cellule. Calculer la probabilité qu'il réussisse au k-ième essai en utilisant le théorème des probabilités conditionnelles.

---

17. Deux usines u et v produisent des ampoules électriques ; on sait que 10 pour cent (*resp.* 30 pour cent) de la production de u (*resp.* de v) est défectueuse. Après avoir choisi au hasard une des deux usines, on prélève dans la production de cette usine, deux ampoules a et b, au hasard et indépendamment l'une de l'autre. On note U, V, A et B les événements suivants. U : l'usine u est choisie ; V l'usine v est choisie ; A : a est défectueuse ; B : b est défectueuse.

a. Calculer les probabilités des événements $A, B, A \cap B$ et en déduire que les événements A ne sont pas indépendants.

b. Calculer $\mathbb{P}(B|A)$ et $\mathbb{P}(U|A \cap B)$.

---

18. On dispose de 7 dés tels que, pour $i \in [\![1,7]\!]$, le dé D_i comporte $i-1$ faces blanches et $7-i$ faces noires. Pour choisir un dé parmi les 7, on fait une expérience préalable. On jette un dé ordinaire A. Si le résultat est $2, 3, 4, 5$ ou 6, on choisit le dé correspondant. Si le résultat est 1, on jette à nouveau le dé A. S'il sort $1, 2$ ou 3, on choisit le dé 1, s'il sort 4, 5 ou 6 on choisit le dé 7. On joue par la suite avec le dé ainsi désigné.

a. Quelle est la probabilité d'obtenir une face noire à la k-ième partie ?

b. Quelle est la probabilité d'obtenir une face noire à la k-ième partie sachant que l'on a toujours obtenu une face noire aux parties précédentes ?

---

19. Soit $n \in \mathbb{N}, n \geqslant 2$. On note $\varphi(n) = \operatorname{card}\left(\{p \in [\![1,n]\!] \mid p \wedge n = 1\}\right)$. Si $n = \prod_{i=1}^{k} p_i^{\alpha_i}$ est la décomposition de n en facteurs premiers, $(p_1 < p_2 < \cdots < p_k)$, le but de cet exercice est de prouver que $\varphi(n) = n \prod_{i=1}^{k} \left(1 - \frac{1}{p_i}\right)$.

On tire au hasard un entier compris entre 1 et n et l'on note A l'événement « le nombre obtenu est premier avec n » et A_i l'événement « le nombre obtenu est divisible par p_i ».

a. Définir un espace probabilisé modélisant l'expérience et exprimer $\mathbb{P}(A)$ en fonction de $\varphi(n)$ et n. Calculer les $\mathbb{P}(A_i)$.

b. Montrer que les événements $A_i, 1 \leqslant i \leqslant n$ sont mutuellement indépendants.

c. Exprimer A en fonction des A_i et conclure.

---

20. Problème posé par le chevalier de Méré à Pascal

Qu'est-ce qui est le plus probable : sortir au moins un 6 en lançant 4 fois un dé ou au moins un double 6 en lançant 24 fois deux dés ?

---

21. Rappelons le principe du loto. 6 numéros à choisir parmi 49 nombres donnent le tirage gagnant. Un tirage supplémentaire d'un nombre distinct des premiers donne le « numéro complémentaire ».

Chaque joueur doit cocher 6 numéros dont l'ordre est sans importance. Ensuite selon le règlement de la FDJ, (que nous n'avons pas lu mais que l'on nous a rapporté de bonne (?) source).

Les gagnants du premier rang sont ceux qui ont coché les 6 bons numéros.

Les gagnants du deuxième rang sont ceux qui ont coché 5 des 6 bons numéros et le complémentaire.

Les gagnants du troisième rang sont ceux qui ont coché 5 des 6 bons numéros.

Les gagnants du quatrième rang sont ceux qui ont coché 4 des 6 bons numéros.

a. Quelle est la probabilité d'être un gagnant du premier rang ?

b. Quelle est la probabilité d'être un gagnant du deuxième rang ?

c. Quelle est la probabilité d'être un gagnant du troisième rang ?

d. S'il est possible de faire une grille à 8 numéros, combien y-a-t-il de grilles à 8 numéros cochés comportant exactement 4 bons numéros ?

---

22. Problème du scrutin

Lors d'un élection, le candidat A a obtenu a voix et le candidat B en a obtenu b. Déterminer la probabilité pour qu'au cours du dépouillement, A ait toujours devancé B. (On suppose que $a > b$.)

On pourra représenter le dépouillement par un chemin de $\mathbb{Z}^2$ issu de $(0,0)$, arrivant en $(a+b, a-b)$ et si Ω est l'ensemble des dépouillements, examiner $(\Omega_1, \Omega_2, \Omega_3)$ un système complet d'événements où par exemple, Ω_1 est l'ensemble des chemins ne recoupant pas l'axe $(x, 0)$.

---

23. On considère une urne contenant N boules de k couleurs différentes. On note N_i le nombre de boules de la couleur i, pour $i \in [\![1, k]\!]$ et $p_i = \dfrac{N_i}{N}$ la proportion de boules de la couleur i. On tire au hasard n boules de cette urne.

On appelle A l'événement : le n-uplet est constitué de n_1 boules de couleur 1, n_2 boules de couleur 2, ..., n_k boules de couleur k.

a. On effectue le tirage une boule après l'autre en remettant la boule tirée. Ce tirage est dit Bernoullien ou avec remise. Montrer que l'on a

$$\mathbb{P}(A) = \frac{n!}{n_1!n_2!\dots n_k!} p_1^{n_1} p_2^{n_2} \dots p_k^{n_k}.$$

b. On effectue un tirage exhaustif *i.e.* on prend une poignée de n. Montrer que

$$\mathbb{P}(A) = \frac{\binom{N_1}{n_1}\binom{N_2}{n_2}\cdots\binom{N_k}{n_k}}{\binom{N}{n}}.$$

c. On tire les boules une à une sans remise. Déterminer $\mathbb{P}(A)$. Remarque ?

---

24. Une urne contient initialement b boules blanches et r boules rouges. On effectue des tirages successifs d'une boule de cette urne selon le protocole suivant : si à un rang quelconque on obtient une boule rouge, celle-ci est remise dans l'urne avant le tirage suivant et si à un rang quelconque on obtient une boule blanche, on la jette.

a. Quelle est la probabilité de tirer une boule blanche au cours des n premiers tirages ?

b. Quelle est la probabilité de jeter au moins une boule blanche au cours des n premiers tirages ?

c. Sachant qu'au cours des n premiers tirages on a tiré exactement une boule blanche, quelle est la probabilité qu'elle ait été tirée en dernier ?

25. On dispose de $N+1$ urnes numérotées de 1 à $N+1$ telles que, pour tout $k \in [\![1, N+1]\!]$, la k-ième contient $k-1$ boules rouges et $N-k+1$ boules blanches, soit N boules au total.
On choisit une urne au hasard, on y tire n boules avec remise et on appelle X le nombre de boules rouges obtenues. Déterminer la loi de X et son espérance.

---

26. Une urne contient $n-2$ boules blanches et 2 boules rouges. On la vide et on note X_i le rang d'apparition de la i-ème boule rouge. Déterminer les espérances des X_i à l'aide des lois de X_1, $X_2 - X_1$ et $n+1-X_2$.

---

27. Soient $(n, p_1, p_2) \in \mathbb{N}^\star \times [0,1]^2$. On suppose que X suit $\mathcal{B}(n, p_1)$ et que, pour tout $k \in [\![0, n]\!]$, la loi conditionnelle de Y sachant $(X = k)$ est $\mathcal{B}(k, p_2)$.
Déterminer $\mathbb{E}(Y)$.

---

28. Montrer que si les variables aléatoires X_0, X_1 et X_2 sont deux à deux indépendantes et si $X_0 + X_1$ et $X_0 + X_2$ sont indépendantes alors la probabilité de l'événement (X est constante) est 1.

---

29. Montrer que si les variables $X_1, \dots, X_r$ sont mutuellement indépendantes et suivent les lois respectives $\mathcal{B}(n_1, p), \dots, \mathcal{B}(n_r, p)$, alors $\sum\limits_{i=1}^{r} X_i$ suit $\mathcal{B}\left(\sum\limits_{i=1}^{r} n_i, p\right)$.

---

30. a. k urnes contiennent chacune n boules numérotées de 1 à n. On prélève une boule dans chaque urne et X_n désigne le plus grand des numéros obtenus. Déterminer la loi de X_n et un équivalent de $E(X_n)$ lorsque $n \to \infty$.

b. Cette fois on tire simultanément les k boules dans une seule des urnes (donc $k \leqslant n$ ici) et, pour simplifier, X désigne le plus grand des numéros obtenus. Loi et espérance de X.

---

31. Loi hypergéométrique

a. Une urne contient N boules contenant une proportion p de boules blanches où $pN \in \mathbb{N}$ et qN de boules noires où $q = 1 - p$. On tire simultanément n boules de l'urne (et donc $n \leqslant N$) et on considère le nombre X de boules blanches obtenues. La loi de X est appelée loi hypergéométrique de paramètres N, n et p et notée $\mathcal{H}(N, n, p)$. Déterminer la loi de X puis son espérance .

Calculer également $$\sum_{k=\max(0,n-Nq)}^{\min(n,Np)} \binom{Np}{k}\binom{Nq}{n-k}.$$

b. *Application :* une urne contient n boules numérotées de 1 à n. On effectue des tirages successifs d'une boule dans cette urne sans remise et Y désigne le nombre de tirages nécessaires à l'obtention des boules 1, 2 et 3. Déterminer loi et espérance de Y.

32. Allumettes de Banach

Un fumeur possède dans chacune de ses deux poches n allumettes. Pour allumer sa cigarette il puise, à chaque fois, au hasard dans une de ses poches. On considère le nombre aléatoire qui restent, lorsque pour la première fois il constate qu'une des poches est vide, dans l'autre poche. Déterminer la loi de X. On considère ensuite, la première fois qu'une poche est vide sans que le fumeur s'en soit encore aperçu, le nombre Y d'allumettes restant dans l'autre poche. Déterminer la loi de Y et en déduire : $\displaystyle\sum_{k=1}^{n} 2^{k+1}\binom{2n-k-1}{n-1} = 2^{2n}$.

---

33. On suppose que X suit la loi $\mathcal{B}(n,p)$ et que, si $X > 0$ alors $Y = X$ et que la loi conditionnelle de Y sachant $(X = 0)$ est la loi uniforme sur $[\![1, n]\!]$. Déterminer la loi de Y ainsi que son espérance.

---

34. Soit X une variable aléatoire telle que $X(\Omega) \subset \mathbb{N}$. On note G_X la fonction polynomiale qui à t associe $\sum\limits_{k \in X(\Omega)} \mathbb{P}(X = k)t^k$. Exprimer $G_X(1)$, $G'_X(1)$ et $G''_X(1)$ en fonction de $\mathbb{E}(X)$ et $\mathbb{V}(X)$. Retrouver ainsi espérance et variance d'une variable suivant $\mathcal{B}(n,p)$.

---

35. Si X et Y sont indépendantes et suivent les lois binomiales $\mathcal{B}\left(n, \frac{1}{2}\right)$ et $\mathcal{B}\left(m, \frac{1}{2}\right)$ déterminer la probabilité de $(X = Y)$.

---

36. Soient X et Y deux variables aléatoires suivant une même loi de Bernoulli de paramètre p.

a. Montrer qu'elles sont indépendantes si, et seulement si, $\mathrm{Cov}(X,Y) = 0$.

b. On les suppose indépendantes. Quelles sont les lois de $X + Y$ et $X - Y$? Ces deux dernières variables aléatoires peuvent-elles être indépendantes ?

---

37. On suppose que X suit $\mathcal{B}(n,p)$ et que Y est une variable aléatoire à valeurs dans $\mathbb{N}$ telle que, si $0 \leqslant k \leqslant n$, la loi conditionnelle de Y sachant $(X = k)$ est $\mathcal{B}(k,p')$. Déterminer la loi de Y.

---

38. On dispose de $2n$ jetons numérotés de 1 à $2n$ et de deux boîtes G et D.
Au départ G contient r jetons et D les $2n - r$ autres où $r \in [\![0, 2n]\!]$.
À chaque fois on tire un nombre au hasard dans $[\![0, 2n]\!]$ et on change de boîte le jeton portant ce numéro.
On appelle X_p le nombre de jetons contenus dans G à l'issue du p-ième échange.

a. Loi, espérance et variance de X_1.

b. Lier la loi de X_{p+1} à celle de X_p. Si $G_p : t \mapsto \sum\limits_{k=0}^{2n} \mathbb{P}(X_p = k)t^k$ en déduire G_{p+1} en fonction de G_p.

c. Déterminer $\mathbb{E}(X_p)$ ainsi que $\lim\limits_{p\to\infty} \mathbb{E}(X_p)$.

Solutions des exercices

1. a. Pour une partie B de cardinal k, il existe 2^k parties A telles que $A \subset B$. Le nombre de couples cherché est donc $\sum_{k=0}^{n} \binom{n}{k} 2^k = (2+1)^n = 3^n$.

b. On généralise par récurrence sur p ; on trouve $\sum_{k=0}^{n} \binom{n}{k} p^k = (p+1)^n$.

---

2. a. Lorsqu'un individu X est prélevé k fois, il y a $\binom{n}{k}$ façons de choisir son rang lors des n tirages et chacun de ces rangs est associé à $(N-1)^{n-k}$ choix possibles pour les autres, d'où $\binom{n}{k}(N-1)^{n-k}$ résultats.

b. D'après a. il y a $\binom{r}{m}(N-1)^{r-m}$ prélèvements de X m fois dans les r premiers tirages. Pour chacun de ces r-uplets, il existe N^{n-r} façons de le compléter. D'où $\binom{r}{m}(N-1)^{r-m}N^{n-r}$ résultats.

c. Dans ce cas, X doit apparaître $s-1$ fois dans les $t-1$ premiers tirages. Ceci a lieu de $\binom{t-1}{s-1}(N-1)^{t-s}$ fois. Au t-ième tirage X est prélevé et chacun de ces t-uplets peut être complété de N^{n-t} façons. D'où $\binom{t-1}{s-1}(N-1)^{t-s}N^{n-t}$ résultats.

---

3. a. Les personnes étant distinctes et les chaises aussi, il y a à compter le nombre de bijections entre deux ensembles de $2n$ éléments *i.e.* $(2n)!$ dispositions. Comme la table est ronde, une disposition est commune à $(2n)$ bijections différentes. Donc il y a $(2n-1)!$ façons différentes.

b. S'il y a alternance des hommes et des femmes et si les places sont numérotées, il y a 2 façons de choisir la parité des sièges réservés aux hommes, puis $n!$ façons de ranger les hommes, ces placements étant associés à $n!$ façons de placer les femmes, d'où $2.n!\,n!$ placements possibles. Comme précédemment, $(2n)$ placements correspondent à la même disposition. D'où $n!(n-1)!$ placements distincts.

---

4. a. Si $E_1 = \{a\}$ il n'y a qu'une partition, donc $p_1 = 1$.

Si $E_2 = \{a, b\}$ il y a 2 partitions possibles $\{\{a\}, \{b\}\}$ et $\{\{a, b\}\}$, donc $p_2 = 2$.

Si $E_3 = \{a, b, c\}$ il y a 5 partitions possibles qui sont :

$\{\{a\}, \{b\}, \{c\}\}$; $\{\{a, b\}, \{c\}\}$; $\{\{a, c\}, \{b\}\}$; $\{\{c, b\}, \{a\}\}$; $\{\{a, b, c\}\}$, donc $p_3 = 5$.

b. On peut classer les partitions de E_{n+1} en,
- d'une part, celles qui contiennent $\{1\}$ et les n autres éléments : il y en a p_n,
- d'autre part, celles qui contiennent $\{1\}$ et k éléments de $E_{n+1} \setminus \{1\}$:

Solutions

il en a $\binom{n}{k} p_k$. D'où $p_{n+1} = \sum_{k=0}^{n} \binom{n}{k} p_k$.

c. On déduit de la formule précédente que
$p_1 = 1, p_2 = 2, p_3 = 5, p_4 = 15, p_5 = 52$ et $p_6 = 203$.

---

5. a. Si $P_1, \ldots, P_n$ est un partage par paires, il y a $\binom{2n}{2}$ façons de choisir P_1, puis $\binom{2n-2}{2}$ façons de choisir P_2,..., à la fin il ne reste que $\binom{2n-2(n-1)}{2} = 1$ façon de choisir P_n. Donc le nombre de partages par paires possible est le produit $\binom{2n}{2}\binom{2n-2}{2}\cdots\binom{2n-2(n-1)}{2} = \frac{(2n)!}{2^n}$.

Une partition par paires engendrant $n!$ partages par paires, par permutation de ses termes, il existe $\frac{(2n)!}{2^n n!}$ partitions par paires.

b. En simple, l'organisation du premier tour est une partition par paires avec $n = 32$. Il y a donc $\frac{32!}{2^{16}16!}$ (environ de 1,9 10^{17}) premiers tours possibles.

En double, comme un match est une paire de paires, il y a $\frac{32!}{2^{16}16!}$ façons de partager les 32 joueurs en paires. On obtient, à chaque fois, un ensemble de 16 paires que l'on doit partager en $\frac{16!}{2^8 8!}$ paires de paires. Il y a donc $\frac{32!}{2^{16}16!} \cdot \frac{16!}{2^8 8!}$ soit environ $3,9\,10^{23}$ premiers tours possibles.

---

6. On utilise l'indication. L'application f est croissante et même strictement croissante si, et seulement si, l'un des x_i est non nul.

Φ établit une bijection entre $\mathbb{N}^n$ et $\mathcal{F}_c([\![1,n]\!], \mathbb{N})$: ensemble des applications croissantes de $[\![1,n]\!]$ dans $\mathbb{N}$. En effet, si $f \in \mathcal{F}_c([\![1,n]\!], \mathbb{N})$, on a $f = \Phi(x_1, \ldots, x_n)$ si, et seulement si, $x_1 = f(1)$, $x_2 = f(2) - f(1), \ldots, x_n = f(n) - f(n-1)$.

On montre de même, que Φ établit une bijection entre $(\mathbb{N}^\star)^n$ et $\mathcal{F}_c([\![1,n]\!], \mathbb{N})^\star$: ensemble des applications strictement croissantes de $[\![1,n]\!]$ dans $\mathbb{N}^\star$.

a. $S_{n,p} = \Phi^{-1}\big(\mathcal{F}_c([\![1,n]\!], [\![1,p]\!])\big)$. Donc $\mathrm{card}(S_{n,p}) = \binom{p}{n}$.

Comme $S_{n,p}$ est réunion disjointe de $S'_{n,p}$ et $S_{n,p-1}$, on a :

$$\mathrm{card}(S'_{n,p}) = \binom{p}{n} - \binom{p-1}{n} = \binom{p-1}{n-1}.$$

b. $T_{n,p} = \Phi^{-1}\big(\mathcal{F}_c([\![1,n]\!], [\![0,p]\!])\big) \Rightarrow \mathrm{card}(T_{n,p}) = \binom{p+1+n-1}{n} = \binom{n+p}{n}$.

Comme $T_{n,p}$ est réunion disjointe de $T'_{n,p}$ et $T_{n,p-1}$, on a :

$$\mathrm{card}(T'_{n,p}) = \binom{p+n}{n} - \binom{p+n-1}{n} = \binom{p+n-1}{n-1} = \binom{n+p-1}{p}.$$

---

7. a. Lorsque l'on forme un composé $a_1 \ldots a_{n+1}$, on place la parenthèse fermant la première après un élément : soit a_k par exemple, le composé s'écrit : $(a_1 \ldots a_k)(a_{k+1} \ldots a_{n+1})$ ce qui donne $\mathbb{P}(k) \times \mathbb{P}(n+1-k)$ choix. En choisissant les

n emplacements pour k, on obtiendra ainsi tous les composés possibles de $(n+1)$ éléments. La relation est alors immédiate.

b. Preuve par récurrence.

---

8. a. On sait que $\binom{k}{r} = \binom{k+1}{r+1} - \binom{k}{r+1}$. Donc, par télescopage,

$$\sum_{k=0}^{n} \binom{k}{r} = \sum_{k=0}^{n} \left(\binom{k+1}{r+1} - \binom{k}{r+1} \right) = \binom{n+1}{r+1} - \binom{0}{n+1} = \binom{n+1}{r+1}.$$

b. *Première méthode :* on suppose bien sûr $p \leqslant n$.

$$\binom{n}{k}\binom{n-k}{p-k} = \frac{n!}{k!(n-k)!} \cdot \frac{(n-k)!}{(n-p)!(p-k)!} = \binom{n}{p}\binom{p}{k};$$

Donc $\displaystyle\sum_{k=0}^{p} \binom{n}{k}\binom{n-k}{p-k} = \binom{n}{p} \sum_{k=0}^{p} \binom{p}{k} = \binom{n}{p} 2^p.$

Deuxième méthode : soit E un ensemble de cardinal n, on calcule de deux façons le nombre de parties B, A de E tels que $\operatorname{card}(B) = p$ et $A \subset B$.

• Si l'on choisit d'abord B, ce qui peut se faire de $\binom{n}{p}$ façons, puis A. Pour toute partie B, il y a 2^p façons de choisir A. Le nombre de couples qui conviennent est $2^p \binom{n}{p}$.

• Soit $k \in [\![0, p]\!]$. On peut choisir d'abord une partie A à k éléments de $\binom{n}{k}$ façons et compléter une telle partie à l'aide de $p-k$ éléments restants de $\binom{n-k}{p-k}$ façons pour avoir une partie B. Il y a $\binom{n}{k}\binom{n-k}{p-k}$ bons couples. Le résultat découle d'une sommation, puisque $k \in [\![0, p]\!]$.

---

9. On a $X = PY$ où $P = \begin{pmatrix} 1 & 0 & \cdots & & 0 \\ 1 & 1 & 0 & \cdots & 0 \\ 1 & 2 & 1 & \ddots & \vdots \\ \vdots & & & \ddots & \vdots \\ 1 & \binom{n}{1} & \cdots & \binom{n}{n-1} & 1 \end{pmatrix}$ est inversible puisque $\det(P) = 1$. Notons que $PZ = P \begin{pmatrix} 1 \\ x \\ x^2 \\ \vdots \\ x^n \end{pmatrix} = \begin{pmatrix} 1 \\ x+1 \\ (x+1)^2 \\ \vdots \\ (x+1)^n \end{pmatrix} = T \iff Z = P^{-1}T.$

Donc, pour déterminer P^{-1}, il suffit d'exprimer les puissances de x en fonction de celles de $(x+1)$, ce qui se fait avec la formule de Newton :

$$x^i = \left((x+1) - 1\right)^i = \sum_{j=0}^{i} \binom{i}{j} (-1)^{i-j}(x+1)^j.$$

Solutions

Donc $P^{-1} = (\alpha_{i,j})$ où $\alpha_{i,j} = (-1)^{i-j}\binom{i}{j}$. Donc la dernière ligne des matrices $Y = P^{-1}X$ donne le résultat.

---

10. a. $\mathfrak{S}_n = A_0 \cup A_1 \cup \cdots \cup A_n$ où A_k est l'ensemble des $\sigma \in \mathfrak{S}_n$ tels que k éléments ne sont pas leur propre image, les A_k étant deux à deux disjoints.

$\text{card}(A_k) = \binom{n}{k} d_k$. Donc $n! = \sum_{k=0}^{n} \binom{n}{k} d_k$.

b. On déduit de l'exercice 9 que $\dfrac{d_n}{n!} = \sum_{k=0}^{n} \dfrac{(-1)^k}{k!}$.

---

11. a. Interprétons φ croissante de E_n dans E_m par le schéma suivant : une rangée de $(n+m-1)$ points, $(m-1)$ d'entre eux étant séparés d'un trait vertical appelé cloison $(C_1, \ldots, C_{m-1})$, les n points restants étant numérotés de gauche à droite de 1 à n. Les sous-ensembles $\varphi^{-1}(1), \varphi^{-1}(2), \ldots, \varphi^{-1}(m)$ de E_n sont alors des sous-intervalles dont certains peuvent être vides, de E_n déterminés par les $m-1$ cloisons et pris dans l'ordre gauche droite. Le nombre d'applications croissantes est donc égal au nombre de façons de placer ces $m-1$ cloisons aux $n-m-1$ endroits possibles. D'où $\Gamma_m^n = \binom{n+m-1}{m-1} = \binom{n+m-1}{n}$.

b. Parmi les applications précédentes, il en existe de strictement croissantes si $m \geqslant n$, une telle application est définie par le choix de $\varphi(1) < \varphi(2) < \cdots < \varphi(n)$.

Un sous-ensemble de n nombres de E_m définit donc une fonction φ de ce type dont le nombre est par suite $\binom{n}{m}$.

c. Immédiat.

---

12. a. $\Omega = \{(a_1, \ldots, a_n) \,|\, a_i \in [\![1, N]\!]; \forall i \neq j, a_i \ldots a_j\}$. Donc $\text{card}(\Omega)$ est le nombre d'applications injectives de l'ensemble $\{1, \ldots, n\}$ dans l'ensemble $\{1, \ldots, N\}$.

$\text{card}(\Omega) = N(N-1)\ldots(N-n+1) = \binom{N}{n}.n!$

b. $A_k = \{(a_1, \ldots, a_n) \in \Omega \,|\, a_k \in [\![1, M]\!]\}$ et $\mathbb{P}(A_k) = \dfrac{\text{card}(A_k)}{\text{card}(\Omega)}$.

L'application de A_k dans A_1 définie par

$(a_1, a_2, \ldots, a_{k-1}, a_k, a_{k+1}, \ldots, a_n) \mapsto (a_k, a_2, \ldots, a_{k-1}, a_1, a_{k+1}, \ldots, a_n)$ est bijective, donc $\text{card}(A_k) = \text{card}(A_1)$.

Pour avoir un élément de A_1, on choisit a_1 parmi M boules et l'on complète. Donc $\text{card}(A_1) = M(N-1)(N-2)\ldots(N-n+1)$ et $\mathbb{P}(A_k) = \dfrac{M}{N}$.

On suppose $k \neq \ell$, les ensembles $A_k \cap A_\ell$ et $A_1 \cap A_2$ ont même cardinal. Pour avoir un élément de $A_1 \cap A_2$ on choisit la première boule dans l'ensemble des M boules rouges, puis la deuxième boule rouge parmi $M-1$ et l'on complète.

$\text{card}(A_1 \cap A_2) = M(M-1)(N-2)\ldots(N-n+1)$, donc $\mathbb{P}(A_k \cap A_\ell) = \dfrac{M(M-1)}{N(N-1)}$.

---

13. Soient A et T les événements définis par A : « être atteint par le mal », T : « être positif au test T ». $\mathbb{P}(A)=0,3,\ P(\overline{T}|\overline{A})=0,9,\ \mathbb{P}(T|A)=0,8.$

$\mathbb{P}(T)=\mathbb{P}(T|A)\mathbb{P}(A)+\mathbb{P}(T|\overline{A})\mathbb{P}(\overline{A})$ où $\mathbb{P}(T|\overline{A})=1-P(\overline{T}\mid\overline{A})$, donc $\mathbb{P}(T)=0,31$.

$$\mathbb{P}(A|T)=\frac{\mathbb{P}(A\cap T)}{\mathbb{P}(T)}=\frac{\mathbb{P}(T|A)\mathbb{P}(A)}{\mathbb{P}(T)}=\frac{24}{31}\cdot$$

---

14. Notons A_0 l'événement : toutes les pièces sont bonnes et pour tout $k\in[\![1,N]\!]$, A_k l'événement : k pièces sont défectueuses. Si A est l'événement : une pièce tirée est bonne, on demande $\mathbb{P}(A_k|A)$ pour $k\in[\![0,N]\!]$. On admet que tous les événements sont équiprobables : $\mathbb{P}(A_0)=\mathbb{P}(A_1)=\cdots=\mathbb{P}(A_N)=\dfrac{1}{N+1}\cdot$

Donc $\mathbb{P}(A|H_0)=1,\mathbb{P}(A|A_1)=\dfrac{N-1}{N},\ldots,\mathbb{P}(A|A_{N-1})=\dfrac{1}{N},\mathbb{P}(A|A_N)=0.$

On applique la formule de Bayes.

$$\mathbb{P}(A_0|A)=\frac{1\,\dfrac{1}{N+1}}{\displaystyle\sum_{k=0}^{N}\frac{N-k}{N}\cdot\frac{1}{N+1}}=\frac{N}{\displaystyle\sum_{k=1}^{N}k}=\frac{2}{N+1}\cdot$$

En procédant de même, on obtient $\mathbb{P}(A_k|A)=\dfrac{2}{N+1}\cdot\dfrac{N-k}{N}$ pour $k\in[\![1,N]\!]$.

---

15. Notons A_i l'événement : le parapluie est au i-ième étage. On cherche

$$P\big(A_7|\,\overline{A_1}\cap\overline{A_2}\cap\overline{A_3}\cap\overline{A_4}\cap\overline{A_5}\cap\overline{A_6}\big)=\frac{P\big(A_7\cap\overline{A_1}\cap\overline{A_2}\cap\overline{A_3}\cap\overline{A_4}\cap\overline{A_5}\cap\overline{A_6}\big)}{P\big(\overline{A_1}\cap\overline{A_2}\cap\overline{A_3}\cap\overline{A_4}\cap\overline{A_5}\cap\overline{A_6}\big)}\cdot$$

Comme $A_7\cap\overline{A_1}\cap\overline{A_2}\cap\overline{A_3}\cap\overline{A_4}\cap\overline{A_5}\cap\overline{A_6}=A_7$, le numérateur vaut $\dfrac{p}{7}\cdot$

$$\begin{aligned}P\big(\overline{A_1}\cap\overline{A_2}\cap\overline{A_3}\cap\overline{A_4}\cap\overline{A_5}\cap\overline{A_6}\big)&=P\big(\overline{A_1\cup A_2\cup\cdots\cup A_6}\,\big)\\&=1-P\big(A_1\cup A_2\cup\cdots\cup A_6\big)=1-\frac{6p}{7}\cdot\end{aligned}$$

Donc $P\big(A_7|\,\overline{A_1}\cap\overline{A_2}\cap\overline{A_3}\cap\overline{A_4}\cap\overline{A_5}\cap\overline{A_6}\big)=\dfrac{p}{7-6p}\cdot$

---

16. Soit A_i l'événement : la i-ième clé est la bonne. L'événement : succès au k-ième essai est $\overline{A_1}\cap\ldots\cap\overline{A_{k-1}}\cap A_k$. On déduit de la formule des probabilités composées que $P\big(\overline{A_1}\cap\ldots\cap\overline{A_{k-1}}\cap A_k\big)$ est égal à

$\mathbb{P}(\overline{A_1}).\mathbb{P}(\overline{A_2}|\overline{A_1})\ldots\ldots\ldots\mathbb{P}(\overline{A_{k-1}}|\overline{A_1}\cap\ldots\cap\overline{A_{k-2}}).\mathbb{P}(A_k|\overline{A_1}\cap\ldots\cap\overline{A_{k-1}}).$

Comme $\mathbb{P}(A_k|\overline{A_1}\cap\ldots\cap\overline{A_{k-1}})=\dfrac{1}{n-k+1}$ et $\mathbb{P}(\overline{A_k}|\overline{A_1}\cap\ldots\cap\overline{A_{k-1}})=\dfrac{n-k}{n-k+1}$,

on a $P\big(\overline{A_1}\cap\ldots\cap\overline{A_{k-1}}\cap A_k\big)=\dfrac{n-1}{n}\cdot\dfrac{n-2}{n}\cdots\dfrac{n-k+1}{n-k+2}\cdot\dfrac{1}{n-k+1}=\dfrac{1}{n}\cdot$

---

17. On a $\mathbb{P}(U)=\mathbb{P}(V)=0,5$; $\mathbb{P}(A|U)=\mathbb{P}(B|U)=0,1$; $\mathbb{P}(A|V)=\mathbb{P}(B|V)=0,3$.

$\mathbb{P}(A\cap B|U)=\mathbb{P}(A|U).\mathbb{P}(B|U)$; $\mathbb{P}(A\cap B|U)=\mathbb{P}(A|V).\mathbb{P}(B|V)$. On en déduit

a. $\mathbb{P}(A)=\mathbb{P}(U).\mathbb{P}(A|U)+\mathbb{P}(V)\mathbb{P}(A|V)=0,2$ et $\mathbb{P}(B)=0,2$.

$\mathbb{P}(A\cap B)=\mathbb{P}(A\cap B|U)\mathbb{P}(U)+\mathbb{P}(A\cap B|V).\mathbb{P}(V)=0,05\neq\mathbb{P}(A).\mathbb{P}(B)$.

b. $\mathbb{P}(B|A)=\dfrac{\mathbb{P}(A\cap B)}{\mathbb{P}(A)}=0,25$ et $\mathbb{P}(U|A\cap B)=\dfrac{\mathbb{P}(A\cap B|U).\mathbb{P}(U)}{\mathbb{P}(A\cap B)}=0,1.$

18. a. Notons $\mathbb{P}(D_i)$ la probabilité de l'événement : jouer le dé D_i. On a $\mathbb{P}(D_i) = \dfrac{1}{6}$ si $i \in [\![2, 6]\!]$. Dans le cas où $i = 1, \mathbb{P}(D_1)$ est la probabilité de l'événement suivant « A donne 1 et A donne 1, 2 ou 3 ». Donc $\mathbb{P}(D_1) = \dfrac{1}{6} \cdot \dfrac{3}{6} = \dfrac{1}{12}$ car les tirages sont indépendants. De même, $\mathbb{P}(D_7) = \dfrac{1}{12}$.

Soit N_k l'événement : on obtient noir à la k-ième partie.

$$\mathbb{P}(N_k) = \sum_{i=1}^{7} \mathbb{P}(N_k|D_i)\mathbb{P}(D_i) = \frac{1}{12} + \sum_{i=2}^{6} \frac{7-i}{6} \cdot \frac{1}{6} + \frac{1}{12} \cdot 0 = \frac{1}{2}.$$

b. $P\big(N_k | N_1 \cap N_2 \cap \ldots \cap N_{k-1}\big) = \dfrac{P\big(N_1 \cap N_2 \cap \ldots \cap N_{k-1} \cap N_k\big)}{P\big(N_1 \cap N_2 \cap \ldots \cap N_{k-1}\big)}$.

Or $P\big(N_1 \cap \ldots \cap N_k\big) = \displaystyle\sum_{i=1}^{7} P\big(N_1 \cap \ldots \cap N_k | D_i\big)\mathbb{P}(D_i) = \sum_{i=1}^{7} \big(\mathbb{P}(N_1|D_i)\big)^k \mathbb{P}(D_i)$

puisque les N_i sont mutuellement indépendants conditionnellement à D_i.

Donc $P\big(N_1 \cap \ldots \cap N_k\big) = \dfrac{1}{12} + \displaystyle\sum_{i=2}^{7} \Big(\frac{7-i}{6}\Big)^k \frac{1}{6} = \lambda_k$.

D'où $P\big(N_k | N_1 \cap N_2 \cap \ldots \cap N_{k-1}\big) = \dfrac{\lambda_k}{\lambda_{k-1}}$.

---

19. a. $\Omega = \{1, \ldots, n\}$ et l'on suppose que l'on a équiprobabilité *i.e.* $\mathbb{P}(\{p\}) = \dfrac{1}{n}$ si $1 \leqslant p \leqslant n$. Comme $A_i = \{\alpha p_i \,|\, 1 \leqslant \alpha \leqslant n/p_i\}, \mathbb{P}(A_i) = \dfrac{\mathrm{card}(A_i)}{\mathrm{card}(\Omega)} = \dfrac{n/p_i}{n} = \dfrac{1}{p_i}$.

On a aussi $\mathbb{P}(A) = \dfrac{\mathrm{card}(A)}{\mathrm{card}(\Omega)} = \dfrac{\varphi(n)}{n}$.

b. L'événement $B = A_1 \cap A_2 \cap \ldots \cap A_k$ est réalisé si, et seulement si, le nombre est divisible par chaque p_i. Comme les p_i sont premiers distincts, ceci équivaut au fait que le produit des p_i divise ce nombre. Donc $B = \Big\{\alpha \displaystyle\prod_{i=1}^{k} p_i \Big| 1 \leqslant \alpha \leqslant \frac{n}{p_1 \ldots p_k}\Big\}$.

Donc $\mathrm{card}(B) = \dfrac{n}{p_1 \ldots p_k}$, d'où $\mathbb{P}(A_1 \cap A_2 \cap \ldots \cap A_k) = \dfrac{1}{p_1 \ldots p_k} = \displaystyle\prod_{i=1}^{k} \mathbb{P}(A_i)$.

Les événements $A_1, \ldots, A_k$ sont donc mutuellement indépendants.

c. Le nombre obtenu est premier avec n si, et seulement si, il n'est divisible par aucun des p_i. Donc $A = \overline{A_1} \cap \overline{A_2} \cap \ldots \cap \overline{A_k}$. Les événements $A_1, \ldots, A_k$ étant mutuellement indépendants, il en est de même de leurs complémentaires. Donc $\mathbb{P}(A) = \displaystyle\prod_{i=1}^{k} P\big(\overline{A_i}\big) = \prod_{i=1}^{k} \Big(1 - \frac{1}{p_i}\Big)$ Comme $\mathbb{P}(A) = \dfrac{\varphi(n)}{n}$ le résultat est prouvé.

---

20. *Situation 1 :* 4 lancers successifs d'un dé. On pose $\Omega = [\![1, 6]\!]^4$ et l'on prend comme probabilité P la probabilité uniforme. Soit A l'événement : « le résultat comporte au moins un 6 ». On a $\mathbb{P}(A) = 1 - \mathbb{P}\big(\overline{A}\big) = 1 - \dfrac{5^4}{6^4}$ (environ $0,518$).

Situation 2 : 24 lancers successifs de deux dé. On pose $\Omega = [\![1,6]\!]^{24}$ et l'on prend comme probabilité P la probabilité uniforme. Soit A l'événement : « le résultat comporte au moins un double 6 ». On a $\mathbb{P}(A) = 1 - \mathbb{P}(\overline{A}) = 1 - \dfrac{35^{24}}{36^{24}} \approx 0,491$.

---

21. a. Le nombre de grilles possibles est le nombre de manières de choisir 6 numéros pris au hasard, sans tenir compte de l'ordre, est $\dbinom{49}{6}$.

Comme il n'y a qu'une seule grille de 6 numéros formés des numéros gagnants, la probabilité d'être un gagnant du premier rang est de $p_1 = \dfrac{1}{\binom{49}{6}}\cdot$

b. Pour être gagnant du deuxième rang, un des numéros est le complémentaire (on ne le choisit pas). Seuls les 5 autres sont choisis au hasard parmi les 6. D'où 6 choix possibles La probabilité est ici $p_2 = 6p_1$.

c. On est dans la même situation que précédemment à la différence près que une fois choisis les 5 numéros parmi les 6 bons, le sixième peut être n'importe lequel parmi ceux qui ne sont ni le complémentaire, ni les 6 bons. Donc le nombre de grilles gagnantes pour le troisième rang est $\dbinom{6}{5} \times (49-7) = 252$. La probabilité est ici $p_3 = 252p_1$.

d. Dans ce cas, il y a $\dbinom{49}{8}$ grilles possibles. Celles permettant de gagner sont au nombre de $\dbinom{6}{4} \times \dbinom{49-6-1}{4}$, d'où la probabilité cherchée. En effet, $\dbinom{6}{4}$ correspond aux choix des 6 bons numéros et $\dbinom{49-6-1}{4}$ correspond au choix de 4 numéros parmi les autres.

---

22. On considère Ω l'ensemble des dépouillements, P la probabilité uniforme.
$\text{card}(\Omega) = \dbinom{a+b}{a}$. On peut représenter le dépouillement par un chemin de $\mathbb{Z}^2$ issu de $(0,0)$, arrivant en $(a+b, a-b)$. Il suffit d'indiquer à chaque instant $n \leqslant a+b$ la différence $n_A - n_B$ des scores n_A de A et n_B de B
On a une partition de Ω en $\Omega_1, \Omega_2, \Omega_3$ où
$\Omega_1 = \{$ chemins de Ω ne recoupant pas l'axe $(x,0)\}$;
$\Omega_2 = \{$ chemins de Ω passant par $(1,1)$ et recoupant l'axe $(x,0)\}$;
$\Omega_3 = \{$ chemins de Ω passant par $(1,-1)\}\cdot$

On fait un dessin. On note que les chemins de Ω_1 passent par $(1,1)$, que ceux de Ω_2 rencontrent l'axe $(x,0)$; en faisant le dernier instant où un chemin recoupe l'axe $(x,0)$ on a par symétrie $\text{card}(\Omega_2) = \text{card}(\Omega_3)$. Enfin $\text{card}(\Omega_3)$ est le nombre de chemins joignant $(1,-1)$ à $(a+b, a-b)$ où $(0,0)$ à $(a+b-1, a-b+1)$.

Donc $\text{card}(\Omega_3) = \dbinom{a+b-1}{a}$, $\text{card}(\Omega_1) = \text{card}(\Omega) - 2\,\text{card}(\Omega_3) = \dfrac{a-b}{a+b}\dbinom{a+b}{a}$.

Donc $\dfrac{\text{card}(\Omega_1)}{\text{card}(\Omega)} = \dfrac{a-b}{a+b}$ est la probabilité recherchée.

Solutions

23. a. Il y a déjà N^n tirages possibles.

Il y a $\binom{n}{n_1}$ façons de choisir les n_1 places pour les boules de couleur 1, puis pour chacun de ces choix, il y a $\binom{n-n_1}{n_2}$ façons de choisir les n_2 places pour les boules de couleur 2 dans les $n - n_1$ places restantes,... Finalement le nombre de choix possibles de places : $\binom{n}{n_1}\binom{n-n_1}{n_2}\cdots\binom{n-n_1-\ldots-n_k}{n_k} = \dfrac{n!}{n_1!\ldots n_k!}$.

Comme le tirage se fait avec remise, il y a N_i façons de choisir la boule i. Donc, une fois choisie la place, il y a $N_1^{n_1}\ldots N_k^{n_k}$ tirages $(n_1 + \cdots + n_k = n)$.

Donc $\mathbb{P}(A) = \dfrac{n!}{n_1!\ldots n_k!}\cdot\dfrac{N_1^{n_1}\ldots N_k^{n_k}}{N^n} = \dfrac{n!}{n_1!\ldots n_k!}p_1^{n_1}\ldots p_k^{n_k}$.

b. Le tirage étant exhaustif, le nombre de choix possibles est le nombre de façons de choisir n éléments parmi N *i.e.* $\binom{N}{n}\cdot$ Dans un tirage exhaustif de n boules, Il y a $\binom{N_1}{n_1}$ choix pour la boule 1 qui sont associés à $\binom{N_2}{n_2}$ pour la boule 2,... associés à $\binom{N_k}{n_k}$ choix pour la boule k. Le nombre de cas favorables est $\prod_{i=1}^{k}\binom{N_i}{n_i}\cdot$

Donc $\mathbb{P}(A)$ a l'expression donnée.

c. Comme dans le cas a), il y a $\dfrac{n!}{n_1!\ldots n_k!}$ choix de places possibles. À la différence du cas b), il y a $n_1!\binom{N_1}{n_1}$ choix pour la boule 1 qui sont associés à $n_2!\binom{N_2}{n_2}$ pour la boule 2,... associés à $n_k!\binom{N_k}{n_k}$ choix pour la boule k. Le nombre de cas favorables est $\prod_{i=1}^{k} n_i!\binom{N_i}{n_i}\cdot$ Comme le nombre de cas possibles est $n!\binom{N}{n}$ on voit que l'expression de $\mathbb{P}(A)$ est la même que celle de la question b.

---

24. On note B_i l'événement « la i-ième boule tirée est blanche », A_i l'événement : « au cours des n tirages, on obtenu i boules blanches. »

a. On demande $\mathbb{P}(A_1)$. On a A_1 réunion d'événements deux à deux incompatibles $C_1, \ldots, C_n$ où C_k est l'événement : « tous les tirages ont donné une boule rouge sauf le k-ième qui a donné une boule blanche » *i.e.*

$C_k = \overline{B_1} \cap \overline{B_2} \cap \ldots \cap \overline{B_{k-1}} \cap B_k \cap \overline{B_{k+1}} \cap \ldots \cap \overline{B_n}$. Donc

$$\mathbb{P}(C_k) = \mathbb{P}(\overline{B_1})P(\overline{B_1}\,|\overline{B_2})\ldots\ldots P\big(\overline{B_n}\,|\overline{B_{n-1}}\cap\ldots\overline{B_1}\big)$$

$$\mathbb{P}(C_k) = \frac{r}{r+b}\cdot\frac{r}{r+b}\cdots\cdots\frac{r}{r+b}\cdot\frac{b}{r+b}\cdot\frac{r}{r+b-1}\cdots\cdots\frac{r}{r+b-1}$$

i.e. $\mathbb{P}(C_k) = \Big(\dfrac{r}{r+b}\Big)^{k-1}\cdot\dfrac{b}{r+b}\cdot\Big(\dfrac{r}{r+b-1}\Big)^{n-k}$.

Donc $\mathbb{P}(A_1) = \dfrac{br^{n-1}}{(r+b-1)^{n-1}}\displaystyle\sum_{k=1}^{n}\Big(\frac{r+b-1}{r+b}\Big)^k$.

Après simplification de la somme des termes de la suite géométrique, on obtient :

$\mathbb{P}(A_1) = \dfrac{br^{n-1}}{(r+b-1)^{n-1}}\Big(1 - \Big(\dfrac{r+b-1}{r+b}\Big)^n\Big)$.

b. Soit D l'événement : « on a tiré au moins une boule blanche en n tirages ».

$\overline{D} = \overline{B_1} \cap \ldots \cap \overline{B_n}$. Donc $\mathbb{P}(D) - 1 - \mathbb{P}(\overline{D})$.

Comme $\mathbb{P}(\overline{D}) = \mathbb{P}(\overline{B_1})\mathbb{P}(\overline{B_2}|\overline{B_1}) \ldots\ldots \mathbb{P}(\overline{B_n}\,|\overline{B_{n-1}} \cap \ldots \cap \overline{B_1}\,) = \Big(\dfrac{r}{b+r}\Big)^n$,

$\mathbb{P}(D) = 1 - \Big(\dfrac{r}{b+r}\Big)^n$.

c. On cherche $\mathbb{P}(C_n|A_1)$. Or $\mathbb{P}(C_n|A_1) = \dfrac{\mathbb{P}(C_n \cap A_1)}{\mathbb{P}(A_1)} = \dfrac{\mathbb{P}(C_n)}{\mathbb{P}(A_1)}$ car $C_n \subset A_1$,

donc $\mathbb{P}(C_n|A_1) = \Big(\dfrac{r}{b+r}\Big)^{n-1}\dfrac{b}{b+r}\cdot\dfrac{1}{\dfrac{br^{n-1}}{(r+b-1)^{n-1}}\Big(1 - \Big(\dfrac{r+b-1}{r+b}\Big)^n}$

i.e. $\mathbb{P}(C_n|A_1) = \dfrac{(r+b-1)^{n-1}}{(r+b)^n - (r+b-1)^n}$.

---

25. $X(\Omega) = [\![0, n]\!]$ et si, pour tout $k \in [\![1, N+1]\!]$, on note U_k l'événement « le tirage a lieu dans l'urne numéro k », comme $(U_k)_{1 \leqslant k \leqslant N+1}$ est une partition de Ω constituée d'événements équiprobables, si $0 < i \leqslant n$, $\mathbb{P}(X = i) = \sum\limits_{k=1}^{N+1} \mathbb{P}(X = i/U_k)\mathbb{P}(U_k)$,

soit $\mathbb{P}(X = i) = \dfrac{1}{N+1}\sum\limits_{k=1}^{n+1}\binom{n}{i}\Big(\dfrac{k-1}{N}\Big)^i\Big(1 - \dfrac{k-1}{N}\Big)^{n-i}$ car la loi conditionnelle de X sachant U_k est binomiale de paramètres n et $\dfrac{k-1}{N}$ par définition.

$\mathbb{E}(X) = \sum\limits_{i=0}^{n} i\mathbb{P}(X = i) = \dfrac{1}{N+1}\sum\limits_{k=1}^{N+1}\Big(\sum\limits_{i=0}^{n} i\binom{n}{i}\Big(\dfrac{k-1}{N}\Big)^i\Big(1 - \dfrac{k-1}{N}\Big)^{n-i}\Big)$ en permutant les Σ.

Comme l'espérance d'une variable suivant $\mathcal{B}\Big(n, \dfrac{k-1}{N}\Big)$ est $\dfrac{n(k-1)}{N}$ on en déduit

$\mathbb{E}(X) = \dfrac{1}{N+1}\sum\limits_{k=1}^{N+1}\dfrac{n(k-1)}{N} = \dfrac{n}{N(N+1)}\sum\limits_{k=1}^{N+1}(k-1) = \dfrac{n}{2}$.

---

26. $X_1(\Omega) = [\![1, n-1]\!]$ et, si $1 \leqslant k \leqslant n-1$, $\mathbb{P}(X_1 = k) = \dfrac{\binom{n-2}{k-1}}{\binom{n}{k-1}} \times \dfrac{2}{n-k+1}$ soit

$\mathbb{P}(X_1 = k) = \dfrac{2(n-k)}{n(n-1)}$.

$(X_2 - X_1)(\Omega) = [\![1, n-1]\!]$ et si $1 \leqslant k \leqslant n-1$, comme $(X_2 - X_1 = k)$ est inclus dans l'union disjointe des $\big((X_1, X_2) = (i, k+i)\big)$ lorsque $1 \leqslant i \leqslant n-k$, on a $\mathbb{P}(X_2 - X_1 = k) = \sum\limits_{i=1}^{n-k} \mathbb{P}(X_2 = k+i/X_1 = i)\mathbb{P}(X_1 = i)$ soit encore

$\mathbb{P}(X_2 - X_1 = k) = \sum\limits_{i=1}^{n-k}\dfrac{\binom{n-i-1}{k-1}}{\binom{n-i}{k-1}}\dfrac{1}{n-k-i+1} \times \dfrac{2(n-i)}{n(n-1)} = \sum\limits_{i=1}^{n-k}\dfrac{2}{n(n-1)}$ d'où

$\mathbb{P}(X_2 - X_1 = k) = \mathbb{P}(X_1 = k)$.

$(n+1-X_2)(\Omega) = [\![1, n-1]\!]$, si $1 \leqslant k \leqslant n-1$, $\mathbb{P}(n+1-X_2 = k) = \mathbb{P}(X_2 = n+1-k)$

d'où $\mathbb{P}(n+1-X_2 = k) = \dfrac{\binom{n-2}{n-k-1}\binom{2}{1}}{\binom{n}{n-k}} \times \dfrac{1}{k} = \dfrac{2(n-k)}{n(n-1)}$.

Les trois variables suivent la même loi d'où

$3E(X_1) = E\big[X_1 + (X_2 - X_1) + (n+1-X_2)\big] = n+1$ puis $E(X_1) = \dfrac{n+1}{3}$.

---

27. Si $\ell \in [\![0, n]\!]$, $\mathbb{P}(Y = \ell) = \sum\limits_{k=0}^{n} \mathbb{P}\big((X,Y) = (k,\ell)\big) = \sum\limits_{k=0}^{n} \mathbb{P}_{(X=k)}(Y = \ell)\mathbb{P}(X = k)$

d'où $\mathbb{P}(Y = \ell) = \displaystyle\sum_{k=0}^{n} \binom{k}{\ell} p_2^{\ell} q_2^{k-\ell} \binom{n}{k} p_1^k q_1^{n-k}$ où $q_i = 1 - p_i$.

$\mathbb{E}(Y) = \displaystyle\sum_{\ell=0}^{n} \ell \mathbb{P}(Y = \ell) = \sum_{k=0}^{n} \binom{n}{k} p_1^k q_1^{n-k} \left(\sum_{\ell=0}^{k} \ell \binom{k}{\ell} p_2^{\ell} q_2^{k-\ell}\right)$ en permutant les Σ et, en utilisant l'espérance d'une variable suivant $\mathcal{B}(k, p_2)$ on obtient

$\mathbb{E}(Y) = p_2 \displaystyle\sum_{k=0}^{n} k \binom{n}{k} p_1^k q_1^{n-k} = np_1p_2$ de la même façon.

---

28. Comme $X_0 + X_1$ et $X_0 + X_2$ sont indépendantes on a

$0 = \mathrm{Cov}(X_0 + X_1, X_0 + X_2) = \mathbb{E}\big[(X_0 + X_1)(X_0 + X_2) - \mathbb{E}(X_0 + X_1)\mathbb{E}(X_0 + X_2)\big]$

soit encore, par linéarité de l'espérance

$$\begin{aligned} 0 =& \mathbb{E}\big[X_0^2 - \mathbb{E}(X_0)^2 + X_0X_1 - \mathbb{E}(X_0)\mathbb{E}(X_1) + X_0X_2 - \mathbb{E}(X_0)\mathbb{E}(X_2) + X_1X_2 \\ &- \mathbb{E}(X_1)\mathbb{E}(X_2)\big] \\ =& \mathbb{V}(X_0) + \mathrm{Cov}(X_0, X_1) + \mathrm{Cov}(X_0, X_2) + \mathrm{Cov}(X_1, X_2) = \mathbb{V}(X_0) \end{aligned}$$

L'inégalité de Bienaymé-Tchebychev montre que, pour tout $a > 0$ la probabilité de $\big(|X_0 - \mathbb{E}(X_0)| \geqslant a\big)$ est nulle et, comme $X_0(\Omega)$ est fini, nécessairement $\mathbb{E}(X_0)$ en est élément et, si $x \neq \mathbb{E}(X_0)$, $\mathbb{P}(X_0 = x) = 0$, d'où, comme $\sum\limits_{x \in X_0(\Omega)} \mathbb{P}(X_0 = x) = 1$,

on a $P\big(X_0 = \mathbb{E}(X_0)\big) = 1$.

---

29. Pour tout $i \in [\![1, r]\!]$ on peut interpréter X_i comme le nombre aléatoire de succès obtenus en répétant n_i fois de façon indépendante une expérience où la probabilité de succès est p. Comme les X_i sont indépendantes $\sum\limits_{i=1}^{r} X_i$ est alors le nombre de succès obtenus en répétant $\sum\limits_{i=1}^{r} n_i$ cette même expérience de façon indépendante et, donc, $\sum\limits_{i=1}^{r} X_i$ suit $\mathcal{B}\left(\sum\limits_{i=1}^{r} n_i, p\right)$.

---

30. a. $X_n(\Omega) = [\![1, n]\!]$ et, si $0 \leqslant h \leqslant n$, $\mathbb{P}(X_n \leqslant h) = \left(\dfrac{h}{n}\right)^k$ d'où, pour $1 \leqslant h \leqslant n$,

$\mathbb{P}(X_n = h) = \mathbb{P}(X_n \leqslant h) - \mathbb{P}(X_n \leqslant h-1) = \dfrac{1}{n^k}\big[h^k - (h-1)^k\big]$.

$$\begin{aligned}\mathbb{E}(X_n) &= \sum_{h=1}^{n} h\mathbb{P}(X_n = h) = \frac{1}{n^k}\sum_{h=1}^{n}[h^{k+1} - h(h-1)^k] \\ &= \frac{1}{n^k}\left[\sum_{h=1}^{n} h^{k+1} - \sum_{h=1}^{n-1}(h+1)h^k\right] = \frac{1}{n^k}\left[n^{k+1} - \sum_{h=1}^{n-1} h^k\right] \\ &= n\left[1 - \frac{1}{n}\sum_{h=1}^{n-1}\left(\frac{h}{n}\right)^k\right]\end{aligned}$$

Or $\displaystyle\frac{1}{n}\sum_{h=1}^{n-1}\left(\frac{h}{n}\right)^k \xrightarrow[n\to\infty]{} \int_0^1 t^k dt = \frac{1}{k+1} \neq 1$ d'où $\displaystyle\mathbb{E}(X_n) \underset{n\to\infty}{\sim} \frac{nk}{k+1}$.

b. $X(\Omega) = [\![k, n]\!]$ et, si $k \leqslant h \leqslant n$ l'événement $(X = h)$ signifie que l'une des boules porte le numéro h alors que les $k-1$ autres ont un numéro parmi $[\![1, h-1]\!]$, d'où $\mathbb{P}(X = h) = \dfrac{\binom{h-1}{k-1}}{\binom{n}{k}}$. Comme $\sum\limits_{h=k}^{n} \mathbb{P}(X = h) = 1$ il vient $(\star)\displaystyle\sum_{h=k}^{n}\binom{h-1}{k-1} = \binom{n}{k}$, égalité que l'on a déjà vue dans l'exercice 10 du chapitre 1 du premier semestre et l'exercice 8 ici.

$\displaystyle\binom{n}{k}\mathbb{E}(X) = \sum_{h=k}^{n} h\binom{h-1}{k-1} = k\sum_{h=k}^{n}\binom{h}{k}$ car $h\displaystyle\binom{h-1}{k-1} = k\binom{h}{k}$ et donc $\displaystyle\binom{n}{k}\mathbb{E}(X) = k\binom{n+1}{k+1}$ d'après $(\star)$ appliquée à $(k+1, n+1)$.

Par suite $\mathbb{E}(X) = k\dfrac{\binom{n+1}{k+1}}{\binom{n}{k}} = (n+1)\dfrac{k}{k+1}$.

---

31. a. $X(\Omega) = [\![0, n]\!] \cap [\![n - Nq, Np]\!]$ et, si $k \in X(\Omega)$, $\mathbb{P}(X = k) = \dfrac{\binom{Np}{k}\binom{Nq}{n-k}}{\binom{N}{k}}$.

De $\sum\limits_{k\in X(\Omega)} \mathbb{P}(X = k) = 1$ on déduit $\displaystyle\sum_{k=\max(0,n-Nq)}^{\min(n,Np)}\binom{Np}{k}\binom{Nq}{n-k} = \binom{N}{k}$.

L'expérience équivaut à n tirages successifs sans remise et, alors, on note X_i le nombre de boules blanches obtenues lors du i-ème tirage si $1 \leqslant i \leqslant n$. Bien sûr $X_i(\Omega) = \{0, 1\}$ et $X = \sum\limits_{i=1}^{n} X_i$.

La loi de X_1 est clairement $\mathcal{B}(p)$.

$$\begin{aligned}\mathbb{P}(X_2 = 1) &= \mathbb{P}(X_2 = 1/X_1 = 1)\mathbb{P}(X_1 = 1) + \mathbb{P}(X_2 = 1/X_1 = 0)\mathbb{P}(X_1 = 0) \\ &= \frac{pN-1}{N-1} \times p + \frac{pN}{N-1} \times q = \frac{p}{N-1}(pN - 1 + qN) = p\end{aligned}$$

et donc X_2 suit aussi $\mathcal{B}(p)$.

Comme le calcul des lois successives des X_i se fait de même chaque X_i suit $\mathcal{B}(p)$ et, par linéarité de l'espérance, on en déduit $E(X) = np$.

En revanche les variables X_i ne sont pas deux à deux indépendantes et le calcul de $\mathbb{V}(X)$ est une autre histoire.

b. $Y(\Omega) = [\![3, n]\!]$ et, si $3 \leqslant k \leqslant n$ l'événement $(Y = k) = A \cap B$ où A est « les $k-1$ premiers tirages ont amené deux boules parmi $\{1, 2, 3\}$ » et B est « le k-ième donne la dernière des trois ».

Solutions

Le nombre de boules parmi $\{1,2,3\}$ lors de $k-1$ tirages suit $\mathcal{H}(n, k-1, p)$ où $p=\dfrac{3}{n}$ d'où $\mathbb{P}(Y=k)=\mathbb{P}(B/A)\mathbb{P}(A)=\dfrac{1}{n-k+1}\times\dfrac{\binom{3}{2}\binom{n-3}{k-3}}{\binom{n}{k-1}}$ d'où

$$\mathbb{P}(Y=k)=\frac{3}{n-k+1}\times\frac{(n-3)!}{(k-3)!(n-k)!}\times\frac{(k-1)!(n-k+1)!}{n!}=\frac{3(k-1)(k-2)}{n(n-1)(n-2)}.$$

$$E(Y)=\frac{3}{n(n-1)(n-2)}\sum_{k=3}^{n}k(k-1)(k-2)=\frac{18}{n(n-1)(n-2)}\sum_{k=3}^{n}\binom{k}{3}\text{ soit}$$

$$E(Y)=\frac{18\binom{n+1}{4}}{n(n-1)(n-2)}=\frac{3(n+1)}{4}\text{ car, si }0\leqslant p\leqslant n,\ \sum_{k=p}^{n}\binom{k}{p}=\binom{n+1}{p+1}$$

comme on l'a vu dans l'exercice précédent.

---

32. $X(\Omega)=[\![0,n]\!]$. On note D (resp. G) l'événement « la première poche dont il constate la vacuité est celle de droite » (resp. de gauche).
$(X=k)\cap D$ signifie que les $2n-k$ premiers prélèvements ont lieu à droite pour n d'entre eux et que le $(2n-k+1)$-ième a lieu à droite. Sa probabilité est $\dfrac{1}{2^{2n-k+1}}\dbinom{2n-k}{n}$ et c'est aussi $P\big((X=k)\cap G\big)$, donc, comme $D\cap G=\varnothing$,
$\mathbb{P}(X=k)=\dfrac{1}{2^{2n-k}}\dbinom{2n-k}{n}$.
De même $Y(\Omega)=[\![1,n]\!]$ et, si $1\leqslant k\leqslant n$, $\mathbb{P}(Y=k)=\dfrac{1}{2^{2n-k-1}}\dbinom{2n-k-1}{k-1}$.
L'égalité attendue découle bien sûr de $\sum\limits_{k=1}^{n}\mathbb{P}(Y=k)=1$ multipliée par 2^{2n}.

---

33. $Y(\Omega)=[\![1,n]\!]$ et, si $1\leqslant k\leqslant n$, comme $(Y=k)$ est réunion disjointe de $(X=k)$ et de $(X=0)\cap(Y=k)$, on a $\mathbb{P}(Y=k)=\mathbb{P}(X=k)+\mathbb{P}_{(X=0)}(Y=k)\mathbb{P}(X=0)$ soit $\mathbb{P}(Y=k)=\dbinom{n}{k}p^kq^{n-k}+\dfrac{q^n}{n}$.
$\mathbb{E}(Y)=\sum\limits_{k=1}^{n}k\mathbb{P}(Y=k)=\sum\limits_{k=1}^{n}k\mathbb{P}(X=k)+\dfrac{q^n}{n}\sum\limits_{k=1}^{n}k=\mathbb{E}(X)+\dfrac{q^n(n+1)}{2}$ soit
$\mathbb{E}(Y)=np+\dfrac{q^n(n+1)}{2}$.

---

34. $G_X(1)=1$ tout d'abord et, si $t\in\mathbb{R}$, $G'_X(t)=\sum\limits_{k\in X(\Omega)\setminus\{0\}}k\mathbb{P}(X=k)t^{k-1}$ d'où
$G'_X(1)=\sum\limits_{k\in X(\Omega)\setminus\{0\}}k\mathbb{P}(X=k)=\mathbb{E}(X)$.
De même $G''_X(1)=\sum\limits_{k\in X(\Omega)\setminus\{0,1\}}k(k-1)\mathbb{P}(X=k)=\mathbb{E}\big(X(X-1)\big)$ d'où
$G''_X(1)=\mathbb{E}(X^2)-\mathbb{E}(X)=\mathbb{V}(X)+\mathbb{E}(X)\big[\mathbb{E}(X)-1\big]$.
Si X suit $\mathcal{B}(n,p)$ alors la formule du binôme montre que $G_X:t\mapsto(pt+q)^n$ d'où $\mathbb{E}(X)=np(p+q)^{n-1}=np$ puis $G''_X(1)=n(n-1)p^2=\mathbb{V}(X)+np(np-1)$ d'où $\mathbb{V}(X)=np\big[(n-1)p-np+1\big]=np(1-p)=npq$.

35. $(X=Y)=\bigcup_{k=0}^{\min(n,m)}(X=y=k)$ et cette union est disjointe. Comme X et Y sont indépendantes cela donne $\mathbb{P}(X=Y)=\dfrac{1}{2^{n+m}}\sum_{k=0}^{\min(n,m)}\binom{n}{k}\binom{m}{k}$ d'où, en utilisant la formule établie dans l'exercice relatif à la loi hypergéométrique,

$$\mathbb{P}(Y=k)=\frac{1}{2^{n+m}}\sum_{k=0}^{\min(n,m)}\binom{n}{k}\binom{m}{m-k}=\frac{1}{2^{n+m}}\binom{n+m}{m}=\frac{1}{2^{n+m}}\binom{n+m}{n}.$$

---

36. a. $XY(\Omega)=\{0,1\}$ et $\mathbb{E}(XY)=\sum_{i=0}^{1}\sum_{j=0}^{1}ij\mathbb{P}\big((X,Y)=(i,j)\big)=\mathbb{P}\big(X=Y=1\big)$.

Donc $\mathrm{Cov}(X,Y)=0 \iff \mathbb{P}(X=Y=1)=\mathbb{P}(X=1)\mathbb{P}(Y=1)$ car $\mathbb{E}(X)=\mathbb{E}(Y)=\mathbb{P}(X=1)=\mathbb{P}(Y=1)$.

Donc $\mathrm{Cov}(X,Y)=0 \iff (X=1)$ et $(Y=1)$ sont indépendants et, comme $(X=0)=\overline{(X=1)}$ et $(Y=0)=\overline{(Y=1)}$, cela équivaut à pour tout $(i,j)\in\{0,1\}^2$ les événements $(X=i)$ et $(Y=j)$ sont indépendants ou encore à X et Y sont indépendants.

b. $(X+Y)(\Omega)=[\![0,2]\!]$, $\mathbb{P}(X+Y=0)=\mathbb{P}(X=Y=0)=q^2$, $\mathbb{P}(X+Y=2)=\mathbb{P}(X=Y=1)=p^2$ et $\mathbb{P}(X+Y=1)=1-p^2-q^2$ soit $\mathbb{P}(X+Y=1)=1-(p+q)^2+2pq=2pq$.

De même $(X-Y)(\Omega)=[\![-1,1]\!]$, $\mathbb{P}(X-Y=-1)=\mathbb{P}(X-Y=1)=pq$ et $\mathbb{P}(X-Y=0)=1-2pq$.

$X+Y=2 \iff X-Y=0$ donc ces deux dernières variables ne peuvent être indépendantes que dans les cas dégénérés où $p\in\{0,1\}$.

---

37. $Y(\Omega)=[\![0,n]\!]$ et, si $0\leqslant \ell\leqslant n$, l'événement $(Y=\ell)$ admet pour partition $\big((X=k)\cap(Y=\ell)\big)_{\ell\leqslant k\leqslant n}$ d'où $\mathbb{P}(Y=\ell)=\sum_{k=\ell}^{n}\mathbb{P}_{(X=k)}(Y=\ell)\times\mathbb{P}(X=k)$ soit $\mathbb{P}(Y=\ell)=\sum_{k=\ell}^{n}\binom{k}{\ell}\binom{n}{k}p'^{\ell}q'^{k-\ell}p^kq^{n-k}$.

$$\binom{k}{\ell}\binom{n}{k}=\frac{k!}{\ell!(k-\ell)!}\times\frac{n!}{k!(n-k)!}=\frac{n!}{\ell!(n-\ell)!}\times\frac{(n-\ell)!}{(k-\ell)!(n-\ell)!}=\binom{n}{\ell}\binom{n-\ell}{k-\ell}$$

montre que $\mathbb{P}(Y=\ell)=\binom{n}{\ell}(pp')^{\ell}\sum_{k=\ell}^{n}\binom{n-\ell}{k-\ell}(pq')^{k-\ell}q^{n-k}$ puis, avec le changement d'indice $r=k-\ell$, $\mathbb{P}(Y=\ell)=\binom{n}{\ell}(pp')^{\ell}\sum_{r=0}^{n-\ell}\binom{n-\ell}{r}(pq')^{r}q^{n-\ell-r}$ et enfin $\mathbb{P}(Y=\ell)=\binom{n}{\ell}(pp')^{\ell}(pq'+q)^{n-\ell}$, ce qui montre que le loi de Y est $\mathcal{B}(n,pp')$.

---

38. a. Si $r=0$ alors X_1 est constante égale à 1, $\mathbb{E}(X_1)=1$ et $\mathbb{V}(X_1)=0$.
Si $r=2n$ de même X_1 est constante égale à $2n-1$, $\mathbb{E}(X_1)=2n-1$ et $\mathbb{V}(X_1)=0$.
Sinon $X_1(\Omega)=\{r-1,r+1\}$ et $\mathbb{P}(X_1=r-1)=\dfrac{r}{2n}$ car c'est la probabilité que le numéro tiré au hasard dans $[\![0,2n]\!]$ figure parmi ceux des r jetons situés dans G. Donc $\dfrac{X_1-r+1}{2}$ suit une loi de Bernoulli de paramètre $p=1-\dfrac{r}{2n}$ d'où

$\mathbb{E}\Big(\dfrac{X_1-r+1}{2}\Big)=1-\dfrac{r}{2n}$ soit $\mathbb{E}(X_1)=1+r\Big(1-\dfrac{1}{n}\Big)$ et $\dfrac{1}{4}\mathbb{V}(X_1)=\dfrac{r}{2n}\Big(1-\dfrac{r}{2n}\Big)$
soit $\mathbb{V}(X_1)=\dfrac{r(2n-r)}{n^2}$ car $\mathbb{E}(aX_1+b)=a\mathbb{E}(X_1)+b$ et $\mathbb{V}(aX_1+b)=a^2\mathbb{V}(X_1)$.
On remarquera que cela vaut encore si $r\in\{0,2n\}$.

b. $(X_{p+1}=0)\Rightarrow(X_p=1)$ et $\mathbb{P}_{(X_p=1)}(X_{p+1}=0)=\dfrac{1}{2n}$ car il a fallu tirer le numéro du jeton contenu dans G, d'où $\mathbb{P}(X_{p+1}=0)=\dfrac{1}{2n}\mathbb{P}(X_p=1)$.
De même $\mathbb{P}(X_{p+1}=2n)=\dfrac{1}{2n}\mathbb{P}(X_p=2n-1)$.
Si $1\leqslant k\leqslant 2n-1$ alors $(X_{p+1}=k)\Rightarrow(X_p=k-1)\cup(X_p=k+1)$ d'où
$\mathbb{P}(X_{p+1}=k)=\dfrac{2n-k+1}{2n}\mathbb{P}(X_p=k-1)+\dfrac{k+1}{2n}\mathbb{P}(X_p=k+1)$.
On déduit de ces égalités, en notant $a_k=\mathbb{P}(X_p=k)$ pour tout $k\in[\![0,2n]\!]$:

$$\begin{aligned}2nG_{p+1}(t)=&a_1+\sum_{k=1}^{2n-1}\big[(2n-k+1)a_{k-1}+(k+1)a_{k+1}\big]t^k+a_{2n-1}t^{2n}\\=&a_1+\sum_{k=0}^{2n-2}(2n-k)a_kt^{k+1}+\sum_{k=2}^{2n}ka_kt^{k-1}+a_{2n-1}t^{2n}\\=&\sum_{k=0}^{2n}(2n-k)a_kt^{k+1}+\sum_{k=1}^{2n}ka_kt^{k-1}=2ntG_{\mathbb{P}}(t)+(1-t^2)G'_p(t).\end{aligned}$$

c. En dérivant en 1 on en déduit $2nG'_{p+1}(1)=2nG_{\mathbb{P}}(1)+2(n-1)G'_p(1)$ soit, en utilisant un l'exercice 34, $\mathbb{E}(X_{p+1})=1+\Big(1-\dfrac{1}{n}\Big)\mathbb{E}(X_p)$.
La suite de terme général $E(X_p)$ suit donc une récurrence affine d'ordre 1.
Le point fixe de $x\mapsto 1+\Big(1-\dfrac{1}{n}\Big)x$ est n, d'où $E(X_p)=n+\Big(1-\dfrac{1}{n}\Big)^{p-1}\big[\mathbb{E}(X_1)-n\big]$.
On en déduit également que $\mathbb{E}(X_p)\xrightarrow[p\to\infty]{}n$.

Travaux dirigés

Surjections

Soient n, p deux entiers naturels non nuls. On note $E_p = \{1, \dots, p\}$. On note $S_{n,p}$ le nombre de surjections de E_p sur E_n.

1. Soit $k \leqslant n$ et soit I_k une partie fixée, de cardinal k, de E_n. Quel est le nombre d'applications de E_p dans E_n dont l'image est exactement I_k ?

2. Quel est le nombre d'applications de E_p dans E_n dont l'image est exactement de cardinal k ?

3. En classant les applications de E_p dans E_n, montrer que $n^p = \sum_{k=1}^{n} \binom{n}{k} S_{p,k}$.

4. a. Si G est un ensemble fini, montrer que $\lambda(G) = \sum_{B \in \mathcal{P}(G)} (-1)^{\operatorname{card}(B)}$ est égal à 1 si G est vide et à 0 sinon. *Dans le cas où $G \neq \emptyset$, on pourra considérer $a \notin G$, $\mathcal{P}_1(G) = \{B_1 \subset G \,|\, a \notin B_1\}$, $\mathcal{P}_2(G) = \{B_2 \subset G \,|\, a \in B_2\}$ et montrer qu'il y a une bijection de $\mathcal{P}_1(G)$ sur $\mathcal{P}_2(G)$.*

b. On rappelle que si $f \in \mathcal{F}(E, F)$, alors f est surjective si, et seulement si, $F \setminus f(E)$ est l'ensemble vide.

(i) Montrer que

$$S(p, n) = \sum_{f \in \mathcal{F}(E,F)} \lambda\big(F \setminus f(E)\big) = \sum_{B \in \mathcal{P}(F)} (-1)^{\operatorname{card}(B)} \operatorname{card}\Big(\big(F \setminus B\big)^E\Big).$$

(ii) En déduire que $S(n, p) = \sum_{k=0}^{n} \Bigg(\sum_{\substack{B \in \mathcal{P}(F) \\ \operatorname{card}(B)=k}} (-1)^k (n-k)^p \Bigg)$.

(iii) Conclure que $S(n, p) = \sum_{q=0}^{n} (-1)^{n+q} \binom{n}{q} q^p$.

5. Retrouver la dernière formule de la question précédente en utilisant la formule d'inversion de Pascal vue précédemment en exercice.

Solution

1. Les éléments de $\mathcal{F}(E, E_n)$ tels que $f(E_p) = I_k$ sont les surjections de E_p dans I_k. Leur nombre est $S(p, k)$.

2. Il y a $\binom{n}{k}$ choix possibles de I_k. Soit $\mathcal{B}_k = \{f \in \mathcal{F}(E_p, E_n) \,|\, \operatorname{card}(f(E_p)) = k\}$. Alors $\operatorname{card}(\mathcal{B}_k) = \binom{n}{k} S(p, k)$.

3. Comme $\{\mathcal{B}_1, \dots, \mathcal{B}_n\}$ constitue une partition de $\mathcal{F}(E_p, E_n)$, on a

$$\operatorname{card}(\mathcal{F}(E_p, E_n)) = n^p = \sum_{k=0}^{n} \binom{n}{k} S(p, k).$$

4. a. Si G est vide, $\mathcal{P}(G)$ n'a qu'un élément qui est $\emptyset$ de cardinal 0 ; $\lambda(G) = (-1)^0 = 1$.
Si $G \neq \emptyset$, soit $a \notin G, \mathcal{P}_1(G) = \{B_1 \subset G \,|\, a \notin B_1\}$, $\mathcal{P}_2(G) = \{B_2 \subset G \,|\, a \in B_2\}$. $\{P_1(G), \mathcal{P}_2(G)\}$ constitue une partition de $\mathcal{P}(G)$. D'autre part, il y a une bijection de $\mathcal{P}_1(G)$ sur $\mathcal{P}_2(G)$ puisque l'on a
$B_1 \in \mathcal{P}_1(G) \Rightarrow B_2 = B_1 \cup \{a\} \in \mathcal{P}_2(G)$ et $B_2 \in \mathcal{P}_2(G) \Rightarrow B_1 = B_2 \setminus \{a\} \in \mathcal{P}_1(G)$.
Si B_1 et B_2 sont image l'un de l'autre par cette bijection, $\text{card}(B_2) = \text{card}(B_1)+1$, d'où, $\lambda(G) = \displaystyle\sum_{B_1 \in \mathcal{P}_1(G)} (-1)^{\text{card}(B_1)} + (-1)^{\text{card}(B_1)+1} = 0$.

b. (i) Pour tout $f \in \mathcal{F}(E,F), \lambda(F \setminus f(E)) = 1$ si f est surjective et 0 sinon.
Donc $S(p,n) = \displaystyle\sum_{f \in \mathcal{F}(E,F)} \lambda\big(F \setminus f(E)\big) = \sum_{f \in \mathcal{F}(E,F)} \sum_{B \in \mathcal{P}(E \setminus f(E))} (-1)^{\text{card}(B)}$.

Or $\begin{cases} f \in \mathcal{F}(E,F) \\ B \in \mathcal{P}(E \setminus f(E)) \end{cases} \iff \begin{cases} f \in \mathcal{F}(E,F) \\ B \subset E \setminus f(E) \end{cases} \iff \begin{cases} f \in \mathcal{F}(E, F \setminus B) \\ B \in \mathcal{P}(F) \end{cases}$. Donc
$S(p,n) = \displaystyle\sum_{B \in \mathcal{P}(F)} \sum_{f \in \mathcal{F}(E,F \setminus B)} (-1)^{\text{card}(B)} = \sum_{B \in \mathcal{P}(F)} (-1)^{\text{card}(B)} \,\text{card}\,\big(\mathcal{F}(E, F \setminus B)\big)$.

(ii) Si $\text{card}(B) = k \in [\![0,n]\!]$ alors $\text{card}\,\big(\mathcal{F}(E, F \setminus B)\big) = (n-k)^p$.

Donc $S(p,n) = \displaystyle\sum_{k=0}^{n} \sum_{\substack{B \in \mathcal{P}(F) \\ \text{card}(B)=k}} (-1)^k (n-k)^p$.

(iii) Comme le nombre d'éléments B de $\mathcal{P}(F)$ est $\binom{n}{k}$, on a :

$S(n,p) = \displaystyle\sum_{k=0}^{n} \binom{n}{k} (-1)^k (n-k)^p$.

Le changement de variable $q = n-k$ donne le résultat.

5. Immédiat.

Nombres remarquables

On connaît le nombre d'applications injectives d'un ensemble de cardinal p dans un ensemble de cardinal n avec $p \leqslant n$ est égal à $n(n-1)\dots(n-p+1)$.

Cette formule a donné l'idée d'introduire les polynômes définis par $P_0 = 1$ et pour $k \geqslant 1$, $P_k(X) = X(X-1)\cdots(X-k+1)$.

On note $P_n(X) = \displaystyle\sum_{k=1}^{n} S_n^k X^k$. Les S_n^k sont appelés ***nombres de Stirling de première espèce***.

1. a. Déduire d'une relation entre P_{n+1} et P_n que $S_n^{k+1} = S_n^{k-1} - nS_n^k$ pour $k \leqslant n$ et que $S_n^0 = 0 = S_n^k$ pour $k > n$.

b. Montrer que $\forall n \in \mathbb{N}, S_n^n = 1$ et $\forall n \geqslant 2, \displaystyle\sum_{k=1}^{n} S_n^k = 0$.

c. Donner S_n^k pour $n \leqslant 6$.

Nous ne connaissons pas d'expression donnant S_n^k en fonction de n et k, la relation trouvée au a), permettant de calculer les S_n^k de proche en proche.

2. On introduit les ***nombres de Stirling de seconde espèce*** σ_n^k par

$$\forall n \in \mathbb{N}^\star, X^n = \sum_{k=1}^{n} \sigma_n^k P_k(X)$$

Montrer que pour tout $k \leqslant n, \sigma_{n+1}^k = \sigma_n^{k-1} + k\sigma_n^k$; $\sigma_n^k = 0$ si $k > n$; $\sigma_n^0 = 0$; $\sigma_n^1 = 1$. Calculer σ_n^k pour tout $n \leqslant 6$.

3. On note $F = \{a_1, \dots, a_n, b\}$ un ensemble de $n+1$ éléments et $E = \{a_1, \dots, a_n\}$. Pour $k \leqslant n$ on désigne par Π_n^k l'ensemble des partitions de E en k classes. Le but de cette question est de déterminer $p_n^k = \mathrm{card}(\Pi_n^k)$.

Montrer que $p_n^{k+1} = p_n^{k-1} + kp_n^k$ et conclure.

4. Soit E un ensemble à n éléments et F un ensemble de f éléments ($k \leqslant n$). On cherche une relation entre $S(n,k)$ et σ_n^k.

Si s est une surjection de E dans F et si $F = \{b_1, \dots, b_k\}$, que dire de $\mathcal{P} = \{s^{-1}(\{b_1\}), \dots, s^{-1}(\{b_k\})\}$? Conclusion. Donner une expression de σ_n^k.

5. En déduire que si B_n est le nombre de partitions d'un ensemble à n éléments,

$$B_n = \sum_{k=1}^{n} \sigma_n^k \ (\textbf{\textit{nombre de Bell}})$$

Donner B_n pour $1 \leqslant n \leqslant 6$.

Solution

1. a. $P_{n+1}(X) = (X-n)P_n(X) = (X-n)\sum_{k=1}^{n} S_n^k X^k$.

La famille $(X^p)_{p \geqslant 0}$ étant libre, on a : $S_n^{k+1} = S_n^{k-1} - nS_n^k$ pour $k \leqslant n$.

De la définition de P_n on déduit que $S_n^0 = 0$ et $S_n^k = 0$ pour tout $k > n$.

b. Le coefficient dominant de P_n est $1 = S_n^n$.

Pour $n \geqslant 2$, le polynôme P_n admet 1 pour racine, d'où $\sum_{k=1}^{n} S_n^k = 0$.

c. On déduit alors de 1.a. que

$S_1^1 = 1$; $S_2^1 = -1$; $S_2^2 = 1$.

$S_3^1 = 2$; $S_3^2 = -3$; $S_3^3 = 1$.

$S_4^1 = -6$; $S_4^2 = 11$; $S_4^3 = -6$; $S_4^4 = 1$.

$S_5^1 = 24$; $S_5^2 = 50$; $S_5^3 = 35$; $S_5^4 = -10$; $S_5^5 = 1$.

$S_6^1 = -120$; $S_6^2 = 274$; $S_6^3 = -225$; $S_6^4 = 85$; $S_6^5 = -11$; $S_6^6 = 1$.

2. $X^{n+1} = \sum_{k=1}^{n+1} \sigma_{n+1}^k P_k(X)$. Or, $X^{n+1} = X^n X$, donc

$$X^{n+1} = \sum_{k=1}^{n} \sigma_n^k P_k(X) X = \sum_{k=1}^{n} \sigma_n^k \big(P_{k+1}(X) + kP_k(X)\big) \text{ car } X = (X-k)+k.$$

Solutions

Comme $(P_k)_{k\geqslant 0}$ est échelonnée en degrés, elle est libre. Il s'ensuit que pour tout $k \leqslant n, \sigma_{n+1}^k = \sigma_n^{k-1} + k\sigma_n^k$. On en déduit
$\sigma_n^1 = 1$; $\sigma_3^2 = 3$; $\sigma_4^2 = 7$; $\sigma_4^3 = 6$; $\sigma_5^2 = 15$; $\sigma_5^3 = 25$; $\sigma_5^4 = 10$;
$\sigma_6^2 = 31$; $\sigma_6^3 = 90$; $\sigma_6^4 = 65$; $\sigma_6^5 = 15$.

3. Si l'on désigne par Π_{n+1}^k l'ensemble des partitions de F en k classes. On distingue deux types :

(i) les éléments de Π_{n+1}^k pour lesquels b est à lui seul une classe,

(ii) les autres éléments de Π_{n+1}^k.

Les partitions de F du type (i) correspondent à Π_n^{k-1},
les partitions de F du type (ii) correspondent à Π_n^k.

À chaque élément de Π_n^{k-1} correspond un élément de Π_{n+1}^k et à chaque élément de Π_n^k correspondent k éléments de Π_{n+1}^k.

Donc $p_n^{k+1} = p_n^{k-1} + kp_n^k$. Comme $P_1^1 = 1$ et $p_2^1 = p_2^2 = 1$, on conclut que $p_n^k = \sigma_n^k$.

4. $\mathcal{P}$ est une partition de E en k classes ; comme à chaque partition correspond $k!$ surjections de E dans F, on a $S(n,k) = k!\sigma_n^k$. On déduit du travail dirigé sur les surjections, que $\sigma_n^k = \dfrac{1}{k!}\displaystyle\sum_{p=0}^{k}(-1)^{p+k}\binom{n}{p}p^n$.

5. Conséquence immédiate de 3.
$B_1 = 1,\ B_2 = 2,\ B_3 = 5,\ B_4 = 15,\ B_5 = 52,\ B_6 = 203.$

Formule de Poincaré ; applications

Étant donnés un ensemble Ω et A une partie de Ω, on note $\mathbb{I}_A$ la fonction caractéristique de A *i.e.* $\mathbb{I}_A : \mathcal{P}(\Omega) \to \{0,1\}, x \mapsto \begin{cases} 1 & \text{si } x \in A \\ 0 & \text{si } x \in \overline{A} \end{cases}$.

1. Vérifier les propriétés suivantes :

a. $A \subset B \iff \mathbb{I}_A \leqslant \mathbb{I}_B$; b. $\mathbb{I}_{\overline{A}} = 1 - \mathbb{I}_A$.

c. $\mathbb{I}_{A\cap B} = \mathbb{I}_A \cdot \mathbb{I}_B$; d. $\mathbb{I}_{A\cup B} = \mathbb{I}_A + \mathbb{I}_B - \mathbb{I}_{A\cap B}$.

e. $\mathbb{I}_{A_1\cup A_2\cup\ldots A_n} = 1 - \displaystyle\prod_{i=1}^{n}(1 - \mathbb{I}_{A_i})$.

2. Soient $A_1, \ldots, A_n$ des événements d'un espace probabilisé $(\Omega, \mathbb{P})$. Déduire de 1.

$$\mathbb{P}\Big(\bigcup_{i=1}^{n} A_i\Big) = \sum_{k=1}^{n}(-1)^{k-1}\sum_{1\leqslant i_1<i_2<\cdots<i_k\leqslant n}\mathbb{P}(A_{i_1}\cap A_{i_2}\cap\ldots\cap A_{i_k}).$$

Cette formule est appelée ***formule de Poincaré*** ou ***formule du crible***.

3. a. Un facteur répartit au hasard n factures dans n boîtes aux lettres, une par boîte. Calculer la probabilité $\mathbb{P}(n)$ qu'une facture au moins soit parvenue à son destinataire et $\lim\limits_{n\to\infty}\mathbb{P}(n)$.

b. Le facteur choisit ensuite une boîte aux lettres au hasard parmi les n et y met un prospectus. Il effectue ce procédé p fois de suite (il dispose de p prospectus identiques). Remarquons qu'il met dans chaque boîte autant de prospectus qu'elle a été choisie de fois.

(i) Quel est le nombre de répartitions possibles ?

(ii) Déterminer la probabilité $q_k(p,n)$ qu'une boîte donnée contienne k prospectus.

4. Un groupe de n amis organise une soirée et chacun pose son manteau dans une chambre à l'arrivée. Au moment du départ, chacun choisit son manteau au hasard. Quelle est la probabilité qu'au moins un des invités ait récupéré son propre manteau ?

Solution

1. a. Supposons $A \subset B$. Si $x \in A, \mathbb{I}_A(x) = 1 = \mathbb{I}_B(x)$; si $x \notin B$ alors $x \notin A$ et donc $\mathbb{I}_B(x) = 0 = \mathbb{I}_A(x)$; si $x \in B \setminus A$, alors $\mathbb{I}_B(x) = 1 \geqslant 0 = \mathbb{I}_A(x)$. Donc $\mathbb{I}_A \leqslant \mathbb{I}_B$.

Réciproquement, supposons $\mathbb{I}_A \leqslant \mathbb{I}_B$.
$x \in A \Rightarrow \mathbb{I}_A(x) = 1 \Rightarrow \mathbb{I}_B(x) = 1 \Rightarrow x \in B$.

b. Est immédiat.

c. Si $x \in A \cap B, x \in A$ et $x \in B$ et donc $\mathbb{I}_{A\cap B}(x) = 1 = \mathbb{I}_A(x)\mathbb{I}_B(x)$.

Si $x \in \overline{A \cap B} = \overline{A} \cup \overline{B}$ alors $\mathbb{I}_{A\cap B}(x) = 0 = \mathbb{I}_A(x)\mathbb{I}_B(x)$.

Tous les cas ayant été examinés, $\forall x \in \Omega, \mathbb{I}_{A\cap B}(x) = \mathbb{I}_A(x)\mathbb{I}_B(x)$.

d. Pour prouver le résultat, il suffit d'examiner les cas $x \in \overline{A \cup B}$ et $x \in A \cup B$.

• Si $x \in \overline{A \cup B}, x \notin A, x \notin B$ et $x \notin A \cap B$. On a donc
$\mathbb{I}_{A\cup B}(x) = 0 = \mathbb{I}_A(x) + \mathbb{I}_B(x) - \mathbb{I}_{A\cap B}(x)$.

• Si $x \in A \cup B$, il suffit d'examiner les cas $x \in \overline{A} \cap B$, $x \in A \cap \overline{B}$ et $x \in A \cap B$.

e. $\mathbb{I}_{A_1\cup A_2\cup\ldots\cup A_n} = 1 - \mathbb{I}_{\overline{A_1\cup A_2\cup\ldots\cup A_n}} = 1 - \mathbb{I}_{\overline{A_1}\cap\overline{A_2}\cap\ldots\cap\overline{A_n}} = 1 - \prod_{i=1}^{n} \mathbb{I}_{\overline{A_i}}$.

D'où le résultat compte tenu de b).

2. Notons que
$$\prod_{i=1}^{n}(1 - \mathbb{I}_{A_i}) = 1 - \sum_{i=1}^{n} \mathbb{I}_{A_i} + \sum_{1\leqslant i_1<i_2\leqslant n} \mathbb{I}_{A_{i_1}}\mathbb{I}_{A_{i_2}} + \cdots + (-1)^n \prod_{i=1}^{n} \mathbb{I}_{A_1}\mathbb{I}_{A_2}\ldots\mathbb{I}_{A_n}.$$

Donc $$\prod_{i=1}^{n}(1 - \mathbb{I}_{A_i}) = 1 - \sum_{k=1}^{n}(-1)^{k-1} \sum_{1\leqslant i_1<i_2<\cdots<i_k\leqslant n} \mathbb{I}_{A_{i_1}}\mathbb{I}_{A_{i_2}}\ldots\mathbb{I}_{A_{i_k}}.$$

D'où $$\mathbb{I}_{A_1\cup A_2\cup\ldots\cup A_n} = \sum_{k=1}^{n}(-1)^{k-1} \sum_{1\leqslant i_1<i_2<\cdots<i_k\leqslant n} \mathbb{I}_{A_{i_1}}\mathbb{I}_{A_{i_2}}\ldots\mathbb{I}_{A_{i_k}}.$$

Comme, $\mathbb{P}(A) = \mathbb{E}(\mathbb{I}_A)$ et comme l'espérance est linéaire, on obtient la formule du crible en prenant l'espérance des deux membres de l'égalité précédente.

3. a. Ω étant l'ensemble des permutations d'un ensemble de n éléments, $\mathrm{card}(\Omega) = n!$

Soit A l'événement « une facture au moins arrive à son destinataire » et A_i l'événement « la facture i arrive à son destinataire », alors $A = A_1 \cup A_2 \cup \ldots \cup A_n$.

Solutions

On déduit de 2. que $\mathbb{P}(A) = \sum_{k=1}^{n}(-1)^{k-1} \sum_{1\leqslant i_1\leqslant i_2\leqslant\cdots\leqslant i_k\leqslant n} \binom{n}{k}\frac{(n-k)!}{n!}\cdot$ En effet, il y a $\binom{n}{k}$ événements du type $A_{i_1}\cap A_{i_2}\cap\ldots\cap A_{i_k}$ avec $1\leqslant i_1 < i_2 < \cdots < i_k \leqslant n$ et la probabilité de chacun de ces événements est égale à $\frac{(n-k)!}{n!}$: k lettres arrivant aux bons destinataires et les $(n-k)$ autres, comment elles peuvent.

On a $\mathbb{P}(A) = \sum_{k=1}^{n}\frac{(-1)^{k-1}}{k!}\cdot$ Comme on l'a vu dans le chapitre précédent, pour tout $x\in\mathbb{R}, e^x = \sum_{n=0}^{\infty}\frac{x^n}{n!}\cdot$ Donc la limite de cette probabilité est $1-e^{-1}$ lorsque $n\to\infty$.

b. (i) Le nombre de répartitions possibles est égal au nombre de n-uplets $(k_1,\ldots,k_n)$ tels que $k_1+k_2+\cdots+k_n = p$ où k_i est le nombre de prospectus dans la boîte i. Ce nombre est égal au nombre de façons de placer p fois 1 dans n boîtes. Le nombre de répartitions possibles est $\binom{n+p-1}{p}$ (voir l'exercice 7).

(ii) Une boîte donnée contient k prospectus si les $(n-1)$ autres en contiennent $(p-k)$.

Donc $q_k(p,n) = \dfrac{\binom{n-1+p-k-1}{p-k}}{\binom{n+p-1}{p}} = \dfrac{\binom{n+p-k-2}{p-k}}{\binom{n+p-1}{p}}$.

4. Le lecteur étudiant a sans doute reconnu la situation de 3.a. What else ?

Urnes de Pólya

1. Une urne contient initialement une boule blanche et une boule noire.
À chaque tirage la boule puisée dans l'urne y est remise ainsi qu'une boule de la même couleur. On note X_n le nombre de boules blanches obtenues lors des n premiers tirages. Quelle loi suit X_n ?

2. L'urne contient initialement r boules blanches et s boules noires. À chaque fois on tire une boule dans l'urne et si elle est blanche on la remet dans l'urne, si elle est noire on remet à sa place une boule blanche dans l'urne.
On note Y_n le nombre de boules noires obtenues lors des n premiers tirages et N_n l'événement « la n-ième boule tirée est noire ».
Exprimer l'espérance de la fonction caractéristique de N_{n+1} en fonction de $\mathbb{E}(Y_n)$.
En déduire $\mathbb{E}(Y_n)$, $\lim_{n\to\infty}\mathbb{E}(Y_n)$.
Si l'on note B_n l'événement « à l'issue du n-ième tirage l'urne ne contient que des boules blanches » quelle est $\lim_{n\to\infty}\mathbb{P}(B_n)$?

Solution

1. X_1 suit une loi de Bernoulli de paramètre $\dfrac{1}{2}$ qui est aussi la loi uniforme sur $[\![0,1]\!]$. Supposons que X_n suit la loi uniforme sur $[\![0,n]\!]$. Alors $X_{n+1}(\Omega) = [\![0,n+1]\!]$ et, si $0 \leqslant k \leqslant n+1$, $(X_{n+1} = k) \subset (X_n = k-1) \cup (X_n = k)$.
Si $(X_n = k-1)$ alors, à l'issue du n-ième tirage l'urne contient k boules blanches car on en a rajouté $k-1$ et $n-k+2$ boules noires car on en a rajouté $n-k+1$, par suite $\mathbb{P}_{(X_n=k-1)}(X_{n+1} = k) = \dfrac{k}{n+2}$.
De même si $(X_n = k)$ alors, à l'issue du n-ième tirage, l'urne contient $k+1$ boules blanches et $n-k+1$ boules noires, donc $P_{(X_n=k)}(X_{n+1} = k) = \dfrac{n-k+1}{n+2}$.
Par conséquent $\mathbb{P}(X_{n+1} = k) = \dfrac{1}{n+1}\Big[\dfrac{k}{n+2} + \dfrac{n-k+1}{n+2}\Big] = \dfrac{1}{n+2}$, ce qui montre que X_{n+1} suit la loi uniforme sur $[\![0,n+1]\!]$.
On a donc prouvé par récurrence que, pour tout $n \in \mathbb{N}^\star$, X_n suit la loi uniforme sur $[\![0,n]\!]$.

2. $\mathbb{P}(N_{n+1}) = \sum\limits_{k\in Y_n(\Omega)} \mathbb{P}_{(Y_n=k)}(N_{n+1})\mathbb{P}(Y_n = k)$ selon la formule des probabilités totales. Or, si $(Y_n = k)$, alors à l'issue du n-ième tirage l'urne contient $r+k$ boules blanches et $s-k$ boules noires, d'où $\mathbb{P}_{(Y_n=k)}(N_{n+1}) = \dfrac{s-k}{r+s}$.
On en déduit $\mathbb{P}(N_{n+1}) = \displaystyle\sum_{k\in Y_n(\Omega)} \frac{s-k}{r+s}\mathbb{P}(Y_n = k) = \frac{1}{r+s}\big[s - \mathbb{E}(Y_n)\big]$ car $\mathbb{P}_{Y_n}$ est une loi de probabilité. Comme $\mathbb{I}_{N_{n+1}}$ suit une loi de Bernoulli on en déduit que son espérance est $\mathbb{P}(N_{n+1})$ *i.e.* $\mathbb{E}(\mathbb{I}_{N_{n+1}}) = \dfrac{1}{r+s}\big[s - \mathbb{E}(Y_n)\big]$.
De plus $\mathbb{I}_{N_{n+1}} = Y_{n+1} - Y_n$ d'où $\mathbb{E}(Y_{n+1}) - \mathbb{E}(Y_n) = \dfrac{1}{r+s}\big[s - \mathbb{E}(Y_n)\big]$ par linéarité de l'espérance, soit $\mathbb{E}(Y_{n+1}) = \dfrac{s}{r+s} + \Big(1 - \dfrac{1}{r+s}\Big)\mathbb{E}(Y_n)$.
La suite $\big(\mathbb{E}(Y_n)\big)_n$ suit donc une récurrence affine d'ordre 1 ou encore c'est une suite arithmético-géométrique.
Comme le point fixe de $x \mapsto \dfrac{s}{r+s} + \Big(1 - \dfrac{1}{r+s}\Big)x$ est s on en déduit, si $n \in \mathbb{N}^\star$, $\mathbb{E}(Y_n) = s + \Big(1 - \dfrac{1}{r+s}\Big)^{n-1}\mathbb{E}(Y_1)$ et, comme Y_1 suit une loi de Bernoulli de paramètre $\dfrac{s}{r+s}$, il vient : $\mathbb{E}(Y_n) = s + \Big(1 - \dfrac{1}{r+s}\Big)^{n-1}\dfrac{s}{r+s}$.
On en déduit que $\big(\mathbb{E}(Y_n)\big)_n$ converge vers s.

$B_n = (Y_n = s)$ d'où $\mathbb{P}(B_n) = \mathbb{P}(Y_n = s) \geqslant \dfrac{\mathbb{E}(Y_n)}{s}$ car $Y_n(\Omega) \subset [\![0,s]\!]$.
En effet $\mathbb{E}(Y_n) = \sum\limits_{k=0}^{s} k\mathbb{P}(Y_n = k) \leqslant s\mathbb{P}(Y_n = s)$.

On en déduit, si $n \geqslant 1$, $\dfrac{\mathbb{E}(Y_n)}{s} \leqslant \mathbb{P}(B_n) \leqslant 1$ et donc, par encadrement, $\mathbb{P}(B_n) \xrightarrow[n\to\infty]{} 1$.

Solutions

Marche aléatoire

1. Marche dans $\mathbb{Z}$
X_0 est la constante nulle et, pour tout $n \in \mathbb{N}^\star$, $(X_{n+1} - X_n = 1)$ avec la probabilité $p \in [0,1]$ et $(X_{n+1} - X_n = -1)$ avec la probabilité $q = 1 - p$.
Déterminer la loi, l'espérance et la variance de X_n

2. Marche dans $\mathbb{Z}^2$
$M_0 = (0,0)$ et, pour tout $n \in \mathbb{N}^\star$, $M_{n+1} = M_n + A_n$ où A_n suit la loi uniforme sur $\{(1,0), (-1,0), (0,1), (0,-1)\}\cdot$ On pose également $M_n = (X_n, Y_n)$.

a. Déterminer $\mathbb{E}(X_n)$ et $\mathbb{V}(X_n)$. En déduire l'espérance du carré de la distance euclidienne de M_n à O.

b. Les variables X_n et Y_n sont-elles indépendantes ?

c. Expliciter $\mathbb{P}(M_n = O)$ puis en donner un équivalent lorsque $n \to \infty$.

Solution

1. $X_n(\Omega) = \{-n, -n+2, \dots, n-2, n\} = \{-n + 2i \mid i \in [\![0, n]\!]\}$ et $(X_n = -n + 2i)$ signifie que, parmi les $X_{k+1} - X_k$ où $0 \leqslant k \leqslant n-1$ il y a eu i fois la valeur 1 et les $n - i$ autres ont pris la valeur -1. Donc $\mathbb{P}(X_n = -n + 2i) = \binom{n}{i} p^i q^{n-i}$, ce qui montre que la variable $\dfrac{n + X_n}{2}$ suit $\mathcal{B}(n,p)$.
Par suite $np = \mathbb{E}\Big(\dfrac{n + X_n}{2}\Big) = \dfrac{n + \mathbb{E}(X_n)}{2}$ d'où $\mathbb{E}(X_n) = n(2p - 1)$.
De même $npq = \mathbb{V}\Big(\dfrac{n + X_n}{2}\Big) = \dfrac{1}{4}\mathbb{V}(X_n)$ d'où $\mathbb{V}(X_n) = npq$.

2. a. Posons, pour tout $n \in \mathbb{N}$, $U_n = X_{n+1} - X_n$. Alors $U_n(\Omega) = \{-1, 0, 1\}$ avec $\mathbb{P}(U_n = -1) = \mathbb{P}(U_n = 1) = \dfrac{1}{4}$ et $\mathbb{P}(U_n = 0) = \dfrac{1}{2}$, autrement dit $U_n + 1$ suit la loi binomiale $\mathcal{B}\Big(2, \dfrac{1}{2}\Big)\cdot$ Par suite $\mathbb{E}(U_n) + 1 = 1$ d'où $\mathbb{E}(U_n) = 0$ et $\mathbb{V}(U_n) = \dfrac{1}{2}\cdot$
Comme $X_n = \sum\limits_{k=1}^{n} U_k$ on en déduit $\mathbb{E}(X_n) = \sum\limits_{k=1}^{n} \mathbb{E}(U_k) = n\mathbb{E}(U_1) = 0$.
De plus $U_1, \dots, U_n$ sont mutuellement indépendantes et, donc, $\mathbb{V}(X_n) = \sum\limits_{k=1}^{n} \mathbb{V}(U_k)$ soit $\mathbb{V}(X_n) = nV(U_1) = \dfrac{n}{2}\cdot$
Enfin $\mathbb{E}(X_n^2) = \mathbb{V}(X_n) + \mathbb{E}^2(X_n) = \dfrac{n}{2}$ et, comme X_n et Y_n suivent la même loi, $\mathbb{E}\big(d^2(M_n, O)\big) = \mathbb{E}(X_n^2 + Y_n^2) = n$.
b. $\mathbb{P}(X_n = n) = \mathbb{P}(U_1 = \cdots = U_n = 1) = 4^{-n} = \mathbb{P}(Y_n = n)$ alors que $P\big(M_n = (n,n)\big) = 0$. Cela prouve que X_n et Y_n ne sont pas indépendantes.
c. $X_n = \sum\limits_{k=1}^{n} U_k$ et $Y_n = \sum\limits_{k=1}^{n} V_k$ avec des notations prévisibles.
$M_n = O \Rightarrow n$ est pair car il doit y avoir autant de U_i valant 1 que de U_i valant -1 et aussi autant de V_i valant 1 que de V_i valant -1. Donc $\mathbb{P}(M_{2n+1} = O) = 0$.

$(M_{2n} = O)$ signifie qu'il existe i dans $[\![0, n]\!]$ tel que i des U_k valent 1 et i autres U_k valent -1 ainsi que $n-i$ des V_k valent 1 alors que $n-i$ autres valent -1, les autre U_k et V_k étant nuls.

Par suite $4^{2n}\mathbb{P}(M_{2n} = O) = \displaystyle\sum_{i=0}^{n} \binom{2n}{i}\binom{2n-i}{i}\binom{2n-2i}{n-i} = \sum_{i=0}^{n} \frac{(2n)!}{\left[i!(n-i)!\right]^2}$

soit $4^{2n}\mathbb{P}(M_{2n} = O) = \displaystyle\binom{2n}{n}\sum_{i=0}^{n}\binom{n}{i}^2 = \binom{2n}{n}\sum_{i=0}^{n}\binom{n}{i}\binom{n}{n-i} = \binom{2n}{n}^2$ d'après la formule de Vandermonde vue dans l'exercice relatif à la loi hypergéométrique.

Enfin $\mathbb{P}(M_{2n} = O) = 4^{-2n}\displaystyle\binom{2n}{n}^2$.

On remarque que c'est le carré de la probabilité du même événement quand la marche a lieu dans $\mathbb{Z}$ avec $p = \dfrac{1}{2}\cdot$

D'après la formule de Stirling $\mathbb{P}(M_{2n} = O) \underset{n\to\infty}{\sim} \left(2^{-2n}\left(\dfrac{2n}{e}\right)^{2n} 2\sqrt{\pi n}\left(\dfrac{e}{n}\right)^{2n}\dfrac{1}{2\pi n}\right)^2$

d'où $\mathbb{P}(M_{2n} = O) \underset{n\to\infty}{\sim} \dfrac{1}{\pi n}\cdot$

Chaîne de Markov

n est un entier naturel strictement positif fixé, $L_0, \ldots, L_n$ sont des lois de probabilité d'espérances respectives $0, 1, \ldots, n$ et de variances respectives $V_0, V_1, \ldots, V_n$. $(X_k)_k$ est une suite de variables aléatoires à valeurs dans $[\![0, n]\!]$ telle que, pour tout $(k, i) \in \mathbb{N} \times [\![0, n]\!]$ la loi conditionnelle de X_{k+1} sachant $(X_k = i)$ est L_i. On note, pour tout $k \in \mathbb{N}$, P_k la matrice colonne de coefficient générique $\mathbb{P}(X_k = i)$ et on considère les lignes $U = (1\,1 \cdots 1)$, $V = (0\,1\,2 \cdots n)$ et $W = (0\,1^2\,2^2 \cdots n^2)$.

1. Montrer l'existence d'un élément A de $\mathfrak{M}_{n+1}(\mathbb{R})$ tel que : $\forall k \in \mathbb{N},\ P_{k+1} = AP_k$. En déduire P_k en fonction de P_0.

2. Calculer UA, VA et WA. Montrer que $k \mapsto \mathbb{E}(X_k)$ est constante.

On suppose désormais que, si $0 \leqslant i \leqslant n$, L_i *est* $\mathcal{B}\left(n, \dfrac{i}{n}\right)$.

3. Lier $\mathbb{E}(X_{k+1}^2)$ et $\mathbb{E}(X_k^2)$, en déduire $\mathbb{E}(X_k^2)$ en fonction de k, n et $\mathbb{E}(X_0)$ puis $\displaystyle\lim_{k\to\infty} \mathbb{E}(X_k^2)$.

4. Si $i \in [\![0, n]\!]$ déterminer $\displaystyle\lim_{k\to\infty} \mathbb{P}(X_k = i)$.

Solution

1. Soit $A\in\mathfrak{M}_{n+1}(\mathbb{R})$ de coefficient i,j égal à $\mathbb{P}(X_{k+1}=i/X_k=j)$ où $(i,j)\in[\![0,n]\!]^2$.
Si $0\leqslant i\leqslant n$, $\mathbb{P}(X_{k+1}=i)=\sum\limits_{j=0}^{n}\mathbb{P}(X_{k+1}=i/X_k=j)\mathbb{P}(X_k=j)=\sum\limits_{j=0}^{n}a_{i,j}(P_k)_j$ d'où $P_{k+1}=AP_k$ puis $P_k=A^kP_0$.

2. Si $0\leqslant j\leqslant n$, $(UA)_j=\sum\limits_{i=0}^{n}\mathbb{P}(X_{k+1}=i/X_k=j)=1$ d'où $UA=U$.
De même $(VA)_j=\sum\limits_{i=0}^{n}i\mathbb{P}(X_{k+1}=i/X_k=j)=j$ car c'est l'espérance conditionnelle de X_{k+1} sachant $(X_k=j)$, d'où $VA=V$.
Enfin $(WA)_j$ est l'espérance conditionnelle de X_{k+1}^2 sachant $(X_k=j)$ soit V_j+j^2 car, pour toute variable aléatoire X on a $\mathbb{E}(X^2)=\mathbb{V}(X)+\mathbb{E}^2(X)$. Par suite $WA=W+(V_0\;V_1\ldots V_n)$.
Si $k\in\mathbb{N}$ alors $E(X_{k+1})=VP_{k+1}=VAP_k=VP_k=E(X_k)$ d'après le calcul précédent de VA, et donc $\forall k\in\mathbb{N}$, $\mathbb{E}(X_k)=\mathbb{E}(X_0)$.

3. Si $k\in\mathbb{N}$, $\mathbb{E}(X_{k+1}^2)=WP_{k+1}=WAP_k=WP_k+(V_0\;V_1\ldots V_n)P_k$
soit $\mathbb{E}(X_{k+1}^2)=\mathbb{E}(X_k^2)+(V_0\;V_1\ldots V_n)P_k$.
Ici pour $i\in[\![0,n]\!]$ on a $V_i=i\Big(1-\dfrac{i}{n}\Big)$ d'où $(V_0\;V_1\ldots V_n)P_k=\mathbb{E}(X_k)-\dfrac{1}{n}\mathbb{E}(X_k^2)$ et donc $\mathbb{E}(X_{k+1}^2)=\Big(1-\dfrac{1}{n}\Big)\mathbb{E}(X_k^2)+\mathbb{E}(X_0)$.
Il s'agit d'une récurrence affine d'ordre 1, le point fixe de $x\mapsto\Big(1-\dfrac{1}{n}\Big)x+\mathbb{E}(X_0)$ est $n\mathbb{E}(X_0)$ d'où $\mathbb{E}(X_k^2)=n\mathbb{E}(X_0)+\Big(1-\dfrac{1}{n}\Big)^k\big[\mathbb{E}(X_0^2)+n\mathbb{E}(X_0)\big]\xrightarrow[k\to\infty]{}n\mathbb{E}(X_0)$.

4. Soit $k\in\mathbb{N}$.
$\sum\limits_{i=0}^{n}i^2\mathbb{P}(X_k=i)\leqslant n\sum\limits_{i=0}^{n}i\mathbb{P}(X_k=i)=n\mathbb{E}(X_0)$
d'où $0\leqslant\mathbb{E}(X_k^2)-n\mathbb{E}(X_0)=\sum\limits_{i=0}^{n}i(n-i)\mathbb{P}(X_k=i)=\sum\limits_{i=1}^{n-1}i(n-i)\mathbb{P}(X_k=i)$ et, d'après la question précédente, $\mathbb{E}(X_k^2)-n\mathbb{E}(X_0)\xrightarrow[k\to\infty]{}0$.
Comme, pour tout $i\in[\![1,n-1]\!]$, $i(n-i)>0$, cela montre que $\mathbb{P}(X_k=i)\xrightarrow[k\to\infty]{}0$.
Alors $\mathbb{E}(X_n)\underset{k\to\infty}{=}n\mathbb{P}(X_k=n)+o(1)\underset{k\to\infty}{=}\mathbb{E}(X_0)$ d'où $\mathbb{P}(X_k=n)\xrightarrow[k\to\infty]{}\dfrac{\mathbb{E}(X_0)}{n}$ et $\mathbb{P}(X_k=0)\xrightarrow[k\to\infty]{}1-\dfrac{\mathbb{E}(X_0)}{n}$.

16 - Espaces préhilbertiens réels

Rappels de cours

E désigne un espace vectoriel réel non réduit au vecteur nul.

1. **Produit scalaire et norme**

Définitions

On appelle produit scalaire sur E toute application bilinéaire φ de E^2 dans $\mathbb{R}$ vérifiant de plus : $\forall (x,y) \in E^2,\ \varphi(x,y) = \varphi(y,x)$ et $\forall x \in E \setminus \{0\},\ \varphi(x,x) > 0$.
On notera plutôt $\varphi(x,y)$ par $(x|y)$, $< x,y >$ ou $x{\cdot}y$ si $(x,y) \in E^2$.
Le produit scalaire fait de E un espace vectoriel préhilbertien. Si, de plus, E est de dimension finie on dit que c'est un espace vectoriel euclidien.
L'application $\| \ \| : E \to \mathbb{R}_+,\ x \mapsto (x|x)^{1/2}$ est appelée norme associée au produit scalaire et $d : E^2 \to \mathbb{R}_+,\ (x,y) \mapsto \|x - y\|$ est appelée distance associée.

Propriétés

Si l'un des vecteurs x ou y est nul alors $(x|y) = 0$,
Inégalité de Cauchy-Schwarz
Si $(x,y) \in E^2$, $|(x|y)| \leqslant \|x\| \times \|y\|$ avec égalité si, et seulement si, (x,y) est liée.
Pour la norme et la distance associées
$\forall x \in E,\ \|x\| = 0 \iff x = 0$ et $\forall (x,y) \in E^2,\ d(x,y) = 0 \iff x = y$.
$\forall (x,y) \in E^2,\ \|x + y\| \leqslant \|x\| + \|y\|$ avec égalité si, et seulement si, x et y sont $\mathbb{R}_+$-colinéaires.
Si $(x,y,z) \in E^3,\ d(x,y) \leqslant d(x,z) + d(z,y)$ avec égalité si, et seulement si, $z - x$ et $y - z$ sont $\mathbb{R}_+$-colinéaires. Ces deux dernières inégalités sont appelées inégalités triangulaires.
Bien sûr si $n \in \mathbb{N}^\star$ et $(x_1, \dots, x_n) \in E^n$, alors $\left\| \sum_{i=1}^{n} x_i \right\| \leqslant \sum_{i=1}^{n} \|x_i\|$.
Une polarisation
$\forall (x,y) \in E^2,\ 2(x|y) = \|x+y\|^2 - \|x\|^2 - \|y\|^2$, cela montre que la connaissance de la norme en tout point suffit à déterminer le produit scalaire.

Exemples fondamentaux

Avec des notations bien compréhensibles $(x,y) \mapsto \sum_{i=1}^{n} x_i y_i$ est un produit scalaire sur $\mathbb{R}^n$, appelé produit scalaire canonique.
Si X et Y sont les matrices colonnes de x et y alors $(x|y) = X^T Y$.

Ainsi sur $\mathfrak{M}_{n,p}(\mathbb{R})$ le produit scalaire canonique est $(A, B) \mapsto \operatorname{tr}(A^T B)$.

Sur $\mathcal{C}([a,b],\mathbb{R})$ l'application $(f,g) \mapsto \int_a^b f(t)g(t)\,dt$ est un produit scalaire.

2. Orthogonalité

Définitions

Deux vecteurs x et y sont dits orthogonaux, et on écrit $x \perp y$, si $(x|y) = 0$.
L'orthogonal d'une partie X de E est $X^\perp = \{y \in E \mid \forall x \in X,\ x \perp y\}$.
Il s'agit d'un sous-espace vectoriel de E et $X^\perp = \operatorname{Vect}(X)^\perp$.
Si V est un sous-espace vectoriel de E alors la somme $V + V^\perp$ est directe.
$(x_i)_{i \in I} \in E^I$ est dite orthogonale si : $\forall (i,j) \in I^2,\ i \neq j \Rightarrow x_i \perp x_j$.
Elle est dite orthonormale ou orthonormée si, de plus, $\forall i \in I,\ \|x_i\| = 1$.

Propriétés

Une famille orthogonale de vecteurs tous non nuls est libre et, donc, une famille orthonormée est libre.

Théorème de Pythagore

Si $(x,y) \in E^2$ alors $\|x+y\|^2 = \|x\|^2 + \|y\|^2 \iff x \perp y$,

et si $x_1, \dots, x_n$ sont deux à deux orthogonaux dans E, alors $\left\| \sum_{i=1}^n x_i \right\|^2 = \sum_{i=1}^n \|x_i\|^2$.

Algorithme d'orthonormalisation de Schmidt

Si $(x_1, \dots, x_n)$ est libre dans E alors la famille $(e_1, \dots, e_n)$ définie par :
$e_1 = \dfrac{x_1}{\|x_1\|}$ et, pour k allant de 2 à n successivement $y_k = x_k - \sum_{i=1}^{k-1} (x_k|_i)e_i$ puis
$e_k = \dfrac{y_k}{\|y_k\|}$ est la famille orthonormée vérifiant :
$\forall k \in [\![1,n]\!]$, $\operatorname{Vect}(x_1, \dots, x_k) = \operatorname{Vect}(e_1, \dots, e_k)$ et $(x_k|e_k) > 0$.
On remarquera que si l'on étend $(x_1, \dots, x_n)$ en $(x_1, \dots, x_{n+1})$ alors la nouvelle famille $(e_1, \dots, e_{n+1})$ ne fait qu'étendre $(e_1, \dots, e_n)$.

3. Bases orthonormées, produit mixte

Ici E désigne un espace vectoriel euclidien de dimension $n \geqslant 1$.
Une base orthonormale de E est une famille orthonormée composée de n vecteurs.
Le procédé de Schmidt assure que E admet une base orthonormale et même que toute famille orthonormée de E peut être complétée en une base orthonormale.

Si $(e_1, \dots, e_n)$ est une base orthonormale alors $\forall (x,y) \in E^2,\ x = \sum_{i=1}^n (x|e_i)e_i$,

$(x|y) = \sum_{i=1}^n (x|e_i)(y|e_i)$ et $\|x\|^2 = \sum_{i=1}^n (x|e_i)^2$.

Si e et e' sont deux bases orthonormales de même orientation et si $(x_1, \dots, x_n) \in E$ alors $\det_e(x_1, \dots, x_n) = \det_{e'}(x_1, \dots, x_n)$.

Si l'on décide que e est directe alors E est orienté et $\det_e(x_1, \dots, x_n)$ est appelé produit mixte de $(x_1, \dots, x_n)$ et noté $[x_1, \dots, x_n]$. Ce produit mixte représente le volume orienté du n-èdre bâti sur $(x_1, \dots, x_n)$, il est bien sûr nul dès que la famille est liée.

Si $u \in \mathcal{L}(E)$ alors $[u(x_1), \dots, u(x_n)] = \det(u) \times [x_1, \dots, x_n]$.

4. Projection orthogonale

Si V est un sous-espace vectoriel de dimension finie de E et si x est un vecteur de E, il existe un unique vecteur de V, noté $p_V(x)$, tel que $x - p_V(x) \in V^\perp$. On l'appelle projeté orthogonal de x sur V. On a : $E = V \oplus V^\perp$.
De plus $v \mapsto d(x, v)$ admet un minimum global strict sur V, il est atteint en $p_V(x)$.
Si $(e_1, \ldots, e_q)$ est une base orthonormale de V alors $p_V(x) = \sum\limits_{i=1}^{q} (x|e_i)e_i$.
On appelle distance de x à V le réel, noté $d(x, V)$ défini par :
$$d(x, V) = \inf_{v \in V} d(x, v) = \min_{v \in V} d(x, v) = \|x - p_V(x)\|.$$
On a aussi :
$$d^2(x, V) = \|x - p_V(x)\|^2 = \|x\|^2 - \|p_V(x)\|^2 = \big(x - p_V(x)|x\big).$$
Si $\dim(E) = n$ alors $\dim(V^\perp) = n - \dim(V)$.
On notera bien que, si V n'est pas de dimension finie on peut avoir $E \neq V \oplus V^\perp$.

Cas de l'hyperplan normal à un vecteur

Soient u un élément non nul de E et $H = \text{Vect}(u)^\perp$.
Si $x \in E$ alors ses projetés orthogonaux sur $\text{Vect}(u)$ et H sont respectivement $\dfrac{(x|u)}{\|u\|^2} u$ et $x - \dfrac{(x|u)}{\|u\|^2} u$ et $d(x, H) = \dfrac{(x|u)}{\|u\|}$.

Énoncés des exercices

1. Dans $\mathbb{R}^3$ donner la matrice dans la base canonique de la projection orthogonale sur le plan d'équation $x + y + z = 0$.

---

2. Caractériser la matrice $A = \dfrac{1}{6}\begin{pmatrix} 1 & 2 & -1 \\ 2 & 4 & -2 \\ -1 & -2 & 1 \end{pmatrix}$.

---

3. Soit E un espace vectoriel préhilbertien réel de dimension finie (non précisée) et $e_1, \ldots, e_n$ des vecteurs unitaires. Montrer que $(e_1, \ldots, e_n)$ est une base orthonormale de E si, et seulement si, pour tout $x \in E$, $\|x\|^2 = \sum\limits_{i=1}^{n} \big(x|e_i\big)^2$.

---

4. Soient E un espace vectoriel euclidien de dimension $n > 1$ et $(x_1, \ldots, x_{n+1})$ une famille de vecteurs unitaires. On suppose qu'il existe $d < 0$ tel que : $(i \neq j \Rightarrow \big(x_i|x_j\big) = d$.

Montrer que $(x_1, \ldots, x_n)$ est une base de E, que toutes les coordonnées de x_{n+1} dans cette base valent -1 puis déterminer d.

---

5. Soit $E = \mathbb{R}_4[X]$.

a. Montrer que $(P,Q) \mapsto \sum_{i=0}^{4} P(i)Q(i)$ définit un produit scalaire sur E.

b. Montrer l'existence et l'unicité d'un élément P_1 de E tel que :
$P_1(0) = 0,\ P_1(1) = 1,\ P_1(2) = 3,\ P_1(3) = 5$ et $P_1(4) = 2$.

c. Déterminer le projeté orthogonal de P_1 sur $\mathbb{R}_1[X]$.

---

6. Soient E un espace vectoriel euclidien et $u \in \mathcal{L}(E)$ vérifiant :
$$\forall (x,y) \in E^2,\ x \perp y \Rightarrow u(x) \perp u(y).$$
Montrer : $\exists \alpha \in \mathbb{R}_+$ tel que $\forall (x,y) \in E^2,\ \big(u(x)|u(y)\big) = \alpha\big(x|y\big)$.

---

7. Déterminer $\displaystyle\inf_{(a,b)\in\mathbb{R}^2} \int_0^1 (x^2 - a - bx)^2\,dx$.

---

8. a. Soit $A \in \mathfrak{M}_n(\mathbb{R})$. On confond $\mathfrak{M}_{n,1}(\mathbb{R})$ et $\mathbb{R}^n$ et on le munit de la structure euclidienne canonique.
Si V est un sous-espace de $\mathbb{R}^n$, montrer $AV \subset V \iff A^T V^\perp \subset V^\perp$.

b. ***Application :*** donner les sous-espaces de $\mathbb{R}^3$ stables par $\begin{pmatrix} 1 & 1 & 1 \\ 0 & 1 & 1 \\ 0 & 0 & 2 \end{pmatrix}$.

---

9. Soit E un espace vectoriel euclidien de dimension n.

a. Soit p une projection. Montrer qu'il y a équivalence entre
(i) p est une projection orthogonale,
(ii) il existe une base orthonormale dans laquelle sa matrice est symétrique,
(iii) dans toute base orthonormale sa matrice est symétrique,
(iv) pour tout $x \in E$, $\|p(x)\| \leqslant \|x\|$.

b. Si p_1 et p_2 sont des projections orthogonales montrer :
$$p_1 \circ p_2 \text{ projection orthogonale} \iff p_1 \circ p_2 = p_2 \circ p_1.$$

---

10. On munit $\mathbb{R}[X]$ du produit scalaire $(P,Q) \mapsto \displaystyle\int_0^1 P(t)Q(t)\,dt$.

a. Montrer que, pour tout $n \in \mathbb{N}$, il existe un unique élément A_n de $\mathbb{R}_n[X]$ tel que :
$$\forall P \in \mathbb{R}_n[X],\ \big(P|A_n\big) = P(0).$$

b. Étudier cette même question dans $\mathbb{R}[X]$ à l'aide de $P_n = (X-1)^n$.

---

11. On munit $E = \mathbb{R}[X]$ d'une structure d'espace vectoriel réel préhilbertien.
On considère un élément u de $\mathcal{L}(E)$ tel que :
$\forall (P,Q) \in E^2,\ \big(u(P)|Q\big) = \big(P|u(Q)\big)$ et $\deg\big[u(P)\big] \leqslant \deg(P)$.
On note enfin $(P_n)_n$ l'orthonormalisée de Schmidt de $(X^n)_n$.
Montrer que, pour tout $n \in \mathbb{N}$, $u(P_n)$ est colinéaire à P_n.

---

12. Soit $A \in \mathfrak{M}_{n,p}(\mathbb{R})$.

a. Montrer que A, A^TA et AA^T ont même rang *(comparer les noyaux de A et A^TA).*

b. Montrer : $\left[\operatorname{Im}(A)\right]^{\perp} = \operatorname{Ker}(A^T)$.

c. On suppose A de rang p et on choisit B dans $\mathfrak{M}_{n,1}(\mathbb{R})$.
Montrer que $\Phi : X \mapsto \|AX - B\|$ admet un minimum strict global sur $\mathfrak{M}_{p,1}(\mathbb{R})$.
On suppose que Φ l'atteint en X_0. Montrer $X_0 = \left(A^T A\right)^{-1} A^T B$.

---

13. Soient E un espace vectoriel euclidien orienté de dimension n et $(u_1, \dots, u_n) \in E^n$.
Montrer que $\left|[u_1, \dots, u_n]\right| \leqslant \prod\limits_{i=1}^{n} \|u_i\|$. En déduire que, si $A = \left(a_{i,j}\right) \in \mathfrak{M}_n(\mathbb{R})$ vérifie : $\forall (i,j) \in [\![1, n]\!]^2$, $|a_{i,j}| \leqslant 1$, alors $\left|\det(A)\right| \leqslant n^{\frac{n}{2}}$.

---

14. Si a et b sont deux vecteurs unitaires linéairement indépendants d'un espace vectoriel euclidien E déterminer le minimum et le maximum de l'application $f : x \mapsto \left(a|x\right)\left(b|x\right)$ sur $\mathcal{S}^1 = \left\{x \in E \mid \|x\| = 1\right\}$.

Solutions des exercices

1. Le vecteur $n = (1,1,1)$ est normal au plan de projection et, si $x \in \mathbb{R}^3$ alors, d'après le cours, $p(x) = x - \dfrac{(x|n)}{\|n\|^2} n$ et, matriciellement, $PX = X - \dfrac{N^T X}{\|n\|^2} N$ soit, comme $(N^T X)N = N(N^T X) = (NN^T)X$, $PX = \left(I_3 - \frac{NN^T}{\|n\|^2}\right) - X$ et donc

$$P = I_3 - \frac{NN^T}{3} = \frac{1}{3}\begin{pmatrix} 2 & -1 & -1 \\ -1 & 2 & -1 \\ -1 & -1 & 2 \end{pmatrix}.$$

---

2. Immédiatement A est de rang 1 et un calcul immédiat montre $A^2 = A$, donc A est une matrice de projection. Le vecteur $N = (1\ 2\ -1)^T$ dirige $\operatorname{Im}(A)$ et le système $AX = 0$ équivaut à $x + 2y - z = 0$ soit à $X \perp N$.
Donc A est matrice dans la base canonique de $\mathbb{R}^3$ de la projection orthogonale sur $\operatorname{Vect}(N)$.

---

3. Le sens direct découle du cours.
Réciproquement si, pour tout $x \in E$, $\|x\|^2 = \sum\limits_{i=1}^{n} \left(x|e_i\right)^2$, en particulier pour tout $k \in [\![1, n]\!]$ en choisissant $x = e_k$ on obtient $1 = 1 + \sum\limits_{i \neq k} \left(e_k|e_i\right)^2$ et donc, pour tout $(i,k) \in [\![1, n]\!]^2$, $i \neq k \Rightarrow ei \perp e_k$. Ainsi $(e_1, \dots, e_n)$ est une famille orthonormée.
Si $x \in E$ son projeté orthogonal sur $\operatorname{Vect}(x_1, \dots, x_n)$ est, d'après le cours, $p(x) = \sum\limits_{i=1}^{n} (x|e_i) e_i$ et le théorème de Pythagore, comme $(x - p(x)) \perp p(x)$, montre que $\|x - p(x)\|^2 = \|x\|^2 - \|p(x)\|^2 = 0$ par hypothèse, donc $x \in \operatorname{Vect}(e_1, \dots, e_n)$.
Par suite $(e_1, \dots, e_n)$ est une base orthonormale de E.

4. Si $\sum\limits_{i=1}^{n} \lambda_i x_i = 0$ on note, pour tout $j \in [\![1, n+1]\!]$, $L_j \quad 0 = (0|x_j) = \sum\limits_{i=1}^{n} \lambda_i (x_i|x_j)$.

L_{n+1} s'écrit $d \sum\limits_{i=1}^{n} \lambda_i = 0$.

Si $1 \leqslant j \leqslant n$, L_j s'écrit $0 = \lambda_j + d \sum\limits_{i \neq j} \lambda_i$ soit, comme $d \sum\limits_{i \neq j} \lambda_i = -d\lambda_j$, $0 = (1-d)\lambda_j$ d'où $\lambda_j = 0$ car $1 - d > 0$. Par suite $(x_1, \ldots, x_n)$ est libre dans E de dimension n donc base.

Si $x_{n+1} = \sum\limits_{i=1}^{n} \lambda_i x_i$ on procède de même.

L_{n+1} s'écrit $1 = d \sum\limits_{i=1}^{n} \lambda_i$ d'où $d \sum\limits_{i \neq j} \lambda_i = 1 - d\lambda_j$ si $1 \leqslant j \leqslant n$.

Pour $1 \leqslant j \leqslant n$, L_j s'écrit $d = \lambda_j + d \sum\limits_{i \neq j} \lambda_i = \lambda_j + (1 - d\lambda_j)$ d'où $(1-d)(1+\lambda_j) = 0$ puis $\lambda_j = -1$ car $1 - d \neq 0$.

Alors L_{n+1} fournit $1 = -nd$ soit $d = -\dfrac{1}{n}\cdot$

---

5. a. L'application proposée est clairement bilinéaire symétrique et $(P|P) \geqslant 0$ pour tout $P \in E$. Si $\sum\limits_{i=0}^{4} P^2(i) = 0$ alors $P(X)$ possède 5 zéros et, donc, est nul. Cela prouve qu'il s'agit d'un produit scalaire sur E.

b. L'application $\begin{pmatrix} \mathbb{R}_4[X] & \to & \mathbb{R}^5 \\ P & \mapsto & \big(P(i)\big)_{0 \leqslant i \leqslant 4} \end{pmatrix}$ est linaire entre deux espaces vectoriels de dimension 5 et elle est injective car tout élément du noyau possède au moins 5 zéros. C'est donc un isomorphisme et le résultat en découle.

c. On utilise le procédé de Schmidt pour obtenir une base orthonormée de $\mathbb{R}_1[X]$:

- $L_0(X) = \dfrac{1}{\sqrt{5}}\cdot$
- $Q_1 = X - \dfrac{1}{5}(X|1) = X - 2$ puis $L_1 = \dfrac{Q_1}{\|Q_1\|} = \dfrac{X-2}{\sqrt{10}}\cdot$

Si P est le projeté orthogonal de P_1 sur $\mathbb{R}_1[X]$, alors d'après le cours, $P = (P_1|L_0)L_0 + (P_1|L_1)L_1$,

soit $P = \dfrac{1}{5}(P_1|1) + \dfrac{1}{10}(P_1|X-2)(X-2) = \dfrac{11}{5} + \dfrac{8(X-2)}{10} = \dfrac{4X+3}{5}\cdot$

---

6. Soit y un vecteur non nul fixé. Les deux formes linéaires $\varphi : x \mapsto \big(u(x)|u(y)\big)$ et $\psi = x \mapsto (x|y)$ vérifient $\mathrm{Ker}(\psi) \subset \ker(\varphi)$ donc il existe $\lambda(y)$ dans $\mathbb{R}$ tel que $\varphi = \lambda(y)\psi$.

Si $x \notin y^\perp$ alors $x \neq 0$ et $\big(u(x)|u(y)\big) = \lambda(y)(x|y) = \lambda(x)(x|y)$ d'où $\lambda(x) = \lambda(y)$.

Si $x \in y^\perp \setminus \{0\}$ avec $z = x + y$ on a $(x|z) = \|x\|^2 \neq 0$ et $(y|z) = \|y\|^2 \neq 0$ donc on a prouvé $\lambda(x) = \lambda(z) = \lambda(y)$ *i.e.* λ est constante sur $E \setminus \{0\}$.

De plus $\lambda = \dfrac{\|u(y)\|^2}{\|y\|^2} \in \mathbb{R}_+$ et, comme les cas $x = 0$ ou $y = 0$ sont immédiats, on a : $\forall (x, y) \in E^2$, $\big(u(x)|u(y)\big) = \lambda(x|y)$.

---

7. Il s'agit ici de considérer $E = \mathbb{R}_2[X]$ muni du produit scalaire vu en cours $(P, Q) \mapsto \int_0^1 P(t)Q(t)\,dt$ et de déterminer $d^2(X^2, \mathbb{R}_1[X])$. Cela prouve que la borne inférieure proposée existe et que c'est un minimum. On va pour le déterminer calculer le projeté orthogonal P de X^2 sur le plan $\Pi = \mathbb{R}_1[X]$.
Appliquons le procédé de Schmidt à $(1, X)$:
$\|1\|^2 = 1$ donc $P_0 = 1$ convient.
$Q_1 = X - (X|1) = X - \frac{1}{2}$. Puis $\|Q_1\|^2 = \int_0^1 \left(t - \frac{1}{2}\right)^2 dt = \frac{1}{3} - \frac{1}{2} + \frac{1}{4} = \frac{1}{12}$ d'où, avec $P_1 = 2\sqrt{3}\left(X - \frac{1}{2}\right)$, la famille (P_0, P_1) est une base orthonormale de Π.
Alors $P = (X^2|P_0)P_0 + (X^2|P_1)P_1 = X - \frac{1}{6}$ après calculs élémentaires.
Le théorème de Pythagore fournit $d^2(X^2, \Pi) = \|X\|^2 - \|P\|^2 = \frac{23}{2^3 \times 3^4 \times 5}$.

---

8. a. Si $AV \subset V$ et $(X, Y) \in V \times V^\perp$ alors
$(X|A^T Y) = X^T A^T Y = (AX)^T Y = (AX|Y)$ d'où, comme $AX \in V$, $(X|A^T Y) = 0$, ce qui montre que $A^T Y \in V^\perp$ et, donc, $A^T V^\perp \subset V^\perp$.
Réciproquement si $A^T V^\perp \subset V^\perp$, en posant $(A', V') = (A^T, V^\perp)$, on vient de montrer $A'^T V'^\perp \subset V'^\perp$, soit $AV \subset V$.

b. On note A la matrice proposée. Déjà $\{0\}$ et $\mathbb{R}^3$ sont stables par A.
Si $D = \mathrm{Vect}(X)$ est une droite stable par A alors il existe $\lambda \in \mathbb{R}$ tel que $AX = \lambda X$ soit
$$\begin{cases} (1-\lambda)x + y + z = 0 \\ (1-\lambda)y + z = 0 \\ (2-\lambda)z = 0 \end{cases}$$
Si $z \neq 0$ on obtient $\lambda = 2$ et $X = z(2\ 1\ 1)^T$.
Si $z = 0$ on obtient $\lambda = 1$ et $X = x(1\ 0\ 0)^T$, cela donne deux droites stables.
Π est un plan vectoriel stable par A si, et seulement si, $\Pi^\perp$ est une droite vectorielle stable par A^T et, de la même manière, on obtient deux droites vectorielles stables par A^T qui sont engendrées par $(0\ 1\ -1)^T$ et $(0\ 0\ 1)^T$ d'où deux plans stables par A d'équations respectives $y = z$ et $z = 0$.

---

9. a. Soit p une projection orthogonale et notons r son rang.
Considérons une base orthonormale adaptée à $E = \mathrm{Im}(p) \oplus \mathrm{Ker}(p)$ et cela est possible car $\mathrm{Ker}(p) = \mathrm{Im}(p)^\perp$. Dans cette base la matrice de p est $\mathrm{diag}(I_r, 0_{n-r})$ symétrique d'où (i) $\Rightarrow$ (ii).
Si, dans une base orthonormale e la matrice A de p est symétrique et si e' est une autre base orthonormale alors la matrice de passage P de e à e' est orthogonale et la matrice A' de p dans e' vérifie $A' = P^T A P$ d'où $A'^T = P^T A^T P = A'$ car $A^T = A$, d'où (ii) $\Rightarrow$ (iii).
Supposons (ii) et soit $(x, y) \in \mathrm{Im}(p) \times \mathrm{Ker}(p)$. on note X et Y les matrices colonnes de x et y dans une base orthonormale e.
Alors $(x|y) = (p(x)|y) = (PX)^T Y = X^T(PY) = (x|p(y)) = 0$ et donc p est une projection orthogonale car $\mathrm{Ker}(p)$ est orthogonal à $\mathrm{Im}(p)$, d'où (iii) $\Rightarrow$ (i).
Supposons (i), si $x \in E$ comme $p(x) \perp (x - p(x))$, le théorème de Pythagore montre que $\|x\|^2 = \|p(x)\|^2 + \|x - p(x)\|^2 \geqslant \|p(x)\|^2$.

Solutions

Si, maintenant, pour tout $x \in E$, $\|p(x)\| \leqslant \|x\|$ et si $x \in \text{Ker}(p)^{\perp}$ alors, comme $x - p(x) \in \text{Ker}(p)$ on a $\|p(x)\|^2 = \|x\|^2 + \|p(x) - x\|^2 \leqslant \|x\|^2$ et donc $p(x) = x$ *i.e.* $\text{Ker}(p)^{\perp} \subset \text{Im}(p)$. Par égalité des dimensions on en déduit $\text{Im}(p) = \text{Ker}(p)^{\perp}$ et donc p est un projecteur orthogonal. Par suite les quatre propriétés sont équivalentes.

b. Soient e une base orthonormale et, pour $1 \leqslant i \leqslant 2$, P_i la matrice de p_i dans e. $(P_1P_2)^T = P_2^T P_1^T = P_2P_1$ d'après la question précédente.
Si $p_1 \circ p_2$ est une projection orthogonale alors P_1P_2 est symétrique d'où, d'après le calcul précédent, $P_1P_2 = P_2P_1$ ou encore $p1 \circ p_2 = p_2 \circ p_1$.
Réciproquement si les p_i commutent alors P_1P_2 est symétrique et $(P_1P_2)^2 = P_1^2P_2^2$ soit $(P_1P_2)^2 = P_1P_2$ et donc, d'après la question a. $p_1 \circ p_2$ est une projection orthogonale.

---

10. a. Si $E = \mathbb{R}_n[X]$ et si, pour tout $A \in E$ on note $\varphi_A : E \to \mathbb{R}$, $P \mapsto (A|P)$, alors $E \to E^{\star}$, $A \mapsto \varphi_A$ est linéaire injective entre deux espaces vectoriels de même dimension finie $n+1$. Si A est dans son noyau alors, en particulier, $\varphi_A(A) = \|A\|^2 = 0$ et donc $A = 0$. Cela prouve que $A \mapsto \varphi_A$ est un isomorphisme d'espaces vectoriels et, comme $P \mapsto P(0) \in E^{\star}$, l'existence et l'unicité de A_n en découle.

b. S'il existe un polynôme A tel que, pour tout $P \in \mathbb{R}[X]$ on a $(A|P) = P(0)$ alors pour tout $n \in \mathbb{N}$, $|P_n(0)| = |(A|P_n)| \leqslant \|A\| \times \|P_n\|$.
Or, si $n \in \mathbb{N}$, $\|P_n\|^2 = \displaystyle\int_0^1 (t-1)^{2n} dt = \frac{1}{2n+1}$ d'où $1 \leqslant \dfrac{\|A\|}{\sqrt{2n+1}}$.
Lorsque $n \to \infty$ on obtient $1 \leqslant 0$, ce qui est faux. L'existence de A est en défaut ou encore $A \mapsto \varphi_A$ n'est pas un isomorphisme de $\mathbb{R}[X]$ sur son dual.

---

11. Procédons par récurrence.
$\deg [u(P_0)] \leqslant \deg(P_0) = 0$ montre que $u(P_0)$ est colinéaire à P_0.
Supposons que, pour tout $k \leqslant p$, $u(P_k)$ est colinéaire à P_k.
$\deg [u(P_{p+1})] \leqslant \deg(P_{p+1}) = p+1$ montre que $u(P_{p+1}) \in \text{Vect}(P_0, \ldots, P_{p+1})$.
Écrivons $u(P_{p+1}) = \sum\limits_{i=0}^{p+1} \lambda_i P_i$.
Pour $0 \leqslant k \leqslant p$ on a $(u(P_{p+1})|P_k) = \lambda_k$ et aussi $(P_{p+1}|u(P_k)) = 0$ car $u(P_k)$ est colinéaire à P_k donc orthogonal à P_{p+1}. Comme $(u(P_{p+1})|P_k) = (P_{p+1}|u(P_k))$ on en déduit $\lambda_k = 0$ et donc $u(P_{p+1}) = \lambda_{p+1}P_{p+1}$.

---

12. a. Si X est une colonne alors $AX = 0 \Rightarrow A^TAX = 0$.
Réciproquement $A^TAX = 0 \Rightarrow X^TA^TAX = 0$ *i.e.* $\|AX\|^2 = 0$ d'où $AX = 0$.
On en déduit que $\text{Ker}(A) = \text{Ker}(A^TA)$ et, par le théorème de rang, $\text{rg}(A) = \text{rg}(A^TA)$.
De même $\text{rg}(A^T) = \text{rg}(AA^T)$ et, comme A et A^T ont même rang on a le résultat.

b. $X \in \text{Ker}(A^T) \Rightarrow \forall Z \in \mathfrak{M}_{n,1}(\mathbb{R})$, $(AZ|X) = Z^TA^TX = (Z|A^TX) = 0$, d'où $\text{Ker}(A^T) \subset [\text{Im}(A)]^{\perp}$. De plus la dimension du premier est, par le théorème de rang, $n - \text{rg}(A^T)$ soit $n - \text{rg}(A)$ qui est la dimension du deuxième, donc ces sous-espaces vectoriels de $\mathfrak{M}_{n,1}(\mathbb{R})$ sont égaux.

c. Le théorème de projection orthogonale montre que Φ est minimale en X si, et seulement si, AX est le projeté orthogonal de B sur $\text{Im}(A)$ *i.e.* si, et seulement si, $AX - B \in \left[\text{Im}(A)\right]^\perp$ soit, d'après la question précédente, si, et seulement si, $A^T AX = A^T B$.
Comme $A^T A \in \mathfrak{M}_p(\mathbb{R})$ et est de rang p d'après la question a. elle est inversible. Par suite il existe un et un seul X solution et c'est $(A^T A)^{-1} A^T B$.

---

13. L'inégalité est immédiate si la famille $(u_1, \ldots, u_n)$ est liée. Dans le cas contraire on considère l'orthonormalisée de $(u_1, \ldots, u_n)$ par le procédé de Schmidt et on note e cette base orthonormale.

On a $|\det_e(u_1, \ldots, u_n)| == \begin{vmatrix} (u_1|e_1) & & (\star) \\ & \ddots & \\ (0) & & (u_n|e_n) \end{vmatrix} = \prod_{i=1}^n \left|(u_i|e_i)\right| \leqslant \prod_{i=1}^n \|u_i\|$

d'après l'inégalité de Cauchy-Schwarz.

On a, pour tout $i \in [\![1, n]\!]$, $\|C_i(A)\| \leqslant \sqrt{n}$ d'où le résultat.

---

14. Soit $V = \text{Vect}(a, b)^\perp$ et, si $x \in E$, $x = y + v$ sa décomposition dans la somme directe orthogonale $E = \text{Vect}(a, b) \oplus V$.
Alors $f(x) = f(y)$ et il suffit donc de se placer sur $\mathcal{S}^1 \cap \text{Vect}(a, b)$.
On identifie le plan $\text{Vect}(a, b)$ à $\mathbb{C}$, $a = 1$ et $b = e^{i\theta}$ où $0 < \theta < \pi$, $y = re^{i\varphi}$ où $0 \leqslant r \leqslant 1$ et donc $f(y) = r^2 \cos(\varphi)\cos(\theta - \varphi) = r^2 g(\varphi)$.
La fonction g est de classe $\mathcal{C}^1$ et π-périodique avec $g' : \varphi \mapsto \sin(\theta - 2\varphi)$.
Si $\theta \leqslant \dfrac{\pi}{2}$ on obtient le tableau

φ	0		$\dfrac{\theta}{2}$		$\dfrac{\theta+\pi}{2}$		π
$g'(\varphi)$		$+$	0	$-$	0	$+$	
$g(\varphi)$	$\sin(\theta)$	$\nearrow$	M	$\searrow$	m	$\nearrow$	$\sin(\theta)$

et donc, dans ce cas le maximum de f sur E est M, son minimum sur E est m, soit $M = \cos^2\left(\dfrac{\theta}{2}\right) = \dfrac{1 + (a|b)}{2}$ et $m = -\sin^2\left(\dfrac{\theta}{2}\right) = \dfrac{(a|b) - 1}{2}$.
De même si $(a|b) < 0$.

Solutions

Travaux dirigés

Matrice de Gram

Soient E un espace vectoriel euclidien de dimension n et e une base orthonormale de E ; $e = (e_1, \dots, e_n)$.
Si $(x_1, \dots, x_p) \in E^p$ on pose $G = G(x_1, \dots, x_p) = \Big((x_i|x_j)\Big)_{1\leqslant i,j\leqslant p} \in S_p(\mathbb{R})$.

1. Soit P la matrice de $(x_1, \dots, x_p)$ dans la base e, $P \in \mathfrak{M}_{n,p}(\mathbb{R})$ avec $p_{i,j} = (e_i|x_j)$.
Montrer que $G = P^T P$ et en déduire le signe de $\det(G)$.

2. Si $\Lambda \in \mathfrak{M}_{p,1}(\mathbb{R})$ montrer $\Lambda^T G \Lambda = \|P\Lambda\|^2$.
En déduire que G et $(x_1, \dots, x_p)$ ont même rang et que $G\Lambda$ est nulle si, et seulement si, $\sum\limits_{i=1}^{p} \lambda_i x_i = 0_E$ où l'on a posé $\Lambda = (\lambda_1 \quad \cdots \quad \lambda_p)^T$.

3. On pose $V = \text{Vect}(x_1, \dots, x_{p-1})$.

a. Si $x_p \in V^\perp$ montrer que $\det\big(G(x_1, \dots, x_p)\big) = \|x_p\|^2 \times \det\big(G(x_1, \dots, x_{p-1})\big)$.

b. Si $x_p = y + z$ où $y \in V$, montrer : $\det\big(G(x_1, \dots, x_p)\big) = \det\big(G(x_1, \dots, x_{p-1}, z)\big)$.

c. En déduire, en utilisant le projeté orthogonal y de x_p sur V, que l'on a :
$$\det\big(G(x_1, \dots, x_p)\big) = d^2(x_p, V) \times \det\big(G(x_1, \dots, x_{p-1})\big).$$

d. Que représente géométriquement $\det\big(G(x_1, \dots, x_n)\big)$?

4. *Application à la géométrie - $n+1$-èdre régulier*
Soient $u_0, u_1, \dots, u_n$ des vecteurs unitaires tels que, si $i \neq j$, $(u_i|u_j) = \alpha \neq 1$ (indépendant de i et de j). Déterminer α. Résoudre l'équation $\sum\limits_{i=0}^{n} \lambda_i u_i = 0_E$.

Solution

1. Posons $H = P^T P$, si $1 \leqslant i,j \leqslant n$, $h_{i,j} = \sum\limits_{k=1}^{n} p_{k,i} p_{k,j} = \sum\limits_{k=1}^{n} (x_i|e_k)(x_j|e_k)$ soit $h_{i,j} = (x_i|x_j) = g_{i,j}$ puis $P^T P = G$. Par suite $\det(G) = \det^2(P) \geqslant 0$.

2. $\Lambda^T G \Lambda = (P\Lambda)^T (P\Lambda) = \|P\Lambda\|^2$.
$P\Lambda = 0 \Rightarrow G\Lambda = P^T P \Lambda = 0$ et, réciproquement, $G\Lambda = 0 \Rightarrow \|P\Lambda\|^2 = \Lambda^T G \Lambda = 0$ d'où $\text{Ker}(G) = \text{Ker}(P)$ et, par le théorème de rang, les matrices G et P ont même rang *i.e.* $\text{rg}(G) = \text{rg}(x_1, \dots, x_n)$.
De plus on a montré $G\Lambda = 0 \iff P\Lambda = 0 \iff \sum\limits_{i=1}^{n} \lambda_i x_i = 0$ car la i-ème colonne de P est la matrice colonne de x_i pour tout $i \in [\![1, n]\!]$.

3. a. $x_p \in \text{Vect}(x_1, \dots, x_{p-1})^\perp \Rightarrow G(x_1, \dots, x_p) = \text{diag}\big(G(x_1, \dots, x_{p-1}), \|x_p\|^2\big)$ d'où le résultat en passant au déterminant.

b. Posons $y = \sum_{i=1}^{p-1} \alpha_i x_i$. L'opération élémentaire $C_p \leftarrow C_p - \sum_{i=1}^{p-1} \alpha_i C_i$ dans $G(x_1, \ldots, x_p)$ remplace C_p par $(0 \cdots 0 \ (y + z|z))^T$.

Puis on effectue $L_p \leftarrow L_p - \sum_{i=1}^{p-1} L_i$ pour remplacer L_p par $(0 \cdots 0 \ \|z\|^2)$ et donc $\det\big(G(x_1, \ldots, x_p)\big) = G(x_1, \ldots, x_{p-1}, z)$.

c. Si y est le projeté orthogonal de x_p sur V alors, avec $z = x - y$, on a $\|z\| = d(x_p, V)$ et, d'après les deux questions précédentes :

$$\det\big(G(x_1, \ldots, x_p)\big) = d^2(x_p, V) \times \det\big(G(x_1, \ldots, x_{p-1})\big).$$

d. $\det\big(G(x_1, \ldots, x_n)\big) = \det^2(P) = [x, \ldots, x_n]^2$ carré du volume du n-èdre bâti sur $(x_1, \ldots, x_n)$.

4. Posons $G = G(u_0, \ldots, u_n)$ et notons J l'élément de $\mathfrak{M}_{n+1}(\mathbb{R})$ dont tous les coefficients valent 1. On a $G = \alpha J + (1 - \alpha)I$ en posant $I = I_{n+1}$.

Comme $J^2 = (n+1)J$, en posant $P = \dfrac{J}{n+1}$ on obtient une projection de rang 1 semblable à $\mathrm{diag}(0_n, 1)$.

$G = (n+1)\alpha P + (1-\alpha)I$ est donc semblable à $\mathrm{diag}\big((1-\alpha)I_n, n\alpha + 1\big)$.

La famille $(u_0, \ldots, u_n)$ est liée car $\dim(E) = n$ et donc G n'est pas inversible.

Or on vient de montrer que $\det(G) = (1-\alpha)^n(n\alpha + 1)$ et, comme $\alpha \neq 1$, il vient $\alpha = -\dfrac{1}{n}$.

On en déduit que $G(u_1, \ldots, u_n)$ est inversible car $\alpha \neq -\dfrac{1}{n-1}$ et, donc, $(u_1, \ldots, u_n)$ est une base de E.

Cela montre que la matrice P de $(u_0, \ldots, u_n)$ dans une base orthonormale est de rang n et l'équation proposée s'écrit aussi $P\Lambda = 0$, système linéaire homogène de rang n, l'ensemble des solutions est donc une droite vectorielle.

La somme des colonnes de G est nulle car $n\alpha + 1 = 0$ donc $\sum_{i=0}^{n} u_i$ est orthogonal à tous les u_i lesquels engendrent E, donc $\sum_{i=0}^{n} u_i = 0$.

Par conséquent $\sum_{i=0}^{n} \lambda_i u_i = 0 \iff \lambda_0 = \cdots = \lambda_n$.

Solutions

Méthode de Gauss

On donne deux réels a et b avec $a < b$ et une fonction continue π sur $[a, b]$, à valeurs strictement positives sur $]a, b[$.
$\mathcal{P}$ désigne l'ensemble des fonctions polynomiales sur $[a, b]$ et, pour tout entier n, $\mathcal{P}_n$ est le sous-espace constitué des fonctions polynomiales de degré au plus n.

On pose $\mathcal{C} = \mathcal{C}\big([a, b], \mathbb{R}\big)$ et on définit $(\cdot|\cdot)$ sur $\mathcal{C}$ par : $(f|g) = \displaystyle\int_a^b f(t)g(t)\pi(t)\,dt$ pour tout $(f, g) \in \mathcal{C}^2$.

1. Montrer que $(\cdot|\cdot)$ est un produit scalaire sur $\mathcal{C}$. On note $\|\cdot\|$ la norme associée.

2. Prouver l'existence et l'unicité d'une base orthonormée $(P_n)_n$ de $\mathcal{P}$ vérifiant : $\forall n \in \mathbb{N}$, P_n est de degré n et a un coefficient dominant, noté a_n, strictement positif.

3. Calculer $(Q|P_n)$ si $Q \in \mathcal{P}_{n-1}$.

4. Soient $n \geqslant 1$ puis $x_1, \ldots, x_k$ les racines de P_n dans $]a, b[$ et d'ordre impair.

On pose $Q = \prod_{i=1}^{k} (X - x_i)$ et, si $k = 0$, $Q = 1$. Si $k < n$ montrer que $(P_n|Q) = 0$.

À l'aide du signe de P_nQ sur $[a, b]$ en déduire que P_n est scindé à racines simples dans $]a, b[$.

5. On suppose $n \geqslant 1$.

a. Montrer que $a_{n-1}P_n - a_nXP_{n-1}$ s'écrit $\sum_{k=0}^{n-1} \alpha_k P_k$ où $(\alpha_0, \ldots, \alpha_{n-1}) \in \mathbb{R}^n$.

b. En déduire l'existence de réels β_n, γ_n et δ_n tels que :

$$P_n = (\beta_n X + \gamma_n)P_{n-1} + \delta_n P_{n-2}.$$

n est désormais fixé, $n \geqslant 1$, $(x_1, \ldots, x_n)$ désigne le n-uplet des racines de P_n rangées par ordre croissant.

6. Montrer qu'il existe un unique n-uplet $(\lambda_1, \ldots, \lambda_n)$ de réels tel que pour tout Q dans $\mathcal{P}_{n-1}$ on a : $\displaystyle\int_a^b Q(t)\pi(t)\,dt = \sum_{k=1}^{n} \lambda_k Q(x_k)$.

7. À l'aide de la division euclidienne par P_n étendre ce résultat à tout $Q \in \mathcal{P}_{2n-1}$.

8. Si $(y_1, \ldots, y_n, \mu_1, \ldots, \mu_n)$ est un $2n$-uplet de réels tel que $y_1 \leqslant \cdots \leqslant y_n$ et que, pour tout $Q \in \mathcal{P}_{2n-1}$ on a $\displaystyle\int_a^b Q(t)\pi(t)\,dt = \sum_{k=1}^{n} \mu_k Q(y_k)$,
montrer $(y_1, \ldots, y_n) = (x_1, \ldots, x_n)$ puis enfin $(\mu_1, \ldots, \mu_n) = (\lambda_1, \ldots, \lambda_n)$.

9. Montrer $\forall k \in [\![1, n]\!]$, $\lambda_k > 0$.

f désigne un élément de $\mathcal{C}^{2n}\big([a, b], \mathbb{R}\big)$.

10. Prouver $\exists! H \in \mathcal{P}_{2n-1}$ tel que $\forall i \in [\![1, n]\!]$, $H(x_i) = f(x_i)$ et $H'(x_i) = f'(x_i)$.

11. Si $x \in [a, b] \setminus \{x_1, \ldots, x_n\}$, soit $G_x : t \mapsto f(t) - H(t) - K(t - x_1)^2 \cdots (t - x_n)^2$ où K est fixé tel que $G_x(x) = 0$. Montrer que $G_x^{(2n)}$ s'annule en au moins un point de $]a, b[$. En déduire l'existence de c dans $]a, b[$ tel que : $f(x) - H(x) = \dfrac{P_n^2(x) f^{(2n)}(c)}{a_n^2 (2n)!}$.

12. Montrer $\left|\int_a^b f(t)\pi(t)\,dt - \sum_{k=1}^{n} \lambda_k f(x_k)\right| \leqslant \dfrac{\|f^{(2n)}\|_\infty}{a_n^2(2n)!}$ où $\|f^{(2n)}\|_\infty = \max_{a\leqslant t\leqslant b} |f^{(2n)}(t)|$.

13. Si $g \in \mathcal{C}$ et $n \in \mathbb{N}$ on pose $c_n = (g|P_n)$, montrer la convergence de $\sum c_k^2$ et $\sum_{k=0}^{\infty} c_k^2 \leqslant \|g\|^2$.

Solution

1. $(\cdot|\cdot)$ est bilinéaire symétrique et, si $f \in \mathcal{C}\setminus\{0\}$ comme $f^2\pi$ est continue positive non identiquement nulle sur $[a,b]$, on a $(f|f) > 0$ d'après les propriétés de l'intégration.

2. On applique, pour tout $n \in \mathbb{N}$, le procédé d'orthonormalisation de Schmidt à $(X^k)_{0\leqslant k\leqslant n}$ pour obtenir $(P_k)_{0\leqslant k\leqslant n}$ base orthonormale de $\mathcal{P}_n$.
La famille ainsi obtenue $(P_k)_{k\in\mathbb{N}}$ convient car, pour tout $n \in \mathbb{N}$, la matrice de passage de $(X^k)_{0\leqslant k\leqslant n}$ à $(P_k)_{0\leqslant k\leqslant n}$ est triangulaire supérieure et son inverse a pour coefficients diagonaux les $(X^k|P_k)$, ce qui prouve que le coefficient dominant de P_k est $\dfrac{1}{(X^k|P_k)} > 0$.

3. $\mathcal{P}_{n-1} = \mathrm{Vect}(P_0, \ldots, P_{n-1})$ donc $Q \in \mathcal{P}_{n-1} \Rightarrow (Q|P_n) = 0$.

4. Si $k < n$ alors $Q \in \mathcal{P}_{n-1}$ et donc $(Q|P_n) = 0$.
Or, par construction, les zéros de P_nQ dans $]a,b[$ sont tous d'ordre pair, donc, $P_nQ\pi$ est continue de signe constant sur $[a,b]$ et d'intégrale nulle. Elle devrait être nulle alors que $\deg(P_nQ) = n+k$, c'est absurde. Par conséquent $k = n$ et P_n est scindé à racines simples dans $]a,b[$.

5. a. Par combinaison linéaire $a_{n-1}P_n - a_nXP_{n-1} \in \mathcal{P}_n$ et le coefficient de X^n est $a_{n_1}a_n - a_na_{n-1} = 0$, d'où $a_{n-1}P_n - a_nXP_{n-1} \in \mathcal{P}_{n-1} = \mathrm{Vect}(P_0, \ldots, P_{n-1})$.
b. Si $k \leqslant n-3$ on a $(a_{n-1}P_n - a_nXP_{n-1}|P_k) = \alpha_k = a_{n-1}(P_n|P_k) - a_n(XP_{n-1}|P_k)$ d'où, comme $P_n \perp P_k$, $\alpha_k = -a_n(XP_{n-1}|P_k) = -a_n(P_{n-1}|XP_k) = 0$ car $XP_k \in \mathcal{P}_{n-2}$ et donc $XP_k \perp P_{n-1}$.
Par suite $a_{n-1}P_n - a_nXP_{n-1} = \alpha_{n-2}P_{n-2} + \alpha_{n-1}P_{n-1}$ d'où le résultat en posant $\beta_n = \dfrac{a_n}{a_{n-1}}$, $\gamma_n = \dfrac{\alpha_{n-1}}{a_{n-1}}$ et $\delta_n = \dfrac{\alpha_{n-2}}{a_{n-1}}$.

6. Si l'on pose, pour tout $k \in [\![1,n]\!]$, $\varphi_k : \mathcal{P}_{n-1} \to \mathbb{R}$, $Q \mapsto Q(x_k)$ et si $\sum_{k=1}^{n} \lambda_k\varphi_k$ est la fonction nulle, pour tout $i \in [\![1,n]\!]$, en $L_i = \prod_{\substack{1\leqslant j\leqslant n\\ j\neq i}} \left(\dfrac{X - x_j}{x_i - x_j}\right)$ cela donne $\lambda_i = 0$.

Par suite $(\varphi_1, \ldots, \varphi_n)$ est libre dans $\mathcal{P}_{n-1}^\star$ de dimension n donc base de cet espace vectoriel.
Comme $\varphi : Q \mapsto \int_a^b Q(t)\pi(t)\,dt \in \mathcal{P}_{n-1}^\star$, $(\lambda_1, \ldots, \lambda_n)$ sont, par définition, les coordonnées de φ dans cette base.

7. Si $Q \in \mathcal{P}_{2n-1}$ la division euclidienne de Q par P_n fournit $Q = P_n S + R$ où $(S,R) \in \mathcal{P}_{n-1}^2$.
Alors $\displaystyle\int_a^b Q(t)\pi(t)\,dt = (P_n|S) + \int_a^b R(t)\pi(t)\,dt = \sum_{k=1}^n \lambda_k R(x_k)$ car $S \in \mathcal{P}_{n-1} \subset P_n^\perp$ et, comme $\forall k \in [\![1,n]\!]$, $Q(x_k) = P_n(x_k)S(x_k) + R(x_k) = R(x_k)$ l'égalité de la question précédente se généralise aux éléments Q de $\mathcal{P}_{2n-1}$.

8. Si $P(X) = \prod_{k=1}^n (X - y_k)$ alors $\forall Q \in \mathcal{P}_{n-1}$, $(P|Q) = \displaystyle\int_a^b P(t)Q(t)\pi(t)\,dt = 0$ car $PQ \in \mathcal{P}_{2n-1}$ et donc $P \in \mathcal{P}_n \cap \mathcal{P}_{n-1}^\perp = \mathrm{Vect}(P_n)$ d'où $(y_1, \ldots, y_n) = (x_1, \ldots, x_n)$.
La question 6 montre alors $(\mu_1, \ldots, \mu_n) = (\lambda_1, \ldots, \lambda_n)$.

9. Si $1 \leqslant i \leqslant n$ on a, en reprenant les notations de la question 6, comme $L_i^2 \in \mathcal{P}_{2n-2} \subset \mathcal{P}_{2n-1}$, $\|L_i\|^2 = \sum_{k=1}^n \lambda_k L_i^2(x_k) = \lambda_i > 0$ car $L_i \neq 0$.

10. L'application $\Theta : \mathcal{P}_{2n-1} \to \mathbb{R}^{2n}$, $P \mapsto \big(P(x_1), \ldots, P(x_n), P'(x_1), \ldots, P'(x_n)\big)$ est linéaire entre deux espaces vectoriels de même dimension finie $2n$.
Si $P \in \mathrm{Ker}(\Theta)$ alors P possède n racines doubles et $\deg(P) < 2n$, donc $P = 0$, ce qui prouve que Θ est injective et donc bijective.
Cela prouve l'existence et l'unicité de H qui n'est autre que l'image réciproque par Θ de $\big(f(x_1), \ldots, f(x_n), f'(x_1), \ldots, f'(x_n)\big)$.

11. G_x est de classe $\mathcal{C}^{2n}$ sur $[a,b]$ et s'annule en $x_1, \ldots, x_n$ et x.
En appliquant le théorème de Rolle sur les n segments successifs d'extrémités les points précédents cela montre que G_x' possède n zéros dans les ouverts successifs. De plus G_x' s'annule en chacun des x_i par définition de H, cela fait $2n$ annulations de G_x' et, par récurrence en utilisant le théorème de Rolle, une annulation de $G_x^{(2n)}$ en un point c de $]a,b[$.
Mais alors $0 = G_x^{(2n)}(c) = f^{(2n)}(c) - (2n)!K$ car $\deg(H) < 2n$ d'où $K = \dfrac{f^{(2n)}(c)}{(2n)!}$.
Comme $G_x(x) = 0$ on en déduit $f(x) - H(x) = \dfrac{\prod_{i=1}^n (x - x_i)^2 f^{(2n)}(c)}{(2n)!}$ soit $f(x) - H(x) = \dfrac{P_n^2(x) f^{(2n)}(c)}{a_n^2 (2n)!}$.

12. Par continuité de $f - H$ sur $[a,b]$ on déduit de la question précédente : $\forall x \in [a,b]$, $\big|f(x) - H(x)\big| \leqslant \dfrac{P_n^2(x)\|f^{(2n)}\|_\infty}{a_n^2(2n)!}$.

$$\begin{aligned}\int_a^b f(t)\pi(t)\,dt - \sum_{k=1}^n \lambda_k f(x_k) &= \int_a^b \big[f(t) - H(t)\big]\pi(t)\,dt \\ &\quad + \int_a^b H(t)\pi(t)\,dt - \sum_{k=1}^n \lambda_k H(x_k) \\ &= \int_a^b \big[f(t) - H(t)\big]\pi(t)\,dt\end{aligned}$$

car $H \in \mathcal{P}_{2n-1}$ d'où $\displaystyle \left| \int_a^b f(t)\pi(t)\,dt - \sum_{k=1}^{n} \lambda_k f(x_k) \right| \leqslant \frac{\|f^{(2n)}\|_\infty}{a_n^2(2n)!} \int_a^b P_n^2(t)\pi(t)\,dt$

soit, comme $\|P_n\| = 1$, $\displaystyle \left| \int_a^b f(t)\pi(t)\,dt - \sum_{k=1}^{n} \lambda_k f(x_k) \right| \leqslant \frac{\|f^{(2n)}\|_\infty}{a_n^2(2n)!}$.

13. Pour tout $n \in \mathbb{N}$, comme $(P_0, \dots, P_n)$ est une base orthonormale de $\mathcal{P}_n$, le polynôme $Q_n = \sum\limits_{k=0}^{n} c_k P_k$ est le projeté orthogonal de g sur $\mathcal{P}_n$ et on déduit du théorème de Pythagore l'inégalité $\|Q_n\|^2 \leqslant \|g\|^2$, soit $\sum\limits_{k=0}^{n} c_k^2 \leqslant \|g\|^2$.

$\sum c_k^2$ est une série à termes positifs et $\|g\|^2$ majore les sommes partielles donc cette série converge et $\sum\limits_{k=0}^{\infty} c_k^2 \leqslant \|g\|^2$.

Solutions

17 - Familles sommables

Rappels de cours

1. Dénombrabilité

a. Définition. Un ensemble I est dit dénombrable lorsqu'il existe une bijection de $\mathbb{N}$ sur I. Il est dit au plus dénombrable lorsqu'il existe une bijection d'une partie D de $\mathbb{N}$ sur I.

b. Exemples et contre-exemple

• $\mathbb{N}, \mathbb{Z}, \mathbb{N}^k, \mathbb{Z}^k$ ainsi que $\mathbb{Q}$ et $\mathbb{Q}^k$ pour $k \in \mathbb{N}^\star$, sont des ensembles dénombrables.

• Si $(F_n)_{n \in \mathbb{N}}$ est une suite d'ensembles finis non vides et deux à deux disjoints alors $\displaystyle\bigcup_{n \in \mathbb{N}} F_n$ est dénombrable.

• Une réunion dénombrable d'ensembles dénombrables l'est.

• $\mathbb{R}$ n'est pas dénombrable.

2. Familles sommables de nombres réels positifs

Dans la suite, on notera $\mathcal{P}_f(I)$ l'ensemble des parties finies de I.

a. Définitions. Soit $u = (u_i)_{i \in I}$ une famille de réels positifs, indexée par un ensemble dénombrable I. On dit que u est une famille sommable si la partie de $\mathbb{R}$ définie par $\left\{ S_J(u) = \displaystyle\sum_{i \in J} u_i \;\middle|\; J \in \mathcal{P}_f(I) \right\}$ est majorée. La borne supérieure de cette partie est alors appelée la somme de la famille. Elle est notée $S(u) = \displaystyle\sum_{i \in I} u_i$ ou $S_I(u)$. Si u n'est pas sommable, on note $S(u) = +\infty$.

b. Corollaire. Soient $u = (u_i)_{i \in I}$ et $v = (v_i)_{i \in I}$ deux familles de réels positifs tels que, pour tout $i \in I, u_i \leqslant v_i$.

(i) Si la famille v est sommable, la famille u est sommable et $S(u) \leqslant S(v)$.

(ii) Si la famille u n'est pas sommable, la famille v n'est pas sommable.

c. Théorème de sommation par paquets. Si $(I_n)_{n \in \mathbb{N}}$ est une partition de I, pour toute famille $(u_i)_{i \in I}$ de nombres réels positifs,

$$S(u) = \sum_{i \in I} u_i = \sum_{n=0}^{\infty} \Big(\sum_{i \in I_n} u_i \Big) = \sum_{n=0}^{\infty} S_{I_n}(u).$$

d. **Théorème de Fubini.** Soit $u = (u_{p,q})_{(p,q) \in \mathbb{N}^2}$ une suite double (*i.e.* une famille indexée par $\mathbb{N} \times \mathbb{N}$) de réels positifs. u est sommable si, et seulement si,

(i) pour tout q dans $\mathbb{N}$, $\left(\sum u_{p,q} \right)_{p \geqslant 0}$ converge, on note v_q sa somme,

(ii) la série de terme général v_q converge.

Dans ces conditions : $\displaystyle\sum_{(p,q)\in\mathbb{N}^2} u_{p,q} = \sum_{q=0}^{\infty}\Big(\sum_{p=0}^{\infty} u_{p,q}\Big) = \sum_{p=0}^{\infty}\Big(\sum_{q=0}^{\infty} u_{p,q}\Big).$

3. Familles sommables de nombres complexes

a. Définition. Une famille $u = (u_i)_{i\in I}$ de nombres complexes est sommable si la famille de réels positifs $|u| = (|u_i|)_{i\in I}$ l'est.

b. Théorème et définition. Soit $u = (u_i)_{i\in I}$ une famille sommable de nombres complexes indexée par un ensemble dénombrable I. Pour toute suite croissante $(J_n)_{n\in\mathbb{N}}$ de parties finies de I dont la réunion est I, la suite $\Big(S_{J_n}(u) = \displaystyle\sum_{i\in J_n} u_i\Big)_{n\in\mathbb{N}}$ converge et sa limite est indépendante de $(J_n)_n$. On l'appelle alors la somme de la famille u et on la note : $S(u)$, ou $\displaystyle\sum_{i\in I} u_i$. On a $|S(u)| \leqslant S(|u|)$.

c. **Théorème de sommation par paquets.** Soient $(I_n)_{n\in\mathbb{N}}$ est une partition de I et $u = (u_i)_{i\in I}$ une famille sommable de nombres complexes de somme $S(u)$.

Pour tout $n\in\mathbb{N}, S_{I_n}(u) = \displaystyle\sum_{i\in I_n} u_i$ est définie et, $S(u) = \displaystyle\sum_{i\in I} u_i = \sum_{n=0}^{\infty} S_{I_n}(u)$.

d. Corollaire. Soient $(u_i)_{i\in I}$ et $(v_j)_{j\in J}$ deux familles sommables de nombres complexes, de sommes respectives $S(u)$ et $S(v)$, alors la famille $(u_i v_j)_{(i,j)\in I\times J}$ est sommable de somme $S(u)S(v)$.

e. **Théorème de Fubini.** La suite double de nombres complexes $u = (u_{p,q})_{(p,q)\in\mathbb{N}^2}$ est sommable si, et seulement si,

(i) pour tout q dans $\mathbb{N}$, $\Big(\sum |u_{p,q}|\Big)_{p\geqslant 0}$ converge, on note v_q sa somme,

(ii) la série de terme général v_q converge.

Dans ces conditions : $\displaystyle\sum_{(p,q)\in\mathbb{N}^2} u_{p,q} = \sum_{q=0}^{\infty}\Big(\sum_{p=0}^{\infty} u_{p,q}\Big) = \sum_{p=0}^{\infty}\Big(\sum_{q=0}^{\infty} u_{p,q}\Big).$

4. Familles sommables, séries : le lien

a. Théorème. Une suite $(u_n)_{n\in\mathbb{N}}$ à termes réels positifs est sommable si, et seulement si, la série $\sum u_n$ converge. Dans ces conditions : $\displaystyle\sum_{n\in\mathbb{N}} u_n = \sum_{n=0}^{\infty} u_n$.

b. Théorème. Une suite $(u_n)_{n\in\mathbb{N}}$ à valeurs complexes est sommable si, et seulement si, la série $\sum u_n$ converge absolument. Dans ce cas : $\displaystyle\sum_{n\in\mathbb{N}} u_n = \sum_{n=0}^{\infty} u_n$.

c. Corollaire. Soit une suite $(u_n)_{n\in\mathbb{N}}$ à valeurs complexes telle que la série $\sum u_n$ converge absolument. Pour toute permutation $\sigma\in\mathfrak{S}_n$, la série $\sum u_{\sigma(n)}$ converge absolument et a pour somme $\displaystyle\sum_{n=0}^{\infty} u_n$.

d. **Théorème de Fubini.** Si $(a_p)_{p\in\mathbb{N}}$ et $(b_q)_{q\in\mathbb{N}}$ sont deux suites complexes telles que les séries $\sum a_n$ et $\sum b_n$ sont absolument convergentes, alors la famille $(a_p\, b_q)_{(p,q)\in\mathbb{N}^2}$ est sommable de somme : $\displaystyle\sum_{(p,q)\in\mathbb{N}^2} a_p\, b_q = \Big(\sum_{p=0}^{\infty} a_p\Big)\Big(\sum_{q=0}^{\infty} b_q\Big)$.

e. Définition. Le produit de Cauchy de deux séries $\sum a_n$ et $\sum b_n$ à termes dans $\mathbb{K}$

est la série $\sum c_n$ où $c_n = (a \star b)(n) = \sum_{p+q=n} a_p b_q$.

f. Théorème. Le ***produit de Cauchy*** de deux séries $\sum a_n$ et $\sum b_n$ à termes complexes absolument convergentes converge absolument et a pour somme $S(a)S(b)$.

Énoncés des exercices

1. Soit $(a, b) \in (\mathbb{R}_+^*)^2$. Montrer que la suite double $\left(\dfrac{1}{a^p + b^q}\right)_{(p,q)\in\mathbb{N}^2}$ est sommable si, et seulement si, $a > 1$ et $b > 1$. Donner dans ces conditions un majorant de la somme de cette famille.

---

2. Montrer que, pour tout $z \in \mathbb{C}, |z| < 1$ et tout $(a, b, c) \in (\mathbb{N}^\star)^3$, on a :

$$\sum_{n=0}^{\infty} \frac{z^{nb}}{1 + z^{na+c}} = \sum_{n=0}^{\infty} (-1)^n \frac{z^{nc}}{1 - z^{na+b}}.$$

---

3. Pour $(p, q) \in (\mathbb{N}^*)^2$, on pose $u_{p,q} = \dfrac{1}{p^2 - q^2}$ si $p \neq q$ et $u_{p,p} = 0$. Montrer que, pour tout $q \in \mathbb{N}^*$, la série de terme général $u_{p,q}, p \geqslant 1$ est convergente, et a pour somme $\dfrac{3}{4q^2}\cdot$ La suite double $(u_{p,q})_{p\geqslant 1, q\geqslant 1}$ est-elle sommable ?

---

4. Soit $\left(\sum a_n\right)_{n\geqslant 1}$ une série à termes complexes absolument convergente.

Si $(p, q) \in \left(\mathbb{N}^*\right)^2$, on pose : $u_{p,q} = \begin{cases} 0 & \text{si } p \geqslant q + 1, \\ \dfrac{p a_p}{q(q+1)} & \text{si } 1 \leqslant p \leqslant q. \end{cases}$

Montrer que $\left(u_{p,q}\right)_{p\geqslant 1, q\geqslant 1}$ est sommable. Donner la somme de la famille.

---

5. Montrer que la famille $\left((p+q)^{-\alpha}\right)_{(p,q)\in\mathbb{N}^2\setminus\{(0,0)\}}$ est sommable si, et seulement si, $\alpha > 2$. Dans ces conditions, donner sa somme à l'aide de la fonction

$\zeta :]1, \infty[\to \mathbb{R}, x \mapsto \sum_{n=1}^{\infty} \dfrac{1}{n^x}$

---

6. Donner une condition nécessaire et suffisante pour que la famille de réels positifs $(u_{p,q})_{(p,q)\in(\mathbb{N}^*)^2}$ où $u_{p,q} = (p^2 + q^2)^{-\alpha}$ soit sommable.

---

7. a. Étudier la sommabilité et calculer la somme de la suite définie par :

$u_{m,n} = \dfrac{1}{(m + n^2)(m + n^2 + 1)}$ si $m \in \mathbb{N}$ et $n \in \mathbb{N}^\star$. On rappelle que $\sum_{n=1}^{\infty} \dfrac{1}{n^2} = \dfrac{\pi^2}{6}$.

b. Déduire de a. la somme : $\sum_{n=1}^{\infty} \dfrac{\lfloor\sqrt{n}\,\rfloor}{n(n+1)}$ où $\lfloor x \rfloor$ est la partie entière de x.

---

8. Si l'on note $d(n)$ le nombre de diviseurs de l'entier naturel non nul n, montrer que la suite $(d(n)e^{-n})_{n\geqslant 1}$ est sommable et que sa somme est :

$$\sum_{n=1}^{\infty} d(n)e^{-n} = \sum_{p=1}^{\infty} \frac{e^{-p}}{1-e^{-p}}.$$

---

9. Montrer que pour tout $x \in]-1,1[$, $\displaystyle\sum_{n=1}^{\infty} \frac{1}{n^2-x^2} = \sum_{n=0}^{\infty} \zeta(2n+2)x^{2n}$.

---

10. a. Calculer $\displaystyle\sum_{n=0}^{\infty}\sum_{k=n}^{\infty} \frac{1}{k!}$. b. Calculer $\displaystyle\sum_{n=1}^{\infty}\sum_{k=n}^{\infty} \frac{(-1)^n}{k^3}$ en fonction de $\zeta(3)$.

---

11. Montrer que la famille $\left(\dfrac{1}{pq(p+q)}\right)_{p\geqslant 1, q\geqslant 1}$ est sommable.

---

12. Montrer que $\forall z \in \mathbb{C}, |z| < 1$, $\displaystyle\frac{z}{1-z} = \sum_{n=0}^{\infty} \frac{z^{2^n}}{1-z^{2^{n+1}}}$. Et si $|z| > 1$?

Solutions des exercices

1. Posons $u_{p,q} = \dfrac{1}{a^p + b^q}$. Si la suite double de réels positifs $(u_{p,q})_{(p,q)\in\mathbb{N}^2}$ est sommable, alors la série $\left(\sum u_{p,0}\right)_{p\geqslant 0}$ converge.

Si $0 < a \leqslant 1$, la série $\left(\sum u_{p,0}\right)_{p\geqslant 0}$ diverge grossièrement. Si $a > 1$, elle converge car $u_{p,0} \underset{p\to\infty}{\sim} a^{-p}$ qui est le terme général d'une série géométrique convergente.

En échangeant p et q, on peut conclure que si $(u_{p,q})_{(p,q)\in\mathbb{N}^2}$ est sommable, alors $a > 1$ et $b > 1$.

Réciproquement : supposons $a > 1$ et $b > 1$. Comme : $\forall (x,y) \in \mathbb{R}^2, 2|xy| \leqslant x^2 + y^2$ (puisque $\left(|x|-|y|\right)^2 \geqslant 0$), on a $0 < u_{p,q} \leqslant \dfrac{1}{2}a^{-p/2}b^{-q/2} = v_{p,q}$.

On déduit de Fubini que $(v_{p,q})$ est sommable de somme $S(v) = \dfrac{1}{2(1-\sqrt{a})(1-\sqrt{b})}$.

Donc u est sommable et $0 < S(u) \leqslant S(v)$.

---

2. $|z| < 1 \Rightarrow \displaystyle\frac{z^{nb}}{1-z^{na+c}} = \sum_{k=0}^{\infty} u_{n,k}$ où $u_{n,k} = (-1)^k z^{nb+k(na+c)}$.

Pour $n \in \mathbb{N}$, la série $\left(\sum |u_{n,k}|\right)_{k\geqslant 0}$ converge et a pour somme $v_n = \dfrac{|z|^{nb}}{1-|z|^{na+c}}$.

Comme $v_n \underset{n\to\infty}{\sim} |z|^{nb}$: terme général d'une série géométrique convergente, puisque $0 \leqslant |z|^b < 1$ (car $b > 0$ et $|z| < 1$), la suite double $(u_{n,k})$ est sommable d'après le théorème de Fubini et l'on a : $\displaystyle\sum_{k=0}^{\infty}\sum_{n=0}^{\infty} u_{n,k} = \sum_{n=0}^{\infty}\sum_{k=0}^{\infty} u_{n,k} = \sum_{n=0}^{\infty} \frac{z^{nb}}{1-z^{na+c}}$.

D'autre part, $\displaystyle\sum_{k=0}^{\infty}\sum_{n=0}^{\infty} u_{n,k} = \sum_{k=0}^{\infty}(-1)^k z^{ck}\sum_{n=0}^{\infty}\left(z^{b+ka}\right)^n = \sum_{k=0}^{\infty}(-1)^k \frac{z^{kc}}{1-z^{b+ak}}$.
D'où le résultat.

---

3. $u_{p,q} = \dfrac{1}{2q}\Big(\dfrac{1}{p-q} - \dfrac{1}{p+q}\Big)$ si $p \neq q$ et $q \neq 0$. Si $(u_{p,q})$ est sommable, il en est de même de $(-u_{p,q})$. Or $-u_{p,q} = u_{q,p}$, donc $\displaystyle\sum_{p=1}^{\infty}\sum_{q=1}^{\infty} u_{p,q} = \sum_{q=1}^{\infty}\sum_{p=1}^{\infty} u_{p,q} = 0.$ $(\star)$

$$\forall N \geqslant 2q, \sum_{\substack{p=1\\ p\neq q}}^{N}\left[\frac{1}{p-q} - \frac{1}{p+q}\right] = \sum_{\substack{k=1-q\\ k\neq 0}}^{N-q}\frac{1}{k} - \sum_{\substack{k=q+1\\ k\neq 2q}}^{N+q}\frac{1}{k} = \sum_{\substack{k=1-q\\ k\neq 0}}^{q}\frac{1}{k} + \frac{1}{2n} - \sum_{k=N-q+1}^{N+q}\frac{1}{k}.$$

Comme $\displaystyle\sum_{\substack{k=1-q\\ k\neq 0}}^{q}\frac{1}{k} + \frac{1}{2n} = \frac{3}{2q}$ et $r_q(N) = \displaystyle\sum_{k=N-q+1}^{N+q}\frac{1}{k} \in \left[0, \frac{2q}{N-q+1}\right]$, on déduit par encadrement, que $r_q(N) \xrightarrow[N\to\infty]{} 0$. Donc la série $\left(\sum u_{p,q}\right)_{p\geqslant 1}$ converge et a pour somme $\dfrac{3}{4q^2}$. D'où $\displaystyle\sum_{q=1}^{\infty}\sum_{p=1}^{\infty} u_{p,q} = \frac{3}{4}\sum_{q=1}^{\infty}\frac{1}{q^2} \neq 0$ ce qui contredit $(\star)$.

---

4. Pour tout $p \geqslant 1$, $\displaystyle\sum_{q=1}^{\infty}|u_{p,q}| = \sum_{q=p}^{\infty}|u_{p,q}| = p|a_p|\sum_{q=p}^{\infty}\frac{1}{q(q+1)} = |a_p|$ car

$$\sum_{q=p}^{\infty}\frac{1}{q(q+1)} = \sum_{q=p}^{\infty}\Big(\frac{1}{q} - \frac{1}{q+1}\Big) = \lim_{N\to\infty}\sum_{q=p}^{N}\Big(\frac{1}{q} - \frac{1}{q+1}\Big) = \lim_{N\to\infty}\Big(\frac{1}{p} - \frac{1}{N+1}\Big)$$

par télescopage. On déduit du théorème de Fubini pour les familles de nombres complexes et de l'absolue convergence de $\sum a_p$ que $(u_{p,q})_{p\geqslant 1, q\geqslant 1}$ est sommable. Le calcul précédent en remplaçant $|a_p|$ par a_p donne la somme de la famille : $\displaystyle\sum_{p=1}^{\infty} a_p$.

---

5. $J_n = \left\{(p,q) \in \mathbb{N}^2 \,\middle|\, 0 < p+q \leqslant n\right\}$ est une partie finie de $\mathbb{N}^2$. La suite $(J_n)_n$ est croissante et de réunion $\mathbb{N}^2$. Avec les notations du cours, on a :

$$S_{J_n}(u) = \sum_{0<p+q\leqslant n}\frac{1}{(p+q)^\alpha} = \sum_{k=1}^{n}\left(\sum_{p+q=k}\frac{1}{(p+q)^\alpha}\right) = \sum_{k=1}^{n}\frac{k+1}{k^\alpha}.$$

De II.B.2. et des résultats sur les séries de Riemann, on déduit que la suite double de réels positifs $\left(\dfrac{1}{(p+q)^\alpha}\right)_{p+q>0}$ est sommable si, et seulement si, $\alpha > 2$. Sa somme est $S(u) = \lim\limits_{n\to\infty} S_{J_n}(u) = \zeta(\alpha) + \zeta(\alpha - 1)$.

---

6. De la double inégalité : $\forall (p,q) \in \mathbb{N}^2, 2pq \leqslant p^2 + q^2 \leqslant (p+q)^2$ on déduit
$\forall (p,q) \in \mathbb{N}^2, 0 \leqslant w_{p,q} \leqslant u_{p,q} \leqslant v_{p,q}$ où $w_{p,q} = \dfrac{1}{(p+q)^{2\alpha}}$ et $v_{p,q} = \dfrac{1}{2^\alpha p^\alpha q^\alpha}$.
D'après l'exercice précédent, la suite double $(w_{p,q})_{(p,q)\in(\mathbb{N}^*)^2}$ est sommable si, et seulement si, $\alpha > 1$. Donc, si $\alpha \leqslant 1$, la suite $(u_{p,q})_{(p,q)\in(\mathbb{N}^*)^2}$ n'est pas sommable.
D'un corollaire et des résultats sur les séries de Riemann, on déduit que la suite double de réels positifs $(v_{p,q})_{(p,q)\in(\mathbb{N}^*)^2}$ est sommable si $\alpha > 1$.
Donc, si $\alpha > 1$, la suite $(u_{p,q})_{(p,q)\in(\mathbb{N}^*)^2}$ est sommable.

La condition nécessaire et suffisante demandée est : $\alpha > 1$.

---

7. a. $u_{m,n} = \dfrac{1}{(m+n^2)} - \dfrac{1}{(m+n^2+1)}$ si $m \in \mathbb{N}$ et $n \in \mathbb{N}^\star$.

Par télescopage puis passage à la limite, $\displaystyle\sum_{m=0}^{\infty} u_{m,n} = \frac{1}{n^2}$.

Comme la série $\sum \dfrac{1}{n^2}$ converge, on peut conclure que la suite double à termes positifs $(u_{m,n})_{(m,n)\in\mathbb{N}\times\mathbb{N}^\star}$ est sommable de somme $S(u) = \displaystyle\sum_{n=1}^{\infty} \frac{1}{n^2} = \frac{\pi^2}{6}$.

b. Notons $I_k = \{(m,n) \in \mathbb{N} \times \mathbb{N}^\star \,|\, m+n^2 = k\}$ et $J_k = \{n \in \mathbb{N}^\star \,|\, n^2 \leqslant k\}$.
L'application $\sigma : J_k \to I_k, n \mapsto (k-n^2, n)$ est une bijection de J_k sur I_k, ce qui implique $\mathrm{card}(I_k) = \mathrm{card}(J_k) = \lfloor \sqrt{k} \rfloor$.

$(I_k)_{k\in\mathbb{N}^\star}$ est une partition de $\mathbb{N}\times\mathbb{N}^\star$ et $u_{m,n} \geqslant 0$, donc le théorème de groupement par paquets des familles de réels positifs implique :
$S(u) = \displaystyle\sum_{k=1}^{\infty} S_{J_k}(u) = \sum_{k=1}^{\infty} \frac{\lfloor\sqrt{k}\rfloor}{k(k+1)} = \frac{\pi^2}{6}$.

En effet, $S_{I_k}(u) = \displaystyle\sum_{m+n^2=k} u_{m,n} = \sum_{m+n^2=k} \frac{1}{(m+n^2)(m+n^2+1)} = \frac{\lfloor\sqrt{k}\rfloor}{k(k+1)}$

---

8. Pour tout $n \in \mathbb{N}^\star, 0 \leqslant d(n)e^{-n} \leqslant ne^{-n}$. Donc $d(n)e^{-n} \underset{n\to\infty}{=} o(n^{-2})$ par croissances comparées. Donc la série $\sum d(n)e^{-n}$ est une série à termes positifs convergente. Il s'ensuit que la famille $(d(n)e^{-n})_{n\in\mathbb{N}}$ est sommable
Comme, pour $p \in \mathbb{N}^\star, 0 < e^{-p} < 1$, la série géométrique $\sum e^{-np}$ converge et donc $\dfrac{e^{-p}}{1-e^{-p}} = \displaystyle\sum_{n=1}^{\infty} e^{-pn}$. Notons $u_{n,p} = e^{-np}$.

$\displaystyle\sum_{n\geqslant 1} u_{n,p}$ converge de somme $v_p = \dfrac{e^{-p}}{1-e^{-p}}$. Comme $v_p \underset{p\to\infty}{\sim} e^{-p}$, la série $\sum v_p$ converge. On déduit du théorème de sommabilité des suites doubles à termes $\geqslant 0$, que la famille $(u_{n,p})_{(n,p)\in\mathbb{N}^\star\times\mathbb{N}^\star}$ que $S(u) = \displaystyle\sum_{p=1}^{\infty} \frac{e^{-p}}{1-e^{-p}} = \sum_{(n,p)\in\mathbb{N}^\star\times\mathbb{N}^\star} u_{n,p}$.

Notons $I_n = \{(k,p) \in \mathbb{N}^\star \times \mathbb{N}^\star \,|\, kp = n\}$. Alors $(I_n)_{n\geqslant 1}$ est une partition de $\mathbb{N}^\star \times \mathbb{N}^\star$. Notons $J_n = \{d \in \mathbb{N}^\star \,|\, d|n\}$. Comme l'application $J_n \to I_n, d \mapsto (d, n/d)$ est bijective, $\mathrm{card}(I_n) = \mathrm{card}(J_n) = d(n)$. Le théorème de groupement par paquets des familles de réels $\geqslant 0$ implique : $\displaystyle\sum_{n=1}^{\infty} d(n)e^{-n} = \sum_{m=1}^{\infty} \frac{e^{-p}}{1-e^{-p}}$.

---

9. Soit x fixé et $|x| < 1$. Pour tout $n \geqslant 1, 0 \leqslant \left(\dfrac{x}{n}\right)^2 \leqslant x^2 < 1$.

Donc $\forall n \geqslant 1, , \dfrac{1}{n^2-x^2} = \dfrac{1}{n^2} \cdot \dfrac{1}{1-(x/n)^2} = \displaystyle\sum_{k=0}^{\infty} u_{n,k}$ où $u_{n,k} = \dfrac{x^{2k}}{n^{2k+2}}$.

Comme $\dfrac{1}{n^2-x^2} \underset{n\to\infty}{\sim} \dfrac{1}{n^2}$: terme général d'une série convergente, on déduit du

théorème de Fubini pour les familles de réels positifs que $(u_{n,k})$ est sommable et $\sum_{n=1}^{\infty}\sum_{k=0}^{\infty} u_{n,k} = \sum_{k=0}^{\infty}\sum_{n=1}^{\infty} u_{n,k}$ *i.e.* $\sum_{k=0}^{\infty} \frac{1}{n^2-x^2} = \sum_{k=0}^{\infty}\Big(\sum_{n=1}^{\infty}\frac{1}{n^{2k+2}}\Big)x^{2k}$.
Le résultat est ainsi prouvé.

---

10. a. Notons $u_{n,k} = \begin{cases} \frac{1}{k!} & \text{si } k \geqslant n \\ 0 & \text{si } k < n \end{cases}$. $\forall k \in \mathbb{N}, \sum_{n=0}^{\infty} u_{n,k} = \sum_{n=0}^{k} \frac{1}{k!} = \frac{k+1}{k!} = v_k$.
$\forall N > 1, \sum_{k=0}^{N} v_k = \sum_{k=1}^{N} \frac{1}{(k-1)!} + \sum_{k=0}^{N} \frac{1}{k!} \xrightarrow[N\to\infty]{} 2e$.
Il découle du théorème de Fubini pour les familles de réels positifs que la famille $(u_{n,k})$ est sommable de somme égale à $2e$.

b. Notons $u_{p,q} = \begin{cases} \frac{(-1)^p}{q!} & \text{si } q \geqslant p \\ 0 & \text{si } q < p \end{cases}$. Alors $\sum_{p=1}^{\infty} |u_{p,q}| = \sum_{p=1}^{q} \frac{1}{q^3} = \frac{1}{q^2}$.
On déduit de la convergence de la série de Riemann $\sum \frac{1}{q^2}$ et du théorème de Fubini pour les familles de nombres complexes que la famille $(u_{p,q})$ est sommable de somme $S = \sum_{q=1}^{\infty}\sum_{p=1}^{q} \frac{(-1)^p}{q^3} = \sum_{q=1}^{\infty} \frac{-1+(-1)^q}{2q^3}$.
En effet, en tant que somme de termes d'une suite géométrique,
$\sum_{p=1}^{q}(-1)^p = \frac{-1-(-1)^{q+1}}{1-(-1)} = \frac{-1+(-1)^q}{2} = -1$ si q est impair et 0 sinon.
Donc $S = -\sum_{k=0}^{\infty} \frac{1}{(2k+1)^3} = -\frac{7}{8}\zeta(3)$.
En effet, $\sum_{k=1}^{2n} \frac{1}{k^3} = \sum_{k=1}^{n} \frac{1}{(2k)^3} + \sum_{k=0}^{n-1} \frac{1}{(2k+1)^3}$ donne, par passage à la limite quand $n \to \infty$, puisque les 3 séries considérées sont convergentes : $\zeta(3) = \frac{1}{8}\zeta(3) - S$

---

11. Appliquons le théorème de groupement par paquets à la famille de réels positifs $(u_{p,q})_{p\geqslant 1, q\geqslant 1}$ avec $I = \mathbb{N}^\star \times \mathbb{N}^\star = \bigcup_{n\geqslant 2} J_n$ où $J_n = \{(p,q) \mid p+q=n\}$.

$$\sum_{p,q\geqslant 1} u_{p,q} = \sum_{n=2}^{\infty} \sum_{p+q=n} \frac{1}{pq(p+q)} = \sum_{n=2}^{\infty}\sum_{p=1}^{n} \frac{1}{p(n-p)n} = \sum_{n=2}^{\infty} \frac{1}{n} \sum_{p=1}^{n} \frac{1}{n}\Big(\frac{1}{n-p} + \frac{1}{p}\Big)$$
$$= \sum_{n=2}^{\infty} \frac{1}{n^2} \sum_{p=1}^{n} \frac{2}{p} = \sum_{n=2}^{\infty} \frac{H_n}{n^2} \text{ où } H_n = \sum_{p=1}^{n} \frac{1}{p}.$$

Comme $H_n \underset{n\to\infty}{\sim} \ln(n)$, on a $\frac{H_n}{n^2} \underset{n\to\infty}{\sim} \frac{\ln(n)}{n^2} \underset{n\to\infty}{=} o\Big(\frac{1}{n^{3/2}}\Big)$ la série $\sum \frac{H_n}{n^2}$ converge et par suite la famille $(u_{p,q})_{p\geqslant 1, q\geqslant 1}$ est sommable.

---

12. Soit $z \in \mathbb{C}$ fixé tel que $|z| < 1$. Alors $\frac{z^{2^n}}{1-z^{2^{n+1}}} = z^{2^n} \sum_{k=0}^{\infty} \big(z^{2^{n+1}}\big)^k = \sum_{k=0}^{\infty} u_{n,k}$

Solutions

où $u_{n,k} = 2^{(2k+1)2^n}$. Comme $\displaystyle\sum_{k=0}^{\infty} |u_{n,k}| = \frac{|z|^{2^n}}{1-|z|^{2^{n+1}}} \underset{n\to\infty}{\sim} |z|^{2^n}$: terme général d'une série convergente, la famille de nombres complexes $(u_{n,k})$ est sommable.

$\displaystyle\sum_{(n,k)\in\mathbb{N}^2} u_{n,k} = \sum_{q\in\mathbb{N}^\star}\Big(\sum_{q=(2k+1)2^n} z^q\Big) = \sum_{q=1}^{\infty} z^q = \frac{z}{1-z}$ car tout entier $q \geqslant 1$ s'écrit de façon unique sous la forme $q = 2^n(2k+1), (k,n)\in\mathbb{N}^2$.

Si $|z| > 1$, et si l'on note $\displaystyle\sum_{n=0}^{\infty} \frac{z^{2^n}}{1-z^{2^{n+1}}} = f(z)$ pour $|z| < 1$, alors $f(z) = -f\Big(\dfrac{1}{z}\Big)$.

18 - Fonctions de deux variables

Rappels de cours

1. **Ouverts, continuité**
   $\mathbb{R}^2$ est muni de la norme euclidienne canonique.
   On posera $m_0 = (x_0, y_0)$ et $m = (x, y)$.
   • Si $r > 0$ la ***boule ouverte*** de centre m_0 et de rayon r est $\{m \in \mathbb{R}^2 \big| \|m_0 m\| < r\}$; on la note $B(m_0, r)$, ainsi $m \in B(m_0, r) \iff (x - x_0)^2 + (y - y_0)^2 < r^2$.
   • Si $U \subset \mathbb{R}^2$ on dit que U est ***ouvert*** si pour tout m_0 dans U il existe $r > 0$ tel que $B(m_0, r) \subset U$.
   Une boule ouverte est un ouvert, une réunion de boules ouvertes est un ouvert, $\mathbb{R}^2$ est ouvert, $\mathbb{R}^2$ privé d'un ensemble fini reste ouvert.
   • Si U est un ouvert de $\mathbb{R}^2$ une application f de U dans $\mathbb{R}$ est dite continue si pour tout $m_0 \in U$ et $\varepsilon > 0$, il existe $r > 0$ tel que $m \in B(m_0, r) \Rightarrow \big|f(m) - f(m_0)\big| < \varepsilon$.
   On note $\mathcal{C}(U, \mathbb{R})$ l'ensemble des telles applications.
   $\mathcal{C}(U, \mathbb{R})$ est une sous-algèbre de $\mathcal{F}(U, \mathbb{R})$, si $f \in \mathcal{C}(U, \mathbb{R})$ et $f(U) \subset \mathbb{R}^\star$ alors $\dfrac{1}{f} \in \mathcal{C}(U, \mathbb{R})$.
   On désigne désormais, sauf mention contraire, par U un ouvert et par f une application de U dans $\mathbb{R}$.
2. **Dérivées partielles**
   • Si $m_0 \in U$ on dit que f admet en m_0 une ***dérivée partielle*** par rapport à la première (resp. deuxième) variable si l'application $t \mapsto f(x_0 + t, y_0)$ (resp. $t \mapsto f(x_0, y_0 + t)$) est dérivable en 0 et on note alors $\dfrac{\partial f}{\partial x}(m_0)$ $\left(\text{resp. } \dfrac{\partial f}{\partial y}(m_0)\right)$ sa dérivée en 0 ; ainsi $\dfrac{\partial f}{\partial x}(m_0) = \lim\limits_{\substack{t \to 0 \\ t \neq 0}} \dfrac{f(x_0 + t, y_0) - f(x_0, y_0)}{t}$ par exemple.
   Remarque : l'existence de $\dfrac{\partial f}{\partial x}$ et $\dfrac{\partial f}{\partial y}$ sur U n'entraîne pas la continuité de f.
   • On dit que f est de classe $\mathcal{C}^1$ sur U, et l'on écrit $f \in \mathcal{C}^1(U, \mathbb{R})$, lorsque f admet en tout point de U des dérivées partielles par rapport aux deux variables et lorsque celles-ci sont continues.

$\mathcal{C}^1(U,\mathbb{R})$ est une sous-algèbre de $\mathcal{F}(U,\mathbb{R})$, si $f\in\mathcal{C}^1(U,\mathbb{R})$ et $f(U)\subset\mathbb{R}^\star$ alors $\dfrac{1}{f}\in\mathcal{C}^1(U,\mathbb{R})$.

• Si $f\in\mathcal{C}^1(U,\mathbb{R})$ et $m_0\in U$ on a le développement limité d'ordre 1 :
$f(x_0+h,y_0+k)=f(x_0,y_0)+\dfrac{\partial f}{\partial x}(x_0,y_0)h+\dfrac{\partial f}{\partial y}(x_0,y_0)k+o\big(\|(h,k)\|\big)$,
$(h,k)\mapsto\dfrac{\partial f}{\partial x}(x_0,y_0)h+\dfrac{\partial f}{\partial y}(x_0,y_0)k$ est l'unique approximation linéaire de l'application : $(h,k)\mapsto f(x_0+h,y_0+k)-f(x_0,y_0)$.
Si Σ est la surface d'équation $z=f(m)$ alors une équation du plan tangent à Σ en $M_0=\big(x_0,y_0,f(x_0,y_0)\big)$ est : $z-z_0=\dfrac{\partial f}{\partial x}(m_0)(x-x_0)+\dfrac{\partial f}{\partial y}(m_0)(y-y_0)$.

• Si $f\in\mathcal{C}^1(U,\mathbb{R})$ et $m_0\in U$ alors le vecteur, noté $\nabla f(m_0)$, de coordonnées $\Big(\dfrac{\partial f}{\partial x}(m_0),\dfrac{\partial f}{\partial y}(m_0)\Big)$ est l'unique élément de $\mathbb{R}^2$ telle que l'approximation linéaire de $(h,k)\mapsto f(x_0+h,y_0+k)-f(x_0,y_0)$ est : $(h,k)\mapsto\big(\nabla f(m_0)|(h,k)\big)$; ∇f est appelé ***gradient*** de f.
$f(m_0+u)=f(m_0)+\big(\nabla f(m_0)|u\big)+o\big(\|u\|\big)$ est le développement limité d'ordre 1 de f en m_0, $\nabla f(m_0)$ est normal à la surface d'équation $z=f(m)$ en $M_0=\big(x_0,y_0,f(x_0,y_0)\big)$ et définit (lorsque ce vecteur est non nul) la direction issue de m_0 dans laquelle f varie le plus vite.
$f\mapsto\nabla f$ est une application linéaire sur $\mathcal{C}^1(U,\mathbb{R})$.

3. Composition et classe $\mathcal{C}^1$

Ici $f\in\mathcal{C}^1(U,\mathbb{R})$.

• Si $m_0\in U$ et $u=(h,k)\in\mathbb{R}^2$ alors $t\mapsto f(m_0+tu)$ est dérivable en 0 et sa dérivée en 0 est appelée dérivée de f en m_0 selon le vecteur u, c'est $\dfrac{\partial f}{\partial x}(m_0)h+\dfrac{\partial f}{\partial u}(m_0)k$ ou encore $\big(\nabla f(m_0)|u\big)$.

Règle de la chaîne

Si x et y sont des applications de classe $\mathcal{C}^1$ sur un intervalle I de $\mathbb{R}$ et si l'arc $\gamma=(x,y)$ est à valeurs dans U alors $f\circ\gamma$ est de classe $\mathcal{C}^1$ sur I avec, pour tout $t\in I$, $(f\circ\gamma)'(t)=\dfrac{d}{dt}\big(f(x(t),y(t)\big)=\dfrac{\partial f}{\partial x}\big(x(t),y(t)\big)x'(t)+\dfrac{\partial f}{\partial y}\big(x(t),y(t)\big)y'(t)$; $(f\circ\gamma)'$ est la dérivée de f le long de l'arc γ.
On a aussi : $\forall t\in I,\ (f\circ\gamma)'(t)=\big(\nabla f\big(\gamma(t)\big)|\gamma'(t)\big)$.

• Si V est un ouvert de $\mathbb{R}^2$, si φ et ψ sont des applications de V dans U dont les applications coordonnées sont de classe $\mathcal{C}^1$ sur V alors l'application $g:(u,v)\mapsto f\big(\varphi(u,v),\psi(u,v)\big)$ est de classe $\mathcal{C}^1$ sur V avec :
$\dfrac{\partial g}{\partial u}(u,v)=\dfrac{\partial f}{\partial x}\big(\varphi(u,v),\psi(u,v)\big)\dfrac{\partial\varphi}{\partial u}(u,v)+\dfrac{\partial f}{\partial y}\big(\varphi(u,v),\psi(u,v)\big)\dfrac{\partial\psi}{\partial u}(u,v)$ et
$\dfrac{\partial g}{\partial v}(u,v)=\dfrac{\partial f}{\partial x}\big(\varphi(u,v),\psi(u,v)\big)\dfrac{\partial\varphi}{\partial v}(u,v)+\dfrac{\partial f}{\partial y}\big(\varphi(u,v),\psi(u,v)\big)\dfrac{\partial\psi}{\partial v}(u,v)$.
Ainsi, avec des hypothèses convenables, si $g:(r,\theta)\mapsto f\big(r\cos(\theta),r\sin(\theta)\big)$,
$\dfrac{\partial g}{\partial r}(r,\theta)=\dfrac{\partial f}{\partial x}\big(r\cos(\theta),r\sin(\theta)\big)\cos(\theta)+\dfrac{\partial f}{\partial y}\big(r\cos(\theta),r\sin(\theta)\big)\sin(\theta)$ et
$\dfrac{\partial g}{\partial\theta}(r,\theta)=-\dfrac{\partial f}{\partial x}\big(r\cos(\theta),r\sin(\theta)\big)r\sin(\theta)+\dfrac{\partial f}{\partial y}\big(r\cos(\theta),r\sin(\theta)\big)r\cos(\theta)$.

4. Extremums

• Une application f d'une partie A de $\mathbb{R}^2$ dans $\mathbb{R}$ admet en $m_0 \in A$ un maximum local s'il existe $r > 0$ tel que $\forall m \in B(m_0, r) \cap A,\ f(m) \leqslant f(m_0)$.
Le maximum est global si $\forall m \in A,\ f(m) \leqslant f(m_0)$.
On définit de même un minimum local, un minimum global.
Un extremum est un maximum ou un minimum, un extremum global est donc *a fortiori* un extremum local.

• Si $f \in \mathcal{C}^1(U, \mathbb{R})$ admet en $m_0 \in U$ un extremum local alors m_0 est un ***point critique*** de f *i.e.* $\nabla f(m_0)$ est nul.

Remarque : bien entendu les points critiques ne sont pas tous des extremums locaux.

Énoncés des exercices

1. Que peut-on dire des dérivées partielles d'un élément f de $\mathcal{C}^1\big(\mathbb{R}^2, \mathbb{R}^n\big)$ vérifiant :
$$\forall (x,y) \in \mathbb{R}^2,\ f(x,y) + f(y,x) = 0\ ?$$

---

2. a. Montrer que la fonction $f : (x,y) \mapsto y \ln(x^2 - y^2)$ est solution de l'équation aux dérivées partielles : $\dfrac{1}{x}\dfrac{\partial f}{\partial x} + \dfrac{1}{y}\dfrac{\partial f}{\partial y} = \dfrac{f(x,y)}{y^2}$.

b. Montrer que la fonction $f : (x,y) \mapsto y^{y/x} \sin\left(\dfrac{y}{x}\right)$ est solution de l'équation aux dérivées partielles : $x^2\dfrac{\partial f}{\partial x} + xy\dfrac{\partial f}{\partial y} = yf(x,y)$.

---

3. Calculer $\dfrac{\partial f}{\partial x}$ et $\dfrac{\partial f}{\partial y}$ si $f(x,y) = \arctan\left(\dfrac{y}{1+x^2}\right)$.

---

4. Calculer $\dfrac{\partial f}{\partial x}, \dfrac{\partial f}{\partial y}$ et $\dfrac{\partial f}{\partial z}$ si $f(x,y) = (x-y)(x-z)(y-z)$

---

5. Calculer $\dfrac{\partial f}{\partial x}, \dfrac{\partial f}{\partial y}$ si $f(x,y) = \arctan\left(\dfrac{x+y}{x-y}\right)$.

---

6. Soit $f \in \mathcal{C}^1(\mathbb{R}^2, \mathbb{R})$ vérifiant : $\forall (x,y,t) \in \mathbb{R}^3,\ f(tx, ty) = tf(x,y)$.
En utilisant $g : t \mapsto f(tx, ty)$ déterminer f.

---

7. Déterminer $f \in \mathcal{C}^1\big(\mathbb{R}^2, \mathbb{R}\big)$ bornée et telle qu'il existe (a,b) dans $\mathbb{R}^2$ vérifiant $f = a\dfrac{\partial f}{\partial x} + b\dfrac{\partial f}{\partial y}$.

---

8. Déterminer les extremums de $f : (x,y) \mapsto \dfrac{x}{y} + \dfrac{y}{x} + 1$.

---

9. Déterminer les extremums de $f : (x,y) \mapsto x^4 + y^4 - 2(x-y)^2$.

10. À l'aide du changement de variable $(u, v) = (x + y, x + 2y)$ résoudre l'équation $2\dfrac{\partial f}{\partial x} - \dfrac{\partial f}{\partial y} = 0$.

---

11. Résoudre l'équation $2xy\dfrac{\partial f}{\partial x} + (1 + y^2)\dfrac{\partial f}{\partial y} = 0$ sur $U = \big\{(x, y) \in \mathbb{R}^2 \;\big|\; x > 0\big\}$ à l'aide du changement de variable $(x, y) = \left(\dfrac{u^2 + v^2}{2}, \dfrac{u}{v}\right)$.

Solutions des exercices

1. La règle de la chaîne fournit : $\forall (x, y) \in \mathbb{R}^2,\ \dfrac{\partial f}{\partial x}(x, y) + \dfrac{\partial f}{\partial y}(y, x) = 0$.

---

2. a. et b. à vérifier.

---

3. $\dfrac{\partial f}{\partial x}(x, y) = \dfrac{-2xy}{(x^2 + 1)^2 + y^2}$; $\dfrac{\partial f}{\partial y}(x, y) = \dfrac{1 + x^2}{(x^2 + 1)^2 + y^2}$.

---

4. $\dfrac{\partial f}{\partial x}(x, y) = (y - z)(2x - y - z)$; $\dfrac{\partial f}{\partial y}(x, y) = (x - z)(x - 2y + z)$; $\dfrac{\partial f}{\partial z}(x, y) = (x - y)(-x - y + 2z)$.

---

5. $\dfrac{\partial f}{\partial x}(x, y) = \dfrac{-y}{x^2 + y^2}$ et $\dfrac{\partial f}{\partial y}(x, y) = \dfrac{x}{x^2 + y^2}$.

---

6. Soit $(x, y)\mathbb{R}^2$. g est dérivable sur $\mathbb{R}$ et $\forall t \in \mathbb{R},\ g'(t) = \dfrac{\partial f}{\partial x}(tx, ty)x + \dfrac{\partial f}{\partial y}(tx, ty)y$ mais aussi $g'(t) = f(x, y)$ d'où $f(x, y) = g'(0) = \dfrac{\partial f}{\partial x}(0, 0)x + \dfrac{\partial f}{\partial y}(0, 0)y$.
Donc il existe $(\alpha, \beta) \in \mathbb{R}^2$ tel que $\forall (x, y) \in \mathbb{R}^2,\ f(x, y) = \alpha x + \beta y$.
Réciproquement $(x, y) \mapsto \alpha x + \beta y$ est solution.

---

7. Si f est solution, pour tout $(xy) \in \mathbb{R}^2$ on considère $\varphi : t \mapsto f(x + at, y + bt)$. Alors φ est de classe $\mathcal{C}^1$ sur $\mathbb{R}$ et $\varphi' = \varphi$. Comme elle est bornée elle est nulle. Enfin $f(x, y) = \varphi(0) = 0$.

---

8. f est de classe $\mathcal{C}^1$ sur l'ouvert $U = \mathbb{R}^2 \setminus (Ox \cup Oy)$ et les points critiques sont solution de $\begin{cases} \dfrac{1}{y} = \dfrac{y}{x^2} \\ \dfrac{1}{x} = \dfrac{x}{y^2} \end{cases}$ *i.e.* $x^2 = y^2$.

La fonction $g : t \mapsto t + \dfrac{1}{t} + 1$ est de classe $\mathcal{C}^1$ sur $\mathbb{R}^\star$ et $g'(t) = 1 - \dfrac{1}{t^2} = \dfrac{t^2-1}{t^2}$ d'où le tableau de variations

	$-\infty$		-1		0		1		$+\infty$
g'		$+$	0	$-$	‖	$-$	0	$+$	
g	$-\infty$	$\nearrow$	-1	$\searrow$	$-\infty$ ‖ $+\infty$	$\searrow$	3	$\nearrow$	$+\infty$

Sur la droite Δ_1 d'équation $x = y$ on a partout un minimum local, sur la droite Δ_2 d'équation $x + y = 0$ on a partout un maximum local.

---

9. f est polynomiale donc de classe $\mathcal{C}^1$.

Un point critique vérifie $\begin{cases} 4x^3 = 4(x-y) \\ 4y^3 = 4(y-x) \end{cases}$ (1)

$$(1) \iff \begin{cases} x^3 - y^3 = 2(x-y) \\ x^3 + y^3 = 0 \end{cases} \iff \begin{cases} x^2 + xy + y^2 = 2 \text{ ou } x = y \\ x + y = 0 \end{cases}$$

$(1) \iff (x = y = 0)$ ou $\big(x = -y \text{ et } x^2 = 2\big)$ et donc $x \in \{-\sqrt{2}, 0, \sqrt{2}\}$.
Pour tout $(x,y) \in \mathbb{R}^2$ on a $f(-x,-y) = f(x,y)$.

$f(x,x) = 2x^4 \geqslant 0$ et $f(x,-x) \underset{x\to 0}{\sim} -8x^2 \leqslant 0$ et donc f ne présente pas d'extremum local ni global en $(0,0)$.

Posons $m_0 = (\sqrt{2}, -\sqrt{2})$ et soit $u = (h,k) \in \mathbb{R}^2$.

$$\begin{aligned} f(m_0 + u) &= (\sqrt{2} + h)^4 + (-\sqrt{2} + k)^4 - 2(2\sqrt{2} + h - k)^2 \\ &= (h^4 + 4\sqrt{2}h^3 + 10h^2) + (k^4 - 4\sqrt{2}k^3 + 10k^2) + 4hk + f(m_0) \end{aligned}$$

en utilisant la formule du binôme (vérifier !) puis

$$\begin{aligned} f(m_0 + u) &= (h^2 + 2\sqrt{2}h)^2 + (k^2 - 2\sqrt{2}k)^2 + 2(h^2 + 2hk + k^2) + f(m_0) \\ &= (h^2 + 2\sqrt{2}h)^2 + (k^2 - 2\sqrt{2}k)^2 + 2(h+k)^2 + f(m_0) \geqslant f(m_0) \end{aligned}$$

ce qui montre que f admet en m_0 et en $-m_0$ un minimum global.

---

10. Le changement de variable est un automorphisme de $\mathbb{R}^2$ et donc ses deux applications coordonnées ainsi que celles de la réciproque sont de classe $\mathcal{C}^1$. Si f est de classe $\mathcal{C}^1$ sur $\mathbb{R}^2$ on pose $g = f \circ \Phi^{-1}$ *i.e.* $f = g \circ \Phi$.

Sur $\mathbb{R}^2$ on a $\begin{cases} \dfrac{\partial f}{\partial x}(x,y) = \dfrac{\partial g}{\partial u}(x+y, x+2y) + \dfrac{\partial g}{\partial v}(x+y, x+2y) \\ \dfrac{\partial f}{\partial y}(x,y) = \dfrac{\partial g}{\partial u}(x+y, x+2y) + 2\dfrac{\partial g}{\partial v}(x+y, x+2y) \end{cases}$ et donc

$2\dfrac{\partial f}{\partial x}(x,y) - \dfrac{\partial f}{\partial y}(x,y) = \dfrac{\partial g}{\partial u}(x+y, x+2y)$.

Par suite f est solution si, et seulement si, $\dfrac{\partial g}{\partial u} = 0$ *i.e.* si, et seulement si, il existe un élément φ de $\mathcal{C}^1(\mathbb{R}, \mathbb{R})$ tel que, pour tout $(u,v) \in \mathbb{R}^2$, $g(u,v) = \varphi(v)$ ou encore pour tout $(x,y) \in \mathbb{R}^2$, $f(x,y) = \varphi(x+2y)$.

---

11. L'application $\Phi : U \to U$, $(u,v) \mapsto \left(\dfrac{u^2+v^2}{2}, \dfrac{u}{v}\right)$ est une bijection dont les coordonnées sont de classe $\mathcal{C}^1$.

Les coordonnées de sa réciproque $(x, y) \mapsto \left(\sqrt{\dfrac{2x}{1+y^2}}, y\sqrt{\dfrac{2x}{1+y^2}}\right)$ le sont également. On pose $g = f \circ \Phi$.
On a $\dfrac{u^2+v^2}{v}\dfrac{\partial g}{\partial u}(u, v) = 2\dfrac{u(u^2+v^2)}{2v}\dfrac{\partial f}{\partial x}\big(\Phi(u, v)\big) + \dfrac{u^2+v^2}{v^2}\dfrac{\partial f}{\partial y}\big(\Phi(u, v)\big)$ et donc f est solution si, et seulement si, $\dfrac{\partial g}{\partial u}$ est nulle sur U *i.e.* si, et seulement si, il existe $\varphi \in \mathcal{C}^1(\mathbb{R}, \mathbb{R})$ telle que, pour tout $(u, v) \in \Omega$, $g(u, v) = \varphi(v)$.
Donc f est solution *i.e.* si, et seulement si, il existe $\varphi \in \mathcal{C}^1(\mathbb{R}, \mathbb{R})$ telle que, pour tout $(x, y) \in U$, $f(x, y) = \varphi\left(y\sqrt{\dfrac{2x}{1+y^2}}\right)$.

Made in United States
Orlando, FL
04 November 2026

90200392R00203